编译器构造

[美] 查尔斯·N. 费希尔（Charles N. Fischer）
罗恩·K. 塞隆（Ron K. Cytron）
理查德·J. 勒布朗（Richard J. LeBlanc, Jr.） 著
王刚 译

Crafting a Compiler

机械工业出版社
CHINA MACHINE PRESS

Authorized translation from the English language edition, entitled *Crafting a Compiler*, ISBN:9780136067054, by Charles N. Fischer, Ron K. Cytron, Richard J. LeBlanc, Jr., published by Pearson Education, Inc., Copyright © 2010 Pearson Education, Inc., publishing as Addison-Wesley.

All rights reserved. No part of this book may be reproduced or transmitted in any form or by any means, electronic or mechanical, including photocopying, recording or by any information storage retrieval system, without permission from Pearson Education, Inc.

Chinese simplified language edition published by China Machine Press, Copyright © 2025.

Authorized for sale and distribution in the Chinese Mainland only (excluding Hong Kong SAR, Macao SAR and Taiwan).

本书中文简体字版由 Pearson Education（培生教育出版集团）授权机械工业出版社在中国大陆地区（不包括香港、澳门特别行政区及台湾地区）独家出版发行。未经出版者书面许可，不得以任何方式抄袭、复制或节录本书中的任何部分。

本书封底贴有 Pearson Education（培生教育出版集团）激光防伪标签，无标签者不得销售。

北京市版权局著作权合同登记　图字：01-2021-5373 号。

图书在版编目（CIP）数据

编译器构造 /（美）查尔斯・N. 费希尔
(Charles N.Fischer),（美）罗恩・K. 塞隆
(Ron K.Cytron),（美）理查德・J. 勒布朗
(Richard J.LeBlanc, Jr.) 著 ；王刚译 . -- 北京 ：机
械工业出版社，2024. 11. --（计算机科学丛书）.
ISBN 978-7-111-76820-3

Ⅰ. TP314

中国国家版本馆 CIP 数据核字第 2024DE7046 号

机械工业出版社（北京市百万庄大街 22 号　邮政编码 100037）
策划编辑：朱　劼　　责任编辑：朱　劼　陈佳媛
责任校对：杜丹丹　张雨霏　景　飞　　责任印制：任维东
河北鹏盛贤印刷有限公司印刷
2025 年 4 月第 1 版第 1 次印刷
185mm × 260mm・25 印张・637 千字
标准书号：ISBN 978-7-111-76820-3
定价：109.00 元

电话服务
客服电话：010-88361066
010-88379833
010-68326294

网络服务
机　工　官　网：www.cmpbook.com
机　工　官　博：weibo.com/cmp1952
金　　书　　网：www.golden-book.com
机工教育服务网：www.cmpedu.com

封底无防伪标均为盗版

自 1988 年费希尔和勒布朗合著的 *Crafting a Compiler* 出版以来，情况已经发生了很大变化。虽然教师可能还记得那本书保存在 5.25 英寸软盘上的附带软件，但现在的大多数学生既未曾拥有过也没有见过这样的软盘。学生在课堂上和课外所体验的编程语言发生了许多变化。1991 年，这本书以两种形式出现，其中的算法用 C 语言或 Ada 语言呈现。虽然现在 C 语言仍然是一种流行的语言，但 Ada 语言已经变得鲜为人知，没有达到预期的流行程度。C++ 语言从 C 语言发展而来，加入了面向对象的特性。Java 是作为一种更简单的面向对象语言开发的，因其安全性和能在 Web 浏览器中运行而受到欢迎。美国大学理事会指定的大学先修课程已从 Pascal 改为 C++，而后又改为 Java。

虽然发生了很多变化，但学生还在继续学习、教师也还在继续教授编译器构造这一课程。编译器和编程语言翻译领域的研究继续快步前进，这是因为编译器以适应日益多样化的体系结构和编程语言为己任。软件开发环境也依赖于编译器与各种软件工具链组件（如语法感知编辑器、性能剖析工具和调试器）的成功互动。所有的现代软件都依赖于编译器来严格检查错误并忠实地翻译程序。

随着时间的推移，一些教科书经历了相对较小的变化，可能增加了一些新的习题或示例。而本书则反映了 1988 年到 1991 年期间素材的大量实质性的修订。虽然本书的重点仍然是讲授编译器结构的基本原理，但算法和方法层面已融入最新实践：

- 已经从实际应用中消失的主题（例如，**属性文法**）的相关内容已被尽量压缩或完全删除。
- 算法以**伪代码**（pseudocode）的形式呈现，这对于学习过本学科基本算法的学生来说应该很熟悉。伪代码使对算法的简明表述及对算法的目的和构造的合理讨论成为可能。

  用特定语言实现这些算法的细节已归入 *Crafting a Compiler Supplement*，该补充材料可在线获取，网址为 http://www.pearsonhighered.com/fischer/。
- 调整了语法分析理论和实践的组织方式，以适用于各种教学方法。

  有些学生可能会在较高层次上学习这部分内容，以获得自顶向下和自底向上语法分析的宽广视野。其他学生可以更详细地研究特定的方法。
- 编译器的前端和后端由**抽象语法树**（Abstract Syntax Tree，AST）衔接，AST 是作为语法分析的主要产出而创建的。大多数编译器都会构建 AST，但是鲜有教科书阐明 AST 的构造和用法。

  引入了**访问者模式**（visitor pattern），以便在语义分析和代码生成期间遍历 AST。
- 提供了实验室练习供教师使用。

  教师可以将其中的一部分作为学生的练习，而其他部分则可从我们的课程支持网站获得。

有些教科书经过修订，增加了更多的研究生水平的素材。虽然这些内容在高级课程中可能有用，但本书的主要读者仍然是学习编译器构造的本科生。研究生课程可以使用第 13 章和第 14 章的内容，并将前面的部分作为参考材料。

伪代码和缩写

本书的一个重要变化是，算法不再以任何特定的编程语言（如 C 或 Ada）呈现，而是以伪代码的形式呈现，所使用的风格对于那些研究过最基本算法的人来说应该是熟悉的 [CLRS01]。伪代码通过省略不必要的细节来简化算法的描述。然而，伪代码暗示了实际编程语言中使用的结构，因此实现应该是直接的。本书广泛使用**缩写**（包括首字母缩写）来简化描述，并帮助读者掌握编译器构造中使用的术语。例如，在前言中已经使用了 AST 作为抽象语法树的缩写。

本书的使用方法

关于编译器构造的入门课程可以从第 1 ～ 3 章开始。关于语法分析技术，可以选择自顶向下语法分析（第 5 章）或自底向上语法分析（第 6 章），但有些教师会选择同时介绍这两种方法。可以根据需要讲授第 4 章的内容，以支持将要学习的语法分析技术。第 7 章阐述了 AST 并给出了遍历 AST 的访问者模式。第 8 章和第 9 章介绍语义分析的各个方面，教师可自行决定讲授哪些内容。如果是一学期的课程，则可就此结束。如果是一学年的课时，则可继续学习代码生成，如下所述。

第 10 章介绍 **Java 虚拟机**（Java Virtual Machine，JVM），如果学生要在他们的项目中生成 JVM 代码，就应讲授这些内容。第 11 章介绍虚拟机代码生成。希望学生生成机器代码的教师可以跳过第 10 章和第 11 章，而只讲第 12 章和第 13 章。入门课程可以包括第 14 章开始部分有关自动程序优化的内容。

第 4 ～ 6 章中涉及语法分析技术的更多细节。第 8 章和第 9 章对类型检查和语义分析进行了广泛和深入的研究。第 10 章和第 14 章介绍高级概念，如**静态单赋值**（Static Single Assignment，SSA）形式等。第 14 章涉及程序分析和转换的高级主题，包括数据流框架。第 13 章和第 14 章可以作为研究生编译器课程的基础，辅以前面的章节作为参考材料。

各章概述

第 1 章　引言

该章首先概述了编译过程。强调从一组组件来构造编译器的概念。概述了编译器的历史，并介绍了生成编译器组件的工具的使用方法。

第 2 章　一个简单的编译器

该章介绍了简单语言 ac，并讨论了将 ac 转换为另一种语言 dc 的编译器的每个组件。这些组件以伪代码的形式呈现，完整的代码可以在 *Crafting a Compiler Supplement* 中找到。

第 3 章　词法分析——理论与实践

该章介绍了构建编译器词法分析组件的基本概念和技术。具体内容包括如何手工编写词法分析器以及使用词法分析器生成器来实现表驱动的词法分析器。

第 4 章 文法和语法分析

该章涵盖了形式语言的基本概念，包括上下文无关文法、文法表示、推导以及语法分析树，还介绍了第 5 章和第 6 章中将使用的文法分析算法。

第 5 章 自顶向下语法分析

自顶向下语法分析是构造相对简单的语法分析器的一种流行技术。该章展示了如何使用显式代码或通过构造供通用自顶向下语法分析引擎使用的分析表来编写这样的语法分析器。该章还讨论了语法错误的诊断、恢复和修复。

第 6 章 自底向上语法分析

大多数现代编程语言编译器使用该章介绍的某种自底向上语法分析技术。从上下文无关文法自动生成这种语法分析器的工具广泛可用。该章描述了构建这些工具的理论，包括一系列日益复杂的方法，这些方法用来解决阻碍从某些文法构建语法分析器的**冲突**（conflict）。该章还深入讨论了文法和语言的**二义性**（ambiguity），并提出了理解和解决二义性文法的启发式方法。

第 7 章 语法制导翻译

从编译器构成组件的角度，该章标志着本书的中点。前面的章节已经介绍了程序的词法分析和语法分析。这些章节的目标是构造 AST。该章介绍 AST 并阐述用于构造、管理和遍历 AST 的接口。该章是非常关键的，因为后续章节既依赖于理解 AST，也依赖于理解促进 AST 的遍历和处理的访问者模式。*Crafting a Compiler Supplement* 包含了一个关于访问者模式的教程，包括从常见实践经验中提取的示例。

第 8 章 符号表和声明处理

该章强调使用符号表作为一个抽象组件，可在整个编译过程中使用。为符号表定义了一个精确的接口，并提出了各种实现问题和解决思路，其中包括对嵌套作用域实现的讨论。

该章还介绍了处理符号声明所需的语义分析，包括类型、变量、数组、结构和枚举，同时介绍了类型检查，包括面向对象类、子类和超类。

第 9 章 语义分析

对于在语法分析时不容易检查的语言规范，需要进行额外的语义分析，包括检查各种控制结构，如条件分支和循环。该章还讨论了异常及其在编译时所需的语义分析。

第 10 章 中间表示

该章介绍了编译器广泛使用的两种中间表示。第一种是 JVM 指令集和字节码格式，它已经成为表示 Java 程序编译结果的标准格式。对于有兴趣在编译器项目中使用 JVM 的读者，第 10 章和第 11 章提供了必要的背景知识和技术。另一种表示是 SSA 形式，它被许多优化编译器使用。该章定义了 SSA 形式，但要等到第 14 章才会介绍它的构造，并给出一些必要的定义和算法。

第 11 章 虚拟机代码生成

该章讨论针对**虚拟机**（Virtual Machine，VM）的代码生成。这种目标平台的优点是，运行时支持的许多细节都包含在 VM 中。例如，大多数 VM 提供无限数目的寄存器，因此尽管**寄存器分配**（register allocation）问题很有趣，但可以推迟到掌握了代码生成的基本知识之后再讨论。而且，虚拟机的指令集通常处于比机器码更高的级别。例如，一个方法调用通常由单个 VM 指令支持，而相同的调用用机器代码实现可能需要更多指令。

虽然对生成机器码感兴趣的读者可能会跳过第 11 章，但我们建议先学习这一章，然后再尝试生成机器码级别的代码。第 11 章的思想很容易应用于第 12 章和第 13 章，但从 VM 的角度来看，它们更容易理解。

第 12 章 运行时支持

在 VM 中嵌入的许多功能都是对运行时的支持（例如，对管理存储的支持）。该章讨论为现代编程语言提供所需的运行时支持的各种概念和实现策略。研究这些内容有助于理解虚拟机的构造。对于那些为目标体系结构编写代码生成器的人，必须提供运行时支持，因此学习第 12 章的内容对于创建一个可工作的编译器来说是必不可少的。

该章讨论了静态分配存储、栈分配存储和堆分配存储，还讨论了对**非局部存储**（nonlocal storage）的引用，以及支持此类引用的帧和显示表等实现结构。

第 13 章 目标代码生成

该章与第 11 章相似，区别是代码生成的目标与 VM 相比是相对低级的指令集。这一章全面讨论了代码生成中产生的主题，包括寄存器分配、临时变量管理、代码调度、指令选择和一些基本的窥孔优化。

第 14 章 程序优化

大多数编译器都包含一些改进它们生成的代码的功能。该章介绍编译器在程序优化中常用的一些实用技术，还介绍了进阶的控制流分析结构和算法。通过一些相对容易实现的基本优化，介绍了**数据流分析**（data flow analysis）。研究了此类优化的理论基础，并讨论了 SSA 形式的构造和使用。

致　谢

我们共同感谢支持我们编写本书的下列人士。我们感谢培生出版公司的马特·戈尔茨坦在整个修订过程中的耐心和支持。我们要向马特的前任们道歉，因为我们在准备本书时出现了延误。杰夫·霍尔科姆在出版过程中提供了技术指导，对此我们非常感谢。经过文字编辑的修改，本书得到了巨大改进。斯蒂芬妮·莫斯科拉快速而熟练地校对和修正了本书的每一章。她极其仔细，任何遗留的错误都是作者的错误。我们感谢她敏锐的眼光和富有洞察力的建议。我们感谢威尔·本顿对第 12 章和第 13 章的编辑，并撰写了 12.5 节。我们还要感谢艾梅·比尔，培生聘请她对本书的风格和一致性进行了编辑。

我们非常感谢以下同事花时间审阅书稿，并提出了宝贵的意见，他们是：拉斯·伯迪克（加州大学伯克利分校）、斯科特·坎农（犹他州立大学）、史蒂芬·爱德华兹（哥伦比亚大学）、史蒂芬·弗罗因德（威廉姆斯学院）、杰吉·杰姆切克（肯塔基大学）、希丘·科（拉马尔大学），萨姆·米德基夫（普渡大学）、蒂姆·奥尼尔（阿克伦大学），库尔特·斯代尔沃特（密歇根州立大学）、米歇尔·斯特劳特（科罗拉多州立大学）、道格拉斯·塞恩（圣母大学）、V.N. 文卡塔克里斯南（伊利诺伊大学芝加哥分校）、伊丽莎白·怀特（乔治梅森大学）、雪莉·杨（俄勒冈理工学院）和易青（得克萨斯大学圣安东尼奥分校）。

查尔斯·N. 费希尔（Charles N.Fischer.）　我对编译器的着迷始于 1965 年在罗伯特·艾迪先生的计算机实验室的时候。那时我们的计算机只有 20 千字节的主存，我们的编译器还使用打孔卡片作为中间形式，但种子已经种下了。

我的教育经历真正开始于康奈尔大学，在那里我学到了计算的深度和严谨性。大卫·格里斯那本影响深远的编译教科书教会了我很多东西，让我走上了职业道路。

威斯康星大学的老师，尤其是拉里·兰德韦伯和泰德·平克顿，给了我自由发展编译器课程和研究项目的机会。在学术计算中心，泰德、拉里·特拉维斯和曼利·德雷珀给了我时间和资源来学习编译技术的实践。UW-Pascal 编译器项目让我结识了一些优秀的学生，包括我的合著者理查德·勒布朗。我们在实践中学习，这成为我的教学理念。

多年来，我的同事，尤其是汤姆·雷普斯、苏珊·霍维茨和吉姆·拉鲁斯，慷慨地分享了他们的智慧和经验，让我受益良多。在体系结构方面，吉姆·古德曼、格里·索希、马克·希尔和大卫·伍德教会了我现代微处理器的精妙之处。编译器编写者必须彻底了解处理器才能充分利用其全部性能。

我最亏欠的是我的学生，他们给我的课程带来了巨大的活力和热情。他们大胆地接受了我提出的挑战。在一个学期内构造一个完整的编译器（从词法分析器到代码生成器）似乎是不可能完成的，但他们做到了，而且做得很好。这些经验的大部分都融入到本书中。我相信这将有助于教会学生如何打造一个编译器。

罗恩·K. 塞隆（Ron K.Cytron）　我对编程语言及其编译器最初的兴趣和后来的研究在很大程度上要归功于那些在我的职业生涯中发挥了关键作用的杰出导师。已故的肯·肯尼迪在莱斯大学教过我编译器课程。我现在讲授的课程都是参照他的方法设计的，尤其是实验作业在帮助学生理解教学内容发挥的作用方面。肯·肯尼迪是一位杰出的教育家，我只希望能像他那样与学生交流。有一年夏天，他在纽约约克敦海茨的 IBM T.J. 沃森研究实验室招待了我，我在那里研究自动并行化软件。在那个夏天，我的调研很自然地把我引向戴夫・库克并让我在伊利诺伊大学成为他的学生。

成为戴夫的研究生，我认为自己非常幸运。戴夫・库克是并行计算机体系结构的先驱，他通过编译器让这种高级系统更容易编程。我以他为榜样，追寻他的脚步，并把他的优秀品质传授给我的学生。我也体验到了在一个小组中研究各种想法所带来的活力和乐趣，我也尝试在我的学生中创建类似的群体。

本科和研究生的经历让我认识了 IBM 研究院的弗兰・艾伦，我永远感激她允许我加入她新成立的 PTRAN 小组。弗兰在数据流分析、程序优化和自动并行化方面激发了几代人的研究。她对重要问题及其可能的解决方案有着惊人的直觉。在与同事交谈时，我们的一些最好的想法都要归功于弗兰以及她给我们提供的意见、建议或批评。

我职业生涯中最美好的一段岁月是在向弗兰和 PTRAN 的同事学习及一起工作中度过的，这些同事包括：迈克尔・伯克、菲利浦・查尔斯、琼–德・崔、珍妮・费兰特、维韦克・萨卡尔和大卫・希尔兹。在 IBM，我还有幸向巴里・罗森、马克・韦格曼和肯尼・扎戴克学习并与他们一起工作。虽然我的朋友和同事的印记可以在本书中找到，但任何错误都是我的。

读者可能注意到 431 这个数字在本书中频繁出现，这是对在华盛顿大学和我一起学习编译器的学生的致敬。我从学生身上学到的和我教给他们的一样多，我对本书的贡献主要来自我在课堂和实验室的经历。

最后，我要感谢妻子和孩子们容忍我在本书上花了很多时间，在整个过程中她们都表现出了极大的耐心和理解。还有，谢谢你，卡罗尔阿姨，谢谢你总是问我这本书写得怎么样了。

理查德・J. 勒布朗（Richard J.LeBlanc，Jr.） 在获得物理学学士学位后，我对计算机的兴趣超过了对物理问题集的兴趣，于是我搬到了麦迪逊，并于 1972 年进入威斯康星大学攻读计算机科学博士学位。两年后，刚刚从康奈尔大学获得博士学位的年轻助理教授查尔斯・费希尔加入计算机科学系。他讲授的第一门课是研究生编译器课程 CS 701。我修读了这门课，至今仍记得这是一次非常难忘的学习经历，因为这是他第一次讲授这门课，所以更令人印象深刻。显然，我们一拍即合，并因此促成了日后的一系列合作。

在拉里・特拉维斯的赞助下，1974 年夏天我开始在学术计算中心工作。因此，一年后，当威斯康星大学的 UW-Pascal 项目启动时，我已经是其中一员了。这个项目不仅让我有机会应用我在刚刚修读的两门课程中学到的东西，而且还令我学到了一些关于好的设计和设计审查的影响的很好的经验教训。我还受益于与两位研究生同事史蒂夫・齐格勒和马蒂・本田的合作，从他们那里我学到了成为一个高效的软件开发团队的一员是多么有趣。我们都发现了在 Pascal 项目中工作的价值，这是一种设计良好的语言，在编程时需要严谨的思考，我们也发现了使用自己开发的工具的价值，因为我们在项目早期从 Pascal P– 编译器自举出了我们自己的编译器，它能为 Univac 1108 生成本机代码。

在完成研究生工作后，我在佐治亚理工学院找到了一份教职，并且有机会参与菲尔・恩斯洛领导的分布式计算研究项目，他在我职业生涯的早期提供了宝贵的指导。我很快就有机会教授编译器课程，并试图模仿威斯康星大学的 CS 701 课程，因为我坚信查尔斯使用的基于项目的方法的价值。我很快意识到，让学生在 10 周内编写一个完整的编译器是一个巨大的挑战。因此，我开始使用这样的方法：给学生提供一种非常小的语言的一个可工作的编译器，并围绕扩展该编译器的所有组件来编译更复杂的语言，进而构建课程项目。我在为期10周的课程中使用的基础编译器成为与费希尔－勒布朗的教材配套的支持项目之一。

我的职业道路使我更多地参与软件工程和教育活动，而不是编译器研究。查尔斯和我决定编写本书是基于这样一个信念，我们可以帮助其他教师通过一门基于项目的编译器课程为他们的学生提供出色的教学体验。在我们的编辑艾伦·阿普特和一群了不起的审稿人的帮助下，我们成功了。许多同事向我表达了他们对本书以及 *Crafting a Compiler with C* 的喜爱，他们的支持是最好的回报，也是对最终完成本书的鼓励。特别感谢乔·伯金，他将我们早期的一些软件工具翻译成新的编程语言，并允许我们将他的版本提供给其他教师。

我在佐治亚理工学院的这些年为我提供了很好的机会来发展我对计算机教育的兴趣。在我职业生涯的前半段，我很幸运地加入了雷·米勒和皮特·詹森领导的团队。从1990年开始，我很高兴和彼得·弗里曼一起创建和发展了计算机学院。在佐治亚理工学院工作期间，彼得不仅以多种方式指导我，还鼓励我通过在美国计算机协会教育委员会的工作广泛参与教育工作，这极大地丰富了我过去12年的职业生涯。

最后，我要感谢我的家人，包括我刚出生的孙女，感谢他们和我一起完成写书计划，这个计划看起来似乎永远不会结束。

目　录

Crafting a Compiler

第 1 章

Crafting a Compiler

引　　言

本章介绍编译器构造的历史并概述编译器的组织。在计算机科学相对较短的历史中，计算速度持续提升，编译器一直起到关键作用。1.1 节回顾了当今广泛使用的编程语言、计算机体系结构和编译器的发展历史。

本书研究内容所属的一般领域是**语言处理**（language processing），它是关于编写在计算机上运行的程序的。大多数程序都是用一种相对高级的语言编写的。语言处理系统确保程序符合编程语言的规范，并且通常将程序转换成更容易在计算机上运行的形式。某些语言处理系统比其他语言处理系统执行更多的翻译。一个极端是**解释器**（interpreter），它通过检查程序的高级构造并模拟它们的动作来运行程序。另一个极端是**编译器**（compiler），它将高级构造转换成可以由计算机直接执行的低级机器指令。编译器和解释器之间的区别将在 1.3 节中讨论。

在此基础上，我们将在 1.2 节中解释编译器的功能以及不同编译器之间的区别：通过它们生成的机器码的类型以及它们生成的目标代码的格式来区分。

在 1.3 节中，我们将讨论一种称为解释器的语言处理系统，并解释它与编译器的区别。1.4 节讨论了程序的语法（syntax）和语义（semantics）。在 1.5 节中，我们将讨论编译器必须执行的任务，主要是源程序的分析（analysis）与目标程序的合成（synthesis）。这一节还将涵盖编译器的各个部分，如词法分析器、语法分析器、类型检查器、优化器和代码生成器，并对每个部分进行详细的讨论。

在 1.6 节中，我们将讨论编译器设计和编程语言设计的相互作用。同样，在 1.7 节中，我们将讨论计算机体系结构对编译器设计的影响。

1.8 节将介绍一些重要的编译器变体，包括调试编译器、发布编译器、优化编译器及可重定向编译器。最后，在 1.9 节中，我们考虑程序开发环境，将编译器、编辑器和调试器集成到单一工具中。

1.1　编译技术历史

编译器是现代计算技术的基础。它扮演着翻译的角色，将面向人类的编程语言转换成面向计算机的机器语言。对大多数用户来说，可以将编译器看作执行图 1.1 中所示转换的工具。编译器实际上允许所有计算机用户忽略机器语言中与机器相关的细节。因此，编译器允许程序和编程技能在各种各样的计算机之间进行**移植**。如今，软件开发成本如此之高，对软件的需求如此之广——从小型嵌入式计算机到超大规模超级计算机，编译器的这种能力极具价值。

编译器这个词是由格蕾丝·穆雷·霍珀（Grace Murray Hopper）在 20 世纪 50 年代早期创造的。随后翻译就被看作对从

高级程序设计语言 → 编译器 → 机器语言

图 1.1　用户视角的编译器

一个库中选取的一系列机器语言子程序进行编译（compilation）。当时，编译被称为自动编程，几乎所有人都怀疑它能否成功。今天，编程语言的自动翻译早已实现，但是编程语言的翻译器仍被称为编译器。

第一批真正的现代意义上的编译器是20世纪50年代末出现的Fortran编译器。它们为用户提供了一种面向问题、很大程度上与机器无关的源语言。它们还执行了一些优化，以产生高效的机器码，因为高效的代码被认为是Fortran与汇编语言编程成功竞争的必要条件。像Fortran这样与机器无关的语言证明了**高级**编译语言的可行性。它们为随后出现的大量语言和编译器铺平了道路。

在早期，编译器都采用特殊的结构，其组件和技术通常是在构建编译器时才设计的。这种构造编译器的方法给它们蒙上了一层神秘的面纱，它们被认为是复杂且昂贵的。现在，我们已经很好地理解了编译过程，编译器的构造也已成为常规之事。尽管如此，打造一个高效可靠的编译器仍然是一项复杂的任务。本书的主要任务是教学生掌握编译器构造的基本知识。一个附带的目标是涵盖一些先进的技术和重要的创新。

编译器通常将Java、C和C++等常规编程语言翻译成可执行的机器语言指令。然而，编译器技术的应用范围要广得多，并且已经被应用于一些意想不到的领域。例如，像TeX [Knu98] 和LaTeX [Lam95] 这样的文本格式语言实际上都是编译器。它们将文本和格式化命令转换成详细的排版命令。另一方面，很多程序生成的PostScript [Pos] 实际上也是一种编程语言。它由打印机和文档预览器翻译和执行，以生成可读的文档形式。这种标准化的文档表示语言令自由的文档交换成为可能，而与文档的创建方式和查看方式无关。

Mathematica [Wol99] 是一个交互系统，它将编程和数学混合在一起，可以解决符号形式和数值形式的复杂问题。这个系统在很大程度上依赖于编译器技术来处理问题的规范、内部表示和解决方案。

像Verilog [TM08] 和VHDL [VHD] 这样的语言用于创建**超大规模集成**（VLSI）电路。**硅编译器**（silicon compiler）使用标准单元设计来指明VLSI电路掩模的布局和组成。就像普通的编译器必须理解和实施特定机器语言的规则一样，硅编译器也必须理解和实施指示了给定电路可行性的设计规则。

在几乎所有提供重要的面向文本的命令集的程序中，编译器技术都很有价值，包括操作系统的命令和脚本语言，以及数据库系统的查询语言。因此，虽然我们的讨论将集中在传统的编译任务上，但有创新精神的读者无疑会发现本书介绍的技术有新的和意想不到的应用。

1.2　编译器的功能

图1.1表示一个编译器，它将待编译的编程语言（*源语言*）转换为某种机器语言（*目标语言*）。这个描述表明所有的编译器都做同样的事情，唯一的区别是它们适用的源语言和目标语言，但实际情况更复杂。虽然源语言相关的问题确实很简单，但在描述编译器的输出方面有很多方式，这不是仅仅命名一个特定的目标计算机那么简单。可以从两方面来区分编译器：

- 它们生成的机器代码的种类
- 它们生成的目标代码的格式

下面几节将讨论这些问题。

1.2.1 编译器生成的机器代码

编译器可以生成三种类型的代码，可从这方面来区分它们：

- 纯机器码
- 扩展机器码
- 虚拟机代码

1. 纯机器码

编译器可以为特定机器的指令集生成代码，而不需要假设存在任何操作系统或库例程。这种机器码通常被称为**纯代码**（pure code），因为除了指令集的一部分指令之外，代码不包含任何其他内容。这种方法很少见，因为大多数编译器都依赖于运行时库和操作系统调用来与生成的代码进行交互。纯机器码最常用于**系统实现语言**（system implementation language）的编译器中，这种语言的设计目的是用来实现操作系统或嵌入式应用程序。这种形式的目标代码可以在裸硬件上执行，而不依赖于任何其他软件。

2. 扩展机器码

更常见的情况是，编译器为一个机器架构生成代码，该架构用操作系统例程和语言运行时支撑例程进行了扩展。执行由这样的编译器生成的程序，要求目标机器上有一个特定的操作系统，并且该程序可以使用一组特定于语言的运行时支撑例程（如I/O、存储分配、数学函数等）。大多数 Fortran 编译器使用的这种软件只提供 I/O 和数学函数支持。其他编译器假定支撑软件的可用功能范围要大得多，可能包括数据传输指令（如移动位域）、过程调用指令（传递参数、保存寄存器、分配堆栈空间等）和动态存储指令（提供堆分配）。

3. 虚拟机代码

生成的第三种类型的代码完全由虚拟指令组成。这种方法尤其具有吸引力，因为它能生成可以轻松在各种计算机上运行的代码。这种**可移植性**（portability）是通过在任何感兴趣的目标体系结构上为**虚拟机**（Virtual Machine，VM）编写解释器来实现的。于是，编译器生成的代码可在任何有 VM 解释器的体系结构上运行。Java 就是这样一种语言，它定义了 **Java 虚拟机**（JVM）及其字节码指令。Java 应用程序可在任何有 JVM 解释器的计算机上生成预期结果。类似地，Java 小程序可以在任何带有 JVM 解释器的网页浏览器中运行。

使用 VM 指令集所获得的可移植性优势也可以使编译器本身易于移植。为了便于讨论，假设编译器接受某种源语言 *L*。该编译器的任何实例都可以将用 *L* 编写的程序翻译成 VM 指令。如果编译器本身是用 *L* 编写的，那么编译器就可以将自身编译成 VM 指令，可以在任何带有 VM 解释器的体系结构上执行。如果 VM 保持简单、清晰，那么我们编写解释器就会相对容易。这种将编译器从一个体系结构移植到另一个体系结构的过程称为**自举**（bootstrapping），如图 1.2 所示。*L* 编译器的第一个实例不能编译本身，因为还没有这样的编译器存在。但第一个实例可以用 *K* 语言编写，假设已经存在 *K* 语言的编译器或汇编器。如图 1.2 所示，编译的结果是 *L* 语言编译器的第一个可执行实例。在使用 *L* 编写的参考编译器可以正常运行后，第一个实例通常被丢弃。

以 VM 为目标来获得可移植性的编译器的例子包括早期的 Pascal 编译器和 **Java 开发工具包**（Java Development Kit，JDK）中包含的 Java 编译器。Pascal 使用 P-code [Han85]，而 Java 使用 JVM **字节码**（bytecode）[Gos95] 代码。这两种 VM 都是基于堆栈的架构。P-code 或 JVM 字节码的基本解释器可以在几周内编写完成。执行时长大约是编译后代码的 5 到 10 倍。也可以将虚拟机代码翻译成 C 代码或直接扩展成机器码。这种方法使得 Pascal 和 Java

几乎可以用于任何平台。它促成了 Pascal 在 20 世纪 70 年代的成功，并强烈地影响了人们对于 Java 的接受度。

虚拟指令有各种各样的用途。它们为被翻译的特定语言提供适合的原语（如过程调用和字符串操作），从而简化了编译器的工作。它们还有助于提高编译器的可移植性。此外，它们可以显著减小生成的代码的大小，因为虚拟指令可以设计成满足特定编程语言的需要（例如 Java 的 JVM 字节码）。使用这种方法，可以将生成的程序大小减少三分之二。当程序在较慢的通信路径上传输时（例如，从较慢的服务器发送的 Java 小程序），这可能是一个关键因素。

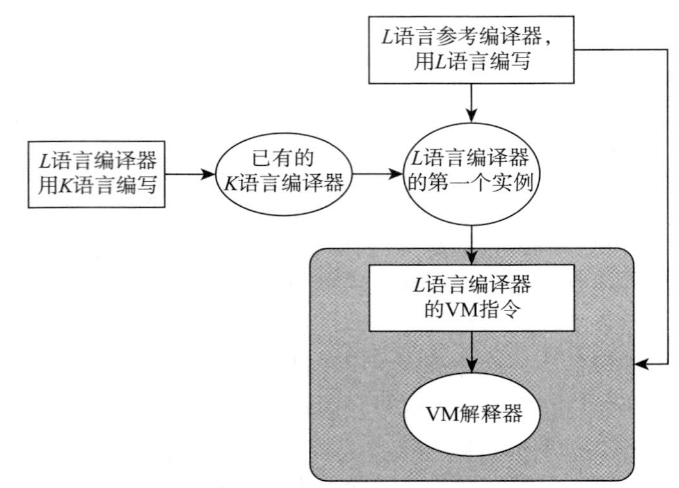

图 1.2 自举一个生成 VM 指令的编译器。阴影部分是 L 语言的可移植编译器，它可以在支持 VM 的任何体系结构上运行

当一个完全虚拟的指令集被用作目标语言时，这个指令集必须用软件来解释。在**即时编译**（Just-In-Time，JIT）方法中，可以在虚拟指令即将被执行的时候，或者当它们已被频繁解释、足以值得翻译成目标代码的时候将它们翻译成目标代码。

如果虚拟指令集使用得足够频繁，就有可能开发特殊的微处理器来实现硬件中的虚拟指令集。例如，Jazelle [Jaz] 提供了硬件支持，以提高执行 JVM 指令的手机应用程序的性能，并降低功耗。

总之，大多数编译器生成的代码会与运行时库、操作系统工具及其他软件组件交互。VM 能增强编译器的可移植性，并提高不同目标体系结构上程序执行的一致性。

1.2.2 目标代码格式

区分不同编译器的另一个方面是它们生成的目标代码的格式。目标代码格式可分为以下几类：

- 汇编代码或其他源码格式
- 可重定位二进制格式
- 绝对地址二进制格式

1. 汇编代码或其他源码格式

生成汇编代码简化了翻译，并令其模块化。许多代码生成方面的决策（如指令和数据的地址）可以留给汇编器。对于作为教学项目开发的编译器，或是用于编程语言原型设计的编译器，这种方法很常见。这样做的一个原因是汇编代码相对容易检查，使得编译过程对学生和原型开发来说更加透明。

生成汇编代码对于**交叉编译**（cross-compilation）也很有用，在交叉编译中，编译器在一台计算机上执行，但生成的代码在另一台计算机上执行。符号化的汇编代码很容易在不同的计算机之间传输。

有时，编译器不是生成特定的汇编语言，而是另一种编程语言，如C语言。实际上，C语言被称为**通用汇编语言**（universal assembly language），因为它是一种相对低级的语言，但又比任何特定的汇编语言都更平台无关。然而，C语言代码的生成将许多决策（比如数据结构的运行时表示）留给了特定的C编译器。如果编译器生成汇编语言，则保留对这些问题的完全控制。

2. 可重定位二进制格式

大多数产品级编译器不生成汇编语言，因为直接生成目标代码（以可重定位二进制格式或绝对地址二进制格式）更高效，并且允许编译器对翻译过程有更多的控制。尽管如此，如果编译器的输出是开放的、可供仔细审查的，则还是更有益的。生成二进制格式的编译器通常也可以生成目标代码的**伪汇编语言**（pseudo assembly language）列表。这样一个列表显示了编译器生成的指令，并带有说明存储引用的注释。

可重定位二进制格式（relocatable binary format）基本上是大多数汇编器生成的代码形式。编译器也可直接生成这种格式。其中，外部引用、局部指令地址和数据地址尚未绑定。取而代之，地址的分配要么相对于模块的开头，要么相对于一些符号命名位置。后一种方法可以很容易地将代码序列或数据区域组合在一起。需要一个链接步骤来合并任何支持库以及被编译程序中引用的其他单独编译的例程，从而得到可执行的**绝对地址二进制格式**（absolute binary format）。

可重定位二进制和汇编语言格式都允许**模块化编译**（modular compilation）：将一个大型程序分解成独立的编译片段。两者还都允许**跨语言支持**（cross-language support）：将汇编代码和用其他高级语言编写和编译的代码合并在一起。 这些代码可以包括I/O、存储分配和数学库，它们提供的功能被视为语言定义的一部分。

3. 绝对地址二进制格式

有些编译器生成**绝对地址二进制格式**（absolute binary format），可以在编译器完成后直接执行。这个过程通常比其他方法快。但是，与其他代码交互的能力就受到了限制。此外，程序必须在每次执行时重新编译，除非提供某种方法来存档内存映像。生成绝对地址二进制格式的编译器对于学生练习和原型设计很有用，在这种情况下，频繁更改是必然的，而且编译成本远远超过了执行成本。它在避免保存已编译格式以节省文件空间方面以及保证只使用最新的库例程和类定义方面也很有用。

4. 总结

这里讨论的代码格式替代方案和目标代码替代方案表明，编译器在执行相同类型的翻译任务时可以有相当大的差异。一些编译器使用替代方案的组合。 例如，大多数Java编译器生成**字节码**（bytecode），随后被解释执行或动态编译为本机代码。字节码在某种意义上是另一种源码格式，但其编码的确是一种标准的、相对紧凑的二进制格式。Java有一个**本机接口**（native interface），其设计目的是允许Java代码与其他语言编写的代码进行互操作。Java还要求应用程序使用的类采用**动态链接**（dynamic linking），以便在调用应用程序时可以控制这些类的来源。在程序执行期间，当类第一次被引用时，类定义可以远程获取、检查和加载。

1.3 解释器

另一种语言处理器是**解释器**（interpreter）。解释器有一些与编译器相同的功能，比如语法和语义分析。但是两者是不同的，区别在于解释器在执行程序时不会显式地执行太多的翻译。图1.3概述了解释器的工作原理。对于解释器来说，程序只是可以任意操纵的数据，就像任何其他数据一样。在执行过程中，控制点在解释器内，而不在用户程序中（也就是说，用户程序是被动的而不是主动的）。

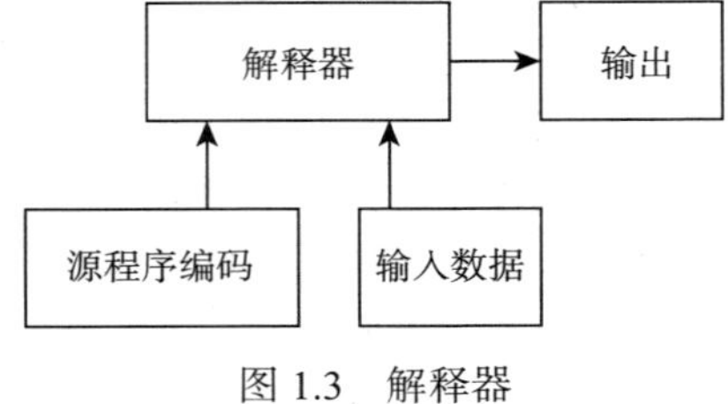

图 1.3　解释器

解释器提供了一些通常在编译器中没有的功能，如下所示：

- 在执行过程中很容易修改程序。这提供了一种简单的**交互式调试**（interactive debugging）功能，因为可以修改程序，使其在我们感兴趣的点暂停或显示程序变量的值。根据程序结构的不同，修改程序可能需要重新进行语法分析或重复语义分析。
- 解释器很容易支持对象类型动态开发的语言（例如 Lisp 和 Scheme）。有些语言（如 Smalltalk 和 Ruby）允许类型系统本身动态更改。由于用户程序在执行过程中不断被重新检查，符号不需要有固定的含义。例如，符号可以在一个位置表示整数标量，而在稍后的位置表示布尔数组。这样的**动态绑定**（fluid binding）对编译器来说更成问题，因为符号含义的动态变化使直接翻译成机器码更加困难。
- 解释器不会生成机器码，因此提供了很大程度上的机器无关性。所有操作都在解释器中执行。如果解释器是用新机器上已经支持的语言编写的，那么移植解释器就是在新机器上简单地重新编译一下解释器而已。

然而，直接解释源程序可能会带来巨大开销。随着执行的推进，必须不断地重新检查程序文本。标识符绑定、类型和操作可能必须在每次引用时重新计算。对于可以任意更改绑定的语言，解释的时长可能是编译代码时长的 100 倍。对于更静态的语言，如 C 语言和 Java，代价差异更接近，在 10 倍左右。

有些语言（C、C++ 和 Java）既有解释器（用于调试和程序开发），也有编译器（用于生产作业）。JIT 编译器提供了解释和编译 / 执行的结合。

总之，所有语言处理都在某种程度上涉及解释。解释器直接解释源程序或它们的一些语法转换版本。如有程序的源码表示的话，解释器可在程序执行和调试时更改程序文本。虽然编译器有明确的翻译和执行阶段，但仍涉及某种形式的“解释”。翻译阶段可以生成由软件解释的虚拟机语言，也可以生成由特定计算机（固件或硬件）解释的真实机器语言。

1.4　语法和语义

程序设计语言的完整定义必须包括其**语法**（syntax，结构）和**语义**（semantics，含义）的规范。

语法通常是指上下文无关文法，因为几乎普遍使用**上下文无关文法**（Context-Free Grammar，CFG）作为语法说明机制。语法定义了合法的符号序列，语法合法性独立于符号表示的含义。例如，上下文无关文法可能指定 `a=b+c` 在语法上是合法的，而 `b+c=a` 则不是。然而，并不是符合规范的程序的所有方面都可以用上下文无关文法来描述。例如，CFG 不能指明类型兼容性和作用域规则。例如，如果有变量未声明，或者 `b` 或 `c` 是 `Boolean` 类型，编程语言可以指定 `a=b+c` 是非法的。

由于 CFG 的局限性，编程语言的语义通常分为两类：

- 静态语义
- 运行时语义

1.4.1　静态语义

语言的**静态语义**（static semantics）给出了一组规则，这些规则指明了哪些在语法上合法的程序是实际上有效的。这些规则通常要求所有标识符都要先声明，运算符和运算对象应类型兼容，并且使用正确数量的参数调用过程。所有这些规则的共同特点是不能用 CFG 表示。因此，静态语义增广了上下文无关规范，完成了有效程序的定义。

静态语义可以形式化地或非形式化地指定。大多数编程语言规范中用普通文字描述的静态语义都是非形式化的。这种方式通常相对紧凑，易于阅读，但往往不够精确。形式化规范可以使用任何一种符号系统来表示。例如，**属性文法**（attribute grammar）[Knu68] 可以用来形式化编译器中的许多语义检查。下面的重写规则称为**产生式**（production），它规定了一个表达式 E 可以重写为一个表达式 E 加上一个表达式项 T：

$$E \rightarrow E + T$$

在属性文法中，可以用一个指明 E 和 T 的类型的属性及一个用于类型兼容性检查的谓词来增广此产生式，如下所示：

$E_{result} \rightarrow E_{v1} + T_{v2}$
　　if *v*1.*type* = numeric **and** *v*2.*type* = numeric
　　then *result.type* ← numeric
　　else **call** ERROR( )

属性文法是形式化和可读性的合理结合，但它们可能相当冗长和乏味。大多数编译器编写系统都不直接使用属性文法。相反，它们通过程序的**抽象语法树**（Abstract Syntax Tree，AST）传播语义信息，其方式类似于属性文法系统的求值。因此，一部分语义检查的规范在编译器中作为语义检查阶段来实现。这也是本书所采用的方法。

1.4.2　运行时语义

运行时语义（runtime semantics）或称**执行时语义**（execution semantics）用于指明一个程序计算什么。这种语义通常在语言手册或报告中高度非形式化地指定。替代方式是使用更形式化的操作模型或解释器模型。在这种模型中会定义程序的“状态”，程序的执行是用状态的变化来描述的。例如，语句 a=1 的语义是，对应于 a 的状态分量被更改为 1。

人们已经开发了各种形式化方法来定义编程语言运行时语义。下面介绍其中三种：自然语义、公理语义和指称语义。

1. 自然语义

自然语义（natural semantics）[NN92]（有时称为**结构化操作语义**）形式化了操作方法。给定在一个程序构造求值之前已知为真的断言，我们可以推断出在构造求值之后仍然成立的断言。自然语义已经被用来定义多种语言的语义，包括标准 ML [MTHM97]。

2. 公理语义

公理定义（axiomatic definition）[Gri81] 可以用于在比操作模型更抽象的层次上对程序执行进行建模。公理定义基于形式化说明的关系或谓词，这些与程序变量相关。对于语句，根据它们如何修改这些关系来定义。

作为公理定义的一个例子，定义 *var* ← *exp* 的公理指出，包含 *var* 的谓词在语句执行后为**真**，当且仅当用 *exp* 替换所有 *var* 得到的谓词在执行之前为**真**。因此，要令 $y>3$ 在执行语句 $y \leftarrow x+1$ 后为真，那么谓词 $x+1>3$ 就必须在执行该语句之前为真。类似地，若 $y=21$ 在执

行 $x \leftarrow 1$ 之前为真，则 y=21 在执行后为真（这是表达改变 x 不影响 y 的一种迂回说法）。但如果 x 是 y 的别名，则该公理无效。这也是在某些语言设计中不鼓励（或禁止）别名的原因之一。

因为公理方法避免了实现细节、专注于变量之间的关系如何被语句执行所改变，因此很适合用来推导程序正确性的证明。虽然公理可以形式化编程语言语义的重要属性，但很难用它来完全定义大多数编程语言。例如，公理语义不能很好地建模实现方面的考虑，例如内存耗尽。

3. 指称语义

指称模型（denotational model）[Sch86] 在形式上比操作模型更加数学化，但它能适应内存存取这种过程语言的核心特性。它依赖于来自数学的符号和术语，所以通常相当紧凑，特别是与操作定义相比。

可以将指称定义看作语法制导定义，对于一个程序构造，它用其直接成分的意义来指明整个构造的意义。例如，要定义加法，可以使用以下规则：

$$E[T1+T2]m = E[T1]m + E[T2]m$$

这个定义指出，在一个内存状态 m 的上下文中，将两个子表达式 $T1$ 和 $T2$ 相加得到的值，定义为在上下文 m 中 $T1$ 的求值结果（表示为 $E[T1]m$）和 $T2$ 的求值结果（表示为 $E[T2]m$）的算术和。

指称技术非常流行，是编程语言严格定义的基础。研究表明，将指称表示自动转换为可直接执行的等价表示形式是可能的 [Set83, Wan82, App85]。

4. 总结

无论语义是如何指定的，我们对精确语义的关注是基于这样一个事实：为一门编程语言编写一个完整而准确的编译器，需要语言本身被良好定义。虽然这一论断似乎是不言而喻的，但许多语言都是由不精确的或非形式化的语言规范定义的。人们常常很关注*语法*的形式化规范，但语言的*语义*可能是通过非形式化的普通文字来定义的。由此产生的定义在某些方面是模糊的或不完整的。

例如，在 Java 中，所有函数都必须通过 `return` *expr* 语句返回，其中 `expr` 须可以赋值给函数的返回类型。因此，下面的代码是非法的：

```
public static int subr(int b) {
   if (b != 0)
      return b+100;
}
```

如果 `b` 等于 0，`subr` 无法返回值。现在考虑下面的代码：

```
public static int subr(int b) {
   if (b != 0)
      return b+100;
   else if (10*b == 0)
           return 1;
}
```

在这种情况下，函数总能执行一个正确的返回语句，因为只有当 `b` 等于 0 时才达到 `else` 部分，这意味着 `10*b` 也等于 0。编译器是否会复制这个相当复杂的推理链？Java 编译器通常假设一个谓词的值可以为**真**，也可以为**假**，即使细致的程序分析会驳倒这个假设。因此，编译器可能会因语句非法而拒绝 `subr`，这样做是为了在分析中权衡简单性和准确性。事实上，确定程序中某个特定语句是否可达这一一般性问题是**不可判定的**（undecidable），从著名的

停机问题（halting problem）[HU79] 进行归约即可证明。我们当然不能要求 Java 编译器去做不可能的事情！

在实践中，一个可信的**参考编译器**（reference compiler）可以作为事实上的语言定义。也就是说，编程语言实际上是由编译器选择接受什么以及选择如何翻译语言构造来定义的。实际上，前面介绍的操作 / 自然语义方法就采用了这种观点。我们为语言定义一个标准解释器，而程序的意义就是解释器所说的一切。操作定义的一个早期的（且是非常优雅的）例子是开创性的 Lisp 解释器 [McC60]。其中，Lisp 的一切都是用 Lisp 解释器的动作来定义的，假设只有 7 个原函数及参数绑定和函数调用的概念。

当然，参考编译器或解释器并不能替代清晰而精确的语义定义。尽管如此，有一个参考来测试正在开发中的编译器是非常有用的。

1.5 编译器的组织

编译器通常执行如下任务：

- 分析要编译的源程序。
- 综合出一个目标程序，其执行时能正确完成源程序所描述的计算。

几乎所有现代编译器都是**语法制导的**（syntax-directed）。也就是说，编译过程是由语法分析器识别出的源程序的语法结构所驱动的。大多数编译器从源程序的结构中提取精华以形成一个**抽象语法树**（AST），它省略了不必要的语法细节。语法分析器用**单词**（token，也称为标记）构建 AST，单词是用于定义编程语言语法的基本符号。语法结构识别是**语法分析**的重要组成部分。

语义分析在程序语法结构的基础上检查其含义（语义）。它扮演着双重角色——既通过执行各种正确性检查（例如，强制施行类型和作用域规则）来完成分析任务，又是**综合阶段**的开始。

在综合阶段，源语言构造被翻译成程序的**中间表示**（Intermediate Representation，IR）。也有些编译器直接生成目标代码。如果生成了一个 IR，它就会作为代码生成器组件的输入，代码生成器组件真正生成所需的机器语言程序。可以选择用一个优化器转换 IR，以便生成更高效的程序。图 1.4 展示了所有这些编译器组件的常见组织方式。下面将更详细地描述这些组件。第 2 章介绍了一个简单的编译器，为本章概述的许多概念提供了具体示例。

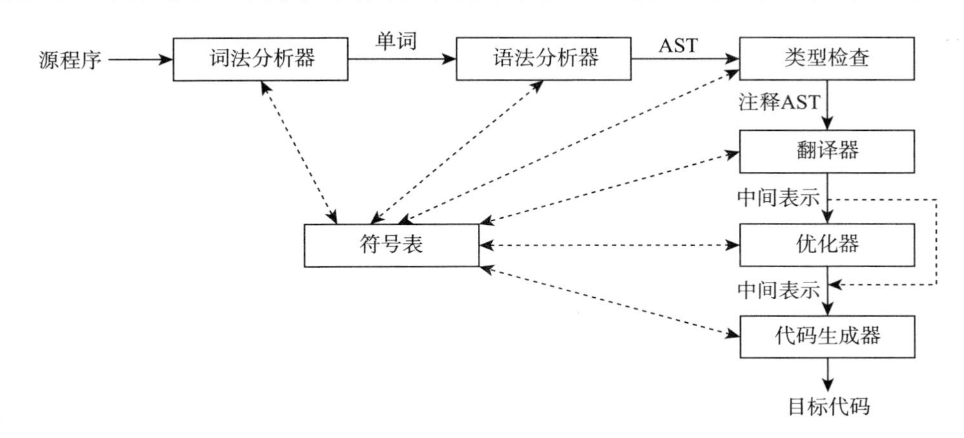

图 1.4 一个语法制导编译器

1.5.1　词法分析器

词法分析器（scanner）通过（逐字符）读取输入文本开始分析源程序，将单个字符分组为标识符、整数、保留字和分隔符等**单词**。编译器的几个步骤连续地将输入的程序生成更高层的表示，词法分析器是第一步。单词被编码（通常为整数）并提供给语法分析器进行语法分析。必要时，还会传递组成单词的实际字符串，以供语义分析阶段使用。词法分析器的具体工作如下：

- 将程序转换成紧凑而统一的格式（单词流）。
- 去除无用信息（如注释）。
- 处理编译器控制指示（例如，打开或关闭清单以及包含来自指定文件的源文本）。
- 有时将初步信息输入符号表中（例如，登记出现的标签或标识符）。
- 可选地格式化和列出源程序。

词法分析的主要工作是构建单词，这通常由单词描述驱动。正则表达式（regular expression）表示法（将在第 3 章中讨论）是描述单词的一种有效方法。**正则表达式**是一种形式化的表示法，它足够强大，可以描述现代编程语言所需的各种单词。此外，它还可以被用作有限自动机（将在第 3 章中讨论）的自动生成规范，有限自动机可以识别**正则集**（regular set），即正则表达式定义的集合。正则集的识别是**词法分析器生成器**（scanner generator）的基础。词法分析器生成器是一种程序，只需提供给它要识别的单词的描述，它就能生成一个可工作的词法分析器。词法分析器生成器是一种有价值的编译器构建工具。

1.5.2　语法分析器

语法分析器（parser）基于形式化的语法规范，如 CFG。它读取单词并根据语法规范将它们分组为短语。我们将在第 2 章和第 4 章讨论文法，在第 5 章和第 6 章讨论语法分析。语法分析器通常由语法分析器生成器（parser generator）从 CFG 创建的分析表来驱动。

语法分析器会验证语法的正确性。如果发现语法错误，则会发出适当的错误消息。此外，它还可以修复错误（以形成一个语法上合法的程序）或从错误中恢复（以允许恢复语法分析过程）。在许多情况下，**语法错误恢复**（syntactic error recovery）或**修复**（repair）可以通过查询由合适的语法分析器生成器创建的结构来自动完成。

当识别出语法结构时，语法分析器通常构建一棵 AST 作为程序结构的简明表示。然后 AST 将作为语义处理的基础。我们将在第 2 章和第 7 章中讨论 AST。

1.5.3　类型检查器

类型检查器检查每个 AST 节点的**静态语义**（static semantics）。也就是说，它验证节点表示的程序构造是否合法且有意义（是否所有涉及的标识符都已声明、类型是否正确等）。如果构造在语义上是正确的，类型检查器通过向 AST 节点添加一个类型信息来**注释**（decorate）它。如果发现语义错误，则发出适当的错误消息。

类型检查完全依赖于源语言的语义规则。它独立于编译器的目标语言。

1.5.4　翻译器

如果一个 AST 节点在语义上是正确的，那么就可以将它转换成能够正确实现 AST 节点含义的 IR 代码。例如，一个 `while` 循环的 AST 包含两棵子树，一棵子树表示循环表达式，另一棵子树表示循环体。但是，AST 中没有显式地捕捉 `while` 循环语句循环的概念！当 `while` 循环的 AST 转换成 IR 形式时，这个含义就被捕捉到了。在 IR 中，检测循环控制表达式的值并有条件地执行循环体的概念就显式地表达出来了。

翻译器主要受源语言语义的支配。目标机器的特性几乎无须显现。为了便于翻译，可能会利用目标机器的一些通用方面（例如，机器是可字节寻址的或是有一个运行时栈）。但是，关于目标机器性质的详细信息（可用指令、寻址方式、寄存器特征等）留到代码生成阶段才会涉及。

在简单的无优化编译器中，翻译器可以直接生成目标代码，而无须使用显式 IR。由于删除了整个翻译阶段，编译器的设计得以简化。然而，这也使得将编译器迁移到另一台机器变得更加困难。大多数作为教学性质项目实现的编译器直接从 AST 生成目标代码，而不使用 IR。

更复杂的编译器，如 **GNU 编译器套件**（GNU Compiler Collection，GCC），可能首先生成高层的 IR（面向源语言），随后将其转换为低层的 IR（面向目标机器）。这种方法可以更清晰地分离源和目标依赖关系。

1.5.5 符号表

符号表（symbol table）是这样一种机制，它允许将信息与标识符相关联，并在编译器各阶段之间共享。每当程序中声明或使用标识符时，就可以通过符号表访问收集到的关于该标识符的信息。符号表在类型检查期间广泛使用，但是其他编译器阶段也可以使用它来输入、共享，以及稍后检索关于类型、变量、过程和标签的信息。编译器可以选择使用其他结构在编译器阶段之间共享信息。例如，可以扩展、细化 AST 这样的程序表示，以提供优化器、目标代码生成器、链接器、加载器和调试器所需的详细信息。

1.5.6 优化器

优化器（optimizer）分析翻译器生成的 IR 代码，并将其转换成功能等价但经过改进的 IR 代码。这个阶段可能很复杂，经常涉及许多子阶段，其中一些子阶段可能需要进行多次。为了加快翻译速度，大多数编译器允许关闭优化。尽管如此，一个精心设计的优化器可以通过简化、移动或消除不必要的计算来显著提高程序的执行速度。

如果同时使用了高层和低层 IR，则可以分阶段执行优化。例如，一个简单的子例程调用可以扩展为子例程的主体，用实际参数代替形式参数。这是一个高层优化。或者，已经从内存中读取的值可以被重用。这是一个低层优化。

优化也可以在目标代码生成*之后*进行。**窥孔优化**（peephole optimization）就是一个例子。窥孔优化每次检查生成的代码中的几个指令（一个“窥孔”）。常见的窥孔优化包括消除乘 1 或加 0 的指令，消除当值已经在一个寄存器中时将其读入另一个寄存器的操作，以及用一条具有相同效果的指令替换一个指令序列。窥孔优化器不能提供与全局优化器相同的收益。然而，它可以显著地改进代码，并且通常有助于在早期编译器阶段之后进行“清理”。

1.5.7 代码生成器

由翻译器生成的 IR 代码被**代码生成器**（code generator）映射为目标机器代码。这个阶段需要关于目标机器的详细信息，并涉及特定于机器的优化，如寄存器分配和代码调度。通常，代码生成器是手工编写的，可能相当复杂，因为生成好的目标代码需要考虑许多特殊情况。

自动构造代码生成器的思想已被广泛研究。基本方法是将底层 IR 匹配到目标指令模板，代码生成器会自动选择最匹配 IR 指令的目标机器指令。这种方法令编译器的目标机器细节局部化，并且至少原则上使得将编译器迁移到新的目标机器变得容易。自动迁移是一个特别理想的目标，因为将编译器迁移到新机器上通常需要做大量的工作。如果能通过简单地更改目标机器模板集并（从模板）生成新的代码生成器，从而实现编译器的迁移，将是非常吸引人的。

使用这些技术的一个著名的编译器是 GCC [GNU]。GCC 是一个高度优化的编译器，在超过 30 个计算机体系结构（包括 Intel、Sparc 和 PowerPC）上都有实现，并且至少有 6 个前端（包括 C、C++、Fortran、Ada 和 Java）。

1.5.8 编译器编写工具

最后，请注意，在讨论编译器的设计和构造时，我们经常谈到**编译器编写工具**（compiler writing tool）。它们通常被包装为**编译器生成器**（compiler generator）或**编译器的编译器**（compiler compiler）。这种软件包通常包含词法分析器生成器和语法分析器生成器。其中某些还包含符号表管理器、属性文法求值器和代码生成器。更高级的软件包可以帮助生成错误修复模块。

这些类型的生成器有助于构建编译器，但是打造一个编译器的大部分工作在于编写和调试语义阶段。这种例程可能有很多（显然每个不同的 AST 节点都需要一个类型检查器和一个翻译器），并且通常是手工编写的。明智地应用**访问者模式**（visitor pattern）可以显著减少这方面的工作，并令编译器更容易维护。第 2 章和第 7 章介绍了访问者模式在语义分析中的应用。

1.6 程序设计语言和编译器设计

我们的主要兴趣是现代编程语言的编译器的设计和实现。这方面研究的一个有趣之处在于编程语言的设计和编译器的设计如何相互影响。编程语言的设计明显地影响着编译器的设计，实际上经常是前者支配着后者。许多微妙的编译器技术都是由于需要处理某些编程语言构造而产生的。这方面的一个很好的例子就是为处理形式过程而发明的**闭包**（closure）机制。闭包是函数的一种特殊的运行时表示。它通常被实现为指向函数体及其执行环境的指针。虽然闭包的概念从编程语言设计的角度来看是有吸引力的，但是有效地实现闭包对编译器的设计者来说是一个挑战 [App92，Ken07]。

编译器设计的最新水平也强烈地影响着编程语言的设计，这只是因为无法有效编译的编程语言很难被接受。大多数成功的编程语言设计者（如 Java 语言开发团队）都有丰富的编译器设计背景。

一种易于编译的编程语言通常有以下优点：

- 通常更容易学习、阅读和理解。如果某个特性难以编译，那么它很可能也难以理解。
- 在各种各样的机器上都有高质量的编译器。这对于一门语言的成功通常是至关重要的。例如，C、C++、Java 和 Fortran 都是广泛可用的，并且非常流行；Ada 和

Modula-3 的可用性有限，而且远没有那么受欢迎。

- 通常会生成更好的目标代码。在主流应用程序中，低质量的目标代码可能是致命的。
- 编译器的漏洞更少。如果一种语言不容易理解，那么在语言设计的困难区域就会出现偏差。这反过来又会导致不同编译器对程序含义的解释不同。
- 编译器将更小、更便宜、更快、更可靠且使用更广泛。
- 编译器诊断消息和程序开发工具通常也会更好。

在对编译器设计的讨论中，我们分析了许多语言的设计思路、解决方案和缺点。我们主要关注的是 Java 和 C，但也考虑了 Ada、C++、Smalltalk、ML、Pascal 和 Fortran。我们将重点放在 Java 和 C 上，因为它们代表了现代语言设计所带来的问题。我们考虑其他语言，是为了确定可选的编译器设计方法。

1.7 计算机体系结构和编译器设计

计算机体系结构和微处理器制造的进步引领了计算机革命。曾经，能够提供 megaflop（每秒百万次浮点运算）性能的计算机被认为是先进的。而如今已有了提供 teraflop（每秒万亿次浮点运算）性能的计算机，而 petaflop 计算机（每秒千万亿次浮点运算）也已变成只是包装（和冷却）足够数量的个人计算机的问题。同时，每台单独的计算机本身通常是一个多处理器系统，每个处理器可能具有多**核**，而每个核提供独立的线程控制。

编译器设计者负责将这种巨大的计算能力提供给程序员使用。尽管编译器对应用程序的最终用户来说很少是可见的，但它是一种基本的使能技术。在有效利用现代计算平台的能力方面会遇到很多问题，如下：

- 一些流行的体系结构，特别是 Intel x86 系列的指令集是高度不统一的。一些操作必须在寄存器中完成，而另一些操作可以在内存中完成。通常存在许多不同类别的寄存器，每个类别只适用于一类特定的操作。
- 支持高级编程语言操作并不总是那么容易。虚方法调度、动态堆访问和**反射编程**（reflective programming）构造可能需要成百上千条机器指令来实现。异常、线程和并发管理的实现通常比大多数用户想象的要昂贵和复杂。
- 基本的架构特性，如硬件缓存、分布式处理器和内存，很难以一种架构独立的方式呈现给程序员。而这些特性的误用会造成巨大的性能损失。
- 有效地使用大量处理器一直是应用程序开发人员和编译器设计者面临的挑战。许多开发人员对于编译器在不改变应用程序的情况下就能充分利用大型系统有不切实际的期望。在编译器不断改进的同时 [Wol95，AK01]，语言也在不断进化 [CGS+05] 来应对这些挑战。

对于某些编程语言来说，为了提高执行速度，放弃了对数据和程序完整性的运行时检查。这样，由于担心额外的检查会使执行速度降低到不可接受的程度，可能无法检测出编程错误。对于大多数编程工作来说，软件开发的成本和程序失败的后果会扭转这种趋势。例如，Java 实现的复杂性主要体现在如何有效地实施它所要求的运行时完整性约束。

1.8 编译器设计考虑

编译器通常侧重于特定类型的部署或用户基础。在本节中，我们将研究一些影响编译器设计的常见设计准则。

1.8.1　调试编译器

像 CodeCenter [Cod] 这样的**调试编译器**（debugging compiler）是专门为帮助程序开发和调试而设计的。它仔细检查程序，详细说明程序员的错误。通常它可以容忍或修复小错误（例如，插入一个缺失的逗号或括号）。有些程序错误只能在运行时检测到。这些错误包括无效的下标、指针的误用和非法的文件操作。

这些编译器可能包含可以检测出运行时错误的代码检查阶段，并启动符号调试器。尽管调试编译器在教学环境中特别有用，但诊断技术在所有编译器中都很有价值。在过去，开发编译器只在程序开发的初始阶段使用。当程序接近完成时，编译切换到**产品编译器**（production compiler），这样可以通过忽略诊断问题来提高编译和执行速度。这个策略被东尼·霍尔（Tony Hoare）比作在陆地帆船课上穿着救生衣，但在海上却丢弃了救生衣[Hoa89]! 事实上，越来越明显的是，对于几乎所有的应用程序来说，可靠性都比速度更重要。例如，Java 要求运行时检查，而 C 和 C++ 不要求。

对以质量为首要考虑因素的生产系统来说，检测可能的或实际的运行时错误是至关重要的。像 purify [pur] 这样的工具可以为已经编译的程序添加初始化和数组边界检查，因此即使在源文件不可得的情况下也可以检测到非法操作。其他工具如 Electric Fence [Piz99] 可以检测动态存储问题，如缓冲区溢出和不恰当地释放存储。

1.8.2　优化编译器

优化编译器（optimizing compiler）是专门为生成高效的目标代码而设计的，其代价是增加编译器的复杂性和可能增加编译时间。在实践中，所有产品质量的编译器（其输出将用于日常工作）都会付出一些努力来生成质量良好的目标代码。例如，通常不会为表达式 i+0 生成任何加法指令。

术语优化编译器实际上用词不当。这是因为即使再复杂的编译器也不能为所有程序生成最优代码。原因有两个：首先，理论计算机科学已经证明，即使是像两个程序是否等价这样简单的问题也是**不可判定的**（undecidable），这类问题通常不可能由任何计算机程序回答，因此，找到程序最简单（且最有效）的翻译并不总是可行的；其次，许多程序优化所需的时间与待编译的程序大小存在指数函数关系，因此，即使理论上可行，最优代码在实践中也常常是不可行的。

优化编译器实际上使用各种各样的变换来提高程序的性能。优化编译器的复杂性正是来自需要使用各种变换，而其中一些变换相互干扰。例如，将经常使用的变量保存在寄存器中可以减少它们的访问时间，但会增加过程和函数调用的开销，因为需要在调用时保存寄存器。许多优化编译器提供了多个优化级别，随着级别的提高会以越来越高的成本提供越来越大的代码改进。选择哪个级别的改进是最有效（且代价最低）的是一个有赖于判断和经验的问题。第 13 章讨论了一些特定于目标代码生成的优化，比如寄存器分配。第 14 章详细介绍了优化编译器的理论，包括**数据流框架**（data flow framework）和**静态单赋值形式**（static single-assignment form）。关于全面优化编译器的进一步讨论超出了本书的范围。然而，以合理的代价生成高质量代码的编译器是一个可以实现的目标。

1.8.3　可重定位编译器

编译器是为特定的编程语言（源语言）和特定的目标计算机（编译器将为其生成代码的

计算机）而设计的。由于存在着各种各样的编程语言和计算机，显然必须编写大量相似但不完全相同的编译器。虽然这种情况对我们这些从事编译器设计工作的人来说是有益的，但它确实会造成大量的重复工作和编译器质量上的巨大差异。因此，对于编程语言设计者、计算机架构师和编译器设计者来说，**可重定位编译器**（retargetable compiler）已经成为一个越来越重要的概念。

我们可以改变可重定位的编译器的目标体系结构而无须重写与机器无关的组件。可重定位编译器比普通编译器更难编写，因为必须小心地局部化目标机器的依赖项。此外，由于存在特殊情况且机器特性很难利用，可重定向编译器通常很难生成与普通编译器一样高效的代码。尽管如此，由于可重新定位编译器允许分担开发成本，并提供跨计算机的一致性，因此它是一项重要的创新。在讨论编译原理时，我们将集中讨论针对单个机器的编译器。第11章和第13章涵盖了实现可重定位所需的一些技术。

1.9 集成开发环境

在实践中，编译器只是程序开发周期中使用的一种工具而已。开发人员要编辑程序、编译程序并测试其性能。在开发应用程序时，这个循环会重复很多次，通常是为了响应规范更改和发现的错误。**集成开发环境**（Integrated Development Environment，IDE）已经成为一种在单个框架中集成这一循环的流行工具。IDE允许增量地构建程序，并完全集成了程序检查和测试。当然，IDE中的一个重要组件是它的编译器。IDE对编译器提出如下特殊要求：

- 大多数IDE在代码输入时就会提供关于语法和语义问题的即时反馈。
- IDE关注的重点通常是一个程序的源代码，对于任何派生文件（如目标代码），则会在用户视图之外进行仔细管理。
- 大多数IDE提供快捷键或鼠标操作，以便在程序开发过程中提供相关信息。例如，一个程序可能有一个对象引用o，开发人员可能希望看到可以在o上调用的方法。这些信息取决于o声明的类型以及该类型对象上定义的方法。

我们关注的是传统的**批编译**（batch compilation）方法，在这种方法中，我们翻译整个源文件。但是，我们开发的许多技术都可以转换为**增量**（incremental）形式以支持IDE。例如，语法分析器可以只重新解析程序中被修改过的部分[GM80，WG97]，而类型检查器可以只分析AST中受程序修改影响的部分。另一种方法是将编译器编写为多趟源码扫描方式，其第一趟扫描足够快，以便向IDE提供其所需的信息。后续的扫描可以完成编译过程并生成越来越复杂的代码。

总结

在本书中，我们将集中讨论C、C++和Java的翻译。在第11章中，我们使用JVM作为目标平台，在第13章中，我们讨论RISC处理器的代码生成，比如MIPS和Sparc架构。在代码生成阶段，研究了当前各种旨在充分利用处理器能力的技术。与打造编译器的其他部分一样，经验是最好的指南。在第2章中，我们从翻译一种非常简单的语言开始，逐步完成更有挑战性的翻译任务。

习题

1. 我们介绍的编译模型本质上是面向批处理的。特别是，它假定已经编写了整个源程序，并且在程序员可以执行程序或做任何更改之前，程序将被完整编译。一个有趣且重要的替代方法是**交互式编译**

器（interactive compiler）。交互式编译器通常是集成程序开发环境的一部分，它允许程序员交互式地创建和修改程序，在检测到错误时修复错误。它还允许在程序全部完成之前进行测试，从而提供逐步实现和测试。

重新设计图 1.4 中的编译器结构，以允许增量编译。（关键思路是允许编译器各个阶段运行或重新运行而无须进行完整的编译。）

2. 大多数编程语言，如 C 和 C++，都直接编译成“真正的”微处理器的机器语言（例如，Intel x86 或 Sparc）。Java 采用了不同的方法。它通常被编译成 JVM 的机器语言。JVM 并无自有的微处理器实现，而是在一些现有的处理器上解释执行的。这使得 Java 可以在各种机器上运行，从而使其高度独立于平台。

   解释为什么为虚拟机（如 JVM）构建解释器比构建完整的 Java 编译器更容易、更快。这种虚拟机方法的缺点是什么？

3. C 编译器几乎都是用 C 编写的，这就产生了一个“鸡和蛋”的问题——第一个特定系统的 C 编译器是如何创建的？如果需要为系统 Y 上的 X 语言创建第一个编译器，一种方法是创建一个*交叉编译器*（cross-compiler）。交叉编译器运行在系统 Z 上，但生成系统 Y 的代码。

   从一个运行在系统 Z 上的 X 语言的编译器开始，你可以使用交叉编译为 X 语言创建一个编译器，它用 X 语言编写，在系统 Y 上运行，生成系统 Y 的代码。解释这是如何做到的。

   如果系统 Y 是“裸”的，也就是没有任何操作系统或任何语言的编译器，会出现什么问题？（回想一下，UNIX 是用 C 编写的，因此必须在其工具可用之前进行编译。）

4. 交叉编译假设某个机器上存在一个 X 语言的编译器。当创建一种新语言的第一个编译器时，这个假设就不成立了。在这种情况下，可以采用**自举**（bootstrapping）方法。首先，选择 X 语言的一个子集，它足以实现一个简单的编译器。接下来，用任何可用的语言为 X 的子集编写一个简单的编译器。这个编译器必须是正确的，但不应过于复杂，因为它很快就会被丢弃。接下来，在 X 的子集中重写 X 的子集的编译器，然后用之前创建的子集编译器进行编译。最后，X 的子集及其编译器可以得到增强，直到有一个用 X 编写的完整的 X 编译器可用为止。

   假设你正在自举 C++ 或 Java（或其他类似的语言）。勾勒出一个合适的语言子集。其中必须有哪些语言特性？还有什么其他特性是必要的？

5. 开发人员已经创造了像 TeX 和 LaTeX 这样的语言，用于创建可付印的文档。这些语言可以被看作编程语言的变体，其输出控制打印机或显示器。源语言命令控制诸如间距、字体选择、字号和特殊符号等细节。使用图 1.4 中的语法制导的编译器结构，对于翻译 TeX 或 LaTeX 输入时的每个编译阶段，描述可能发生怎样的处理过程。

   另一种“编程”文档的方法是使用一个复杂的编辑器，比如在 Microsoft Word 或 Adobe FrameMaker 中所提供的，以交互方式输入和编辑文档。（编辑操作允许选择字体、选择字号、输入特殊符号等。）这种文档编辑方法称为**所见即所得**（WYSIWYG），因为文档的准确形式总是可见的。

   这两种方法的相对优缺点是什么？普通编程语言是否也存在类似的对应方式？

6. 虽然编译器是为翻译特定语言而设计的，但通常允许调用其他语言（通常是 Fortran、C 或汇编语言）编写的子程序。为什么允许这种“外部调用”？它们在哪些方面使编译变得复杂？

7. 大多数 C 编译器（包括 GCC 编译器）允许用户检查为给定源程序生成的机器指令。通过这样的 C 编译器运行下面的程序，并检查为 `for` 循环生成的指令。接下来，重新编译程序，启用优化，并重新检查为 `for` 循环生成的指令。有哪些改进？假设程序把所有时间都花在 `for` 循环上，估计获得的加速比。编写一个合适的 C 主函数，分配和初始化一个百万元素的数组以传递给 `proc`。执行程序的非优化和优化版本并计时，评估你的估计的准确性。

```
int proc(int a[]) {
    int sum = 0, i;
    for (i=0; i < 1000000; i++)
       sum += a[i];
```

```
    return sum;
}
```

8. C 语言有时被称为**通用汇编语言**（universal assembly language），因为能够在各种各样的计算机体系结构上非常高效地实现它。根据这一特性，一些编译器编写工具选择生成 C 代码而不是特定的机器语言作为其输出。这种编译方法的优点是什么？有什么缺点吗？
9. 许多计算机系统提供交互式调试器（例如 gdb 或 dbx）来帮助用户诊断和纠正运行时错误。尽管调试器是在编译器完成其工作之后很长时间才运行的，但这两个工具仍须合作。编译器必须提供哪些（程序翻译之外的）信息来支持有效的运行时调试？
10. 假设你有一个源程序 P。通过重整其格式（添加或删除空格、制表符和回车）、系统地重命名其变量（例如，所有的 sum 都改为 total）以及重排变量和子程序定义的顺序，可以将它转换成一个等价程序 P'。

    虽然 P 和 P' 是等价的，但它们可能看起来完全不同。如何修改编译器来比较两个程序并确定它们是否等价（或非常相似）？在什么情况下这种工具会有用？
11. **软件相似性度量**（Measure Of Software Similarity，MOSS）[SWA03] 工具可以检测用各种现代编程语言编写的程序之间的相似性。它的主要应用是检测计算机科学课程中提交的程序的相似性，这种相似性可能意味着抄袭。理论上，检测两个程序的等价性是一个**不可判定的**问题，但尽管有这个限制，MOSS 在寻找相似性方面做得很好。

    研究 MOSS 用来寻找相似性的技术。MOSS 与其他检测抄袭的方法有何不同？

第 2 章
Crafting a Compiler

一个简单的编译器

在本章中，我们通过考虑一个非常小的语言的简单翻译任务来概述编译过程。这种语言称为 ac，即*加法计算器*（adding calculator）的简称，它包含两种形式的数值数据类型，允许数值的计算和打印，并提供一组变量名来保存计算结果。

为了简化编译器的表示和实现，我们将编译过程分解为一系列阶段。每个阶段负责编译过程的一个特定方面。早期阶段分析输入程序的语法，目的是生成程序基本信息的抽象表示以用于翻译。随后的阶段对树进行分析和变换，最终用目标语言生成输入程序的翻译。

ac 语言及其编译非常简单，便于相对快速地概述编译器的各个阶段及其相关的数据结构。后续章节将介绍进行更重要翻译任务所必需的工具和技术。本章给出了一些代码片段来说明编译器各阶段的基本概念。

2.1 ac 语言的一个非形式化定义

我们的语言叫作 ac（*加法计算器之意*）。与大多数编程语言相比，ac 相对简单，但用它研究编译器的各阶段和数据结构恰到好处。我们首先非形式化地定义 ac。

类型 大多数编程语言都提供大量的预定义数据类型，并能扩展现有类型或声明新的数据类型。在 ac 中，只有两种数据类型：integer 和 float。integer 类型是一个十进制数字序列，同大多数编程语言一样。float 类型允许小数点后有 5 位小数。

关键字 大多数编程语言都有许多**保留关键字**（reserved keyword），比如 if 和 while，如果未保留为关键字，它们就可以用作变量名。在 ac 中，有三个保留关键字，简单起见，每一个都限定为一个字母：f（声明一个 float 变量）、i（声明一个 integer 变量）和 p（打印一个变量的值）。

变量 一些编程语言坚持在使用变量名之前要通过指定变量的类型来声明变量。ac 语言只提供了 23 个可能的变量名，取自小写罗马字母并排除了三个保留关键字 f、i 和 p。它也要求变量在使用前必须声明。

大多数编程语言都会给出在什么情况下可以将给定的类型转换为另一种类型的规则。在某些情况下，这种**类型转换**（type conversion）由编译器自动处理，而在其他情况下，则需显式语法[例如**类型转换**（cast）]来允许类型转换。在 ac 中，从 integer 类型到 float 类型的转换是自动完成的，在任何情况下都不允许反向转换。

对于翻译目标，我们用广泛使用的程序 dc（*台式计算器*，desk calculator），这是一个使用**逆波兰表示法**（Reverse Polish Notation，RPN）的基于栈的计算器。当我们将一个 ac 程序转换成 dc 程序时，生成的指令必须是 dc 程序所能接受的，并且必须忠实地表示 ac 程序中指定的操作。基于栈的语言常常被当作翻译目标，因为它们有助于实现紧凑的表示。例如，将 Java 翻译为 **Java 虚拟机**（JVM），将 ActionScript 翻译为 Flash 媒体的 AVM2，以及将可打印文档翻译为 PostScript。因此，我们可以将 ac 编译为 dc 看作对这类大型系统的研究。

2.2 ac 的形式化定义

在将 ac 翻译为 dc 之前，我们首先必须理解 ac 语言的语法和语义。上面的非正式定义一般来说可以描述 ac，但其太模糊而不能作为形式化定义。因此，我们遵循大多数编程语言的范例，使用**上下文无关文法**（Context-Free Grammar，CFG）来说明 ac 语言的语法，并使用**正则表达式**（regular expression）来说明语言的基本符号。

2.2.1 语法规范

我们将在第 4 章中详细讨论 CFG，现在只是将 CFG 简单地看作一组**产生式**（production）或称**重写规则**（rewriting rule）。图 2.1 给出了 ac 语言的 CFG。为了提高可读性，同一个符号的多个产生式可以一起说明，在第一个产生式中使用箭头（分隔该符号和剩余部分），并使用竖线符号分隔多个产生式。例如，`Stmt` 在每个产生式中扮演相同的角色：

```
Stmt → id assign Val Expr
     | print id
```

这些产生式指出 `Stmt` 可以被两个符号串中的一个替换。在第一条规则中，用表示标识符赋值的符号重写 `Stmt`。在第二条规则中，`Stmt` 重写为表示打印标识符值的符号。

1	Prog	→	Dcls Stmts $
2	Dcls	→	Dcl Dcls
3		|	λ
4	Dcl	→	floatdcl id
5		|	intdcl id
6	Stmts	→	Stmt Stmts
7		|	λ
8	Stmt	→	id assign Val Expr
9		|	print id
10	Expr	→	plus Val Expr
11		|	minus Val Expr
12		|	λ
13	Val	→	id
14		|	inum
15		|	fnum

图 2.1　ac 语言的上下文无关文法

产生式中会引用两种符号：终结符（terminal）和非终结符（nonterminal）。**终结符**是一种不能重写的语法符号。例如，在图 2.1 中，没有产生式指出如何重写符号 `id`、`assign` 和 `$`。而另一方面，图 2.1 中的确包含**非终结符** `Val` 和 `Expr` 的产生式。为了提高语法的可读性，我们约定非终结符以大写字母开头，而终结符都用小写字母。

考虑某种我们感兴趣的编程语言的 CFG。CFG 负责该编程语言中所有语法正确的程序的形式化的且相对紧凑的定义。为了生成这样一个程序，我们从一个特殊的非终结符开始，它被称为 CFG 的**开始符号**（start symbol），通常是文法的第一条规则的**左部**（Left-Hand Side，LHS）的符号。例如，图 2.1 中的开始符号是 `Prog`。从开始符号开始，我们用它的某个产生式的**右部**（Right-Hand Side，RHS）替换它。

我们继续在推导出的符号串中选择某一个非终结符，找到该非终结符的一个产生式，并用此产生式右部的符号串替换该非终结符。作为一种特殊情况，符号 λ 表示空串，指出在产生式的右部没有符号。特殊符号 `$` 表示输入流或文件的结束。

我们继续应用产生式重写非终结符，直到没有非终结符剩下。任何能以这种方式生成的终结符串都被认为是语法上有效的。任何其他符号串都有**语法错误**（syntax error），不是一个合法的程序。

为了说明图 2.1 中的文法如何定义了合法的 ac 程序，图 2.2 给出了一个合法 ac 程序的推导过程，从开始符号 `Prog` 开始。每行表示推导中的一个步骤。在每行中，最左边的非终结符（用尖括号括起来）被下一行方框中的文本替换。右边的列显示了完成推导步骤的产生式编号。例如，在第 8 步应用产生式 `Stmt` → `id assign Val Expr` 以达到第 9 步。

注意，文法中的一些产生式使用递归规则从一个非终结符生成无限的符号序列。例如，`Stmts` → `Stmt Stmts`（规则 6）允许生成任意数量的 `Stmt` 符号。在图 2.2 中，每次使用递归规则（步骤 7、11 和 17）都会再生成一个 `Stmt`。在第 19 步应用 `Stmts` → λ（规则 7）时，递归终止，从而导致剩下的 `Stmts` 符号被消除。规则 2 和规则 3 的作用类似，可生成任意数量的 `Dcl` 符号。

步骤	句型	产生式编号
1	⟨Prog⟩	
2	⟨Dcls⟩ Stmts $	1
3	⟨Dcl⟩ Dcls Stmts $	2
4	floatdcl id ⟨Dcls⟩ Stmts $	4
5	floatdcl id ⟨Dcl⟩ Dcls Stmts $	2
6	floatdcl id intdcl id ⟨Dcls⟩ Stmts $	5
7	floatdcl id intdcl id ⟨Stmts⟩ $	3
8	floatdcl id intdcl id ⟨Stmt⟩ Stmts $	6
9	floatdcl id intdcl id id assign ⟨Val⟩ Expr Stmts $	8
10	floatdcl id intdcl id id assign inum ⟨Expr⟩ Stmts $	14
11	floatdcl id intdcl id id assign inum ⟨Stmts⟩ $	12
12	floatdcl id intdcl id id assign inum ⟨Stmt⟩ Stmts $	6
13	floatdcl id intdcl id id assign inum id assign ⟨Val⟩ Expr Stmts $	8
14	floatdcl id intdcl id id assign inum id assign id ⟨Expr⟩ Stmts $	13
15	floatdcl id intdcl id id assign inum id assign id plus ⟨Val⟩ Expr Stmts $	10
16	floatdcl id intdcl id id assign inum id assign id plus fnum ⟨Expr⟩ Stmts $	15
17	floatdcl id intdcl id id assign inum id assign id plus fnum ⟨Stmts⟩ $	12
18	floatdcl id intdcl id id assign inum id assign id plus fnum ⟨Stmt⟩ Stmts $	6
19	floatdcl id intdcl id id assign inum id assign id plus fnum print id ⟨Stmts⟩ $	9
20	floatdcl id intdcl id id assign inum id assign id plus fnum print id $	7

图 2.2 使用图 2.1 中的文法推导出一个 ac 程序

2.2.2 单词规范

到目前为止，CFG 形式化定义了组成语言的终结符序列。我们还必须指明与每个终结符相对应的实际输入字符。在图 2.1 的 ac 文法中，符号 `assign` 是一个终结符，但在输入流中，它是以字符 `=` 出现的。终结符 `id` 可以是除 `f`、`i` 和 `p` 以外的任何字母，这几个字符在 ac 中被**保留**作特殊用途。在大多数编程语言中，可以对应于 `id` 的字符串实际上是无限的，而 `if` 和 `while` 这样的单词通常是保留关键字。

除了文法的终结符之外，语言定义通常还包括注释、空格和编译指示等元素，在输入流中，这些元素必须被正确地识别为单词。语言的单词的形式化规范通常是将**正则表达式**与每个单词关联起来，如图 2.3 所示。正则表达式的完整介绍可在 3.2 节中找到。

Terminal	Regular Expression
floatdcl	"f"
intdcl	"i"
print	"p"
id	[a – e] | [g – h] | [j – o] | [q – z]
assign	"="
plus	"+"
minus	"-"
inum	$[0-9]^+$
fnum	$[0-9]^+.[0-9]^+$
blank	$(" ")^+$

图 2.3 ac 单词的正式定义

图 2.3 中的规范从语言保留关键字（f、i 和 p）的规则开始。id 的规范使用符号 | 来指明四个集合的并集，每个集合都是一个字符范围，因此 id 是非保留的任何小写字母字符。inum 的规范允许一个或多个十进制数字。fnum 类似于 inum，只是它后面还跟着一个小数点，然后是一个或多个数字。

图 2.4 展示了对底部所示的输入流应用 ac 的单词规范。与输入流相对应的单词显示在输入流的上方。为了节省空间，单词 blank 未显示。

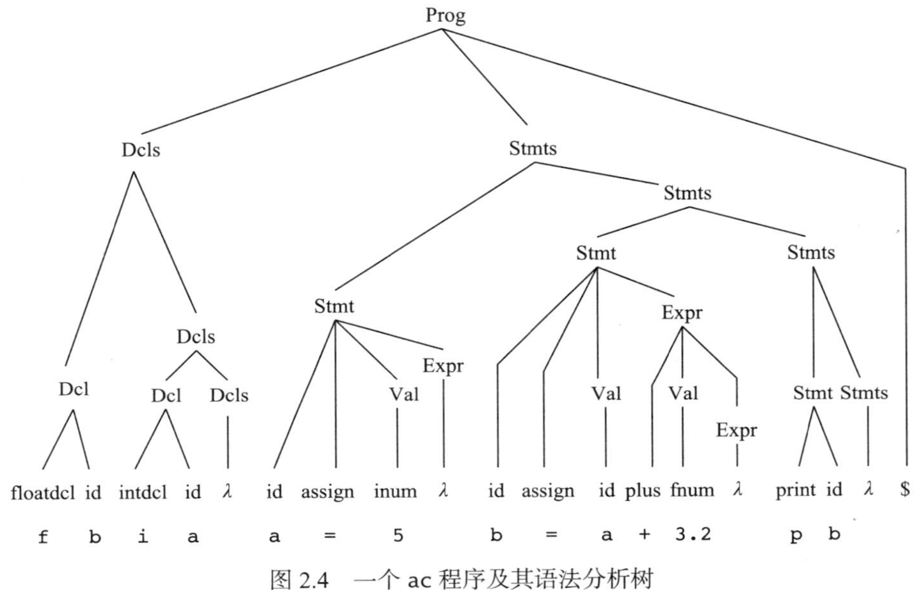

图 2.4　一个 ac 程序及其语法分析树

接下来，我们考虑编译图 2.4 所示 ac 程序所涉及的阶段。图 2.2 中以文本形式显示的推导过程可以表示为推导树（或称语法分析树），如图 2.4 所示。输入流可以使用第 3 章中介绍的技术自动转换为单词流。

在接下来的几节中，我们将探究 ac 语言编译过程的每个步骤，假设输入将产生如图 2.2 所示的推导。虽然处理有些简化，但目标是显示每个阶段的目的和数据结构。

2.3　一个简单编译器的各阶段

本章的剩余部分介绍了一个简单的 ac 编译器，结果如图 1.4 所示。翻译过程的各个阶段如下：

1）词法分析器从文本文件中读取 ac 源程序，并生成一个单词流。例如，像 5 和 3.2 这样的字符串被识别为单词 inum 和 fnum。保留关键字（如 f 和 p）与变量名（如 a 和 b）会被区分开来。对于更复杂的语言，第 3 章中介绍的技术在很大程度上自动化了这一任务。

2）语法分析器处理词法分析器生成的单词，确定单词流在语法上是否有效，并创建适合编译器后续活动的**抽象语法树**。鉴于 ac 的简单性，我们使用第 5 章中介绍的递归下降（recursive-descent）风格为其编写专门的语法分析器。虽然这类语法分析器在很多情况下都能很好地工作，但第 6 章介绍了一种更流行的自动生成语法分析器的技术。

3）遍历语法分析任务创建的 AST 以创建一个符号表（symbol table）。此表将类型和其他上下文信息与 ac 程序中使用的变量联系起来。大多数编程语言允许使用数量不限的变量名。第 8 章中将更一般地讨论处理符号的技术。ac 可以极大地简化这个任务，它最多允许使用 23 个变量名。

4）遍历 AST 以执行语义分析（semantic analysis）。对于 ac，这种分析是相当少的。对于大多数编程语言，可能需要对 AST 进行多趟扫描，以执行在语法分析任务中难以检查的编程语言规则。语义分析经常对 AST 的一些部分进行注释或转换，使得这些部分的实际意义变得更加清晰。例如，运算符 + 的 AST 节点可能被替换为 + 的实际含义，可能是浮点加法或整数加法。

5）遍历 AST 以生成原程序的翻译。一些必要工作（如寄存器分配及程序优化的机会）可以作为代码生成之前的阶段实施。对于 ac，翻译非常简单，通过一次代码生成扫描即可完成。

2.4 词法分析

词法分析器的工作是将字符流转换成**单词**流，其中每个单词代表某个终结符的一个实例。基于正则表达式自动构造词法分析器的严谨方法（如图 2.3 所示）将在第 3 章中介绍。本节中要做的工作非常简单，可以手工完成。图 2.5 显示了一个基本的、专门的词法分析程序的伪代码，它可以找到 ac 语言的单词。词法分析程序找到的每个单词都包含以下两个组成部分：

- 单词的类型解释了在终结符字母表中单词的成员关系。一个给定的终结符的所有实例具有相同的单词类型。
- 单词的**语义值**（semantic value）提供了关于单词的额外信息。

对于 plus 这样的终结符，不需要语义信息，因为只有一个单词（+）可以对应于该终结符。其他终结符（如 id 和 num）则需要语义信息，以便编译器能记录扫描的是哪个标识符或数字。

图 2.5 中的词法分析程序首先跳过任何空格，找到单词的开头。我们通常指示词法分析器忽略注释和只用于格式化文本的符号（如空格和制表符）。接下来，词法分析程序使用一个超前字符（PEEK 方法）确定下一个单词是 num 还是其他终结符。由于用于扫描数字的代码相对复杂，因此将其归入 ScanDigits 过程，如图 2.6 所

```
function Scanner( ) returns Token
    while s.peek( ) = blank do call s.advance( )
    if s.EOF( )
    then ans.type ← $
    else
        if s.peek( ) ∈ {0,1,...,9}
        then ans ← ScanDigits( )
        else
            ch ← s.advance( )
            switch (ch)
                case {a,b,...,z} − {i,f,p}
                    ans.type ← id
                    ans.val ← ch
                case f
                    ans.type ← floatdcl
                case i
                    ans.type ← intdcl
                case p
                    ans.type ← print
                case =
                    ans.type ← assign
                case +
                    ans.type ← plus
                case -
                    ans.type ← minus
                case default
                    call LexicalError( )
    return (ans)
end
```

图 2.5 ac 语言的词法分析程序。变量 s 是一个输入字符流

```
function ScanDigits( ) returns token
    tok.val ← " "
    while s.peek( ) ∈ {0,1,...,9} do
        tok.val ← tok.val + s.advance( )
    if s.peek( ) ≠ "."
    then tok.type ← inum
    else
        tok.type ← fnum
        tok.val ← tok.val + s.advance( )
        while s.peek( ) ∈ {0,1,...,9} do
            tok.val ← tok.val + s.advance( )
    return (tok)
end
```

图 2.6 在 ac 语言程序中寻找单词 inum 或 fnum

示。否则，词法分析程序将移动到下一个输入字符（使用 ADVANCE），这足以确定下一个单词。

对于大多数编程语言来说，词法分析器的工作并不容易。一些单词（+）可以是其他单词（++）的前缀；其他单词，如注释和字符串常量，在识别过程中会涉及特殊符号。例如，字符串常量通常用引号括起来。如果这种特殊符号是以其字面含义出现在字符串常量中，那么通常用特殊字符反斜杠（\）将其**转义**（escape）。可变长度的单词，如标识符、常量和注释，必须逐字符匹配。如果下一个字符是当前单词的一部分，就处理它。直到下一个字符不能成为当前单词一部分时，词法分析就完成了。一些输入文件可能包含不对应任何单词的字符序列，应将其标记为错误。

图 2.6 中寻找 `inum` 和 `fnum` 的代码是为这两个单词专门编写的，但其构造逻辑是模仿单词的正则表达式。编译器构造中反复出现的一个主题是使用这种有基本原理作为基础的方法和模式来指导编译器各个阶段的构建。

虽然图 2.5 和图 2.6 中的代码展示了词法分析器的特点，但我们要强调的是，构造词法分析器的最可靠和最方便的方法是从正则表达式自动构造，如第 3 章所述。通过这种方法构造的词法分析器是正确且相当高效的，前提是为单词提供一组正确的正则表达式说明。

2.5　语法分析

语法分析器负责确定词法分析程序提供的单词流是否符合该语言的语法规范。在大多数编译器中，文法不仅用于定义编程语言的语法，还用于指导语法分析器的自动构造，如第 4 ～ 6 章所述。在本节中，我们将使用一种称为*递归下降*的著名语法分析技术为 `ac` 构建一个语法分析器，在第 5 章中将对该技术进行更全面的介绍。

递归下降是在实际编译器中使用的最简单的语法分析技术之一。其名称取自相互递归的语法分析例程，实际上，这些例程在推导树上向下遍历。在递归下降语法分析中，文法中的每个非终结符都有一个相关联的*语法分析例程*，它负责确定单词流是否包含可从该非终结符推导出的单词序列。例如，非终结符 `Stmt` 与图 2.7 所示的语法分析过程相关联。

```
procedure STMT()
    if ts.PEEK() = id                              ①
    then
        call MATCH(ts, id)                         ②
        call MATCH(ts, assign)                     ③
        call VAL()                                 ④
        call EXPR()                                ⑤
    else
        if ts.PEEK() = print                       ⑥
        then
            call MATCH(ts, print)
            call MATCH(ts, id)
        else
            call ERROR()                           ⑦
end
```

图 2.7　`Stmt` 的递归下降语法分析例程。变量 *ts* 是一个输入单词流

接下来，我们将演示如何从图 2.1 中的文法为非终结符 `Stmt` 和 `Stmts` 编写递归下降语法分析例程。2.5.1 节解释了语法分析器如何预测应用哪个产生式，2.5.2 节解释了选取产生式后应进行哪些操作。

2.5.1 预测语法分析例程

每个例程首先检查下一个输入单词，来预测应该应用哪个产生式。例如，Stmt 有两个产生式：

Stmt→id assign Val Expr
Stmt→print id

在图 2.7 中，标记①和⑥显示应根据下一个输入单词的检查结果来确定选取两个产生式中的哪一个：

- 如果 id 是下一个输入单词，则语法分析接下来必须使用生成的第一个终结符为 id 的规则。因为 Stmt → id assign Val Expr 是 Stmt 的规则中唯一一个生成的首终结符为 id 的，因此它必为单词 id 唯一预测出的规则。图 2.7 中的标记①执行此检测。

我们称 Stmt → id assign Val Expr 的**预测集**（predict set）是 { id }。

- 类似地，如果 print 是下一个输入单词，标记⑥处的检测会预测出产生式 Stmt → print id。Stmt → print id 的预测集是 { print }。
- 最后，如果下一个输入单词既不是 id 也不是 print，则两个规则都不会被预测。假设 STMT 例程只在应该推导非终结符 Stmt 的地方被调用，那么输入必有语法错误，标记⑦报告此错误。

计算 STMT 中使用的预测集相对容易，因为 Stmt 的每个产生式都以一个不同的终结符（id 或 print）开始。但是，考虑 Stmts 的产生式：

Stmts→Stmt Stmts
Stmts→λ

如图 2.8 所示，STMTS 的预测集很难通过简单检查产生式计算出来，原因如下：

- 产生式 Stmts → Stmt Stmts 以非终结符 Stmt 开始。为了找到预测此规则的终结符，我们又必须去寻找那些预测 Stmt 的任何（*any*）规则的符号。幸运的是，我们已经在图 2.7 中完成了这一工作。图 2.8 中标记⑧处的谓词就是检查下一个单词是否为 id 或 print。
- 产生式 Stmts → λ 推导不出任何（*no*）符号，因此我们必须转而查看在此产生式之后会出现什么符号。语法分析（见第 4 章）会显示，$ 是唯一可能，因此在标记⑪处预测出 Stmts → λ。

```
procedure STMTS()
    if ts.PEEK() = id or ts.PEEK() = print                ⑧
    then
        call STMT()                                       ⑨
        call STMTS()                                      ⑩
    else
        if ts.PEEK() = $                                  ⑪
        then
            /*  do nothing for λ-production          */  ⑫
        else  call ERROR()
end
```

图 2.8　Stmts 的递归下降语法分析例程

计算预测集的一般分析方法将在第 4 章和第 5 章中介绍。

2.5.2　实现产生式

一旦预测出一个给定的产生式，递归下降例程就会执行代码来遍历该产生式，逐个符号进行处理。例如，图 2.7 中的产生式 Stmt → id assign Val Expr 推导出 4 个符号，这些符号将按 id、assign、Val 和 Expr 的顺序处理。递归下降例程中处理这些符号的代码如标记②、③、④和⑤处所示：

- 当遇到像 id 这样的终结符时，在代码中放入函数调用 MATCH(*ts*, id)，如图 2.7 中的标记②所示。如果期望的单词 id 确实是输入流中的下一个单词，MATCH 例程（代码在图 5.5 中显示）会简单地消耗掉它。如果找到其他单词，则输入流有语法错误，会发出恰当的消息。标记②之后的调用尝试匹配 assign，这是产生式中的下一个符号。

  在图 2.7 和图 2.8 中，对 MATCH 的调用对应产生式中的终结符。
- Stmt → id assign Val Expr 中最后两个符号是非终结符。对文法中每个非终结符，递归下降语法分析器中有相应例程负责其推导。因此，标记④处的代码调用与非终结符 Val 关联的例程 VAL。最后，对最后一个符号调用 EXPR 例程。

  在图 2.8 中，为 Stmts → Stmt Stmts 执行的代码首先在标记⑨处调用 STMT，然后在标记 ⑩ 处递归调用 STMTS。递归调用的出现代表相互引用的文法产生式。递归下降语法分析器名称的由来是语法分析器的例程相互调用的方式。
- 会遇到的唯一其他符号是 λ，就是在 Stmt → λ 中。对于这种产生式，从非终结符推导不出任何符号。因此，这些规则没有对应的代码执行，如图 2.8 中的 ⑫ 处所示。

对图 2.1 中的文法，使用上述方法为每个非终结符编写一个例程，即可完成递归下降语法分析器的构造。

2.6　抽象语法树

词法分析器和语法分析器一起完成编译器的**语法分析**阶段。它们确保编译器的输入符合语言的单词规范和 CFG 规范。编译的过程从词法分析和语法分析开始，接下来是一些在语法分析过程中可能很难执行，甚至不可能执行的方面：

- 大多数编程语言规范包括一些用普通文字描述的、在 CFG 中不能说明的方面。例如，强类型语言要求符号的使用方式与其类型声明保持一致。对于允许声明新类型的语言，CFG 不能预先假定这些类型的名称，也不能假定它们正确使用的方式。即使某种语言固定了类型集合，保证正确使用通常也需要某种**上下文敏感性**（context sensitivity），而这在 CFG 中显然是无法说明的。

有些语言使用相同的语法来描述在 CFG 中无法清楚地表达其含义的短语。例如，Java 中的短语 x.y.z 可以表示一个包 x、一个类 y 和一个静态字段 z。这个短语还可以表示一个局部变量 x、一个字段 y 和另一个字段 z。事实上，还有很多其他含义：Java 提供了（6 页）规则来确定对于一个给定编译过程中出现的给定的包和类，一个给定的短语的哪种可能的解释是成立的。

大多数语言允许**重载**（overload）运算符，以表示多种实际运算。例如，运算符 + 可以表示数值加法或字符串拼接。有些语言允许在程序本身中定义运算符的含义。

在上述所有情况下，编程语言的 CFG 单独提供的信息不足以理解程序的全部含义。

- 对于相对简单的语言，**语法制导翻译**（syntax-directed translation）可以在语法分析过程中执行程序翻译的几乎所有方面。以这种方式编写的编译器可能比每个阶段对程序执行单独一趟扫描的编译器更有效。然而，从软件工程的角度来看，分离活动和关注点形成多个阶段（例如语法分析、语义分析、优化和代码生成）会令生成的编译器更容易编写和维护。

针对上述问题，我们可以考虑使用语法分析树作为语法分析得到的结构，并将其用于剩余阶段。然而，如图 2.4 所示，即使对于非常简单的文法和输入，这种树也可能相当大且过于详细。

因此，通常的做法是创建一个称为**抽象语法树**（AST）的语法分析构件。这种结构包含来自语法分析树的基本信息，但不包含不必要的标点和分隔符（大括号、分号、小括号等）。例如，图 2.9 显示了图 2.4 的语法分析树对应的 AST。在语法分析树中，有 8 个节点专门用于生成表达式 `a + 3.2`，但在图 2.9 中，只需要 3 个节点来显示表达式的本质。

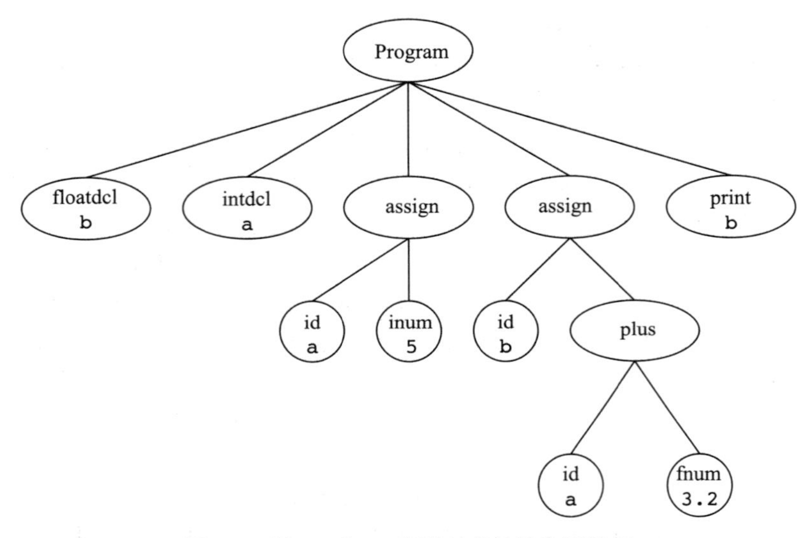

图 2.9　图 2.4 中 ac 程序对应的抽象语法树

AST 作为程序在语法分析之后所有阶段的通用中间表示。这些阶段可以利用 AST 中的信息，用更多的信息注释 AST，或者对 AST 进行变换。因此，在设计 AST 时，必须考虑编译器各阶段的需求。对于 ac 语言，有如下考虑：

- 声明不必以源形式保留。然而，标识符及其声明类型的记录必须被保留，以便于符号表构造和语义类型检查，如 2.7 节所述。图 2.4 的语法分析树中的每个 `Dcl` 都由图 2.9 的 AST 中的单个节点表示。
- 可执行语句的顺序很重要，必须显式表示，这样代码生成（见 2.8 节）就可以按正确的顺序发出指令。
- 赋值语句必须保留计算结果的标识符和计算该结果的表达式。图 2.9 中的每个 `assign` 节点都恰好有两个子节点。
- 表示运算（如 `plus` 和 `minus`）的节点在 AST 中可以表示为指明了运算，并有两个子节点指明对象的节点。
- `print` 语句必须保留要打印的标识符的名字。在 AST 中，标识符直接保存在 `print` 节点中。

在编写编译器的过程中，为了满足编译器各个阶段的需要，通常会重新审视和修改 AST 的设计。如第 7 章所述，面向对象设计模式（如**访问者**模式）促进了 AST 的设计和实现。

2.7 语义分析

下一个要考虑的阶段是**语义分析**，这实际上是一个包罗万象的术语，用于表示任何语法分析后处理，即处理语言定义中难以纳入语法分析的方面。这种处理的例子包括：

- 处理声明和名字作用域以构造一个符号表（symbol table），使得标识符的声明和使用得以恰当协调。
- 检查语言内置类型和用户自定义类型的一致性。
- 处理操作和存储引用，使得在程序表示中类型依赖的行为显现出来。

对于 ac 语言，我们主要关注语义分析的两个方面：符号表构造和类型检查。

2.7.1 符号表

在 ac 中，标识符必须先声明后使用，但在语法分析过程中很难确保这一要求。符号表构造是一种语义处理活动，它遍历 AST 以在**符号表**（symbol table）中记录所有标识符及其类型。在大多数语言中，可能的标识符的集合本质上是无穷的。在 ac 中，一个程序最多能使用 23 个不同的标识符。因此，一个 ac 符号表有 23 个条目，指示每个标识符的类型：`integer`、`float` 或 `null`（未使用）。在大多数编程语言中，与符号相关联的类型信息还包括其他属性，如标识符的可见作用域、存储类和保护属性。

为了创建 ac 符号表，我们遍历 AST，遇到符号声明节点时触发符号表上的适当效果。具体可以让 `floatdcl` 和 `intdcl` 这样的节点实现一个名为 *SymDeclaration* 的接口（或从一个空类继承），该接口实现了一个方法来返回声明的标识符的类型。在图 2.10 中，VISIT(*SymDeclaration n*) 显示了应用在符号声明节点上的代码。当发现一个声明时，ENTERSYMBOL 检查给定的标识符之前是否声明过。图 2.11 显示了为我们的示例 ac 程序构造的符号表。

```
/*  访问者方法                                              */
procedure VISIT( SymDeclaring n )
    if n.GETTYPE( ) = floatdcl
    then call ENTERSYMBOL(n.GETID( ), float)
    else call ENTERSYMBOL(n.GETID( ), integer)
end

/*  符号表管理                                              */
procedure ENTERSYMBOL(name, type)
    if SymbolTable[name] = null
    then SymbolTable[name] ← type
    else call ERROR("duplicate declaration")
end

function LOOKUPSYMBOL(name) returns type
    return (SymbolTable[name])
end
```

图 2.10　ac 的符号表构造

符号	类型	符号	类型	符号	类型
a	integer	k	null	t	null
b	float	l	null	u	null
c	null	m	null	v	null
d	null	n	null	w	null
e	null	o	null	x	null
g	null	q	null	y	null
h	null	r	null	z	null
j	null	s	null		

图 2.11　为图 2.4 中 ac 程序构造的符号表

2.7.2 类型检查

ac 语言只提供两种类型：`integer` 和 `float`，且程序中所有标识符在使用之前必须进行类型声明。在构造完符号表之后，就知道了每个标识符声明的类型，并且可以检查程序中可执行语句的类型一致性。

大多数编程语言规范都包含一个**类型层次结构**（type hierarchy），它从通用性的角度来比较语言的各种类型。我们的 ac 语言遵循了 Java、C 和 C++ 的传统，其中 float 类型被认为比 integer **更宽**（即更通用）。这是因为每个 integer 都可以用一个 float 表示。而另一方面，对某些 float 值来说，将其**窄化**（narrow）为一个 integer 会丢失精度。

大多数语言允许自动扩展类型，因此可以将一个 integer 转换为一个 float 而无须程序员显式指定这种转换。另一方面，在大多数语言中，一个 float 不能变成一个 integer，除非程序员显式地执行这种转换。

一旦收集了符号类型信息，就可以检查 ac 的可执行语句的类型使用的一致性。这个过程被称为**类型检查**（type checking），自底向上地遍历 AST，从它的叶子一直到根。在每个节点上，应用图 2.12 中恰当的访问者方法（如果有的话）：

- 对于常量和符号引用，访问者方法只是根据节点的内容设置节点类型。
- 对于计算值的节点，例如 plus 和 minus，通过调用图 2.12 中的工具方法来计算其恰当的类型。如果两种类型都是 integer，则计算结果的类型为 integer；否则，结果类型为 float。
- 对于赋值操作，访问者要确保第二个子节点计算的值与被赋值的标识符（第一个子节点）类型相同。

如图 2.12 所示，Consistent 方法负责协调一对 AST 节点的类型，具体步骤如下：

1）函数 Generalize 确定一个可涵盖给定类型对的类型，在所有这种类型中它的通用性是最差的（即最简单的）。对于 ac，如果其中一种类型是 float，则 float 是恰当的类型；否则，使用 integer 就可以了。

2）Convert 过程检查类型转换是否必要，是可能的还是不可能的。一个重要的结果出现在图 2.12 中的标记⑬处。如果尝试从 integer 转换为 float，则将修改 AST 令其显式表示这种类型转换。随后，在对编译器的扫描中（特别是代码生成阶段）即可假设一个类型一致

```
/*   访问者方法                                                   */
procedure VISIT( Computing n )
    n.type ← CONSISTENT(n.child1, n.child2)
end
procedure VISIT( Assigning n )
    n.type ← CONVERT(n.child2, n.child1.type)
end
procedure VISIT( SymReferencing n )
    n.type ← LOOKUPSYMBOL(n.id)
end
procedure VISIT( IntConsting n )
    n.type ← integer
end
procedure VISIT( FloatConsting n )
    n.type ← float
end
/*   类型检查工具程序                                               */
function CONSISTENT(c1, c2) returns type
    m ← GENERALIZE(c1.type, c2.type)
    call CONVERT(c1, m)
    call CONVERT(c2, m)
    return (m)
end
function GENERALIZE(t1, t2) returns type
    if t1 = float or t2 = float
    then ans ← float
    else ans ← integer
    return (ans)
end
procedure CONVERT(n, t)
    if n.type = float and t = integer
    then call ERROR("Illegal type conversion")
    else
        if n.type = integer and t = float
        then
            /*   replace node n by convert-to-float of node n        */ ⑬
        else /* nothing needed */
end
```

图 2.12 ac 的类型分析

的 AST，其中所有操作都是显式的。

对图 2.9 的 AST 应用语义分析的结果如图 2.13 所示。

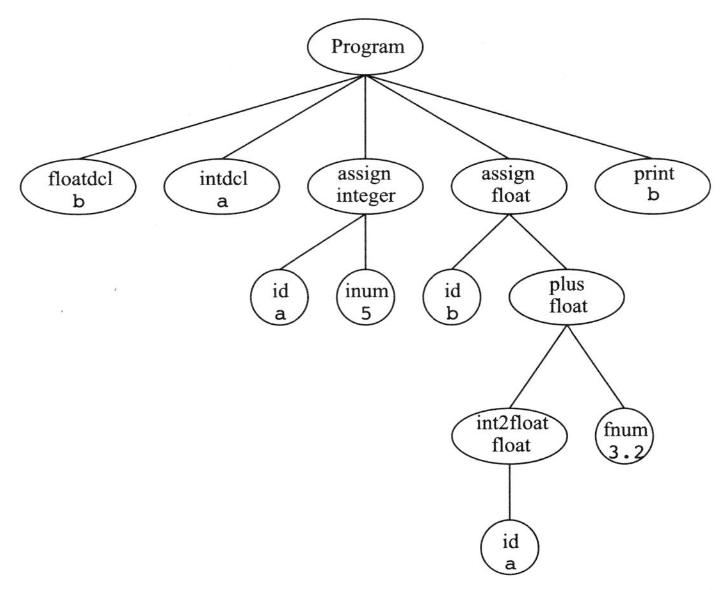

图 2.13　语义分析后的 AST

2.8　代码生成

编译器承担的最后一个任务是生成目标机器指令，这些指令应忠实地表示源程序的语义（含义）。这个过程称为**代码生成**（code generation）。本章的翻译练习包括生成适合 `dc` 程序的源代码，这是一个基于栈机器模型的简单计算器。在**栈机器**（stack machine）中，大多数指令从操作数栈的栈顶或接近栈顶处的内容接收输入，而大多数指令的结果被压栈。像 C# 和 Java 这样的编程语言经常被翻译成可移植的栈机器表示。

第 11 章和第 13 章详细讨论了代码生成。现代编译器通常会根据目标机器指令集的描述自动生成代码。本章的翻译任务非常简单，可以采用特殊的方法。

在语义分析过程中，用类型信息对 AST 进行转换和注释。在选择恰当指令时需要这些信息。例如，大多数计算机上的指令集区分 `float` 和 `integer` 数据类型。

代码生成是通过遍历 AST 来进行的，从它的根节点开始，向叶节点的方向进行处理。像往常一样，我们允许访问者基于节点类型应用处理方法，如图 2.14 所示。

- VISIT(*Computing n*) 为 plus 和 minus 生成代码。首先，递归调用代码生成器为左右子树生成代码。得到的值会位于栈顶，随后生成相应的运算符（标记 ⑮）来执行运算。
- VISIT(*Assigning n*) 导致表达式被求值。然后生成代码来将值保存在恰当的 `dc` 寄存器中。随后计算器的精度被重置为 `integer`，这是通过将小数部分精度设置为 0 实现的（标记 ⑭）。
- VISIT(*SymReferencing n*) 从恰当的 `dc` 寄存器中提取值并压入栈中。
- VISIT(*Printing n*) 有些复杂，因为 `dc` 打印一个值后并不将其从栈顶丢弃。标记 ⑯ 处生成指令序列 `si`，执行弹出栈的操作并将值保存在 `dc` 的寄存器 `i` 中。ac 语言可以很方便地阻止一个程序使用这个寄存器，因为单词 `i` 被保留，用于拼写出终结符

integer。

- VISIT(*Converting n*) 将类型从 integer 改变为 float（标记 ⑰ 处）。这是通过将 dc 的精度设置为小数点后五位数字而实现的。

```
procedure VISIT( Assigning n )
    call CODEGEN( n.child2 )
    call EMIT( "s" )
    call EMIT( n.child1.id )
    call EMIT( "0 k" )                          (14)
end
procedure VISIT( Computing n )
    call CODEGEN( n.child1 )
    call CODEGEN( n.child2 )
    call EMIT( n.operation )                    (15)
end
procedure VISIT( SymReferencing n )
    call EMIT( "l" )
    call EMIT( n.id )
end
procedure VISIT( Printing n )
    call EMIT( "l" )
    call EMIT( n.id )
    call EMIT( "p" )
    call EMIT( "si" )                           (16)
end
procedure VISIT( Converting n )
    call CODEGEN( n.child )
    call EMIT( "5 k" )                          (17)
end
procedure VISIT( Consting n )
    call EMIT( n.val )
end
```

图 2.14 为 ac 生成目标代码

图 2.15 显示了如何为图 2.9 所示的 AST 生成代码。每个部分都显示了为图 2.9 的一棵特定子树生成的代码。即使在这个专门的代码生成器中，也可以看到一种基于基本原则的方法。由 AST 各节点生成的代码序列相互契合，以执行输入程序的指令。虽然真正的编程语言和目标平台的代码生成任务更加复杂，但单独的代码生成片段合力产生更大的效果这一主旨仍然成立。

代码	源程序	注释
5	a = 5	将 5 压栈
sa		弹出栈，将弹出的值保存（s）到寄存器 a
0 k		将精度重置为整数
la	b = a + 3.2	读取（l）寄存器 a，将其值压栈
5 k		将精度设置为浮点数
3.2		将 3.2 压栈
+		加法：5 和 3.2 被弹出栈，它们的和被压栈
sb		弹出栈，将结果保存到寄存器 b
0 k		将精度重置为整数
lb	p b	将寄存器 b 的值压栈
p		打印栈顶值
si		弹出栈，将弹出的值保存到寄存器 i

图 2.15 为图 2.9 所示的 AST 生成代码

这就结束了我们的 ac 语言编译器之旅。随着我们逐步转向编译真正的编程语言，每个阶段都变得更加复杂，但每个阶段的思想都是一样的。在接下来的章节中，我们将讨论如何将本章中描述的许多任务自动化。我们将开发必要的技能，来精心打造编译器的各个阶段，以应对编译实际编程语言时出现的问题。

习题

1. 图 2.1 中显示的 CFG 定义了 ac 程序的语法。解释此文法是如何令你能回答如下问题的。
   1）一个 ac 程序可以只包含声明吗（无语句）？
   2）一个打印语句可以在所有赋值语句之前吗？
2. 有时我们必须修改一个编程语言的语法，这可以通过修改语言所使用的 CFG 来实现。为了实现下列改变，应如何修改 ac 的 CFG（见图 2.1）？
   1）所有 ac 程序都必须包含至少一条语句。
   2）所有 integer 声明必须在所有 float 声明之前。
   3）任何 ac 程序的第一条语句必须是一条赋值语句。
3. 从以下几方面扩展 ac 的词法分析器（见图 2.5）：
   1）floatdcl 既可以表示为 f，也可以表示为 float，以允许更像 Java 的声明语法。
   2）intdcl 既可以表示为 i，也可以表示为 int。
   3）num 的输入可以是指数（科学记数法）形式。一个 ac 的 num 可以有一个可选的带符号指数后缀（1.0e10、123e-22 或 0.31415926535e1）。
4. 为图 2.1 中每个非终结符编写递归下降语法分析例程。
5. 图 2.7 中所示的递归下降代码包含对某些终结符的冗余检测。你如何确定哪些是冗余的？
6. 在某些编程语言中，变量声明后被认为是**未初始化的**（uninitialized）。在 ac 中，必须通过赋值语句为变量赋值，然后才能在表达式或打印语句中正确使用它。
   给出建议：如何扩展 ac 的语义分析（见 2.7 节）来检测在正确初始化之前就使用的变量。
7. 在 ac 的递归下降语法分析器中为其实现语义动作来构造 AST，使用 2.6 节中介绍的设计准则。
8. 图 2.1 中显示的 ac 的文法要求所有声明出现在所有可执行语句之前。在本习题中，扩展 ac 的语言，使得声明和可执行语句可以交叉。但是，一个标识符必须先声明，然后才能出现在可执行语句中。
   1）修改图 2.1 中的 CFG 来适应上述语言扩展。
   2）讨论你所考虑到的对 ac 的 AST 设计的任何修订。
   3）讨论你设想的对 CFG 和 AST 的修改会如何影响语义分析。
9. 为 ac 设计的抽象语法树使用单一节点来表示一个 print 语句（参见图 2.9）。考虑一个替代设计，其中 print 操作总是只有单个 id 子节点，它表示要打印的变量。请对比两种方法所涉及的设计和实现问题。
10. 图 2.10 中的代码检查一个 AST 节点来确定它对符号表的影响。节点访问顺序与符号表构造有关系吗？请解释原因。
11. 图 2.6 扫描一个数据流来查找 inum 或 fnum，这是基于图 2.3 中所示的这些模式对应的正则表达式。图 2.6 中的代码并未检查错误。
    1）在图 2.6 中，哪里可能出现错误？
    2）如果出现错误，你会采取什么行动？
12. 在图 2.15 中生成的最后一个代码片段对 dc 栈执行弹出操作并将结果保存到寄存器 i 中。
    1）为什么选择寄存器 i 保存结果？
    2）可以选择哪些其他的寄存器，且不会对随后生成的代码造成任何影响？

词法分析——理论与实践

在本章中，我们讨论构建词法分析器所涉及的理论和实践问题。为了打造一个编译器，词法分析器的工作（如 2.4 节所介绍的）是将一个输入字符流转换成一个单词流，每个单词对应于编程语言的一个终结符。更一般地说，词法分析器执行由输入字符对应的模式所触发的指定操作。大多数以识别输入中的结构为任务的软件组件中，都能找到词法分析相关的技术。例如，网络数据包的处理、Web 页面的显示以及数字视频和音频媒体的解释都需要某种形式的词法分析。

在 3.1 节中，我们概述了词法分析是如何工作的。3.2 节回顾了 2.2 节中介绍的声明式正则表达式表示法，它特别适合于符号的形式化定义和词法分析器的自动生成。在 3.4 节中，我们研究正则表达式与有限自动机（finite automata）之间的对应关系。3.5 节研究广泛使用的词法分析器生成器 Lex。Lex 使用正则表达式生成一个完整的词法分析器组件，可以单独编译和部署，也可以作为大型项目的一部分进行部署。3.6 节简要地介绍了其他词法分析器生成器。

在 3.7 节中，我们将讨论构建词法分析程序，以及将其与编译器的其余部分集成时需要考虑的实际问题，包括预测可能使词法分析复杂化的单词和上下文、避免性能瓶颈以及从词法错误中恢复。

3.8 节介绍了 Lex 等工具将正则表达式转换为可执行的词法分析器所使用的理论。虽然这些内容对于打造一个编译器并不是严格必要的，但是词法分析的理论基础是优雅的、相对简单的，并且有助于理解词法分析器的能力和局限性。

3.1　词法分析器概述

词法分析程序的主要功能是将字符流转换为单词流。词法分析程序的英文名称有很多，包括“scanner”“lexical analyzer”和“lexer”，这些名称可以互换使用。第 2 章中讨论的 ac 词法分析器很简单，任何合格的程序员都可以编写其代码。在本章中，我们将开发一种全面且系统的词法分析方法，将允许我们为完整的编程语言构造词法分析程序。

我们引入形式符号来指明单词的准确结构。乍一看，这似乎没有必要，因为大多数编程语言中的单词结构都比较简单。然而，单词结构可能比人们想象的更具细节、更微妙。例如，考虑 C、C++ 和 Java 中的**字符串常量**，它们是用双引号括起来的。字符串的内容可以是除双引号以外的任何字符的序列，因为双引号表示字符串的结束。如果需要双引号出现在字符串中表示其符号本身的含义而非字符串的结束，就只能在它前面加反斜杠**转义**（escape）。这个简单的定义真的正确吗？换行符可以出现在字符串中吗？在 C 语言中不能，除非用反斜杠转义。这种表示法避免了“失控字符串”——即缺少右引号，从而匹配了属于其他单词一部分的字符。虽然 C、C++ 和 Java 允许在字符串中使用转义换行符，但 Pascal 禁止这样做。Ada 更进一步，禁止所有不可打印的字符（正是因为它们通常是不可读的）。

类似地，是否允许空（零长度）字符串？ C、C++、Java 和 Ada 都是允许的，但 Pascal 禁止。在 Pascal 中，字符串是由字符组成的压缩数组，长度为零的数组是不允许的。

准确定义单词是必要的，这可以确保词法规则被清楚地陈述和正确地执行。形式化定义还允许语言设计人员预测设计缺陷。例如，几乎所有语言都提供了用于指定特定类型的**有理数常量**（rational constant）的语法。这些常量通常使用十进制数字指定，如 `0.1` 和 `10.01`。符号 `.1` 或 `10.` 也应被允许吗？在 C、C++ 和 Java 中，这样的表示法是允许的，但是在 Pascal 和 Ada 中却不允许。因为词法分析器通常寻求匹配尽可能多的字符，所以 `ABC` 被扫描为一个标识符而不是三个。现在考虑字符序列 `1..10`。在 Pascal 和 Ada 中，这应该被解释为一个范围说明符（`1` 到 `10`）。然而，如果我们在定义单词时不小心，就可能会将 `1..10` 扫描为两个常量 `1.` 和 `.10`，这将立刻导致一个（意想不到的）语法错误。两个常量不能相邻的事实反映在**上下文无关文法**（CFG）中，这是由语法分析器（而不是词法分析器）来保证的。

当给出单词和程序结构的形式化说明时，检查语言的设计缺陷就成为可能。例如，我们可以分析可能彼此相邻的所有单词对，并确定如果这两个单词连接在一起，是否可能被错误地扫描。如果是这样，可能就需要一个分隔符。在标识符和保留字相邻的情况下，一个空格（空白）就足以区分这两个单词。但是，有时可能需要重新设计词法或程序语法。重点是语言设计比人们预期的要复杂得多，而形式化说明允许在设计完成之前发现缺陷。

所有词法分析器都独立于要识别的单词、执行大致相同的功能。因此，从头编写一个词法分析器意味着重新实现所有词法分析器通用组件，这将导致大量重复工作。**词法分析器生成器**（scanner generator）的目标是将构建词法分析器的工作局限为指明它要识别哪些单词。通过使用形式化的符号，我们告诉词法分析器生成器我们想要识别哪些单词。随后，生成一个符合我们给出的规范的词法分词器就是生成器的职责了。有些生成器不能生成完整的词法分析器。取而代之，它们生成一些可与标准驱动程序一起使用的表，两者的组合产生了所需的定制词法分析器。

编写词法分析器生成器所处理的程序是一种**声明式编程**（declarative programming）。也就是说，与普通的或**过程式编程**（procedural programming）不同，我们无须告知词法分析器生成器如何进行词法分析，而只是告知它分析什么。这是一种更高层次的方法，从很多方面来看也是一种更自然的方法。计算机科学最近的许多研究都指向声明式编程风格，例如数据库查询语言和 Prolog（一种“逻辑”编程语言）。声明式编程在一些受限的领域中最为成功，比如词法分析，在词法分析过程中，必须自动做出的实现决策的范围是有限的。尽管如此，计算机科学家长期以来（尚未实现）的一个目标是，根据源语言和目标计算机的属性规范自动生成一个完整的产品级编译器。

虽然本书的主要焦点是生成正确的编译器，但性能有时确实是一个问题，特别是在广泛使用的“产品级编译器”中。令人惊讶的是，尽管词法分析器执行的任务很简单，但如果执行得不好，它们可能成为显著的性能瓶颈。这是因为词法分析器必须一个字符一个字符费力地扫描程序的文本。

假设我们想要实现一个非常快的编译器，它可以在几秒钟内编译一个程序。我们的目标是每分钟 3 万行（每秒 500 行）。（像 Turbo C++ 这样的编译器就能达到这样的速度。）如果一行程序平均包含 20 个字符，编译器必须每秒扫描 1 万个字符。在一个每秒执行 1000 万条指令的处理器上，即使我们只做词法分析，每个输入字符的处理也只能花费 1000 条指令。但是因为词法分析并不是编译器做的唯一的事情，所以每个字符 250 条指令更为现实。考虑到即使是一个简单的赋值也需要在典型处理器上花费好几条指令，这是一个相当紧张的预算。尽管现在普遍使用更快的处理器，但每分钟 3 万行也已经是一个极具挑战的速度了，显然一个编写糟糕的词法分析器会极大地影响编译器的性能。

3.2 正则表达式

正则表达式是用来指明各种简单的（尽管可能是无穷的）字符串集合的一种便捷方法。其实际意义在于可以指明编程语言中使用的单词的结构。特别是，你可以使用正则表达式来进行词法分析器生成器编程。

正则表达式被广泛应用于编译器之外的计算机应用中。例如，UNIX 实用程序 grep 就是使用正则表达式定义在文件中的搜索模式。又如，UNIX shell 在为命令指定文件列表时允许使用一种受限形式的正则表达式。此外，大多数编辑器都提供“上下文搜索”命令，令你能使用正则表达式指明所需的匹配项。

由正则表达式定义的字符串集合称为**正则集**（regular set）。对于词法分析，一个单词类就是一个正则集，其结构由一个正则表达式定义。单词类的一个特定实例有时被称为**词素**（lexeme），但在本书中我们简单地将单词类中的字符串称为该单词的*实例*。例如，对于有效标识符单词集合，如果字符串 abc 匹配定义它的正则表达式，我们就称此字符串是一个标识符。

我们对正则表达式的定义以一个有穷的字符集或称**字母表**（vocabulary，用 Σ 表示）开始。这个字母表通常就是计算机使用的字符集。当今，ASCII 字符集（包含 128 个字符）使用非常广泛。但 Java 使用的是 Unicode 字符集。这个集合包括所有的 ASCII 字符以及各种各样的其他字符。

在正则表达式中，空字符串（表示为 λ）是允许的。符号 λ 表示一个空缓冲区，其中没有尚未匹配的字符。它还表示单词的可选部分。例如，一个整数字面值可以以加号或减号开头，如果它是无符号的，可以以 λ 开头。

字符串是通过字符集 Σ 中的字符连接而构成的（也就是说，通过连接单个字符形成一个字符串）。当我们将字符连接到一个字符串时，其长度会增加。例如，构造字符串 do 首先是将 d 连接到 λ，然后将 o 连接到 d。将任何字符串 s 连接到空字符串，会得到 s。也就是说，$s\lambda \equiv \lambda s \equiv s$。将 λ 连接到一个字符串就像将 0 加到一个整数上一样——什么都没改变。

连接运算可以扩展到字符串集合。设 P 和 Q 是字符串集合。符号 $\in$ 表示集合成员关系。如果 $s_1 \in P$，$s_2 \in P$，则字符串 $s_1 s_2 \in (P\ Q)$。小的有穷集可以通过列出其元素来方便地表示，其中元素可以是单个字符，也可以是字符串。括号用于分隔表达式，可选运算符 | 用于分隔可选项。例如，十个个位数字的集合 D 定义为 $D=(0|1|2|3|4|5|6|7|8|9)$。在本书中，我们经常使用缩写如 $(0|\ldots|9)$ 而不是列举出完整的可选项列表。符号 … 不是正则表达式表示法的一部分。

元字符（meta-character）是任意标点字符或正则表达式运算符。元字符作为普通字符使用时必须用引号括起来，以避免歧义。（任何字符或字符串都可以用引号括起来，但为了增强可读性，应避免不必要的引号。）以下 6 个符号是元字符：( ) ' * + |。表达式 ('(' | ')' | ; | ,) 定义了我们可以在编程语言中使用的四个单字符单词（左括号、右括号、分号和逗号）。用引号括起来的括号表示它们是单个单词，而不是更大的正则表达式中的分隔符。

可选运算符也可以扩展到字符串集合。设 P 和 Q 是字符串集合。那么字符串 $s \in (P|Q)$ 当且仅当 $s \in P$ 或 $s \in Q$。例如，如果 LC 是小写字母的集合，UC 是大写字母的集合，则 $(LC|UC)$ 表示所有字母的集合（大小写均包括）。

大型集合（或无穷集）可以方便地用有穷字符集和字符串集合的运算来表示。可使用的运算包括连接和可选，第三个运算是**克林闭包**（Kleene closure）。运算符 $\star$ 是后缀克林闭包运算符。例如，设 P 是一个字符串集合，则 $P^\star$ 表示从 P 中 0 次（0 次选择用 λ 表示）或多次选择字符串（可能重复）连接而成的所有字符串。又如，$LC^\star$ 是所有仅由小写字母组成的任意长度的单词（包括长度为零的单词 λ）的集合。

准确地说，字符串 $s \in P^\star$ 当且仅当 s 可以被分成零或多个片段：$s = s_1 s_2 \ldots s_n$，使得每个 $s_i \in P (n \geqslant 0, 1 \leqslant i \leqslant n)$。允许 $n = 0$，因此 λ 总是在 $P^\star$ 中。

现在我们已经介绍了正则表达式中使用的运算符，可以如下定义正则表达式了：

- $\varnothing$ 是一个表示空集（不包含字符串的集合）的正则表达式。我们很少使用 $\varnothing$，但出于完整性将其包括在内。
- λ 是一个表示只包含空字符串的集合的正则表达式。这个集合与空集不同，因为它的确包含一个元素。
- 符号 s 是一个正则表达式，它表示 $\{s\}$：一个包含单一符号 $s \in \Sigma$ 的集合。
- 如果 A 和 B 是正则表达式，则 $A|B$、AB 和 $A^\star$ 也是正则表达式。它们分别表示对应正则集的可选、连接和克林闭包。

每个正则表达式都表示一个正则集。任何有穷字符串集合都可以表示为一个形如 $(s_1|s_2|\ldots|s_k)$ 的正则表达式。因此，ANSI C 的保留字可以定义为 (`auto | break | case | ...`)。

下面列出的其他运算也很有用。它们不是严格必要的，因为其效果可以（可能有些笨拙）使用三个标准的正则运算符（可选、连接和克林闭包）来获得：

- P^+ 有时被称为**正则闭包**（positive closure），它表示由 P 中一个或多个字符串连接而得的所有字符串：$P^\star = (P^+|\lambda)$ 及 $P^+ = PP^\star$。例如，表达式 $(0|1)^+$ 是包含一位或多位的所有字符串。
- 如果 A 是一个字符集，则 $\text{Not}(A)$ 表示 $(\Sigma - A)$，即 Σ 中所有不包含在 A 中的字符。由于 $\text{Not}(A)$ 不可能比 Σ 更大，而 Σ 又是有穷的，因此 $\text{Not}(A)$ 必然是有穷的，因而它是一个正则集。$\text{Not}(A)$ 不包含 λ，因为 λ 不是一个字符（它是一个长度为零的字符串）。例如，Not(Eol) 是除 Eol（Java 或 C 中的换行符 \n）之外的所有字符的集合。

  将 Not() 扩展到字符串而不局限于 Σ 是可能的。如果 S 是一个字符串集合，我们可以定义 $\text{Not}(S)$ 为 $(\Sigma^\star - S)$，即除 S 中字符串之外的所有字符串。虽然 $\text{Not}(S)$ 通常是无穷集，但如果 S 是正则集，$\text{Not}(S)$ 也是正则集（见习题 18）。
- 如果 k 是一个常数，则集合 A^k 表示由 A 中 k 个（可能不同）字符串连接形成的所有字符串。即 $A^k = (AAA\ldots)$（k 个拷贝）。因此 $(0|1)^{32}$ 表示长度为 32 位的所有二进制串的集合。

3.3 示例

接下来，我们将提供一些示例，展示使用正则表达式来说明一些通用编程语言的单词。在这些定义中，D 是十个个位数字的集合，L 是所有大小写字母的集合。

- Java 或 C++ 的单行注释以 // 开始，以 Eol 结束，可定义为

$$Comment = //\ (\text{Not(Eol)})^{\star}\text{Eol}$$

这个正则表达式指出，一个注释以两个斜杠开始，以首个换行结束。在注释中，允许任何不包含换行符的字符序列。(这保证了我们看到的第一个换行结束注释。)

- 定点数字面值（例如，12.345）可定义为

$$Lit = D^{+}.D^{+}$$

在小数点两侧都要有一个或多个数字，因此 `.12` 和 `35.` 是被排除在外的。

- 一个可选带符号的整数字面值可定义为

$$IntLiteral = (\text{'+'}\ |-|\ \lambda\ )\ D^{+}$$

一个整数字面值是一个正号或负号或不带符号（λ）后接一个或多个数字。为了避免正号与正则闭包运算符混淆，用引号将其括起来。

- 一个更复杂的例子是用 ## 标记定界的注释，其中允许在注释体中出现单个 #：

$$Comment2 = \#\#\ ((\#\ |\ \lambda)\ \text{Not}(\#))^{\star}\ \#\#$$

在注释体中出现的任何 # 都必须后接一个非 # 符号，使得不会提早形成注释结束标记 ##。

所有有穷集都是正则的，不过某些（但并非全部）无穷集也是正则的。例如，考虑形如 [[[...]]] 的平衡的中括号串。此集合形式化定义为 $\{[^m]^m\ |m\geqslant1\}$，可以证明此集合不是正则集（见习题 14）。问题在于，任何试图定义它的正则表达式要么没有包含所有平衡的嵌套中括号串，要么包含额外的、不需要的字符串。

另一方面，编写一个精确定义平衡中括号串的 CFG 是很简单的。此外，所有正则集都可以由 CFG 定义。因此，中括号的例子表明 CFG 是一种比正则表达式更强大的描述机制。不过，正则表达式对于说明单词级别的语法来说已经足够了。此外，我们可以为每个正则表达式创建一个高效的装置，称为*有限自动机*（finite automaton），它可以准确地识别与正则表达式的模式相匹配的那些字符串。

3.4 有限自动机与词法分析器

有限自动机（finite automaton，FA）可用来识别由正则表达式指明的单词。一个 FA 是一个简单的、理想化的计算机，它识别属于正则集的字符串。一个 FA 包含下列组件：

- 一个有穷的*状态*（state）集合。
- 一个有穷的*字母表*（vocabulary），表示为 Σ。
- 一个*状态转换*（或称*迁移*）的集合，一个状态转换指出，在某个 Σ 中的字符作用下，从一个状态转换到另一个状态。
- 一个特殊的状态，称为*初态*（start state）。
- 一个状态子集，称为*终态*（final state）集或*接受状态*（accepting state）集。

如图 3.1 所示，这些 FA 组件可图形化表示。

FA 也可以用**状态转换图**（transition diagram）来表示，状态转换图由图 3.1 所示的组件组成。给定一个转换图，单词的识别从初态开始。如果下一个输入字符与从当前状态发出的状态转换的标签相匹配，那么我们就转移到它所指向的状态。如果没有可行的状态转换，识别过程将会停止。如果识别过程停止在一个终态，则读取的字符序列将形成一个合法的单

词；否则，就表示没有找到一个合法的单词。在图 3.1 所示的状态转换图中，合法的单词是由正则表达式（a b c$^+$）$^+$ 描述的字符串。

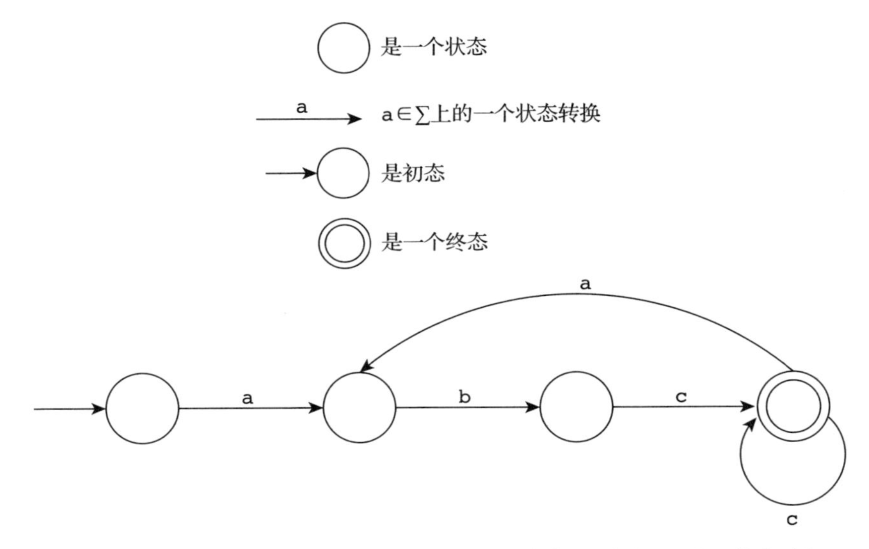

图 3.1　有限自动机图的组件及用它们构造一个能识别（a b c$^+$）$^+$ 的自动机

一个状态转换可以用多个字符标记（例如 Not(c)），这是一种简写形式。如果当前输入字符与状态转换上标记的任何字符匹配，则可以进行状态转换。

确定有限自动机

如果对于一个给定状态和一个给定字符，FA 总是有唯一一个状态转换，则称它是**确定有限自动机**（Deterministic Finite Automaton，DFA）。DFA 易于编程实现，因此常用于驱动词法分析器。在计算机中，一个 DFA 可以用一个**状态转换表**（transition table）方便地表示出来。状态转换表 T 是一个由 DFA 状态和词汇表符号索引的二维数组。表项要么是一个 DFA 状态，要么是一个错误标志（通常表示为空白表项）。如果我们处于状态 s 并读取了字符 c，那么 $T[s,c]$ 将是我们访问的下一个状态，或者 $T[s,c]$ 包含一个错误标志（指示不能用 c 扩展当前单词）。例如，正则表达式

$$//(\text{Not(Eol)})^\star\text{Eol}$$

定义了一个 Java 或 C++ 单行注释，它可以用图 3.2a 中的 DFA 来识别。对应的状态转换表如图 3.2b 所示。

一个完整的状态转换表对每个字符都会包含对应的一列。为了节省空间，有时会使用表压缩。在这种情况下，表中只显式保存非错误条目。这是通过使用哈希或链接结构来实现的 [CLRS01]。

任何正则表达式都可以转换为接受（识别为合法单词）它所表示的字符串集合的 DFA。这种转换可以由程序员手工完成，也可以由词法分析器生成器自动完成。

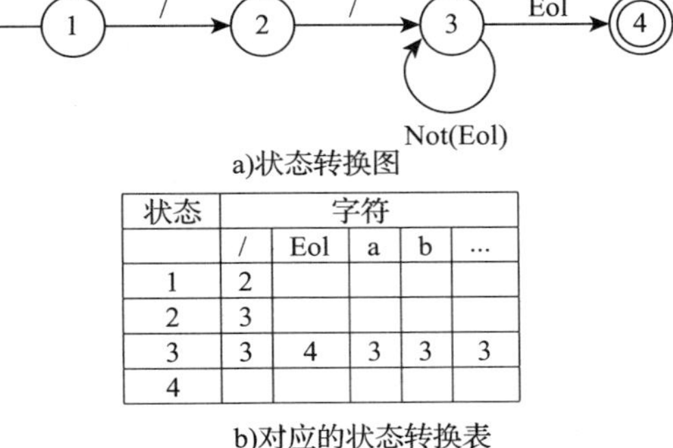

a)状态转换图

状态	字符				
	/	Eol	a	b	…
1	2				
2	3				
3	3	4	3	3	3
4					

b)对应的状态转换表

图 3.2　识别单行注释的 DFA

1. 编写 DFA 程序

DFA 程序的编写可以采用表驱动、显式控制两种方式之一。

在表驱动（table-driven）方式中，定义 DFA 动作的状态转换表显式实现为一个运行时表，此表由一个驱动程序来“解释”。在显式控制（explicit control）方式中，状态转换表是隐式出现的，它实现为程序的控制逻辑。通常，每条程序语句对应不同的 DFA 状态。例如，假设 *CurrentChar* 是当前输入字符。文件结束符由一个特殊的字符值 `Eof` 表示。使用前面展示的识别 Java 注释的 DFA，这两种方法将生成图 3.3 和图 3.4 所示的程序。

```
/★ 假设CurrentChar包含要扫描的第一个字符 ★/
State ← StartState
while true do
    NextState ← T[State, CurrentChar]
    if NextState = error
    then break
    State ← NextState
    CurrentChar ← READ( )
if State∈AcceptingStates
then  /★ 返回或处理合法的单词 ★/
else  /★ 发送一个词法错误信号 ★/
```

图 3.3　解释状态转换表的词法分析器驱动程序

```
/★ 假设CurrentChar包含要扫描的第一个字符 ★/
if CurrentChar = '/'
then
    CurrentChar ← READ( )
    if CurrentChar = '/'
    then
        repeat
            CurrentChar ← READ( )
        until CurrentChar ∈ {Eol,Eof }
    else  /★ Signal a lexical error ★/
else  /★ Signal a lexical error ★/
if CurrentChar = Eol
then  /★ 成功识别出一个注释 ★/
else  /★ 发出一个词法错误信号 ★/
```

图 3.4　显示控制形式的词法分析程序

表驱动形式的词法分析程序通常是由词法分析器生成器生成的，它与特定单词无关。它使用一个简单的驱动程序，可以扫描任何单词——只要状态转换表正确地存储在 T 中。显式控制形式的词法分析程序可以自动生成，也可以手工生成。要扫描的单词被“硬编码”到程序中。这种词法分析器通常易于阅读，而且通常效率更高，但它是特定于单独单词定义的。

下面是另外两个正则表达式的例子及其对应的 DFA：

1）一个类 Fortran 的实数字面值（要求在小数点一侧有数字或两侧都有数字或者是单纯的数字串）可定义为

$$RealLit = (D^+ (\lambda \mid .)) \mid (D^\star \,.\, D^+)$$

它对应图 3.5a 中的 DFA。

2）另一种形式的标识符由字母、数字和下划线组成，以一个字母开头，不允许连续下划线或以下划线结尾。它可以定义为

$$ID = L\,(L \mid D)^\star(\_(L \mid D)^+)^\star$$

此定义包含了 `sum` 或 `unit_cost` 这样的标识符，但不包含 `_one`、`two_` 及 `grand__total`。对应的 DFA 如图 3.5b 所示。

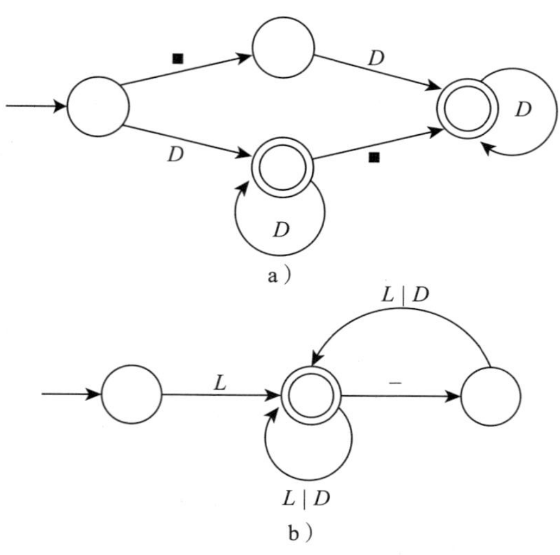

图 3.5　DFA：a）浮点型常数；b）可带内嵌下划线的标识符

2. 转换器

图 3.3 和图 3.4 显示的词法分析程序从输入流的某个位置开始处理字符，以接受它们要识别的单词或是发出一个词法错误作为结束。对于一个词法分析器来说，处理输入

流时不仅能识别出单词，还能将**语义值**（semantic value）与找到的单词相关联，是很有用处的。例如，一个词法分析器能发现输入字符流 `431` 是一个整型常数，但如能同时将 `431` 的值与此单词相关联就更有用了。

如果一个 FA 能对其输入进行分析或转换，而不只是简单地接受单词，我们就称之为**转换器**（transducer）。图 3.5 中显示的 FA 能识别出一种特定的常数和标识符。识别常数的转换器可能负责生成常数的恰当的二进制表示。处理标识符的转换器可能只需要保存标识符的名字。对于某些语言，词法分析器可能需要进一步通过引用**符号表**（symbol table）来对标识符的类型进行分类。

通过基于状态转换来恰当地插入操作，可以将词法分析器转换为转换器。考虑图 3.3 中所示的表驱动词法分析器。图 3.2b 所示的状态转换表表达了基于当前状态和输入符号得到的下一个状态。可以构造与转换表平行的**操作表**（action table）。基于当前状态和输入符号，操作表对 FA 进行相应状态转换时应执行的操作进行编码。编码可以用一个整数表示，然后用 `switch` 语句将其解码，以选择恰当的操作序列。一种更面向对象的方法将操作编码为一个对象实例，该对象实例包含执行操作的方法。

3.5 词法分析器生成器

我们接下来讨论词法分析器生成器的设计，我们首先以一个非常流行的词法分析器生成器 Lex 为案例进行研究。然后，我们简要地讨论其他几个词法分析器生成器。

Lex 是由 AT&T 贝尔实验室的 M.E. 莱斯克（M. E. Lesk）和 E. 施密特（E. Schmidt）开发的。它主要与用 C 或 C++ 语言编写的、运行在 UNIX 操作系统下的程序配合使用。Lex 可生成一个完整的、用 C 语言编写的词法分析器模块，可以编译它并与其他编译器模块链接。Lex 及其用法的完整描述可以在 [LS83] 和 [Joh83] 中找到。Flex [Pax] 是一种广泛使用的、免费发布的 Lex 重新实现版本，它可以生成更快、更可靠的词法分析器。JFlex 是一种类似的工具，与 Java 一起使用 [KD]。通常，合法的 Lex 词法分析器规范可以不加修改地与 Flex 一起使用。

Lex 的操作如图 3.6 所示，步骤如下：

1）向 Lex 提交一份词法分析器规范，其中定义待分析单词及如何处理它们。

2）Lex 生成一个用 C 语言编写的完整的词法分析器程序。

3）编译这个词法分析器，将其与其他编译器组件链接在一起形成一个完整的编译器。

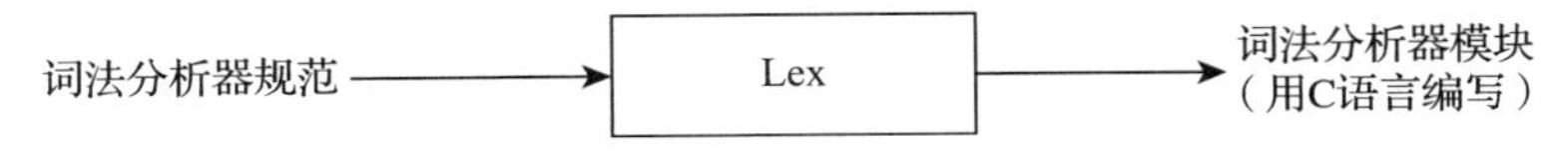

图 3.6 词法分析器生成器 Lex 的操作

在编写词法分析器程序时，使用 Lex 可以节省大量的工作。词法分析器的许多低层细节（高效读取字符、缓冲字符、字符与单词定义的匹配等）不再需要显式编程。相反，我们可以聚焦于单词的字符结构以及如何处理它们。

本节的主要目的是展示如何将正则表达式和相关信息呈现给词法分析器生成器。学习 Lex 的一种有用的方法是，先从这里给出的简单示例开始，然后逐渐推广它们来解决手头的问题。对于没有经验的读者来说，Lex 的规则可能看起来过于复杂。请记住，其中的关键始终是单词的规范（正则表达式）。剩下的只是为了提高效率和处理各种细节。

3.5.1 在 Lex 中定义单词

Lex 的词法分析方法很简单。它允许用户将 C（或 C++）语言编写的命令与正则表达式相关联。当读取的输入字符匹配正则表达式时，就执行相关的命令。除了提供正则表达式外，Lex 的用户并不需要指明如何匹配单词。与正则表达式关联的命令指明当匹配特定的单词时应该做什么。

Lex 创建文件 lex.yy.c，其中包含一个整型函数 yylex()。通常，语法分析程序需要下一个单词时调用这个函数。yylex() 返回的值是 Lex 扫描到的单词代码。空格之类的单词会被简单删除，这只需令它们关联的命令不返回任何内容即可。词法分析会继续进行，直到执行到带有返回值的命令。

图 3.7 展示了一个简单的 Lex 定义，定义了第 2 章中介绍的 ac 语言的三个保留字 f、i 和 p。当找到与这三个保留关键字中的任何一个相匹配的字符串时，将返回恰当的单词代码。当匹配到一个单词时，返回的单词代码与语法分析器所期望的相同，这一点至关重要。如果不是，那么语法分析器将看不到与词法分析器生成的相同的单词序列。这将导致语法分析器基于它看到的不正确的单词流生成虚假的语法错误。

词法分析器和语法分析器共享单词代码的定义，以保证两者看到的值一致，这是一种标准的做法。由 yacc 语法分析器生成器生成的文件 y.tab.h（请参阅第 7 章）通常用于定义共享的单词代码。一个 Lex 程序由三个部分组成，这三个部分由 %% 分隔，结构如图 3.8 所示。

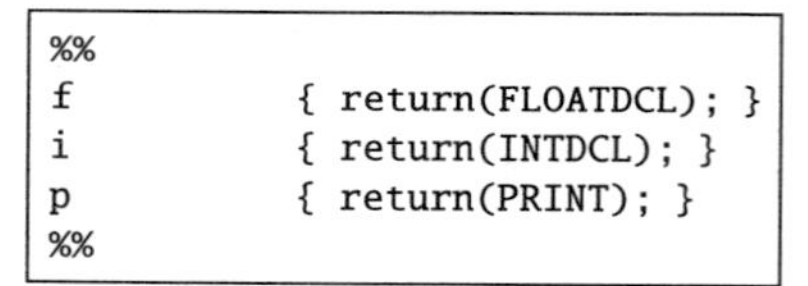

```
%%
f          { return(FLOATDCL); }
i          { return(INTDCL); }
p          { return(PRINT); }
%%
```

图 3.7 ac 的保留字的 Lex 定义

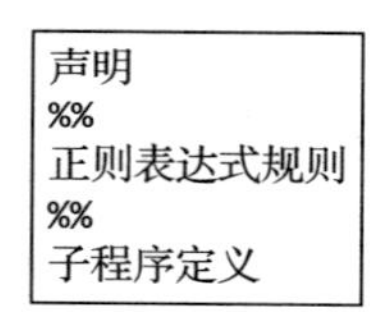

图 3.8 Lex 定义文件的结构

在图 3.7 所示的简单示例中，我们只使用了第二部分，其中指明了正则表达式和对应的 C 代码。这里的正则表达式是简单的单字符字符串，只匹配它们自身。执行的代码返回一个表示恰当 ac 单词的常量值。

我们可以用引号括起表示保留关键字（f、i 或 p）的字符串，但由于这里的字符串不包含分隔符或运算符，所以没必要用引号括起它们。在 Lex 中允许你用引号括起这些字符串以避免产生任何误解。

3.5.2 字符集

到目前为止，我们的规范还不完整。ac 中的其他单词都还没有正确处理，特别是标识符和数字。为此，我们引入一个有用的概念：**字符集**（character class）。一个字符集就是在单词定义中被同等对待的一组字符。在 ac 标识符的定义中，所有的字母（除了 f、i 和 p）组成一个类，它们中的任何一个都可以用来构成一个标识符。类似地，十个数字字符中的任何一个都可以用来构成一个数。

字符集由 [和] 框定，其中的单个字符连接在一起、不使用任何引号或分隔符。但是 \、^、] 和 - 必须被转义，因为它们在字符集中有特殊的保留含义。因此，[xyz] 表示能匹配单个 x、y 或 z 的类。表达式 [\])] 表示能匹配单个] 或) 的类，其中] 是被转义的，这样它就不会被错误地解释为字符集结束符号。

字符范围用一个 - 分隔，例如，[x-z] 与 [xyz] 相同。[0-9] 是所有数字的集合，[a-zA-Z] 是所有大写字母和小写字母的集合。\ 是转义字符，它用于表示不可打印字符，也用于对特殊符号进行转义。遵循 C 语言约定，\n 是换行符（即行尾），\t 是制表符，\\ 是反斜杠符号本身，\010 是编码对应于八进制（以 8 为底）数值 10 的字符。

符号 ^ 表示字符集的补，它是 Not() 运算在 Lex 中的对应表示。例如，字符集 [^xy] 匹配除 x 和 y 之外的任何单个字符。在字符集定义中，^ 符号适用于它后面的所有字符，因此 [^0-9] 是所有非数字字符的集合。[^] 可用于匹配所有字符。（避免在字符集中使用 \0，因为它可能与 C 语言中字符 null 作为字符串结束符的特殊用法混淆。）图 3.9 说明了各种字符集和它们定义的字符集合。

字符集	所表示的字符集合
[abc]	三个字符：a、b和c
[cba]	三个字符：a、b和c
[a-c]	三个字符：a、b和c
[aabbcc]	三个字符：a、b和c
[^abc]	除a、b和c之外的所有字符
[\^\-\]]	三个字符：^、-和]
[^]	所有字符
"[abc]"	不是一个字符集，而是一个五个字符的字符串：[abc]

图 3.9 Lex 字符集定义

我们可以很容易地使用字符集定义 ac 标识符，如图 3.10 所示。字符集包括字符 a 到 e、g 到 h、j 到 o 以及 q 到 z。这样，我们可以简洁地表示可以构成 ac 标识符的 23 个字符，而不必将它们全部列举出来。

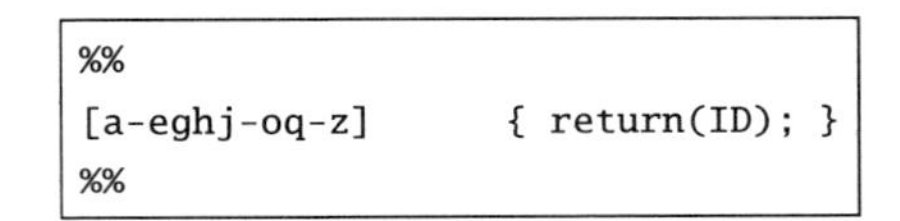

```
%%
[a-eghj-oq-z]       { return(ID); }
%%
```

图 3.10 ac 标识符的定义

3.5.3 使用正则表达式定义单词

在 Lex 中，单词是使用正则表达式定义的。Lex 提供了标准的正则表达式运算符以及一些其他运算符。其中，通过两个表达式的并置来表示连接运算，没有显式的连接运算符。因此 [ab][cd] 将匹配 ad、ac、bc 或 bd 中的任何一个。当单个的字母和数字位于字符集括号之外时，会匹配自身。其他字符应该用引号括起来（以避免被误解为正则表达式运算符）。例如，while（在 C、C++ 和 Java 中使用）可以由表达式 while、"while" 或 [w][h][i][l][e] 匹配。

替代运算符为 |。通常，我们可以用括号控制子表达式的分组。因此，为了匹配保留字 while 并允许任何大小写混合（如 Pascal 和 Ada 中所要求的），我们可以使用 (w|W)(h|H)(i|I)(l|L)(e|E)。

Lex 还提供了后缀运算符 *（克林闭包）和 +（正则闭包）以及 ?（可选包含）。例如，expr? 匹配 0 次或一次 expr，它等价于 (expr)|λ，但避免了显示使用符号 λ。字符 . 匹配任何单个字符（换行符除外）。字符 ^（在字符集之外使用时）匹配一行的开头。与之对应，字符 $ 匹配行尾。因此 ^A.*e$ 可以用来匹配以 A 开头以 e 结尾的整行。现在我们可以使用 Lex 的正则表达式工具定义 ac 的所有单词了，如图 3.11 所示。

回想一下，词法分析器的 Lex 程序包含三个部分。第一部分到目前为止还没有使用过，它包含与字符集和正则表达式相关联的符号名称。符号定义通常可以使 Lex 程序更易读，如图 3.12 所示。每行有一个定义，每行定义包含一个标识符和一个定义字符串，用空格或制表符分隔。符号 { 和 } 表示符号的宏展开。例如，图 3.12 中的表达式 {Blank}+ 展开为 Blank 出现任意次，而 Blank 又被定义为单个空格。

```
%%
(" ")+                                  { /* delete blanks */}
f                                       { return(FLOATDCL); }
i                                       { return(INTDCL); }
p                                       { return(PRINT); }
[a-eghj-oq-z]                           { return(ID); }
([0-9]+)|([0-9]+"."[0-9]+)              { return(NUM);  }
"="                                     { return(ASSIGN); }
"+"                                     { return(PLUS); }
"-"                                     { return(MINUS); }
%%
```

图 3.11 ac 单词的 Lex 定义

```
%%
Blank                                   " "
Digits                                  [0-9]+
Non_f_i_p                               [a-eghj-oq-z]
%%
{Blank}+                                { /* delete blanks */}
f                                       { return(FLOATDCL); }
i                                       { return(INTDCL); }
p                                       { return(PRINT); }
{Non_f_i_p}                             { return(ID); }
{Digits}|({Digits}"."{Digits})          { return(NUM);  }
"="                                     { return(ASSIGN); }
"+"                                     { return(PLUS); }
"-"                                     { return(MINUS); }
%%
```

图 3.12 ac 单词的另一种定义

第一部分还可以包括源代码，用 %{ 和 %} 分隔，放在第二部分的命令和正则表达式之前。此源代码可能包括语句，以及变量、例程和类型声明，这些声明是编译第二部分命令所必需的。例如，

```
%{
#include "tokens.h"
%}
```

可以包含匹配单词时返回的单词值的定义。

Lex 程序的第二部分定义了一个正则表达式及其对应命令（用 C 语言描述）的表。遇到的第一个未被转义的，并且不是一个引号包围的字符串的一部分或是字符集的一部分的空格或制表符，表示正则表达式结束。因此，应该避免在正则表达式中嵌入空格。

当一个表达式被匹配时，与其关联的命令被执行。如果一个输入序列与任何表达式都不匹配，则将其原样复制到标准输出文件中。匹配的输入存储在一个全局字符串变量 yytext（其长度为 yyleng）中。关联的命令可以以任何方式修改 yytext。yytext 的默认大小由 YYLMAX 决定，它最初定义为 200。所有单词，甚至那些将被忽略的单词（如注释），都存储在 yytext 中。因此，你可能需要重新定义 YYLMAX 以避免溢出。扫描注释的另一种方法是使用启动条件 [LS83, Joh83]，这种方法不容易导致 yytext 溢出的危险。Flex 是 Lex 的改进版本，我们将在下一节讨论，它在必要时自动扩展 yytext 的大小。这消除了非常长的单词可能溢出文本缓冲区的危险。

当扫描每个新单词时，yytext 的内容将被覆盖。因此，当希望返回单词的文本时必须小心，要避免直接返回 yytext 的引用。更安全的做法是在下次调用 yylex() 之前复制

yytext 的内容（如使用 strcpy()）。

Lex 允许正则表达式重叠（即匹配相同的输入序列）。在重叠的情况下，使用两条规则来确定匹配哪个正则表达式：

1）执行尽可能长的匹配。在决定可以匹配多少个字符时，Lex 会自动缓冲字符。

2）如果两个表达式完全匹配相同的字符串，则首选靠前的表达式（按照 Lex 程序中定义的顺序）。

保留字通常是标识符的模式的特殊情况，因此应将它们的定义放在定义标识符单词的正则表达式之前。**包罗万象**（catchall）模式通常放在第二部分的最后，它用于捕获不匹配任何前面模式的字符，因此可能是词法错误。回想一下，. 匹配任何单个字符（换行符除外）。它在包罗万象模式中非常有用。但是，要避免使用 .* 这样的模式，因为它会消耗下一个换行符之前的所有字符。

3.5.4　使用 Lex 处理字符

虽然 Lex 经常用于生成词法分析器，但它实际上是一种使用正则表达式编程的通用的字符处理工具。Lex 不提供字符转换机制，因为这太特殊了。在返回单词代码之前，我们可能需要处理单词文本（存储在 yytext 中）。这通常通过在正则表达式关联的命令中调用子例程来完成。这些子例程的定义可以放在 Lex 程序的最后一部分。例如，在将标识符返回给语法分析器之前，我们可能需要调用一个子例程将其插入符号表中。对于 ac，下面这行代码即可完成这一工作

```
{Non_f_i_p}          {insert(yytext); return(ID);}
```

其中 insert 在最后才定义。或者，insert 的定义可以放在包含符号表例程的单独的文件中。这样，如果更改 insert 并重新编译，就不需要重新运行 Lex。

在 Lex 中，文件结束符不由正则表达式处理。当调用 yylex() 时，如果一开始就到达文件尾，会自动返回一个预定义单词 EndFile（单词代码为 0）。由语法分析器负责将返回值零识别为单词 EndFile。

如果必须扫描多个源文件，这个事实就隐藏在词法分析器机制中。yylex() 使用三个用户定义函数来处理字符级 I/O：

```
input()     读取单个字符，到达文件尾时返回零。
output(c)   写单个字符到输出。
unput(c)    将单个字符放回输入，可再次读取。
```

当 yylex() 遇到文件结束符时，它调用用户提供的名为 yywrap() 的整型函数。这个例程的目的是“回绕”输入处理。如果没有更多的输入，则返回值 1。否则，它将返回 0，并安排 input() 提供更多字符。

input()、output()、unput() 和 yywrap() 函数的定义可以由编译器编写者提供（通常是以 C 语言宏的形式）。Lex 提供了从标准输入读取字符和将字符写入标准输出的默认版本。yywrap() 的默认版本只返回 1，因此表示没有更多的输入。（使用 output() 可以令 Lex 作为生成独立的数据“过滤器”的工具，用于转换数据流。）

Lex 生成的词法分析器通常选择与某个单词定义匹配的尽可能长的输入序列。偶尔这也会成为一个问题。例如，如果我们允许类似 Fortran 的十进制定点数字面值，比如 1. 和 .10 以及 Pascal 子范围运算符 ".."，则 1..10 很可能被误扫描为两个十进制定点数字面值，而

不是由子范围运算符分隔的两个整数字面值。Lex 允许我们定义一个正则表达式，该正则表达式仅在其他表达式紧随其后时才适用。例如，r/s 告诉 Lex 匹配正则表达式 r，但前提是正则表达式 s 紧跟其后。表达式 s 是*右上下文*。也就是说，它不是被匹配的单词的一部分，但它必须存在以便 r 被匹配。因此 [0-9]+/".." 将匹配一个整数字面值，但仅当 .. 紧跟它时。由于此模式覆盖的字符比定义十进制定点数字面值的字符多，因此它具有更高的优先级。词法分析器仍然选择最长的匹配，但右上下文字符会被放回到输入，以便它们可以匹配为稍后单词的一部分。

图 3.13 总结了 Lex 中最常用的运算符和特殊符号。请注意，符号有时在正则表达式中具有一种含义，而在字符集中（即在一对括号中）具有完全不同的含义。如果发现 Lex 行为异常，最好对照图 3.13 进行检查，以确定你使用的运算符和符号的行为。普通的字母和数字以及没有提到的符号（如 @）都代表它们自己。如果你不确定一个字符是否特殊，你总是可以转义它或将它放在引号中。

符号	在正则表达式中的含义	在字符集中的含义
(	与) 配对来分组子表达式	表示自身
)	与 (配对来分组子表达式	表示自身
[	开始一个字符集	表示自身
]	表示自身	结束一个字符集
{	与 } 配对来表示宏扩展	表示自身
}	与 { 配对来表示宏扩展	表示自身
"	与 " 配对来定界字符串	表示自身
\	转义单个字符，也用来通过八进制编码指明一个字符	转义单个字符，也用来通过八进制编码指明一个字符
.	匹配除 \n 之外的任何单个字符	表示自身
|	替代运算符（“或”运算符）	表示自身
*	克林闭包运算符（零次或多次匹配）	表示自身
+	正则闭包运算符（一次或多次匹配）	表示自身
?	可选运算符（零次或一次匹配）	表示自身
/	上下文敏感匹配运算符	表示自身
^	匹配行首	类中剩余字符的补集
$	匹配行尾	表示自身
-	表示自身	字符范围运算符

图 3.13 Lex 中运算符和特殊符号的含义

总之，Lex 是一个非常灵活的生成器，它可以根据简洁的定义生成完整的词法分析器。使用 Lex 的困难部分是学习它的符号和规则。完成这些学习后，Lex 将让你免去编写词法分析器的许多烦琐工作（例如，读取字符、缓冲字符以及决定匹配哪个单词模式）。此外，在其他 UNIX 程序中也使用了 Lex 中的正则表达式表示法，尤其是模式匹配工具 grep。

除了扫描输入外，Lex 还可以对输入进行转换，就像是一个预处理器。它提供了许多高级特性，这些超出了本书讨论的范围。它要求代码段是用 C 语言编写的，因此并不是语言独立的。

3.6 其他词法分析器生成器

Lex 无疑是最广为人知、使用范围最广的词法分析器生成器之一，因为它是作为 UNIX

系统的一部分发布的。然而，即使经过多年的使用，它仍然有缺陷，且生成的词法分析器过于缓慢，难以在产品级编译器中使用。本节简要讨论了 Lex 的一些替代方案，包括 Flex、JLex、Alex、Lexgen、GLA 和 re2c。

事实证明，Lex 是可以改进的，使得它总能比手写词法分析器 [Jac87] 更快。使用 Flex 就可以实现这一目标，Flex 是一种广泛使用、免费发布的 Lex 克隆软件。它生成的词法分析器比 Lex 生成的要快得多。它提供了一些选项，允许在词法分析器的大小和速度间进行调节，还提供了一些 Lex 不具备的特性（例如支持 8 位字符）。如果你的系统上有 Flex 可用，则应该使用它而不是 Lex。

Lex 也已用 C 以外的语言实现了。JFlex [KD] 是一个用 Java 编写的类 Lex 词法分析器生成器，它生成词法分析器 Java 类。用 Java 编写编译器的人对它特别感兴趣。此外，还有 Ada 和 ML 版本的 Lex。

Lex 的一个有趣的替代品是 GLA（Generator for Lexical Analyzer，词法分析器生成器）[Gra88]。GLA 需要一个基于正则表达式的词法分析器和一个常见词法习语的库（如“Pascal 注释”），基于这些生成一个可直接执行（也就是说，不是状态转换表格驱动的）词法分析器源程序。GLA 在设计上同时考虑了生成的词法分析器的易用性和效率。实验表明，它的速度通常是 Flex 的两倍，只比读取和“轻触”输入文件中每个字符的简单程序略慢一点。它生成的词法分析器比最好的手工编写的词法分析器更有竞争力。

另一种生成可直接执行的词法分析器的工具是 re2c [BC93]。它生成的词法分析器很容易适应各种环境，同时又具有优秀的扫描速度。

词法分析器生成器通常包含在编译器开发工具的完整套件中。除了那些已经提到的，还有一些我们高度推荐的、使用广泛的词法分析器生成器，包括 DLG（PCCTS 工具套件的一部分，[Par97]）、CoCo/R [Moe90]（一个集成的词法分析器 / 语法分析器生成器）和 Rex[GE91]（Karlsruhe/CoCoLab Cocktail Toolbox 的一部分）。

3.7　构建词法分析器的实际考虑

在本节中，我们将讨论为真正的编程语言构建真正的词法分析程序时所涉及的实际考虑事项。正如我们所期望的那样，本章之前所讨论的有限自动机模型有时有不足之处，必须加以补充。效率问题也必须得到解决。此外，还必须包含一些错误处理的规则。

我们讨论了一些潜在的问题领域。在每种情况下，都要权衡解决方案，特别是与 3.5 节中讨论的 Lex 词法分析器生成器的结合。

3.7.1　处理标识符和字面值

在只有全局变量和声明的简单语言中，如果标识符第一次出现，词法分析程序通常会立即将其插入符号表。无论标识符已在符号表中，还是被插入符号表，词法分析器随后会返回一个指向符号表表项的指针。

在块结构语言中，我们通常不希望词法分析程序在符号表中插入或查找标识符，因为同一个标识符可以在许多上下文中使用（例如，作为变量、类的成员或标签）。词法分析程序通常不知道什么时候应该将一个标识符插入当前作用域的符号表，或者什么时候应该返回一个指向先前作用域中实例的指针。一些词法分析器只是将标识符复制到一个私有字符串变量中（不能被覆盖），并返回一个指向它的指针。之后的编译器阶段，即类型检查器，将解析标识符的预期用途。

有时，我们用一块**字符串空间**（string space）与符号表配合来存储标识符（见第 8 章）。字符串空间是一块可扩展的内存区域，用于存储标识符的文本。字符串空间消除了对 `new` 或 `malloc` 等内存分配器的频繁调用，还避免了存储相同字符串的多个副本的空间开销。词法分析器可以在字符串空间中插入一个标识符，并返回一个指向字符串空间内的指针，而不是实际的文本。

字符串空间的另一种替代方法是**哈希表**（hash table），它存储标识符并为每个标识符分配一个**唯一的序号**（serial number）。序号是一个小整数，可以用来代替字符串空间指针。所有具有相同文本的标识符都具有相同的序号，具有不同文本的标识符得到不同的序号。因为序号是小的、连续分配的整数，所以它是符号表（本身不需要进行哈希）的理想索引。在扫描标识符时词法分析程序可以计算其哈希值，并将其序号作为单词 `identifier` 的一部分返回。

在某些语言中大小写是很重要的，例如 C、C++ 和 Java；而在另外一些语言中则不然，如 Ada 和 Pascal。在大小写敏感的语言中，存储、返回的标识符文本必须与扫描时完全一致。保留字查找必须区分仅大小写不同的标识符和保留字。但是，当大小写无关紧要时，必须保证标识符或保留字的拼写中大小写的差异不会引起错误。我们可以将识别为标识符的所有单词统一转换为大写或小写，然后将转换后的形式返回或在保留字表中查找。

其他单词（比如字面值）在返回之前需要进行处理。整数和实数（浮点数）字面值被转换为数值形式，并作为单词的一部分返回。由于存在溢出或舍入误差的风险，数值转换可能比较棘手。明智的做法是使用标准库例程，如 `atoi` 和 `atof`（在 C 语言中），Java 中对应的 `Integer.intValue` 和 `Float.floatValue`。对于字符串字面值，应该返回指向字符串文本（展开了转义字符）的指针。

C 语言的设计中有一个缺陷，需要词法分析器进行一些特殊处理。字符序列 `a(* b);` 可以是对例程 `a` 的调用，用 `*b` 作为参数。如果 `a` 已在一个 `typedef` 中声明为一个类型名，那么这个字符序列也可以是一个标识符 `b` 的声明，`b` 是一个指针变量（括号并不是必须的，但是合法的）。

C 语言不包含将声明与语句分开的特殊标记，因此词法分析器需要一些帮助来判断它看到的是例程调用还是变量声明。一种方法是，当词法分析器在扫描和分析时，为已在 `typedef` 声明中定义的、当前可见的标识符创建一个表。当扫描到该表中的一个标识符时，将返回一个特殊的单词 `typeid`（而不是普通的单词 `identifier`）。这使得语法分析器可以很容易地区分这两种结构，因为它们现在以不同的单词开始。

为什么 C 语言会有这种复杂问题？其实 `typedef` 语句并未出现在 C 语言的最初的词法和语法规则定义中。后来当 `typedef` 语句被添加进来时，歧义没有立即被识别出来（毕竟我们很少在变量声明中使用括号）。当问题最终被发现时，已经太晚了，必须设计上文描述的“技巧”来保证正确的用法。

处理保留字

几乎所有编程语言中都有符号（如 `if` 和 `while`）匹配普通标识符的词法。这些符号被称为关键字（keyword）。如果语言有一个规则，规定关键字不能用作程序员定义的标识符，那么它们就是保留字（reserved word），也就是说，它们是为特殊用途保留的。

大多数编程语言选择保留关键字。这简化了语法分析，而语法分析是驱动编译过程的关键。这还令程序更具可读性。例如，在 Pascal 和 Ada 中，没有参数的子程序用 `name;` 的形式调用（不需要括号）。但是，如果 `begin` 和 `end` 没有被保留，且某些狡猾的程序员声明了名为 `begin` 和 `end` 的例程，该怎么办呢？结果就会造成程序的含义没有很好地定义，如下面程序，它可以以多种方式解析：

```
begin
  begin;
  end;
  end;
  begin;
end
```

通过仔细的设计，你可以避免明显的歧义。例如，在 PL/I 语言中不保留关键字，例程调用要显式地使用关键字 `call`。尽管如此，还是存在很多机会产生令人费解的用法。例如，关键字可以作为变量名使用，就允许以下用法：

```
if if then else = then;
```

保留字的问题是，如果它们数量太多，可能会使没有经验的程序员感到困惑，他们可能会不知不觉地选择一个与保留字冲突的标识符名。这通常会导致一个“看起来正确的”程序中产生语法错误，而实际上，如果有问题的符号没有被作为保留字，程序*就是*正确的。COBOL 就是因为这个问题而声名狼藉——它有几百个保留字。例如，在 COBOL 中，`zero` 是一个保留字，`zeros` 也是，`zeroes` 还是！

在 3.5.1 节中，我们展示了如何通过为每个保留字创建不同的正则表达式来识别它们。这种方法是可行的，因为 Lex（和 Flex）允许多个正则表达式匹配同一个字符序列，排在最前面的表达式优先匹配。但是，为每个保留字创建正则表达式会增加词法分析器生成器创建的状态转换表中的状态数。在 Pascal 这样简单的语言中（只有 35 个保留字），状态的数量从 37 个增加到 165 个 [Gra88]。如果转换表采用非压缩形式，并且有 127 列对应于 ASCII 字符（不包括 null），那么转换表条目将从 4699 个增加到 20955 个。对于现代的数兆内存来说，这可能不是问题。尽管如此，一些词法分析器生成器，如 Flex，允许你选择优化词法分析器大小或速度。

习题 18 表明，对任意正则表达式，我们都可以设计它的补（也是正则表达式），以得到不属于原正则表达式的所有字符串。也就是说，如果 A 是正则集，则 $\overline{A}$ 也是正则集。使用正则表达式的补，我们可以为非保留标识符编写正则表达式

$$\overline{(\overline{ident} \mid if \mid while \mid \ldots)}$$

也就是说，如果取包含保留字和所有非标识符字符串的集合的补集，则得到不包含保留字的所有标识符字符串。不幸的是，Lex 和 Flex 都没有为正则表达式提供补集运算符（^ 只适用于字符集）。

对此情况，我们可以选择直接编写一个正则表达式，但这太复杂了，以至于无法纳入考虑。假设 `END` 是唯一的保留字，标识符只包含字母。于是

$$L \mid (LL) \mid ((LLL)L^{+}) \mid ((L-{}'E')L^{\star}) \mid (L(L-{}'N')L^{\star}) \mid (LL(L-{}'D')L^{\star})$$

定义了标识符，满足长度小于或大于三个字母、不以 `E` 开头、`N` 不出现在第二个位置等条件。

许多手工编写的词法分析器将保留字视为普通标识符（就单词匹配而言），然后使用单独的表查找来检测它们。自动生成的词法分析器也可以采用这种方法，特别是在状态转换表的大小是个问题的情况下。当扫描到一个表面上是标识符的单词时，会查询一个例外表，查

看匹配的是不是一个保留字。如果保留字是大小写敏感的，例外查找需要精确匹配。否则，在查找之前应该将单词转换为一种标准形式（全大写或全小写）。

有几种组织例外表的方法。一种明显的机制是适用于二分搜索的有序例外列表。也可以使用哈希表。例如，一个单词的长度可以用于索引相同长度的例外的列表。如果例外的长度分布良好，则只需很少的比较操作来确定单词是标识符还是保留字。完美哈希函数也是可能的 [Spr77, Cic80]。也就是说，每个保留字都被映射到例外表中的唯一位置，并且表中没有未使用的位置。对于一个单词，要么通过哈希函数查询到是保留字，要么是一个普通标识符。

如果词法分析器是将标识符插入字符串空间或给予其一个唯一的序号，则可以预先将保留字插入字符串空间。于是，当发现一个看起来像标识符的字符串的序号或字符串空间位置小于分配给标识符的初始位置时，我们知道扫描到的是保留字而不是标识符。实际上，我们可以稍微小心地分配初始序号，使得它们与保留字使用的单词代码完全匹配。也就是说，如果发现一个标识符的序号为 s，而 s 小于保留字的数量，则 s 必然是刚扫描到的保留字的正确单词代码。

3.7.2 使用编译器指示以及列出源码行

编译器指示（directive 和 pragma）控制编译器选项（如清单、源文件包含、条件编译、优化和剖析）。它们可以由词法分析程序处理，也可以在随后的编译器阶段处理。如果指示就是一个简单的标志，那么它可以从单词中提取出来。然后执行该指示，最后删除单词。更复杂的指示，如 Ada 语言的编译指示，具有非平凡的结构，需要像其他语句一样进行语法分析和翻译。

词法分析必须处理源代码包含指示。这些指示导致词法分析程序暂停对当前文件的读取，并开始读取和扫描指定文件的内容。因为被包含的文件本身可能也含有一个包含指示，所以词法分析程序维护一个打开文件的栈。当栈顶的文件扫描完毕时，它将被弹出栈，继续扫描新栈顶的文件。当整个栈变为空时，将识别出文件结束符，词法分析结束。由于 C 语言具有相当复杂的宏定义和展开机制，宏处理和文件包含通常在词法分析和语法分析之前由预处理阶段处理。预处理程序 `cpp` 实际上可以与 C 语言之外的其他语言一起使用，以获得源文件包含、宏处理等效果。

一些语言（如 C 和 PL/I）包含条件编译指示，这些指示控制语句是被编译还是被忽略。当我们需要从同一个源代码创建一个程序的多个版本时，这类指示很有用。通常，这些指示具有 `if` 语句的一般形式；因此，会对其中的条件表达式求值。表达式后面的字符序列要么进行词法分析并将结果传递给语法分析器，要么被忽略，直到到达定界符 `end if` 为止。如果条件编译结构可以嵌套，则可能需要一个用于编译指示的语法分析框架。

词法分析器的另一个功能是列出源代码行，以准备必要时生成错误消息。虽然此目标很直接，但还是要稍微小心一点。生成源码清单的最明显的方法是在读取字符时回显它们、使用换行符来结束一行、递增行计数器，等等。然而，这些方法也有一些缺点：

- 可能需要打印错误消息。这些内容应该与源代码行合并显示，并带有指向不合法符号的指针。
- 一个源代码行在输出之前可能需要进行编辑。这可能涉及插入或删除符号（例如，用于错误修复）、替换符号（因为宏预处理）以及重新格式化符号（以便打印程序，也就是说，打印程序时将文本适当缩进、对齐 `if-else` 对，等等）。

- 读取的源代码行并不总是与输出的源码清单行一一对应。例如，在 UNIX 中，源程序可以合法地压缩成一行（UNIX 对行长度没有限制）。试图缓冲整个源代码行的词法分析器很可能会产生缓冲区长度溢出。

考虑到这些因素，最好在扫描单词时逐步构建输出行（通常受设备限制）。放入输出缓冲区中的单词序列可能不是被扫描的单词的精确映像，这取决于错误修复、美化打印、大小写转换或任何其他需要的环节。如果一个单词不能纳入输出行，则输出当前行并清除缓冲区。（为了简化编辑，你应该在程序清单中放置源代码行号。）在极少数情况下，可能需要分解单词；例如，一个字符串太长，其文本超过了输出行长度。

即使没有要求列出源代码清单，每个单词也应该包含它出现的行号。单词在源代码行中的位置可能也是有用的。如果发现一个涉及该单词的错误，则可以使用行号和位置标记来指明源文件中发生错误的位置，从而提高错误消息的质量。打开源文件，然后列出包含错误的源代码行并将错误消息显示在其下是很简单的。有时，一个错误可能在处理完包含此错误的行之后很久才被检测到。一个例子就是 `goto` 到一个未定义的标签。如果这样的错误延迟很少见（通常是这样），那么可以生成一条引用行号的错误消息，例如，“语句 101 中有未定义标签”。在允许自由前向引用的语言中，延迟错误可能会很多。例如，Java 允许在方法被调用后才声明。在这种情况下，可以输出以行号为关键字的错误消息文件，稍后再将其与处理完的源代码行合并，以生成完整的源代码清单。在多遍扫描编译器中，报告“后词法”（post-scanning）错误也需要源代码行号。例如，在语义分析期间可能会出现类型转换错误；将行号与错误消息联系起来，可以极大地帮助程序员理解和纠正错误。

一个常见的观点是，编译器应该只专注于翻译和代码生成，而把列清单和美化打印（但不包括错误消息）的工作留给其他工具。这大大简化了词法分析器。

3.7.3　结束词法分析器

词法分析器的设计目的是读取输入字符并将其划分为单词。对于到达输入文件尾的处理，创建一个文件结束伪字符是很方便的。

例如，在 Java 中，`InputStream.read()` 读取单个字节，当到达文件尾时返回 `-1`。定义为 `-1` 的常数 `Eof` 可以被视为“扩展”ASCII 字符。于是，基于这个字符就允许定义 `EndFile` 单词，可以传递回语法分析器。`EndFile` 单词在 CFG 中很有用，因为它允许语法分析器验证程序的逻辑端是否对应于其物理端。事实上，`LL(1)` 语法分析器（在第 5 章中讨论）和 `LALR(1)` 解析器（在第 6 章中讨论）都需要 `EndFile` 单词。

如果在到达文件尾后再调用词法分析程序，会发生什么？显然，可以返回一个致命错误，但这将破坏我们的简单模型——词法分析程序总是返回一个单词。更好的方法是继续向语法分析器返回单词 `EndFile`。这使得语法分析器可以干净地处理文件结束，特别是因为单词 `EndFile` 通常只有在解析完一个完整的程序之后才在语法上有效。如果单词 `EndFile` 出现得太早或太迟，语法分析器可以执行错误修复或发出适当的错误消息。

3.7.4　多超前字符

我们可以推广 FA，使其不局限于超前下一个输入字符。这个特性对于实现 Fortran 词法分析程序非常重要。在 Fortran 中，`DO 10 j = 1,100` 语句指明了一个循环，索引 `J` 的范围是

1 到 100。与之相对，语句 DO 10 j = 1.100 是对变量 DO10J 的赋值。在 Fortran 中，除非空格出现在字符串常量中，否则是没有意义的。Fortran 词法分析器可以在读取逗号（或句号）之后确定 O 是不是单词 DO 的最后一个字符。（事实上，将 Fortran DO 循环中的，错误替换为 . 曾经导致了 20 世纪 60 年代的一次太空发射失败！因为替换产生了一条合法的语句，所以直到运行时才检测到错误，在本例中是在火箭发射之后。火箭偏离了轨道，不得不被摧毁。）

我们已经向你展示了 Pascal 和 Ada 中出现的一种较温和形式的扩展超前单词问题。例如，扫描 10..100 需要在 10 之后超前查看两个字符。利用图 3.14 的 FA，对给定的 10..100，我们会扫描三个字符并停止在一个非接受状态。当在非接受状态停止读取时，我们可以反向遍历已扫描的字符，直到找到接受状态为止。我们反向遍历的字符将在后续单词识别中被重新扫描。如果在反向遍历期间没有找到接受状态，那么就会产生一个词法错误并调用词法错误恢复。

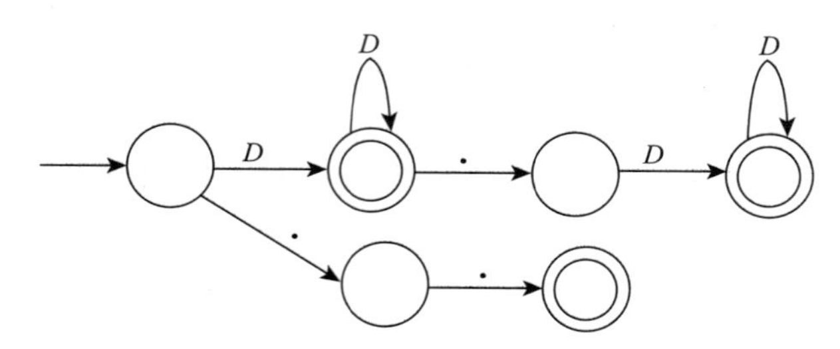

图 3.14　识别整数和实数字面值及范围运算符的 FA

在 Pascal 或 Ada 中，不需要多于两个的超前字符；这简化了要重新扫描的字符的缓冲。或者，我们可以在之前的 FA 中添加一个新的接受状态，该状态对应于形如 $(D^+.)$ 的单词。如果识别出该单词，则从单词文本中去掉尾部的 .，并将其缓冲以备稍后重用，然后返回整数字面值的单词代码。实际上，我们模拟的是 Lex 的 / 运算符提供的上下文敏感匹配的效果。

在扫描非法程序时，也可能需要考虑多个超前字符。例如，在 C 语言（以及许多其他编程语言）中，12.3e+q 是一个非法单词。许多 C 编译器只是简单地将整个字符序列标记为非法（带有非法指数部分的浮点值）。如果我们遵循匹配最长合法字符序列的一般词法分析原则，则词法分析器可能回退生成四个单词。由于单词序列 (12.3, e, +, q) 是非法的，语法分析器在处理该序列时将检测到语法错误。我们决定将其视为词法错误还是语法错误（或两者兼而有之）并不重要。编译器的某个阶段必须检测出此错误，达到这一效果即可。

我们可以构建一个可执行通用备份操作的词法分析器。这使得不管单词定义如何重叠，词法分析程序都能够正确操作。当扫描每个字符时，将对其进行缓冲，并设置一个标志，指示迄今为止扫描的字符序列是否为合法单词（该标志可能是恰当的单词代码）。当我们不能再扫描更多的字符且处于非接受状态时，就调用回退过程。我们从缓冲区的右端提取字符，并将它们排队用于重新扫描。这个过程持续进行，直到找到已扫描字符序列的一个前缀，它标记为合法单词。词法分析器返回这个单词。如果没有任何前缀被标记为合法，就会产生一个词法错误。（词法错误在 3.7.6 节中讨论。）

在诸如 Lex 生成的词法分析器这样的通用词法分析器中，缓冲和回退是必不可少的。我们不可能预先知道会匹配哪个正则表达式模式。相反，生成的词法分析器（使用其内部的 DFA）追踪所有可能匹配的模式。如果发现一个特定的模式无法匹配，就可以选择一个匹配较短输入序列的替代模式。该词法分析器将回退到可匹配的最长输入前缀，保存缓冲后的字符，稍后调用该词法分析器时会匹配这些字符。

作为带回退的词法分析的一个例子，考虑前面的例子 12.3e+q。图 3.15 显示了如何构建缓冲区和设置标志。当扫描到 q 时，将调用回退过程。对应合法单词的最长字符序列是

12.3，因此返回的是一个浮点字面值。剩余的输入 e+ 被重新排队，以便稍后重新扫描。

缓冲的单词	单词标志
1	整数字面值
12	整数字面值
12.	浮点数字面值
12.3	浮点数字面值
12.3e	非法（但有合法前缀）
12.3e+	非法（但有合法前缀）

图 3.15　在带回退的词法分析器中，构建单词缓冲区并设置单词标志

3.7.5　性能考虑

本章主要关注的是如何编写正确且健壮的词法分析器。但由于词法分析程序要进行大量字符级处理，它可能成为产品级编译器中的一个真正的性能瓶颈。因此，考虑如何提高词法分析速度是一个好的思路。

提高词法分析器速度的一种方法是使用词法分析器生成器，如 Flex 或 GLA，其设计目的是生成快速的词法分析器。这些生成器将包含许多“技巧”，以合理的方式提高速度。

如果你是手工编写词法分析器，一些通用原则可以显著提高词法分析器的性能。一个原则是尽可能进行大块的字符级操作。通常，对 *n* 个字符进行一次操作比进行 *n* 次单个字符操作要好。这在读取字符时表现得最为明显。在本章的例子中，一次输入一个字符，可能使用 Java 的 InputStream.read（或 C、C++ 的等效函数）。使用单字符处理的效率非常低，因此一个子例程调用可能要花费数百或数千条指令——这对一个字符来说太多了。像 InputStream.read(buffer) 这样的例程在执行块读取时，会将一整块字符直接放入 buffer。通常，读取的字符数被设置为磁盘块的大小（512 或 1024 字节），这样一次操作就可以读取整个磁盘块。如果返回的字符数少于请求的字符数，那么我们就知道到达了文件尾。可以设置**文件结束符**（EOF）来提示。

读取字符块的一个问题是，块的结尾通常不对应于单词的结尾。例如，可能一个引号界定的字符串的开头出现在块结尾的附近，而其结尾不在此块中。再进行一次读取操作来获取字符串的其余部分可能会覆盖第一部分。

双缓冲（double-buffering）可以避免这个问题，如图 3.16 所示。首先将输入读入到左边的缓冲区，然后读入到右边的缓冲区，然后覆盖左边的缓冲区。除非单词对应的文本长度大于缓冲区，否则跨越缓冲区边界的单词也可以处理，这并不困难。如果缓冲区大小足够大（比如 512 或 1024 个字符），那么单词的一部分丢失的可能性非常低。如果单词的长度接近缓冲区的长度，那么我们可以扩展缓冲区的大小，可以通过使用 Java 风格的 Vector 对象而不是数组来实现缓冲区。

System.out.println("Four score	and seven years ago,");

图 3.16　双缓冲的一个示例

我们不仅可以通过进行块读取来加快词法分析器的速度，还可以通过避免不必要的字符复制来提高速度。因为要扫描的字符太多，所以将它们从一个地方移动到另一个地方的成本很高。块读取允许直接将字符读入到词法分析缓冲区，而不是读入到一个中间输入缓冲区。在扫描字符时，我们不需要从输入缓冲区复制字符，除非我们识别出一个单词后，必须保存

或处理其文本（标识符或字面值）。只要小心一些，我们可以直接从输入缓冲区处理单词的文本。

在某些情况下，使用分析工具（如 qpt、prof、gprof 或 pixie）可以帮助你在词法分析器中发现意想不到的性能瓶颈。

3.7.6　词法错误恢复

对一个字符序列如果扫描不到任何合法单词将导致一个**词法错误**（lexical error）。虽然不常见，但词法分析器必须处理这种错误。因为一个小错误而停止编译是不合理的，所以我们通常尝试某种*词法错误恢复*（lexical error recovery）机制。可以想到两种方法：

1）删除到目前为止已读出的字符，并在下一个未读字符处重新开始词法分析。

2）删除词法分析器读取的第一个字符，并继续扫描紧随其后的字符。

两种方法都是合理的。前者可以通过重置词法分析器并重新开始扫描来完成。后者的实现有点困难，但也更安全一些（因为立即删除的字符更少）。可以使用前面描述的用于词法分析程序回退的缓冲机制来重新扫描未删除的字符。

在大多数情况下，词法错误是由于出现一些非法字符引起的，这些字符通常出现在单词的开头。在这种情况下，这两种方法同样有效。词法错误恢复的效果很可能会引起语法错误，而语法错误将由语法分析器检测和处理。考虑 ...for$tnight...，$ 将终止对 for 的词法分析。由于没有以 $ 开头的合法单词，它将被删除，于是 tnight 会被扫描为一个标识符，结果将是 ...for tnight...，这将导致语法错误。这种情况是不可避免的。

不过，一个好的语法错误恢复算法通常会做出一些合理的恢复。在这种情况下，在词法错误发生时返回一个特殊的警告单词可能很有用。警告单词的语义值是为了重新启动词法分析而删除的字符串。警告单词警告语法分析器下一个单词是不可靠的，可能需要进行错误恢复。被删除的文本可能有助于选择最合适的恢复策略。

某些词法错误需要特别注意。特别是，对失控的字符串和注释应该给出特殊的错误消息。

使用错误单词处理失控字符串和注释

在 Java 中，字符串不允许跨越行边界，因此，当在字符串主体内遇到换行符时，就意味着检测到了失控的字符串。普通的启发式恢复通常不适用于此错误。特别是，删除第一个字符（双引号字符）并重新启动扫描几乎肯定会进一步导致一连串的“伪”错误，因为字符串文本被不恰当地扫描为普通输入。

捕获失控字符串的一种方法是引入*错误单词*（error token）。错误单词不是合法单词，它永远不会返回给语法分析器。相反，它是需要特殊处理的错误条件的模式。我们使用错误单词来表示以 Eol 而不是双引号结束的字符串。对于内部双引号和反斜杠已转义（且不允许其他转义字符）的合法字符串，可以使用

$$"(\mathrm{Not}("|\mathrm{Eol}|\backslash)\ |\ \backslash"\ |\ \backslash\backslash)^{\star}"$$

对失控字符串，我们可以使用

$$"(\mathrm{Not}("|\mathrm{Eol}|\ \backslash)|\ \backslash"|\ \backslash\backslash)^{\star}\mathrm{Eol}$$

当识别出一个失控字符串单词时，应该发出一个特殊的错误消息。此外，通过返回一个已剥去开始双引号和结束 Eol 的普通字符串单词（就像剥去普通的开始双引号和结束双引号一样），就可以将其修复为一个正确的字符串。但是，请注意，这种错误恢复可能是“正确

的”，也可能不正确。如果最后的双引号确实丢失了，恢复的确是好的。但是，如果结束双引号出现在随后的行上，则会出现一系列不恰当的词法和语法错误，直到最后到达结束双引号。

如果注释分隔符出现在字符串中，一些 PL/I 编译器会发出特殊警告。尽管这类字符串是合法的，但它们几乎总是由这样一类错误产生的——这类错误导致字符串的扩展超出了预期。可以使用一个特殊的字符串单词来实现这种警告。返回一个合法的字符串单词，并发出适当的警告消息。

在允许多行注释的语言（如 C、C++、Java 和 Pascal）中，不正确终止的（即失控的）注释会带来类似的问题。在词法分析器找到注释结束符号（可能属于某个其他注释）或到达文件尾之前，不会检测到失控注释。显然，需要一个特殊的错误消息。

考虑以 { 开头，以 } 结尾的 Pascal 风格注释。（在 Java、C 和 C++ 中，想正确恢复以一对字符（比如 `/*` 和 `*/`）开始和结束的注释稍微有点儿困难，参见习题 6。）

正确的 Pascal 注释的定义非常简单：`{Not(})*}`。

要处理由 `Eof` 终止的注释，可以使用错误单词方法：`{Not(})* Eof`。

为处理由属于另一个注释的注释结束符结束的注释（例如，`{...` 缺少结束符的注释 `...` `{` 正常注释 `}`），我们发出一个警告（但不是错误消息，这种注释形式在词法上是合法的）。特别是，如果注释正文中包含注释开始符号，很可能是前面描述的那种注释结束符遗漏问题。因此，我们将合法注释的定义分为两个单词。在其正文中允许包含注释开始符号的注释会导致打印一条警告消息（“可能缺失结束符的注释”）。这将产生以下单词定义：

- { Not({ | })* }：匹配正确注释——其正文不包含注释开始符号。
- { (Not({ | })* { Not({ | })*)$^+$} ：匹配合法但可疑的注释——其正文包含至少一个注释开始符号。
- { Not(})*：Eof：匹配一个**失控注释**——以文件尾终止。

在 Java 和 C++ 中，单行注释总是以换行符结束，因此不会受失控注释问题之害。但是，它们要求多行注释的每一行都包含一个注释开始标记。还要注意，我们前面提到过，使用正则表达式和有限自动机不能正确地分析平衡括号。这种局限性的结果是，嵌套的注释不能使用传统技术进行正确的词法分析。当我们想要嵌套注释时，这种局限性会导致问题，特别是当我们“注释掉”一段代码（本身很可能包含注释）时。条件编译结构，如 C 和 C++ 中的 `#if` 和 `#endif`，可用来安全地禁止编译选定的程序部分。

3.8　正则表达式和有限自动机

正则表达式与 FA 是等效的。事实上，像 Lex 这样的词法分析器生成器程序的主要工作是将正则表达式定义转换为等价的 FA。它首先将正则表达式转换为**非确定有限自动机**（Nondeterministic Finite Automaton，NFA）。NFA 是比 DFA 更一般化的模型，它允许标记为 λ 的状态转换，以及来自同一个状态的多个转换具有相同标记。

词法分析器生成器首先从一组正则表达式规范创建一个 NFA，然后将 NFA 转化为 DFA。这两个步骤将在本节中详细讨论。

NFA 在读取特定输入时，不需要对接下来访问哪个状态做出唯一的（确定性的）选择。例如，NFA 允许一个状态有两个转换（箭头所示）标记为相同的符号，如图 3.17 所示。NFA 也可能有标记为 λ 的转换，如图 3.18 所示。

状态转换通常用 Σ 中的单个字符标记，λ 是一个例外，它当然不是一个字符，而是一个字符串（不包含任何字符的字符串）。在最后一个例子中，当 FA 当前状态为左边那个状态，下一个输入字符为 a 时，既可以选择使用标记为 a 的状态转换，也可以先沿着标记为 λ 的状态转换前进（你无论在哪里寻找 λ，总是可以找到它），然后再沿着一条标记为 a 的状态转换前进。不包含 λ 状态转换并且对任何符号总是具有唯一的后继状态的 FA 是*确定性的*（deterministic）。

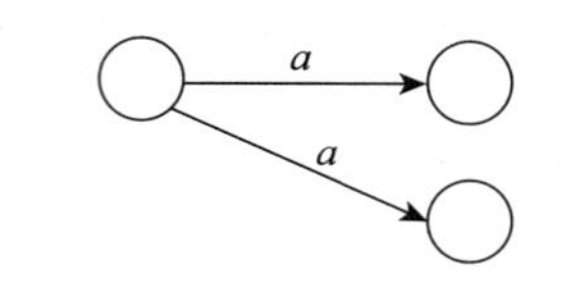

图 3.17　有两个 a 的状态转移的 NFA

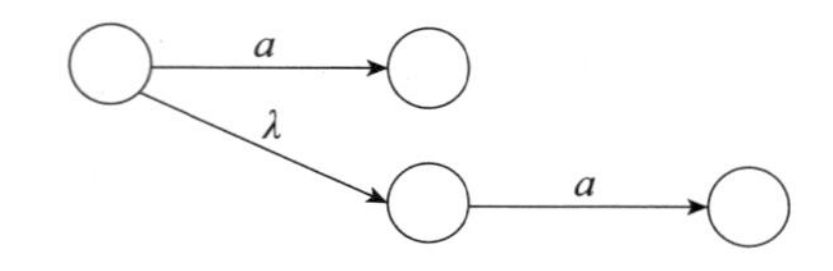

图 3.18　带 λ 状态转移的 NFA

从正则表达式生成 FA 的算法分两步进行。首先，它将正则表达式转换为 NFA，然后它将 NFA 转换为 DFA。

3.8.1　将正则表达式转换为 NFA

将正则表达式转换为 NFA 很容易。一个正则表达式是由原子正则表达式 a（a 是 Σ 中的一个字符）和 λ 通过使用 AB、$A|B$ 和 A^* 这三个运算构建的。其他运算（如 A^+）只是这三个运算的组合的缩写。如图 3.19 所示，a 和 λ 的 NFA 是很简单的。

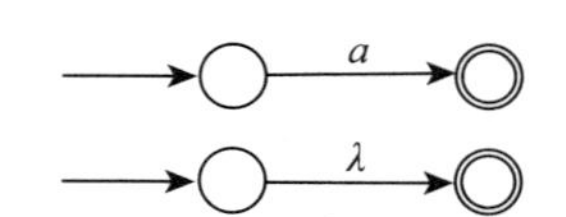

图 3.19　a 和 λ 的 NFA

现在假设我们有 A 和 B 的 NFA，并且希望构造 $A|B$ 的 NFA，构造方法如图 3.20 所示。标记为 A 和 B 的状态是 A 和 B 的自动机的接受状态，我们为组合后的 FA 创造了一个新的接受状态。

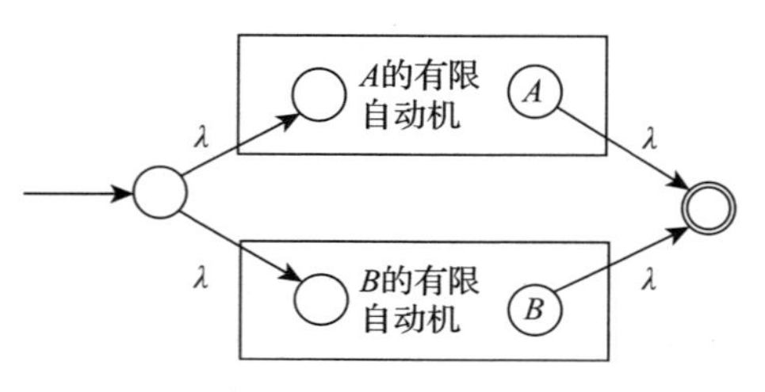

图 3.20　$A|B$ 的 NFA

如图 3.21 所示，AB 的 NFA 的构造也很直接。组合后的 FA 的接受状态与 B 的接受状态相同。

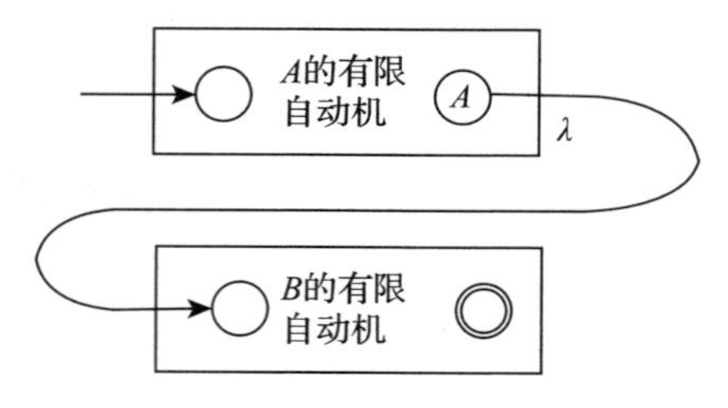

图 3.21　AB 的 NFA

最后，A^* 的 NFA 如图 3.22 所示。初态同时也是接受状态，因此会接受 λ。我们还可以沿着经过 A 一次或多次的路径通过 FA，这样就可以匹配 0 个或多个属于 A 的字符串。

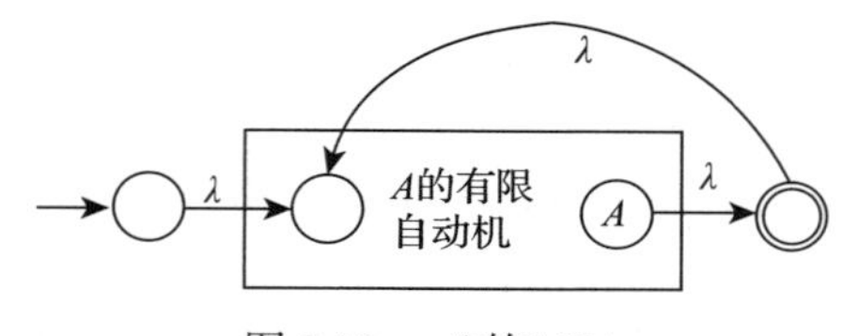

图 3.22　A^* 的 NFA

3.8.2　创建 DFA

将一个 NFA N 转换为等价的 DFA D 的方法有时被称为**子集构造**（subset construction）。子集构造算法如图 3.23 所示。算法将 D 的每个状态与 N 的一个状态集合相关联。其想法是，在读取一个给定输入字符串之后，D 将处于状态 $\{x,y,z\}$ 当且仅当 N 可以处于状态 x,y,z 中的任何一个，这取决于它选择了哪些状态转换。因此，D 追踪 N 可能走的所有路径，并同时走这些路径。因为

N是一个有限自动机，它只有有穷个状态，因此N的状态子集的数量也是有限的。这使得追踪各种状态集变得可行。

D的初态是N不需要读取任何输入字符就可以转换到的所有状态的集合，换句话说，从N的初态开始只经过λ转换就可以到达的状态集。在图 3.23 中，从 RecordState 调用算法 Close，计算那些只经过λ转换就能到达的状态。一旦D的初态被构建出来，我们就开始构建后续状态。

```
function MakeDeterministic(N) returns DFA
    D.StartState ← RecordState({N.StartState})
    foreach S ∈ WorkList do
        WorkList ← WorkList − {S}
        foreach c ∈ Σ do D.T(S,c) ← RecordState( ⋃_{s∈S} N.T(s,c))
    D.AcceptStates ← {S ∈ D.States | S ∩ N.AcceptStates ≠ ∅}
end

function Close(S,T) returns Set
    ans ← S
    repeat
        changed ← false
        foreach s ∈ ans do
            foreach t ∈ T(s,λ) do
                if t ∉ ans
                then
                    ans ← ans ∪ {t}
                    changed ← true
    until not changed
    return (ans)
end

function RecordState(s) returns Set
    s ← Close(s,N.T)
    if s ∉ D.States
    then
        D.States ← D.States ∪ {s}
        WorkList ← WorkList ∪ {s}
    return (s)
end
```

图 3.23 从一个 NFA N构造一个 DFA D

为此，我们在创建D的每个状态S时将其放在工作列表中。对于工作列表中的每个状态S和字母表中的每个字符c，我们计算S经过c的后继状态。S被认为与N的某个状态集$\{n1,n2,\ldots\}$等同。我们求$\{n1,n2,\ldots\}$经过c的所有可能的后继状态，得到了集合$\{m1,m2,\ldots\}$。最后，我们将$\{m1,m2,\ldots\}$的λ-后继包含进来。得到的 NFA 状态集作为D中的一个状态T，并向D添加一个从S到T、标记为c的状态转换。我们继续向D添加状态和转换，直到现有状态的所有可能的后续状态都已被添加进来。因为每个状态对应于D的状态的一个有限子集，向D添加新状态的过程最终必然终止。

D的接受状态是任何包含N的接受状态的集合。这反映了N接受字符串的约定——如果有任何途径可以通过选择“正确的”的状态转换到达接受状态均可。

为了观察子集构造法是如何操作的，请考虑图 3.24 所示的 NFA。在此 NFA 中，我们从状态 1（N的初态）开始，并将其λ-后继（状态 2）添加进来。因此，D的初态为$\{1,2\}$。经过a，得到$\{1,2\}$的后继$\{3,4,5\}$。状态 1 经过b的后继是其自身。然后状态 1 的λ-后继状态 2 被添加进来，从而得到 {1,2} 经过 b 的后继是 {1,2} 。 {3,4,5} 经过 a 和 b 的后继是 {5} 和 {4,5} 。 {4,5} 经过 b 的后继是 {5} 。 D 的接受状态是那些包含 N 的接受状态（5）的状态集。得到的 DFA 如图 3.25 所示。

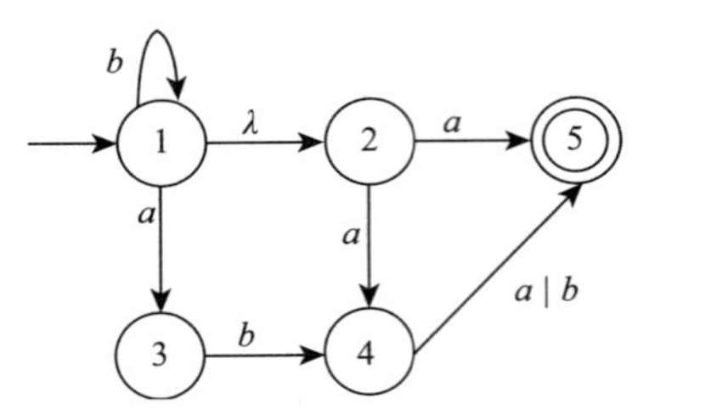

图 3.24 用一个 NFA 显示子集构造法如何操作

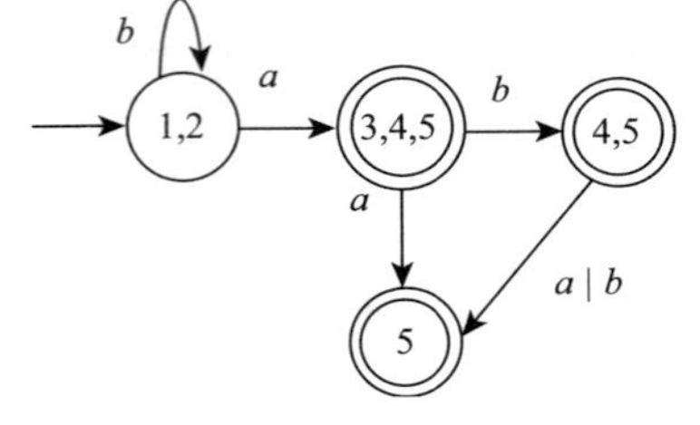

图 3.25 对图 3.24 中 NFA 创建的 DFA

可以确定由 MakeDeterministic 构造的 DFA 与原 NFA 是等价的（见习题 20）。不明显的是，所构建的 DFA 有时可能比原来的 NFA 大得多。这是因为 DFA 的状态由 NFA 的状态集表示。如果 NFA 有 n 个状态，那么就有 2^n 个不同的 NFA 状态集合，因此 DFA 有可能有多达 2^n 个状态。习题 16 讨论了一个 NFA，当它转换为确定有限自动机时，在大小上的确表现出这种指数膨胀。幸运的是，对于说明编程语言单词的正则表达式，其构建的 NFA 在转换为确定有限自动机时不会出现这个问题。通常，用于词法分析的 DFA 应是简单而紧凑的。

如果创建 DFA 是不切实际的（因为存在生成速度或大小问题），另一种选择是使用一个 NFA 实现词法分析（参见习题 17）。通过追踪 NFA 中的每一条可能路径，能识别出可到达的接受状态。使用这种方法的词法分析速度较慢，因此通常只在构建 DFA 代价太高的情况下使用。

3.8.3 优化有限自动机

我们可以改进由 MakeDeterministic 创建的 DFA。有时得到的 DFA 会有不必要的多余状态。对于每一个 DFA，都有一个唯一的最小（状态数最少）等价 DFA。假设一个 DFA D 有 75 个状态，而另一个 DFA D' 有 50 个状态，它们接受完全相同的字符串集合。进一步假设没有一个状态数小于 50 的 DFA 与 D 等价，那么 D' 就是唯一一个状态数等于 50 的与 D 等价的 DFA。利用本节讨论的技术，我们可以将 D 优化为 D' 。

一些 DFA 包含**不可达状态**（unreachable state），即从初态无法到达的状态。其他 DFA 可能包含**死状态**（dead state），即不能达到任何接受状态的状态。很明显，不可达状态和死状态都无法参与到合法单词的分析中。因此，作为优化过程的一部分，我们消除了所有这些状态。

我们通过合并已知等价的状态来优化最终的 DFA。例如，如果两个接受状态没有发出的状态转换，则它们是等价的。这是因为它们的行为完全相同——它们接受到目前为止读取的字符串，但不再接受额外的字符。如果两个状态 s_1 和 s_2 是等价的，那么所有指向 s_2 的转换都可以用指向 s_1 的转换替换。实际上，这两个状态合并成一个共同状态。

我们如何决定合并哪些状态？我们采取贪心策略，尝试最乐观的合并。根据定义，接受状态和非接受状态是不同的，所以我们最初尝试只创建两个状态：一个代表所有接受状态的合并，另一个代表所有非接受状态的合并。几乎可以肯定，只有两个状态太乐观了。特别是，合并状态的所有组成部分必须就每个可能的字符的相同转换达成一致。也就是说，对于

字符 c，所有合并的状态必须要么没有经过 c 的后继，要么经过 c 到达单一（可能是合并的）状态。如果合并状态的所有组成部分在经过某些字符的状态转换上没有达成一致，那么合并状态将分裂成两个或更多达成一致的更小的状态。

作为一个例子，假设我们从图 3.26 所示的 FA 开始。最初，我们有合并的非接受状态 {1,2,3,5,6} 和合并的接受状态 {4,7} 。当且仅当所有组成状态就所有字符的后继状态达成一致时，合并是合法的。例如，当给定字符 c 时，状态 3 和状态 6 将转换到一个接受状态；而状态 1、状态 2 和状态 5 则不会，因此必须进行分裂。我们添加一个错误状态 s_E 到原始 DFA 中，它将是任何非法字符的后继状态。（因此，到达 s_E 等同于检测出非法单词。）s_E 不是一个真实状态。相反，它允许我们假设每个状态经过每个字符都有一个后继。s_E 永远不会与任何真实状态合并。

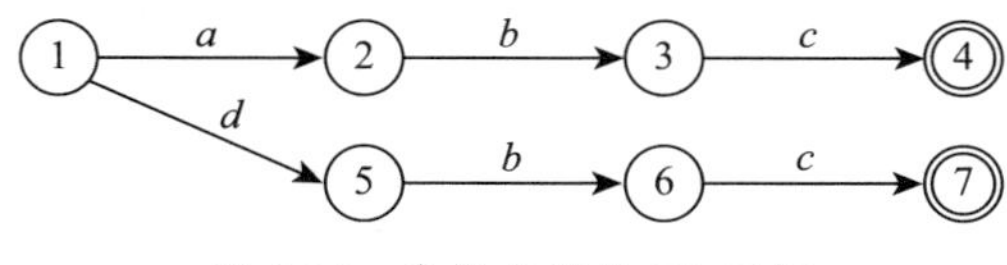

图 3.26　合并之前的 FA 示例

如图 3.27 所示，如果合并状态的组成部分对特定字符的后继状态没有达成一致，则算法 Split 对其进行分裂。当 Split 终止时，我们知道还保持合并的状态是等价的，因为它们总是对后继状态取得一致。

```
procedure Split(MergedStates)
    repeat
        changed ← false
        foreach S ∈ MergedStates, c ∈ Σ do
            targets ← ⋃_{s∈S} TargetBlock(s, c, MergedStates)
            if |targets| > 1
            then
                changed ← true
                foreach t ∈ targets do
                    newblock ← { s ∈ S | TargetBlock(s, c, MergedStates) = t }
                    MergedStates ← MergedStates ∪ { newblock }
                MergedStates ← MergedStates − { S }
    until not changed
end

function TargetBlock(s, c, MergedStates) returns MergedState
    return (B ∈ MergedStates | T(s, c) ∈ B)
end
```

图 3.27　分裂 FA 状态的算法

回到示例，我们最初有状态 {1,2,3,5,6} 和 {4,7} 。调用 Split，我们首先观察到状态 3 和 6 经过 c 有一个共同的后继，而状态 1、2 和 5 经过 c 没有后继（或者等价的，它们的后继为错误状态 s_E ）。这将强制产生 {1,2,5} 、{3,6} 和 {4,7} 的拆分结果。现在，对字符 c，状态 2 和 5 转到合并状态 {3,6} ，但状态 1 没有，因此发生了另一次分裂。现在我们有 {1} 、{2,5} 、{3,6} 和 {4,7} 。至此，合并状态的所有组成部分对每个输入符号都达成一致的后继状态，这样我们就完成了分裂。

一旦执行完 Split，我们基本上就完成了 DFA 的优化。合并状态之间的转换与原 DFA 中状态之间的转换相同。也就是说，如果状态 s_i 和 s_j 之间有一个标记为字符 c 的转换，那么现在也有一个从包含 s_i 的合并状态到包含 s_j 的合并状态的标记为 c 的转换。初态是包含原初态的合并状态。接受状态是包含原接受状态的合并状态（请记住，接受状态和非接受状态从不会合并）。

回到示例，我们得到的最小状态自动机如图 3.28 所示。

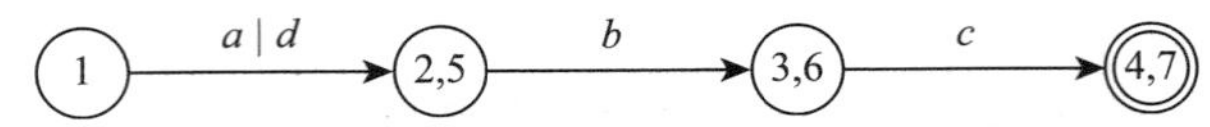

图 3.28　与图 3.26 中的 DFA 等价的最小状态自动机

此最小化算法的正确性和最优性的证明可以在大多数关于自动机理论的文献中找到，如 [HU79]。

3.8.4　将有限自动机转换为正则表达式

到目前为止，我们的讨论集中在将给定正则表达式转换为等价 FA 的过程。这是 Lex 从一组正则表达式单词模式构建词法分析程序的关键步骤。

由于正则表达式、DFA 和 NFA 是可以相互转换的，因此也可以为任何 FA 导出描述其匹配的字符串的正则表达式。在本节中，我们将简要讨论一个进行这种转换的算法。当你已经有了想要使用的 FA，但又需要一个正则表达式来进行 Lex 编程或描述 FA 的效果时，这个算法有时很有用。这个算法还可以帮助你了解正则表达式和 FA 实际上是等价的。

我们使用的算法简单而优雅。我们从一个 FA 开始，通过逐个移除状态来简化它。简化的 FA 与原 FA 等价，只是状态转换现在使用正则表达式而不是单个字符进行标记。我们持续移除状态，直到 FA 只剩下一个从开始状态到接受状态的转换为止。标记唯一一个状态转换的正则表达式即正确地描述了原 FA 的效果。

首先，我们假设 FA 有一个无状态转换进入的初态和一个无状态转换发出的单一接受状态。如果它不能满足这些要求，那么我们可以对其做这样的变换——添加一个新初态和一个新接受状态，通过 λ 状态转换连接到原自动机。图 3.29 展示了这种变换，其中使用的是我们在 3.8.2 节中用 MAKEDETERMINSTIC 创建的 FA。接下来，我们定义三个简单的变换：*T*1、*T*2 和 *T*3，这将允许我们逐步简化 FA。第一个变换如图 3.30a 所示，注意，如果一对状态之间有两条不同的状态转换，一条标记为 R，另一条标记为 S，则我们可以将两条状态转换替换为一条新的状态转换、标记为 $R\,|\,S$。*T*1 简单地反映了，我们可以选择使用第一条状态转换或第二条状态转换。

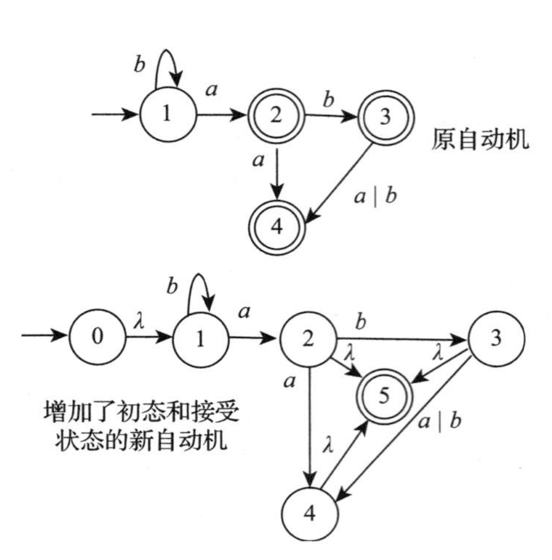

图 3.29　增加了新的初态和接受状态的 FA

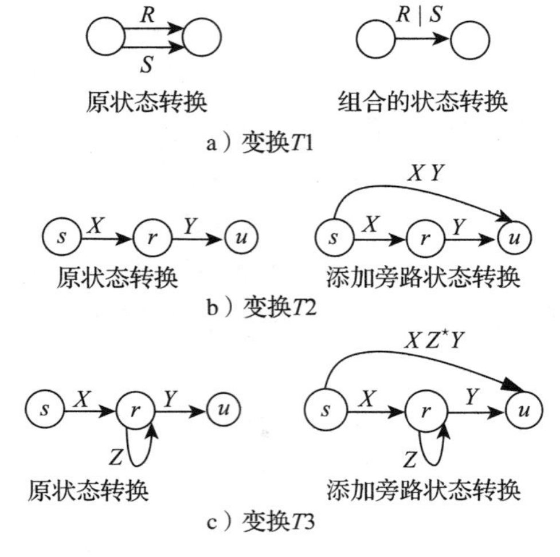

图 3.30　三种变换 *T*1、*T*2 和 *T*3

变换 $T2$ 如图 3.30b 所示，它允许我们绕过一个状态。也就是说，如果状态 s 有一条到状态 r 的转换标记为 X，状态 r 有一条到状态 u 的转换标记为 Y，那么我们可以建立一条直接从状态 s 到状态 u 的转换标记为 XY。

变换 $T3$ 如图 3.30c 所示，类似于变换 $T2$，它也允许我们绕过一个状态。假设状态 s 有一条到状态 r 的转换标记为 X，状态 r 有一条到自身的转换标记为 Z，还有一条到状态 u 的转换标记为 Y。我们可以建立一条从状态 s 直接到状态 u 的转换标记为 $XZ^{\star}Y$。$Z^{\star}$ 这一项反映的是，一旦我们到达状态 r，就可以绕回到 r 零次或多次，然后再进入状态 u。

我们按如下方式使用变换 $T2$ 和 $T3$。我们依次考虑状态 s 的每一对前驱和后继，并使用 $T2$ 或 $T3$ 将前驱状态直接连接到后继状态。在这种情况下，就不再需要 s 了——FA 中所有路径都可以绕过它。由于不再需要 s，我们将其删除。FA 现在更简单了，因为少了一个状态。通过移除初态和接受状态之外的所有状态（必要时使用变换 $T1$），我们将达到简化目标——只剩一个状态转换的 FA，其上的标记就是我们想要的正则表达式。如图 3.31 所示，FindRe 实现了该算法。算法首先调用 Augment，它引入了新的初态和接受状态。标记①处的循环依次考虑 FA 的每个状态 s。变换 $T1$ 确保每对状态之间最多由一条状态转换连接。此变换是在标记③处处理 s 之前执行的。随后，考虑 s 的前驱状态和后继状态，通过两者的叉乘来消除 s。对每对这样的状态，应用变换 $T2$ 和 $T3$。然后在标记②处移除状态 s 及所有与状态 s 连接的边。当算法终止时，只剩下由 Augment 引入的状态 *NewStart* 和 *NewAccept*。这两个状态之间的转换上的标记即为此 FA 对应的正则表达式。

```
function FindRE(N) returns RegExpr
    OrigStates ← N.States
    call Augment(N)
    foreach s ∈ OrigStates do                                          ①
        call Eliminate(s)
        N.States ← N.States − {s}                                      ②
    /*  return the regular expression labeling the only remaining transition  */
end

procedure Eliminate(s)
    foreach (x, y) ∈ N.States × N.States | CountTrans(x, y) > 1 do    ③
        /*  Apply transformation T1 to x and y                          */
    foreach p ∈ Preds(s) | p ≠ s do
        foreach u ∈ Succs(s) | u ≠ s do
            if CountTrans(s, s) = 0
            then  /* Apply Transformation T2 to p, s, and u */
            else  /* Apply Transformation T3 to p, s, and u */
end

function CountTrans(x, y) returns Integer
    return (number of transitions from x to y)
end

function Preds(s) returns Set
    return ({ p | (∃ a)(N.T(p, a) = s) })
end

function Succs(s) returns Set
    return ({ u | (∃ a)(N.T(s, a) = u) })
end

procedure Augment(N)
    OldStart ← N.StartState
    NewStart ← NewState()
```

图 3.31　从 FA 生成正则表达式的算法

```
    /*   Define N.T(NewStart, λ) = {OldStart}                          */
    N.StartState ← NewStart
    OldAccepts ← N.AcceptStates
    NewAccept ← NewState()
    foreach s ∈ OldAccepts do
        /*   Define N.T(s, λ) = {NewAccept}                            */
    N.AcceptStates ← {NewAccept}
end
```

图 3.31　从 FA 生成正则表达式的算法（续）

例如，我们求 3.8.2 节中 FA 对应的正则表达式。原 FA 添加了新的初态和接受状态后如图 3.32a 所示。状态 1 有一个前驱（状态 0）和一个后继（状态 2）。使用变换 $T3$，我们添加一条从状态 0 直接到状态 2 的边，并移除状态 1，如图 3.32b 所示。状态 2 有一个前驱（状态 0）和三个后继（状态 2、4 和 5）。使用三个 $T2$ 变换，我们添加了从状态 0 直接到状态 3、4 和 5 的边，状态 2 被移除，如图 3.32c 所示。

状态 4 有两个前驱（状态 0 和 3），一个后继（状态 5）。使用两个 $T2$ 变换，我们添加从状态 0 和 3 直接到状态 5 的边，状态 4 被移除，如图 3.32d 所示。使用 $T1$ 变换合并两对状态转换，就生成了图 3.32e 中的 FA。最后，使用变换 $T2$ 绕过状态 3，使用 $T1$ 变换合并一对状态转换，如图 3.32f 所示。得到的正则表达式为

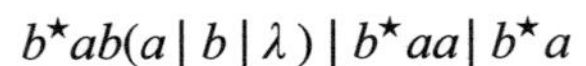

$$b^\star ab(a\,|\,b\,|\,\lambda)\,|\,b^\star aa\,|\,b^\star a$$

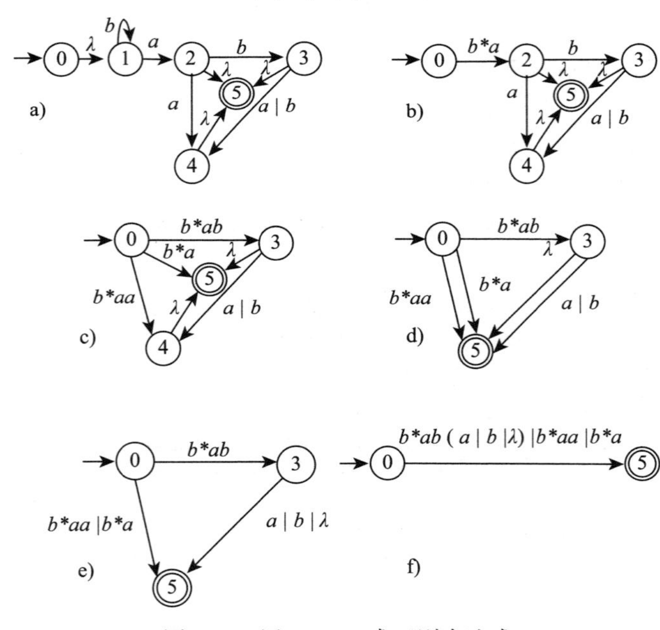

图 3.32　用 FindRe 求正则表达式

通过展开括号内的子项，然后提取公共因子，我们得到

$$b^\star aba\,|\,b^\star abb\,|\,b^\star ab\,|\,b^\star aa\,|\,b^\star a \equiv b^\star a(ba\,|\,bb\,|\,b\,|\,a\,|\,\lambda)$$

仔细审视原 FA，可验证此正则表达式正确描述了它。

3.9　总结

我们讨论了定义单词的三种等价且可互换的机制：正则表达式、确定有限自动机和非确

定有限自动机。正则表达式对于程序员来说很方便，因为它们允许在不考虑具体实现相关问题的情况下说明单词结构。确定有限自动机在实现词法分析器时很有用，因为它定义了一种简单而干净的逐字符识别单词的方式。非确定有限自动机形成了一个中间方案。有时它被用于定义目的，因为这种情况下绘制一个简单的自动机作为要匹配的字符的“流程图”是很方便的。当转换为确定有限自动机代价太大或不方便时，可以直接执行非确定有限自动机（参见习题 17）。熟悉这三种机制将使你能够使用最适合自身需求的机制。

习题

1. 假设将下面的程序文本提交给一个 C 词法分析器。

```
main(){
    const float payment = 384.00;
    float bal;
    int month = 0;
    bal=15000;
    while (bal>0){
        printf("Month: %2d  Balance: %10.2f\n", month, bal);
        bal=bal-payment+0.015*bal;
        month=month+1;
    }
}
```

   会生成什么样的单词序列？哪些单词除了返回单词代码之外还需返回额外信息？

2. 下面的 C 程序中出现了多少词法错误（如果有的话）？
   对每个错误词法分析器应如何处理？

```
main(){
    if(1<2.)a=1.0else a=1.0e-n;
    subr('aa',"aaaaaa
              aaaaaa");
    /* That's all

}
```

3. 对图 3.33 中的每个 FA，设计正则表达式定义它所识别的字符串。

4. 为下面每个正则表达式设计 DFA，识别它所定义的单词。
   1）$(a \mid (bc) \star d)^{+}$
   2）$((0 \mid 1) \star (2 \mid 3)^{+}) \mid 0011$
   3）$(a\ \mathsf{Not}(a)) \star aaa$

5. 设计一个正则表达式，定义类 C 的十进制定点数字面常量，要求没有多余的前导零和尾随零。即，`0.0`、`123.01` 和 `123005.0` 是合法的，但 `00.0`、`001.000` 和 `002345.1000` 不合法。

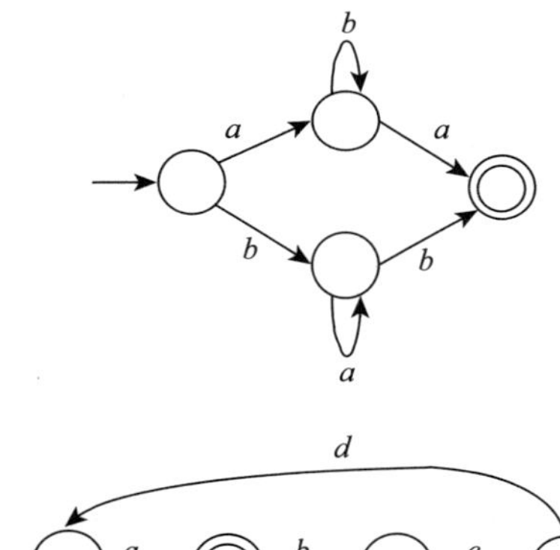

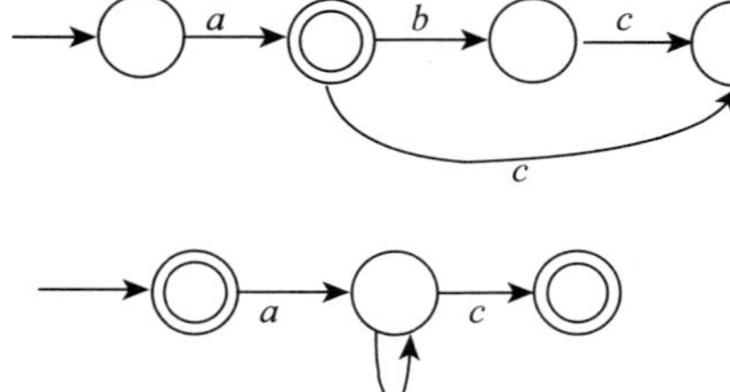

图 3.33　习题 3 的 FA

6. 设计一个正则表达式，定义 /* 和 */ 定界的类 C 注释。在注释体中可以包含单个 * 和 /，但不允许出现 */ 对。

7. 定义一个单词类别 *AlmostReserved*，包含那些不是保留字但只差一个字符的标识符。知道一个标识符“几乎”是一个保留字为什么很有用呢？如何推广词法分析器在识别普通保留字和标识符的同时还能识别单词 *AlmostReserved*？

8. 当开始设计和实现一个编译器时，将注意力集中在设计的正确性和简单性上是明智的。在编译器完全实现并经过测试后，你可能需要提高编译速度。如何确定编译器的词法分析器组件是否为一个重要的性能瓶颈？如果是的话，你可以做些什么来提高性能（而不影响编译器的正确性）？

9. 大多数编译器都可以生成要编译的程序的源码清单。这个清单通常只是源文件的副本，可能用行号和换页符加以修饰。假设你要生成一个排版精美的清单。
   1）如何修改一个 Lex 词法分析器程序以生成漂亮的清单？
   2）当生成一个排版精美的清单时，编译器诊断和行编号是如何变复杂的？
10. 对于大多数现代编程语言，词法分析器只需要很少的上下文信息。也就是说，为了识别出一个单词，只需检查单词文本，最多再查看一两个超前字符。然而，在 Ada 中，需要额外的上下文来区分单个 tic（形成一个属性运算符，如 `data'size` 中那样）和 " tic- 字符 -tic" 这样的序列（引号包围起来的字符，如 `'x'`）。假设当引号包围起来的字符可被解析时，语法分析器会设置布尔标志 `can_parse_char`。如果下一个输入字符是一个 tic，可以用 `can_parse_char` 来控制如何扫描 tic。请解释如何将 `can_parse_char` 标志干净地集成到 Lex 创建的词法分析程序中。你建议的修改方法不应不必要地使普通单词的扫描变得复杂或慢速。
11. 与 C、C++ 和 Java 不同，Fortran 通常忽略空格，因此可能需要很多超前字符来确定对一个输入行如何进行词法分析。这方面的一个典型示例是 `DO 10 I = 1 , 10`，它生成 7 个单词，与之形成对比，`DO 10 I = 1 . 10` 产生三个单词。
   1）你如何设计一个词法分析器来处理 Fortran 所需的扩展超前字符？
   2）Lex 包含一种实现这种超前单词的机制。在本例中你如何匹配标识符（`DO10I`）？
12. 由于 Fortran 通常忽略空格，因此扫描一个包含 n 个空格的字符序列有 2^n 种不同方法。这些可选方法都是等可能的吗？如果不是，你如何修改在习题 11 中提出的设计，首先检查可能性最高的可选方法？
13. 你要设计一种终极编程语言——"Utopia 2010"。你已经使用正则表达式说明了语言的单词，并用 CFG 说明了语言的语法。现在你希望确定那些需要用空格分隔的单词对（如 `else a`）和那些在词法分析期间需要额外超前字符的单词对（如 `10.0e-22`）。解释如何使用正则表达式和 CFG 自动找到所有需要特殊处理的单词对。
14. 证明集合 $\{[^k]^k \mid k \geq 1\}$ 不是正则集。*提示*：证明不存在固定数量的 FA 状态足以精确匹配左括号和右括号。
15. 使用 3.8 节中的技术为下面的正则表达式构造对应的 NFA：
   $$(ab^{\star}c) \mid (abc^{\star})$$
   使用 MakeDeterministic 将 NFA 转换为 DFA。使用 3.8.3 节中的技术将构造的 DFA 优化为状态数最少的等价 DFA。
16. 考虑下面的正则表达式：
   $$(0 \mid 1)^{\star}0(0 \mid 1)(0 \mid 1)(0 \mid 1) \ldots (0 \mid 1)$$
   构造对应此正则表达式的 NFA。证明等价的 DFA 的规模与 NFA 的规模是*指数*关系。
17. 将正则表达式转换为 NFA 是快速而简单的。创建一个等价的 DFA 则比较慢，并且可能导致规模更大的自动机。一个有趣的替代方法是使用 NFA 进行词法分析，从而避免了构建 DFA 的需求。其思想是在词法分析时模拟 Close 和 MakeDeterministic 例程的操作（如 3.8.2 节所定义的）。将维护一组可能的当前状态，而不是单个当前状态。在读取字符时，从当前状态集中的每个状态进行状态转换，从而创建出一组新的状态。如果当前状态集中的任何状态为终态，则已读取的字符将组成一个合法的单词。
   为 NFA 定义合适的编码（可能是用于 DFA 的状态转换表的推广），并遵循前面概述的状态集方法编写可以使用这种编码的词法分析器驱动程序。这种词法分析方法肯定比使用 DFA 的标准方法慢。在什么情况下使用 NFA 进行词法分析是有吸引力的？
18. 假设 e 是任意正则表达式。$\overline{e}$ 表示所有不属于 e 定义的正则集的字符串。证明 $\overline{e}$ 是一个正则集。

提示：如果 e 是一个正则表达式，则存在一个 FA 识别 e 定义的正则集。将此 FA 转换为能识别 $\overline{e}$ 的 FA。

19. 令 Rev 是翻转字符串中字符序列的运算符。例如 $Rev(abc) = cba$。令 R 是任意正则表达式。$Rev(R)$ 是将 R 所表示的字符串集合中每个字符串都翻转后得到的字符串集合。$Rev(R)$ 是一个正则集吗？请说明原因。
20. 证明用 3.8.2 节中 MAKEDETERMINISTIC 构造的 DFA 与原 NFA 等价。为此，你必须证明输入字符串在 NFA 中导向一个终态当且仅当它在相应的 DFA 中也导向一个终态。
21. 你已将一个整型字面值常量扫描入一个字符缓冲区中（可能是 `yytext`）。你现在想将字面值常量的字符串表示转换为数值（`int`）形式。然而，字符串可能表示一个过大的值且无法用 `int` 形式表示。解释如何将一个整型字面值常量的字符串表示转换为数值形式，要求带有完整的溢出检查。
22. 编写 Lex 正则表达式（使用你想用的字符集）匹配下面的字符串集合：

    1）所有不可打印 ASCII 字符的集合（空格之前的字符和非常靠后的字符）。

    2）字符串 `["""]`（即，一个左中括号、三个双引号和一个右中括号）。

    3）字符串 x^{12345}（你的答案的长度应该远少于 12345 个字符）。
23. 编写一个 Lex 程序，检查一个 ASCII 文件中的单词，列出前十个最常用的单词。你的程序应该忽略大小写，并且忽略出现在预定义的“不关心”列表中的单词。你的程序需要进行哪些修改才能识别出单数和复数名词（例如 cat 和 cats）是同一个单词？不同的动词时态呢（例如 walk、walked 和 walking）？
24. 令 $Double$ 是定义为 $\{s|s = ww\}$ 的字符串的集合。$Double$ 只包含由两个相同重复片段组成的字符串。例如，如果你有一个字母表，包含 0 到 9 十个数字，则下面的字符串属于 $Double$：`11, 1212, 123123, 767767, 98769876, ...`

    假设你有一个字母表，只包含单个字母 a。那么 $Double$ 是正则集吗？请说明原因。

    假设你有一个字母表，包含 a 和 b 两个字母。那么 $Double$ 是正则集吗？请说明原因。
25. 令 $Seq(x,y)$ 是所有由交替的 x 和 y 组合的字符串（长度为 1 或更长）。例如，$Seq(a,b)$ 包含 a、b、ab、ba、aba、bab、$abab$、$baba$，以此类推。

    编写一个定义 $Seq(x,y)$ 的正则表达式。

    令 S 表示所有由 a、b 和 c 组成，以 a 开头且任何两个相邻字符都不同的字符串（长度为 1 或更长）。例如，S 包含 a、ab、abc、$abca$、$acab$、$acac$ 等，但不包含 c、aa、abb、$abcc$、aab、cac 等。编写一个定义 S 的正则表达式。你可以在其中使用 $Seq(x,y)$ 的正则表达式。
26. 令 $AllButLast$ 是一个函数，它返回一个字符串除最后一个字符外的所有字符。例如 $AllButLast(abc)= ab$。$AllButLast(\lambda)$ 是未定义的。令 R 是任意不生成 λ 的正则表达式。$AllButLast(R)$ 是对 R 表示的字符串集合中每个字符串应用 $AllButLast$ 得到的字符串的集合。因此，$AllButLast(a^+b)=a^+$。证明 $AllButLast(R)$ 是一个正则集。
27. 令 F 是任意包含 λ 状态转换的 NFA。编写一个算法，将 F 转换为一个等价的 NFA F'，它不包含 λ 状态转换。

    注意：你无须使用子集构造法，因为这是在创建一个 NFA 而非一个 DFA。
28. 令 s 是一个字符串。定义 $Insert(s)$ 是一个函数，它将一个 # 插入 s 中每个可能的位置。如果 s 的长度为 n 个字符，则 $Insert(s)$ 返回 n+1 个字符串的集合（因为将一个 # 插入一个长度为 n 的字符串，有 n+1 个可能的位置）。

    例如，$Insert(abc)$ = {#abc、a#bc、ab#c、abc#}。如果将 $Insert$ 应用于一个字符串集合，表示将其应用于集合的每个成员并求结果的并集。因此，$Insert(ab, de)$ = {#ab、a#b、ab#、#de、d#e、de#}。

    令 R 是任意正则集。证明 $Insert(R)$ 是一个正则集。

    提示：给定 R 的一个 FA，构造 $Insert(R)$ 的一个 FA。
29. 令 D 表示任意确定有限自动机。假设你知道 D 恰好包含 n 个状态，并且它接受至少一个长度大于等于 n 的字符串。证明 D 必须也接受至少一个长度大于等于 $2n$ 的字符串。

文法和语法分析

对于英语或德语等自然语言，我们习惯于使用文法规则来定义正确的句子结构。这些规则可以用主语、动词和宾语来定义短语。然后，就可以用短语和连词来定义句子了。结构正确的句子可以用图解来显示它的组成部分是如何符合语言的文法的。文法也可以解释畸形句子中缺少或多余什么内容。句子的**二义性**（ambiguity）通常可以通过提供同一个句子的多个图解来解释（参见习题 1 和习题 2）。

文法可以作为一种语言中如何构建有意义的句子的简明定义，并作为诊断畸形句子的工具。检测句子合法性的第一步通常是看它是否符合该语言的文法。当然，在自然语言中，也有可能构造出文法正确但毫无意义的句子。换句话说，自然语言的文法抓住了句子合法性的一个小而重要的方面。

编译器的前端执行若干步骤来确定其输入的合法性。如第 3 章所述，对输入流进行词法分析得到单词流。使用**正则集**（regular set）定义的单词可以由词法分析器处理，而词法分析器则是根据正则集规范自动构造的。就像正则集指导自动构造的词法分析器中的操作一样，在第 5 章和第 6 章中描述的语法分析器的操作也可以由说明编程语言语法的**文法**（grammar）来指导。

现代编程语言通常在其规范中包含一个文法，作为教授、学习或使用该语言的指南。根据本章的分析，这种文法也可以参与到语法分析器的自动构造中。在第 7 ～ 9 章讨论的**语义分析**（semantic analyses）中，会执行不容易用文法表达的编程语言规则。在第 2 章中，我们讨论了**上下文无关文法**（Context-Free Grammars，CFG）的基础知识，并使用它定义了一种简单的语言。在本章中，我们将形式化 CFG 的定义和符号表示，并提出分析此类文法的算法，为学习第 5 章和第 6 章中介绍的语法分析技术做准备。

4.1 上下文无关文法

形式上，**语言**（language）是一个有穷字母表上有限长度字符串的集合。因为大多数有趣的语言都是无穷集，所以我们不能通过枚举它们的元素来定义这些语言。**上下文无关文法**（CFG）是语言的一种紧凑、有穷的表示，由以下四个组成部分定义：

- 有穷**终结符字母表**（terminal alphabet）Σ。这就是词法分析器生成的单词集合。我们通常将此集合扩展一个单词 \$，它表示输入结束。
- 有穷**非终结符字母表**（nonterminal alphabet）N。这个字母表中的符号是文法变量。
- **开始符号**（start symbol）$\mathsf{S} \in N$，它是所有推导（derivation）的起点。S 也被称为**目标符号**（goal symbol）。
- 有穷产生式 [有时也被称为**重写规则**（rewriting rule）] 集合 P，每个产生式形为 $\mathsf{A} \to \mathcal{X}_1 \dots \mathcal{X}_m$，其中 $\mathsf{A} \in N$，$\mathcal{X}_i \in N \cup \Sigma$，$1 \leqslant i \leqslant m$ 且 $m \geqslant 0$。唯一满足 m=0 的产生式必形如 $\mathsf{A} \to \lambda$，其中 λ 表示**空字符串**。

这些组成部分通常表达为 G $=(N,\Sigma,P,S)$，即 CFG 的形式化定义。终结符和非终结符字母表必须不相交（即，$\Sigma \cap N=\varnothing$）。CFG 的**字母表**（vocabulary）V 就是终结符和非终结符的集合（即，$V=\Sigma \cup N$）。

CFG 本质上是创建字符串的配方。从 S 开始，用文法的产生式重写非终结符，直到只剩下终结符。用 A $\rightarrow \alpha$ 进行重写就是用 α 中的字母表符号替换非终结符 A。用产生式 A $\rightarrow \lambda$ 进行重写是一种特殊情况，会导致 A 被删除。每次重写都是**推导**（derivation）结果字符串过程的一个步骤。可由 S 推导出的终结符字符串集合组成了文法 G 的**上下文无关语言**（context-free language），记为 L(G)。

在描述解析器、算法和语法时，符号和字符串表示的一致性是很有用的。因此，我们采用以下表示法：

名字的开头符号	表示的符号类型	示例
大写字母	N	A、B、C、Prefix
小写字母和标点	Σ	a、b、c、if、then、(、;
$\mathcal{X}$, $\mathcal{Y}$	$N \cup \Sigma$	$\mathcal{X}_i$, $\mathcal{Y}_3$
其他希腊字母	$(N \cup \Sigma)^*$	α,γ

使用这种表示法，我们将产生式写成 A $\rightarrow \alpha$ 或 A $\rightarrow \mathcal{X}_1 \ldots \mathcal{X}_m$，取决于是否对产生式**右部**（Right-Hand Side，RHS）的细节感兴趣。这种格式强调，产生式的**左部**（Left-Hand Side，LHS）必须是单一非终结符，而右部是包含零个或多个字母表中符号的字符串。

通常有不止一种方法重写给定的非终结符。在这种情况下，多个产生式共享相同的左部符号。我们不重复左部符号，而是使用“或符号”把右部串起来：

$$
\begin{aligned}
\mathrm{A} &\rightarrow \alpha \\
&\mid \beta \\
&\cdots \\
&\mid \zeta
\end{aligned}
$$

是下面产生式序列的一种简写：

$$
\begin{aligned}
\mathrm{A} &\rightarrow \alpha \\
\mathrm{A} &\rightarrow \beta \\
&\cdots \\
\mathrm{A} &\rightarrow \zeta
\end{aligned}
$$

如果 A $\rightarrow \gamma$ 是一个产生式，那么 $\alpha \mathrm{A} \beta \Rightarrow \alpha \gamma \beta$ 表示用这个产生式进行的一步推导。我们将 $\Rightarrow$ 扩展到 $\Rightarrow^{+}$（一步或多步推导）和 $\Rightarrow^{*}$（零步或多步推导）。如果 S $\Rightarrow^{*} \beta$，那么 β 就是 CFG 的一个**句型**（sentential form）。SF(G) 表示文法 G 的句型集，因此 L(G) $=\{w \in \Sigma^{*} \mid$ S $\Rightarrow^{+} w\}$。而且 L(G)=SF(G) $\cap \Sigma^{*}$。也就是说 G 的语言就是其句型中为终结符串的那些。

在整个推导过程中，如果一个句型中存在多个非终结符，则可以选择下一步应该展开哪个非终结符。因此，为了刻画一个推导序列，我们需要指出在每个步骤中扩展哪个非终结符，应用哪个产生式。我们可以通过采用某种约定——按某种系统化的顺序来重写非终结符的约定，来简化这种刻画。有两种这样的约定：

- 最左推导，将非终结符从左到右展开。
- 最右推导，将非终结符从右到左展开。

4.1.1 最左推导

在每一步总是选择*最左*非终结符的推导称为**最左推导**（leftmost derivation）。如果我们知道一个推导是最左的，我们只需要指明应用了哪些产生式及其应用的顺序（即可刻画此推导）；而扩展的非终结符可隐式表达。为了表示推导是最左的，我们使用符号 $\Rightarrow_{lm}$、$\Rightarrow^{+}_{lm}$ 和 $\Rightarrow^{\star}_{lm}$。通过最左推导生成的句型称为**最左句型**（left sentential form）。一大类语法分析器（**自顶向下语法分析器**，top-down parser）找到的产生式应用序列是最左推导。因此，我们称这些语法分析器生成**最左解析**（leftmost parse）。

例如，考虑图 4.1 所示的文法，它生成简单的表达式（v 表示变量，f 表示一个函数）。f(v + v) 的最左推导如下：

$$
\begin{aligned}
E &\Rightarrow_{lm} \text{Prefix} (E) \\
&\Rightarrow_{lm} f (E) \\
&\Rightarrow_{lm} f (v \text{ Tail}) \\
&\Rightarrow_{lm} f (v + E) \\
&\Rightarrow_{lm} f (v + v \text{ Tail}) \\
&\Rightarrow_{lm} f (v + v)
\end{aligned}
$$

1	E	→ Prefix (E)
2		| v Tail
3	Prefix	→ f
4		| λ
5	Tail	→ + E
6		| λ

图 4.1 一个简单的表达式文法

4.1.2 最右推导

最左推导的替代是**最右推导**（rightmost derivation）（有时称为**规范推导**，canonical derivation）。在这种推导中，总是展开最右非终结符。考虑到英语惯例是从左到右处理信息的，这种推导过程似乎不太直观。然而，这种推导是由一类重要的语法分析器生成的，即在第 6 章中讨论的自底向上语法分析器。

当自底向上语法分析器找到一系列产生式能推导出给定单词序列时，它会生成一个最右推导，但产生式应用的*顺序是相反的*。即，最右推导所采取的最后一步是自底向上语法分析器应用的第一个产生式，涉及开始符号的第一步则是语法分析器最后应用的产生式。自底向上语法分析器应用的产生式序列称为**最右**（rightmost）语法分析或**规范**（canonical）语法分析。对于最右推导，我们使用符号 $\Rightarrow_{rm}$、$\Rightarrow^{+}_{rm}$ 和 $\Rightarrow^{\star}_{rm}$。由最右推导产生的句型称为**最右句型**（right sentential form）。图 4.1 所示文法的一个最右推导如下所示。

$$
\begin{aligned}
E &\Rightarrow_{rm} \text{Prefix} (E) \\
&\Rightarrow_{rm} \text{Prefix} (v \text{ Tail}) \\
&\Rightarrow_{rm} \text{Prefix} (v + E) \\
&\Rightarrow_{rm} \text{Prefix} (v + v \text{ Tail}) \\
&\Rightarrow_{rm} \text{Prefix} (v + v) \\
&\Rightarrow_{rm} f (v + v)
\end{aligned}
$$

4.1.3 语法分析树

推导通常可以用*语法分析树*（parse tree）来表示 [有时也被称为*推导树*（derivation tree）]。一棵**语法分析树**具有如下特征：

- 根节点是文法的开始符号 S。
- 每个节点要么是一个文法符号，要么是 λ。
- 其内部节点都是非终结符。一个内部节点及其孩子节点表示应用了一个产生式。即，一个表示非终结符 A 的节点有孩子节点 $\mathcal{X}_1,\mathcal{X}_2,\cdots,\mathcal{X}_m$ 当且仅当存在文法的一个产生式 A $\rightarrow \mathcal{X}_1\mathcal{X}_2\ldots\mathcal{X}_m$。当推导完成时，对应语法分析树的每个叶节点要么是一个终结符，要么是 λ。

图 4.2 显示了用图 4.1 所示文法来分析 f (v + v) 得到的语法分析树。语法分析树可以很好地可视化一个字符串是如何用文法解析其结构的。最左推导或最右推导本质上是语法分析树的文本表示，但推导也传达了应用产生式的顺序。

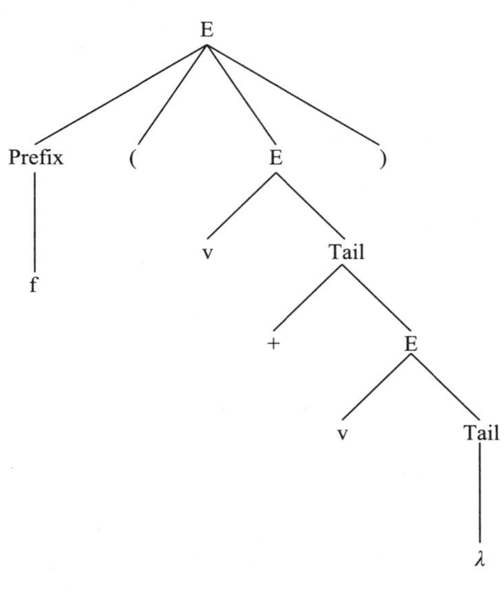

图 4.2　f (v + v) 的语法分析树

句型是可从文法的开始符号推导出的字符串。因此，每一个句型都必然存在一棵对应的语法分析树。给定一个句型及其语法分析树，句型的一个**短语**（phrase）是由语法分析树中单个非终结符推导而来的符号序列。一个**简单**短语或称**基本**（prime）短语是指不包含更小短语的短语。也就是说，它是直接从非终结符推导而来的符号序列。如果一个句型是最左简单短语，则称其为**句柄**（handle）。（简单短语是不能重叠的，所以"最左"指代明确。）给定图 4.2 的语法分析树和句型 f (v Tail)，f 和 v Tail 是简单短语，而 f 是句柄。句柄非常重要，因为它们代表了各个推导步骤，各种语法分析技术可识别出句柄（来完成语法分析）。

4.1.4　其他类型的文法

尽管 CFG 可以很好地描述语法，但大多数编程语言都包含用 CFG 无法表达的规则。例如，"变量必须在使用之前声明"的规则不能用 CFG 表达，因为 CFG 没有提供将准确的已声明变量集合传递到程序体的机制。在实践中，用 CFG 不能表示的语法细节被认为是静态语义的一部分，并通过语义例程（以及作用域和类型规则）进行检查。

下面的文法与编程语言的翻译相关：

- 正则文法，不如 CFG 强大。
- 上下文有关文法和无限制文法，比 CFG 更强大。

1. 正则文法

如果一个 CFG 的产生式的形式被限制为 A $\rightarrow$ aB 或 C $\rightarrow$ d，则称之为**正则文法**（regular grammar）。每条规则的右部要么是 $\Sigma\cup\{\lambda\}$ 中的一个符号后跟一个非终结符，要么只是 $\Sigma\cup\{\lambda\}$ 中的一个符号。顾名思义，正则文法定义了正则集（参见习题 15）。我们在第 3 章中注意到语言 $\{[^i\ ]^i\ |i\geqslant 1\}$ 不是正则集。该语言是由下面的 CFG 生成的：

```
1  S → T
2  T → [ T ]
3     | λ
```

此文法表明了可由正则文法定义的语言（正则集）是上下文无关语言的真子集。

2. 超越上下文无关文法

可以推广 CFG 以创建更富表达力的符号机制。**上下文有关文法**（context-sensitive

grammar）要求只有当非终结符出现在特定上下文中时才能重写它们（例如，$\alpha A\beta \rightarrow \alpha\delta\beta$），前提是该规则不会导致句型长度缩减。**无限制文法**（unrestricted grammar）或称 **0 型文法**（type-0 grammar）是最通用的，它允许重写任意模式。

尽管上下文有关文法和无限制文法比 CFG 更强大，但它们并没有比 CFG 更加有用，原因如下：

- 这些文法不存在高效的语法分析器。如果没有语法分析器，文法定义就无法用于自动构造编译器组件。
- 很难证明这些语法的性质。例如，要证明一个给定的 0 型文法生成 C 语言是一件令人生畏的事情。

确实存在许多类 CFG 的高效词法分析器。因此，CFG 在通用性和可行性之间取得了很好的平衡。

4.2　CFG 的性质

CFG 是一种用于说明语言的符号机制。正如许多程序会计算出相同的结果一样，许多文法也会生成相同的语言。如第 7 章所述，有些文法更适合于特定的翻译任务。而有些文法则存在下列问题中的一种或多种，阻碍了将它们用于翻译：

- 文法中可能包含无用的符号。
- 文法可能允许一些输入字符串有多个不同的推导（语法分析树）。
- 文法可能包含不属于该语言的字符串，或者可能排除了属于该语言的字符串。

在本节中，我们将讨论这些问题及其对语言处理的影响。

4.2.1　归约文法

如果文法的每个非终结符和产生式都参与了文法的语言中某个字符串的推导，则称该文法是**归约的**（reduced）。可以安全删除的非终结符称为**无用的**。

```
1 S → A
2   | B
3 A → a
4 B → B b
5 C → c
```

上面的文法包含两个不能参与到任何字符串推导中的非终结符：

- 以 S 为开始符号，非终结符 C 不会出现在任何短语中。
- 任何涉及 B 的短语都无法用仅包含终结符的文法规则进行重写。

当删除 B、C 及其关联的产生式后，就得到了下面的归约文法：

```
1 S → A
2 A → a
```

习题 16 和习题 17 考虑如何检测这两种无用非终结符。很多语法分析器生成器会检查一个文法是否为归约形式。一个未归约文法所包含的错误可能是文法规范中的输入错误所导致的。

4.2.2　二义性

一些文法允许字符串推导出两棵或更多不同的语法分析树（因此是非唯一的结构）。考虑下面的文法，它生成使用中缀减法运算符的表达式。

1 Expr → Expr - Expr
2 | id

对于 id - id - id，此文法允许生成两棵不同的语法分析树，如图 4.3 所示。图 4.3a 中的树建模了第三个 id 与前两个 id 的差值间的减法。图 4.3b 中的树则是从第一个 id 符号中减去后两个 id 符号的差值。如果三个 id 符号的值分别为 3、2 和 1，那么图 4.3a 中的树求值结果为 0，而图 4.3b 中的树求值结果为 2。

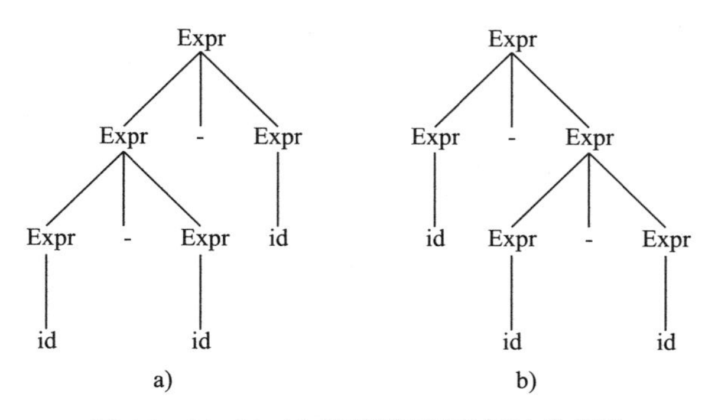

图 4.3 id - id - id 的两棵不同的语法分析树

对同一个终结符字符串允许生成不同的语法分析树的文法称为**二义性**（ambiguous）文法。我们很少使用这种文法，因为它们不能保证所有输入都有唯一的结构（即语法分析树）。因此，可能无法根据语法分析树结构指导获得的唯一的翻译结果。

我们似乎需要一个算法来检查任意 CFG 是不是二义性的。不幸的是，在一般情况下，没有算法可以解决这个问题，因为这个问题是**不可判定的**（undecidable）[HU79, Mar03]。对于特定的文法类，通过我们在第 5 章和第 6 章中讨论的算法成功地构造出语法分析器即可证明文法是无二义性的。但是，当这种语法分析器构造失败时，文法可能是二义性的，也可能不是。6.4.1 节介绍了一些关于文法二义性的推理方法。

4.2.3 错误的语言定义

一个文法可能存在的最严重的潜在缺陷是，它生成了“错误的”语言。也就是说，由文法推导出的终结符字符串并不*精确*对应于在所需的语言中的字符串。这是一个微妙的问题，因为文法通常是作为语言的语法的准确定义的。

文法的正确性检测通常是通过对一组输入尝试进行语法分析来非正式地进行的，输入中一些被认为是属于该语言的，而另一些则不是。我们可以尝试比较由一对文法（将其中之一视为标准）定义的语言是否相等，但很少这样做。对于某些文法类，这样的验证是可能的；而对于其他的文法，没有已知的比较算法。一般来说，确定两个 CFG 是否生成相同的语言是一个**不可判定**问题。

4.3 转换扩展文法

巴科斯 – 诺尔范式（Backus-Naur Form, BNF）扩展了 4.1 节中定义的文法符号表示，增加了定义可选符号和重复符号的语法。

- 可选符号用中括号包围起来。在下面的产生式中

$$\mathsf{A} \to \alpha[\mathcal{X}_1 \ldots \mathcal{X}_n]\beta$$

符号 α 和 β 之间的符号 $\mathcal{X}_1 \ldots \mathcal{X}_n$ 要么全出现，要么都不出现。

- 重复符号用花括号包围起来。在下面的产生式中

$$\mathsf{B} \to \gamma\{\mathcal{X}_1 \ldots \mathcal{X}_m\}\delta$$

整个符号序列 $\mathcal{X}_1 \ldots \mathcal{X}_m$ 可重复零次或多次。

这些扩展在表示许多编程语言结构时都很有用。在 Java 中，声明可以有选择地包含 `final`、`static` 和 `const` 等修饰符。每个声明可以包括一个标识符列表。可以用下面的产生式说明一个类 Java 的声明：

$$\text{Declaration} \rightarrow [\text{final}][\text{static}][\text{const}]\text{Type identifier}\{,\text{identifier}\}$$

该声明坚持修饰符的顺序必须如产生式中所示。习题 13 和习题 14 考虑如何说明可按任意顺序排列的可选修饰符。

尽管 BNF 可能很有用，但用于分析文法和构建语法分析器的算法采用 4.1 节中介绍的标准文法表示法。图 4.4 中的算法将扩展的 BNF 文法转换为标准形式。对于涉及花括号的 BNF 文法，转换算法使用 M 的右递归产生式，以允许包含在花括号内的符号出现零次或多次。这种转换也可以使用左递归——得到的文法将生成相同的语言。

```
foreach p ∈ Prods of the form "A→α [ X1...Xn ] β" do
    N ← NewNonTerm()
    p ← "A→α N β"
    Prods ← Prods ∪ { "N→X1...Xn" }
    Prods ← Prods ∪ { "N→λ" }
foreach p ∈ Prods of the form "B→γ { X1...Xm } δ" do
    M ← NewNonTerm()
    p ← "B→γ M δ"
    Prods ← Prods ∪ { "M→X1...Xn M" }
    Prods ← Prods ∪ { "M→λ" }
```

图 4.4 将一个 BNF 文法转换为标准形式的算法

正如 4.1 节所讨论的，特定的推导（如最左推导或最右推导）取决于文法结构。事实证明，右递归规则更适合自顶向下的语法分析器，它产生最左推导。类似地，左递归规则更适合自底向上的语法分析器，它产生最右推导。

4.4 语法分析器和识别器

编译器应该根据定义编程语言语法的文法来验证输入符号串在语法上是否合法。给定一个文法 G 和一个输入字符串 x，编译器必须确定 $x \in L(G)$ 是否成立。执行这种测试的算法被称为**识别器**（recognizer）。

对于语言翻译，我们不仅必须确定字符串的合法性，还必须确定它的结构或者说**语法分析树**（parse tree）。完成这项任务的算法称为**语法分析器**（parser）。一般来说，语法分析有两类方法：

- 如果语法分析器从根节点（开始符号）开始生成语法分析树，并以深度优先的方式应用产生式来展开树，则认为语法分析器是**自顶向下的**（top-down）。自顶向下的语法分析对应于语法分析树的先序遍历。自顶向下的语法分析技术本质上是预测性的，因为总是在产生式匹配实际开始之前就预测要匹配哪个产生式。自顶向下方法包括在第 2 章讨论的递归下降语法分析器。
- **自底向上**（bottom-up）语法分析器则从叶节点开始，一直处理到根节点来生成语法分析树。对于一个节点，只有在其子节点都已插入树后，才会将它插入树中。自底向上的语法分析对应于语法分析树的后序遍历。

下面的文法生成编程语言的块结构框架。

```
1  Program → begin  Stmts  end  $
2  Stmts    → Stmt  ;  Stmts
3           | λ
4  Stmt     → simplestmt
5           | begin  Stmts  end
```

使用此文法，图 4.5 和图 4.6 展示了对字符串 `begin simplestmt ; simplestmt ; end $` 进行的自顶向下和自底向上的语法分析。每个框显示了语法分析的一个步骤，每个特定的规则用父节点（规则的左部）和其子节点（规则的右部）之间的粗线表示。细线表示已经应用的规则，虚线表示尚未应用的规则。例如，图 4.5a 显示了应用规则 `Program → begin Stmts end $` 作为自顶向下语法分析的第一步。图 4.6f 显示了应用相同规则作为自底向上语法分析的最后一步。

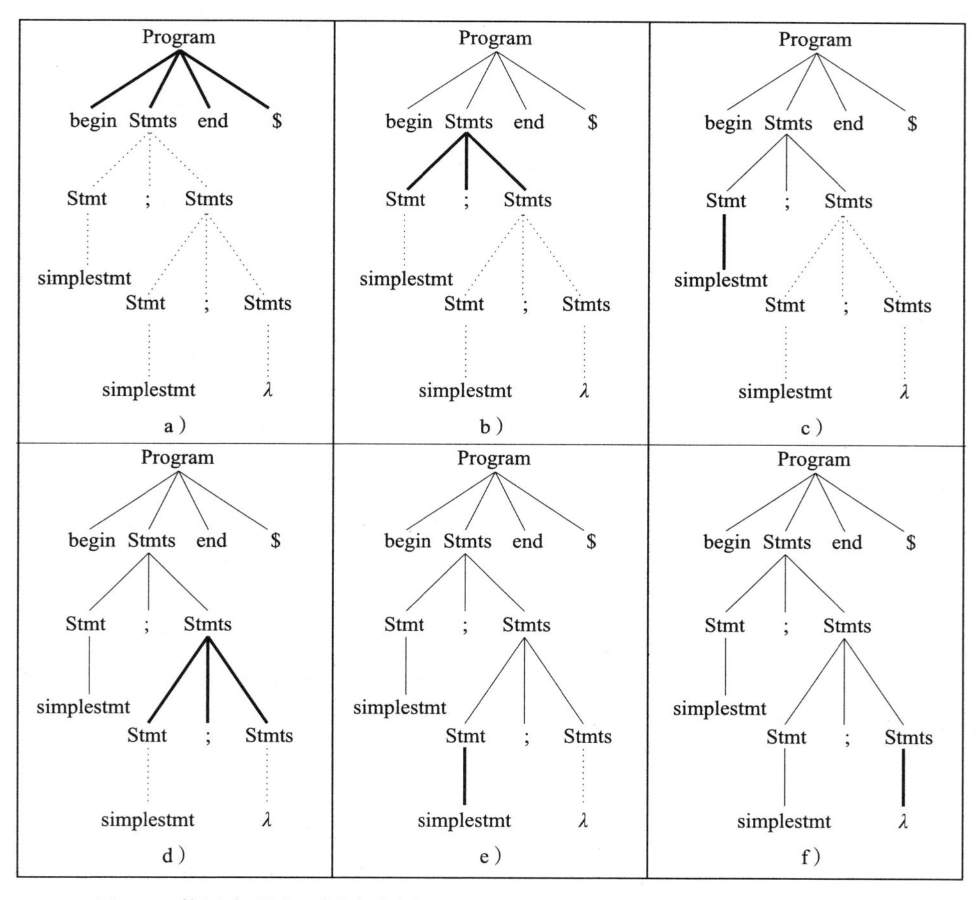

图 4.5　使用自顶向下语法分析“`begin simplestmt ; simplestmt ; end $`”

在说明一种语法分析技术时，我们必须指出将生成最左分析还是最右分析。最著名且最广泛使用的自顶向下和自底向上语法分析策略被分别称为 LL 和 LR。这些名称看起来相当神秘，但它们反映了输入是如何处理的，以及生成了哪种语法分析。对于这两种策略，第一个字符（L）表示从左到右处理单词序列。第二个字母（L 或 R）表示生成的是最左分析，还是最右分析。我们还可以进一步刻画语法分析技术——根据语法分析器会参考多少个超前符号（即当前单词之后的符号）来做出分析决策。LL(1) 和 LR(1) 语法分析器是最常用的，只需要一个超前符号。

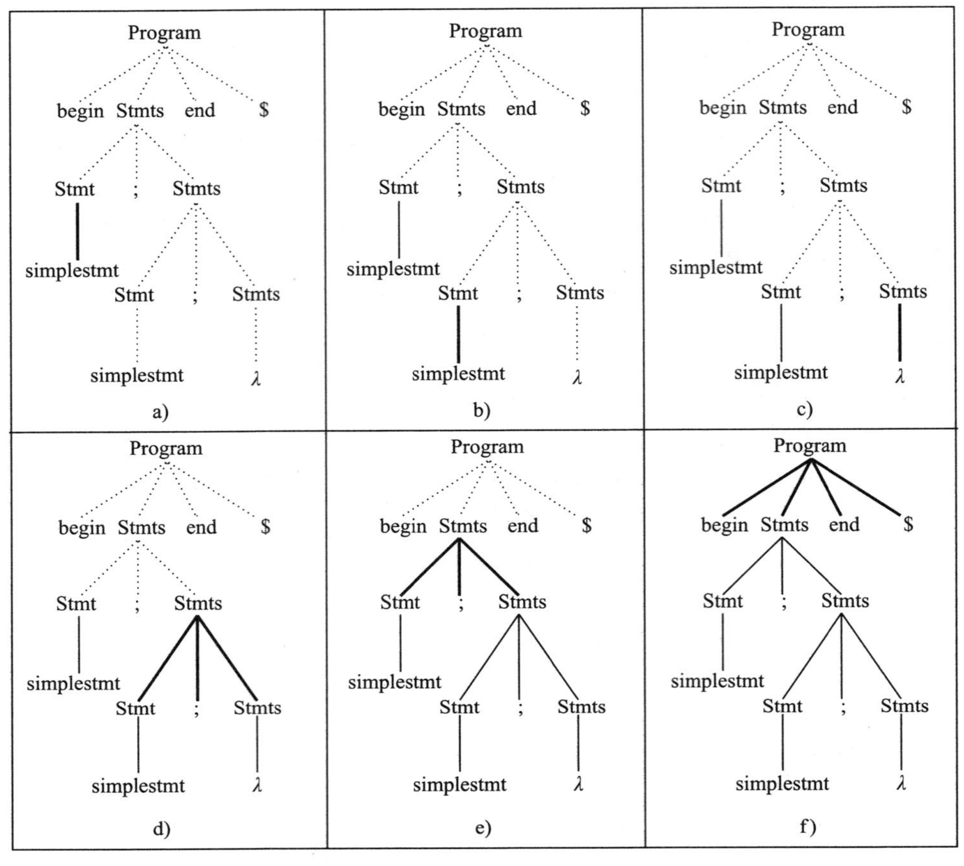

图 4.6 使用自底向上语法分析“begin simplestmt ; simplestmt ; end $”

4.5 文法分析算法

通常需要分析文法，以确定它是否适合进行语法分析，如果适合，则需要构造可以驱动分析算法的表。在本节中，我们将讨论一些重要的基于文法和推导的基本概念的分析算法。如第 5 章和第 6 章所述，这些算法是自动构造语法分析器的核心。

4.5.1 文法表示

本章介绍的算法是一组用于访问和修改 CFG 表示的实用程序。这些算法的效率受到构建这些实用程序的数据结构的影响。在本节中，我们将研究如何有效地表示 CFG。我们假设实现编程语言直接或通过扩展提供以下构造：

- 一个不同实体的无序**集合**。
- 一个**列表**——实体的有序集合。一个实体可以在列表中出现多次。
- 一个**迭代器**——枚举集合或列表内容的构造。

如 4.1 节所讨论的，一个文法形式上包含两个不相交的符号集Σ和 N，分别包含文法的终结符和非终结符。文法还包含一个指定的开始符号和一组产生式。下面的观察与获得文法的高效表示有关：

- 很少从文法中删除符号。
- 像图 4.4 中这样的转换算法可以向文法添加符号和产生式。
- 基于文法的算法通常访问给定非终结符的所有规则，或访问产生式中给定符号的所有出现。
- 大多数算法在处理产生式右部时，每次只处理一个符号。

根据这些观察，我们用左部符号和右部的符号列表来表示一个产生式。空字符串 λ 并不显式地表示为一个符号。相反，对产生式 A $\rightarrow$ λ，用一个空符号列表表示其右部。语法实用程序集合如下。

- GRAMMAR(S)：创建一个开始符号为 S 的新文法。文法还不包含任何产生式。
- PRODUCTION(A, *rhs*)：为非终结符 A 创建一个新产生式，返回指向此产生式的描述符。迭代器 *rhs* 给出了产生式右部的符号。
- PRODUCTIONS()：返回一个迭代器，用它可以访问文法的所有产生式，访问顺序不定。
- NONTERMINAL(A)：将 A 加入终结符集。如果 A 已经是一个终结符，则产生一个错误。函数返回指向此非终结符的描述符。
- TERMINAL(x)：将 x 加入终结符集。如果 x 已经是一个非终结符，则产生一个错误。函数返回指向此终结符的描述符。
- NONTERMINALS()：返回一个指向非终结符集的迭代器。
- TERMINALS()：返回一个指向终结符集的迭代器。
- ISTERMINAL($\mathcal{X}$)：如果 $\mathcal{X}$ 是一个终结符，返回 true；否则返回 false。
- RHS(p)：返回一个指向产生式 p 右部符号的迭代器。
- LHS(p)：返回产生式 p 定义的非终结符。
- PRODUCTIONFOR(A)：返回一个用于访问非终结符 A 的所有产生式的迭代器。
- OCCURRENCES($\mathcal{X}$)：返回一个迭代器，用于访问 $\mathcal{X}$ 在所有规则的右部中的每次出现。
- PRODUCTION(y)：返回产生式 A $\rightarrow$ α 的描述符，其中 α 包含某个字母表符号 y。
- TAIL(y)：访问某个符号出现之后的所有符号。给定规则 A $\rightarrow \alpha\, y\, \beta$ 中的符号出现 y，TAIL(y) 返回 β 中符号的迭代器。

4.5.2 推导空字符串

最常见的文法计算之一是确定哪些非终结符可以推导出 λ。这个信息很重要，因为在语法分析过程中，这些非终结符可能会消失，因此必须小心处理。确定一个非终结符是否可以推导出 λ 并不是那么简单，因为推导可能需要不止一步：

$$\text{A} \Rightarrow \text{BCD} \Rightarrow \text{BC} \Rightarrow \text{B} \Rightarrow \lambda.$$

图 4.7 显示了一个确定可推导出 λ 的非终结符和产生式的算法。在标记③处的计算使用了一个工作列表（worklist）。工作列表是一个集合，它会随着算法的推进而扩充或缩减。当工作列表为空时，算法结束。因此，标记③处的循环必须考虑到对 *WorkList* 的更改。为了证明使用工作列表的算法终止，必须证明工作列表中的所有元素出现的次数都是有限的。

在图 4.7 所示的算法中，工作列表包含被发现可推导出 λ 的非终结符。整数 *Count*(p) 在标记①和标记②处被初始化为 p 的右部符号的数目。任何形如 A $\rightarrow \lambda$ 的产生式的此数值为 0。一旦已知一个产生式能推导出 λ，它的左部就被放在工作列表中（标记⑧处）。当在标记④处从工作列表中取出一个符号时，在标记⑤处访问该符号的每次出现，并且相关的产生式的计数会减 1。这个过程将持续，直到工作列表耗尽为止。该算法建立了与 λ 的推导相关的两个结构：

- RuleDerivesEmpty(p) 指出产生式 p 是否能推导出 λ。若规则 p 右部的每个符号都能推导出 λ，标记⑥处确定 p 可以推导出 λ。
- SymbolDerivesEmpty(A) 指出非终结符 A 是否能推导出 λ。若 A 的任意一个产生式能推导出 λ，标记⑦处确定 A 可以推导出 λ。

在第 4 ～ 6 章讨论的文法分析和语法分析算法中，两种形式的信息都是有用的。

```
procedure DerivesEmptyString( )
    foreach A ∈ NonTerminals( ) do
        SymbolDerivesEmpty(A) ← false
    foreach p ∈ Productions( ) do
        RuleDerivesEmpty(p) ← false
        Count(p) ← 0                                        ①
        foreach X ∈ RHS(p) do Count(p) ← Count(p) + 1       ②
        call CheckForEmpty(p)
    foreach X ∈ WorkList do                                 ③
        WorkList ← WorkList − { X }                         ④
        foreach x ∈ Occurrences(X) do                       ⑤
            p ← Production(x)
            Count(p) ← Count(p) − 1
            call CheckForEmpty(p)
end
procedure CheckForEmpty(p)
    if Count(p) = 0
    then
        RuleDerivesEmpty(p) ← true                          ⑥
        A ← LHS(p)
        if not SymbolDerivesEmpty(A)
        then
            SymbolDerivesEmpty(A) ← true                    ⑦
            WorkList ← WorkList ∪ { A }                     ⑧
end
```

图 4.7　确定可推导出 λ 的非终结符和产生式的算法

4.5.3 First 集

语法分析器生成器通常要使用集合 First(α)。这是所有可从 α 中的语法符号串推导出的句型的开始终结符的集合。形式化的定义为

$$\text{First}(\alpha) = \{a \in \Sigma \mid \alpha \Rightarrow^* a\beta\}$$

有些教材中定义：如果 $\alpha \Rightarrow^* \lambda$，则将 λ 包含在 First($\alpha$) 中。这种方法最终需要频繁地从符号集中减去 λ。我们采用的约定是，即使 $\alpha \Rightarrow^* \lambda$，也不将 λ 包含在 First($\alpha$) 中。当图 4.7 所示算法的结果可用时，$\alpha$ 推导出 λ，当且仅当 α 中的每个符号都推导出 λ。

First(α) 的计算方法是，首先由左至右扫描 α。如果 α 以终结符 a 开头，那么显然 First(α)={a}。如果遇到非终结符 A，则必须参考 A 的文法产生式。可以推导出 λ 的非终结符在推导过程中可能消失，因此计算中也必须考虑这一点。

例如，考虑图 4.1 所示文法中的非终结符 Tail 和 Prefix。每个非终结符都有一个产生式直接向其 First 集贡献信息。每个非终结符也都有一个 λ- 产生式，它没做任何贡献。计算结果如下：

$$\text{First(Tail)} = \{+\}$$
$$\text{First(Prefix)} = \{f\}$$

在某些情况下，一个符号的 First 集可能依赖于其他符号的 First 集。为了计算 First(E)，基于产生式 E → `Prefix(E)` 需要计算 `First(Prefix)`。由于 Prefix $\Rightarrow^{\star} \lambda$，`First((E))` 也必须包括进来。因此结果集为：First(E)={v,f,(}。

图 4.8 所示算法的主要计算是由函数 InternalFirst 执行的，它的输入参数是字符串 $\mathcal{X}\beta$。如果 $\mathcal{X}\beta$ 非空，那么 $\mathcal{X}$ 是字符串的第一个符号，β 是字符串的剩余部分。于是 InternalFirst 按如下方式计算结果：

- 如果在标记⑩处发现 $\mathcal{X}\beta$ 为空，则返回空集。我们用 ⊥ 表示这个条件，以强调空集由一个空符号列表表示。
- 如果 $\mathcal{X}$ 是一个终结符，则在标记 ⑪ 处将 First $(\mathcal{X}\beta)$ 设置为 $\{\mathcal{X}\}$ 。
- 剩下的唯一可能是 $\mathcal{X}$ 是一个非终结符。如果 *VisitedFirst*($\mathcal{X}$) 为 false，则递归地处理 $\mathcal{X}$ 的产生式，将其结果包含进来。否则，$\mathcal{X}$ 的产生式已经参与了当前的计算。
- 在标记 ⑮ 处，我们检测 $\mathcal{X}$ 是否可以推导出 λ，这是之前已由图 4.7 中的算法确定的。如果 $\mathcal{X}$ 可以推导出 λ，那么我们必须将 First β 中的所有符号包含进来。

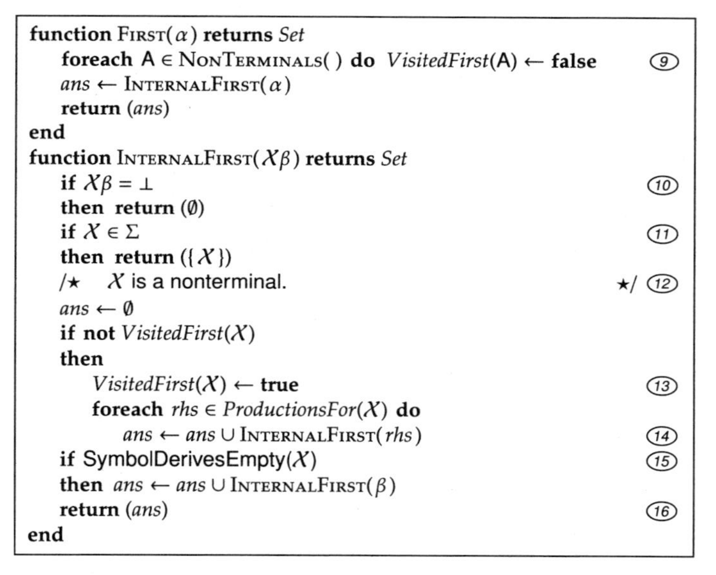

```
function First(α) returns Set
    foreach A ∈ NonTerminals( ) do VisitedFirst(A) ← false        ⑨
    ans ← InternalFirst(α)
    return (ans)
end
function InternalFirst(Xβ) returns Set
    if Xβ = ⊥                                                     ⑩
    then return (∅)
    if X ∈ Σ                                                      ⑪
    then return ({X})
    /⋆   X is a nonterminal.                                   ⋆/ ⑫
    ans ← ∅
    if not VisitedFirst(X)
    then
        VisitedFirst(X) ← true                                    ⑬
        foreach rhs ∈ ProductionsFor(X) do
            ans ← ans ∪ InternalFirst(rhs)                        ⑭
    if SymbolDerivesEmpty(X)                                      ⑮
    then ans ← ans ∪ InternalFirst(β)
    return (ans)                                                  ⑯
end
```

图 4.8　计算 First(α) 的算法

图 4.9 显示了在图 4.1 的非终结符上调用 First 时的进程。递归层次显示在最左列中。每次对 First $(\mathcal{X}\beta)$ 的调用都在 $\mathcal{X}$ 和 β 列上用非空条目显示。符号“⋆”表示调用不再继续递归。图 4.10 显示了另一个文法及其 First 集的计算。简洁起见，省略了对空字符串的 InternalFirst 递归调用。

在一个文法中，如果 First(A) 的计算依赖于其自身（如下例所示），则其计算何时终止必须正确处理：

$$A \rightarrow B$$
$$\ldots$$
$$B \rightarrow C$$
$$\ldots$$
$$C \rightarrow A$$

递归层次	First χ	β	*ans*	标记	完成?（★=是）	注释
				FIRST(Tail)		
0	Tail	⊥	{ }	⑫		
1	+	E	{+}	⑪	★	Tail→+E
1	⊥	⊥	{ }	⑩	★	Tail→λ
0			{+}	⑭		处理完Tail的所有规则后
1	⊥	⊥	{ }	⑩	★	由于β=⊥
0			{+}	⑮	★	最终结果
				FIRST(Prefix)		
0	Prefix	⊥	{ }	⑫		
1	f	⊥	{ f }	⑪	★	Prefix→f
1	⊥	⊥	{ }	⑩	★	Prefix→λ
0			{ f }	⑭		处理完Prefix的所有规则后
1	⊥	⊥	{ }	⑩	★	由于β=⊥
0			{ f }	⑮	★	最终结果
				FIRST(E)		
0	E	⊥	{ }	⑫		
1	Preifx	(E)	{ }	⑫		E→Prefix(E)
1			{ f }	⑯		如上所示计算
2	(	E)	{ (}	⑪	★	由于 Prefix $\Rightarrow^{\star}\lambda$
1			{f,(}	⑮	★	基于E→Prefix(E)得到的结果
1	v	Tail	{ v }	⑪	★	E→vTail
1	⊥	⊥	{ }	⑩		由于β=⊥
0			{f,(,v}	⑮	★	最终结果

图 4.9 在图 4.1 的非终结符上调用 First 时的进程

递归层次	First χ	β	*ans*	标记	完成?（★=是）	注释
				FIRST(B)		
0	B	⊥	{ }	⑫		
1	b	⊥	{ b }	⑪	★	B→b
1	⊥	⊥	{ }	⑩	★	B→λ
0			{ b }	⑮	★	最终结果
				FIRST(A)		
0	A	⊥	{ }	⑫		
1	a	⊥	{ a }	⑪	★	A→a
1	⊥	⊥	{ }	⑩	★	A→λ
0			{ a }	⑮	★	最终结果
				FIRST(S)		
0	S	⊥	{ }	⑫		
1	A	Bc	{ a }	⑯		如上所示计算
2	B	c	{ b }	⑯		由于A$\Rightarrow^{\star}\lambda$；如上所示计算
3	c	⊥	{ c }	⑪	★	由于B$\Rightarrow^{\star}\lambda$
2			{ b,c }	⑮	★	
1			{ a,b,c }	⑮	★	
0			{ a,b,c }	⑮	★	

图 4.10 一个文法及其 First 集

在这个文法中，First(A) 依赖于 First(B)，后者依赖于 First(C)，First(C) 又依赖于 First(A)。在计算 First(A) 时，我们必须避免无休止的迭代或递归。有一个复杂的算法可以对文法进行预处理，以确定这种循环依赖。我们将其留作习题 19，图 4.8 中给出的是一个更清晰但效率略低的算法。该算法通过记住已经访问过哪些非终结符，避免了无休止的计算，具体如下所示：

- 通过调用 First(α) 来计算 First(α)。
- 在计算出任何集合之前，在标记⑨处为每个非终结符 A 重置 *VisitedFirst*(A)。
- 在标记 ⑬ 处设置 *VisitedFirst* ($\mathcal{X}$)，表示 $\mathcal{X}$的产生式已经参与了 First(α) 的计算。

4.5.4 Follow 集

语法分析器构造算法通常需要计算在某个句型中跟随在非终结符 A 之后的终结符的集合。因为我们扩充了文法，使其包含一个表示输入结束的单词（\$），所以除了开始符号外，每个非终结符都必须有某些终结符跟随。跟随单词集的形式化定义为，对于 $A \in N$，

$$\text{Follow(A)}=\{b \in \Sigma | S \Rightarrow^{+} \alpha \text{ A b } \beta\}.$$

Follow(A) 给出了与非终结符 A 相关联的**右上下文**（right context）。例如，对于应用的 A 的产生式，只有 Follow(A) 中的终结符可以在其后出现。

图 4.11 所示算法用于计算 Follow(A)。主要计算是由 InternalFollow(A) 执行的。标记 ⑳ 处的循环访问 A 的每一次出现（记为 a）。Tail(a) 是紧跟着 A 出现的符号列表。

- First(Tail(a)) 中的任何符号都可以跟随 A。标记 ㉑ 处将这些符号包含在结果集中。
- 标记 ㉒ 处检测 Tail(a) 中的符号是否可以推导出 λ。如果 A 的此次出现之后没有符号出现，或 A 的此次出现之后的每个符号都可以推导出 λ 时，就会出现这种情况。在任何一种情况下，标记 ㉓ 处都将当前产生式的左部的 Follow 集包含在结果中。

该算法的许多方面与图 4.8 中给出的 First(α) 算法相似。

```
function Follow(A) returns Set
    foreach A ∈ NonTerminals( ) do
        VisitedFollow(A) ← false                         ⑰
    ans ← InternalFollow(A)
    return (ans)
end
function InternalFollow(A) returns Set
    ans ← ∅
    if not VisitedFollow(A)                              ⑱
    then
        VisitedFollow(A) ← true                          ⑲
        foreach a ∈ Occurrences(A) do                    ⑳
            ans ← ans ∪ First(Tail(a))                   ㉑
            if AllDeriveEmpty(Tail(a))                   ㉒
            then
                targ ← LHS(Production(a))
                ans ← ans ∪ InternalFollow(targ)         ㉓
    return (ans)                                         ㉔
end
function AllDeriveEmpty(γ) returns Boolean
    foreach X ∈ γ do
        if not SymbolDerivesEmpty(X) or X ∈ Σ
        then return (false)
    return (true)
end
```

图 4.11　计算 Follow(A) 的算法

- 在计算任何集合之前，在标记 ⑰ 处为每个非终结符 A 重置 *VisitedFollow*(A)。
- 在标记 ⑲ 处设置 *VisitedFollow*(A)，表示 A 后面的符号已经参与了此次计算。

图 4.12 显示了在图 4.10 中非终结符上调用 Follow 的过程。作为另一个例子，图 4.13 显示了图 4.1 所示文法的 Follow 集的计算。

递归层次	规则	标记	结果	注释
			Follow(B)	
0			Follow(B)	
0	S →A B c	㉑	{ c }	
0		㉔	{ c }	返回
			Follow(A)	
0			Follow(A)	
0	S →A B c	㉑	{ b,c }	
0		㉔	{ b,c }	返回
			Follow(S)	
0			Follow(S)	
0		㉔	{ }	返回

图 4.12　图 4.10 中文法的 Follow 集。注意，Follow(S)={ }，因为 S 未出现在任何产生式的右部

递归层次	规则	标记	结果	注释
			Follow(Prefix)	
0			Follow(Prefix)	
0	E → Prefix (E)	㉑	{ (}	
			Follow(E)	
0			Follow(E)	
0	E → Prefix (E)	㉑	{) }	
0	Tail → + E	㉓	{ }	
1			Follow(Tail)	
1	E →v Tail	㉓	{ }	
2			Follow(E)	
		⑱	{ }	避免了递归
1		㉔	{ }	返回
0		㉔	{) }	返回
			Follow(Tail)	
0			Follow(Tail)	
0	E → v Tail	㉓	{ }	
1			Follow(E)	
1	E → Prefix (E)	㉑	{) }	
1	Tail→+ E	㉓	{ }	
2		⑱	Follow(Tail)	
			{ }	避免了递归
1		㉔	{) }	返回
0		㉔	{) }	返回

图 4.13　图 4.1 中非终结符的 Follow 集

First 集和 Follow 集可以推广到长度为 k 的字符串而非单个字符。$\text{First}_k(\alpha)$ 是 α 可以推导出的长度为 k 的终结符前缀的集合。类似地，$\text{Follow}_k(\text{A})$ 是可以在某个句型中跟随 A 的长度为 k 的终结符字符串的集合。在使用了 k 个超前符号的语法分析技术（如 LL(k) 和 LR(k)）的定义中使用了 First_k 和 Follow_k。计算 $\text{First}_1(\alpha)$ 和 $\text{Follow}_1(\text{A})$ 的算法可以推广到计算 $\text{First}_k(\alpha)$ 集和 $\text{Follow}_k(\text{A})$ 集（见习题 26）。

至此，我们结束了对 CFG 和文法分析算法的讨论。本章介绍的 First 集和 Follow 集在

LL 和 LR 语法分析器的自动构造中扮演着重要的角色，我们将在第 5 章和第 6 章中对此进行讨论。

习题

1. 虽然在编程语言中避免了二义性，但在自然语言中，歧义可以产生（一些）幽默。对于下面的每一个英语句子，解释为什么它是二义性的。首先尝试为句子确定多个语法图。如果只存在一个这样的图，解释为什么单词的意思使句子模棱两可。

   1）I saw an elephant in my pajamas.

   2）I cannot recommend this student too highly.

   3）I saw her duck.

   4）Students avoid boring professors.

   5）Milk drinkers turn to powder.

2. 在某些编程语言中，同一个符号在同一个语句中可能有不同的含义。例如，PL/I 允许下面语句

```
IF IF = THEN THEN = ELSE; ELSE ELSE = END; END
```

   对于下面这个奇怪的英语句子，通过分析句子的语法来确定每个“buffalo”的作用：

   Buffalo buffalo Buffalo buffalo buffalo buffalo Buffalo buffalo.

3. 用图 4.4 所示算法将下面的文法转换为一个标准的 CFG。

```
1  S       → Number
2  Number  → [ Sign ] [ Digs period ] Digs
3  Sign    → plus
4          | minus
5  Digs    → digit { digit }
```

4. 设计一个语言和上下文无关文法来表示下面语言。

   1）八进制数字符串集合。

   2）十六进制数字符串集合。

   3）一进制数字符串集合。

   4）包含八进制数、十六进制数和一进制数的语言。

5. 描述下面每个文法表示的语言：

   1）({A, B, C}, {a, b, c}, ∅, A)

   2）({A, B, C}, {a, b, c}, {A→B C}, A)

   3）({A, B, C}, {a, b, c}, {A→A a, A→b}, A)

   4）({A, B, C}, {a, b, c}, {A→B B, B→a, B→b, B→c}, A)

6. 构造一个生成的字符串是十进制无理数的文法有什么困难?

7. 表示中缀表达式的一个文法如下所示：

```
1  Start → E $
2  E     → T plus E
3        | T
4  T     → T times F
5        | F
6  F     → ( E )
7        | num
```

   1）给出如下字符串的最左推导。

   num plus num times num plus num $

   2）给出如下字符串的最右推导。

num times num plus num times num $

3）描述此文法是如何根据运算符的优先级和左结合或右结合性质来构造出表达式的。

8. 考虑下面的两个文法。

1）
```
1  Start → E $
2  E     → ( E plus E
3        | num
```

2）
```
1  Start → E $
2  E     → E ( plus E
3        | num
```

哪个文法是二义性的（如果有的话）？基于二义性文法为某个输入字符串生成两个不同的推导来证明你的答案。

9. 为如下文法的非终结符计算 First 集和 Follow 集。

```
1  S → a S e
2    | B
3  B → b B e
4    | C
5  C → c C e
6    | d
```

10. 为第 2 章中的 ac 文法的非终结符计算 First 集和 Follow 集，重新给出如下文法。

```
1   Prog     → Dcls Stmts $
2   Dcls     → Dcl Dcls
3            | λ
4   Dcl      → floatdcl id
5            | intdcl id
6   Stmts    → Stmt Stmts
7            | λ
8   Stmt     → id assign Val ExprTail
9            | print id
10  ExprTail → plus Val ExprTail
11           | minus Val ExprTail
12           | λ
13  Val      → id
14           | num
```

11. 为习题 3 中的每个非终结符计算 First 集和 Follow 集。

12. 如 4.3 节所述，图 4.4 中的算法可以使用左递归或右递归将一个重复符号序列转换为标准文法形式。我们称一个形如 A → Aα 的产生式是**左递归**的。类似地，称一个形如 A → β A 的产生式是**右递归**的。证明：如果一个文法同时包含相同左部的左递归规则和右递归规则，则它必然是二义性的。

13. 4.3 节描述了可选符号序列和重复符号序列的扩展 BNF 表示法。假设 n 个文法符号 $\mathcal{X}_1 \ldots \mathcal{X}_n$ 表示一组 n 个可选项。关于可选项如何出现，下面的文法会有什么效果？

```
Options → Options Option
        | λ
Option  → X1
        | X2
           ...
        | Xn
```

14. 考虑习题 13 中描述的 n 个可选符号 $\mathcal{X}_1 \ldots \mathcal{X}_n$。

1）设计一个 CFG 生成这些可选符号的任意子集。即，这些符号可以任意顺序出现，任何符号都可以不出现，但任何符号都不能重复。
2）可选符号的数目 n 会如何影响文法的大小？
3）如果要求仅当 $i < j$ 时，$\mathcal{X}_i$ 和 $\mathcal{X}_j$ 才同时出现，你的方案会受什么影响？

15. 参考 4.1.4 节，通过设计下述算法证明正则文法和有限自动机（见第 3 章）具有同等的能力。
1）将正则文法转换为有限自动机的算法。
2）将有限自动机转换为正则文法的算法。
16. 参考 4.2.1 节，设计一个算法检测从 CFG 的开始符号不可达的非终结符。
17. 参考 4.2.1 节，设计一个算法检测 CFG 中无法推导出任何终结符串的非终结符。
18. 如果一个 CFG 删掉了无用的终结符和产生式，则称它是归约的。考虑下面两个任务。
1）删除从文法的开始符号不可达的非终结符（见习题 16）。
2）删除无法推导出任何终结符串的非终结符（见习题 17）。
这两个任务的顺序有关系吗？如果有，应优选哪种顺序？
19. 图 4.8 中的算法不保持两次 First 调用间的信息。这样，一个给定非终结符的结果可能被计算多次。
1）修改算法，令它记住 First(A), A $\in N$ 有效的计算结果并在需要时引用。
2）算法需要频繁地获取为所有 $\mathcal{X} \in N$ 计算出的 First 集结果。设计算法，为文法中所有非终结符高效计算 First 集。分析算法的效率。
提示：考虑构造有向图，其顶点表示非终结符。令边 (A,B) 表示 First(B) 依赖 First(A)。
3）对 Follow 集重做此习题。
20. 证明对任意 A $\in N$，函数 FIRST(A) 正确计算出了 First(A)。
21. 证明对任意 A $\in N$，函数 FOLLOW(A) 正确计算出了 Follow(A)。
22. 令 G 是任意 CFG，且 $\lambda \notin \mathrm{L}(\mathrm{G})$。证明 G 可以转换为一个等价的、不使用 λ 产生式的文法。
23. **单位产生式**（unit production）是形如 $\mathrm{A} \to \mathrm{B}$ 的规则。证明：任何一个包含单位产生式的 CFG 都可以转换为一个不使用单位产生式的等价 CFG。
24. 某些文法表示包含无穷多个字符串的语言，其他文法则表示有穷语言。设计算法来确定一个给定的 CFG 是否生成无穷语言。
提示：利用习题 22 和习题 23 的结果简化分析。
25. 令 G 是一个不含 λ 产生式的非二义性文法。
1）如果 $x \in$ L(G)，证明：推导 x 所需步数与 x 的长度呈线性关系。
2）如果文法包含 λ 产生式，这一线性结果还成立吗？
3）如果 G 是二义性的，这一线性结果还成立吗？
26. 图 4.8 和图 4.11 所示算法分别计算 First(α) 和 Follow(A)。
1）修改图 4.8 所示算法，令其计算 $\mathrm{First}_k(\alpha)$。
提示：考虑重整算法，使得当计算出 $\mathrm{First}_i(\alpha)$ 时，保留足够多的信息来计算 $\mathrm{First}_{i+1}(\alpha)$。
2）修改图 4.11 所示算法来计算 $\mathrm{Follow}_k(\mathrm{A})$。

自顶向下语法分析

第 2 章介绍了一个用于小型编译器语法分析阶段的*递归下降语法分析器*。手动构造这样的语法分析器既耗时又容易出错，尤其是在应用于真正的编程语言时。乍一看，递归下降语法分析器的代码似乎是专门编写的。幸运的是，其中*存在*一些通用的原理。本章讨论这些原理及其在编译器语法分析器自动生成器中的应用。

递归下降语法分析器属于一类更一般的语法分析器——称为自顶向下（也称为 LL）语法分析器，我们在第 4 章中介绍过这类语法分析器。在本章中，我们将更详细地讨论自顶向下语法分析器，分析可以从文法可靠、自动地构造出这类语法分析器的条件。我们的分析建立在第 4 章中提出的算法和文法处理概念的基础上。

从理论上讲，自顶向下语法分析器不如我们将在第 6 章中学习的自底向上语法分析器强大。然而，由于其简单性、高性能和出色的错误诊断，许多编程语言都选择构造自顶向下语法分析器，且几乎都是使用递归下降方法。对于需要严格定义且需要处理系统输入的大型系统，如果只是构建相对简单的前端原型的话，使用这种语法分析器也很方便。

5.1 概述

在本章中，我们将学习以下两种自顶向下语法分析器：

- **递归下降语法分析器**包含一组互相递归调用的例程来解析字符串。这些例程的代码可以根据合适的文法直接编写。
- **表驱动的 LL 语法分析器**使用一个通用的 LL(k) 语法分析引擎和一个指导引擎动作的分析表。分析表表项是由给定的 LL(k) 文法确定的。符号 LL(k) 会在稍后解释。

幸运的是，可以使用具有特定性质的**上下文无关文法**（CFG）自动生成这种语法分析器。这种自动工具通常被称为**编译器的编译器**（compiler compiler）或**语法分析器生成器**（parser generator）。这类工具以文法描述文件作为输入，并尝试为文法定义的语言生成一个语法分析器。这里使用术语“编译器的编译器”是因为语法分析器生成器*本身就是一个编译器*：它接受一个高级表达的程序（文法定义文件），来生成一个可执行程序（语法分析器）。这种方法使得语法分析成为编译器构造中最简单、最可靠的阶段之一，原因如下：

- 当文法被用作一种语言的定义时，可以自动构造语法分析器，来实现编译器中的语法分析。自动构造的严格性保证了产生的语法分析器忠实于语言的语法规范。
- 当一种语言被修改、更新或扩展时，可以对文法描述进行相应的修改，然后为新语言生成一个语法分析器。
- 当通过本章描述的技术成功构建了语法分析器时，就可以证明文法是非二义性的。虽然设计算法来测试文法二义性是不可能的，但对于语言设计者来说，对于为什么文法可能是二义性的这个问题，语法分析器构造技术非常有助于设计者获得一些相关直觉。

正如第 2 章和第 4 章所讨论的，文法语言中的每个字符串都可以由从文法开始符号开始的推导生成。虽然使用文法的产生式生成其语言中的示例字符串相对简单，但这个过程的逆过程似乎并不那么简单。也就是说，给定一个输入字符串，我们如何证明该字符串为什么属于或不属于文法的语言？这就是**语法分析问题**，在本章中，我们考虑一种对许多 CFG 都成功的语法分析技术。这种语法分析技术有以下名称：

- 自顶向下分析，因为语法分析器从文法的开始符号开始，从根到叶构造出语法分析树。
- 预测分析，因为语法分析器必须在推导的每一步预测下一个要应用的文法规则。
- LL(k) 分析，因为这类技术由左至右扫描输入（LL 的第一个“L”），产生一个最左推导（LL 的第二个“L”），过程中使用 k 个超前符号。
- 递归下降分析，因为这类语法分析器可以通过一组互相递归调用的例程来实现。

在 5.2 节中，我们将确定 CFG 的一个子集，即 LL(k) 文法。在 5.3 节和 5.4 节中，我们将展示如何从 LL(1) 文法——LL(k) 文法的一个高效子集——构建递归下降的 LL 分析器和表驱动的 LL 分析器。对于非 LL(1) 文法，5.5 节讨论了通过文法变换将其变为 LL(1) 文法。不幸的是，有些语言没有 LL(k) 文法，如 5.6 节所述。5.7 节讨论了 LL 文法和 LL 分析器的一些有用的性质。5.8 节讨论了分析表的表示。因为语法分析器通常负责发现程序中的语法错误，所以 5.9 节讨论了 LL(k) 分析器如何响应有语法错误的输入。

5.2 LL(k) 文法

下面重述了第 2 章中介绍的从一个 CFG 构建**递归下降语法分析器**（recursive-descent parser）的过程。

- 每个非终结符 A 关联一个**语法分析例程**（parsing procedure）。
- A 关联的例程负责完成一步推导，这是通过选择并应用 A 的一个产生式来完成的。
- 语法分析器通过检查输入流中接下来的 k 个单词（终结符）来为 A 选择合适的产生式。产生式 $A \to \alpha$ 的 Predict 集是触发应用该产生式的单词集。
- $A \to \alpha$ 的 Predict 集主要由（产生式**右部**）α 中的细节决定。计算一个产生式的 Predict 集时，可能需要其他产生式的参与。

通常，产生式的选择可以基于输入接下来的 k 个单词预测出来，k 是语法分析器投入使用之前选择的某个常数。这 k 个单词被称为 LL(k) 语法分析器的**超前单词**（lookahead）。如果可以为 CFG 构造一个 LL(k) 语法分析器，使其能够识别 CFG 的语言，那么此 CFG 就是一个 **LL(k) 文法**。

LL(k) 语法分析器可以查看接下来的 k 个单词，以决定应用哪个产生式。但是，必须在构造语法分析器时就建立好选择产生式的策略。在本节中，通过定义一个名为 $\text{Predict}_k(p)$ 的函数来描述该策略。此函数考虑文法产生式 p，并计算长度为 k 的单词串集合，用于预测是否应用规则 p。我们假设接下来都只使用一个超前单词（$k = 1$），对此的推广留作习题 16。因此，对于规则 p，Predict(p) 是一个会触发应用规则 p 的终结符（即长度为 1 的字符串）的集合。

考虑给一个语法分析器输入字符串 $\alpha a \beta \in \Sigma^*$。假设语法分析器已构造出推导 $S \Rightarrow_{lm}^* \alpha A \mathcal{Y}_1 \ldots \mathcal{Y}_n$。在此刻，$\alpha$ 已经匹配，A 是推导出的句型中的最左非终结符。因此，必须应用 A 的某个产生式来继续最左推导。因为输入字符串的下一个输入单词是 a，所以语法分析过程接下来应用的 A 的产生式必须推导出以 a 开头的串。

回顾 4.5.1 节中的表示法，我们必须检查产生式集

$$P = \{ p \in \text{ProductionsFor}(\mathsf{A}) \mid a \in \text{Predict}(p)\}$$

对集合 P 和下一个输入单词 a，下列条件之一必须为真：

- P 是空集。在这种情况下，A 的任何产生式都不会导致匹配下一个输入单词。语法分析无法继续，分析器发出一个语法错误，指出有问题的单词为 a。在发出错误消息时 A 的产生式很有帮助，能指出语法分析在此时可以处理哪些终结符。5.9 节更详细地讨论了错误恢复和修复。
- P 包含不止一个产生式。在这种情况下，语法分析可以继续进行，但产生了**不确定性**（nondeterminism）——要分别应用 P 中的每个产生式。为了提高效率，我们要求语法分析器的操作是确定性的。因此语法分析器的构造必须确保这种情况不会出现。
- P 恰好包含一个产生式。在这种情况下，最左语法分析可以确定性地继续进行，应用集合 P 中唯一的产生式即可。

可以对一个文法进行分析，以确定每个终结符是否（最多）预测非终结符 A 的一个规则。如果对一个文法中所有非终结符的分析结果都是肯定的，那么就可以构造一个确定性语法分析器，并确定文法是 LL(1) 文法。

接下来，我们将更详细地考虑一条规则 p，并展示如何计算 Predict(p)。考虑一个产生式 $p: \mathsf{A} \to \mathcal{X}_1 \ldots \mathcal{X}_m, m \geqslant 0$。当 $m = 0$ 时，A 的右部没有任何符号，这与习惯使用的规则 $\mathsf{A} \to \lambda$ 等价。如图 5.1 所示，预测规则 p 的符号集来自以下一种或两种：

- 从 $\mathcal{X}_1 \ldots \mathcal{X}_m$ 开始的推导能生成的开始终结符的集合。
- 可以在某个句型中跟随 A 的那些终结符。

```
function Predict(p : A→X1 ... Xm) : Set
    ans ← First(X1 ... Xm)                    ①
    if RuleDerivesEmpty(p)                    ②
    then
        ans ← ans ∪ Follow(A)                 ③
    return (ans)
end
```

图 5.1　Predict 集的计算

在图 5.1 所示算法的标记①处，将 *ans* 初始化为 First ($\mathcal{X}_1 \ldots \mathcal{X}_m$)，它是在 $\mathcal{X}_1 \ldots \mathcal{X}_m$ 的任何推导中能出现在开始位置（最左边）的终结符的集合。计算这个集合的算法见图 4.8。在标记②处，利用图 4.7 所示算法的结果，检测是否满足 $\mathcal{X}_1 \ldots \mathcal{X}_m \Rightarrow^* \lambda$。当且仅当产生式 p 可以推导出 λ 时，RuleDerivesEmpty(p) 为真。在这种情况下，在标记③处将 Follow(A) 中的符号包含在结果中，这是由图 4.11 中的算法计算得出的。如果 $\mathsf{A} \Rightarrow^* \lambda$，那么这些符号可以跟随 A。因此，图 5.1 所示的函数计算预测规则 p 的长度为 1 的单词串的集合。根据约定，λ 不是终结符，因此它不出现在任何 Predict 集中。

在 LL(1) 文法中，当利用超前符号时，每个非终结符 A 的所有产生式计算出的**预测集**必须**不相交**。大多数编程语言都有 LL(1) 文法，但有一些结构需要特别注意（见 5.6 节）。然而，并不是所有 CFG 都是 LL(1) 的。对于这类文法，可以采用以下方法：

- 可能需要更多的超前单词，这种情况下文法是 LL(k) 的，k 为大于 1 的常数。
- 可能需要更强大的语法分析方法。第 6 章描述了这种方法，但它们在适用性上也有

局限。

- 文法可能是**二义性的**，允许某个字符串有多个不同的推导。这种文法不能被任何确定性语法分析方法所使用。

最后，如 5.6 节所讨论的，有些语言是不可能有 LL(k) 文法的（参见习题 26）。

现在，我们将图 5.1 中的算法应用于图 5.2 所示的文法。图 5.3 显示了 Predict 的计算。对每个形如 $A \to \mathcal{X}_1 \ldots \mathcal{X}_m$ 的产生式，第四列显示了 First$(\mathcal{X}_1 \ldots \mathcal{X}_m)$。下一列指出是否 $\mathcal{X}_1 \ldots \mathcal{X}_m \Rightarrow^{\star} \lambda$。最右列显示了 Predict$(A \to \mathcal{X}_1 \ldots \mathcal{X}_m)$——预测产生 $A \to \mathcal{X}_1 \ldots \mathcal{X}_m$ 的符号集合。该集合包含 First $(\mathcal{X}_1 \ldots \mathcal{X}_m)$，如果 $\mathcal{X}_1 \ldots \mathcal{X}_m \Rightarrow^{\star} \lambda$，则还会包含 Follow(A)。

```
1 S → A C $
2 C → c
3   | λ
4 A → a B C d
5   | B Q
6 B → b B
7   | λ
8 Q → q
9   | λ
```

图 5.2　一个 CFG

规则编号	A	$\mathcal{X}_1 \ldots \mathcal{X}_m$	First$(\mathcal{X}_1 \ldots \mathcal{X}_m)$	能推导出空串？	Follow(A)	答案
1	S	A C $	a,b,q,c,$	否		a,b,q,c,$
2	C	c	c	否		c
3		λ		是	d,$	d,$
4	A	a B C d	a	否		a
5		B Q	b,q	是	c,$	b,q,c,$
6	B	b B	b	否		b
7		λ		是	q,c,d,$	q,c,d,$
8	Q	q	q	否		q
9		λ		是	c,$	c,$

图 5.3　对图 5.2 中的文法计算预测集

图 5.4 所示的算法根据一个文法的 Predict 集来确定该文法是否为 LL(1) 的。算法检查每个非终结符 A 的 Predict 集是否有交集。如果 A 的任意两条规则都没有共同的预测符号，那么文法是 LL(1) 的。图 5.2 所示文法通过了这个测试，因此是 LL(1) 文法。

```
function IsLL1(G) returns Boolean
    foreach A ∈ N do
        PredictSet ← ∅
        foreach p ∈ ProductionsFor(A) do
            if Predict(p) ∩ PredictSet ≠ ∅                    ④
            then return (false)
            PredictSet ← PredictSet ∪ Predict(p)
    return (true)
end
```

图 5.4　确定一个文法 G 是否为 LL(1) 的算法

5.3　递归下降 LL(1) 语法分析器

现在我们准备生成递归下降语法分析器的例程。语法分析器的输入是流 *ts* 提供的单词序列。我们假设 *ts* 提供了以下方法：

- PEEK：检查下一个输入单词而不推进输入。
- ADVANCE：将输入向前推进一个单词。

我们构造的语法分析器依赖于图 5.5 所示的 MATCH 方法。此方法检查单词流 *ts* 是否包含特定单词。

```
procedure MATCH(ts, token)
    if ts.PEEK() = token
    then call ts.ADVANCE()
    else call ERROR(Expected token)
end
```

图 5.5　在一个输入流中匹配单词的辅助函数

为了构造一个用于 LL(1) 文法的递归下降语法分析器，我们为每个非终结符 A 编写一个单独的例程。如果 A 的规则有 $p_1, p_2, \cdots, p_n$，则我们构造如图 5.6 所示的例程。为每个规则 p_i 构造的代码是由左至右扫描 p_i 的右部（即符号 $\mathcal{X}_1 \ldots \mathcal{X}_m$）。当访问每个符号时，相应代码被写入分析例程中。对形如 $A \to \lambda$ 的产生式，m=0，所以没有需要访问的符号。在这种情况下，分析例程简单地立即返回。在考虑每个 $\mathcal{X}_i$ 时，有如下两种可能的情况。

- $\mathcal{X}_i$ 是一个终结符。在这种情况下，在分析器中写入调用 MATCH $(ts,\mathcal{X}_i)$ 的代码，以确保 $\mathcal{X}_i$ 是单词流中的下一个符号。如果成功匹配了单词，则推进单词流。否则，输入字符串不在文法的语言中，发出一条错误消息。
- $\mathcal{X}_i$ 是一个非终结符。在这种情况下，存在一个例程负责为 $\mathcal{X}_i$ 选择适当的产生式来继续语法分析。因此，在分析器中写入调用 $\mathcal{X}_i(ts)$ 的代码。

```
procedure A(ts)
    switch (...)
        case ts.PEEK() ∈ Predict(p1)
            /*   为 p1 构造的代码          */
        case ts.PEEK() ∈ Predict(pi)
            /*   为 p2 构造的代码          */
        /*   .                           */
        /*   .                           */
        /*   .                           */
        case ts.PEEK() ∈ Predict(pn)
            /*   为 pn 构造的代码          */
        case default
            /*   语法错误                  */
end
```

图 5.6　一个典型的递归下降例程。成功的 LL(1) 分析保证仅为一个 case 谓词为真

图 5.7 显示了为图 5.2 所示的 LL(1) 文法创建的语法分析例程。出于展示目的，在图 5.7 的分析例程中没有给出默认情况（表示语法错误）。

```
procedure S()
    switch (...)
        case ts.PEEK() ∈ {a, b, q, c, $}
            call A()
            call C()
            call MATCH($)
end
procedure C()
    switch (...)
        case ts.PEEK() ∈ {c}
            call MATCH(c)
        case ts.PEEK() ∈ {d, $}
            return ()
end
procedure A()
    switch (...)
        case ts.PEEK() ∈ {a}
            call MATCH(a)
            call B()
            call C()
            call MATCH(d)
        case ts.PEEK() ∈ {b, q, c, $}
            call B()
            call Q()
end
procedure B()
    switch (...)
        case ts.PEEK() ∈ {b}
            call MATCH(b)
            call B()
        case ts.PEEK() ∈ {q, c, d, $}
            return ()
end
procedure Q()
    switch (...)
        case ts.PEEK() ∈ {q}
            call MATCH(q)
        case ts.PEEK() ∈ {c, $}
            return ()
end
```

图 5.7　图 5.2 中所示文法的递归下降代码。编码 ts 表示由词法分析器生成的单词流

5.4　表驱动 LL(1) 语法分析器

如 5.3 节所述，创建递归下降语法分析器的任务是机械的，因此可以自动化执行。但是，语法分析器代码的大小会随着文法的大小而增长。此外，方法调用和返回的开销会导致效率低下。在本节中，我们将研究如何构建表驱动的 LL(1) 语法分析器。实际上，语法分析器本身对所有文法都是一致的，我们只需为每个特定文法提供一个恰当的分析表。

为了从显式代码构建转换到表驱动处理，我们使用一个栈来模拟 MATCH 执行的操作以及调用非终结符对应例程所执行的操作。为了获取栈顶内容，除了常用的栈方法之外，我们还假设可以通过 TOS 方法非破坏性地（不弹出栈）获取。

图 5.8 给出了通用表驱动 LL(1) 语法分析器的代码。在标记⑤处循环的每步迭代中，语法分析器执行以下操作之一：

- 如果栈顶是一个终结符，则调用 MATCH。这个方法（在图 5.5 中定义）确保输入流的下一个单词与栈顶符号匹配。如果成功，对 MATCH 的调用将输入单词流向前推进。对于表驱动的语法分析器，匹配的栈顶符号将在标记⑨处弹出。
- 如果栈顶是某个非终结符 A，那么在标记⑩处查表来确定恰当的产生式 $A \to \mathcal{X}_1 \ldots \mathcal{X}_m$。如果找到有效的产生式，则调用 APPLY 将 A 从栈顶弹出（标记 ⑪ 处）。然后在标记 ⑫ 处将符号 $\mathcal{X}_1 \ldots \mathcal{X}_m$ 按由右至左的顺序压栈，这样得到的栈顶就是 $\mathcal{X}_1$。

当在标记⑧处匹配输入结束符号时，语法分析结束。

假设一个 CFG 通过了图 5.4 中的 IsLL1 测试，接下来我们研究如何构建它的 LL(1) 分析表。分析表的行和列分别对应 CFG 的非终结符和终结符。在图 5.8 中的标记⑩处查看此表，由栈顶符号（通过 TOS() 调用获得）和下一个输入单词（通过 *ts*.PEEK() 调用获得）索引到具体表项。

一行中的每个非空表项都是一个产生式，其**左部**（Left-Hand Side，LHS）符号为该行对应的非终结符。我们通常用产生式在文法中的编号表示它。表格使用方法如下：

- 栈顶的非终结符决定了选择哪一行。
- 下一个输入单词（也就是**超前单词**）决定选择哪一列。

```
procedure LLPARSER(ts)
    call PUSH(S)
    accepted ← false
    while not accepted do                                   ⑤
        if TOS( ) ∈ Σ                                        ⑥
        then
            call MATCH(ts, TOS( ))                           ⑦
            if TOS( ) = $                                    ⑧
            then  accepted ← true
            call POP( )                                      ⑨
        else
            p ← LLtable[TOS( ), ts.PEEK( )]                  ⑩
            if p = 0
            then
                call ERROR(Syntax error—no production applicable)
            else  call APPLY(p)
end
procedure APPLY(p : A → X1 ... Xm)
    call POP( )                                              ⑪
    for i = m downto 1 do                                    ⑫
        call PUSH(Xi)
end
```

图 5.8　通用 LL(1) 语法分析器

得到的表项指出，在语法分析的此刻，应该应用 CFG 的哪个产生式（如果有的话）。

出于实用目的，非终结符和终结符应该映射为小整数，以方便使用二维数组进行表查找。构造分析表的例程如图 5.9 所示。在例程完成时，任何标记为 0 的表项将表示对应终结符不预测对应非终结符的任何产生式。因此，如果在语法分析过程中访问了一个 0 表项，那么输入字符串就包含一个错误。

使用图 5.2 所示的文法和图 5.3 所示的文法对应的 Predict 集，我们构造了图 5.10 所示的 LL(1) 分析表。表的内容是图 5.2 中所示的产生式的编号，用空表项而不是零值表示错误。

```
procedure FILLTABLE(LLtable)
    foreach A ∈ N do
        foreach a ∈ Σ do LLtable[A][a] ← 0
    foreach A ∈ N do
        foreach p ∈ ProductionsFor(A) do
            foreach a ∈ Predict(p) do LLtable[A][a] ← p
end
```

图 5.9 构造 LL(1) 分析表

非终结符	超前单词					
	a	b	c	d	q	$
S	1	1	1		1	1
C			2	3		3
A	4	5	5		5	5
B		6	7	7	7	7
Q			9		8	9

图 5.10 LL(1) 分析表。空表项会触发语法分析器中的错误处理机制

最后，使用图 5.10 所示的分析表，我们追踪 LL(1) 分析器分析输入字符串 abbdc$ 的行为，如图 5.11 所示。

语法分析栈	动作	剩余输入
$S		abbdc$
	应用1: S→AC$	
$CA		abbdc$
	应用4: A→aBCd	
$CdCBa		abbdc$
	匹配	
$CdCB		bbdc$
	应用6: B→bB	
$CdCBb		bbdc$
	匹配	
$CdCB		bdc$
	应用6: B→bB	
$CdCBb		bdc$
	匹配	
$CdCB		dc$
	应用7: B→λ	
$CdC		dc$
	应用3: C→λ	
$Cd		dc$
	匹配	
$C		c$
	应用2: C→c	
$c		c$
	匹配	
$		$
	接受	

图 5.11 LL(1) 分析过程。栈在最左列显示，最右字符位于栈顶位置。输入字符串显示在最右列，由左至右处理

5.5 获得 LL(1) 文法

没有经验的编译器设计者很难创建 LL(1) 文法。这是因为 LL(1) 要求对非终结符和超前符号的每个组合给出唯一的预测。这很容易设计出违背此要求的产生式。

幸运的是，大多数 LL(1) 预测冲突可以归结为两类：*公共前缀*和*左递归*。接下来介绍消除公共前缀和左递归的简单的文法转换方法，这些方法令我们能将大多数 CFG 转换为 LL(1) 形式。然而，有一些我们感兴趣的语言不可能构造 LL(1) 文法（参见 5.6 节）。

5.5.1 公共前缀

在这类冲突中，如果同一个非终结符的两个产生式的右部以相同的语法符号串开始，则

称它们共享一个**公共前缀**（common prefix）。对图 5.12 中所示文法，Stmt 的两个产生式都是由单词 if 预测的。即使我们允许使用更多的超前单词，区分这两个产生式的最近的单词也是 else，而它可以位于输入中任意远的位置：Expr 和 StmtList 都可以生成比任意常数 k 更长的终结符串。因此，图 5.12 中的文法对于任意 k 都不是 LL(k)。

```
1 Stmt     → if Expr then StmtList endif
2          | if Expr then StmtList else StmtList endif
3 StmtList → StmtList ; Stmt
4          | Stmt
5 Expr     → var + Expr
6          | var
```

图 5.12　有公共前缀的文法

```
procedure FACTOR()
  foreach A ∈ N do
    α ← LongestCommonPrefix(ProductionsFor(A))
    while |α| > 0 do
      V ← new NonTerminal()
      Productions ← Productions ∪ { A → αV }
      foreach p ∈ ProductionsFor(A) | RHS(p) = αβp do      ⑬
        Productions ← Productions − { p }
        Productions ← Productions ∪ { V → βp }
      α ← LongestCommonPrefix(ProductionsFor(A))
end
```

图 5.13　分解公共前缀

公共前缀引起的预测冲突可以通过图 5.13 所示的简单的分解转换进行补救。在该算法的标记⑬处，识别出一个产生式的右部与其他产生式共享一个公共前缀 α。对产生式 p，右部剩余部分用 β_p 表示。随着我们将公共前缀分解出来并放置到 A 的新产生式中，每个共享 α 的产生式就都去掉了这个公共前缀。将图 5.13 中的算法应用于图 5.12 中的文法将生成图 5.14 中的文法。

```
1 Stmt     → if Expr then StmtList V1
2 V1       → endif
3          | else StmtList endif
4 StmtList → StmtList ; Stmt
5          | Stmt
6 Expr     → var V2
7 V2       → + Expr
8          | λ
```

图 5.14　对图 5.12 所示文法进行公共前缀分解后的结果

5.5.2　左递归

如果一个产生式的左部符号也是其右部的第一个符号，那么该产生式就是**左递归的**（left recursive）。在图 5.14 中，产生式 `StmtList → StmtList;Stmt` 是左递归的。这个定义可以扩展到非终结符：如果一个非终结符是一个左递归产生式的左部符号，那么这个非终结符是左递归的。

具有左递归产生式的文法永远不可能是 LL(1) 的。为了理解这一点，假设某个超前符号 t 预测了要应用左递归产生式 A → Aβ。使用递归下降语法分析，应用此产生式将导致重复调用例程 A，而无法将输入向前推进。如果语法分析的状态没有改变，则此行为将无限继续下去。类似地，使用表驱动语法分析，应用该产生式会反复将 Aβ 压栈，而无法将输入推进。考虑下面的左递归产生式。

1 A → A α
2 　 | β

每次应用产生式 1 时，就会生成一个 α。当应用产生式 2 向符号 α 的字符串追加一个 β 时，递归终止。使用第 3 章提出的正则表达式表示法，可以说文法生成 $\beta\alpha^\star$。图 5.15 中的算法得到一个也生成 $\beta\alpha^\star$ 的文法，但它是先生成 β，随后通过右递归生成若干符号 α。对图 5.14 中的文法应用此算法，就得到图 5.16 中所示的文法。由于 X 只出现在一个产生式的左部，可用 X 唯一的右部自动替换所有使用 X 的地方。这使得图 5.14 中的产生式 4 和产生式 5 被 `StmtList → Stmt Y` 替换。

```
procedure ELIMINATELEFTRECURSION( )
    foreach A ∈ N do
        if ∃ r ∈ ProductionsFor(A) | RHS(r) = Aα
        then
            X ← new NonTerminal( )
            Y ← new NonTerminal( )
            foreach p ∈ ProductionsFor(A) do
                if p = r
                then Productions ← Productions ∪ { A → X Y }
                else Productions ← Productions ∪ { X → RHS(p) }
            Productions ← Productions ∪ { Y → αY, Y → λ }
end
```

图 5.15 消除左递归

```
1  Stmt     → if Expr then StmtList V1
2  V1       → endif
3           | else StmtList endif
4  StmtList → X Y
5  X        → Stmt
6  Y        → ; Stmt Y
7           | λ
8  Expr     → var V2
9  V2       → + Expr
10          | λ
```

图 5.16 图 5.14 中文法的 LL(1) 版本

图 5.13 和图 5.15 中给出的算法通常能够成功得到一个 LL(1) 文法，但有些文法需要更多的思考才能得到一个 LL(1) 版本（其中一些留作本章最后的习题）。所有包含符号 $ （输入结束符）的文法都可以重写为这样一种形式：所有右部都以一个终结符开始，这种形式被称为**格雷巴赫范式**（Greibach Normal Form，GNF）（参见习题 17）。一旦一个文法转换为 GNF 形式，分解公共前缀就很简单了。令人惊讶的是，即使这种转换也不能保证语法是 LL(1) 的（见习题 18）。事实上，正如我们在下一节中讨论的那样，确实存在没有 LL(1) 文法的语言构造。幸运的是，这样的构造在实践中很少见，可以通过对 LL(1) 分析技术的适度扩展来处理。

5.6 一个非 LL(1) 语言

几乎所有常见的编程语言构造都可以用 LL(1) 文法说明。然而，一个值得注意的例外是 Java 和 C 等编程语言中出现的 `if-then-else` 构造。图 5.16 中定义的 `if-then-else` 语言有一个 endif 标记，用于关闭每个 `if`。对于缺乏此分隔符的语言，`if-then-else` 构造会导致所谓的**空悬** `else`（dangling else）问题。当嵌套的条件语句序列包含的 `then` 比 `else` 多时，就会出现这种情况，使得 `then` 与 `else` 的对应关系是开放的。编程语言解决这个问题的方法是，强制要求每个 `else` 匹配最近的 `then`，否则就得到未匹配的 `then`。

接下来，我们将展示 LL(k) 分析器不能处理允许嵌套的 `if-then-else` 构造的语言，如图 5.17 所示。这类文法有公共前缀，可以通过图 5.13 中的算法去除，但这类文法有一个更严重的问题。如习题 10 和习题 13 所示，图 5.17 中的语法是**二义性的**，因此不适合进行 LL(k) 分析。回想一下，对二义性文法的语言中的某个字符串，会产生至少两个不同的语法分析结果。第 6 章更详细地讨论了二义性及其可能的补救措施。

```
1  S     → Stmt $
2  Stmt  → if expr then Stmt else Stmt
3        | if expr then Stmt
4        | other
```

图 5.17 if-then-else 的文法

我们不打算使用图 5.17 中的文法进行 LL(k) 分析。相反，我们研究这种文法的语言是为了证明这种语言不存在 LL(k) 文法。在这种研究中，忽略不必要的细节以暴露语言有问题的方面可方便我们的研究。在图 5.17 所示文法定义的语言中，某种意义上我们可将 `if expr then Stmt` 视为*左括号*，将 `else Stmt` 视为*可选的右括号*。因此，图 5.17 的语言在结构上相当于**空悬括号语言**（Dangling Bracket Language，DBL），定义如下：

$$\text{DBL} = \{[^i]^j \mid i \geq j \geq 0\} \ .$$

接下来，我们将证明，对于任何 k，DBL 都不是 LL(k)。

通过考虑 DBL 的一些文法，我们可以深入了解这个问题。我们的第一个尝试是图 5.18a 所示的文法，其中 CL 生成一个可选的右括号。表面上看，文法似乎是 LL(1) 的，因为它没有左递归和公共前缀。然而，图 5.17 文法中存在的二义性在这个文法中被保留了下来。任何包含 CL CL 的句型都可以通过两种方式生成终结符]，这取决于哪个 CL 生成了]，哪个生成了 λ。因此，字符串 [[ ] 有两个不同的语法分析结果。

为解决二义性，我们创建了一个遵循 Java 和 C 约定的文法：每个] 与最近的未匹配的 [匹配。这种方法产生的文法如图 5.18b 所示。该文法生成零或多个不匹配的左方括号，后面跟着零或多个匹配的方括号对。事实上，这种文法可用大多数自底向上技术（如 SLR(1)，将在第 6 章中讨论）进行语法分析。虽然此文法分解了公共前缀且不是左递归的，但它并不是 LL(1) 的，因为对于 S 的两个产生式（图 5.18b 中的产生式 1 和产生式 2），单词 [同时属于两者的预测集。下面的分析解释了为什么这个文法对于任何 k 都不是 LL(k) 的：

$$
\begin{array}{lcl}
[& \in & \text{Predict}(S \to [\ S) \\
[& \in & \text{Predict}(S \to T) \\
[[& \in & \text{Predict}_2(S \to [\ S) \\
[[& \in & \text{Predict}_2(S \to T) \\
 & \cdots & \\
[^k & \in & \text{Predict}_k(S \to [\ S) \\
[^k & \in & \text{Predict}_k(S \to T)
\end{array}
$$

a)	b)
1 S → [S CL	1 S → [S
2 　　| λ	2 　| T
3 CL →]	3 T → [T]
4 　　| λ	4 　| λ

图 5.18　尝试为 DBL 创建一个 LL(1) 文法

特别是，当 LL 分析器只看到左括号时，不能确定是预测匹配的左括号还是不匹配的左括号。自底向上分析器在这里有一个优势，因为它们可以推迟应用产生式，直至匹配整个右部。另一方面，自顶向下方法则不能推迟。相反，它们必须预测一个产生式，基于从右部可推导出的第一个（或前 k 个）符号。要分析包含 if-then-else 构造的语言，推迟分析代码片段的能力至关重要。

我们的分析表明，LL(1) 分析器生成器不能从带嵌套 if-then-else 构造的文法自动创建分析器。为处理这个缺点，可使用导致 LL(1) 冲突的文法，然后通过手工消解这些冲突来获得想要的效果。将图 5.17 所示的文法分解，就得到如图 5.19 所示的二义性文法及其（相应的非确定性的）分析表。如预期的那样，符号 else 预测了多个产生式——产生式 4 和产生式 5。因为 else 应该匹配最近的 then，所以我们选择产生式 4，从而消解了冲突。选择产生式 5 将推迟使用 else。此外，非终结符 V 和终结符 else 的表项是产生式 4 出现在分析表中的唯一合法机会。如果分析表中没有此产生式，那么生成的 LL(1) 分析器就不可能匹配任何 else。因此，当超前单词是 else 时，对于 V 我们坚持预测产生式 V → else Stmt。可以手动修改分析表或递归下降代码以达到这种效果。有些语法分析器生成器提供了在发生冲突时建立优先级的机制。

```
1 S    → Stmt $
2 Stmt → if expr then Stmt V
3      | other
4 V    → else Stmt
5      | λ
```

非终结符	超前单词 if	expr	then	else	other	$
S	1				1	
Stmt	2				3	
V				4,5		5

图 5.19　if-then-else 的二义性文法及其 LL(1) 分析表。通过对带方框的表项选择产生式 4、去掉产生式 5，就可以解决二义性

5.7 LL(1) 分析器的性质

我们可以得到 LL(1) 分析器的一些有用的性质：

- 构建出一个正确的最左语法分析。

  这是因为 LL(1) 分析器模拟一个最左推导。此外，图 5.4 中的算法发现，只有在每个非终结符的不同产生式的 Predict 集不相交时，CFG 才是 LL(1) 的。因此，LL(1) 分析器生成接受字符串的唯一的最左推导。

- 所有 LL(1) 文法都是非二义性的。

  如果一个文法是二义性的，那么某个字符串有两个或更多不同的最左推导。当比较两个这样的推导时，必然有一个非终结符 A，它至少可以应用两个不同的产生式来获得不同的推导。换句话说，当超前单词是 x 时，可以应用 $A \rightarrow \alpha$ 或 $A \rightarrow \beta$ 来继续推导，因此 $x \in \text{Predict}(A \rightarrow \alpha)$ 且 $x \in \text{Predict}(A \rightarrow \beta)$。因此，图 5.4 中标记④处的测试会确定这样的文法不是 LL(1) 的。

- 所有表驱动 LL(1) 文法的运行时间和空间与待分析的输入单词串的长度呈线性关系。（习题 14 探究了递归下降分析器是否同样高效。）

  考虑当超前单词是 x 时，LL(1) 分析器执行的操作的数量。当 x 被匹配或发现语法错误之前，会应用一定数量的产生式。

  - 假设文法无 λ 产生式。在此情况下，不可能连续应用一个产生式两次而没有推进输入。否则，对此产生式的应用将无限循环下去。而这种情况在构造 LL(1) 分析器时就会被作为错误报告出来。
  - 如果文法包含 λ 产生式，则应用 λ 产生式导致的从栈顶弹出的非终结符的数目正比于输入长度。习题 15 更详细地探究了这一点。

  因此，每个输入单词导致的语法分析器的操作数目是有界的，语法分析器的运行时间是线性的。

  LL(1) 分析器消耗的空间用于**超前单词缓冲区**和语法分析栈。在语法分析过程中，超前单词缓冲区是常量大小的，但栈是不断生长和收缩的。但是，在任何语法分析过程中，最大栈空间正比于待分析输入单词串的长度，出于如下原因之一：

  - 只有应用形如 $A \rightarrow \alpha$ 的产生式时，栈才会生长。如之前论证过的，不可能连续应用一个产生式两次而没有推进输入，而推进输入相应地就会收缩栈。如果我们考虑一个文法的产生式的数目和大小是以某个常数为上界的，则每个输入单词只会令栈增长常数大小。
  - 如果语法分析器的栈是超线性生长的，则分析器仅压栈所花的时间也会超过线性时间（与线性执行时间矛盾）。

5.8 分析表的表示

图 5.10 和图 5.19 中分析表的很多表项都是空的。如用数组实现，这些表项会被填入未用整数（如零）。如果语法分析器在分析某个输入字符串时访问到零表项，则确定此字符串包含一个语法错误。对于非零表项，LL(1) 分析器往往是非零填充的，因为对于大多数产生式来说，其 Predict 集相对于文法终结符表的大小来说都是很小的。例如，使用包含 70 个终结符和 138 个非终结符的文法为 Ada 的子集构造了一个 LL(1) 分析器，LL(1) 分析表潜在

的 9660 个表项中，只有 629 个（6.5%）允许语法分析继续进行（是非空的）。

某些分析表中的空表项并不普遍，但在很多列中重复相同的动作。例如，在图 5.10 所示的分析表中，对非终结符 S，除 d 之外的所有可能超前单词都预测产生式 1。

基于这些统计，将一行中最常见的表项视为**默认**表项是有意义的。于是我们努力更高效地表示**非默认**表项。一般地，我们考虑一个 N 行 M 列的二维分析表，它包含 E 个默认表项。5.4 节中构造的分析表占用的空间正比于 $N\times M$。特别是当 $E \ll N\times M$ 时，我们的目标是用正比于 E 的空间表示分析表。虽然对任意实际的 LL(1) 文法来说，现代工作站都配备了足以保存 LL(1) 分析表的内存，但如果内存访问表现出很高的局部性，则大多数计算机的操作都会更加高效。一个更小的分析表加载会更快速，也能更好地利用高速存储。但是，空间效率上的任何改进都不能损害分析表的访问效率。

接下来，我们考虑用一些策略减少表示分析表所需的存储。图 5.20 所示的表格是下面提出的技术的一个示例。在用于 LL(1) 分析的表中，表项（L、P、Q 等）是表示文法产生式的整数。类似的表也用于第 6 章中介绍的自底向上分析方法。尽管对于自底向上分析来说，表项编码的信息内容不太一样，但下面介绍的减少空间的技术同样适用。

行	列 1	2	3	4	5
1	L			P	
2		Q			R
3			U		
4	W	X			
5		Y		Z	

图 5.20 稀疏表 T

5.8.1 紧凑存储

我们首先考虑**紧凑存储**（compaction）方法，将一个表 T 转换为不含默认项的表示。这种方法处理方式如下。

1）以紧凑方式存储 T 的非默认项。

2）提供从索引对 (i,j) 到集合 $E\cup\{default\}$ 的映射。

3）修改 LL(1) 分析器。每当分析器访问 $T[i,j]$ 时，对 (i,j) 应用映射，得到的紧凑形式即给出了 $T[i,j]$ 的内容。

1. 二分搜索

一种紧凑存储方式是，列出非默认表项，按它们在 T 中出现的顺序——由左至右、自顶向下扫描。对于图 5.20 所示的原始表，使用二分搜索得到的紧凑表如图 5.21 所示。如果紧凑表的第 r 行保存非默认项 $T[i,j]$，那么该行同时保存 i 和 j，这是搜索表时进行关键字比较所必需的。假设每个表项占用一个存储单元，如果 $3\times E<N\times M$，这种方法就可以节省空间。因为数据是按行和列排序的，所以可以通过**二分搜索**（binary search）访问紧凑表。给定 E 个非默认表项，每次访问花费的时长为 $O(\log(E))$。

索引	T 的非默认内容	来自 T 的行	列
0	L	1	1
1	P	1	4
2	Q	2	2
3	R	2	5
4	U	3	3
5	W	4	1
6	X	4	2
7	Y	5	2
8	Z	5	4

图 5.21 图 5.20 中分析表的紧凑版本，可用二分搜索进行查找。只有方框中的信息真正保存在紧凑表中

2. 哈希表

图 5.22 中所示紧凑表使用 $|E|+1$ 个槽位，用 i 和 j 的**哈希**（hashing）确定 $T[i,j]$ 的存储位置，哈希函数如下：

$$h(i, j) = (i\times j) \bmod (|E|+1)$$

为了创建紧凑表，我们以任意顺序处理 T 的非默认项。在 $T[i,j]$ 处的非默认项被存储在

紧凑表的 $h[i,j]$ 处（如果该位置为空）。否则，我们在表中向前搜索，将 $T[i,j]$ 存储在下一个可用的位置。这种处理紧凑表中**碰撞**（collision）的方法称为**线性扫描**（linear resolution）。因为紧凑表包含 $|E|+1$ 个槽位，在所有非默认项都做了哈希存储后，总会空闲一个槽位。在紧凑表中搜索默认表项时，空槽避免了无限循环。

提高哈希性能的方向可以是在紧凑表中分配更多的槽位，以及选择一个导致更少冲突的哈希函数。因为 T 的非默认项是预先知道的，所以这两个目标都可以通过使用**完美哈希**（perfect hashing）[Spr77, CLRS01] 来实现。使用这种技术，每个非默认项 $T[i,j]$ 使用关键字 (i,j) 映射到 $|E|$ 个槽位中的一个。当完美哈希函数返回大于 $|E|$ 的值时，表明检测到默认表项。

索引	T 的非默认内容	来自 T 的		哈希到
		行	列	
0	R	2	5	$10 \equiv 0$
1	L	1	1	1
2	Y	5	2	$10 \equiv 0$
3	Z	5	4	$20 \equiv 0$
4	P	1	4	4
5	Q	2	2	4
6	W	4	1	4
7				
8	X	4	2	8
9	U	3	3	9

图 5.22　图 5.20 中分析表的紧凑版本，采用哈希技术。只有方框中的信息真正保存在紧凑表中

5.8.2　压缩

紧凑存储通过消除默认项来减少分析表的存储需求。但是，非默认项的索引必须存储在紧凑表中，以方便非默认项的查找。如图 5.21 和图 5.22 所示，一个给定的行或列索引可能重复多次。接下来，我们将研究一种**压缩**方法，该方法试图消除这种冗余并利用默认项。

我们研究的压缩算法称为**双偏移索引**（double-offset indexing）。如图 5.23 所示，算法操作如下：

- 在标记 ⑭ 处算法初始化一个向量 V。虽然向量可能包含 $N \times M$ 项，但其最终大小预期更接近 $|E|$。V 的元素初始化为语法分析表的默认值。
- 在标记 ⑮ 处以任意顺序处理 T 的行。
- 当处理第 i 行时，利用 FindShift 方法为其计算一个移位值。移位值保存在 $R[i]$ 中，它记录了第 i 行中一个索引需要移位多远以便在向量 V 中找到其表项。方法 Fits 进行检查以确定，若移位，第 i 行可纳入 V，而不会与已存入 V 中的非默认项有任何冲突。
- 在标记 ⑯ 处删除位于 V 的高端的所有默认值，从而减小 V 的大小。

压缩表的使用方法是，通过检查 V 中位置 $l = R[i] + j$ 来查找表项 $T[i,j]$。如果 $V.fromrow[l]$ 处记录的行号是 i，则 $V.entry[l]$ 处的表项就是来自 $T[i,j]$ 的非默认项。否则，$T[i,j]$ 是默认项。

我们将图 5.23 中的算法应用于图 5.20 中所示的稀疏表来展示其有效性。假设按 1、2、3、4、5 的顺序处理每一行，即得到图 5.24 中所示结果，对其解释如下。

第 1 行：这一行不能负移位，因为其第 1 列有一个表项。因此，$R[1]$ 应为 0 且 $V[1...5]$ 表示第 1 行，索引 1 和 4 处为非默认项。

第 2 行：这一行可以并入 V 而无须移位，因为其非默认值（第 2 列和第 5 列）可分别存入索引 2 和 5 处。

第 3 行：类似地，第 3 行也可纳入 V 而无须任何移位。

第 4 行：当处理此行时，V 中可容纳其最左列的第一个槽位是槽位 6。因此 $R[4]$=5，第 4 行的非默认表项放置在索引 6 和 7 处。

第 5 行：最后，第 5 行的第 2 列和第 4 列可分别存入索引 8 和 10 处。因此，$R[5]$=6。

```
procedure COMPRESS( )
    for i = 1 to N × M do                                        ⑭
        V.entry[i] ← default
    foreach row ∈ {1,2,...,N} do                                 ⑮
        R[row] ← FINDSHIFT(row)
        for j = 1 to M do
            if T[row, j] ≠ default
            then
                place ← R[row] + j
                V.entry[place] ← T[row, j]
                V.fromrow[place] ← row
    call TRUNC(V)                                                ⑯
end
function FINDSHIFT(row) returns Integer
    return ( min_{shift=-M+1}^{N×M-M} FITS(row, shift) )
end
function FITS(row, shift) returns Boolean
    for j = 1 to M do
        if T[row, j] ≠ default and not ROOMINV(shift + j)        ⑰
        then return (false)
    return (true)
end
function ROOMINV(where) returns Boolean
    if where ≥ 1
    then
        if V.entry[where] = default
        then return (true)
    return (false)
end
procedure TRUNC(V)
    for i = N × M downto 1 do
        if V.entry[i] ≠ default
        then
            /★  Retain V[1...i]                                  ★/
            return ()
end
```

图 5.23 压缩算法

R

行 i	移位值 $R[i]$
1	0
2	0
3	0
4	5
5	6

V

索引	表项	来自行
1	L	1
2	Q	2
3	U	3
4	P	1
5	R	2
6	W	4
7	X	4
8	Y	5
9		
10	Z	5

图 5.24 图 5.20 中分析表的压缩版本。只有方框中的信息真正保存在紧凑表中

正如标记 ⑮ 处伪代码所建议的，可以以任何顺序对每行调用 FINDSHIFT 方法。但是，压缩后的表大小可能取决于行的处理顺序。习题 20 和习题 21 进一步探讨这一点。一般来说，找到一个能实现最大压缩的行处理顺序是一个 NP– 完全（NP-Complete）问题 [GJ79]。这意味着，已知最好的得到最佳压缩的算法必须尝试所有的行排列。然而，启发式压缩在实践中效果很好。当对前面提到的 Ada LL(1) 分析表应用压缩时，表项数目从 9660 下降到 660。这

个结果只比原始表中的 629 个非默认表项多了 0.3%。

5.9 语法错误恢复和修复

当给定一个错误输入时，编译器应该生成一组有用的诊断消息。因此，当检测到单个错误时，通常需要继续处理输入以检测其他错误。语法分析器可以使用以下方法之一继续语法分析：

- 使用**错误恢复**（error recovery），语法分析器试图忽略当前错误，继续处理输入。
- **错误修复**（error repair）更进一步。语法分析器试图纠正有语法错误的程序，即通过修改输入来得到一个可接受的语法分析。

在本节中，我们将依次讨论这些方法，然后探究 LL(1) 语法分析的错误检测和恢复。

5.9.1 错误恢复

采用**错误恢复**，我们尝试重置语法分析器，以便可以分析剩余的输入。这个过程可能涉及修改语法分析栈和剩余的输入。取决于恢复过程是否成功，后续的语法分析可能是准确的。不幸的是，更常见的情况是，错误的错误恢复会导致在余下的分析过程中产生错误**级联**（cascade）。例如，考虑 C 程序片段 `a=func c +d)`。如果错误恢复预测 `func` 之后是一个 `Statement`，据此来继续解析，那么在小括号处会发现另一个语法错误。单个语法错误被错误恢复放大了，产生了两条错误信息。

衡量错误恢复过程的质量的主要标准是伪错误或者说级联错误的数量。在错误恢复时通常禁用语义分析和代码生成，因为不打算执行语法错误的程序的代码。

错误恢复的一种简单形式通常称为**应急模式**（panic mode）。在这种方法中，语法分析器跳过输入单词，直到找到一个经常出现的分隔符（如分号）。然后语法分析器继续期望非终结符推导出能跟随在分隔符之后的字符串。

5.9.2 错误修复

错误修复（error repair）是指语法分析尝试通过修改程序已分析或（更常见的）未分析的部分来修复有语法错误的程序。编译器不会假定知道或建议如何对错误程序进行适当修订。错误修复的目的是更仔细地分析有问题的输入，以便做出更好的诊断。

错误恢复和错误修复算法可以利用 LL(1) 分析器所具有的**正确前缀**（correct-prefix）性质：对于分析器能进入的每个状态，都存在一个单词串可导致语法分析成功。考虑输入字符串 $\alpha \mathrm{x} \beta$，其中单词 **x** 导致 LL(1) 分析器检测到一个语法错误。正确前缀性质意味着至少存在一个字符串 $\alpha\gamma \neq \alpha \mathrm{x} \beta$ 可以被分析器接受。

分析器可以做些什么来修复错误的输入？以下是可能的选项：

- 修改 α
- 插入文本 δ 以得到 $\alpha\delta \mathrm{x}\beta$
- 删除 **x** 得到 $\alpha\beta$

这些选择的效果并不相同。正确前缀性质意味着 α 至少是语法正确程序的一部分。因此，除特殊情况外，大多数错误恢复方法都不会修改 α。一个值得注意的例子是**作用域修复**（scope repair），其中可以插入或删除嵌套括号，以匹配 $\mathrm{x}\beta$ 中的相应括号。

插入文本也必须小心。特别是，基于插入的错误修复必须确保修复的字符串不会持续增长，从而永远无法完成分析。有些语言是**插入可纠正的**（insert correctable）。对于这类语言，总是可以通过插入来修复语法错误。删除是插入的一种极端替代方法，但它的确存在推进输入的优点。

5.9.3 LL(1) 分析器中的错误检测

本章构造的递归下降和表驱动的 LL(1) 分析器是基于 Predict 集的。而 Predict 集是基于 First 和 Follow 信息的，这些信息是对文法全局计算得到的。特别地，回想一下，产生式 A → λ 是由 Follow(A) 中的符号预测的。

假设 A 出现在 V → v A b 和 W → w A c 两个产生式中，如图 5.25 所示。对于这个文法，产生 A → λ 是由 Follow(A) = {b, c} 中的符号预测的。更详细地检查语法，我们发现，如果推导是源于 V，则应用 A → λ 只应被 b 跟随。但是，如果推导源于 W，则 A 只应被 c 跟随。如本章所述，LL(1) 分析不能区分应用 A → λ 的上下文。如果下一个输入单词是 b 或 c，则应用产生式 A → λ，即使下一个输入单词可能不被接受。如果出现了错误符号，稍后当匹配 V → v A b 或 W → w A c 中 A 之后的符号时，会检测到错误。习题 23 考虑如何通过完全（full）LL(1) 分析器捕获这些错误，这是一种比本章定义的强（strong）LL(1) 分析器更强大的分析器。

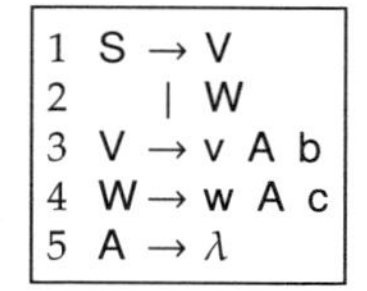

图 5.25　一个 LL(1) 文法

5.9.4 LL(1) 分析器中的错误恢复

在第 6 章中描述的 LR(1) 分析器理论上比 LL(1) 分析器更强大。然而，LL(1) 分析器一直很流行，可以部分归因于其卓越的错误诊断和错误恢复。由于 LL(1) 最左分析的预测特性，分析器很容易将错误程序的已分析部分扩展为语法上合法的程序。当检测到错误时，分析器可以生成消息，通知程序员期望什么单词，以便继续分析。

沃斯（Wirth）[Wir76] 讨论了 LL(1) 分析器中一个简单而统一的错误恢复方法。当将此方法应用于递归下降分析器时，5.3 节中描述的分析例程将使用一个额外的参数来接收一组终结符。考虑与某个非终结符 A 相关联的分析例程 A(*ts*, *termset*)。当递归下降分析器在运行期间调用 A 时，通过 *termset* 传递的任何符号都可以合法地作为 A 的此次调用返回时的超前符号。例如，考虑图 5.26 中所示的文法和 Wirth 风格的分析例程。E 中放置了错误恢复机制，使得如果没有找到一个 a，则会一直推进输入，直到发现一个可以跟随 E 的符号。传递给 E 的符号集包括那些传递给 S 的符号以及右方括号（如果在标记 ⑱ 处调用）或右圆括号（如果在标记 ⑲ 处调用）。如果 E 检测到错误，则推进输入，直到发现 *termset* 中的某个符号。因为输入结束符可以跟随在 S 之后，所以每个 *termset* 都包含 $。在最坏情况下，输入程序将被推进到 $，此时所有待决的分析过程都可以退出。

```
1 S → [ E ]
2   | ( E )
3 E → a

procedure S(ts, termset)
    switch ()
        case ts.PEEK( ) ∈ {[}
```

图 5.26　一个文法及其 Wirth 风格、带错误恢复机制的语法分析器

```
            call MATCH([)
            call E(ts, termset ∪ {]})                         (18)
            call MATCH(])
        case ts.PEEK() ∈ {(}
            call MATCH(()
            call E(ts, termset ∪ {)})                         (19)
            call MATCH())
end
procedure E(ts, termset)
    if ts.PEEK() = a
    then call MATCH(ts, a)
    else
        call ERROR(Expected an a)
        while ts.PEEK() ∉ termset do call ts.ADVANCE()
end
```

图 5.26 一个文法及其 Wirth 风格、带错误恢复机制的语法分析器（续）

总结

我们对 LL 分析器的研究到此结束。给定 LL(1) 文法，我们已经学习了如何构造递归下降分析器或表驱动的 LL(1) 分析器。非 LL(1) 的文法通常可以通过消除左递归和分解公共前缀来转换为 LL(1) 形式。一些编程语言构造本身就是非 LL(1) 的，这种情况下出现的冲突通常可以通过编译器设计者的干预来消解。另外，还可以考虑更强大的分析方法，如第 6 章中将介绍的那些方法。

习题

1. 对下面的每个文法，确定它是不是 LL(1) 的：

1）

```
1 S → A B c
2 A → a
3   | λ
4 B → b
5   | λ
```

2）

```
1 S → A b
2 A → a
3   | B
4   | λ
5 B → b
6   | λ
```

3）

```
1 S → A B B A
2 A → a
3   | λ
4 B → b
5   | λ
```

4）

```
1 S → a S e
2   | B
3 B → b B e
4   | C
5 C → c C e
6   | d
```

2. 考虑下面的文法，它已经适合 LL(1) 分析：

```
1 Start  → Value $
2 Value  → num
3        | lparen Expr rparen
4 Expr   → plus Value Value
5        | prod Values
6 Values → Value Values
7        | λ
```

1）对文法中的每个非终结符计算 First 集和 Follow 集。

2）为文法构造 Predict 集。

3）基于文法构造一个递归下降分析器。

4）给分析器添加代码，实现求和和乘积计算的功能。注意，一次求和总是严格涉及两个 Value，而一次乘积由 0 个或多个 Value 形成。

5）基于文法构造 LL(1) 分析表。

3. 对下面的文法构造 LL(1) 分析表：

```
1 Expr     → - Expr
2          | ( Expr )
3          | Var ExprTail
4 ExprTail → - Expr
5          | λ
6 Var      → id VarTail
7 VarTail  → ( Expr )
8          | λ
```

4. 对习题 3 中文法的 LL(1) 分析器输入如下单词串，追踪分析过程。

id - -id ((id))

5. 采用 5.5 节中提出的技术将下面的文法转换为 LL(1) 文法：

```
1  DeclList       → DeclList ; Decl
2                 | Decl
3  Decl           → IdList : Type
4  IdList         → IdList , id
5                 | id
6  Type           → ScalarType
7                 | array ( ScalarTypeList ) of Type
8  ScalarType     → id
9                 | Bound .. Bound
10 Bound          → Sign intconstant
11                | id
12 Sign           → +
13                | -
14                | λ
15 ScalarTypelist → ScalarTypeList , ScalarType
16                | ScalarType
```

6. 借助任何 LL(1) 语法分析器生成器运行你对习题 5 的答案，来验证它的确是 LL(1) 的。如何证明你的答案能生成与原文法相同的语言？

7. 证明：每个正则语言都可以用一个 LL(1) 文法定义。

8. 如果文法包含非终结符 A，且 $A \Rightarrow^{+} A$（这种推导表示法在第 4 章中介绍过，表示 A 经过至少一步推导出了自身），则称它包含**环**（cycle）。证明 LL(1) 文法不能包含环。

9. 回忆一下，一个 LL(*k*) 文法允许查看 *k* 个超前单词。为下面的文法构造一个 LL(2) 分析器：

```
1 Stmt  → id ;
2        | id ( IdList ) ;
3 IdList → id
4        | id , IdList
```

10. 对图 5.17 中给出的文法，证明下面的句子可以构造出两棵不同的语法分析树。对每棵语法树，解释 then 和 else 的对应关系。

    if expr then if expr then other else other

11. 在 5.7 节中，论证了 LL(1) 分析器的运行时间是线性的。即当分析一个输入字符串时，对每个输入单词，分析器平均只需常量时间来处理。

    是否存在 LL(1) 分析器处理某个特定符号需要超过常量时间的情况？换句话说，我们是否可以用一个常量来限定连续调用词法分析器获得下一个单词的时间间隔？

12. 设计一个算法，读取一个 LL(1) 分析表，生成对应的递归下降语法分析器。

13. **二义性文法**（ambiguous grammar）对文法语言中某个字符串可能生成两个不同的语法分析。解释为什么（对任意 k）二义性文法永远不可能是 LL(k) 的，即使文法中不存在公共前缀和左递归。

14. 5.7 节中论证了表驱动 LL(1) 分析器的运行时间和空间都是线性的。此论断对递归下降 LL(1) 分析器是否成立？为什么？

15. 对从一个 LL(1) 语法分析栈中弹出的非终结符的数目，为什么不能用一个特定于文法的常数限定其上界？

16. 设计一个算法，对给定 CFG 计算 Predict_k 集。

17. 如 5.5 节中所讨论的，如果一个文法的所有产生式都是 $A \rightarrow a\alpha$ 的形式，其中 a 是一个终结符，α 是长度为 0 或更长的语法符号（即终结符或非终结符）串，则文法属于 GNF。

    令 G 是一个不生成 λ 的文法。设计一个算法将 G 转换为 GNF。

18. 如果我们使用习题 17 中设计的算法构造文法的 GNF 版本，则得到的文法不含左递归。但是，生成的文法仍然可能包含公共前缀，这阻止它成为 LL(1) 文法。如果我们采用图 5.13 所示的算法，得到的文法将不包含左递归和常用前缀。证明：在非二义性文法中不含公共前缀和左递归并不一定保证文法是 LL(1) 的。

19. 5.7 节和习题 14、习题 15 探究了 LL(1) 分析器的效率。

    1）分析表驱动 LL(k) 分析器的运行效率，假设已经构造好了 LL(k) 分析表。你的解答应该用待分析的输入的长度来表示。

    2）分析 LL(k) 分析表的构造效率。你的解答应该用文法的大小（表示其字母表和产生式所需空间）来表示。

    3）分析递归下降 LL(k) 分析器的运行效率。

20. 对图 5.20 所示的分析表应用图 5.23 中的表压缩算法，行处理顺序为 1、5、2、4、3。将压缩的效果与图 5.24 中给出的结果进行比较。

21. 尽管表压缩是一个 NP– 完全问题，解释为什么下面的启发式策略在实际中效果很好：

    按非默认项密度递减顺序处理行。（即首先处理非默认项数目最多的行。）

    对图 5.20 所示的分析表应用此启发式策略并描述结果。

22. 一个稀疏阵列可以表示为行的向量，其中每行用非默认项的列表表示。因此，$T[i,j]$ 处的非默认项会表示为 $R[i]$ 的一个元素。元素将包含列标识（j）和非默认项（$T[i,j]$）。

    1）用这种格式表示图 5.20 所示的分析表。

    2）比较这种表示法和 5.8 节给出的表示法的效率。既考虑空间节省，也考虑访问时间的任何增加或减少。

23. 5.9.3 节中包含一个例子，其中用一个无效超前单词来应用产生式 $A \rightarrow \lambda$。本章中介绍的 LL(1) 语法分析是基于对给定文法全局计算的 Follow 集，这种风格被称为**强** LL(1)。而**完全** LL(1) 分析器则是仅当下一个输入单词合法时才会应用产生式。设计一个算法来构造完全 LL(1) 分析表。

提示：如果非终结符 A 在文法中出现 n 次，则考虑分裂它，使得每次出现都是独一无二的符号。因此，A 被分裂为 $A_1, A_2, \cdots, A_n$。每个新的非终结符的产生式类似 A，但其上下文可能不同。

24. 考虑下面的文法：

```
1 S → V
2   | W
3 V → v A b
4 W → w A c
5 A → λ
```

此文法是 LL(1) 的吗？是完全 LL(1)（如习题 23 定义）的吗？

25. 5.9.4 节描述了一个错误恢复方法，它基于动态构造的 Follow 集。将这些集合与习题 23 中为完全 LL(1) 计算的 Follow 信息进行对比。

26. 如 5.6 节中所指出的，有一些语言（对任意 k）是非 LL(k) 的。换句话说，给定 k 个超前单词，其中 k 是选定的任意整型常数，不存在自顶向下语法分析技术能识别此语言。

使用字母表 $\{a,b\}$ 设计一个这样的语言，并解释为什么此语言不存在 LL(k) 文法。

自底向上语法分析

由于自底向上语法分析器强大、高效、易于构造，因此它们通常用于编译器的语法检查阶段。对于不适合自顶向下语法分析（见第 5 章）的文法（如左递归产生式和公共前缀）在自底向上语法分析中通常可以解决。例如，图 5.12 所示的文法足够清晰，可以作为其语言语法的定义。但是，由于公共前缀和左递归产生式，该文法不适合自顶向下语法分析。当解决了这些问题后，就得到了图 5.16 所示的文法。不幸的是，转换后的文法并不能清晰地表达语言的语法。

图 5.12 所示的原始语法虽然不适合自顶向下语法分析，但对于自底向上语法分析是可用的。事实上，自底向上语法分析器可以处理一大类允许**确定性地**进行语法分析（即无须回溯）的文法。对于许多编程语言，适合自底向上语法分析的文法可充当其语法的最佳定义。

给定一个合适的文法，可以使用第 5 章中描述的技术自动构造自顶向下语法分析器。本章讨论了类似的自动构造自底向上语法分析器的技术和工具。这些**语法分析器生成器**（parser generator）或称**编译器的编译器**（compiler compiler）非常有用，不仅因为它们自动构造驱动自底向上语法分析的分析表，还因为它们是开发或修改文法的强大诊断工具。

当考虑语言扩展时（例如，从 C 扩展到 C++），通常通过语言的文法来建立语法修改的原型。利用语法分析器生成器对其进行分析，可以揭示提出的语法扩展中存在的问题。小心控制整个进程，语言设计者就可以保证在扩展语言中保持旧程序的含义。

6.1 概述

在第 5 章中，我们学习了如何基于具有特定性质的**上下文无关文法**（CFG）来构造自顶向下（也被称为 LL）语法分析器。LL 语法分析器最基本的问题是，在扩展给定非终结符时选择哪个产生式。这一选择基于语法分析器当前状态和提前查看输入字符串未分析部分。LL 语法分析器生成推导和语法分析树的过程如下：每个步骤扩展最左的非终结符，而语法分析树自顶向下、由左至右按部就班地生长。LL 语法分析器从树的根节点开始——它是用文法的开始符号标记的。假设 A 是要扩展的非终结符，并且分析器选择了产生式 $A \to \gamma$，则在语法分析树中，为 A 对应的节点创建孩子节点并用 γ 中的符号进行标记。

在本章中，我们研究自底向上（也被称为 LR）语法分析器，其工作机制与自顶向下分析器对比如下：

- 自底向上分析器从语法分析树的叶节点开始，向根节点移动。自顶向下分析器则是从语法分析树的根节点开始向叶节点移动。
- 自底向上分析器按逆序追踪一个最右推导。自顶向下分析器追踪一个最左推导。
- 自底向上分析器利用文法产生式进行替换，将产生式**右部**替换为其**左部**。自顶向下分析器的操作则相反，将产生式的左部替换为其右部。

图 4.5 和图 4.6 展示了自顶向下分析和自底向上分析的不同。本章讨论的语法分析技术的风格具有下列为人熟知的名字：

- **自底向上**分析，因为分析器的处理方向是从终结符到文法的开始符号。
- **移动 – 归约**分析，因为分析器执行的两个最常见的操作是将符号移入语法分析栈，将位于栈顶的一个符号串归约为一个文法的非终结符。
- LR(*k*) 分析，因为这种分析器使用 *k* 个超前符号，由左（LR 中的“L”）至右扫描输入，生成一个最右推导（LR 中的“R”）。

不幸的是，术语 LR 既表示通用的自底向上语法分析引擎，也表示一种构造分析表的特定技术。在上下文中应该清晰地表明其含义。

在一个 LL 语法分析器中，每个状态都对应一个特定非终结符的展开。另一方面，LR 语法分析器则可同时预测多个非终结符的最终成功分析。这种灵活性使 LR 语法分析器比 LL 语法分析器更通用。

各种平台上都有用于自动构造 LR 语法分析器的工具，包括 ML、Java、C 和 C++。假设一个平台 *t* 上的语法分析器生成器基于给定文法 *g* 生成一个程序 *p*。这个语法分析器生成器生成的所有语法分析器都用 *t* 编译。因此，当用 *t* 编译 *p* 时，得到的目标程序将根据文法 *g* 来分析输入。例如 yacc[⊖]是一个受欢迎的语法分析器生成器，它生成 C 代码。如果给 yacc 提供了一个描述 Fortran 语法的文法，那么将使用 C 编译生成的语法分析器。但是，生成的语法分析器将对 Fortran 执行语法分析。大多数现代编程语言的语法都是由适合使用 LR 技术自动生成语法分析器的文法定义的。

6.1 节和 6.2 节介绍了通用的 LR 语法分析器的基本性质和操作。6.3 节介绍了 LR 语法分析器最基本的表构造方法。6.4 节考虑了妨碍自动构造 LR 语法分析器的问题。6.5.1 节、6.5.2 节和 6.5.4 节讨论了几种分析表构建算法，按介绍顺序逐渐变得更为复杂、更为强大。特别值得注意的是在 6.5.2 节中介绍的 LALR(1) 技术，它用于大多数 LR 语法分析器生成器。大多数现代编程语言的正式定义都包含一个 LALR(1) 文法来说明该语言的语法。

6.2　移进 – 归约语法分析器

在本节中，我们将研究 LR 语法分析器的操作，假设已经构造了一个 LR 语法分析表来指导分析器的操作。读者可能会好奇表项是如何确定的。但是，最好在充分理解 LR 语法分析器的操作之后再考虑构建表的技术。

我们将在 6.2.1 节和 6.2.2 节中非正式地描述 LR 语法分析器的操作。6.2.3 节描述了一个通用 LR 语法分析引擎，它的操作由 6.2.4 节定义的语法分析表指导。6.2.5 节更正式地介绍了 LR(*k*) 语法分析。

```
1  Start → E $
2  E     → plus E E
3        | num
```

Rule	Derivation
1	Start $\Rightarrow_{rm}$ E $
2	$\Rightarrow_{rm}$ plus E E $
3	$\Rightarrow_{rm}$ plus E num $
3	$\Rightarrow_{rm}$ plus num num $

图 6.1　文法和 plus num num $ 的最右推导

6.2.1　LR 语法分析器和最右推导

理解 LR 语法分析的一种方法是理解这种语法分析是以逆序构造最右推导的。给定文法及其语言中某个字符串的最右推导，LR 语法分析器应用的产生式的序列就是最

⊖ 工具 yacc 的名字表示 yet another compiler compiler（另一个编译器的编译器）。

右推导使用的序列，但是逆序应用的。图 6.1 显示了文法及其语言中的一个字符串的最右推导。该语言适合用前缀（类 Lisp）表示法来表示和式。推导的每个步骤都用该步骤使用的产生式编号进行注释。本例通过应用产生式 1、2、3 和 3 实现了字符串 plus num num $ 的推导。

自底向上（LR）语法分析是通过逆序应用这个序列来完成的，即产生式 3、3、2 和 1。与 LL 语法分析相反，LR 语法分析器查找产生式的右部并将其替换为产生式的左部。对本例而言，首先通过产生式 E → num 将最左边的 num **归约**（reduce）为 E，然后再次应用此产生式得到 plus E E $，之后通过 E → plus E E 将和式归约，得到 E $，继续通过产生式 1 即可归约为开始符号 Start。

6.2.2 LR 分析如针织

6.2.1 节介绍了执行自底向上语法分析时产生式的应用顺序。接下来，我们将研究如何找到一个产生式的右部，使得归约可以进行。LR 语法分析器的操作某种程度上有点类似于**针织**（knitting）。图 6.2 说明了这一点，图中显示了对图 6.1 中文法和字符串进行语法分析的过程。右边的缝衣针包含字符串中当前未处理的部分：num $。左边的针是语法分析栈——plus num，表示输入字符串中已处理的部分。

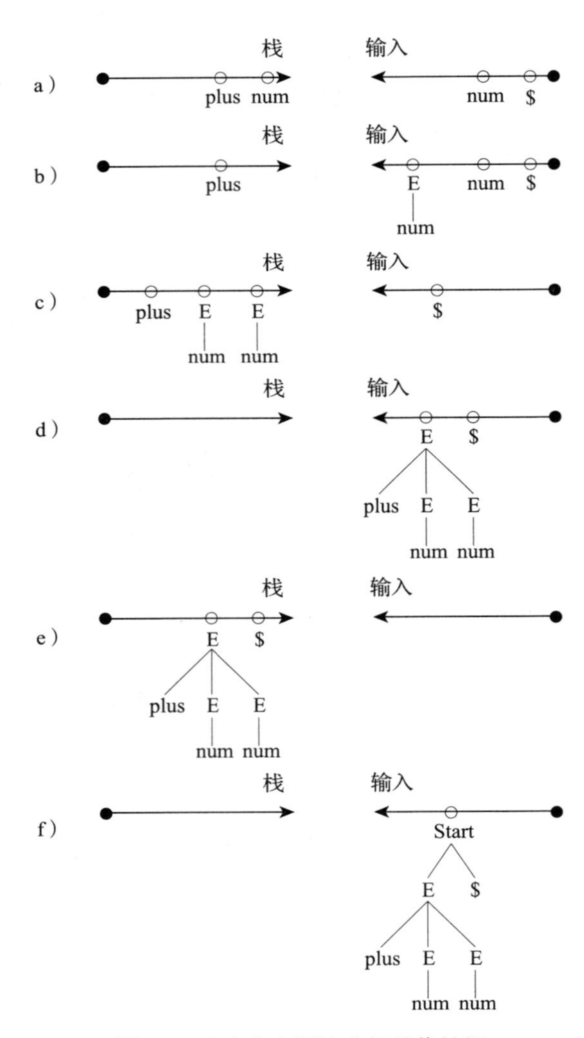

图 6.2 自底向上语法分析就像针织

移进（shift）操作将一个符号从右针移到左针。当根据产生式 A → γ 执行一个**归约**（reduction）操作时，γ 中的符号必须出现在左针的尖端，也就是说，出现在语法分析栈的顶部。根据产生式 A → γ 进行的归约操作将移除 γ 中的符号，并将左部符号 A 添加到右针未处理输入的前面。然后 A 被当作一个输入符号，移至左针。图 6.2 显示了对应语法分析树的构建，γ 中的符号被创建为 A 的孩子节点。

现在，我们按照图 6.2 所示的方法进行语法分析。在图 6.2a 中，左针显示已经进行了两次移进操作。当 plus num 出现在左针上时，就是用 E → num 进行归约的时候了。图 6.2b 显示了这次归约操作的效果，E 被放在输入的前面。重复相同的操作序列，得到图 6.2c 所示的状态，其中左针包含 plus E E。然后用 E → plus E E 进行归约，得到图 6.2d。得到的 E $ 被移进（见图 6.2e），然后用 Start → E $ 进行归约（见图 6.2f）。当 Start 符号从右针移至左针时（未显示），语法分析成功。

根据输入字符串和移进、归约动作序

列，符号在两根针之间来回移动。针织过程的产品就是语法分析树，如果输入字符串被接受，语法分析树就显示在最后一根针上。

6.2.3 LR 分析引擎

在更详细地考虑示例之前，我们为移进 – 归约语法分析器提供了一个简单的驱动引擎，如图 6.3 所示。语法分析引擎由一个表驱动，表项将在 6.2.4 节中讨论。在标记①处使用语法分析器的当前状态和下一个（尚未处理的）输入符号作为索引来查表。语法分析器的**当前状态**（current state）由语法分析栈中的内容定义。为了避免在每个语法分析器操作之前重新扫描整个栈的内容，我们在将每个符号移进到栈顶时，计算和存储该符号对应的状态信息。因此，标记①处只需要查询与栈顶符号关联的状态信息。分析表按如下方式进行移进和归约操作：

- 在标记②处执行将下一个输入符号移进到栈 s 中的操作。
- 在标记④和标记⑤处执行一个归约操作。将一个产生式的右部从栈中弹出，并将其左部符号添加到输入前端。

```
call Stack.PUSH(StartState)
accepted ← false
while not accepted do
    action ← Table[Stack.TOS( )][InputStream.PEEK( )]      ①
    if action = shift s
    then
        call Stack.PUSH(s)                                   ②
        if s ∈ AcceptStates                                  ③
        then  accepted ← true
        else  call InputStream.ADVANCE( )
    else
        if action = reduce A→γ
        then
            call Stack.POP(|γ|)                              ④
            call InputStream.PREPEND(A)                      ⑤
        else
            call ERROR( )                                    ⑥
```

图 6.3 自底向上分析器的驱动引擎

分析器持续执行移进和归约操作，直到满足下列条件之一：

- 在标记③处，输入字符串被归约为文法的开始符号，表示输入字符串被**接受**（accepted）。
- 在标记①处没有找到合法的操作。在此情况下，输入字符串包含一个语法错误。

6.2.4 LR 分析表

我们已经看到 LR 语法分析构造最右推导的逆序列。LR 分析中的每个归约步骤都使用一个文法规则，例如 $A \rightarrow \gamma$，将 γ 替换为 A。这样就构建了一系列的**句型**（sentential form），以输入字符串开始，以文法的开始符号结束。

给定一个句型，我们定义**句柄**（handle）为接下来将被归约操作替换掉的符号序列。识别句柄以及确定在归约操作中应使用哪一个产生式（如果有多个产生式具有相同的右部的话）是很困难的。而这些操作由分析表编排。

图 6.5 显示了适合图 6.4 中文法的分析表。同样的文法出现在图 5.2 中，用于说明自

顶向下的语法分析。熟悉自顶向下语法分析的读者可以使用这个文法来比较两种语法分析算法。

为了节省空间，移进和归约操作在我们的分析表中以图形方式区分：

- 用$\boxed{s}$表示一个移进动作转移到状态 *s*。
- 用无框的表项 *r* 表示用产生式 *r* 进行归约的动作。
- 空白表项表示错误。

当符号 Start 移进到语法分析栈中开始状态之上时，分析器接受输入字符串。

使用图 6.5 中所示的分析表，图 6.6 显示了自底向上分析的步骤。出于教学目的，每个栈单元显示为两个元素。下面的元素 *n* 表示在将单元压栈时，语法分析器应该进入的状态。上面的符号 *a* 是导致单元压栈的符号。图 6.3 中描述的分析引擎只追踪状态。

1	Start	$\to$	S \$
2	S	$\to$	A C
3	C	$\to$	c
4		|	λ
5	A	$\to$	a B C d
6		|	B Q
7	B	$\to$	b B
8		|	λ
9	Q	$\to$	q
10		|	λ

Rule	Derivation
1	Start $\Rightarrow_{rm}$ S \$
2	$\Rightarrow_{rm}$ A C \$
3	$\Rightarrow_{rm}$ A c \$
5	$\Rightarrow_{rm}$ a B C d c \$
4	$\Rightarrow_{rm}$ a B d c \$
7	$\Rightarrow_{rm}$ a b B d c \$
7	$\Rightarrow_{rm}$ a b b B d c \$
8	$\Rightarrow_{rm}$ a b b d c \$

图 6.4　文法和 a b b d c \$ 的最右推导

读者应该验证一下，图 6.6 中执行的归约操作按逆序追踪了一个最右推导。此外，移进操作本质上暗示了无法进行一个有效的归约操作。单词的移进必须是向着形成一个句柄的方向前进。因此，分析器连续移进单词，直到在语法分析栈的栈顶出现一个句柄，此时就可以执行逆序最右推导中的下一个归约操作了。

状态	a	b	c	d	q	\$	Start	S	A	B	C	Q
0	$\boxed{3}$	$\boxed{2}$	8		8	8	接受	$\boxed{4}$	$\boxed{1}$	$\boxed{5}$		
1			$\boxed{11}$			4					$\boxed{14}$	
2		$\boxed{2}$	8	8	8	8				$\boxed{13}$		
3		$\boxed{2}$	8	8						$\boxed{9}$		
4						$\boxed{8}$						
5			10		$\boxed{7}$	10						$\boxed{6}$
6			6			6						
7			9			9						
8						1						
9			$\boxed{11}$	4							$\boxed{10}$	
10				$\boxed{12}$								
11				3		3						
12			5			5						
13			7	7	7	7						
14						2						

图 6.5　图 6.4 中所示文法的分析表

当然，分析表在确定所需的移进和归约操作以识别合法字符串方面发挥着核心作用。例如，产生式 C $\to\lambda$ 可以在任何时候应用，但是分析表只在特定的状态下且仅当特定单词为输入流中下一个单词时才被应用。

栈	动作	剩余输入
0	初始格局	a b b d c $
0 | a 3	移进 a	b b d c $
0 | a 3 | b 2	移进 b	b d c $
0 | a 3 | b 2 | b 2	移进 b	d c $
0 | a 3 | b 2 | b 2	将 λ 归约为 B	B d c $
0 | a 3 | b 2 | b 2 | B 13	移进 B	d c $
0 | a 3 | b 2	将 b B 归约为 B	B d c $
0 | a 3 | b 2 | B 13	移进 B	d c $
0 | a 3	将 b B 归约为 B	B d c $
0 | a 3 | B 9	移进 B	d c $
0 | a 3 | B 9	将 λ 归约为 C	C d c $
0 | a 3 | B 9 | C 10	移进 C	d c $
0 | a 3 | B 9 | C 10 | d 12	移进 d	c $
0	将 a B C d 归约为 A	A c $
0 | A 1	移进 A	c $
0 | A 1 | c 11	移进 c	$
0 | A 1	将 c 归约为 C	C $
0 | A 1 | C 14	移进 C	$
0	将 A C 归约为 S	S $
0 | S 4	移进 S	$
0 | S 4 | $ 8	移进 $	$
0	将 S $ 归约为 Start	Start $
0 | Start 0	移进 Start	$
	接受	

图 6.6　a b b d c $ 的自底向上分析

6.2.5　LR(*k*) 分析

LR 分析的概念是由克努特（Knuth）[Knu65] 提出的，出现于其著名的系列书籍《计算机编程的艺术》[Knu73a, Knu73b, Knu73c] 中作为关于编译器构造的教科书的入门材料。与 LL 语法分析器的情况一样，LR 语法分析器的一个参数是超前符号的数量，这些超前符号用于确定语法分析器恰当的操作。LR(k) 语法分析器可以查看（peek）接下来的 k 个单词。“peek”的概念和术语 LR(0) 令人困惑，因为即使是 LR(0) 语法分析器也必须参考下一个输入单词，以便索引分析表来确定恰当的操作。LR(0) 中的“0”不是指在语法分析时的超前符号，而是指在构造分析表时使用的超前符号。在语法分析时，LR(0) 和 LR(1) 语法分析器都使用一个超前单词来索引分析表；对于 $k \geqslant 2$，LR(k) 语法分析器使用 k 个超前单词。

一个 LR(k) 分析表中的列数随着 k 的增加而急剧增加。例如，在一个 LR(3) 分析表中，用语法分析状态进行索引来选择一行，用接下来的 3 个输入单词来选择一列。如果终结符字母表有 n 个符号，那么不同的三单词序列的数量是 n^3。对于大小为 n 的单词字母表，一个 LR(k) 分析表有 n^k 列。为了保持分析表的大小在合理范围内，大多数语法分析器生成器都限制只使用一个超前单词。一些语法分析器生成器会选择使用额外的超前单词，因为这些信息很有帮助。

本章主要讨论构造 LR 分析表的问题。在我们讨论相关技术之前，有必要根据 LR(k) 语法分析器必须具有的性质来形式化 LR(k) 的定义。所有移进－归约分析器（shift-reduce parser）都是通过移进符号和检查超前单词信息来操作的，直到找到句柄的末尾。然后句柄被归约为一个非终结符，替换栈中的句柄。LR(k) 语法分析器在分析表的指导下，必须根据已经移进的符号（左上下文）和接下来 k 个超前符号（右上下文）来决定是进行移进还是进行归约。

一个文法是 LR(k) 的，当且仅当，可以构造一个 LR 分析表，使得 k 个超前单词能令语法分析器准确地识别文法语言中的那些字符串。LR 分析表的一个重要性质是每个单元格只能容纳一个表项。换句话说，LR(k) 语法分析器是**确定性的**——每一步只能发生一个操作。

接下来，我们将使用下列来自第 4 章的定义和符号表示，来形式化 LR(k) 文法的性质：

- 如果 $\mathsf{S} \Rightarrow^{\star} \beta$，则 β 是开始符号为 S 的文法的**句型**（sentential form）。
- $\text{First}_k(\alpha)$ 是可由 α 推导出的长度为 k 的终结符前缀的集合（称为 k– 超前单词）。

假定在某个 LR(k) 文法中存在两个句型 $\alpha\beta w$ 和 $\alpha\beta y$，其中 $w, y \in \Sigma^{\star}$。这两个句型有公共前缀 $\alpha\beta$。此外，假设前缀 $\alpha\beta$ 在栈中，两个句型的 k– 超前单词相同：$\text{First}_k(w)=\text{First}_k(y)$。假设在给定左上下文 $\alpha\beta$ 和 w 中 k– 超前单词的前提下分析表会用产生式 $\mathsf{A} \rightarrow \beta$ 进行归约，则得到 $\alpha\mathsf{A}w$。根据 y 中相同的超前信息，LR(k) 语法分析器应该做出相同的决策：$\alpha\beta y$ 变为 $\alpha\mathsf{A}y$。一个文法是 LR(k) 的，当且仅当下面的条件意味着 $\alpha\mathsf{A}y=\gamma\mathsf{B}x$。

- $\mathsf{S} \Rightarrow^{\star}_{\text{rm}} \alpha\mathsf{A}w \Rightarrow^{\star} \alpha\beta w$
- $\mathsf{S} \Rightarrow^{\star}_{\text{rm}} \gamma\mathsf{B}x \Rightarrow^{\star} \alpha\beta y$
- $\text{First}_k(w) = \text{First}_k(y)$

这意味着当 $\alpha\beta$ 在栈顶且 k- 超前单词为 $\text{First}_k(w)$ 时，允许用 $\mathsf{A} \rightarrow \beta$ 进行归约。换句话说，LR(k) 语法分析器的定义使其总能在给定下面的条件时确定正确的归约动作：

- 直到句柄末端的左上下文
- 输入的下 k 个符号

这个定义是有指导意义的，因为它定义了一个文法为了能被 LR(k) 技术分析所必须具有的最小性质。它没有告诉我们如何构建一个适合的 LR(k) 语法分析器；事实上，Knuth 早期工作 [Knu65] 的主要贡献是一个 LR(k) 构建算法。我们将从最简单的 LR(0) 语法分析器开始，它对大多数应用程序而言都不够强大。在分析了 LR(0) 构造中出现的问题之后，我们转向更强大的 LR(1) 分析方法及其变体。

当 LR 语法分析器构造失败时，相关的文法可能是*二义性的*（如 6.4.1 节所讨论的）。对于其他文法，分析器可能需要关于未处理的输入字符串的更多信息（更多超前单词）。事实上，有些文法需要*无限多*的超前单词（见 6.4.2 节）。在这两种情况下，语法分析器生成器都会识别出不当语法分析状态，这对解决问题是有用的。虽然可以证明不可能有算法来确定文法是否有二义性，但 6.4 节描述了在实践中解决此问题效果良好的技术。

6.3　构造 LR(0) 分析表

本章讨论的表构造方法通过分析一个文法来设计其分析表，得到的分析表适用于图 6.3 中提出的通用语法分析器。终结符和非终结符字母表中的每个符号对应于表的一列。构造方法的分析过程是不断探索语法分析器的状态空间。每个状态对应于分析表中的一行。因为状态空间必然是有限的，这种探索必会在某一点终止。

在确定了分析表的行之后，构造方法尝试填充表的单元。因为我们只对确定性语法分析器感兴趣，所以每个单元可以保存一个表项。LR 构造方法的一个重要结果是确定**不当状态**（inadequate state）——这些状态缺乏足够的信息，不足以做到在每列中最多放置一个语法分析操作。

我们首先考虑为图 6.1 中所示文法构造 LR(0) 表。在构造分析表时，我们需要考虑语法分析器识别产生式**右部**的进展状况。例如，考虑产生式 E → plus E E。在将右部归约为 E 之前，必须找到右部的每个组成部分——要识别出一个 plus，然后必须找到两个 E。一旦这三个符号已位于栈顶，那么语法分析器就可以进行归约操作，将这三个符号替换为**左部**符号 E。

为了追踪语法分析器的进展，我们引入了 **LR(0) 项目**（LR(0) item）——一种带**标记**（bookmark）的产生式，标记指出语法分析当前进展到了产生式右部的什么位置。其中的标记类似于许多应用程序中的“进度条”，它指示任务已完成部分。图 6.7 显示了产生式 E → plus E E 所有可能的 LR(0) 项目，展示了利用标记符号（•）指出进度。

LR(0)项目	此状态下产生式的进展
E→ •plus E E	产生式开始
E→plus•E E	已识别了一个 plus，期望一个 E
E→plus E•E	期望另一个 E
E→plus E E•	在栈顶形成了句柄，已准备好归约

图 6.7　产生式 E → plus E E 的 LR(0) 项目

新（fresh）项目是指标记在最左边的项目，如 E →• plus E E。当标记在最右边时，如 E → plus E E •，我们称项目是**可归约的**（reducible）。形如 A → λ 的产生式需要特别考虑。符号 λ 表示在这个产生式的右部*没有任何东西*。当我们将这些产生式表示为项目时，更清楚地显示了这一点。对于 A → λ，唯一可能的项目是可归约项目 A →•。

现在，我们将**语法分析器状态**（parser state）定义为一组 LR(0) 项目。虽然每个状态在形式上都是一个集合，但我们不使用常用的大括号表示法，而是只列出集合的元素（项目）。LR(0) 构造算法如图 6.8 所示。

算法在标记⑦处构造语法分析器的开始状态（标为状态 0），它包含文法的开始符号的每个产生式的新项目。对于图 6.1 中的示例文法，我们用 Start →• E $ 初始化开始状态。该算法维护 *WorkList*——一个状态集合，需要在标记⑧处的循环处理。在处理过程中构造的每个状态都传递给 AddState，它在标记⑨处确定此项目集是否已被确认为一个状态。如果不是，则在标记⑩处构造一个新状态，并在标记 ⑪ 处将其添加到 *WorkList*。在标记 ⑫ 处初始化该状态在分析表中对应的那一行。

```
function ComputeLR0(Grammar) returns (Set, State)
    States ← ∅
    StartItems ← { Start→ • RHS(p) | p ∈ ProductionsFor(Start) }   ⑦
    StartState ← AddState(States, StartItems)
    while (s ← WorkList.ExtractElement()) ≠ ⊥ do                   ⑧
        call ComputeGoto(States, s)
    return ((States, StartState))
end
function AddState(States, items) returns State
    if items ∉ States                                              ⑨
    then
        s ← newState(items)                                        ⑩
        States ← States ∪ { s }
        WorkList ← WorkList ∪ { s }                                ⑪
        Table[s][★] ← error                                        ⑫
    else  s ← FindState(items)
    return (s)
end
function AdvanceDot(state, X) returns Set
    return ({ A→αX • β | A→α • Xβ ∈ state })                       ⑬
end
```

图 6.8　LR(0) 构造算法

状态的处理从标记⑧处的循环开始，首先从 *WorkList* 中提取一个状态 *s*。当对 *s* 调用 ComputeGoto 时，会执行以下步骤：

1）在标记 ⑰ 处计算状态 *s* 的**闭包**（closure）。在状态 *s* 中一旦发现一个非终结符 B 恰好出现在标记符号（•）之后的情况，闭包计算就处理这种情况一次。这种情况表明期待一个 B，因此应有状态 *s* 到其他状态的一个转换、对应发现 B 的动作。而 B 是一个非终结符，因此发现 B 需要借助 B 的产生式。闭包的具体计算方法如图 6.9 中的函数 Closure 所示，它返回一个（项目）集合，其中既包含通过参数传递给它的一组项目（状态 *s*），也包含利用 B 的产生式构造的 fresh 项目。注意，添加一个 fresh 项目可能触发添加更多 fresh 项目。因为计算结果是一个集合，所以一个项目不会添加两次。在标记 ⑭ 处的循环会持续运行，直到没有任何新内容可添加为止，此时循环结束。

2）在标记 ⑱ 处确定从 *s* 到其他状态的转换。在 LR(0) 构造过程中，当添加一个新状态时，在标记 ⑫ 处将此状态的所有动作设置为错误。对出现在标记符号后的每个文法符号 $\mathcal{X}$ 定义一个状态转换。图 6.9 中标记 ⑳ 处定义了从 *s* 到另一个状态（可能是新状态）的转换，该转换反映了对状态 *s* 中每个项目移进 $\mathcal{X}$（在标记符号后）之后分析器的进度。所有这些项目都表示转换到相同的状态，因为我们构造的分析器的操作必须是确定性的。换句话说，对于给定的状态和符号，分析表只有一个表项。

现在，我们为图 6.1 所示的文法构造一个 LR(0) 分析表。在图 6.10 中，每个状态显示为一个单独的框。状态 *s* 的**核心**（kernel）是状态中显式表示的一组项目。我们在状态中画一条线，来分隔核心项目和闭包项目，如状态 0、1 和 5 中那样。在其他状态中，没有项目存在 • 之后为非终结符的情况，所以这些状态中没有闭包项目。在每个状态中，每个项目后面是一个状态编号，表示该项目通过移进 • 之后的符号可迁移到这个状态。

在图 6.10 中，状态之间的转换显示为带标签的边。如果一个状态包含一个可归约项目，那么该状态是双框的。边和带双框的状态强调了 LR 分析的基础是**确定有限自动机**（Deterministic Finite Automaton，DFA），称为**特征有限状态机**（Characteristic Finite-State Machine，CFSM）。

```
function CLOSURE(state) returns Set
    ans ← state
    repeat                                                    ⑭
        prev ← ans
        foreach A→α • Bγ ∈ ans do                             ⑮
            foreach p ∈ PRODUCTIONSFOR(B) do
                ans ← ans ∪ { B→ • RHS(p) }                   ⑯
    until ans = prev
    return (ans)
end
procedure COMPUTEGOTO(States, s)
    closed ← CLOSURE(s)                                       ⑰
    foreach X ∈ (N ∪ Σ) do                                    ⑱
        RelevantItems ← ADVANCEDOT(closed, X)                 ⑲
        if RelevantItems ≠ ∅
        then
            Table[s][X] ← shift ADDSTATE(States, RelevantItems)   ⑳
end
```

图 6.9　LR(0) 闭包和状态转换

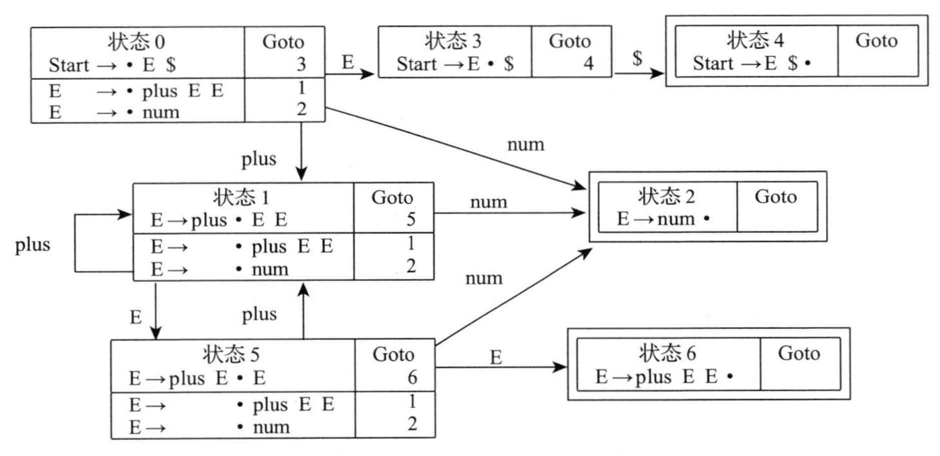

图 6.10　图 6.1 中文法的 LR(0) 计算，显示为一个特征有限状态机。状态 0 为初态，双框状态为接受状态

正确句型的**活前缀**（viable prefix）是任何不超越句柄的前缀。理论上，CFSM 可识别其文法的活前缀。每个状态转换都会移进一个有效句型的符号。当自动机到达双框状态时，它已经处理了一个以句柄结尾的活前缀。句柄是状态中（唯一的）可归约项目的右部。此时，可执行归约操作。由归约产生的句型可以被 CFSM 继续处理。这个过程一直重复，直到文法的开始符号被移进（语法分析成功）或 CFSM 阻塞（输入错误）。

对于输入字符串 + + num num num $，图 6.11 显示了反复将（逆向）推导出的句型提交给 CFSM 所得到的结果。此方法展示了 CFSM 如何识别活前缀。但是，对输入字符串的句型重复进行扫描是不必要的。例如，重复扫描输入字符串的前两个单词（plus plus），每次都会导致语法分析器进入状态 1。因为 CFSM 是确定性的，所以处理一个给定的符号序列总是具有相同的效果。因此，图 6.3 中给出的语法分析算法不会对推导出的句型进行重复扫描。相反，每次移进后都会记录语法分析状态，这样当前的语法分析状态总是与栈顶的符号相关联。随着归约操作消耗栈中内容，暴露在新栈顶的符号就对应当前状态，如果 CFSM

重新扫描当前句型的整个前缀直至（包括）当前栈顶符号，就会到达该状态。

句型前缀	状态转换	结果句型
		plus plus num num num $
plus plus num	状态 1、1 和 2	plus plus E num num $
plus plus E num	状态 1、1、5 和 2	plus plus E E num $
plus plus E E	状态 1、1、5 和 6	plus E num $
plus E num	状态 1、5 和 2	plus E E $
plus E E	状态 1、5 和 6	E $
E $	状态 1、3 和 4	Start

图 6.11　用图 6.10 中 LR(0) 机处理 plus plus num num num $ 的过程

如果一个文法是 LR(0) 的，那么本节讨论的构造方法具有以下特性（参考图 6.10）：

- 给定一个语法正确的输入字符串，CFSM 只会在双框状态下阻塞，此时需要进行一次归约操作。CFSM 清楚地表明，只有进行归约操作，才能继续推进语法分析。
- 任何一个双框状态中最多有一个项目，对应进入该状态时应该应用的产生式。一旦达到该状态，就表明 CFSM 已经完全处理了一条产生式。关联的项目是**可归约的**，因为其中的标记已经移动到了最右边。
- 如果 CFSM 的输入字符串在语法上是无效的，那么语法分析器将进入一个状态，使得引起错误的终结符不能被移进。

在 LR(0) 构造过程中，图 6.9 中标记 ⑳ 处建立的表几乎就可以对图 6.3 中的算法进行语法分析。每个状态是表中的一行，列表示文法符号。仅当 LR(0) 构造允许状态转换时，对应的表项才会有内容——移进操作。我们使用图 6.12 中的算法完成这个表的构造，该算法建立了恰当的归约操作。

```
procedure CompleteTable(Table, grammar)
    call ComputeLookahead( )
    foreach state ∈ Table do
        foreach rule ∈ Productions(grammar) do
            call TryRuleInState(state, rule)
    call AssertEntry(StartState, GoalSymbol, accept)          ㉑
end
procedure AssertEntry(state, symbol, action)
    if Table[state][symbol] = error                            ㉒
    then  Table[state][symbol] ← action
    else
        call ReportConflict(Table[state][symbol], action)     ㉓
end
```

图 6.12　完成 LR(0) 分析表

对于 LR(0)，要进行归约操作的决定反映在图 6.13 的代码中；无论下一个输入单词是什么，到达双框状态都表示要进行归约操作。当在分析表中插入归约操作时，如果所在表项（对应特定状态和语法符号）中出现多个分析动作，AssertEntry 会报告**冲突**。在标记 ㉒ 处，仅在表项之前是未定义的情况下（在标记 ⑫ 处，表项被初始化为值 error），才允许插入一个动作。最后，当处于初态时移进开始符号，则在标记 ㉑ 处设置接受操作。给定图 6.10 中的构造和图 6.1 中的文法，LR(0) 分析得到的分析表如图 6.14 所示。

```
procedure ComputeLookahead( )
    /*    Reserved for the LALR(k) computation given in Section 6.5.2    */
end
procedure TryRuleInState(s, r)
    if LHS(r)→RHS(r) • ∈ s
    then
        foreach X ∈ (Σ ∪ N) do call AssertEntry(s, X, reduce r)
end
```

图 6.13　TryRuleInState 的 LR(0) 版

状态	num	plus	$	Start	E
0	2	1		接受	3
1	2	1			5
2	归约 3				
3			4		
4	归约 1				
5	2	1			6
6	归约 2				

图 6.14　图 6.1 所示文法的 LR(0) 分析表

6.4　冲突诊断

有时 LR 构造会失败，即使对于简单的语言和文法也可能如此。在下面几节中，我们将考虑比 LR(0) 更强大的表构造方法，从而适应更多的文法。本节讨论在 LR 表构造过程中为什么会出现**冲突**，并设计理解和解决这种冲突的方法。

图 6.3 所示的通用 LR 语法分析器是*确定性的*。给定一个语法分析状态和一个输入符号，分析表可以精确地指定语法分析器要执行的操作——移进、归约、接受或报错。在第 3 章中，我们允许词法分析器规范中存在不确定性，因为我们知道有一种有效的算法可以将不确定 FA 转换为确定 FA。不幸的是，基于栈的语法分析引擎不可能使用这种算法。有些 CFG 不能被确定地分析。在这种情况下，可能存在另一种生成相同语言的文法，可以为其构造确定的分析器。有一些上下文无关语言（Context-Free Languages，CFL）被证明不能使用（确定）LR 方法进行语法分析（参见习题 11）。然而，编程语言通常被设计成可以确定地分析。

当表构造方法无法在某个表项的多个可选动作之间做出决定时，就会出现语法分析表**冲突**。于是我们称，对于表构造方法而言，对应的状态（分析表的行）是**不当的**（inadequate）。有时，对于较弱的表构造算法而言不当状态可以用较强的算法解决。例如，图 6.4 的文法不是 LR(0) 的，因为可以在状态 0 中看到移进和归约操作的冲突。但是，6.5.1 节中介绍的表构造算法解决了该文法的 LR(0) 冲突。

如果我们考虑表项多值的可能性，则对于 LR(k) 语法分析，只有以下两种情况是麻烦的：

- **移进 / 归约冲突**。当表构造不能使用下 k 个单词来确定是移进下一个输入单词还是进行归约时，就会产生此类冲突。在状态的某个项目中，标记符号必须出现在一个终结符 t 之前，才可能进行恰当的 t 的移进操作。标记符号还必须出现在其他某个项目的末尾，这样此状态中才可能进行归约操作。

- **归约/归约冲突**。当表构造不能使用下 k 个单词来区分在不当状态中可以应用的多个归约操作时，就会存在此类冲突。当然，一个存在此冲突的状态，必须包含至少两个可归约项目。

无须考虑表项中的其他冲突。例如，不可能出现可以移进某个终结符 t，但还会引起错误的情况。此外，不存在移进/移进错误：如果一个状态允许移动终结符 t 和 u，那么两种移进的目标状态是不同的，不会存在冲突。习题 13 考虑非终结符上的移进/归约冲突不可能存在。

尽管我们在下面几节中讨论的表构造方法的能力各不相同，但每一种方法都能够报告导致不当状态的冲突。产生冲突的原因是下列之一：

- 文法有**二义性**。没有（确定的）表构造方法可以解决由于二义性引起的冲突。二义性文法将在 6.4.1 节中讨论，在本章中我们总结了一些解决二义性的方法。

  如果一个文法是二义性的，那么某个输入字符串至少有两棵不同的语法分析树。于是必须考虑以下两点：

  - 如果两棵语法分析树都是可取的（如习题 38 所示），那么文法的语言包含一个**双关语**（pun）。双关语在自然语言中尚可容忍，但在计算机语言设计中就不能接受了。用计算机语言表达的程序应该有明确的解释。
  - 如果只有一棵树是我们想要的，那么通常我们可以修改文法以消除二义性。虽然存在天然的二义性语言（参见习题 14），但计算机语言从设计上就避免了这种特性。

- 文法并无二义性，但是当前的表构造方法无法解决冲突。在这种情况下，如果采取以下一种或多种方法，可能消除冲突：

  - 给当前表构造方法提供更多的超前单词。
  - 使用一个更强大的表构造方法。

  即使文法没有二义性，且使用了更多的超前单词或更强的表构造方法，也有可能仍无法解决冲突。我们将在 6.4.2 节和习题 37 中讨论这种文法。

当一个 LR(k) 构造算法生成一个不当状态时，一个不幸但重要的事实是，不可能自动确定上述哪个问题影响文法。这源于这样一个事实——不存在能确定任意 CFG 是否有二义性的算法 [HU79，GJ79]。因此，一般来说也不可能确定有限数量的超前单词是否可以解决不当状态。

总之，需要人类（而不是机器）的推理来理解和修复产生冲突的文法。针对这种推理，6.4.1 节和 6.4.2 节讨论了相应的直觉和策略。

6.4.1　二义性文法

考虑图 6.15 中所示文法及其 LR(0) 构造。语法使用熟悉的中缀表示法生成数的和。在 LR(0) 构造中，除状态 5 外，所有状态都是适当的。处于状态 5 时，遇到 plus 可以将其移动从而到达状态 3。然而，状态 5 也允许按规则 E → E plus E 进行归约。这个不当状态表现为 LR(0) 的移进/归约冲突。为了解决这个冲突，必须决定如何填写 LR 分析表中状态 5 和符号 plus 对应的表项。不幸的是，这个文法是二义性的，因此无法确定表项的唯一值。

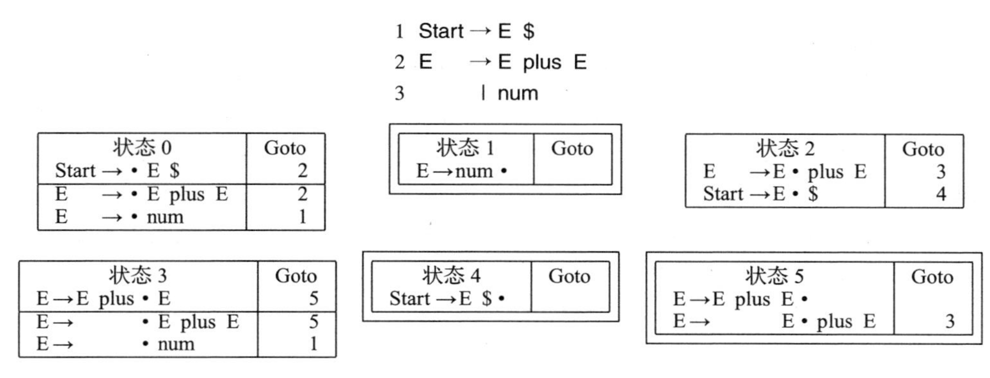

图 6.15　一个二义性表达式文法

虽然没有自动的方法来确定任意文法是否有二义性，但在查找具有多个推导的字符串（如果存在的话）时，不当状态可以提供有价值的帮助。回想一下，一个语法分析状态表示 CFSM 在识别活前缀时所进行的转换，标记符号显示了到目前为止所取得的进展。出现在标记后面的符号可以被移进，使得语法分析向成功推进。虽然我们的最终目标是发现具有多个推导的输入字符串，但我们首先试图找到一个二义性的句型。一旦识别出这样的句型，通过使用文法的产生式来替换非终结符，就可以很容易地将句型扩展为终结符串。

以图 6.15 中的状态 5 为例，理解冲突的步骤如下：

1）使用分析表或 CFSM，确定一个导致语法分析器从初态移动到不当状态的字母表符号序列。对于图 6.15，最简单的这样的序列是 E plus E，它经过状态 0、2、3 和 5。因此，处于状态 5 时，在栈顶有 E plus E。一种选择是按 E → E plus E 进行归约，但是，根据项目 E → E • plus E，也可以继续移进一个 plus，再移进一个 E。

2）如果我们将这两个项目中的标记符号对齐，我们就可以获得到达此状态时栈中内容的快照，以及未来可能成功移进的内容。这里我们得到了句型前缀 E plus E • plus E。移进 / 归约冲突告诉我们有两种可能成功的语法分析。因此，我们尝试为 E plus E plus E 构建两棵推导树，一棵假设在标记符号处进行归约，一棵假设进行移进。完成任何一种推导都可能需要扩展这个句子前缀，使其成为句型：可从开始符号推导出（以两种不同的方式）的一个字母表符号序列。

对于我们的例子，E plus E plus E 几乎就是一个完整的句型，我们只需要追加一个 $ 得到 E plus E plus E $。

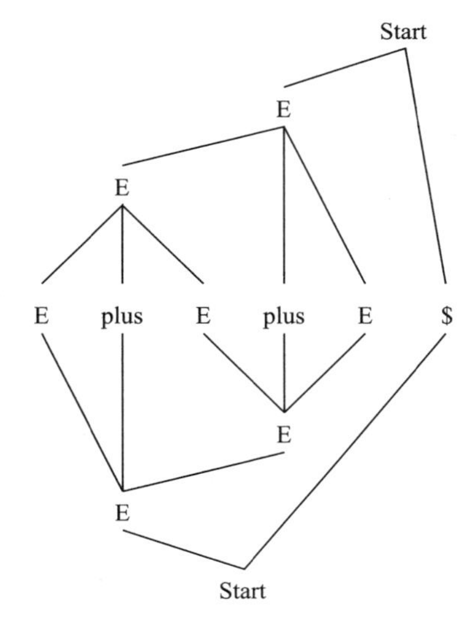

图 6.16　E plus E plus E $ 的两个推导。上面的语法分析树是在状态 5 时进行归约得到的，下面的语法分析树则是进行移位得到的

为了强调两个推导是为同一个字符串构造的，图 6.16 在句型的上方和下方显示了两个推导。如果进行了归约，那么 E plus E plus E $ 的前部会用一个非终结符来重构；否则，将移进输入字符串，从而使句型的后部首先进行归约。在状态 5 时进行归约得到的语法分析树对应于加法的**左结合分组**（left-associative grouping），而移位对应于**右结合分组**

(right-associative grouping)。

分析了图 6.15 所示文法中的歧义之后，接下来通过创建一个倾向于左结合（归约而非移进）的文法来消除二义性。图 6.17 显示了中缀加法的非二义性文法及其 LR(0) 构造。图 6.15 和图 6.17 中的文法生成相同的语言。实际上，语言是正则的，可由正则表达式 num (plus num)⋆ $ 表示。所以我们看到，即使是简单的语言也可能有二义性文法。因此，在实践中，二义性诊断可能会更加困难。特别是，要找到有歧义的句型，可能需要对活前缀进行大量扩展。习题 37 和习题 38 提供了寻找和修正文法二义性的练习。

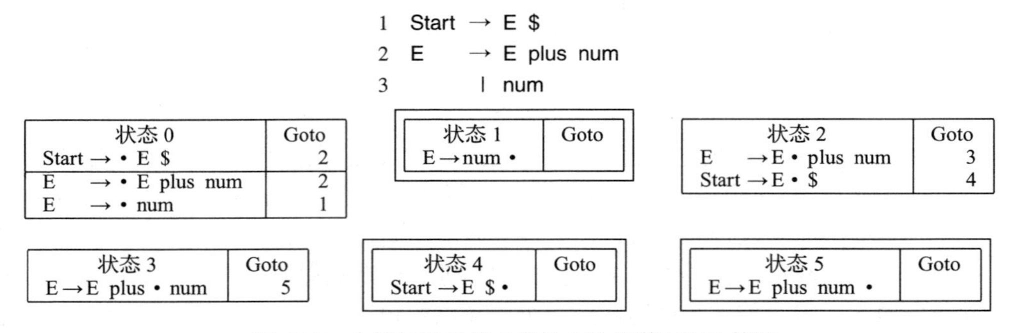

图 6.17　中缀加法的非二义性文法及其 LR(0) 构造

6.4.2　非 LR(*k*) 文法

图 6.18 显示了一个文法及其 LR(0) 构造的一部分，文法表示的语言类似中缀加法，其中表达式以 a 或 b 结尾。完整的 LR(0) 构造留作习题 15。我们看到，状态 2 包含一个归约 / 归约冲突。在此状态下，不清楚 num 应该被归约为一个 E 还是一个 F。将我们带到状态 2 的活前缀就是简单的 num。为了获得一个句型，必须将其扩展为 num a $ 或 num b $。如果我们使用前一种句型，那么 F 就不能参与推导。类似地，如果我们使用后一种句型，E 就不能参与推导。因此，语法分析扫描越过 num 后就不会涉及一个以上的推导，文法无二义性。

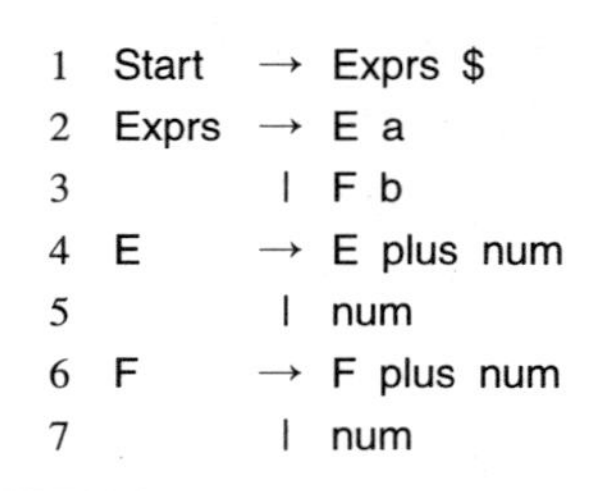

状态 0	Goto
Start → • Exprs $	1
Exprs → • E a	4
Exprs → • F b	3
E → • E plus num	4
E → • num	2
F → • F plus num	3
F → • num	2

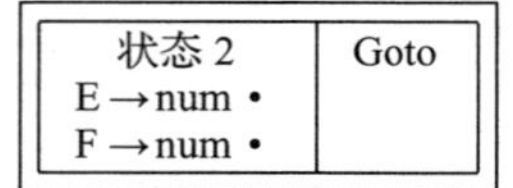

图 6.18　一个非 LR(*k*) 的文法

由于图 6.18 中文法的 LR(0) 构造失败了，我们可以从 6.5.1 节、6.5.2 节和 6.5.4 节中讨论的表构造方法中尝试一种更有野心的方法。但已证明没有人能成功。所有的 LR(*k*) 构造都

使用 k 个超前符号来分析文法。如果一个文法是 LR(0) 的，那么在 6.5.4 节描述的 LR(0) 构造中，存在一个 k 值，使得所有状态都是适当的。对于任何 k，图 6.18 中的文法都不是 LR(0) 的。要了解这一点，请考虑下面的最右推导，它是针对一个足够长的符号串 num plus ... plus num a 的：

$$
\begin{array}{lll}
\text{Start} & \Rightarrow_{rm} & \text{Exprs \$} \\
 & \Rightarrow_{rm} & \text{E a \$} \\
 & \Rightarrow_{rm} & \text{E plus num a \$} \\
 & \Rightarrow^{\star}_{rm} & \text{E plus ... plus num a \$} \\
 & \Rightarrow_{rm} & \text{num plus ... plus num a \$}
\end{array}
$$

一个自底向上语法分析必然生成上述推导的逆序。因此，语法分析的前几步将是：

栈	动作	输入
[0]	初态	num plus ... plus num a $
[0] [num 2]	移进 num	plus ... plus num a $

当 num 出现在栈顶，我们就处于状态 2。一个确定性的、自底向上的语法分析器必须在此时决定是将 num 归约为 E 还是 F。如果推迟做出决定，那么将不得不在栈的中间进行归约操作，而这是不允许的。解决归约 / 归约冲突所需的信息恰好出现在 $ 符号之前。不幸的是，相关信息 a 或 b 可能出现在输入中任意远的位置，因为从 E 或 F 推导出的字符串可以任意长。

总之，简单的文法和语言可能会有一些微妙的问题，这些问题会妨碍生成自底向上的语法分析器。自顶向下的语法分析器在处理此类语法时也会失败（见习题 16）。LR(0) 构造可以为诊断文法的不充分性提供重要线索，但理解和解决这些冲突需要人的智慧。此外，LR(0) 构造为下一步考虑的更高级构造打下了基础。

6.5 冲突消解和表构造

虽然图 6.17 中文法的 LR(0) 构造成功了，但大多数文法在构造分析表时都需要使用超前单词。6.5.1 节、6.5.2 节和 6.5.4 节考虑了一些方法，这些方法基于 LR(0) 构造，使用越来越复杂的超前单词技术来解决冲突。6.5.1 节介绍了 SLR(k) 构造，它很简单，但不如 6.5.2 节介绍的 LALR(k) 构造那样强大。6.5.4 节介绍了最强大的技术 LR(k)。

6.5.1 SLR(k) 分析表构造

SLR(k)（Simple LR with k tokens of lookahead，使用 k 个超前单词的简单 LR）方法尝试使用第 4 章中介绍的语法分析方法来解决不当状态。为了展示 SLR(k) 构造，我们需要一个非 LR(0) 文法。我们首先扩展图 6.17 中的文法，以适应包含和与积的表达式。图 6.19 显示了一个这样的文法以及符号串 num plus num times num $ 的语法分析树。习题 17 表明这个文法是 LR(0) 的。但是，它不能生成恰当表示表达式结构的语法分析树。图 6.19 所示的语法分析

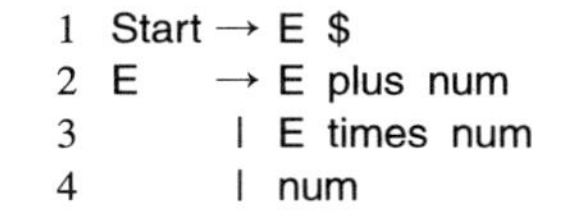

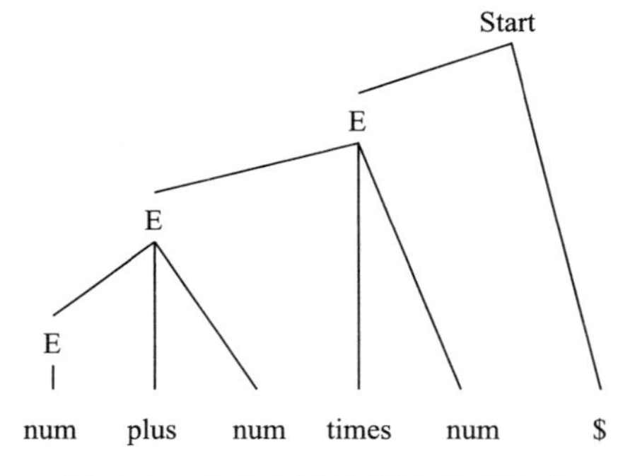

图 6.19　包含加法和乘法的表达式

树先将前两个 num 相加，然后将此和乘以第三个 num，从而表示了计算的结构。因此，如果根据这棵语法分析树进行计算，则输入符号串 3+4*7 将生成值 49。

数学中一个通用约定是乘法优先于加法。因此，计算 3+4 *7 应该被看作将 3 加到积 4*7，得到的值是 31。这样的约定通常被编程语言设计所采用，以简化程序编写和可读性。因此，我们寻求能恰当表示乘法加法表达式的语法分析树。

为了设计达到预期效果的文法，我们首先观察到图 6.19 所示的语言中的字符串可被看作乘积的和。而图 6.17 中的文法生成 num 的和。扩展语言的一种常见技术是将文法中一个终结符替换为在文法中作用相同的一个非终结符。为了生成 T 的和而不是 num 的和，我们只需用 T 替换 num，这就可以得到图 6.20 所示的 E 的产生式。为了实现乘积的和，现在每个 T 可以推导出一个乘积，其中最简单的乘积只包含单一 num，因此，T 的产生式可基于 E 的产生式来设计，用 times 代替 plus 即可。图 6.20 显示了图 6.19 中输入符号串的语法分析树，其中乘法优先于加法。

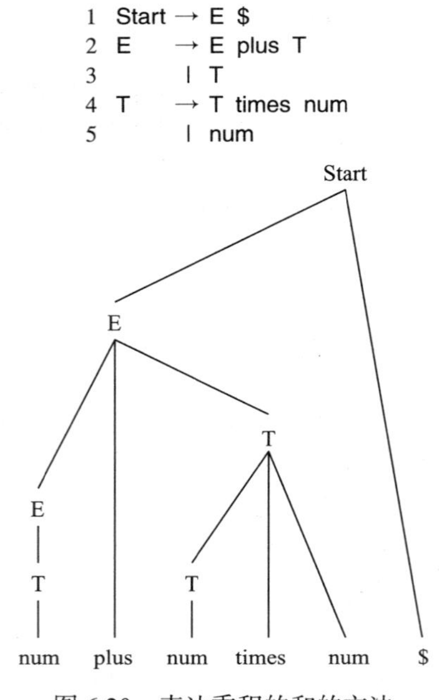

图 6.20　表达乘积的和的文法

图 6.21 显示了我们的优先级文法的 LR(0) 构造的一部分。状态 1 和状态 6 对于 LR(0) 来说是不当的，因为在每个状态中，都有可能移进一个 times 或归约为 E。图 6.21 显示了对句型 E plus num times num $ 的一个语法分析操作序列，令语法分析器处于状态 6。

考虑状态 6 的移进 / 归约冲突。为了确定图 6.20 中的文法是不是二义性的，我们求助于 6.4 节中描述的方法。我们假设在给定句型 E plus T times num $ 的情况下，移进和归约都是可能的。

- 如果进行了移进，那么我们可以继续图 6.21 中的语法分析，得到图 6.20 所示的语法分析树。
- 根据产生式 E → E plus T 进行归约，会生成 E times num $，这导致图 6.21 中的 CFSM 在状态 3 阻塞，无法继续前进。如果我们尝试用 T → num 进行归约，则得到 E times T $，可进一步归约为 E times E $。这些符号串都不能进一步归约为开始符号。

因此，E times num $ 不是此文法的合法句型，在状态 6 对句型进行归约是不当的。

根据状态 6 中的项目的 E → E plus T •，用 E → E plus T 进行归约，在某些条件下必然是不当的。如果我们考察一下句型 E plus T $ 和 E plus T plus num $，就会看到在状态 6 应用 E → E plus T 进行归约的条件是，下一个输入符号是 plus 或 $，而不能是 times。而 LR(0) 在任何状态下都不能选择性地进行归约；但是，在 TryRuleInState 中查询超前单词可以解决这个冲突。

考虑在 E → E plus T 进行的归约操作和下一个终结符移进操作之间应用的语法分析器操作序列。归约之后，E 必被移到栈顶。此时，假定终结符 plus 是下一个输入符号。如果归约为 E 可以导致成功的语法分析，那么在某个合法句型中，plus 可以出现在 E 之后。一个等价的陈述是 plus ∈ Follow(E)，其中 Follow 用第 4 章中介绍的方法计算。

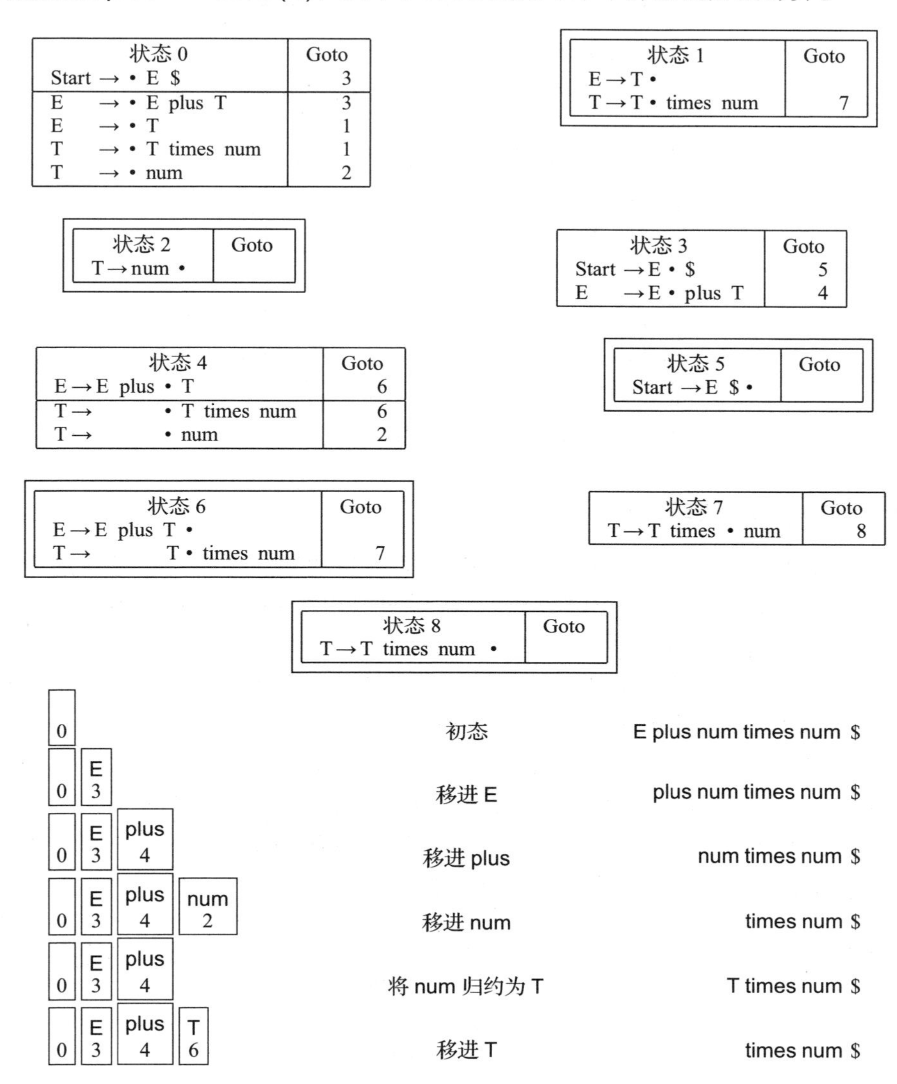

图 6.21　LR(0) 构造及导致不当状态 6 的语法分析过程

在 SLR(k) 语法分析中，当处于任何包含 A 的可归约项目的状态时，使用 Follow_k(A) 进行归约到 A 的操作。算法上，我们通过执行图 6.8 中的 LR(0) 构造来得到 SLR(k) 构造；唯一的更改是 TryRuleInState 方法，其 SLR(1) 版本如图 6.22 所示。对于我们的例子，状态 1 和 6 中的冲突通过计算 Follow(E)={plus, \$} 得以解决。图 6.23 显示了据此分析得到的 SLR(1) 语法分析表。

```
procedure TryRuleInState(s, r)
    if LHS(r) → RHS(r) • ∈ s
    then
        foreach X ∈ Follow(LHS(r)) do
            call AssertEntry(s, X, reduce r)
end
```

图 6.22　TryRuleLnState 的 SLR(1) 版本

状态	num	plus	times	$	Start	E	T
0	[2]				接受	[3]	[1]
1		3	[7]	3			
2		5	5	5			
3		[4]		[5]			
4	[2]						[6]
5				1			
6		2	[7]	2			
7	[8]						
8		4	4	4			

图 6.23　图 6.20 中文法的 SLR(1) 语法分析表

6.5.2　LALR(k) 分析表构造

SLR(k) 尝试使用 Follow_k 信息来解决 LR(0) 的不当状态。这些信息是通过考虑文法的所有产生式计算出来的。有时，SLR(k) 构造失败只是因为 Follow_k 信息不是特定于产生式的。考虑图 6.24 所示的文法及其部分 LR(0) 构造。该文法生成语言 {a,ab,ac,xac}。文法是非二义性的，因为每个符号串都有唯一的推导。然而，状态 3 有 LR(0) 移进 / 归约冲突。SLR(k) 试图通过计算下式来解决移进 / 归约冲突

$$\text{Follow}_k(\text{A}) = \{\text{b\$}^{k-1}, \text{c\$}^{k-1}, \text{\$}^k\}$$

换句话说，在某些句型中，A 可以后跟 b 或 c，再跟任意数量的 $（符号串结束符）。这一信息不足以解决状态 3 中的移进 / 归约冲突。根据 SLR(1) 分析，符号 c 可以指示一个转换到状态 6 的移进操作，也可以指示用 A → a 进行归约。

```
1 Start → S $
2 S     → A B
3         | a c
4         | x A c
5 A     → a
6 B     → b
7         | λ
```

状态 0	Goto
Start → • S $	4
S → • A B	2
S → • a c	3
S → • x A c	1
A → • a	3

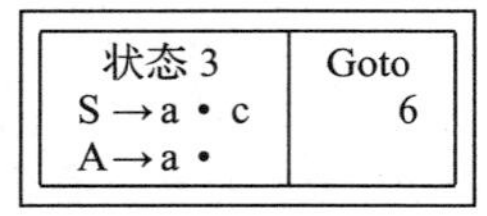

图 6.24　一个非 SLR(k) 文法

如果更仔细地研究状态 0 和状态 3，我们会发现，在状态 3 中，在 A 扩展之后，c 是不可能出现在其后的。在状态 0 的闭包中，项目 S → • A B 为 A 创建了一个 fresh 项目。移进 A 后，只有 b 或 $ 可以出现——不存在句型 A c $。

根据上述分析，我们可以通过修改文法使得 A 有两个"版本"来解决移进 / 归约冲突。使用 A_1 和 A_2，得到如图 6.25 所示的 SLR(1) 文法。在这里，状态 2 是无冲突的，因为 $\text{Follow}(\text{A}_1) = \{\$, \text{b}\}$。

```
1 Start → S $
2 S     → A₁ B
3         | a c
4         | x A₂ c
5 A₁    → a
6 A₂    → a
7 B     → b
8         | λ
```

状态 0 Start → • S $	Goto 3
S → • A_1 B	4
S → • a c	2
S → • x A_2 c	1
A_1 → • a	2

状态 2	Goto
S → a • c A_1 → a •	8

图 6.25　图 6.24 中定义的语言的一个 SLR(1) 文法

综上所述，对于图 6.24 所示的文法，SLR(*k*) 有些困难，因为 SLR 的 Follow 集是使用文法的所有产生式计算的。复制产生式和重命名非终结符可令 Follow 计算变得更特定于产生式，如图 6.25 所示。但是，这样做很乏味，并且所生成的文法更难以理解和维护。在本节中，我们考虑 LALR(*k*)（Lookahead Ahead LR with *k* tokens of lookahead，使用 *k* 个超前单词的 LR）语法分析，对于非终结符的跟随符号，它提供了更专门的计算。LALR 这个名称并没有包含特别的信息——SLR 和 LR 也都使用超前符号。但是，LALR 为构造自底向上语法分析表提供了更好的超前单词分析。

与 SLR(*k*) 一样，LALR(*k*) 基于 6.3 节给出的 LR(0) 构造。因此，对于相同的文法，LALR(*k*) 表与 LR(0) 表具有相同的行数（状态数）。虽然 LR(*k*)（参见 6.5.4 节）提供了更强大的超前单词分析，但是以引入更多的状态为代价的。

LALR(1) 在能力和效率上取得的平衡使它成为目前最流行的 LR 表构建方法。为了得到 LALR(1) 构造，我们重新定义了图 6.13 中的以下两个方法：

```
procedure TryRuleInState(s, r)
    if LHS(r) → RHS(r) • ∈ s
    then
        foreach X ∈ Σ do
            if X ∈ ItemFollow((s, LHS(r) → RHS(r) •))
            then call AssertEntry(s, X, reduce r)
end
```

图 6.26　TryRuleInState 的 LALR(1) 版本

- TryRuleInState　在图 6.26 所示的 LALR(1) 版本中，根据 *ItemFollow*，只对那些在归约之后可能出现的符号指定归约操作。习题 26 考察 *ItemFollow* 集与为 SLR 计算的 Follow 集之间的关系。
- ComputeLookahead　图 6.27 包含了构建和计算超前单词传播图的代码。*ItemFollow*((*state*, *item*)) 集跟踪在项目归约时（即标记符号在最右边）可以跟随项目的符号。传播图的细节将在 6.5.3 节中讨论。

```
procedure ComputeLookahead()
    call BuildItemPropGraph()
    call EvalItemPropGraph()
end
procedure BuildItemPropGraph()
    foreach s ∈ States do
        foreach item ∈ state do
            v ← Graph.AddVertex((s, item))                    (24)
```

图 6.27　ComputeLookahead 的 LALR(1) 版本

```
        ItemFollow(v) ← ∅
    foreach p ∈ ProductionsFor(Start) do
        ItemFollow((StartState, Start→ • RHS(p))) ← {$}          ㉕
    foreach s ∈ States do
        foreach A→α • Bγ ∈ s do                                  ㉖
            v ← Graph.FindVertex((s, A→α • Bγ))
            call Graph.AddEdge(v, (Table[s][B], A→αB • γ))       ㉗
            foreach (w ← (s, B→ • δ)) ∈ Graph.Vertices do
                ItemFollow(w) ← ItemFollow(w) ∪ First(γ)         ㉘
                if AllDeriveEmpty(γ)                             ㉙
                then call Graph.AddEdge(v, w)
end
procedure EvalItemPropGraph( )
    repeat                                                       ㉚
        changed ← false
        foreach (v, w) ∈ Graph.Edges do
            old ← ItemFollow(w)
            ItemFollow(w) ← ItemFollow(w) ∪ ItemFollow(v)
            if ItemFollow(w) ≠ old
            then changed ← true
    until not changed
end
```

图 6.27 ComputeLookahead 的 LALR(1) 版本（续）

6.5.3 LALR 传播图

我们还没有正式为每个 LR(0) 项目命名，但是一个项目在任何状态中最多出现一次。因此，二元组 $(s, \mathrm{A} \to \alpha \bullet \beta)$ 足以识别一个出现在状态 s 中的项目 $\mathrm{A} \to \alpha \bullet \beta$。对于每个有效的状态和项目二元组，图 6.27 中标记 ㉔ 处在 **LALR 传播图**中创建一个顶点 v。LR(0) 构造中的每个项目都由图中的一个顶点表示。除了 LR(0) 初态中的拓广项目 $\mathrm{Start} \to \bullet\ \mathrm{S}\ \$$ 外，*ItemFollow* 集最初是空的。如果跟随在项目 i 的可归约形式后面的符号应该包含在项目 j 的对应符号集中，则在项目 i 和项目 j 之间要放置一条边。为了进行超前单词分析，可以认为输入符号串以任意数量的 \$（输入结束）符号结束。在标记 ㉕ 处强制整个程序（从 Start 的任一产生式推导出来）后跟 \$。

图 6.27 中算法在标记 ㉖ 处考虑状态 s 中形如 $\mathrm{A} \to \alpha \bullet \mathrm{B}\gamma$ 的项目，我们用此表示项目中标记符号在符号 B 之前，α 中的文法符号出现在标记符号之前且 γ 中的文法符号出现在 B 之后的一般形式。注意，α 或 γ 可能不存在，在这种情况下，$\alpha = \lambda$ 或 $\gamma = \lambda$。符号 B 总是存在的，除非文法产生式是 $\mathrm{A} \to \lambda$。当 B 是一个非终结符时，超前单词的计算是专门与 $\mathrm{A} \to \alpha \bullet \mathrm{B}\gamma$ 对应的，因为图 6.9 中的 Closure 将 B 的每个产生式的项目添加到了状态 s 中。可以跟随 B 的符号依赖于 γ，γ 要么不存在，否则就会出现在项目中。而且，即使 γ 存在，也有可能 $\gamma \Rightarrow^{\star} \lambda$。图 6.27 中的算法对这些情况考虑如下：

- 对于项目 $\mathrm{A} \to \alpha \bullet \mathrm{B}\gamma$，First($\gamma$) 中的任何符号都可以跟随每个闭包项目 $\mathrm{B} \to \bullet\ \delta$，甚至当 γ 不存在时也是如此。在这种情况下，**First**(γ) = $\varnothing$。因此，在图 6.27 中标记㉘处，对状态 s 中的每个 $\mathrm{B} \to \bullet\ \delta$，将 First($\gamma$) 中的符号放入 *ItemFollow* 集中。

  ItemFollow 集只有在标记符号进展到归约点时才有用。$\mathrm{B} \to \bullet\ \delta$ 只是承诺在找到 δ 后会将其归约为 B。因此，超前符号必须伴随着标记符号跨过 δ 的进程，从而它们对适当状态中的 $\mathrm{B} \to \delta\bullet$ 是可用的。这种超前符号的迁移用传播边表示。
- 当与一个项目关联的符号需要添加到与另一个项目关联的符号集中时，就必须在传

播图中放置边。需要添加传播边的两种情况如下：

- 如上所述，在标记㉘处引入的超前单词只有在标记符号已经前进到产生式末尾时才有用。在 LR(0) 中，当 CFSM 中的状态 s 中的一个项目的标记符号向前移动会创建出状态 t 中的一个项目时，就要包含一条从状态 s 到状态 t 的边。对于 LALR 中的超前单词传播，边更明确——在标记㉗处直接在传播图的项目之间放置边，而不是状态之间。

  具体地说，在 CFSM 中，如果在状态 s 中处理一个 B 时到达了状态 t，即状态 s 中有一个项目 $\mathsf{A} \rightarrow \alpha \bullet \mathsf{B}\gamma$，向前移动标记符号就得到了状态 t 中的项目 $\mathsf{A} \rightarrow \alpha\mathsf{B} \bullet \gamma$，则在两个项目之间放置一条边。
- 再次考虑项目 $\mathsf{A} \rightarrow \alpha \bullet \mathsf{B}\gamma$ 和 B 为非终结符时引入的闭包项目。当 $\gamma \Rightarrow^{\star} \lambda$ 时，要么是因为 γ 不存在，要么是因为 γ 中的符号串可以推导出 λ，那么任何可以跟随 A 的符号也可以跟随 B。因此，在标记㉙处在 A 的项目到 B 的项目之间放置了一条传播边。

这些步骤放置的边在标记㉚处使用，来计算 *ItemFollow* 集。标记㉚处的循环持续执行，直到所有 *ItemFollow* 集都不再改变为止。这个循环最终必然终止，因为超前单词集只会增加来自有穷字母表（$\sum$）中的符号。

现在考虑图 6.24 所示文法及其 LALR(1) 构造，如图 6.28 所示。标记㉗对应列中列出的项目是在传播图中放置的边的目的项目，它们携带符号以到达归约点。例如，考虑项目 6 和项目 7。对项目 $\mathsf{S} \rightarrow \mathsf{x} \bullet \mathsf{A}\ \mathsf{c}$，我们有 $\gamma = \mathsf{c}$。因此，当在项目 7 中生成了项目 $\mathsf{A} \rightarrow \bullet\, \mathsf{a}$ 时，c 可以跟随在归约到 A 的归约动作后面。因此在标记㉘处，将 c 直接添加到项目 7 的 *ItemFollow* 集中。然而，直到应用 $\mathsf{A} \rightarrow \mathsf{a}$ 进行归约时，c 才是有用的。因此，在标记㉗处，在项目 7 和项目 19 之间放置传播边。

状态	LR(0) 项目		转向状态	步骤㉗和㉙放置的传播边		初始化 *ItemFollow*	
						First(γ)	㉘
0	1	Start→ • S $	4	13		$	2,3,4
	2	S→ • A B	2	8	5	b	5
	3	S→ • a c	3	11			
	4	S→ • x A c	1	6			
	5	A→ • a	3	12			
1	6	S→x • A c	9	18		c	7
	7	A→ • a	10	19			
2	8	S→A • B	8	17	9,10		
	9	B→ • b	7	16			
	10	B→ •					
3	11	S→a • c	6	15			
	12	A→a •					
4	13	Start→S • $	5	14			
5	14	Start→S $ •					
6	15	S→a c •					
7	16	B→b •					
8	17	S→A B •					
9	18	S→x A • c	11	20			
10	19	A→a •					
11	20	S→x A c •					

图 6.28　图 6.24 中文法的 LALR(1) 构造

在大多数情况下，超前单词要么是生成的（当 First(γ) $\neq \varnothing$），要么是传播的（当 $\gamma = \lambda$ 时）。然而，有可能 First(γ) $\neq \varnothing$ 且 $\gamma \Rightarrow^* \lambda$，如项目 2。这里的 γ = B，我们有 First(B)={b}，但我们还有 B $\Rightarrow^* \lambda$。因此，在标记㉘处将 b 加入到项目 5 的 *ItemFollow* 集中。此外，在标记㉙处放置的传播边令项目 2 处的 *ItemFollow* 集传递到项目 5。最后，项目 2 处出现的超前单词还必须传播到项目 17，以便在应用 S → AB 进行归约时可以用上。因此，在标记㉗处将传播边放置在项目 2 和项目 8 之间以及项目 8 和项目 17 之间。

构造传播图只是我们计算超前单词集过程的一半而已。一旦 LALR(1) 构造已经建立了传播图并初始化了 *ItemFollow* 集，如图 6.28 所示，就可以对传播图进行计算了。图 6.27 中的 EvalItemPropGraph 通过沿着图的边迭代地传播超前信息来计算图，直到没有新的信息出现为止。

在图 6.29 中，用我们的例子来跟踪这个算法的进程。“初始值”这一列显示在标记㉘处建立的超前单词集。在标记㉚处的循环根据传播图的边对超前单词集做并集计算。对于我们到目前为止所考虑的示例，标记㉚处的循环在经过单遍扫描后就会收敛。如前所述，该算法需要二次扫描来检测在一次扫描之后是否没有超前单词集发生改变。我们没有在图 6.29 中显示二次扫描。

标记㉚处的循环会持续执行，直到没有 *ItemFollow* 集在上一步迭代之后发生更改为止。收敛所需的迭代次数取决于传播图的结构。具有图 6.29 中所指定的边的图是*无环的*——这样的图可以通过单遍扫描完全计算出来。

通常，需要多遍扫描才能实现收敛。我们用图 6.32 来说明这一点，它记录了如何为图 6.30 所示的文法构造 LALR(1) 传播图。图 6.33 显示了标记㉚处循环的执行过程。对于一个给定项目，其超前单词集是显示在最右边三列中的符号的并集。对于这个例子，集合在两遍扫描后收敛，但是需要第三遍扫描来检测这一点。两遍扫描是必要的，因为传播图中嵌入了图 6.31 中所示的图。这张图包含一个带有一个“后退”回边的循环，因此信息不能在单遍扫描中就从项目 20 传播到项目 12。习题 28 探讨了如何扩展图 6.30 中的文法，使得计算会需要任意步数的迭代才能收敛。在实践中，LALR(1) 超前单词集的计算收敛速度很快，通常只需一两遍扫描。

项目	传播到	初始值	第一遍扫描
1	13	$	
2	5,8	$	
3	11	$	
4	6	$	
5	12	b	$
6	18		$
7	19	c	
8	9,10,17		$
9	16		$
10			$
11	15		$
12			b $
13	14		$
14			$
15			$
16			$
17			$
18	20		$
19			c
20			$

图 6.29　LALR(1) Follow 集的迭代计算

```
1 Start → S $
2 S     → x C1 y1 Cn yn
3        | A1
4 A1    → b1 C1
5        | a1
6 An    → bn Cn
7        | an
8 C1    → An
9 Cn    → A1
```

图 6.30　LALR(1) 分析：文法

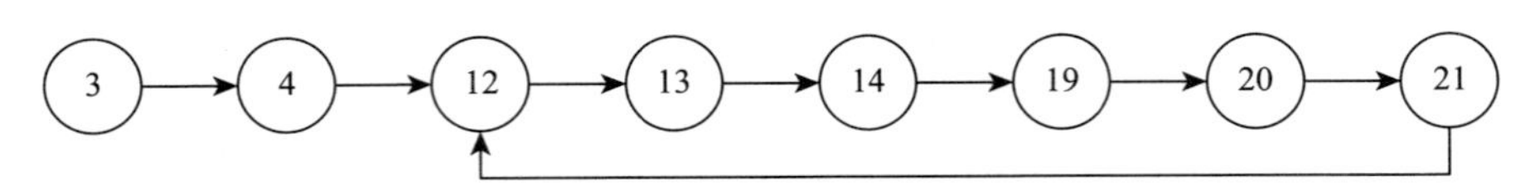

图 6.31　嵌入的传播子图

总之，LALR(1) 是一种强大的语法分析方法，是大多数自底向上语法分析器生成器的基础。为了获得更强大的性能，可以使用更多的超前单词，但这通常是不必要的。LALR(1) 文法适用于所有流行的编程语言。

状态	LR(0) 项目	转向状态	步骤㉗和步骤㉙放置的传播边		初始化 ItemFollow First(γ)	㉘
0	1 Start→ • S $	3	11		$	2,3
	2 S→ • x C1 y1 Cn yn	1	6			
	3 S→ • A1	5	16	4,5		
	4 A1→ • b1 C1	4	12			
	5 A1→ • a1	2	10			
1	6 S→x • C1 y1 Cn yn	13	27		y1	7
	7 C1→ • An	7	18	8,9		
	8 An→ • bn Cn	8	19			
	9 An→ • an	9	23			
2	10 A1→a1 •					
3	11 Start→S • $	12	26			
4	12 A1→b1 • C1	6	17	13		
	13 C1→ • An	7	18	14,15		
	14 An→ • bn Cn	8	19			
	15 An→ • an	9	23			
5	16 S→A1 •					
6	17 A1→b1 C1 •					
7	18 C1→An •					
8	19 An→bn • Cn	10	24	20		
	20 Cn→ • A1	11	25	21,22		
	21 A1→ • b1 C1	4	12			
	22 A1→ • a1	2	10			
9	23 An→an •					
10	24 An→bn Cn •					
11	25 Cn→A1 •					
12	26 Start→S $ •					
13	27 S→x C1 • y1 Cn yn	14	28			
14	28 S→x C1 y1 • Cn yn	15	32		yn	29
	29 Cn→ • A1	11	25	30,31		
	30 A1→ • b1 C1	4	12			
	31 A1→ • a1	2	10			
15	32 S→x C1 y1 Cn • yn	16	33			
16	33 S→x C1 y1 Cn yn •					

图 6.32 对图 6.30 中文法的 LALR(1) 分析

项目	传播到	初始值	第一遍扫描	第二遍扫描
1	11	$		
2	6	$		
3	4,5,16	$		
4	12		$	
5	10		$	
6	27		$	
7	8,9,18	y1		
8	19		y1	
9	23		y1	
10			$ y1 yn	
11	26		$	
12	13,17		$ y1 yn	
13	14,15,18		$	y1 yn
14	19		$	y1 yn
15	23		$	y1 yn
16			$	
17			$	y1 yn
18			y1 $	yn
19	20,24		y1 $	yn
20	21,22,25		y1 $	yn
21	12		y1 $	yn
22	10		y1 $	yn
23			y1 $	yn
24			y1 $	yn
25			y1 $ yn	
26			$	
27	28		$	
28	32		$	
29	25,30,31	yn		
30	12		yn	
31	10		yn	
32	33		$	
33			$	

图 6.33 LALR(1) Follow 集的迭代计算

6.5.4 LR(*k*) 表构造

在本节中，我们将描述一种适用于所有确定性上下文无关语言的 LR 表构造方法。虽然这看起来很吸引人，但 LR(*k*) 分析并不是很实用，因为即使是 LR(1) 分析表（*k*=1）通常也比 SLR(*k*) 和 LALR(*k*) 所基于的 LR(0) 表大得多。此外，很少有 LR(1) 能够处理而 LALR(1) 构造失败的文法。我们在图 6.34 中展示了这样的文法，但这种文法在实践中并不常见。LALR(1) 失败通常是由于以下原因之一：

```
1 Start → S $
2 S     → lp M rp
3        | lb M rb
4        | lp U rb
5        | lb U rp
6 M     → expr
7 U     → expr
```

图 6.34 一个非 LALR(*k*) 文法

- 文法有二义性——LR(*k*) 也无法解决。
- 需要更多的超前单词——LR(*k*) 对此有帮助（$k>1$）。然而，在此情况下使用 LALR(*k*) 可能就足够了。
- 再多的超前单词都不够——LR(*k*) 也无济于事。

图 6.34 中的文法允许非终结符 M 生成的字符串被匹配的小括号（lp 和 rp）或大括号（lb 和 rb）包围。该文法还允许 S 生成带有不匹配标点符号的字符串。不匹配的表达式是由非终结符 U 生成的。通过将终结符 expr 替换为能推导出算术表达式的非终结符（如图 6.20 所示文法中的 E）可以很容易地扩展此文法。虽然 M 和 U 生成相同的终结符串，但文法对它们进行了区分，因此语义操作可以报告不匹配的标点符号——用 U → expr 进行归约即可。

图 6.35 显示了图 6.34 中文法的一部分 LALR(1) 分析，完整的分析留作习题 29。考虑将传播到状态 6 的超前单词。对于项目 14，它需要进行 M → expr 的归约操作，rp 传播到项目 8，再传播到项目 14。同时，rb 传播到项目 12，再传播到项目 14。因此，*ItemFollow*(14) = {rb, rp}。类似地，我们计算出 *ItemFollow*(15) = {rb, rp}。因此，状态 6 包含一个归约 / 归约冲突。对于 LALR(1)，产生式 M → expr 和 U → expr 都可被 rp 和 rb 跟随。

状态	LR(0) 项目	转向状态	步骤㉗和步骤㉙放置的传播边	初始值 *ItemFollow* First(γ)	㉘
0	1 Start→ • S $	1	??	$	2,3,4,5
	2 S→ • lp M rp	2	6		
	3 S→ • lb M rb	3	10		
	4 S→ • lp U rb	2	7		
	5 S→ • lb U rp	3	11		
2	6 S→lp • M rp	10	??	rp	8
	7 S→lp • U rb	9	??	rb	9
	8 M→ • expr	6	14		
	9 U→ • expr	6	15		
3	10 S→lb • M rb	5	??	rb	12
	11 S→lb • U rp	4	??	rp	13
	12 M→ • expr	6	14		
	13 U→ • expr	6	15		
6	14 M→expr •				
	15 U→expr •				

图 6.35 LALR(1) 分析的一部分。注意 rp 和 rb 分别从项目 8 和项目 12 传播到项目 14。类似地，超前单词也从项目 13 和项目 9 传播到项目 15。这导致状态 6 中发生 M → expr 和 U → expr 之间的归约 / 归约冲突

因为 LALR(1) 是基于 LR(0) 的，所以只有一个状态具有状态 6 的核心项目。LR(0) 构造如图 6.36 所示。因此，当移进 expr 时，状态 2 和状态 3 必须都转向状态 6。如果我们可以分裂状态 6，使状态 2 移进转向一个版本，状态 3 移进转向另一个版本，那么每个状态中的超前单词就可以解决 M → expr 和 U → expr 间的冲突。LR(1) 构造就是采用这种分裂，因为识别一个状态不仅取决于它来自 LR(0) 的核心项目，还取决于它的超前信息。

SLR(k) 和 LALR(k) 向 LR(0) 状态提供可帮助解决冲突的信息。在 LR(k) 中，这些信息就是项目本身的一部分。对于 LR(k)，我们将项目的表示从 $A \to \alpha \bullet \beta$ 扩展为 $[A \to \alpha \bullet \beta, w]$。对于 LR(1)，$w$ 是一个终结符——当该项目变为可归约时，它可以跟随在 A 之后。对于 LR(k)（$k \geqslant 0$），w 是一个长度为 k 的符号串，归约后可以跟随 A。如果当 $A \to \alpha \bullet \beta$ 变为可归约时，符号 x 和 y 都可以跟随在 A 之后，则对应的 LR(1) 状态同时包含 $[A \to \alpha \bullet \beta, x]$ 和 $[A \to \alpha \bullet \beta, y]$。

请注意 LR(k) 的表示法是如何漂亮地从 LR(0) 推广而来的。对于 LR(0)，w 必须是一个长度为 0 的符号串。唯一一个这样的符号串是 λ，它提供不了任何关于归约点的信息，因为 λ 不会出现在输入中。

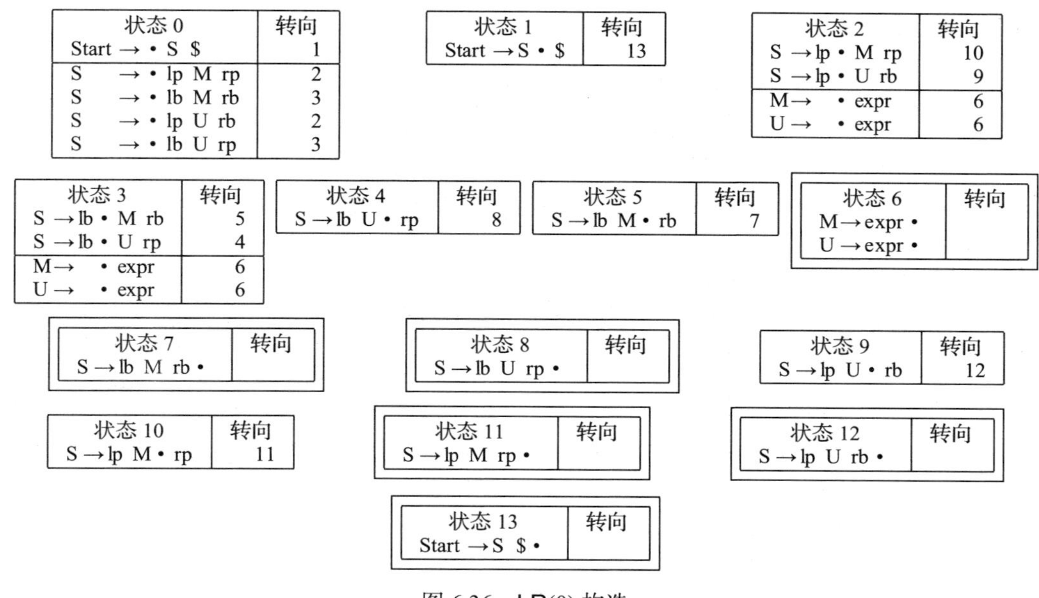

图 6.36　LR(0) 构造

现在，我们考虑两个 LR(1) 项目的构造：

$$[\mathrm{S} \rightarrow \mathrm{lp} \bullet \mathrm{M\ rp}, \$] \text{ 和 } [\mathrm{M} \rightarrow \mathrm{expr} \bullet, \mathrm{rp}]$$

第一个项目还没有准备好归约，但它表明了，当项目最终变成可归约时（图 6.39 中的状态 11），在归约为 S 之后 $ 将跟随它。第二个项目要求当 rp 是下一个输入单词时根据产生式 M → expr 进行归约。

在 LR(k) 中，一个状态就是一个 LR(k) 项目的集合，CFSM 的构建与 LR(0) 基本相同。状态由它们的核心项目表示，根据需要生成新的状态。图 6.37 给出了一个 LR(1) 构造算法，是对图 6.8 和图 6.9 所示的 LR(0) 算法修改后得到的。在标记㉛处，任何由于 γ 的存在而可以跟随 B 的符号都会被考虑；当 $\gamma \Rightarrow^{\star} \lambda$ 时，任何可以跟随 A 的符号 a 也可以跟随 B。因此，在标记㉛处考虑 First(γa) 中的每个符号。对于 B 的每个项目和每个可能的跟随符号，会将对应项目加入到当前状态中。图 6.13 显示的 TryRuleInState 是 LR(0) 用于确定某个状态是否需要特定归约操作的方法，其 LR(1) 版本如图 6.38 所示。

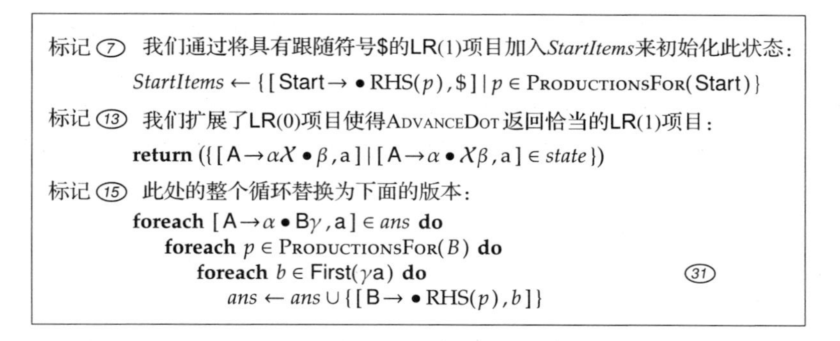

图 6.37　修改图 6.8 和图 6.9 中的算法得到的一个 LR(1) 分析器

图 6.39 显示了图 6.34 中文法的 LR(1) 构造。在 LR(0) 中，状态 6 和状态 14 会合并为一个状态。而在 LR(1) 中，这些状态根据与可归约项目关联的不同超前单词而分裂开来。因

此，LR(1) 能够解决 LR(0) 下的归约冲突。

```
procedure TryRuleInState(s, r)
    if [LHS(r)→RHS(r) • , w] ∈ s
    then call AssertEntry(s, w, reduce r)
end
```

图 6.38　TryRuleInState 的 LR(1) 版本

状态 0	转向
[Start → • S $, $]	1
[S → • lp M rp , $]	2
[S → • lb M rb , $]	3
[S → • lp U rb , $]	2
[S → • lb U rp , $]	3

状态 1	转向
[Start → S • $, $]	13

状态 2	转向
[S → lp • M rp , $]	10
[S → lp • U rb , $]	9
[M → • expr , rp]	6
[U → • expr , rb]	6

状态 3	转向
[S → lb • M rb , $]	5
[S → lb • U rp , $]	4
[M → • expr , rb]	14
[U → • expr , rp]	14

状态 4	转向
[S → lb U • rp , $]	8

状态 5	转向
[S → lb M • rb , $]	7

状态 6	转向
[M → expr • , rp]	
[U → expr • , rb]	

状态 7	转向
[S → lb M rb • , $]	

状态 8	转向
[S → lb U rp • , $]	

状态 9	转向
[S → lp U • rb , $]	12

状态 10	转向
[S → lp M • rp , $]	11

状态 11	转向
[S → lp M rp • , $]	

状态 12	转向
[S → lp U rb • , $]	

状态 13	转向
[Start → S $ • , $]	

状态 14	转向
[M → expr • , rb]	
[U → expr • , rp]	

图 6.39　LR(1) 构造

在 LR(1) 构造过程中分裂的状态数（如状态 6 和状态 14）通常非常多。我们可以从 LALR(1) 开始，而不是构造一个完整的 LR(1) 分析表。LALR(1) 是基于 LR(0) 构造的，然后可以选择性地分裂状态。正如习题 35 中所讨论的，LR(k) 只能解决 LALR(k) 构造过程中出现的归约 / 归约冲突。如果 LALR(k) 中存在移进 / 归约冲突，则对应的 LR(k) 构造中也会出现。习题 36 考虑如何根据 LALR(k) 构造中产生的归约 / 归约冲突来分裂 LR(0) 状态。

总结

我们对自底向上语法分析器的研究到此结束。我们研究了若干 LR 分析表构建方法，从 LR(0) 到 LR(1)。处于中间的方法 SLR(1) 和 LALR(1) 是最实用的。特别是 LALR(1) 提供了优秀的冲突消解方案，并生成非常紧凑的分析表。大多数语言都可以使用基于 LALR(1) 文法的工具。对于语言的修改和扩展来说，这些工具是不可或缺的。可以使用描述语言语法的 LALR(1) 文法来为修改建立原型。当发生冲突时，6.4 节中讨论的方法可以帮助我们确定提出的修改可能不起作用的原因。

由于 LALR(1) 文法的高效和强大，大多数现代编程语言都可以使用它们。事实上，在为现代编程语言设计语法时通常已考虑了 LALR(1) 分析。

习题

1. 为图 6.1 中所示文法构建 CFSM 和语法分析表。
2. 对图 6.1 中文法和下面的输入字符串，使用 6.2.2 节中的针织比喻显示 LR 移进和归约动作序列。
   1）plus plus num num num $
   2）plus num plus num num $
3. 图 6.6 使用图 6.5 中所示语法分析表追踪了一个输入字符串的自底向上分析过程。请追踪下列字符串的语法分析过程。
   1）q $
   2）c $
   3）a d c $
4. 为下面的文法构建 CFSM：

```
 1  Prog     → Block $
 2  Block    → begin StmtList end
 3  StmtList → StmtList semi Stmt
 4           | Stmt
 5  Stmt     → Block
 6           | Var assign Expr
 7  Var      → id
 8           | id lb Expr rb
 9  Expr     → Expr plus T
10           | T
11  T        → Var
12           | lp Expr rp
```

5. 给出习题 4 中 CFSM 构造的 LR 分析表。
6. 下列哪个文法是 LR(0) 的？解释原因。

1）
```
1  S        → StmtList $
2  StmtList → StmtList semi Stmt
3           | Stmt
4  Stmt     → s
```

2）
```
1  S        → StmtList $
2  StmtList → Stmt semi StmtList
3           | Stmt
4  Stmt     → s
```

3）
```
1  S        → StmtList $
2  StmtList → StmtList semi StmtList
3           | Stmt
4  Stmt     → s
```

4）
```
1  S        → StmtList $
2  StmtList → s StTail
3  StTail   → semi StTail
4           | λ
```

7. 证明对应一个 LL(1) 文法的 CFSM 具有如下性质：如果文法是无 λ 产生式的，则每个状态恰有一个核心项目。

8. 证明所有无 λ 产生式的 LL(1) 文法都是 LR(1) 的，或证明此命题不成立。

9. 解释下面的文法为什么是二义性的：

```
1 Start  → Single a
2        | Double b
3 Single → 0 Single 1
4        | 0 1
5 Double → 0 Double 1 1
6        | 0 1 1
```

10. 给出下列文法的 LR(1) 构造：

1）

```
1 Start → S $
2 S     → id assign E semi
3 E     → E plus P
4       | P
5 P     → id
6       | lp E rp
7       | id assign E
```

2）

```
1 Start → S $
2 S     → id assign A semi
3 A     → id assign A
4       | E
5 E     → E plus P
6       | P
7 P     → id
8       | lp A rp
```

3）

```
1 Start → S $
2 S     → id assign A semi
3 A     → id assign A
4       | E
5 E     → E plus P
6       | P
7       | P plus
8 P     → id
9       | lp A rp
```

4）

```
1 Start → S $
2 S     → id assign A semi
3 A     → Pre E
4 Pre   → Pre id assign
5       | λ
6 E     → E plus P
7       | P
8 P     → id
9       | lp A rp
```

5）

```
1  Start → S $
2  S     → id assign A semi
3  A     → Pre E
4  Pre   → id assign Pre
5        | λ
6  E     → E plus P
7        | P
8  A     → id
9        | lp A rp
```

6）

```
1  Start → S $
2  S     → id assign A semi
3  A     → id assign A
4        | E
5  E     → E plus P
6        | P
7  P     → id
8        | lp A semi A rp
9        | lp V comma V rp
10       | lb A comma A rb
11       | lb V semi V rb
12 V     → id
```

7）

```
1  Start → S $
2  S     → id assign A semi
3  A     → id assign A
4        | E
5  E     → E plus P
6        | P
7  P     → id
8        | lp id semi id rp
9        | lp A rp
```

11. 解释为什么习题 9 中文法定义的语言**本质是非确定性的**，即语言不存在 LALR(k) 文法。
12. 给定习题 11 中的结论，解释下面的陈述是真是假，并说明原因。

$$语言\{0^n1^n a\}\cup\{0^n1^{2n}b\}不存在\mathrm{LR}(k)文法$$

13. 讨论在 LR(0) 构造过程中为什么不可能在一个非终结符上产生移进 / 归约冲突。
14. 讨论下面的语言为什么不存在一个非二义性 CFG。

$$\{a^i b^j c^k | i=j \text{ 或 } j=k; i,j,k \geqslant 1\}$$

15. 补全图 6.18 中文法的 LR(0) 构造。
16. 证明：对一个非二义性且非 LR(1) 的文法，LL(1) 会失败。
17. 证明图 6.19 中的文法是 LR(0) 的。
18. 补全图 6.24 中文法的 LR(0) 构造。状态编号要与部分 LR(0) 构造中显示的编号一致。
19. 习题 10 中哪个文法是 LR(0) 的？解释你的答案。
20. 补全图 6.25 中文法的 SLR(1) 构造，给出得到的语法分析表。
21. 扩展图 6.20 中给出的文法，以适应包含加法、减法、乘法和除法的标准版表达式。根据 Java 或 C 对这些运算符的语法和语义建模。
22. 按习题 21 所示扩展文法，但引入一个指数运算符，它是*右结合的*（right-associating）。令此运算符（用“⋆”表示）具有最高优先级，因此 3+4 × 5⋆2 的值为 103。
23. 重复习题 22，但加入括号以控制表达式如何分组，因此 ((3+4) × 5)⋆2 等于 1225。

24. 习题 10 中哪个文法是 SLR(1) 的？解释你的答案。
25. 将 6.5.1 节中适应 SLR(1) 文法的算法推广到适应 SLR(k) 文法。
26. 证明：对于任何 LALR(1) 构造，下列命题都成立。
   1）对包含项目 $A \to \alpha \bullet \beta$ 任何状态 s 有

$$ItemFollow((s, A \to \alpha \bullet \beta)) \subseteq Follow(A)$$

   2）$\bigcup_{s} \bigcup_{A \to \alpha_i \cdot \beta_i \in s} ItemFollow((s, A \to \alpha_i \cdot \beta_i)) = Follow(A)$
27. 对下面文法执行 LALR(1) 构造。

```
1  Start → S $
2  S     → x C1 y1 C2 y2 C3 y3
3        | A1
4  A1    → b1 C1
5        | a1
6  A2    → b2 C2
7        | a2
8  A3    → b3 C3
9        | a3
10 C1    → A2
11 C2    → A1
12       | A3
13 C3    → A2
```

28. 回忆图 6.27 中给出的 EVALITEMPROPGRAPH 算法。使用图 6.30 中的文法，以习题 27 为导引，显示如何生成一个 LALR(1) 文法，使得在 EVALITEMPROPGRAPH 中的 *ItemFollow* 集收敛需要 n 步迭代。
29. 对图 6.34 中所示的文法，补全图 6.35 中其 LALR(1) 构造。
30. 习题 10 中的哪个文法是 LALR(1) 的？解释你的答案。
31. 给出习题 4 中文法的 LR(1) 构造。
32. 一个 LR(1) 分析器的**准等价状态**（quasi-identical state）定义为核心产生式等价的状态。这些状态仅靠与产生式关联的超前符号区分。给定习题 31 构建的 LR(1) 分析器，补全下述内容：
   1）列出 LR(1) 分析器准等价状态。
   2）将每个准等价状态集合并以得到一个 LALR(1) 分析器。
33. 从习题 4 中构建的 CFSM 开始，计算 LALR(1) 超前信息。将得到的 LALR(1) 分析器与习题 32 中得到的分析器进行对比。
34. 习题 10 中哪个文法是 LR(1) 的？解释你的答案。
35. 考虑一个文法 G 及其 LALR(1) 构造，假设 LALR(1) 构造中发生了一个移进 / 归约冲突。证明 G 的 LR(1) 构造也包含一个移进 / 归约冲突。
36. 设计一个算法，它先计算 LALR(1) 构造，然后尝试解决冲突，按需要分裂状态。请注意习题 35 中提出的问题。
37. 使用一个描述 C 语言的文法，尝试扩展语法以支持嵌套函数定义。例如，你可能允许在任意复合语句中出现函数定义。
   报告你遇到的任何困难并讨论困难的解决方案。分析你采用的特定方案。
38. 使用一个描述 C 语言的文法，尝试扩展语法以允许复合语句计算出值。换句话说，允许一个复合语句出现在任何简单常量或标识符可以出现的地方。语义上，一个复合语句的值可以是其最后一条语句的值。
   报告你遇到的任何困难并讨论困难的解决方案。分析你采用的特定方案。
39. 在图 6.3 中，在标记 ② 处将一个状态压入分析栈。在图 6.6 所示自底向上语法分析中，栈中既包含状态也包含导致状态移进栈的输入符号。解释为什么输入符号出现在栈中是多余的。

40. 回忆第 5 章引出的**空悬 else**（dangling else）问题。下面是一个简单的允许条件语句的语言的文法：

```
1 Start → Stmt $
2 Stmt → if e then Stmt else Stmt

3        | if e then Stmt
4        | other
```

解释该文法为什么是（或不是）LALR(1) 的。

41. 考虑下面的文法：

```
1 Start      → Stmt $
2 Stmt       → Matched
3            | Unmatched
4 Matched    → if e then Matched else Matched
5            | other
6 Unmatched → if e then Matched else Unmatched
7            | if e then Unmatched
```

1）解释该文法为什么是（或不是）LALR(1) 的。

2）这个文法的语言与习题 40 中文法的语言是相同的吗？为什么？

42. 重复习题 41，向文法添加产生式 Unmatched → other。

43. 考虑下面的文法：

```
1 Start      → Stmt $
2 Stmt       → Matched
3            | Unmatched
4 Matched    → if e then Matched else Matched
5            | other
6 Unmatched → if e then Matched else Unmatched
7            | if e then Stmt
```

1）解释该文法为什么是（或不是）LALR(1) 的。

2）这个文法的语言与习题 40 中文法的语言是相同的吗？为什么？

44. 基于习题 40、41 和 43 中的材料，为下面的文法定义的语言构建一个 LALR(1) 文法。

```
1 Start → Stmt $
2 Stmt → if e then Stmt else Stmt
3       | if e then Stmt
4       | while e Stmt
5       | repeat Stmt until e
6       | other
```

45. 证明：存在非 LL(1) 文法但它是

1）LR(0) 的。

2）SLR(1) 的。

3）LALR(1) 的。

46. 一个 LR 语法分析器（按逆序）通常追踪一个最右推导。

1）如何修改一个 LR 语法分析器来生成一个最左语法分析，就像 LL(1) 语法分析器那样？用图 6.3 中的算法描述你的答案。

2）如果我们知道 LR 语法分析器是为一个 LL 文法构造的，对求解本题有帮助吗？解释你的推理。

47. 对下面的每个要求，构造一个合适的文法：

1）是 SLR(3) 但非 SLR(2) 的文法。

2）是 LALR(2) 但非 LALR(1) 的文法。

3） 是 LR(2) 但非 LR(1) 的文法。

4） 是 LALR(1) 且 SLR(2) 但非 SLR(1) 的文法。

48. 构造一个文法，具有下列所有性质：
   - 它是 SLR(3) 但非 SLR(2) 的。
   - 它是 LALR(2) 但非 LALR(1) 的。
   - 它是 LR(1) 的。
49. 对每个 $k > 1$ 证明存在文法是 SLR(k+1) 且 LALR(k+1) 且 LR(k+1) 的，但非 SLR(k) 或 LALR(k) 或 LR(k) 的。
50. 考虑用下面的模板对 $1 \leqslant i, j \leqslant n, i \neq j$ 生成的文法：

   $$
   \begin{aligned}
   S &\rightarrow X_i\ z_i \\
   X_i &\rightarrow y_j\ X_i \\
   &\mid\ y_j
   \end{aligned}
   $$

   得到的文法将具有 $O(n^2)$ 个产生式。

   1）证明此文法的 CFSM 具有 $O(2^n)$ 个状态。

   2）解释此文法为什么是（或不是）SLR(1) 的。
51. 本章介绍的自底向上语法分析技术比第 5 章中介绍的自顶向下语法分析技术更为强大。
   使用字母表 $\{a,b\}$，设计一个对任意 k 是非 LL(k) 但对某个 k 是 LR(k) 的语言。LR(k) 语法分析器的什么性质允许构造这样一个文法？

第7章 语法制导翻译

Crafting a Compiler

第5章和第6章讨论的语法分析器能识别语法上合法的输入。但是，如第2章所讨论的，我们通常还要求编译器将输入的源程序翻译为目标表示。一些编译器完全是**语法制导的**（syntax-directed），程序的翻译在单一阶段中完成，没有任何中间步骤。而大多数编译器则是使用多个阶段来完成翻译。为了完成翻译，编译器通常不是重复扫描输入程序，而是创建一种称为**抽象语法树**（Abstract Syntax Tree，AST）的中间结构，它是语法分析的副产品。然后AST将作为在编译器各阶段之间传输信息的机制。

在本章中，我们将学习如何设计文法和产生式触发的代码序列来支持语法制导翻译，或者为后续阶段创建一个AST。

7.1 概述

编译器在语法分析的同时所做的工作通常被称为*语法制导翻译*（syntax-directed translation）。对于给定的一个输入程序，语法分析器所基于的文法会导致执行一个特定的推导步骤序列。在构造推导的过程中，语法分析器执行一系列*语法动作*，如第5章和第6章所述；这些动作（例如，用于自底向上分析的*移进*和*归约*）只涉及文法的终结符和非终结符。

7.1.1 语义动作和语义值

为了实现语法制导翻译，我们向语法分析器插入一些代码，与语法分析器的语法动作配合执行。

语义动作 每个产生式可以关联一个代码序列，当应用产生式（进行归约）时执行。对于代码序列可以做什么，并没有强加的限制，代码通常与语法分析器一起编译。因此这种代码可以打印消息、停止语法分析活动或操纵编译器的数据结构。

与产生式配合执行的操作称为**语义操作**（semantic action），因为它们通常处理与程序含义相关、又超出语法之外的编译问题。

语义值 当对产生式 $A \rightarrow \mathcal{X}_1 \ldots \mathcal{X}_n$ 执行一个语义动作时，语义动作被允许访问与产生式相关联的一组**语义值**（semantic value），每个符号对应一个语义值。在自底向上语法分析中，当应用产生式 $A \rightarrow \mathcal{X}_1 \ldots \mathcal{X}_n$（进行归约）时，$\mathcal{X}_1 \ldots \mathcal{X}_n$ 的语义值是可用的，而语义动作会确定A的值。在自顶向下语法分析中，当应用产生式（进行扩展）时，A的值是可用的，符号 $\mathcal{X}_1 \ldots \mathcal{X}_n$ 的值在产生式应用之后可用。

终结符的值源自词法分析器。例如，当包含单词id的一个产生式被应用时，id具有一个特定值——与之关联的标识符的名字。于是关联的语义动作就可以引用标识符的名字，可能是为了生成代码来加载或存储与标识符关联的值，或将名字插入符号表中。对非终结符，已应用相关的产生式计算出了它们的语义值。与一个产生式关联的语义动作通常基于已赋予 $\mathcal{X}_1 \ldots \mathcal{X}_n$ 的值来计算A所关联的值。

在自动生成的语法分析器中，分析器引擎（图 6.3 中自底向上语法分析引擎）通常负责执行语义动作。为了简化调用规范，引擎和文法语义动作用同一种编程语言编写。语义动作也很容易插入到专门编写的语法分析器中，指明与分析器配合执行的代码序列即可。

设计一组恰当的语义动作需要准确理解在给定的语法分析技术（自底向上或自顶向下）中是如何追踪推导的。编写清晰而优雅的语义动作通常需要对文法进行重构，以帮助在恰当的位置计算语义值。在设计一个适合自顶向下或自底向上语法分析的文法的过程中，在初始步骤之后，在编译器构造这一阶段修改文法以方便语义动作的计算是很常见的情况。

7.1.2　综合属性和继承属性

在 7.2 节中，我们将研究如何为自底向上语法分析指定语义动作，注意，自底向上分析本质上是以一种后序（postorder）方式创建语法分析树。对于语法制导翻译，这种风格很好地适应了属性主要从推导树的叶子流向根的情况。如果我们想象语法分析树的每个节点都可以使用和生成信息，那么在自底向上语法分析中，节点将使用来自其孩子节点的信息，并为其父节点生成信息。图 7.1 显示了使用这种**综合属性**（synthesized attribute）流的示例。图 7.1a 中的语法分析树是由图 6.20 中的标准表达式文法生成的。如图 7.1b 所示，E → E plus T 这样的产生式在父节点综合了一个结果——其第一个孩子节点和第三个孩子节点传递来的值的和。7.2 节更详细地讨论了综合属性和自底向上语法分析。

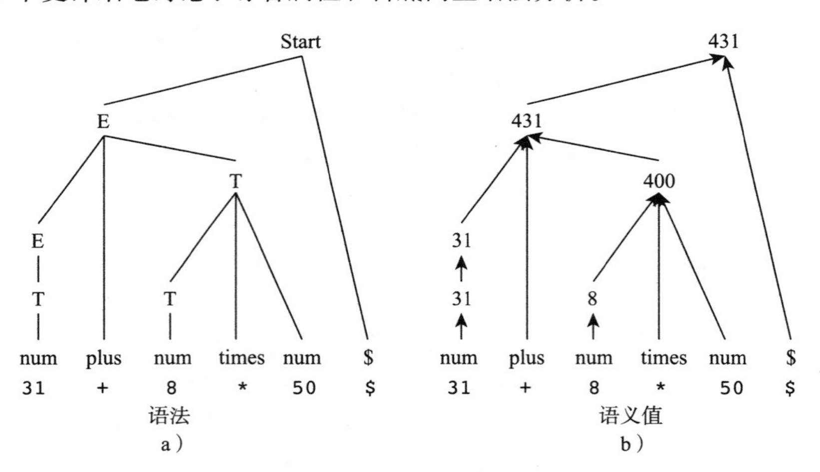

图 7.1　a）显示的表达式的语法分析树；b）综合属性的值沿着语法树传播到根

另一方面，考虑计算字符串中 **x** 每次出现位置的问题。图 7.2a 中的语法分析树来自一个简单的右线性文法。在图 7.2b 中，每个 A 节点通过递增从父节点接收到的值来计算其语义值。以这种方式流动的值称为**继承属性**（inherited attribute）。7.3 节将在自顶向下语法分析的场景下考虑综合属性和继承属性的更一般的情况。

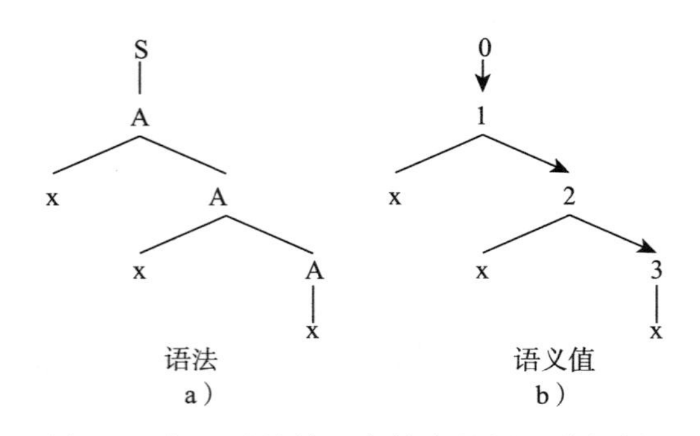

图 7.2　a）显示的输入字符串的语法分析树；b）从父节点传递到孩子节点的继承属性

大多数编程语言的语法制导翻译既需要综合属性也需要继承属性。一种给定的语法分析风格倾向于一个方向的属性流动，而另一个方向的值流动则设法使用其他技术。例如，符号表（已在2.7.1节中简要介绍，将在第8章中详细介绍）允许一种有效的信息流动——类型信息（从变量的声明）沿树向上传播，然后沿树向下传播（到变量的使用）。

7.2 自底向上语法制导翻译

我们现在考虑如何将语义动作合并到自底向上语法分析器中。这样的语法分析器几乎总是由工具自动生成的（例如，JavaCUP、yacc、Bison），这些工具允许合并在进行归约操作时执行的代码序列。这样的语法分析器也执行移进操作，但是当移进符号时，通常不准备语义动作。

考虑一个LR语法分析器，它将使用下面的产生式执行归约

$$A \to \chi_1 \cdots \chi_n$$

如第6章所讨论的，符号 $\mathcal{X}_1 \ldots \mathcal{X}_n$ 在归约之前位于栈顶，其中 $\mathcal{X}_n$ 位于最顶端。归约操作从栈中弹出 n 个符号，并将符号A压栈。在自底向上语法分析中，之前的归约操作很可能已为符号 $\mathcal{X}_1 \ldots \mathcal{X}_n$ 关联了语义值。与当前归约操作关联的语义动作由一个任意的代码片段组成，该代码片段可以引用与 $\mathcal{X}_1 \ldots \mathcal{X}_n$ 关联的语义值，并可以将一个（计算出的）语义值与归约结果符号A相关联。

对于如何表示引用给定语义值的问题，不同语法分析器生成器有不同处理方式。例如，yacc和Bison通过符号在语义动作中的出现序号来表示：$\$i$ 表示 $\mathcal{X}_i$ 的语义值，而 \$0 表示A的语义值。其他工具（如JavaCUP）使用 $\mathcal{X}:val$ 来指明 *val* 为与 $\mathcal{X}$ 关联的语义值。实际上，自底向上语法分析器操作两个栈：

- 语法栈（syntactic stack，也被称为parse stack，语法分析栈），它操纵终结符和非终结符，如第6章所述。
- 语义栈（semantic stack），它操纵与文法符号相关联的语义值。

语法分析器生成器基于文法和语义动作代码（由编译器编写者指明）自动生成操纵两个栈的代码。

7.2.1 示例

考虑一个翻译任务要计算十进制数字字符串的值。例如，给定输入 4 3 1 \$，翻译任务将生成数值431。这个任务通常由编译器的词法分析阶段处理，在这里，我们使用图7.3a所示的文法，将此任务作为一个语法制导的自底向上翻译进行说明。我们使用语义动作来扩展文法，在每个产生式下面显示关联的语义动作。语义值由文法符号的下标表示。例如，变量 *ans* 在产生式1中被指定为与符号Digs相关联的语义值。与产生式相关联的代码在产生式下面缩进显示。例如，产生式1下面的代码将打印在语法分析树中向上传递的最终值（*ans*）。

因为每个非终结符都是某个产生式的结果，所以与非终结符关联的语义值是由语义动作代码段计算出来的。与终结符关联的值必须由词法分析器确定。例如，图7.3中的产生式3包含符号 d_{first}。语法元素d表示一个由词法分析器发现的十进制数字；语义标记 *first* 表示数字的值，它也必须由词法分析器提供。语法分析器生成器提供了声明语义符号类型的方法；简单起见，我们在示例中省略了类型声明。在图7.3a所示文法中，所有语义标记都声明为整数类型。

1 Start → $Digs_{ans}$ \$
call PRINT(ans)

2 $Digs_{up}$ → $Digs_{below}$ d_{next}
$up \leftarrow below \times 10 + next$

3 | d_{first}
$up \leftarrow first$

a)

b)

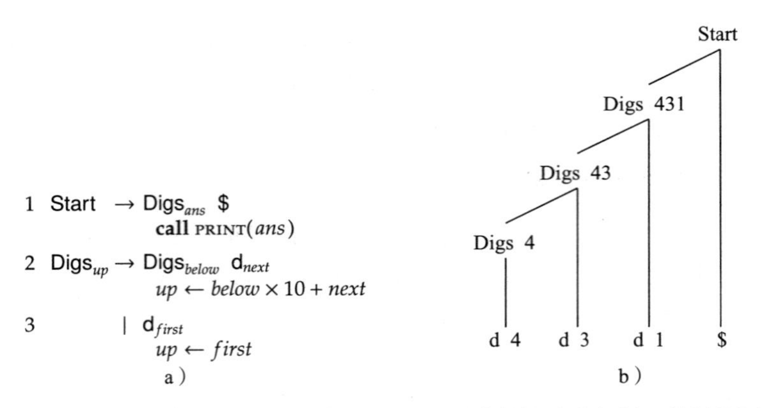

图 7.3 a) 带语义动作的文法；b) 输入 4 3 1 \$ 对应的语法分析树和传播的语义值

现在我们分析图 7.3a 中的语义动作是如何计算数字字符串的十进制值的。为了理解产生式 2 和产生式 3 之间的交互，我们检查自底向上语法分析应用这些产生式的顺序。图 7.3b 显示了输入字符串 4 3 1 \$ 的语法分析树。我们在第 6 章中已学习到，一次自底向上语法分析会逆序追踪一个最右推导。因此，Digs 的产生式按如下方式应用：

Digs → d 在一次自底向上语法分析中，必须先应用产生式 1，因此 d 对应第一个输入数字 4。语义动作 $up \leftarrow first$ 会将第一个数字（4）的值赋予 Digs 的语义值。这种语义动作常被称为拷贝规则（copy rule），因为它们仅用来在语法分析树中传播值。

Digs → Digs d 后续的每个 d 由产生式 2 处理。语义动作 $up \leftarrow below \times 10 + next$ 将到目前为止计算出的值（*below*）乘以 10，然后加上当前 d 的语义值（*next*）。

这个例子说明了左递归产生式可以在自底向上语法分析器中由左至右进行输入文本的语义处理。习题 1 考虑在文法产生式为右递归时计算数字字符串值的问题。

图 7.4a 稍微扩展了我们的语言，使得数字字符串可以有选择地以一个 o 开头；显示新语法的一棵语法分析树如图 7.4b 所示。产生式 3 生成的数字字符串应该被解释为十进制。产生式 2 生成一个 o 后接一串数字，应该被解释为八进制。

虽然图 7.4a 中的文法足以分析上述语言，但它存在以下缺陷：

- 非终结符 Digs 生成一串十进制数字，即使在这些数字应该解释为八进制的情况下也是如此。八进制数字应该被限制在 0 ～ 7 的范围内，但是图 7.4a 的文法不方便施加这个限制。产生式 4 和产生式 5 需要处理十进制数字也要处理八进制数字。在产生式 2 中强制八进制数字将需要重新扫描要归约为 Digs 的数字。
- 考虑图 7.4b 所示的语法分析树。与我们前面的例子一样，第一个符号 d 首先由产生式 5 处理，其余的符号 d 由产生式 4 处理。如果字符串应解释为八进制，那么产生式 4 的语义动作应该将语法分析树中向上传递的数值乘以 8；否则，应该乘以 10。不幸的是，图 7.4a 中的文法会导致 o 移进栈中。因为语义动作只允许在归约时执行，所以此时不可能进行任何操作。这样，当执行产生式 4 的语义动作时，我们不知道处理的是十进制数字还是八进制数字。

语法制导翻译场景下经常出现上述情况。语法分析的结构（如图 7.4b 所示）不太适合当前的翻译任务。就属性（综合属性）在语法分析树上的传播而言，语义动作所需的信息无法从语法树中获得。

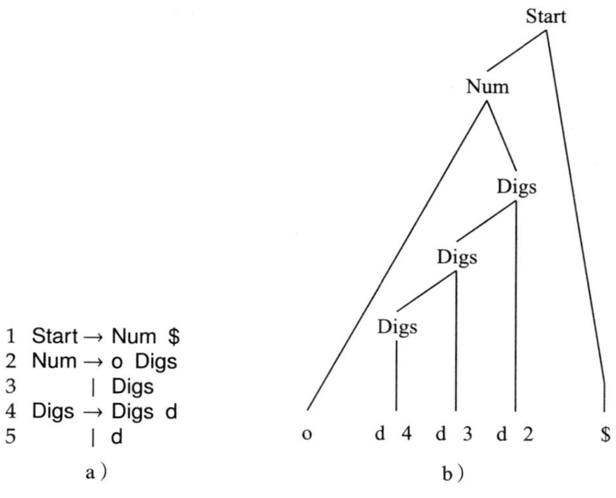

图 7.4 a）文法；b）输入 o 4 3 1 $ 的语法分析树

接下来，我们将讨论解决这个问题的一些方法，并考虑它们的优点和缺点。每种方法都涉及对文法的一些修改，因此在我们开始之前需要注意一点：通常，没有算法可以确定由两个上下文无关文法所表示的语言是否相同。这意味着，当文法被修改时，一般不能证明修改没有以某种不可接受的方式改变语言。此外，文法修改还会影响文法对给定语法分析技术的适用性。因此，文法修改必须非常小心：

- 在工程的开始，应该编写样例输入以便提交给语法分析器。样例应该包括语法分析器应该接受和不应该接受的输入，样例集应该尽可能完整。
- 文法的修改应该有计划且循序渐进地进行。
- 在每一步之后，应进行**回归测试**（regression test），以确保基于新文法的语法分析器接受和拒绝正确的字符串集。

根据常见的软件工程实践，应该解决由于语法分析器或文法中的错误而产生的 bug 之后再进行新的回归测试。这将确保在后续文法修改或语法分析动作修改时，错误不会重新出现。

7.2.2 产生式克隆

我们的第一种方法基于这样一个观察：相似的输入符号序列（数字串）应该根据上下文进行不同的处理。根据此观察结果，我们可以*克隆*（clone）文法中的产生式，以推导出相似的语法，但具有不同的语义动作。因此，我们构造两种数字串，一种自 OctDigs 推导而来，另一种自 DecDigs 推导而来，从而得到图 7.5 所示的文法和语义动作。产生式 4 和产生式 5 解释十进制数字串；产生式 6 和产生式 7 生成相同的语法字符串，但将它们的含义解释为八进制。此外，八进制和十进制数字识别的分离允许在产生式 6 和产生式 7 的语义动作中检查八进制数字是否在正确的范围内。

通过这个例子，我们看到修改文法的原因不是第 4、5 和 6 章中提出的语法分析问题。通常，如果可以修改文法以适应语义信息的方便流动，翻译任务就会变得容易得多。

产生式克隆是我们对于本例最初尝试的语法制导翻译的改进。然而，产生式克隆使用了从语法角度看并不必要的产生式来扩展语法。虽然这些额外的产生式能在语法分析的恰当位置适应不同的语义动作，但我们的下一种方法避免了这种冗余。

```
1 Start        → Num_ans $
                   call PRINT(ans)
2 Num_ans      → o OctDigs_octans
                   ans ← octans
3              | DecDigs_decans
                   ans ← decans
4 DecDigs_up   → DecDigs_below d_next
                   up ← below × 10 + next
5              | d_first
                   up ← first
6 OctDigs_up   → OctDigs_below d_next
                   if next ≥ 8                                ①
                   then ERROR("Non-octal digit")
                   up ← below × 8 + next
7              | d_first
                   if first ≥ 8                               ②
                   then ERROR("Non-octal digit")
                   up ← first
```

图 7.5　带产生式克隆的文法

7.2.3　强制执行语义动作

自底向上语法分析器通常只准备在归约时执行语义动作。如果需要在移进某个符号 $\mathcal{X}$ 时执行语义动作，那么可以引入形如 A → $\mathcal{X}$ 的**单位产生式**（unit production），并将文法产生式中出现 $\mathcal{X}$ 的地方替换为 A。于是语义动作就可以与 A → $\mathcal{X}$ 的归约关联起来。类似地，如果需要在两个符号 $\mathcal{X}_m$ 和 $\mathcal{X}_n$ 之间执行语义动作，那么可以将一个形如 A → λ 的产生式引入文法。语义动作与该产生式相关联，所有出现 $\mathcal{X}_m\mathcal{X}_n$ 的地方都替换为 $\mathcal{X}_m$A$\mathcal{X}_n$。

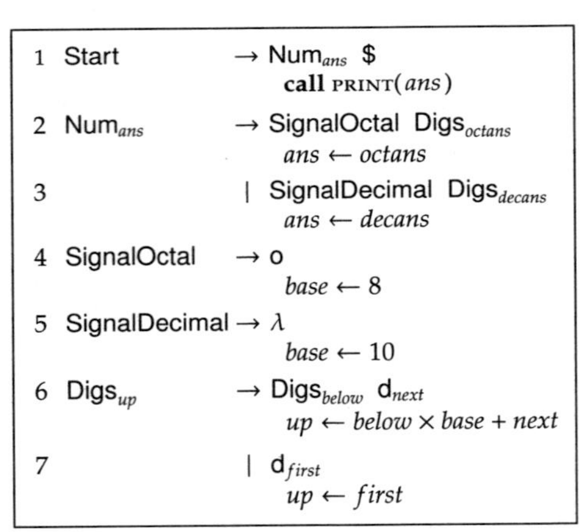

图 7.6　使用 λ 产生式强制执行语义动作

我们可以将这些思想应用到图 7.4 的文法中，得到图 7.6 所示的文法：

- o 被非终结符 SignalOctal 取代，它推导出 o，其语义动作设置全局变量 *base* ← 8。
- 相应地，如果 o 不出现，则产生式 SignalDecimal → λ 设置 *base* ← 10。

此文法避免了复制生成数字串的产生式；取而代之，文法赋值一个全局变量（*base*）并引用它，作为处理 o（产生式 4）或 λ（产生式 5）的附带效果。

我们再次扩展示例，用终结符 x 表示下一个数字是解释后续数字的基数。如果 x 没有出现，那么这些数字应该像之前一样解释为十进制。一些合法输入及其解释的示例如下：

输入	含义	值（十进制）
4 3 1 $	431_{10}	431
x 8 4 3 1 $	431_8	281
x 5 4 3 1 $	431_5	116

新语言的一个文法如图 7.7 所示，它引入了单元产生式和 λ 产生式以正确设置全局变量 *base*。

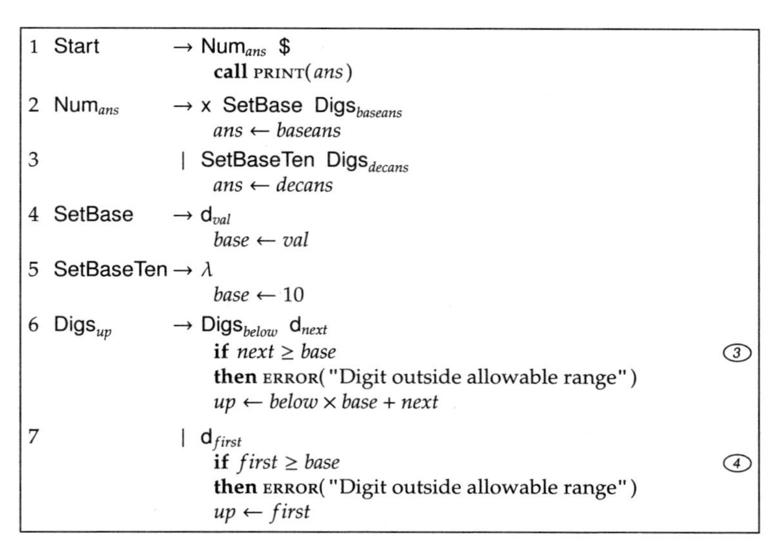

1	Start	→ Num_{ans} \$ **call** PRINT(*ans*)	
2	Num_{ans}	→ x SetBase $\text{Digs}_{baseans}$ $ans \leftarrow baseans$	
3		| SetBaseTen Digs_{decans} $ans \leftarrow decans$	
4	SetBase	→ d_{val} $base \leftarrow val$	
5	SetBaseTen	→ λ $base \leftarrow 10$	
6	Digs_{up}	→ Digs_{below} d_{next} **if** $next \ge base$ **then** ERROR("Digit outside allowable range") $up \leftarrow below \times base + next$	③
7		| d_{first} **if** $first \ge base$ **then** ERROR("Digit outside allowable range") $up \leftarrow first$	④

图 7.7　具有可选指定基数的字符串

7.2.4　激进的文法重构

我们很容易在语义动作中引入全局变量，但我们有充足的理由避免这么做：

- 在语法分析过程中，文法的产生式经常被递归调用，使用全局变量可能在应用语义动作时引入不必要的相互作用（参见习题 12）。
- 如果任何语义动作都能读写一个全局变量，可能令语义动作难以编写和维护。而且，全局变量的正确初始化和重初始化也可能是个问题。
- 全局变量可能要求设置或重置。

一种更鲁棒的解决方案尝试重构语法分析树，使信息在语义动作需要的地方流动。我们建议采用如以下步骤所示的一种机制，来获得一种更适合自底向上语法制导翻译的文法。

1）描绘语法分析树结构，它允许自底向上的综合和翻译，而无须使用全局变量。

2）修改文法以实现所需的语法分析树。

3）验证修改的文法仍适合语法分析器的构造。例如，如果必须用 JavaCUP 或 yacc 处理文法，则文法修改后必须仍是 LALR(1) 的。

4）验证文法仍生成相同语言。这通常使用（特定于文法的）证明技术或严格测试来完成。

对于手头的问题，如果我们能够尽早处理数制，就可以避免使用全局变量 *base*，然后让数制与已处理的输入字符串的值一起在语法分析树中向上传播。在树中综合的语义值就变为一个元组（即，C 中的一个 `struct` 或 Java 中的一个类），其中包含已处理的数字的值和用于计算该值的基数。

图 7.8b 描绘了对于输入 `x 5 4 3 1 $` 我们所希望的语法分析树。x 和第一个 d（指出基数）在三角形中处理；然后，基数可以在树中向上传播并参与语义动作。根据这棵树，我们重写 Digs 的产生式，得到图 7.8a 所示的文法。

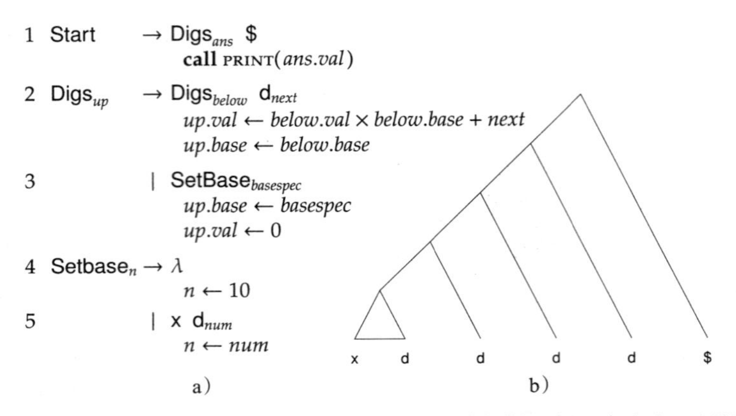

图 7.8　a）避免全局变量的文法；b）重构的语法分析树，便于自底向上属性传播

图 7.8a 中的文法反映了重构的语法分析树。Digs 的语义值由 *val* 和 *base* 两个成分组成，分别表示到目前为止已解释的输入字符串的值和用于解释的基数。产生式 2 的语义动作用于复制源自产生式 3 的基数。

有经验的编译器设计者会频繁使用丰富的语义类型和文法重构来将语义动作的影响限制在局部。得到的语法分析器（几乎）没有全局变量，更容易理解和修改。

不幸的是，我们的文法修改是有缺陷的，因为它引起了语言的微妙变化（见习题 2）。

7.3　自顶向下语法制导翻译

在本节中，我们将讨论如何在自顶向下语法分析器中执行语义动作。这样的语法分析器通常是使用在第 2 章和第 5 章中讨论的递归下降风格手工编写的。这种语法分析器构造方式的结果就是一个程序，语义动作可以直接写入分析器。

为了说明这种翻译风格，我们考虑处理由图 7.9 所示文法定义的类 Lisp [McC60，FF86] 表达式。关于这种自顶向下语法分析器的编写风格，请参阅 2.5 节和 5.3 节。相关的文法分析和语法分析器结构留作习题 2。

```
1  Start   → Value $
2  Value   → num
3          | lparen Expr rparen
4  Expr    → plus Value Value
5          | prod Values
6  Values  → Value Values
7          | λ
```

图 7.9　类 Lisp 表达式的文法

产生式 1 生成一个最外层表达式，其值应作为语法制导翻译的最终结果打印出来。例如，输入

```
(plus 31(prod 10 2 20))$
```

应打印 431。

Value 由产生式 2 和产生式 3 定义，前者允许通过 num 得到一个简单的数值，后者将小括号包围的表达式的结果作为一个值来处理。产生式 4 和产生式 5 分别生成两个值的和及 0 个或多个值的乘积。该文法缺乏一个面向表达式的语言应具备的许多特性。习题 4 和习题 5 考虑了更完整的表达式文法。Value 的递归产生是右递归的，以适应自顶向下语法分析（见 5.5 节）。

图 7.10 显示了图 7.9 中文法的递归下降语法分析器。正如在第 5 章中所讨论的，文法中每个非终结符都对应一个例程，它们形成了语法分析器。为了节省篇幅，图 7.10 中没有给出通常出现在每个 **switch** 语句末尾的错误检查。

```
procedure START()
    switch (...)
        case ts.PEEK() ∈ {num, lparen}
            ans ← VALUE()
            call MATCH($)
            call PRINT(ans)                                  ⑤
end
function VALUE() returns int
    switch (...)
        case ts.PEEK() ∈ {num}
            call MATCH(num)
            ans ← num.VALUEOF()
            return (ans)
        case ts.PEEK() ∈ {lparen}
            call MATCH(lparen)
            ans ← EXPR()
            call MATCH(rparen)
            return (ans)
end
function EXPR() returns int
    switch (...)
        case ts.PEEK() ∈ {plus}
            call MATCH(plus)
            op1 ← VALUE()                                    ⑥
            op2 ← VALUE()                                    ⑦
            return (op1 + op2)                               ⑧
        case ts.PEEK() ∈ {prod}
            call MATCH(prod)
            ans ← VALUES(1)                                  ⑨
            return (ans)
end
function VALUES(thusfar) returns int
    case ts.PEEK() ∈ {num, lparen}
        next ← VALUE()                                       ⑩
        ans ← VALUES(thusfar × next)                         ⑪
        return (ans)
    case ts.PEEK() ∈ {rparen}
        return (thusfar)                                     ⑫
end
```

图 7.10 带语义动作的递归下降语法分析器。变量 *ts* 为词法分析器生成的单词流

图 7.10 中的语法分析器还包含了计算和打印表达式值的语义动作。在递归下降分析中，语义动作通常使用继承的值和综合的值。继承的值作为参数传递到方法，综合的值在推导出其子树后由对应方法返回。在图 7.10 的语法分析器中集成了这些思想，具体阐述如下：

- 在标记 ⑤ 处，打印从一棵 Value 子树综合而来的语义值。
- 在标记 ⑥ 和 ⑦ 处捕捉从邻接的 Value 子树综合而来的值，来计算它们的和。在标记 ⑧ 处的 **return** 综合出结果。
- VALUES 的参数 *thusfar* 表示到目前为止已分析的因子的乘积。标记 ⑨ 处导致 Values 继承一个空的部分乘积的值（即 1）。

在标记 ⑪ 处合并下一个因子（在标记 ⑩ 处综合的），使得乘积继续。

在标记 ⑫ 处应用产生式 Values → λ 时乘积结束。通过 *thusfar* 传递的部分乘积现在变为最终乘积，标记 ⑫ 处的 **return** 发起在 VALUES 调用链上合成该值。

7.4 抽象语法树

虽然编译器的许多任务可以通过语法制导翻译在单个阶段完成，但现代软件实践不鼓励将如此多的功能在单一组件（如语法分析器）中实现。语义分析、符号表构造、程序优化和

代码生成等任务都应该在编译器中分别处理。将所有这些任务压缩到一个编译器阶段是一项令人钦佩的工程壮举，但由此构造的编译器很难理解、扩展和维护。

因此，我们考虑设计和实现一个被称为 AST 的数据结构，它将作为语法分析之后所有阶段的中心数据结构。于是语法制导翻译的目标被简化为构建 AST。AST 必须简洁，但也必须足够灵活，以适应语法分析之后阶段的多样性。在编译器开发的生命周期中，重新审视 AST 的设计并不罕见。正如在 7.7 节中讨论的，面向对象技术 [比如访问者模式（visitor pattern）] 促进了健壮的编译器设计、关注点分离和阶段间互操作。

7.4.1　具体语法树与抽象语法树

我们从区分具体语法树和抽象语法树开始，就像 2.6 节第一次讨论的那样。图 7.3 和图 7.4 所示的语法分析树是具体的，因为它们显示了语法分析的每个细节。考虑图 7.3 中所示的非终结符 Digs 和语法分析树。树向左倾斜是因为 Digs 的产生式是左递归的。如果这些产生式是右递归的，那么 Digs 的子树将相应地更改。

抽象地说，符号 Digs 表示一个符号 d 的列表。特定的符号 d 出现的顺序对于正确翻译列表的含义很重要。在文法产生式中使用一种特定的递归风格可能非常适合给定的语法分析方法，但不管用什么方法，列表的含义应该是相同的（参见习题 1）。

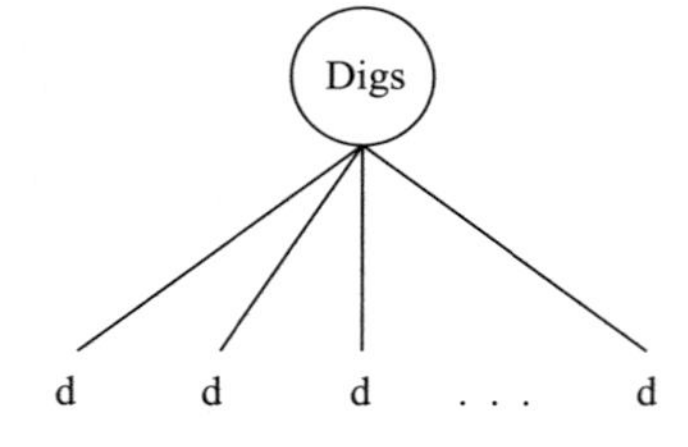

图 7.11　Digs 的抽象语法树

从 Digs 推导出的符号还可以抽象地表示为如图 7.11 所示的 AST。Digs 节点作为任意个 d 节点的父节点。在这里，生成符号 d 序列的语法分析基础结构丢失了。然而，数字的顺序对于综合出符号串的值很重要。因此，符号 d 之间的顺序被保留下来。因为文法中的每个产生式的右侧都有固定数量的符号，所以没有任何文法能够生成一棵像图 7.11 中的树一样的具体语法树。

7.4.2　一种高效的 AST 数据结构

虽然有很多可选的数据结构来表示树，但 AST 的设计应该考虑以下几点：

- AST 通常是自底向上构建的：生成一个兄弟节点列表，然后为这个列表生成一个父节点。因此，AST 数据结构应该支持从叶子到根构造树。
- 兄弟节点列表通常由递归产生式生成。AST 数据结构应该简化兄弟节点的加入（在列表两端进行都应很便利）。
- 一些 AST 节点有固定数量的孩子节点。例如，二元加法和乘法需要两个孩子节点。然而，一些编程语言构造可能需要任意数量的孩子节点。这种结构包括复合语句（可以容纳零条或多条语句）以及方法形参和实参列表。数据结构应该高效支持具有任意数量孩子节点的树节点。

图 7.12 显示了基于上述讨论的 AST 数据结构的组织。虽然每个节点可以有任意数量的孩子节点，但每个节点的大小是固定的：

- 每个节点指向它的下一个（右）兄弟节点。这些指针形成了一个兄弟节点的单向链表。

  为了方便在常量时间内访问链表头，每个节点也指向其最左兄弟节点。
- 每个节点 n 指向它最左孩子节点，它形成了 n 的孩子节点链表的开始。

因此，一个具有 k 个孩子节点的节点使用一个指针到达最左孩子节点，然后使用右兄弟指针到达该孩子节点的兄弟节点。

- 每个节点指向它的父节点。

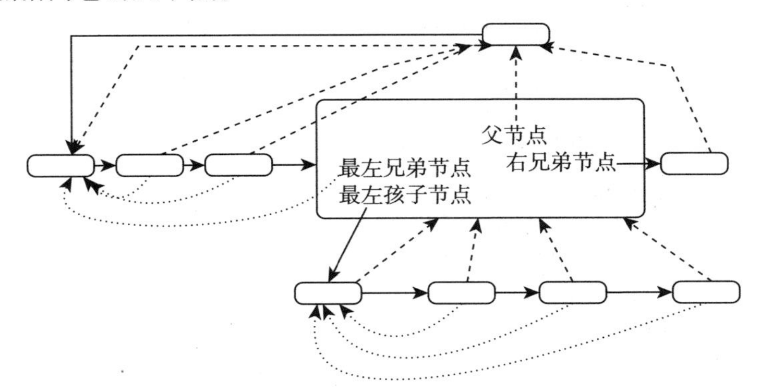

图 7.12　一个 AST 节点的内部格式。短划线将节点与其父节点连接起来；点状线将节点与其最左兄弟节点连接起来。每个节点还用实线连接到其最左孩子节点和右兄弟节点

7.4.3　创建 AST 的基础架构

为了方便构建 AST，我们采用以下方法来创建和管理 AST 节点。

MAKENODE(t) 是一个工厂方法，它创建一个节点，节点的内容和访问方法依赖于 t 的类型。

例如，MAKENODE(*int n*) 实例化一个节点，该节点表示常量整数 n，并提供返回 n 的访问方法。

MAKENODE(*Symbol s*) 为符号 s 实例化一个节点。它必须包含用于设置和获取 s 的符号表项的方法，可以从表项中检索 s 的类型、保护和作用域信息。

MAKENODE(*Operator o*) 为一个运算实例化一个节点，例如加法或减法。运算的详细信息必须由访问者方法提供。

MAKENODE( ) 实例化一个空节点，它显式地表示没有结构。为了在处理 AST 时保持一致性，最好使用空节点，而不是令 AST 中有空隙或空指针。

x.MAKESIBLINGS(y) 令 y 成为 x 的兄弟节点，代码如图 7.13 所示。若 x 没有右兄弟且 y 为自身的最左兄弟节点，则 y 成为 x 的右兄弟。

更一般地，x 是兄弟节点链表 *xsibs* 上的一个节点（通常是最右节点）；y 是兄弟节点链表 *ysibs* 上的一个节点（通常是唯一一个）。此方法将 *ysibs* 追加到 *xsibs* 上。所有兄弟节点都指向 x 的父节点作为自己的父节点，也都指向 x 的最左兄弟节点作为自己的最左兄弟节点。

为了方便通过文法的递归产生式来链接节点，此方法返回本次调用得到的最右兄弟节点的一个引用。

x.ADOPTCHILDREN(y) 令 y 和它所有兄弟节点的父节点为 x，代码如图 7.13 所示。

MAKEFAMILY(op, kid_1, kid_2, ⋯, kid_n) 的引入是为了使用方便。此方法生成一个家庭，父节点为 op，恰有 n 个孩子节点。最常见的情形（n=2）的代码为：

```
function MAKEFAMILY(op, kid1, kid2) returns Node
    return (makeNode(op).ADOPTCHILDREN(kid1.MAKESIBLINGS(kid2)))
end
```

```
/*      断言: y ≠ null                                              */
function MAKESIBLINGS(y) returns Node
    /*  在 this 链表中查找最右节点                                   */
    xsibs ← this
    while xsibs.rightSib ≠ null do xsibs ← xsibs.rightSib
    /*  加入链表                                                    */
    ysibs ← y.leftmostSib
    xsibs.rightSib ← ysibs
    /*  为新的兄弟节点设置指针                                       */
    ysibs.leftmostSib ← xsibs.leftmostSib
    ysibs.parent ← xsibs.parent
    while ysibs.rightSib ≠ null do
        ysibs ← ysibs.rightSib
        ysibs.leftmostSib ← xsibs.leftmostSib
        ysibs.parent ← xsibs.parent
    return (ysibs)
end

/*      断言: y ≠ null                                              */
function ADOPTCHILDREN(y) returns Node
    if this.leftmostChild ≠ null
    then this.leftmostChild.MAKESIBLINGS(y)
    else
        ysibs ← y.leftmostSib
        this.leftmostChild ← ysibs
        while ysibs ≠ null do
            ysibs.parent ← this
            ysibs ← ysibs.rightSib
end
```

图 7.13 构建 AST 的方法

有了 AST 数据结构和方法，接下来我们将考虑基于给定文法和语言翻译问题设计特定 AST 的相关问题。

7.5 AST 设计和构造

因为 AST 是编译器的大部分阶段的中心，所以它的设计可以而且也应该随着编译器功能的演化而演化。一个设计合理的 AST 可以简化单个编译阶段所需的工作，也可以简化编译阶段间通信的方式。有一些重要的因素影响 AST 的设计：

- AST 应该可以反解析（即，重构）为一种形式，这种形式的执行与 AST 所表示的程序的执行足够相似。

  因此，AST 节点必须保存足够的信息来召回它们所表示的代码片段的基本元素。
- AST 的实现应该与 AST 中表示的基本信息解耦。

  因此，提供了访问者来隐藏节点的内部表示，并令编译器各阶段间的互操作更便利。
- 因为编译器各阶段看待 AST 元素的方式是完全不同的，所以不存在一个单一的类层次结构能为所有目的描述 AST 节点。

  因此，AST 节点的类结构是为了方便构造 AST 而设计的。AST 节点实现各种特定于编译阶段的接口以使编译器各阶段对 AST 的使用更便利。

给定一个源程序设计语言 L，文法的开发和恰当的 AST 结构的设计通常像下面这样进行：

1）为 L 设计一个非二义性的文法。文法可能包含专门用于消除二义性的产生式。回忆一下，如果可以为该文法构造自顶向下或自底向上的语法分析器，那么该文法就是非二义性的。

2）为 L 设计一个 AST。AST 的设计通常会丢弃与消除二义性有关的文法细节。语义上无用的符号和标点，如逗号和分号也会被省略。AST 保留了足够的信息，使得编译器的各阶段能高效且干净地执行它们的工作。

3）语义动作被放置在文法中来构造 AST。AST 的设计可能需要修改文法以简化构造或令构造更局部化。语义动作可用 7.4.3 节中描述的方法来创建和操纵 AST 的节点和边。

4）设计编译器各阶段扫描过程。每个阶段都可能对 AST 的结构和内容提出新的要求；文法和 AST 的设计都可能需要重新审视、修改。

我们用下面的例子来说明上述方法论。

```
1  Start  → Stmt $
2  Stmt   → id assign E
3         | if lparen E rparen Stmt else Stmt fi
4         | if lparen E rparen Stmt fi
5         | while lparen E rparen do Stmt od
6         | begin Stmts end
7  Stmts  → Stmts semi Stmt
8         | Stmt
9  E      → E plus T
10        | T
11 T      → id
12        | num
```

图 7.14 一个简单语言的文法

7.5.1 设计

图 7.14 显示了一个简单语言的文法，该语言相对简单，但包含大多数编程语言中的特性。该语言只使用整数数据类型，因此声明语句是不必要的。我们首先考虑图 7.14 中文法的每个部分，目的是设计它的 AST 结构。

赋值语句 类型分析和代码生成需要关于赋值目标和存储在该目标上的值的信息。因此，赋值语句的 AST 结构可以接近它的具体语法。赋值操作符成为标识符和表达式子树的父节点，如图 7.15a 所示。

if 语句 在文法中，if 语句有两种形式：产生式 3 生成 else 子句，产生式 4 不生成。我们可以为每一种形式设计单独的 AST 结构，但更一致的方法将第二种形式视为第一种形式的一种实例，插入一个空节点来表示 else 子句。

图 7.15c 显示了适用于这两种情况的一个 AST 结构。具体语法树使用 6 ～ 8 个符号来表示 if 语句，但其中大多数都是源语言语法所要求的标点符号。这些符号有助于消除语言的二义性，使得用这种语言编写的程序更容易阅读。然而，图 7.15c 中只保留了基本元素：语句检测的谓词，以及根据检测结果执行的代码（如果有的话）。

while 语句 图 7.15d 所示的 AST 结构保留了一条 while 语句的两个基本元素：谓词表达式和循环体。

语句块 产生式 6、7 和 8 一起生成一个语句块（序列）。与图 7.11 中的数字示例一样，我们只需要记录语句的顺序。因此，产生式 6 的结果是图 7.15e 所示的结构。

plus 运算 图 7.14 所示文法从 E 推导出符号的部分包含仅用于消除文法二义性的产生式。从 E 推导出的具体语法树如图 7.16a 所示。通过消除对翻译来说不必要的结构，我们得到了如图 7.16b 所示的 AST 设计。像 plus 这样表示二元（两个运算对象）运算的节点成为一个父节点，其两个孩子节点提供了运算对象。

因此，算术运算可以模仿图 7.15a 中的赋值结构，用给定的算术运算符替换赋值运算符即可。结果如图 7.15b 所示，表示其两个孩子节点的和。

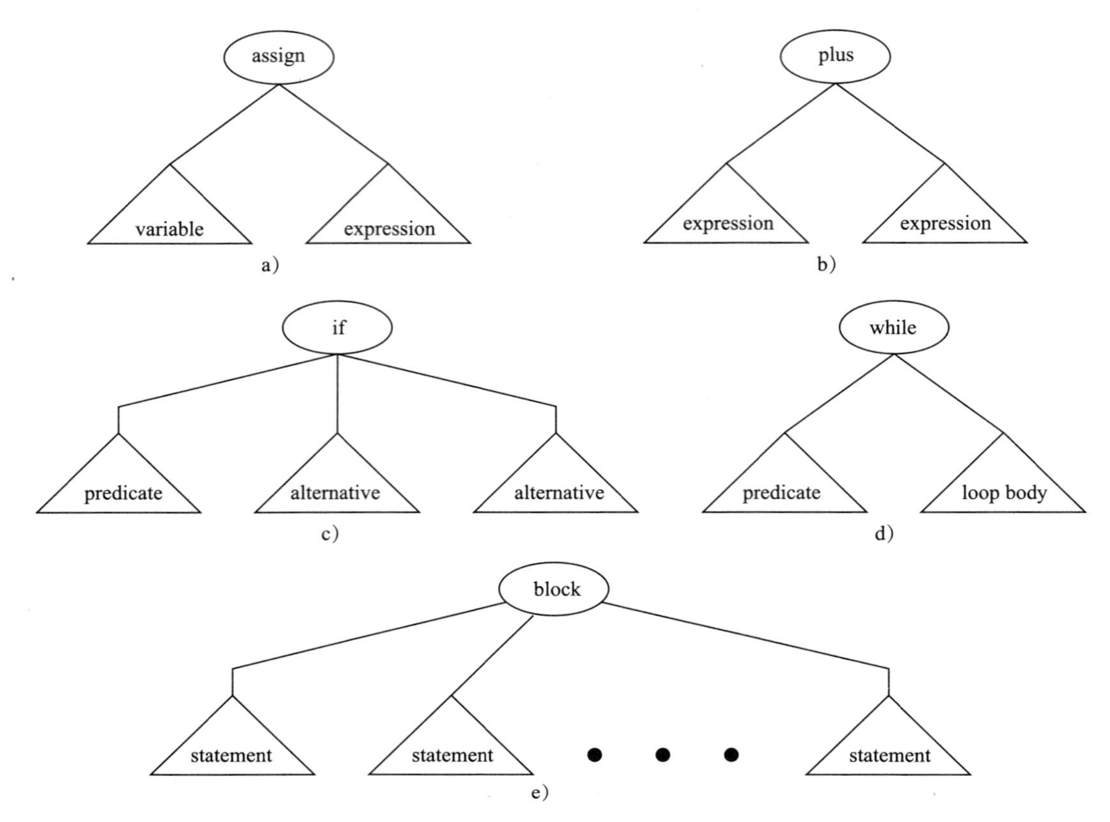

图 7.15 AST 结构：一个特定节点用椭圆标出。任意复杂度的树结构用三角形来表示

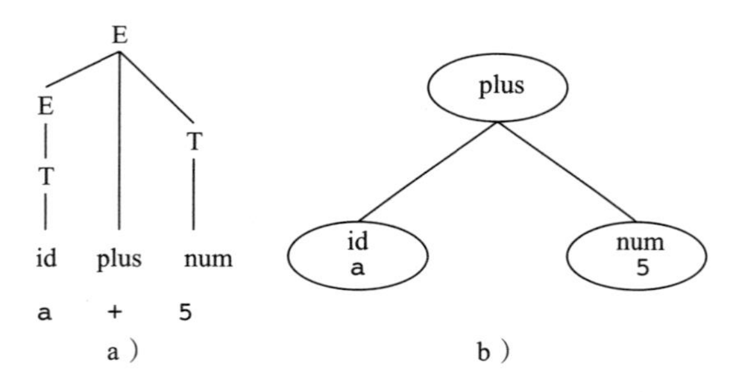

图 7.16 a）从 E 推导出 a + 5；b）a + 5 的抽象表示

7.5.2 构造

将语义动作添加到语法分析器中，以构造如图 7.15 所示的 AST 结构。当语法分析完成时，在标记 ⑬ 处将 AST 作为结果返回。在标记 ⑭、⑮、⑯ 和 ⑰ 处生成了如图 7.15 所示的 assign、if 和 while 语句的结构。在标记 ⑱ 处生成了语句块，假设 Stmts 正确地完成了它的工作并返回一个兄弟节点列表——每个兄弟节点对应块中的一条语句。在标记 ⑳ 处 Stmt 第一次归约时，此列表开始构建。之后，每个后续的 Stmt 都在标记 ⑲ 处被添加到兄弟节点列表中。E 的产生式的工作方式与之类似，在标记 ㉒ 处归约和式的第一个运算对象。plus 结构在标记 ㉑ 处生成。变量和整数常量对应的叶节点在标记 ㉓ 和 ㉔ 处生成。

图 7.18 显示了用图 7.14 所示文法定义的语言编写的一个程序的具体语法树。图 7.17 的

语义动作创建了图 7.19 所示的 AST。

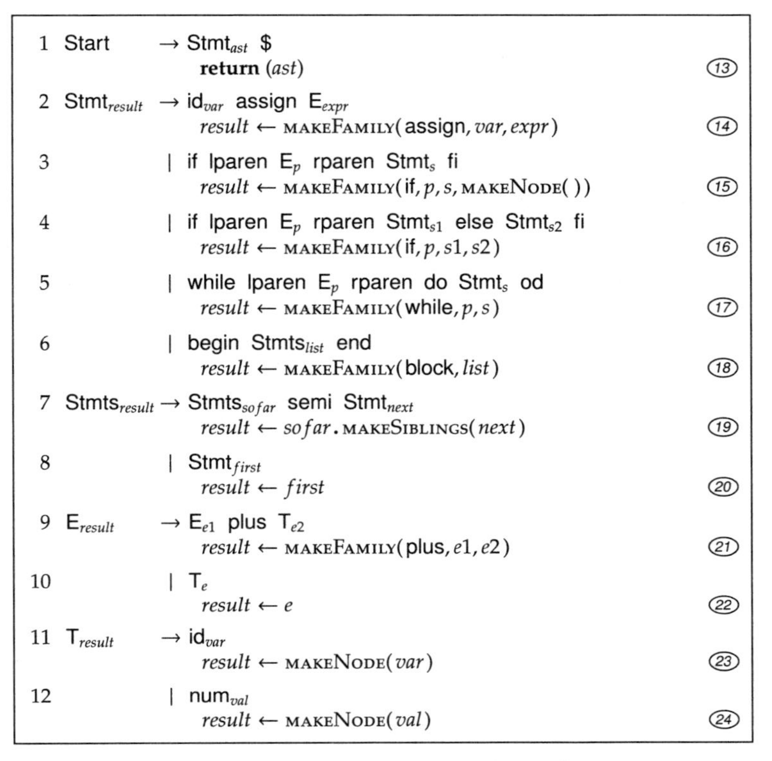

1	Start	→ Stmt_{ast} \$ **return** (*ast*)	⑬
2	Stmt_{result}	→ id_{var} assign E_{expr} *result* ← MAKEFAMILY(assign, *var*, *expr*)	⑭
3		| if lparen E_p rparen Stmt_s fi *result* ← MAKEFAMILY(if, *p*, *s*, MAKENODE( ))	⑮
4		| if lparen E_p rparen Stmt_{s1} else Stmt_{s2} fi *result* ← MAKEFAMILY(if, *p*, *s*1, *s*2)	⑯
5		| while lparen E_p rparen do Stmt_s od *result* ← MAKEFAMILY(while, *p*, *s*)	⑰
6		| begin Stmts_{list} end *result* ← MAKEFAMILY(block, *list*)	⑱
7	Stmts_{result}	→ Stmts_{sofar} semi Stmt_{next} *result* ← *sofar*.MAKESIBLINGS(*next*)	⑲
8		| Stmt_{first} *result* ← *first*	⑳
9	E_{result}	→ E_{e1} plus T_{e2} *result* ← MAKEFAMILY(plus, *e*1, *e*2)	㉑
10		| T_e *result* ← *e*	㉒
11	T_{result}	→ id_{var} *result* ← MAKENODE(*var*)	㉓
12		| num_{val} *result* ← MAKENODE(*val*)	㉔

图 7.17　图 7.14 所示文法的语义动作

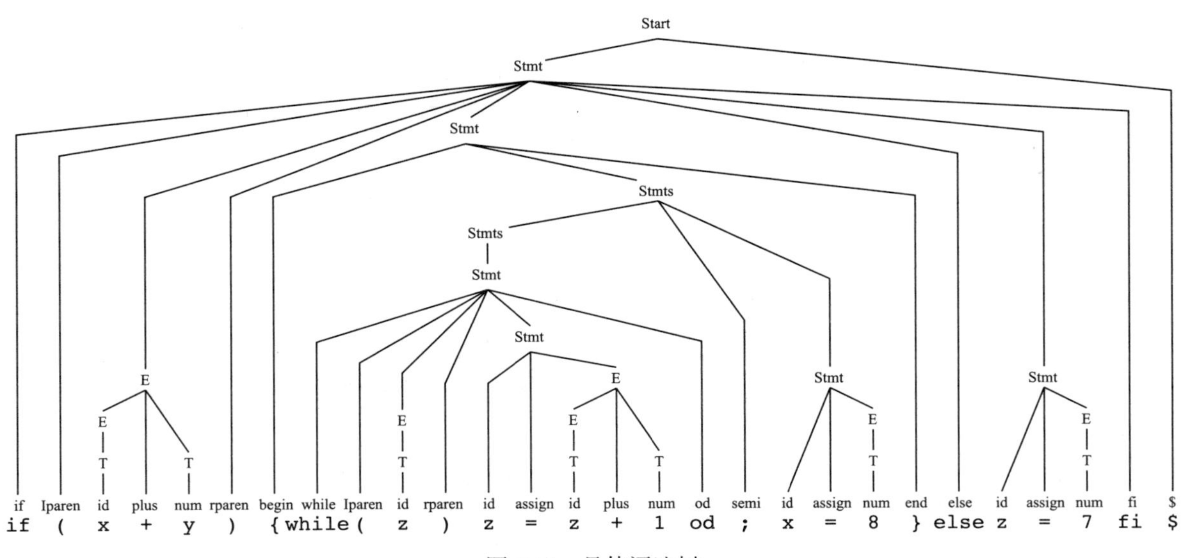

图 7.18　具体语法树

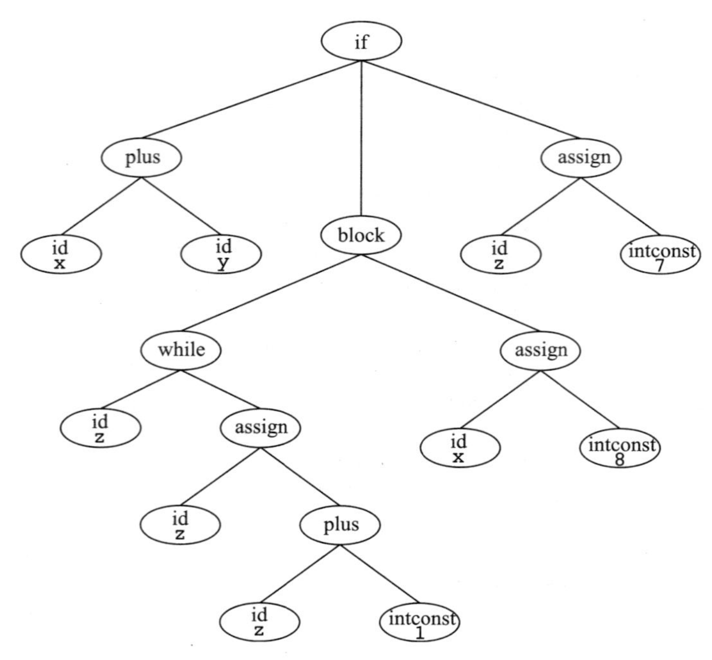

图 7.19 图 7.18 所示语法分析树的 AST

7.6 左值和右值的 AST 结构

当在编程语言中使用一个 identifier（标识符）时，它通常意味着：与名称相关联的值，或存储值的位置（地址）。编程语言定义指明了标识符何时表示其值、何时表示其位置，含义通常取决于使用标识符的上下文。例如，赋值语句

$$x = y$$

引用了两个标识符，但是它们在赋值运算符两边的位置显著地改变了它们的含义：

$x = \underline{y}$ 标识符 y 指的是 y 的值。这种用法通常被称为**右值**（right value，R-value），因为它出现在赋值运算符的右边。

有些编程语言元素只有右值形式。一个常量的值可以被引用，但是其位置通常是不可引用的，而且语言禁止改变常量的值。一个对象的自引用（`this`）通常只有右值形式可用。

$\underline{x} = y$ 标识符 x 表示其位置，而不是它的值。这种用法称为 x 的**左值**（left value，L-value），因为它出现在赋值运算符的左边。

一些语言提供了一种机制，通过使用解引用运算符，任何右值都可以作为一个左值使用。例如，C 语言表达式 $\star e$ 允许 e 的右值作为一个左值使用。其他语言（如 Java）则是小心地限制左值，以降低无意中更改存储的可能性。

对于图 7.14 中定义的语言，以及在从该文法生成的 AST 中，标识符的含义（左值和右值的角度）是明确的：左值只作为赋值运算符的左孩子出现，标识符的所有其他使用都表示它们的右值。

对于像 C 这样的语言，区分左值和右值可能更困难，因为它包含显式地将右值作为左值使用，反之亦可的语法：

$\underline{\star p} = 0$ 如果没有 $\star$，p 将被作为一个左值使用，赋值语句会将 p 置为 0。使用 $\star$ 后，p 被作为一个右值，而存储在 p 处的值变为一个左值。因此，赋值语句将 0 保存到 p 指向的

位置。

$x=\underline{\&p}$　如果没有 &，p 将被作为一个右值使用，赋值语句将从 p 复制值到 x。使用 & 后，p 被作为一个左值，然后得到的地址将被作为一个右值使用。因此，赋值语句将 x 设置为 p 的地址。

给定一个标识符的位置，我们总是可以间接地找到存储在那里的值；但是我们无法从一个标识符的值中找到它的位置。因此，对于名字的 AST 表示，我们将始终将标识符视为代表该名字的位置。将在 AST 中放置显式的 deref 节点，以准确地显示在何处发生间接访问（解引用）以从名字的位置获取其值。

图 7.20 所示文法建模了 C 语言中左值和右值的语法：

- 产生式 3 和 4 定义了左值的语法。产生式 3 将一个标识符出现解释为它的位置，如前所述。产生式 4 允许一个右值出现在赋值运算符的左边，前提是它前面有一个 ⋆ 运算符，⋆ 运算符的存在表示一个解引用。例如，⋆ 431=0 将位置 431 处的值设置为 0。
- 产生式 5、6 和 7 定义了右值的语法。产生式 6 允许数值常量（作为右值），其解释就是它们的值。产生式 7 允许将一个左值的位置作为右值。短语 x+1 的值比 x 大 1，而短语 &x+1 则是存储 x 的位置之后的位置。如果语言没有提供 & 运算符，那么就没有表达地址的算术运算的语法（Java 就是如此）。

虽然看起来很简单，但最值得注意的是产生式 5。若想赋值运算符右边出现一个 id，必须首先推导出 L，然后通过产生式 R → L 将其归约为 R。通过一个实际的解引用操作（获取位于左值处的值）可将一个左值转换为一个右值。运算符 ⋆ 和 & 无须实现任何动作。它们提供了能改变赋值运算符两边的标识符的通常含义的语法。

1	Start	→	Stmt $
2	Stmt	→	L assign R
3	L	→	id
4		|	deref R
5	R	→	L
6		|	num
7		|	addr L

图 7.20　左值和右值的语法

对图 7.20 所示文法，上述观察结果为其综合一棵 AST 提供了基础。语义动作被合并到文法中，如图 7.21 所示。注意，在标记 ㉕ 和㉗处只是返回在下面创建的 AST 结构，没有插入额外的操作。但是，在标记 ⑥ 处插入了一个节点，表示一个实际的解引用操作（通过一个指针获取）。图 7.22 显示了 ⋆ 和 & 运算符的各种用法的 AST。

1	Start	→	Stmt_{ast} \$ **return** (*ast*)	
2	Stmt_{result}	→	L_{target} assign R_{source} *result* ← MAKEFAMILY(assign, *target*, *source*)	
3	L_{result}	→	id_{name} *result* ← MAKENODE(*name*)	
4		|	deref R_{val} *result* ← *val*	㉕
5	R_{result}	→	L_{val} *result* ← MAKEFAMILY(deref, *val*)	㉖
6		|	num_{val} *result* ← MAKENODE(*val*)	
7		|	addr L_{val} *result* ← *val*	㉗

图 7.21　为图 7.20 所示文法创建 AST 的语义动作

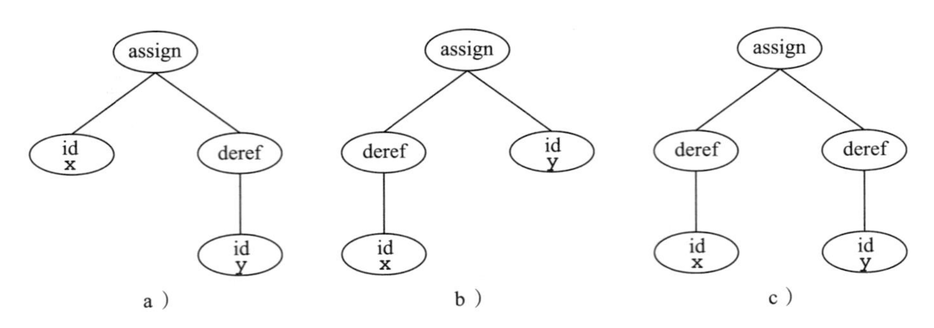

图 7.22 AST 说明了下列赋值语句的左值和右值：a) $x = y$；b) $x = \&y$；c) $\star x = y$

7.7 AST 设计模式

将 AST 确立为编译过程中“后语法分析”的主要数据结构之后，我们现在考虑它在剩余阶段的作用。我们在第 2 章介绍了编译过程的概况，在 2.7 节和 2.8 节中演示了使用 AST 进行语义分析和代码生成。虽然用于创建和管理 AST 的基础设施可以仅基于于 7.4 节和 7.5 节的内容，但是值得考虑的是如何通过应用现代的面向对象的原则和技术来简化这些任务。

设计模式 [GHJV95] 已经成为一种机制，用来捕捉软件中的惯用模式，并推理常见设计问题的有效解决方案。虽然对设计模式的完整讨论超出了本书的范围，但在这里我们会讨论一种已应用于构建编译器并获得巨大成功的设计模式。一个可以极大地促进理解何时应用一个设计模式的指导原则是，模式通常意味着在开发和维护软件时节省时间和精力。模式可以使软件更容易理解，从而方便维护和修改。模式还可以通过帮助开发人员辨别已经有合理解决方案的问题来简化软件构造。

7.7.1 节点类层次

第 2 章介绍了一种小型语言，并在 2.6 节中考虑了其 AST 的构造。图 2.9 展示了此 AST 的一个示例，它包括声明变量的节点、表示计算的节点和打印变量值的节点。

7.4 节中提出的节点管理问题对所有节点都是通用的，所以让图 2.9 中的每个节点都扩展自一个基类是合理的，这个基类可以连接兄弟节点、创建孩子节点并方便 AST 的遍历。除了这些基本功能，我们应该对 AST 的节点类型施加什么类层次结构？要回答这个问题，我们必须观察编译各阶段是如何处理 AST 节点的。

考虑 2.7 节和 2.8 节中描述的阶段。plus 节点和 assign 节点在物理上和逻辑上都非常相似：两者都有两个孩子节点，并且都涉及计算。但是，它们的处理在不同阶段有很大的不同：

- 图 2.12 中的类型分析试图通过找到适合于子树的最小通用类型 t 来协调 plus 节点下的子树的类型。plus 节点使用的值被转换为类型 t，并且加法的结果类型也是 t。
  在图 2.12 中，assign 节点的类型分析试图强制右子树匹配左子树的类型，以便要保存的值适合于接纳此值的变量。
- 在图 2.14 中，关于左值和右值的区别，两者也不相同。在一棵 plus 树中，假定标识符表示它们的右值。对于 assign 节点，右子树中的标识符是右值，但赋值目标是一个左值。
  另一方面，有些节点几乎在每个阶段都被相似地处理：

- 第 2 章中 ac 语言的 plus 节点和 minus 节点可以进行相同的处理，除了对其子树执行的算术运算不同。
- 在大多数编程语言中，if 构造的处理非常类似于三元运算符（例如 C 和 Java 中的 ?），即使它们的语法的细节和性质非常不同。

事实证明，没有一种节点类层次结构可以很好地适合编译的所有阶段。一种层次结构可能非常适合语义分析，但当使用有利于其他阶段的类层次结构时，代码生成或优化阶段就会变得更难编写。

因此，我们设计的节点类层次结构是相对扁平的。节点管理被放在一个公共超类中，称为 *AbstractNode*。每种类型的节点（if、plus 等）都是 *AbstractNode* 的简单扩展，增加了足够的特定于语言构造的功能，以允许各阶段完成它们的工作。引入超类可以简化 AST 的构造，这是通过分解节点类型之间的公共代码来达成的。然而，产生的类层次结构不一定要作为设计编译器各个阶段的基础。

7.7.2　访问者模式

要考虑的下一个问题是编译器阶段的设计，即，可用于托管这些代码的类，以及到目前为止建立的节点组织。像 Java 这样的语言的 AST 包含大约 50 个节点类型，而像 **GNU 编译器套件**（GNU Compiler Collection，GCC）这样的编译器有大约 200 个阶段。为了管理相对较大的潜在的阶段和节点交互的空间，现代软件工程原则规定一个阶段的代码应该编写为单个类，而不是分布在多个节点类型中（参见习题 20）。

因此，通过在一个编译阶段的类中编写 VISIT 方法来构建这个阶段，就需要对必须执行某些操作的每种类型的节点都编写这样一个方法。在图 2.14 中显示了这种代码风格的一个例子。于是，一个编译阶段 *f* 对一个特定的节点 *n* 执行它的工作，以响应下面的方法调用：

f.VISIT(*AbstractNode n*)

大多数面向对象语言使用**单分派**（single dispatch）来确定应该调用哪个 VISIT 方法来响应上面的方法调用。分派基于接收者对象 *f* 的实际类型。不幸的是，单分派根据调用点处 VISIT 参数的声明类型来为其找到匹配的方法。因此，如果一个阶段包含一个方法 VISIT(*IfNode n*)，那么将不会在一个真正的 *IfNode* 上调用该方法，因为匹配是基于所提供参数的声明类型（*AbstractNode*）的。

虽然其他解决方案是可能的（参见习题 20 和习题 21），但根据编译器阶段 *f* 和提供的节点 *n* 的实际类型来调用 VISIT 需要**双重分派** [double dispatch，**多重分派**（multiple dispatch）的一种受限形式]。**访问者模式**（visitor pattern）为只提供单分派的语言实现了一种形式的双重分派。访问者模式使得清晰地调用特定于阶段和节点的代码成为可能，同时将阶段的功能聚集到单一类中。图 7.23 演示了如何将访问者模式应用到我们的示例中。代码组织如下：

- 每个阶段都扩展了 *Visitor* 类，如标记㉚处所示，因此继承了 VISIT(*AbstractNode n*) 方法。
- 每个具体的节点类都包含标记㉛、㉜和㉞处所示的方法，该方法接受一个访问者，并如下所述完成双重分派。

  虽然在每个节点类中都包含 ACCEPT 方法似乎是多余的，但它不能分解到公共超类中，因为 **this** 的类型必须特定于访问的节点。

```
class Visitor
    /*  通用访问                                              */
    procedure VISIT( AbstractNode n )                          ㉘
        n.ACCEPT(this)                                         ㉙
    end
end
class TypeChecking extends Visitor                             ㉚
    procedure VISIT( IfNode i )
    end
    procedure VISIT( PlusNode p )
    end
    procedure VISIT( MinusNode m )
    end
end

class IfNode extends AbstractNode
    procedure ACCEPT( Visitor v )                              ㉛
        v.VISIT(this)
    end
    ...
end
class PlusNode extends AbstractNode
    procedure ACCEPT( Visitor v )                              ㉜
        v.VISIT(this)                                          ㉝
    end
    ...
end
class MinusNode extends AbstractNode
    procedure ACCEPT( Visitor v )                              ㉞
        v.VISIT(this)
    end
    ...
end
```

图 7.23 访问者模式

例如，考虑调用*f*. VISIT(*AbstractNode n*)，其中*f*是 *TypeChecking* 的一个实例而 *n* 是 *PlusNode* 的一个实例时。多重分派实现如下：

- 在标记㉘处调用继承的 VISIT(*AbstractNode n*) 方法，**this** 被绑定到 *TypeChecking* 阶段。
- 在标记㉙处调用 *n*.ACCEPT(**this**)。尽管 *n* 声明为 *AbstractNode* 类型，但单分派将调用最特化于 *n* 的实际类型的 ACCEPT 方法。

  因此，如果 *n* 的实际类型为 *PlusNode*，就会调用标记㉜处的方法。在该方法中，**this** 声明的类型是 *PlusNode*——包含类的类型。
- 最后，执行标记㉝处代码，在特定的访问者（*TypeChecking*）中调用一个具有 VISIT(*PlusNode*) 签名的方法。

因此，*f*. VISIT(*AbstractNode n*) 的效果是调用*f*内一个由实际类型 *n* 特化的方法。

7.7.3 反射访问者模式

对于只提供单分派的编程语言来说，7.7.2 节给出的是应用访问者模式实现双重分派的经典方法。从代码编写的角度来看，仍然存在以下缺点：

- 每个具体节点类都必须包含 VISIT(*Vis tor*) 方法，以实现基于节点类型的双重分派。该方法不能移动到超类中，因为提供给 VISIT 方法的参数必须与接受访问者的节点类型匹配。

- 每个访问者必须准备访问任何具体节点类型，即使这些节点不需要给定访问者的操作。

  为了避免冗余和混乱，可以构造一个 *EmptyVisitor* 类，它为每个节点类型提供一个 VISIT 方法，简单返回而不执行任何操作。一个有用的访问者可以扩展 *EmptyVisitor* 类，覆盖那些必须在其中执行某些操作的 VISIT 方法。

- 在一个阶段访问者中，VISIT 方法的签名局限于特定节点类类型。一个阶段不能将共性的处理纳入单个方法，除非是来自截获具体节点类型的方法的委托。正如在 7.7.1 节中讨论的那样，不存在能很好地适合每个阶段的单一继承层次结构。

通过使用反射（reflection），我们可以以一个"逐访问者"角度看待节点类型，并避免为每个节点类型指定 VISIT 方法。**反射**是编程语言的一种能力，用以检查、推理、操纵语言元素（如对象类型）并对其采取行动。

反射访问者（reflective visitor）的代码如图 7.24 所示。与标记㉜处不同，方法 VISIT(*AbstractNode n*) 并不调用 *n*.ACCEPT(**this**) 来执行二次分派。相反，在标记㊱处调用 DISPATCH 方法来确定访问节点 *n* 的最佳匹配。反射访问者的工作方式如下：

1）*ReflectiveVisitor* 的一个扩展被实例化，例如在标记㊵处的 *TypeChecking*。我们将访问者的实例表示为 *v*。

2）调用 *v*. VISIT(*root*) 在 AST 的 *root* 节点上启动 *TypeChecking* 访问者对 AST 的处理。

3）*root* 作为一个一般的 *AbstractNode* 处理，通过标记㉟处的方法 VISIT(*AbstractNode n*) 进行的单分派，完成调用的匹配。

4）在标记㊱处，调用 DISPATCH 方法来完成二次分派，方法是反射地确定应该调用哪个特定的 VISIT，具体如下。

检查实际访问者（*TypeChecking*）中的所有 VISIT 方法，找到接受的节点类型与所提供节点的实际类型为最接近匹配的那个并调用它。这种匹配过程的性质如下所述。

如果没有找到合适的匹配，则调用标记㊲处的方法作为默认动作，其行为是将访问者传递给所提供节点的孩子节点。

注意，在标记㊲处的方法 DEFAULTVISIT(*Object o*) 可以通过一个反射访问者子类重新定义，因此这个默认行为可由用户定制。

我们如何在一个反射访问者 *v* 中找到最适合处理节点 *n* 的 VISIT 方法？

- 如果节点 *n* 的类型是 *t*，那么 VISIT(*t*) 方法就是图 7.23 中非反射访问者找到的精确匹配。如果 *v* 包含这样的方法，那么它就是处理节点 *n* 的最佳选择。
- 如果没有找到精确匹配，那么搜索将扩大到查找一个可以处理 *t* 的超类的 VISIT 方法。

C++ 中的类可能缺少唯一的直接超类，因为 C++ 允许**多重继承**（multiple inheritance）。而 Java 中每个类（Object 除外）都有唯一一个超类。但是，Java 中的类可以实现任意数量的接口。因此，对于 VISIT(*w*) 的搜索（其中 *w* 是比 *t* 更宽的类型）不一定会产生唯一的结果。

在实践中，反射访问者是精心设计的，以便理想的匹配清晰地出现在访问者中，通过扩大搜索过程很容易找到，如下所述。

- 我们很大程度上忽略了可实例化的节点类型层次结构。如果节点的实际类型是 *t*，那么访问者不太可能提供 VISIT(*t*) 方法。
- 相反，我们根据访问者对 AST 节点的常见处理来考虑它们的行为。

例如，考虑 `while` 和 `if` 语句。虽然这些语句的结构差别很大，但每个语句都包含一个类型应为 Boolean 的谓词（true 或 false）。

```
class ReflectiveVisitor
    /★  通用访问                                              ★/
    procedure VISIT( AbstractNode n )                          ㉟
        this.DISPATCH(n)                                       ㊱
    end
    procedure DISPATCH( Object o )
        /★  找到并调用 VISIT(n) 方法                            ★/
        /★  其声明参数 n 是 o 的实际类型的最接                     ★/
        /★  近匹配。                                           ★/
    end
    procedure DEFAULTVISIT( AbstractNode n )                   ㊲
        foreach AbstractNode c ∈ Children(n) do this.VISIT(c)
    end
end
class IfNode                                                   ㊳
    extends AbstractNode
    implements { NeedsBooleanPredicate }
end
class WhileNode                                                ㊴
    extends AbstractNode
    implements { NeedsBooleanPredicate }
end
class PlusNode
    extends AbstractNode
    implements { NeedsCompatibleTypes }
end
class TypeChecking extends ReflectiveVisitor                   ㊵
    procedure VISIT( NeedsBooleanPredicate nbp )               ㊶
        /★  检查 nbp.GETPREDICATE( ) 的类型                      ★/
    end
    procedure VISIT( NeedCompatibleTypes nct )                 ㊷
    end
    procedure VISIT( NeedsLeftChildType nlct )                 ㊸
    end
end
```

图 7.24 反射访问者

- 检查谓词正确类型的 *TypeChecking* 阶段应该以相似的方式处理 `while` 和 `if` 语句的谓词。为了实现这一效果，我们安排 `if` 和 `while` 节点继承自一个公共父类，该类由 *TypeChecking* 访问者处理。

  if 和 while 节点类型在图 7.24 中的标记㊳和㊴处实现 *NeedsBooleanPredicate* 接口。*TypeChecking* 访问者使用标记㊶处所示的 VISIT 方法截获此类节点。

对于一个给定节点类型，对每个必须对这种节点执行某些操作的访问者，节点类型关联的接口（或抽象类）提供了清晰、恰当地处理该节点类型的能力。此外，访问者代码本身也变成了自注释的，因为 VISIT 方法根据抽象类及其表示的属性来捕获访问者的意图和范围。

总结

语法制导翻译可以通过与自顶向下或自底向上语法分析协同执行的语义动作直接完成翻译。更常见的是，语法分析阶段构造出 AST 作为其副产品；AST 则作为语法分析的记录，同时还作为编译器各阶段创建和使用的信息的数据仓库。AST 的设计经常被修改以简化或方便编译。

习题

1. 考虑图 7.3 中 Digs 的一个右递归表达，得到下面文法。

   1 Start $\rightarrow$ Digs_{ans} \$
   　　　　call PRINT(ans)

   2 $\text{Digs}_{up} \rightarrow \text{d}_{next}\ \text{Digs}_{below}$
   　　　　$up \leftarrow below \times 10 + next$

   3 　　　| d_{first}
   　　　　$up \leftarrow first$

   语义动作是否正确？如果是，解释语义动作为什么还有效；如果否，给出一组能正确完成任务的语义动作。

2. 图 7.8 中的文法几乎忠实地表达了（但仍有差异）图 7.7 中最初定义的语言。要了解其中的差异，请比较两种文法如何处理输入字符串 x 5 $。
   1）从哪些方面可以看出，文法生成了不同的语言？
   2）修改图 7.8 中的文法，保持其语义处理风格，但符合图 7.7 中的语言定义。

3. 图 7.8 中的文法生成的语言使用终结符 x 来表示基数。一种更常见的规范是用某个终结符将基数从数字串分离出来。即，不再用 x 8 4 3 1 来表示 431_8，而是用 8 x 4 3 1。
   1）对这样的语言设计一个 LALR(1) 文法并设计计算符号串的数值的语义动作。在你的方案中，应允许缺少基数说明——表示使用默认基数 10，如图 7.8 所示。
   2）将此语言和你的文法与图 7.8 中的语言和文法进行对比，讨论做出的权衡。

4. 考虑将下面的产生式添加到图 7.9 所示的文法中。

   Expr $\rightarrow$ sum Values

   1）这一修改会令文法变为二义性的吗？
   2）文法仍是 LL(1) 可分析的吗？
   3）显示图 7.10 中的语义动作必须如何修改来适应新的语言构造；必要时可修改文法，但要避免使用全局变量。

5. 考虑将下面的产生式添加到图 7.9 所示的文法中。

   Expr $\rightarrow$ mean Values

   此产生式定义了一个计算均值的表达式，定义如下：

   $$(\texttt{mean}\ v_1\ v_2 \cdots v_n) = \frac{v_1 + v_2 + \cdots + v_n}{n}$$

   1）这一修改会令文法变为二义性的吗？
   2）文法仍是 LL(1) 可分析的吗？
   3）描述对此新语言构造你的语法制导翻译方法。
   4）相应地修改图 7.10 中的文法，插入恰当的语义动作。

6. 虽然算术表达式通常是由左至右计算的，但 VALUES 中的语义动作却使得乘积由右至左计算。修改图 7.9 和图 7.10 中的文法和语义动作，使得乘积由左至右计算。

7. 用一个 LALR(1) 语法分析器生成器验证图 7.14 中的文法是非二义性的。

8. 假定终结符 assign、deref 和 addr 分别对应输入符号 =、⋆ 和 &。使用图 7.20 中的文法
   - 给出下列符号串的语法分析树；
   - 将对应产生式 R $\rightarrow$ L 的语法分析树节点圈出，来显示何时真正发生间接访问。

   1）x = y
   2）x = ⋆ y
   3）⋆ x = y

4）★ x = ★ y

5）★ ★ x = & y

6）★ 16 = 256

9. 为图 7.14 中的语言构造一个 LL(1) 文法。

10. 考虑扩展图 7.14 中的文法以包含二元减法和一元取负运算，使得表达式的效果是先对 y 取负，然后减去 x 和 3 的乘积。

minus y minus x times 3

1）按照 7.4 节中介绍的步骤，修改文法以包含这些新的运算符。你的文法应该赋予取负运算符最高优先级，其级别相当于 deref。二元减法可以和二元加法位于同一个优先级上。

2）修改本章的 AST 设计，引入一个 minus 运算符节点以包含减法和取负运算。

3）向语法分析器中加入恰当的语义动作。

11. 修改图 7.3 中的文法和语义动作，使得 Digs 的产生式是右递归的。你的语义动作应该创建等价的 AST。

12. 下面文法生成嵌套的数值序列。语义动作的意图是统计每个括号包围的列表内的元素数。对产生式 2 发现的每个列表，在标记㊹处打印列表内的元素数。

例如，输入

((1 2 3) (1 2 3 4 5 6))

将打印 3、6 和 2。

1 Start → $List_{avg}$ \$

2 $List_{result}$ → lparen $Operands_{ops}$ rparen
　PRINT(*count*)　㊹

3 | num_{val}

4 Operands → Operands List
　$count \leftarrow count + 1$

5 | List
　$count \leftarrow 1$

1）文法使用一个全局变量 *count* 确定一个列表内的元素数。这一方法的错误在哪里？

2）修改语义动作，不使用全局变量实现正确计数。

13. 使用 C 语言或 Java 语言的一个标准 LALR(1) 文法，找出那些去掉之后不会引入 LALR(1) 冲突的语法标点符号。解释语言中为什么包含这些（显然不必要的）标点。提示：考虑 if 语句中包围谓词的括号。

14. 图 7.5 中的语义动作在标记 ① 和 ② 处包含一个非八进制数字的检测。重写文法，使得此检测只通过一个产生式执行。提示：考虑使用 7.2.3 节讨论的单元产生式。

15. 图 7.7 中的语义动作在标记 ③ 和 ④ 处包含一个非八进制数字的检测。重写文法，使得此检测只通过一个产生式执行。提示：考虑使用 7.2.3 节讨论的单元产生式。

16. 图 7.8a 并不检查数字是否在指定的基数的范围内。加入语义动作执行这样的检查，必要时重写文法以尽可能清晰、准确地支持这种检查。

17. 图 7.2b 中显示的语义值用来计数每个 x 在符号串中出现的位置。

1）图 7.2a 中的语法分析树暗示了什么样的文法？

2）为什么该文法不适合自顶向下语法分析？

3）变换文法，使得它适合自顶向下分析。

4）基于你的文法编写一个递归下降语法分析器。

5）添加语义动作到语法分析器中，只使用继承属性流计算如图 7.2b 所示的语义值。

6）添加语义动作到你的语法分析器中，返回符号串中找到的符号 **x** 的总数（综合的结果）。

18. 使用带语义动作的自底向上语法分析器计算符号 **x** 的总数和每个 **x** 的位置，同习题 17 一样。你可以根据需要重构文法，但只能使用综合属性流。

19. 基于 7.4 节中的讨论，使用图 7.13 中的伪代码作为导引，设计一组 AST 类和方法，以支持在一种实际编程语言中构造 AST。

20. 与 7.7.2 节中讨论的方法不同，图 7.25 显示了一种设计的部分结果，在此设计中，每个阶段都为每种节点类型提供一部分代码。

1）图 7.25 中使用的方法有什么优点和缺点？

2）7.7.2 节中讨论的访问者模式如何解决这些缺点？

```
class IfNode extends AbstractNode
    procedure typeCheck( )
        /★  if 语句的类型检查代码                         ★/
    end
    procedure codeGen( )
        /★  为 if 语句生成代码                            ★/
    end
    ...
end

class PlusNode extends AbstractNode
    procedure typeCheck( )
        /★  加法表达式的类型检查代码                      ★/
    end
    procedure codeGen( )
        /★  为加法表达式生成代码                          ★/
    end
    ...
end
...
```

图 7.25　劣质设计：阶段代码分散在不同节点类型中

21. 相对于 7.7.2 节和 7.7.3 节所讨论的方法，考虑图 7.26 中勾勒的思想。

1）图 7.26 中使用的方法有什么优点和缺点？

2）7.7.2 节和 7.7.3 节中讨论的访问者模式如何解决这些缺点？

```
foreach AbstractNode n ∈ AST do
    switch (n.getType( ))
        case IfNode
            call f.visit(⟨IfNode ⇓ n⟩)
        case PlusNode
            call f.visit(⟨PlusNode ⇓ n⟩)
        case MinusNode
            call f.visit(⟨MinusNode ⇓ n⟩)
```

图 7.26　实现双重分派的一种替代方法

22. 除了 7.7.3 节中讨论的 *NeedsBooleanPredicate* 类型，图 7.24 还引用了类型 *NeedCompatibleTypes* 和 *NeedsLeftChildType*。

1）哪些节点类型继承自这些类型？

2）描述标记㊷和㊸处的访问者在 *NeedCompatibleTypes* 和 *NeedsLeftChildType* 类型上应该执行的动作。

符号表和声明处理

第 7 章将抽象语法树（AST）的构造视为自顶向下或自底向上语法分析的产物。自顶向下或自底向上语法分析器本身无法完全完成现代编程语言的编译。AST 用来表示源程序，并协调编译器多趟扫描所提供的信息。本章首先介绍从 AST 中获取符号这一扫描过程。大多数编程语言允许声明、定义和使用符号名字来表示常量、变量、方法、类型和对象。编译器根据编程语言的定义检查这些名字是否被正确使用。

本章的前半部分描述了符号表的组织和实现。这种结构记录程序中名字的字符串和重要属性。属性的例子包括名字的类型、作用域和可访问性。我们对符号表的两个方面感兴趣：它的使用和它的组织。8.1 节定义了一个简单的符号表接口，并展示了如何使用该接口来管理块结构语言的符号。8.2 节解释了程序作用域对符号表管理的影响。8.3 节讨论了符号表的各种实现。其他高级主题，如类型定义、继承和重载将在 8.4 节中讨论。

本章的后半部分将讨论处理声明的技术，然后继续展示如何使用从声明中导出的信息来对赋值和表达式进行类型检查。8.5 节描述了符号表中与名字相关联的属性的表示形式。8.6 节详细介绍了如何处理表示简单声明的 AST 结构，来构建符号表中声明的表示。处理类和方法声明所需的技术在 8.7 节中介绍。最后，8.8 节演示了如何进行类型检查，这是通过使用处理声明时保存在符号表中的信息来实现的。

8.1 构造符号表

在本节中，我们考虑如何为简单的块结构语言构造符号表。假设像第 7 章中描述的那样，我们已经构造好了一个 AST，我们对 AST 进行*遍历*（扫描），这有两个目的：

- 处理符号声明；
- 将每个符号引用与其声明连接起来。

符号引用通过符号表与声明连接起来。对于按名字引用符号的 AST 节点，我们会向其中加入指向符号表中该名字的表项的引用。如果无法建立这样的连接，就表明存在非法引用不恰当地声明，编译器应发出错误消息。否则，后续的扫描可以使用符号表引用来获取符号的信息，例如它的类型、存储要求和可访问性。

图 8.1a 所示的块结构程序包含两个嵌套作用域。虽然程序使用诸如 float 和 int 这样的关键字，但是如果这些符号被词法分析器识别为终结符，则不需要对它们进行符号表操作。大多数编程语言文法都要求词法分析器具有这样的准确性，以避免二义性。

图 8.1a 中的程序首先导入 `f` 和 `g` 的函数定义。编译器找到它们，确定它们的返回类型为 `void`，然后将这两个函数记录在符号表中，作为前两个表项。在图 8.1c 所示的符号表中，外层作用域中 `w` 和 `x` 的声明分别作为符号 3 和符号 4 加入。内层作用域对 `x` 的重新声明和对 `z` 的声明分别作为符号 5 和符号 6 加入符号表。图 8.1b 中的 AST 按名字引用符号。在图 8.1d 中，这些名字被符号表引用取代。特别地，在图 8.1b 中，`x` 的引用仅通过名字显示，

而在图 8.1d 中变为特定于声明的。在符号表中，每个引用包含原始名字以及由符号声明处理得来的类型信息。

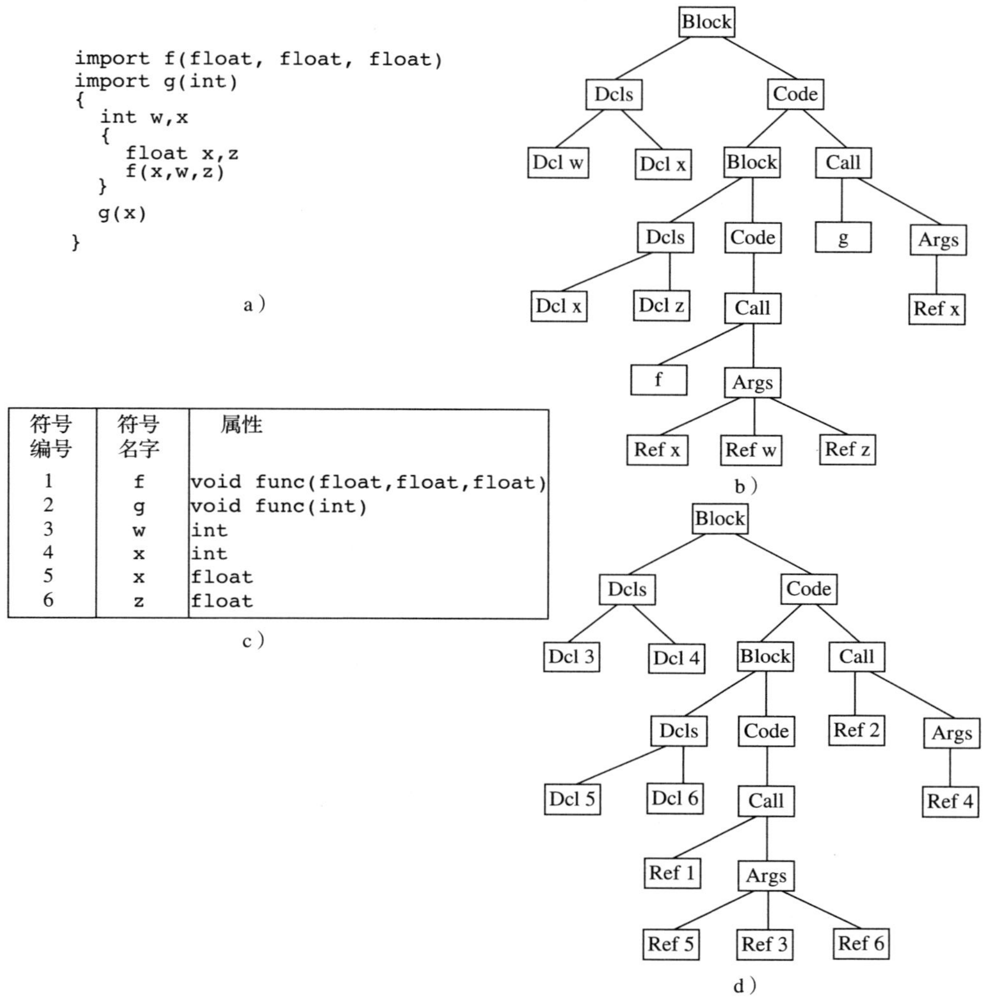

符号编号	符号名字	属性
1	f	void func(float,float,float)
2	g	void func(int)
3	w	int
4	x	int
5	x	float
6	z	float

c）

图 8.1 一个块结构程序的符号表处理

8.1.1 静态作用域

现代编程语言提供作用域机制，将名字的活动限制在程序的指定区域内。在任何给定的作用域中，一个名字只能声明一次。对于采用静态作用域机制的块结构语言，引用通常解析为最接近包含它的作用域的声明。此外，大多数语言都包含将给定声明或引用提升到程序的**全局作用域**（global scope，所有编译单元共享的名字空间）的指令。8.4.4 节更详细地讨论了这些问题。

正确使用作用域会使程序的行为更容易理解。图 8.1a 显示了一个具有两个嵌套作用域的程序。由于 `w` 是在程序的外层作用域中声明的，它在两个作用域中都可用。而 `z` 的活动仅限于内层作用域。名字 `x` 在两个作用域中都可用，但是在内层作用域重新声明 `x` 时，`x` 的含义发生了变化。通常，一个标识符的**静态作用域**（static scope）包括其定义块以及任何包含该标识符引用但本身不包含其声明的块。

语言通常被设计为使用标点符号或关键字来定义静态作用域。例如，在 C 和 Java 中，作用域由恰当的大括号打开和关闭，如图 8.1a 所示。在这些语言中，一个作用域可以声明类型和变量。但是，方法（函数定义）不能出现在内层作用域中。在 Ada 和其他具有类 Algol 语法的语言中，保留关键字 begin 和 end 分别用来打开和关闭作用域。在每个作用域中，可以声明类型、变量和过程。

在某些语言中，对外层作用域中的名字的引用会带来运行时额外开销。正如在第 11 章中所讨论的，一个重要的考虑因素是一种语言是否允许方法（函数）的嵌套声明。C 和 Java 禁止这样做，而 ML 允许在任何作用域中定义函数。对于 C 和 Java，可以通过重命名嵌套的符号并将它们的声明移动到方法的最外层作用域来*扁平化*（flatten）方法的局部变量。习题 14 更详细地考虑了这一点。

8.1.2 符号表接口

当遇到符号引用时，符号表负责追踪哪个声明是有效的。在本节中，我们定义了符号表接口，用于处理块结构、静态作用域语言中的符号。接口中的方法如下：

- OPENSCOPE( ) 在符号表中打开一个新的作用域。新的符号将加入到此作用域中。
- CLOSESCOPE( ) 关闭符号表中最近打开的作用域。符号引用随后恢复到外层作用域。
- ENTERSYMBOL(*name*, *type*) 将 *name* 加入到符号表当前作用域中。参数 *type* 传递 *name* 声明的数据类型和访问属性。
- RETRIEVESYMBOL(*name*) 返回符号表对 *name* 的当前有效声明。如果对 *name* 当前没有有效的声明，则返回一个空指针。
- DECLAREDLOCALLY(*name*) 检测 *name* 是否存在于符号表的当前（最内层）作用域中。如果是，则返回真。如果 *name* 在外层作用域中，或者根本不在符号表中，则返回假。

为了演示这个接口的使用，图 8.2 包含了为图 8.1 中所示的 AST 构建符号表的代码。代码已为 AST 节点类型特化。可以在访问给定节点的孩子节点之前和之后执行动作。在访问一个 *Block* 节点的孩子节点之前，在标记 ① 处的代码递增打开一个新的作用域。处理完 *Block* 的子树后，在标记 ② 处丢弃作用域。情况 *Ref* 对应的代码在符号表中提取符号的当前定义。如果不存在，则发出错误消息。

```
procedure BUILDSYMBOLTABLE( )
    call PROCESSNODE(ASTroot)
end

procedure PROCESSNODE(node)
    switch (KIND(node))
        case Block
            call symtab.OPENSCOPE( )                                  ①
        case Dcl
            call symtab.ENTERSYMBOL(node.name, node.type)
        case Ref
            sym ← symtab.RETRIEVESYMBOL(node.name)
            if sym = null
            then call ERROR("Undeclared symbol : ", sym)
    foreach c ∈ node.GETCHILDREN( ) do call PROCESSNODE(c)
    if KIND(node) = Block
    then
        call symtab.CLOSESCOPE( )                                     ②
end
```

图 8.2 构建符号表

8.2 块结构语言和作用域

基于 Algol 60 引入的概念，大多数编程语言都允许静态嵌套作用域。允许嵌套名字作用域的语言被称为**块结构语言**（block-structured language）。虽然打开和关闭作用域的机制可能因语言而异，但我们假定 openScope 和 closeScope 方法是符号表中打开和关闭作用域的统一机制。在本节中，我们将考虑需要打开和关闭作用域的各种语言构造。我们还将考虑为每个作用域分配一个符号表与使用单个全局符号表两种策略的对比问题。

8.2.1 处理作用域

AST 中每个符号引用都发生在定义作用域的上下文中。这种最内层的上下文定义的作用域称为**当前作用域**（current scope）。当前作用域及包围它的作用域所定义的作用域称为**开放作用域**（open scope）或**当前活跃作用域**（currently active scope）。所有其他作用域被称为**关闭的**（closed）。根据这些定义，当前、开放和关闭作用域不是固定属性；相反，它们是相对于程序中的某个特定点定义的。以下是一些常见的可见性规则，它们定义了一个名字出现在多个作用域中的解释：

- 在程序文本中的任意一点，可访问的名字都是那些在当前作用域和所有其他开放作用域中声明的名字。
- 如果一个名字在多个开放作用域中声明，那么对这个名字的引用将解析为最内层的声明（最靠近引用的那个声明）。
- 新的声明只能在当前作用域内。

大多数语言都提供了在最外层的程序全局作用域中设置或解析符号名字的机制。在 C 语言中，带 `extern` 属性的名字是全局解析的。在 Java 中，一个类可以引用任何类的 `public static` 域，但是这些域不会出现于一个单一的、扁平的名字空间。相反，每个这样的域都必须用其包含类完全限定。

编程语言已经演化到允许各种有用的作用域级别。C 和 C++ 提供了一种编译单元作用域，即，在一个编译单元中，在所有方法之外声明的名字在每个方法中都是可用的。Java 提供了一种包级作用域，可以将类组织成包，包可以访问所有包作用域方法和字段。在 C 中，每个函数定义都是全局作用域可用的，除非该定义具有 `static` 属性。在 C++ 和 Java 中，类中声明的名字对类中的所有方法都是可用的。在 Java 和 C++ 中，类的字段和带有 `protected` 属性的方法对类的子类是可用的。对给定的方法，其参数和局部变量在其内部是可用的。最后，在语句块中声明的名字在所有它包含的块中都是可用的，除非在内层作用域中重新声明了该名字。

8.2.2 单符号表还是多符号表

如上所述，有两种实现块结构符号表的常见方法。一种是每个作用域关联一个符号表，另一种是所有符号都添加到一个全局表中。单一符号表必须容纳同一个符号的多个活跃声明。尽管存在这种复杂性，但在单一符号表中搜索符号可能会更快。接下来，我们将更详细地讨论这个问题。

1. 每个作用域都有一个独立符号表

如果为每个作用域创建一个单独的符号表，那么必须有某种机制来确保能搜索到由嵌套作用域规则定义的名字。由于名字作用域以后进先出（last-in，first-out，LIFO）的方式打开和关闭，因此栈是组织这种搜索的合适数据结构。因此，可以维护一个符号表的作用域栈，每个开放作用域在栈中都对应一项。最内层作用域出现在栈顶。下一个包含作用域是从栈顶往下的第二个，依此类推。当打开一个新的作用域时，openScope 创建一个新的符号表并将其压栈。当一个作用域关闭时，closeScope 将弹出顶部符号表。

这种方法的一个缺点是，在找到一个符号之前，我们可能需要在许多符号表中搜索一个名字。这种栈搜索的成本因程序而异，取决于非局部名字引用的数量和开放作用域的嵌套深度。事实上，众所周知，块结构语言中的大多数符号查找都会返回最内层或最外层作用域中的符号。采用每个作用域一个表的策略，在找到一个最外层声明并返回之前，必须检查所有中间作用域。

图 8.3 中显示了这种符号表组织的一个示例。

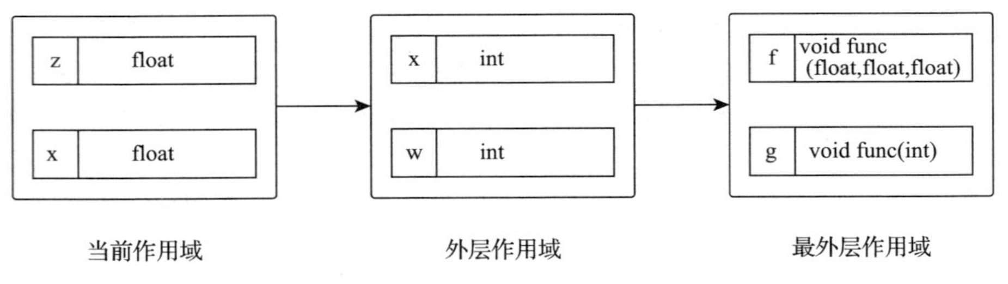

图 8.3　符号表栈，每个作用域一个表

2. 单一符号表

在这种组织中，一个编译单元作用域中的所有名字都保存到同一个符号表中。如果一个名字在不同的作用域中声明，那么作用域的名字或深度将帮助我们在表中唯一地识别该名称。对于单一符号表，retrieveSymbol 不再需要通过作用域表的链来定位一个名字。8.3.3 节更详细地描述了这种符号表。图 8.8 中显示了一个这样的符号表。

8.3　基本实现技术

8.1 节中介绍的接口的任何实现都必须正确地插入和查找符号。取决于必须容纳的名字数量和其他性能考虑因素，可能有多种实现。8.3.1 节讨论了在符号表中组织符号的一些常见方法。8.3.2 节讨论如何表示符号名字本身。在此基础上，8.3.3 节提出了一个高效的符号表实现。

8.3.1　插入和查找名字

我们首先考虑在符号表中组织符号的各种方法。对于每种方法，我们分析插入符号、检索符号和维护作用域所需的时间。这些操作的执行频率通常不相等。一个名字在每个作用域中只能声明一次，但是名字通常会被引用多次。因此，可以合理地预期 retrieveSymbol 的调用频率高于符号表接口中的其他方法。因此，我们特别注意检索符号的成本。

1. 无序列表

这是最简单的存储机制。唯一需要的数据结构是一个数组，新表项被插入到下一个可用位置。为了增加灵活性，可以使用链表或可变尺寸数组来避免固定大小数组的限制。在这种表示中，enterSymbol 在无序列表的头部插入一个名字。作用域名称（或深度）与名字一起记录。这样，enterSymbol 就能检测同一个名字在同一个作用域内是否插入了两次，这是大多数编程语言不允许的情况。RETRIEVESYMBOL 从列表的头部到尾部搜索一个名字，以便首先遇到离名字最近的活跃声明。同一个作用域中的所有名字在无序列表中相邻保存。因此，OPENSCOPE 可以对列表做一个标记，以显示新作用域开始的位置。而 CLOSESCOPE 可以删除列表头部当前活跃的符号。虽然插入非常快，但是检索一个来自最外层作用域的名字可能需要扫描整个无序列表。因此，除了非常小的符号表之外，这种方法实际上很慢。

2. 有序列表

如果按字典序维护一个包含 n 个不同名字的列表，二分搜索可以在 $O(\log n)$ 时间内找到任何名字。在无序列表中，来自同一作用域的声明按顺序保存，这对于有序列表来说是不可能的情况。我们应如何组织有序列表，以适应一个名字在多个作用域中声明的情况？习题 5 考察了将所有名字存储在一个有序列表中的潜在性能。因为 RETRIEVESYMBOL 访问名字的当前活跃声明，所以一种更好的数据结构是栈的有序列表。每个栈代表一个当前活跃的名字，这些栈按它们代表的名字排序。RETRIEVESYMBOL 用二分搜索查找恰当的栈。定位到相应的栈后，当前活跃声明就出现在其顶部。CLOSESCOPE 必须对那些包含丢弃作用域中声明的栈执行弹出操作。为了方便这样做，可以将每个符号及其作用域名称或深度一起记录，这由 OPENSCOPE 来建立。于是 CLOSESCOPE 可以检查列表中的每个栈，如果栈顶符号是在丢弃作用域中声明的，则执行弹出操作。当栈变为空时，可以将其从有序列表中移除。图 8.4 显示了图 8.1 中的示例在调用方法 f 时的符号表。

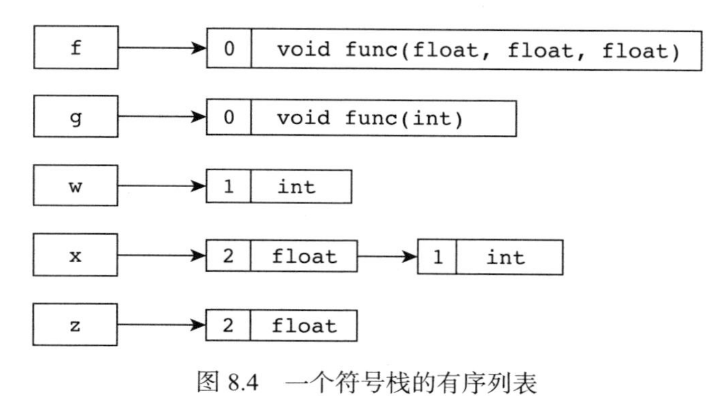

图 8.4 一个符号栈的有序列表

一种更有效的方法是在丢弃作用域时避免触及每个栈。其思想是，对声明在同一个作用域级别的符号表表项，将它们组织为一条单独的链表。8.3.3 节更详细地介绍了这种组织方法。习题 6 将探讨使用有序列表维护符号表的细节。尽管有序列表提供了快速检索能力，但插入有序列表的开销相对较高。因此，如果预先知道符号的空间，有序列表还是有优势的，比如保留关键字的情况。

3. 二叉搜索树

二叉搜索树的设计目的是将链接数据结构的插入效率与二分搜索的检索效率相结合。给定随机输入，预期可以在 $O(\log n)$ 时间内插入或找到一个名字，其中 n 是树中名字的数量。不幸的是，对于符号表来说，平均情况性能并不一定成立——程序员不会随机选择标识符的名字！因此，一棵包含 n 个名字的树的深度可能为 n，导致名字查找花费 $O(n)$ 时间。二叉搜索树的一个优点是其实现简单、广为人知。由于这种实现上的简单性，以及人们普遍认知其平均情况性能良好，二叉搜索树已成为实现符号表的流行技术。与列表结构一样，二叉搜索树中的每个名字（节点）实际上是声明该名字的当前活跃作用域的栈。

4. 平衡树

对于二叉搜索树来说，如果维持平衡，就可以避免最坏情况。树的平衡操作所花费的时间可以摊还到所有操作中，这样就可以在 $O(\log n)$ 时间内插入或找到一个符号，其中 n 是树中名字的数量。这种树的例子包括红黑树和伸展树。习题 9 和习题 10 进一步探讨了基于平衡树结构的符号表实现。

5. 哈希表

哈希表由于其出色的性能，成为管理符号表最常用的机制。给定一个足够大的表、一个良好的哈希函数和适当的冲突处理技术，插入或检索可以在常量时间内完成，而不管表中有多少表项。在 8.3.3 节中讨论的实现使用了一个哈希表，通过链表法处理冲突。哈希表被广泛实现。有些语言（包括 Java）在其核心库中包含哈希表实现。哈希表的实现细节在大多数关于基本数据结构的书中都有介绍，在 [CLRS01] 中有详细的讨论。

8.3.2 名字空间

在某些情况下，符号表项必须表示其符号的名字。每个名字本质上都是一串字符。但是，通过考虑以下性质，可得到名字空间的高效实现：

- 符号的名字在编译过程中不会改变。因此，与符号表名字关联的字符串是不可变的——一旦分配，它们就不会改变。
- 虽然作用域来来去去，但符号名字在编译过程中始终存在。作用域的创建和删除会影响通过 retrieveSymbol 获得的当前可用的符号集。但是，当一个作用域被丢弃时，其中的符号不会被完全遗忘。必须在运行时为符号保留空间，而且符号可能需要初始化。因此，符号的字符串占用了整个编译过程中持续存在的存储空间。
- 标识符名字的长度可能会有很大的差异。短名字（可能只有一个字符）通常用于迭代变量和临时变量。大型软件系统中的全局名字往往是富于描述性的，长度要长得多。例如，X 窗口系统包含诸如 `VisibilityPartiallyObscured` 这样的名字。
- 除非维护有序列表，否则符号名字的比较只涉及相等和不相等。

以上几点都倾向于使用一个逻辑名字空间，如图 8.5 所示，我们向该空间中插入名字，但不删除名字。

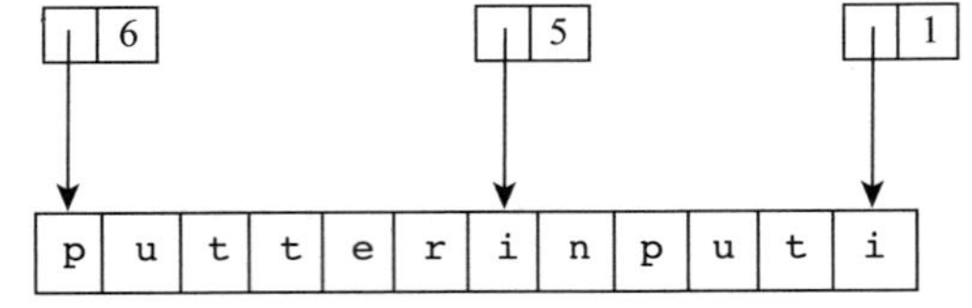

图 8.5 符号 *putter*、*input* 和 *i* 的名字空间

在图 8.5 中，每个字符串由一对字段引用。一个字段指出字符串在缓冲区中的起点，另一个字段指出字符串的长度。如果名字管理策略是任何名字在缓冲区中最多只出现一次，那么可以通过比较两个字符串的引用来检测它们是否相等。如果它们的起点或长度不同，那么这两个字符串就不可能相同。Java 类 `String` 包含一个方法 `intern`，它将任意字符串映射到唯一引用。图 8.5 中的字符串不包含公共字符。习题 11 考虑了**字符串空间**（string space），可以更紧凑地存储公共子串。在某些语言中，用名字的后缀就足以定位名字。例如，在一个 Java 程序中，引用 `String` 的默认为引用 `Java.lang.String`。习题 12 考虑了名字空间的组织以适应这种访问。

8.3.3 一个高效的符号表实现

我们已经研究了符号管理和表示的问题。根据到目前为止的讨论，接下来给出一个高效的符号表实现。图 8.6 显示了一种符号表表项的布局，包含以下字段：

Name 是一个符号名字空间的引用，名字空间的组织如 8.3.2 节所述。为了在一个哈希表位置中的符号链表中定位符号，需要使用该字段。

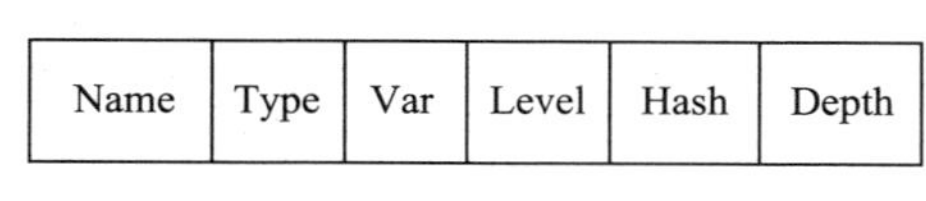

图 8.6　一种符号表表项

Type 是一个与符号声明关联的类型信息的引用。这些信息如 8.6 节中所述进行处理。

Hash 将那些名字哈希到相同值的符号串联在一起。在实践中，这些符号构成双向链表，以便于删除符号。

Var 是指向该名字的下一层外层声明的引用。当包含此声明的作用域被丢弃时，引用的声明将成为该名字的当前活跃声明。因此，该字段本质上表示了其符号名字的作用域声明栈。

Level 将声明在相同作用域中的符号串联起来。当一个作用域被丢弃时，这个字段方便删除符号。

Depth 记录了一个符号的嵌套深度。它在检查给定嵌套级别的符号是否已经插入时很有用。

符号表有两个索引结构：哈希表和**作用域显示表**（scope display）。哈希表允许高效地查找和插入名字，如 8.3.1 节所述。作用域显示表维护声明在同一级作用域的符号的列表。特别是，作用域显示表的第 *i* 项指向在第 *i* 层深度的作用域中当前活跃的符号的列表。这些符号由它们的 *level* 域链接在一起。此外，每个活跃符号的 *var* 字段实质上是关联变量的声明的栈。

图 8.7 显示了这个符号表实现的伪代码。图 8.8 显示了将此实现应用到图 8.1 中的示例所得到的符号表，符号表对应的是方法 `f` 被调用的时刻。图 8.8 假设哈希函数出现以下不太可能的情况：

- `f` 和 `g` 哈希到相同的位置。
- `w` 和 `z` 哈希到相同的位置。
- 所有符号都聚集在表的相同部分。

```
procedure OPENSCOPE( )
    depth ← depth + 1
    scopeDisplay[depth] ← null
end

procedure CLOSESCOPE( )
    foreach sym ∈ scopeDisplay[depth] do                  ③
        prevsym ← sym.var
        call DELETE(sym)                                   ④
        if prevsym ≠ null                                  ⑤
        then call ADD(prevsym)
    depth ← depth − 1
end

function RETRIEVESYMBOL(name) returns Symbol
    sym ← HashTable.GET(name)
    while sym ≠ null do                                    ⑥
        if sym.name = name
        then return (sym)
        sym ← sym.hash                                     ⑦
    return (null)                                          ⑧
```

图 8.7　符号表管理

```
end

procedure ENTERSYMBOL(name, type)
    oldsym ← RETRIEVESYMBOL(name)
    if oldsym ≠ null and oldsym.depth = depth                     ⑨
    then call ERROR("Duplicate definition of", name)
    newsym ← CREATENEWSYMBOL(name, type)                           ⑩
    /★  添加到作用域显示表                                      ★/
    newsym.level ← scopeDisplay[depth]
    newsym.depth ← depth
    scopeDisplay[depth] ← newsym
    /★  添加到哈希表                                            ★/
    if oldsym = null
    then call ADD(newsym)
    else
        call DELETE(oldsym)
        call ADD(newsym)
    newsym.var ← oldsym
end

function DECLAREDLOCALLY(name) returns Boolean
    /★  参见习题7                                               ★/
end
```

图 8.7　符号表管理（续）

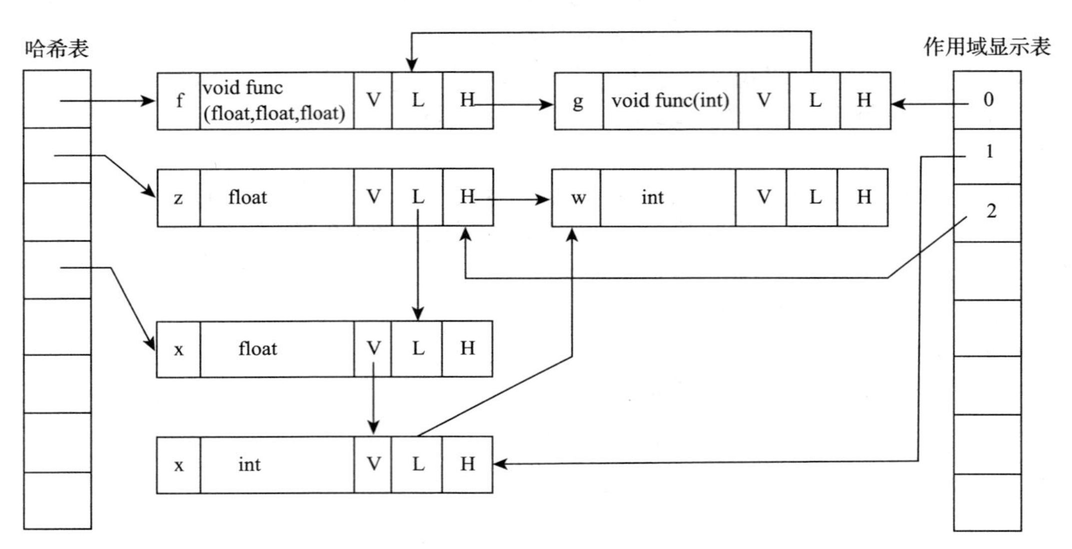

图 8.8　图 8.1 的符号表的详细布局。V、L 和 H 域分别是 Var、Level 和 Hash 三个域的简写

图 8.7 中的代码依赖于以下方法：

DELETE(*sym*) 在 *HashTable*.GET(*sym.name*) 找到的碰撞链中删除符号表项 *sym*。这个符号并没有被销毁——只是从碰撞链中移除它。特别是，它的 *var* 和 *level* 字段保持不变。

ADD(*sym*) 将符号 *sym* 添加到 *HashTable*.GET(*sym.name*) 找到的碰撞链中。在调用 ADD 之前，表中没有 *sym* 的表项。

当调用 CLOSESCOPE 以丢弃当前活跃作用域时，循环将在标记 ③ 处访问作用域中的每个符号，在标记 ④ 处将每个符号从哈希表中删除。如果该符号存在一个外层作用域定义，那么在标记 ⑤ 处将该定义插入到哈希表中。因此，*var* 字段为每个符号维护一个活跃作用域声明栈。*level* 字段使得 CLOSESCOPE 的操作时间正比于丢弃当前作用域所影响的符号的数量。

由于操作时间摊还到所有符号上，因此每个声明的符号的管理会增加一个常数开销。

RETRIEVESYMBOL 检查碰撞链以找到所需的符号。在标记 ⑥ 处的循环访问哈希到相同位置的所有符号，即应该包含所需名字的链表。在标记 ⑦ 处的代码追踪表项的 *hash* 字段，直到定位到所需符号或整条链查找完毕。一个恰当管理的哈希表应该具有非常短的碰撞链。因此，我们期望只在标记 ⑥ 处进行几次循环迭代，就可以定位一个符号或检测到该符号还未正确声明。

ENTERSYMBOL 首先定位 *name* 的当前活跃定义（如果表中存在的话）。在标记 ⑨ 处检查是否在当前作用域中尚未有该符号的声明存在。在标记 ⑩ 处生成一个新的符号表项。通过将符号链接到作用域显示表来将其添加到当前作用域中。剩余代码将新符号插入到表中。如果一个活跃作用域包含符号名字的定义，那么将该名字从表中删除，并由新符号的 *var* 字段引用。

回顾 8.2.2 节中的讨论，另一种方法是按作用域分离保存符号。结果会得到一个符号表的栈（每个作用域一个符号表），如图 8.3 所示。管理这种结构的代码留作练习（见习题 4）。

8.4　高级特性

接下来，我们将研究如何扩展简单的符号表框架，以适应现代编程语言的高级特性。扩展通常可以分为以下几类：

- 名字扩展（重载）
- 名字隐藏和提升
- 修改搜索规则

在每种情况下，都应该重新考虑符号表的设计，以达到所需特性的有效、正确的实现。在接下来的小节中，我们将讨论与每个特性相关的基本问题。但是，我们将实现的细节留作练习。

8.4.1　记录和类型名

大多数语言允许使用 `struct` 和 `record` 类型构造器来定义聚合数据结构。因为这样的结构可以嵌套，所以访问一个字段可能需要在许多容器中导航才能到达要访问的字段。在 C、Ada 和 Pascal 中，通过完整指明容器和字段来实现这种字段访问。因此，引用 `a.b.c.d` 先访问结构 `a` 的字段 `b`，然后访问结构 `a.b` 的字段 `c`，最后访问结构 `a.b.c` 的字段 `d`。COBOL 和 PL/I 允许省略中间容器，前提是引用可以无歧义地被解决。在这些语言中，`a.b.c.d` 可能简写为 `a.c` 或 `c.d`。这一思想没有被普遍接受，部分原因是使用这种简写的程序很难读。还有一种情况是，`a.d` 可能是一个程序错误，但是编译器通过填充缺失的容器静默地接受了这个引用。

结构可以嵌套任意深度。因此，结构通常使用树来实现。每个结构表示为一个节点；它的孩子节点表示结构的字段。或者，结构可以由一个符号表表示，符号表的条目是记录的字段。习题 15 考虑了符号表中结构的实现。

C 提供了 `typedef` 构造，它建立一个名字作为一个类型的别名。与记录类型一样，可以方便地在符号表中为 `typedef` 建立一个表项。事实上，大多数 C 编译器都使用必须能区分普通名字和类型名的词法分析器。实现这一功能通常是通过利用符号表的一个后门调用来查找每个标识符。如果符号表显示该名字是一个活跃的类型名，则词法分析器返回一个

typename 单词。否则，返回一个普通的标识符单词。

8.4.2　重载和类型层次

到目前为止，标识符的概念仅限于包含标识符名字的字符串。可能会出现仅靠名字不足以定位所需符号的情况。面向对象语言（如 C++ 和 Java）是允许方法重载的。一个方法可以被定义多次，前提是每个定义都有唯一的**类型签名**（type signature）。方法的类型签名包括其参数的数量和类型及其返回类型。通过重载，一个程序可以既包含方法 `print(int)`，又包含方法 `print(String)`。

当包含类型签名时，编译器不仅根据方法名字，还根据其类型签名来查看方法的定义。对一个方法，符号表必须能够插入和检索恰当的符号。在方法重载的一种方式中，方法的类型签名与其名字一起编码。例如，接受整数并返回 void 的方法 *M* 被编码为 *M*(*int*):*void*。然后，每次从符号表检索方法名字时，就有必要包含方法的类型签名。或者，符号表可以简单地将一个方法与其重载定义的列表一起保存。在 AST 中，方法调用指向整个方法定义列表。随后，语义处理扫描该列表，以确保每次调用都出现该方法的有效定义（参见 9.2 节）。

某些语言，如 C++ 和 Ada，允许重载运算符符号。例如，如果 + 的参数是字符串而不是数字，它的含义就会改变。这些语言的符号表必须能够确定每个作用域中运算符符号的定义。

Ada 允许重载字面值常量。例如，符号 diamond 可以同时出现在两种不同的枚举类型：作为一种扑克牌花色和作为一种宝石。

Pascal 和 Fortran 采用一种较小程度的重载，其中相同的符号既可以表示方法的调用，也可以表示方法的结果值。对于这些语言，符号表包含两项。一项表示方法，另一项表示方法返回值的名字。根据上下文，名字是指方法返回值还是方法本身是很清楚的。如图 8.1 所示，语义处理在名字及其符号之间建立了显式连接。

C 也允许一定程度的重载。程序可以使用相同的名字表示局部变量、struct 名和标号。尽管编写这种令人困惑的程序是不明智的，但 C 允许这样做，因为在每个上下文中，名字的定义是明确的（参见习题 16）。

Java 和 C++ 等语言通过子类机制提供了类型扩展能力。符号表可以包含方法 `resize(Shape)`，而程序调用的是 `resize(Rectangle)`。如果 `Rectangle` 是 `Shape` 的子类，那么调用应该解析为 `resize(Shape)` 方法。但是，如果程序对类型 `Rectangle` 和 `Shape` 同时包含一个 `resize` 方法，那么解析时应该选择其形参与提供的实参类型最匹配的方法（详见 9.2 节）。

8.4.3　隐式声明

在某些语言中，名字在特定上下文中的出现也被用来作为该名字的声明。作为一个常见的例子，考虑 C 语言中标号的使用。标号定义为后跟冒号的标识符。与 Pascal 不同，C 程序不需要预先声明这些标号后再使用。在 Fortran 中，对于没有提供声明的标识符，可从其第一个字母推断出其类型。在 Ada 中，索引隐式声明为与范围说明符相同的类型。此外，对于循环，会为其打开一个新的作用域，以便循环索引不会与已有变量冲突（见习题 17）。

在编程语言中，隐式声明几乎总是为了方便使用该语言的人而不是实现它的人而引入的。进一步说，隐式声明可能会令编写程序的任务更为轻松，但代价是以后要阅读程序就会更为困难。在任何情况下，编译器都有责任支持这些特性。

8.4.4 导出指示和导入指示

导出规则允许程序员指定某些局部作用域名字在该作用域之外可见。这种选择性可见性与通常的块结构作用域规则相反，后者导致局部作用域名字在作用域之外不可见。导出规则通常与模块化特性相关联，比如 Ada 包、C++ 类、C 编译单元和 Java 类。这些语言特性帮助程序员根据它们的功能组织程序文件。

在 Java 中，`public` 属性使相关的域或方法在其类之外可见。为了防止名字冲突，每个类都可以通过 `package` 指示将自己置于包的层次结构中。因此，Java 核心库中提供的 `String` 类实际上是 `java.lang` 包的一部分。相比之下，C 语言中的所有方法在其编译单元之外都是可见的，除非指定了 `static` 属性。`static` 方法仅在其编译单元内可用。

有了导出规则，每个编译单元就可以公布它提供的服务。在大型软件系统中，可用全局名字空间可能因此受到污染、变得混乱。为了解决这一问题，通常要求编译单元指定它们希望导入的名字。在 C 和 C++ 中，使用头文件来包含编译单元可以使用的方法和结构的声明。在 Java 中，`import` 指示指定编译单元可以访问的类和包。Ada 的 `use` 指示本质上起相同作用。

为了处理导出和导入指示，编译器通常会检查导入指示，以获得潜在外部引用列表。然后，编译器检查这些引用，以确定它们在编译时的有效性。在 Java 中，`import` 指示用于初始化符号表，使得能解析对缩写的类（例如 `String` 表示 `java.lang.String`）的引用。

8.4.5 改变搜索规则

Pascal 的 `with` 语句就是一个很好的例子，它改变了在符号表中查找符号的方式。如果一个 Pascal 程序包含短语 `with R do S`，那么在 `S` 中的语句中，编译器必须首先尝试将一个标识符引用解析为记录 `R` 的一个字段。如果在记录 `R` 中没有找到合法引用，那么再像平常一样搜索符号表。这个特性允许程序员避免在 `S` 中频繁重复 `R`，如果 `R` 实际上是一个复杂的名字，这是有利的。此外，在这种情况下，编译器通常可以生成更快的代码，因为很可能在 `S` 中存在对记录 `R` 字段的多个引用。

前向引用也会影响符号表的搜索规则。考虑一组递归数据结构或方法。在程序中，它们对应的一组定义必须以某种线性顺序呈现。但一部分程序不可避免地会引用尚未处理的定义。前向引用暂停了编译器对未声明符号的怀疑。前向引用本质上是一个“最终将提供完整定义”的承诺。

有些语言要求前向引用也要明确声明。在 C 中，声明一个尚未定义的函数，使其类型在所有调用点都是已知的，被认为是一种良好的风格。事实上，有些编译器需要这样的声明。另一方面，C 结构可能包含一个指向自身的指针字段。例如，链表中的每个元素都包含指向另一个元素的指针。习惯上，这种前向引用采用两趟扫描来处理。第一趟扫描记录类型引用，第二趟扫描对这些引用进行检查。

符号表总结

尽管符号表的接口非常简单，但符号表实现的底层细节在符号表的性能中扮演着重要的角色。大多数现代编程语言都是静态作用域的。本章中介绍的符号表结构有效地表示了块结构语言中的按作用域声明的符号。每种语言对如何声明和使用符号都有自己的要求。大多数语言都包含将符号提升到全局范围的规则。在设计符号表时，必须考虑继承、重载和聚合数据类型等问题。

8.5 声明处理基础

我们需要表示必须与符号表中标识符关联的信息，本节介绍了相关方法，并开始讨论用于处理声明的技术和对程序的抽象语法树（AST）表示进行类型检查的技术。

8.5.1 符号表中的属性

在 8.1.2 节的讨论中，符号表是作为一种将标识符与某些属性信息关联起来的方法。当时我们没有指定与标识符关联的属性中包含什么样的信息，或者它是如何表示的。本节将讨论这些主题。

标识符的属性通常包含编译器所知道的有关它的任何信息。因为编译器关于标识符的主要信息来源是声明，所以属性可以被认为是声明的内部表示。编译器确实在内部生成一些属性信息，通常是从出现标识符声明的上下文中生成的。有些语言将标识符的使用视为隐式声明，在这种情况下，所有属性信息必须在第一次使用时由编译器构造。标识符在现代编程语言中有许多不同的用法，包括作为变量、常量、类型、过程、类和字段使用。因此，不同标识符关联的属性集是不同的。相反，每个标识符将拥有一组对应于其用法的属性，从而对应于其声明。

我们需要一个数据结构来存储各种必要的信息，以表示与程序中出现的名字的许多不同用法关联的属性。这种功能可以通过使用一个 `struct` 来实现，它包含一个指示所存储属性的种类的标签，以及一个对应于标签的每个可能值的 `union`。如果使用基于对象的方法，我们可以定义一个名为 *Attributes* 的抽象类和一个恰当的子类来表示必须存储的信息，这些信息用于描述每种类型的声明。

在接下来的伪代码中，我们将使用 `struct` 方法，因为这将使代码更简单。标签将被命名为 *kind*，并根据需要引入成员的名字。转换为基于对象的方法应该是显而易见的，每个不同的标签值都表明需要一个相应的 *Attributes* 子类。

为了表示变量声明，需要存储变量的类型。图 8.9 说明了必要的 *Attributes* 结构。*variableType* 字段的值是一个对类型描述符的引用，但该引用可能还不可用。第二个版本也显示在图 8.9 中，它表示一个标识符，用作类型名而非变量名。必须提供一个不同的标签值 *typeAttributes* 来指示这种不同的用途，尽管存储的关于它的信息（一个类型引用）与变量名的信息是相同的。

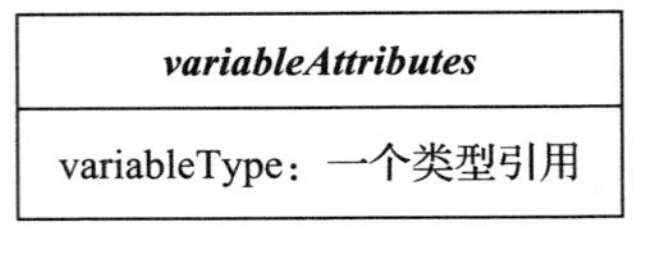

图 8.9 属性描述符结构

根据所存储信息的复杂性，可以为属性使用任意复杂的结构。即使是这里使用的简单示例，也包含了对表示类型信息的其他结构的引用。在概述其他语言特性的声明处理时，我们将为每个特性定义类似的属性结构。

8.5.2 类型描述符结构

几乎所有标识符的属性中都包含类型，它用一个类型引用表示，如前面的示例所示。我们将一个类型引用解释为对 *TypeDescriptor* 类型结构体的一个引用。表示类型给编译器编写者带来了与表示属性类似的问题：有许多不同的类型，它们的描述需要不同的信息，因此我们的解决方案将是相似的，用 *typeKind* 作为 *TypeDescriptor* 结构体的标签成员的名字。

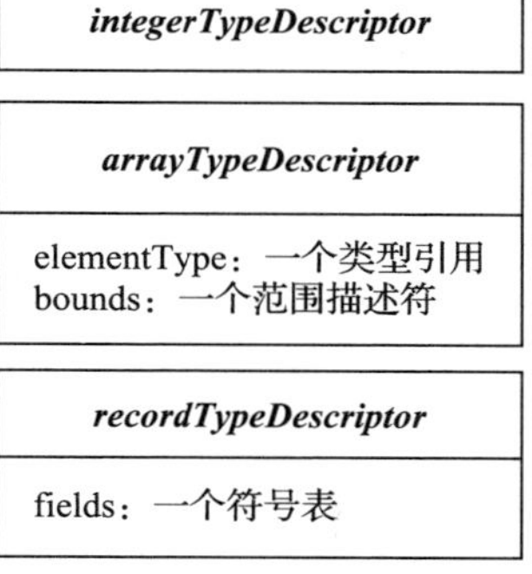

图 8.10　类型描述符结构

图 8.10 显示了 *TypeDescriptor* 的几种变体，第一个版本假设 *integer* 是被编译的语言中的内置类型。第一个示例类型描述符的不同寻常之处在于，它除了表示内置 *integer* 类型之外不包含任何信息。其他示例表明，我们可以包含描述类型所需的任何信息，包括对其他类型描述符或任何其他必要内容（甚至包括符号表）的引用。这种表示在处理几乎所有现代编程语言中都是至关重要的，这些语言允许使用强大的组合规则来构造类型。使用这种技术，而不是某种固定的表格表示，也使编译器能更灵活地允许程序员声明各种内容。例如，使用这种方法，就没有理由对允许的数组维数或结构体中允许的字段数设置上限。早期语言（如 Fortran）中的这种限制纯粹源于实现方面的考虑。我们通常喜欢这样的技术：使编译器避免因为程序的大小或程序某些部分的大小而拒绝合法的程序。动态链接结构（如类型描述符结构）是此类技术的基础。

8.5.3　使用抽象语法树进行类型检查

我们将使用第 7 章描述的**访问者模式**来实现 AST 上的语义处理。这趟扫描的主要动作是构造一个表示树中所有声明的符号表结构，并在必要时进行类型检查。正如引入这种访问者方法时指出的那样，它允许我们将这趟扫描的所有操作聚集在单一类中，即 *Visitor* 的子类 *SemanticsVisitor*。由于声明处理涉及用于构建符号表结构的专门操作，其中符号表结构是 *SemanticsVisitor* 进行类型检查的基础，因此声明处理操作将由一个更特化的访问者 *TopDeclVisitor* 实现。

SemanticsVisitor 和 *TopDeclVisitor* 为每个节点类型执行的操作将在接下来的小节中说明，这些操作以 VISIT 方法的形式指定，该方法以节点类型的一个实例作为参数。对于完全相同的操作，可以在定义抽象语法树节点类型的类中直接定义对应方法来实现。后一种方法的缺点是，实现语义处理的代码将分散在许多类定义中。优点是即使实现编译器的语言不支持对象，也可以使用这些相同的操作。与访问者模式实现的递归遍历等价的操作可以通过一个单独的例程执行，该例程包含一个大的 switch 或 case 语句，对于抽象语法树中的每种节点都有相应的操作。一旦完成了由 *SemanticsVisitor* 定义的树遍历操作，编译器的分析阶段就完成了。后续章节将描述编译器的其他阶段，这些阶段最终综合出目标代码。

7.7.3 节介绍了实现这种**双重分派**的反射机制。在继续本章之前，复习一下那些材料可能会有帮助。

图 8.11 提供了将在 8.6 节中介绍的声明处理访问者的概要，涵盖了变量和类型声明，以及 8.7 节中将介绍的处理类和方法声明的访问者的概要。一个给定访问者的任务通常是执行一组相对有限的活动。为方便处理声明，按以下方式组织访问者是有帮助的：

SemanticsVisitor 是在一个 AST 节点上处理声明并进行语义检查的顶层访问者。VISIT 方法必须由 *SemanticsVisitor* 定义，或每种 AST 节点定义其一个特化版本。除了要遵循的声明处理访问者之外，在 8.8 节和第 9 章中还会讨论类型检查访问者。

TopDeclVisitor 是由 *SemanticsVisitor* 调用的用来处理声明的专门的访问者。它负责构建与变量、类型、类和方法声明相对应的符号表结构。对方法声明，它还会启动对每个方法内容的处理。

TypeVisitor 是一种专门的访问者，用于处理表示类型的标识符或定义类型的语法形式（比如数组）。

对于每个感兴趣的 AST 节点，我们以 VISIT 方法的形式提供算法样式的代码，来说明在扫描 AST 进行声明处理的过程中处理语言构造的具体策略。

```
class NodeVisitor
    procedure visitChildren(n)
        foreach c ∈ n.getChildren() do
            call c.accept(this)                                        (11)
    end
end

class SemanticsVisitor extends NodeVisitor
    /*  其他节点类型的visit方法在8.8节中定义                                  */
end

class TopDeclVisitor extends SemanticsVisitor
    procedure visit(VariableListDeclaring vld)                         (12)
        /*  8.6.1节                                                   */
    end
    procedure visit(TypeDeclaring td)                                  (13)
        /*  8.6.3节                                                   */
    end
    procedure visit(ClassDeclaring cd)                                 (14)
        /*  8.7.1节                                                   */
    end
    procedure visit(MethodDeclaring md)                                (15)
        /*  8.7.2节                                                   */
    end
end

class TypeVisitor extends TopDeclVisitor
    procedure visit(Identifier id)                                     (16)
        /*  8.6.2节                                                   */
    end
    procedure visit(ArrayDefining arraydef)                            (17)
        /*  8.6.5节                                                   */
    end
    procedure visit(StructDefining structdef)                          (18)
        /*  8.6.6节                                                   */
    end
    procedure visit(EnumDefining enumdef)                              (19)
        /*  8.6.7节                                                   */
    end
end
```

图 8.11 声明处理访问者的结构，列出了介绍特定构造的小节

8.6 变量和类型声明

我们从研究处理变量和标量类型声明的必要技术开始，然后再考虑结构化类型。

8.6.1 简单变量声明

我们对声明处理的研究从简化版本的变量声明开始，这在任何编程语言中都可以找到。这种简单的声明形式包含一个类型名和一个标识符列表，指出所有标识符都将声明为给定具

名类型的变量。图 8.12 显示了一棵用来表示变量声明的抽象语法树，其中变量的类型是由一个类型名定义的。不管在特定的编程语言中使用的确切语法是什么，这个 AST 都可以用来表示这类声明。但是，它只代表变量声明的一种限制版本，我们用它来开始声明处理的讨论。此访问者的更一般版本可以在 8.6.4 节中找到。

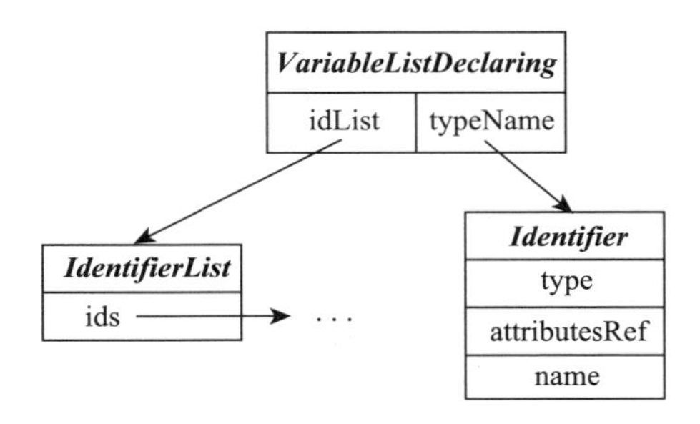

图 8.12　变量声明的抽象语法树

图 8.13 中用于简单变量声明的访问者操作展示了使用特化的访问者来处理抽象语法树的某些部分。在一棵语法树中，一个 *Identifier* 可以用在很多上下文中。因为我们希望这个特定的标识符被解释为类型名，所以在标记 ⑳ 处创建一个新的 *TypeVisitor* 实例，并在标记 ㉑ 处调用它，以便在符号表中查找类型名，并验证它确实引用了一个类型。

在标记 ㉒ 处的循环处理变量名列表，首先检查每个变量之前是否已声明（标记 ㉓ 处）。从标记 ㉔ 处开始的代码块为标识符创建一个 *Attributes* 结构，然后将标识符与恰当的 *Attributes* 插入到符号表中。

```
/★  图8.11中的标记⑫处定义的访问者代码                                    ★/
procedure VISIT( VariableListDeclaring vld )
    typeVisitor ← new TypeVisitor( )                                      ⑳
    call vld.typeName.ACCEPT( typeVisitor )                               ㉑
    foreach id ∈ vld.idList do                                            ㉒
        if currentSymbolTable.DECLAREDLOCALLY( id.name )                  ㉓
        then
            call ERROR( "This variable is already declared : ", id.name )
            id.type ← errorType
            id.attributesRef ← null
        else
            id.type ← vld.typeName.type                                   ㉔
            attr.kind ← variableAttributes
            attr.variableType ← id.type
            id.attributesRef ← attr
            call currentSymbolTable.ENTERSYMBOL( id.name, attr )
end
```

图 8.13　TopDeclVisitor 中为 VariableListDeclaring 定义的 VISIT 方法

8.6.2　处理类型名

图 8.14 中的 VISIT 方法定义了 *TypeVisitor* 访问一个 *Identifier* 时执行的动作。它首先在标记 ㉕ 处使用 RETRIEVESYMBOL 在符号表中查找标识符。如果返回的属性表明 *id* 确实命名了一个类型，那么在标记 ㉖ 处将该类型的类型描述符的引用赋予 *type*，即，存储这个检索过程的结果。如果 *Identifier* 并不是命名了一个类型，则在标记 ㉗ 处生成一条错误消息，并将 *type* 设置为一个特殊类型描述符 *errorType*（表示错误）的引用。使用 *errorType* 简化错误报告的方法将在下一节详细讨论。

```
/★  图8.11中的标记⑯处定义的访问者代码                                    ★/
procedure VISIT( Identifier id )
    attr ← currentSymbolTable.RETRIEVESYMBOL( id.name )                   ㉕
    if attr ≠ null and attr.kind = typeAttributes
    then
```

图 8.14　TypeVisitor 中为 Identifier 定义的 VISIT 方法

```
        id.type ← attr.thisType                                                    (26)
        id.attributesRef ← attr
    else
        call ERROR("This identifier is not a type name : ", id.name)               (27)
        id.type ← errorType
        id.attributesRef ← null
end
```

图 8.14 TypeVisitor 中为 Identifier 定义的 VISIT 方法（续）

8.6.3 类型声明

我们刚刚看到了对于类型名引用用于变量声明的情况是如何处理的。我们现在考虑如何处理类型声明，以创建通过类型引用访问的结构。任何语言中的类型声明都包含与之关联的类型名和类型描述。图 8.15 所示的抽象语法树可以用来表示这样的声明，而不用考虑其特定的语法。

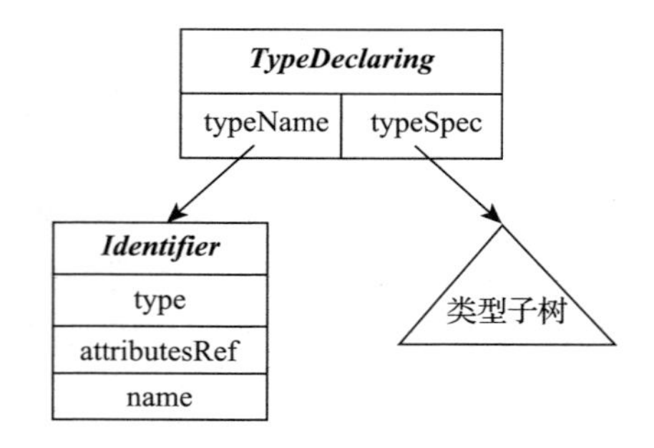

图 8.15 类型声明的抽象语法树

如图 8.16 所示，声明一个类型的 VISIT 方法所执行的操作与用于声明一个变量的方法类似。应将类型标识符插入到当前符号表中，同时插入到与之相关联的 *Attributes* 描述符中。在此情况下，*Attributes* 描述符必须指出标识符命名了一个类型，并且必须包含一个引用，指向它命名的类型的 *TypeDescriptor*。

```
/*    图8.11中的标记⑯处定义的访问者代码                                             */
procedure VISIT( TypeDeclaring td)
    typeVisitor ← new TypeVisitor()                                                (28)
    call td.typeSpec.ACCEPT(typeVisitor)                                           (29)
    name ← td.typeName.name                                                        (30)
    if currentSymbolTable.DECLAREDLOCALLY(name)                                    (31)
    then
        call ERROR("This identifier is already declared : ", name)
        td.typeName.type ← errorType
        td.typeName.attributesRef ← null
    else
        attr ← new Attributes(typeAttributes)                                      (32)
        attr.thisType ← td.typeSpec.type
        call currentSymbolTable.ENTERSYMBOL(name, attr)
        td.typeName.type ← td.typeSpec.type
        td.typeName.attributesRef ← attr
end
```

图 8.16 TopDeclVisitor 中为 TypeDeclaring 定义的 VISIT 方法

图 8.15 和 VISIT 方法没有回答 *typeSpec* 指向哪类子树这一明显问题。抽象语法树的这一部分必须定义一个类型，该类型由 *typeName* 表示。因为程序员定义的类型都给定了类型名，所以 *typeSpec* 可以指向一棵子树，该子树表示被编译语言允许的任何形式的类型构造子。在接下来的两节中，我们将描述如何处理最常见的两个构造子：结构类型的定义和数组类型的定义。

通过使用 *TypeVisitor*（而不是 *TopDeclVisitor*）来处理 *typeSpec* 所引用的子树，我们要求对一个类型定义的语义处理生成一个 *TypeDescriptor* 构造。正如我们刚刚看到的，对 *TypeDeclaring* 的语义处理将 *TypeDescriptor* 的一个引用与类型名关联起来。注意，使用这种方法意味着，如果在变量声明中使用类型定义而不是类型名，并不要紧。在上一节中，我们假设变量声明的类型是由类型名给出的。但是，由于我们使用 *TypeVisitor* 处理该名字，因此无论类型是由类型名描述的还是由类型定义描述的，实际上都与变量声明方法无关。在任何一种情况下，用 *TypeVisitor* 处理类型子树都会生成一个 *TypeDescriptor* 引用。唯一的区别是，在一种情况下（类型名），引用从符号表中获得；而在另一种情况下（类型定义），引用是对 *TypeVisitor* 创建的描述符的引用。

1. 处理类型声明和类型引用错误

在标识符的 *TopDeclVisitor* 的 VISIT 方法的伪代码中，我们引入了一种**静态语义检查**（static semantic check）的思想。也就是说，我们定义了一种情况——可以在语法正确的程序中识别出错误。这种情况下的错误很简单：一个名字被用作类型名，但它实际上并没有命名类型。在这种情况下，我们希望编译器生成一条错误消息来解释程序错误的原因。理想情况下，我们希望每个错误只生成一条错误消息。（尽管编译器常常远达不到这个理想值！）实现这一目标的最简单方法是立即停止编译，不过对于尝试在源程序中检测尽可能多的错误的编译器来说，这个目标至少也是可达到的。

每当语义处理发现语义错误时，它将返回一个对一种称为 *errorType* 的特殊的 *TypeDescriptor* 的引用。这个特定引用将向发起语义处理的程序发出信号，表示检测到错误并已生成错误消息。在这个调用上下文中，可以对 *errorType* 进行显式检查，或者可以像对待其他 *TypeDescriptor* 一样对待它。在变量声明伪代码的特定实例中，可以忽略返回 *errorType* 的可能性。将变量的类型声明为 *errorType* 的效果非常好。事实上，这样做可以防止以后出现不必要的错误消息。即，如果一个变量由于其声明中的类型错误而未被声明，那么每次使用它时，编译器都会生成一个未声明的变量错误消息。在后面的小节中，我们将看到 *errorType* 的其他用法，以避免产生无关的错误消息。

2. 类型兼容性

还有一个问题需要回答：类型相同或一个约束（如 Ada 中使用的）与类型兼容意味着什么？ Ada 和 Pascal 对类型等价有一个严格的定义，即每个类型定义都定义了一个与所有其他类型不兼容的新的、独特的类型。这个定义意味着下面的声明

```
A, B : ARRAY (1..10) OF Integer;
C, D : ARRAY (1..10) OF Integer;
```

等价于

```
type Type1 is ARRAY (1..10) OF Integer;
A, B : Type1;
type Type2 is ARRAY (1..10) OF Integer;
C, D : Type2;
```

A 和 B 是同一类型，C 和 D 是同一类型。但是，这两种类型是由不同的类型定义的，因此是不兼容的。将 C 的值赋给 A 是非法的。编译器执行这个规则很容易。因为每个类型定义都会生成一个不同的类型描述符，所以类型等价性的检测只需要比较指针。

其他语言（尤其是 C、C++ 和 Algol 68）使用不同的规则来定义类型等价性。最常见的替代方法是使用**结构类型等价**（structural type equivalence）。顾名思义，在此规则下，如果两种类型具有相同的定义结构，则它们是等价的。因此，前面示例中的 `Type1` 和 `Type2` 被认为是等价的。乍一看，这个规则似乎是一个有用得多的选择，因为它似乎对使用该语言的程序员更方便。然而，伴随这种便利而来的一个问题是，事实上结构类型等价规则令程序员无法从类型检查的概念中充分获益。也就是说，虽然 `Type1` 和 `Type2` 的实现是相同的，但

它们在程序中表示了不同的概念。即使程序员想让编译器区分它们，编译器也无法做到这一点。

结构等价实现起来也困难得多。不能通过单个指针比较来确定，而需要平行遍历两个类型描述符的结构。执行这种遍历的代码要求每种类型描述符都要有特殊情况。另一种方法是在扫描语法树进行语义检查过程中处理类型定义时进行比较。将当前定义的类型与之前定义的类型进行比较，以便使用相同的数据结构表示等价类型，即使它们是单独定义的。这种技术允许通过指针比较来实现类型等价性检测，但它需要一种索引机制，能够在声明处理期间告诉我们每个新定义的类型是否与任何先前定义的类型等价。

此外，指针类型定义中可能存在的递归给结构类型等价检测的实现带来了些许困难。考虑这样一个问题：编写一个可以确定以下两种 Ada 类型在结构上是否等价的例程（access 意味着“指向”）：

```
type A is access B;
type B is access A;
```

尽管这样的定义在语义上毫无意义，但它在语法上是合法的（假设有一个不完整的类型定义，在 A 的定义之前已引入了名字 B）。因此，采用类型结构等价规则的语言的编译器必须能够做出恰当的判定——A 和 B 是等价的。如果使用平行遍历来实现等价性检测，那么遍历例程必须“记住”它们在比较过程中访问了哪些类型描述符，以避免无限循环。简单地说，比较指向类型描述符的指针要简单得多！

8.6.4　变量声明再探

变量的声明和类的数据成员的声明可能比 8.6.1 节所示的简单形式更复杂。类型不需要通过名字来指定，但可以通过各种语法形式来构造。为了涵盖这些情况，图 8.17 中所示的声明的 AST 包含了一个对类型子树的引用，与图 8.15 中使用的类型子树类似。从图 8.18 中的标记㉝处开始（就像 8.6.1 节一样）给出了这些通用变量声明的 VISIT 方法，因为声明的变量的类型是由类型名还是类型定义指出并不重要。在图 8.17 中，AST 节点 *VariableListDeclaring* 还有一个可选的部分——初始化子树。如果存在初始化（标记㉞处），则分析它并检查它与声明的类型（标记㉟处）的赋值兼容性。如果声明了常量，则需要初始化，并在访问者操作（标记㊱处）中包含恰当的检查。

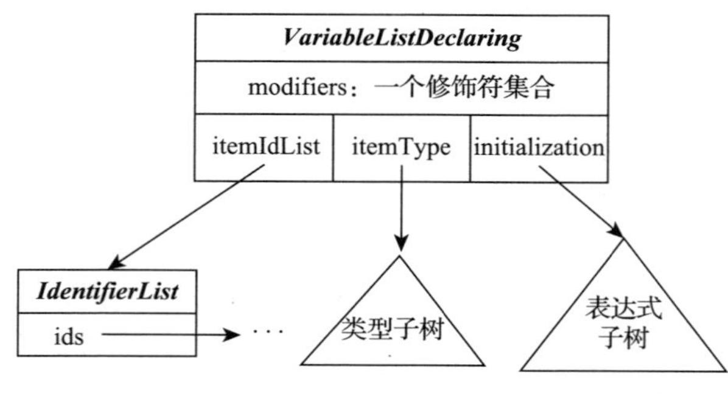

图 8.17　一般变量声明的 AST

根据编译的语言的不同，声明语法可能包含一个或多个修饰符，如 *const*、*static*、*public* 等。因为这样的修饰符可能有很多组合，所以我们的 AST 的设计是简单地将所有的修饰符表示为一个集合，而不是用不同的 AST 节点来表示每个修饰符关键字。相应的节点会出现在语法分析树中，但在 AST 创建期间，它们会被删除，并由修饰符集表示。在标记 ㊲ 处，我们假设对图 8.9 中定义的变量的 *Attributes* 描述符进行扩展，以存储这个修饰符集。任何需要变量属性信息的 VISIT 方法都可以检查这个集合。在符号表中插入 *id.name* 并设置 AST 节点中的 *type* 和 *attributeRef* 字段之后，处理声明的循环的循环体结束。一旦处理完整个变量名列表，该方法就结束了。

```
/★  为标记⑫处定义的推广的访问者代码                                    ★/
procedure VISIT( VariableListDeclaring vld )
    typeVisitor ← new TypeVisitor( )                                      ㉝
    call vld.itemType.ACCEPT( typeVisitor )
    declType ← vld.itemType.type
    if vld.initialization ≠ null                                          ㉞
    then
        checkingVisitor ← new SemanticsVisitor( )
        call vld.initialization.ACCEPT( checkingVisitor )
        if not ASSIGNABLE( vld.initialization.type, declType )            ㉟
        then
            call ERROR( "Initialization expression not assignable to variable type at", vld )
    else
        if const ∈ vld.modifiers                                          ㊱
        then
            call ERROR( "Initialization expression missing in constant declaration at", vld )
    foreach id ∈ vld.itemIdList do
        if currentSymbolTable.DECLAREDLOCALLY( id.name )
        then
            call ERROR( "Variable name cannot be redeclared : ", id.name )
            id.type ← errorType
            id.attributesRef ← null
        else
            attr.kind ← variableAttributes
            attr.variableType ← declType
            attr.modifiers ← vld.modifiers                                ㊲
            call currentSymbolTable.ENTERSYMBOL( id.name, attr )
            id.type ← declType
            id.attributesRef ← attr
end
```

图 8.18　TopDeclVisitor 的 VariableListDeclaring 的代码

8.6.5　静态数组类型

编程语言中数组类型构造子最常见的形式是允许程序员通过指定数组元素的类型及其所包含元素的数量来定义数组类型。元素类型可以通过一个类型名或一个通用类型定义（包含在数组定义中，作为其一部分）来描述。对于这两种形式的类型规范，访问任何一种都会产生对类型描述符的引用，因此 *ArrayDefining* 节点的访问者不需要区分这两种情况。

数组中元素的数量由单个整数字面值（对于下界由语言定义的情况）或一对指定下界和上界的字面值定义。图 8.19a 中的 AST 展示了数组定义语法只允许使用单个整数的情况。在此语法适用的语言中，语言定义数组的下界为一个固定值（0 或 1），而给出的整数则指定数组中元素的数量。本节中的 VISIT 方法就是为处理这种形式的 AST 而编写的。图 8.19b 中的树展示了语言允许更灵活的数组定义的情况，相应的语法要指明数组的下界和上界，两个界可以用包含具名常量和字面值常量的表达式来定义。因此，AST 中出现了表达式树，用来指明两个界。习题 18 考虑了为图 8.19b 中树设计 VISIT 方法。

图 8.20 中给出了为 *ArrayDefining* 节点设计的 VISIT 方法。它构建一个描述数组类型的

TypeDescriptor。所需的 *TypeDescriptor* 的特化版本在 8.5.1 节的图 8.10 中给出。VISIT 方法的伪代码首先调用 VISITCHILDREN 来处理描述其大小和元素类型的子树。注意，如果该语言允许用常量表达式描述大小，那么可以通过使用专门的访问者类访问表达式子树来计算表达式的值。在标记 ㊳ 处创建一个新的 *ArrayTypeDescriptor*，在接下来的两行中从 *elementType* 和 *size* 子树中获取描述符必须包含的两个值。

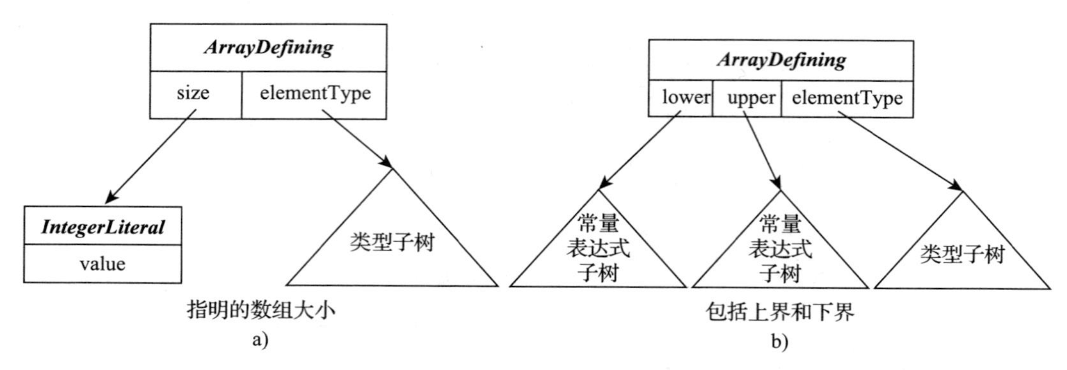

图 8.19 数组定义的抽象语法树

```
/*   为图8.11中的标记⑰处定义的访问者代码                         */
procedure VISIT(ArrayDefining arraydef)
    call VISITCHILDREN(arraydef)
    arraydef.type ← new TypeDescriptor(arrayType)              ㊳
    arraydef.type.elementType ← arraydef.elementType.type
    arraydef.type.arraysize ← arraydef.size.value
end
```

图 8.20 TypeVisitor 中为 ArrayDefining 定义的 VISIT 方法

8.6.6 结构和记录类型

编程语言通常包含构造具名数据项异构集合（通常称为记录或结构）的类型构造子。其中的数据项是单独命名的，使用的语法类似变量声明。因为记录或结构的所有字段的名字和类型必须单独指定，所以这种类型构造子的 AST 和语义处理都比数组复杂得多。

图 8.21 中的 AST 展示了结构定义所需的表示。*StructDefining* 节点提供了对一个 *FieldDeclaring* 节点列表的访问。每个 *FieldDeclaring* 节点看起来都很像 8.6.4 节中的 *VariableListDeclaring* 节点，处理方式也类似。一个结构实际上定义了一个新的名字作用域，所有字段都将在此作用域中声明，但这个作用域只能通过该结构类型的一个实例来访问（见 8.8.4 节）。因此，该结构定义的作用域的符号表不会被压入当前开放作用域的栈中。相反，它将成为结构类型的 *TypeDescriptor* 的一部分。结构所需的 *TypeDescriptor* 的特化版本在 8.5.1 节的图 8.10 中给出。

图 8.22 中给出了 *StructDefining* 节点的 VISIT 方法。它开始时在标记 ㊴ 处为结构类型构建一个 *TypeDescriptor*，然后创建一个新的符号表来保存所有字段声明。

从标记 ㊵ 处开始，两个嵌套循环处理 *FieldDeclaring* 节点列表和它们包含的独立字段声明。在外层循环中的标记 ㊶ 处，将 *TypeVisitor* 传播到表示一组字段类型说明的 AST。在内层循环中，对每个字段标识符，检查它是否先前在结构中已声明过（标记 ㊷ 处）。假设它通过了这个检测，从标记 ㊸ 处开始，为名字创建一个 *FieldAttribures* 表示，然后将其插入到结构的符号表中。VISIT 方法在标记 ㊹ 处结束，它将结构类型完整的 *TypeDescriptor* 的引用记录在 AST 中表示结构类型的 *StructDefining* 节点中。

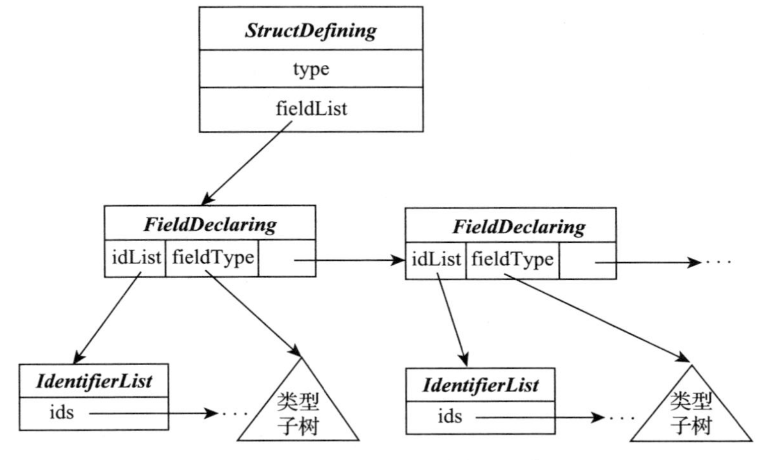

图 8.21 结构定义的抽象语法树

```
/★  为图8.11中的标记⑱处定义的访问者代码                              ★/
procedure VISIT( StructDefining structdef )
    typeRef ← new TypeDescriptor(structType)                          ㊴
    typeRef.fields ← new SymbolTable( )
    foreach decl ∈ structdef.fieldList do                             ㊵
        call decl.fieldType.ACCEPT(this)                              ㊶
        foreach id ∈ vld.idList do
            if typeRef.fields.DECLAREDLOCALLY(id.name)                ㊷
            then
                call ERROR("Name cannot be redeclared : ", id.name)
                id.type ← errorType
                id.attributesRef ← null
            else
                attr.kind ← fieldAttributes                           ㊸
                attr.fieldType ← decl.fieldType.type
                call typeRef.fields.ENTERSYMBOL(id.name, attr)
                id.type ← decl.fieldType.type
                id.attributesRef ← attr
    structdef.type ← typeRef                                          ㊹
end
```

图 8.22 TypeVisitor 中为 StructDefining 定义的 VISIT 方法

8.6.7 枚举类型

枚举类型由一个包含不同标识符的列表定义。每个标识符都是此枚举类型的一个常量。这些常量按它们在类型定义中的位置排序，并在内部用整数值表示。通常，第一个标识符用 0 表示，后续每个标识符的值都比列表中前一个标识符的值大 1（尽管 Ada 允许程序员指定用于表示枚举字面量的值）。如果启用了运行时错误检查，则可以用 0 表示“未初始化”，从 1 开始表示有效的枚举值。枚举类型定义的抽象语法树如图 8.24 所示。

处理一个 *EnumDefining* AST 节点的 VISIT 方法，与处理记录和数组的方法一样，将构建出描述枚举类型的 *TypeDescriptor*。此外，用于定义枚举类型的每个标识符都被插入到当前符号表中。其属性将指出它是一个枚举常量，并包含用于表示它的值和枚举类型本身的 *TypeDescriptor* 的引用。此枚举类型将由其常量的一个符号列表和 *Attributes* 记录表示。*Attributes* 和 *TypeDescriptor* 所需的特化如图 8.25 所示。

图 8.23 中的 VISIT 方法从标记 ㊺ 处开始，在此处得到一个新的 *EnumTypeDescriptor* 并初始化一个局部变量 *nextval*，该变量将用于定义枚举类型的常量的值。从标记 ㊻ 处开始的循环依次处理枚举类型的每个常量。与本章中讨论的所有其他名字声明一样，在标记 ㊼ 处进行检查，以确保常量名尚未在此作用域中声明。如果名字可以添加到当前作用域，则标记 ㊽ 处的代码块为其创建一个 *Attributes* 记录，并将其值设置为来自 *nextval* 的值，将其类型设置为当前定义的枚举类型。常量声明循环的循环体在标记 ㊾ 处结束，将常量名插入符号表中，同时也添加到描述枚举类型的 *TypeDescriptor* 中的常量列表中。在为类型定义中的所有常量都执行了这个循环之后，VISIT 方法在标记 ㊿ 处将现在已完成的 *EnumTypeDescriptor* 的一个引用插入到枚举类型的 AST 中的 *EnumTypeNode* 中，从而完成了它的工作。图 8.26 显示了一个 *EnumTypeDescriptor*，它是为表示由 `(red,yellow,blue,green)` 定义的枚举类型而构造的。

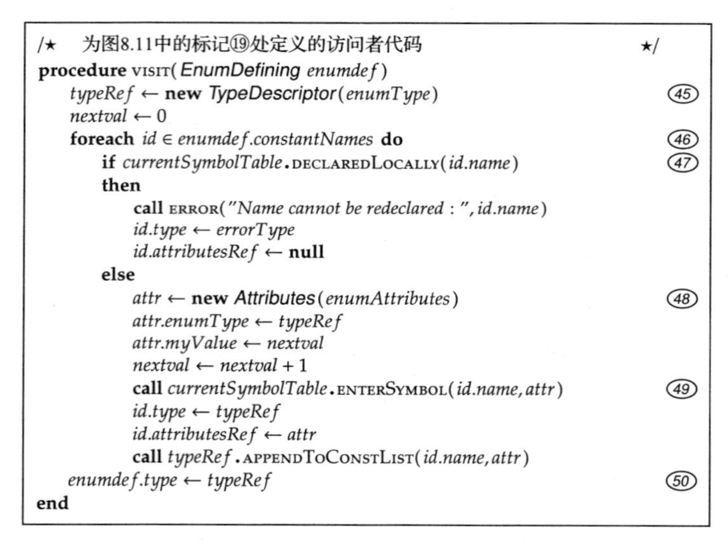

```
/*   为图8.11中的标记⑲处定义的访问者代码                        */
procedure VISIT(EnumDefining enumdef)
    typeRef ← new TypeDescriptor(enumType)                      ㊺
    nextval ← 0
    foreach id ∈ enumdef.constantNames do                       ㊻
        if currentSymbolTable.DECLAREDLOCALLY(id.name)          ㊼
        then
            call ERROR("Name cannot be redeclared : ", id.name)
            id.type ← errorType
            id.attributesRef ← null
        else
            attr ← new Attributes(enumAttributes)               ㊽
            attr.enumType ← typeRef
            attr.myValue ← nextval
            nextval ← nextval + 1
            call currentSymbolTable.ENTERSYMBOL(id.name, attr)  ㊾
            id.type ← typeRef
            id.attributesRef ← attr
            call typeRef.APPENDTOCONSTLIST(id.name, attr)
    enumdef.type ← typeRef                                      ㊿
end
```

图 8.23　TypeVisitor 中为 EnumDefining 定义的 VISIT 方法

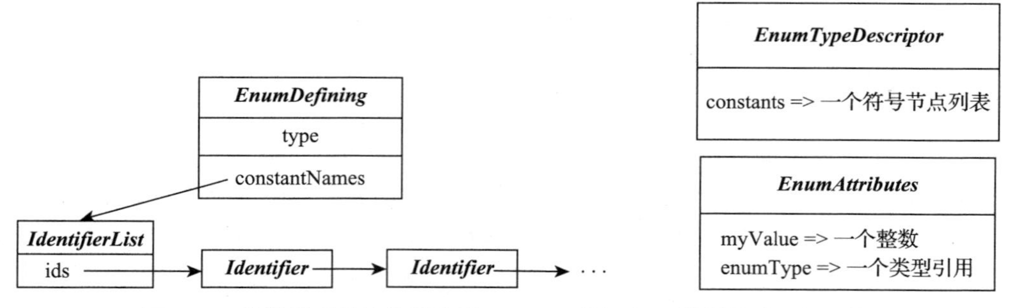

图 8.24　枚举类型的抽象语法树　　　　图 8.25　枚举的类型描述符对象和属性描述符对象

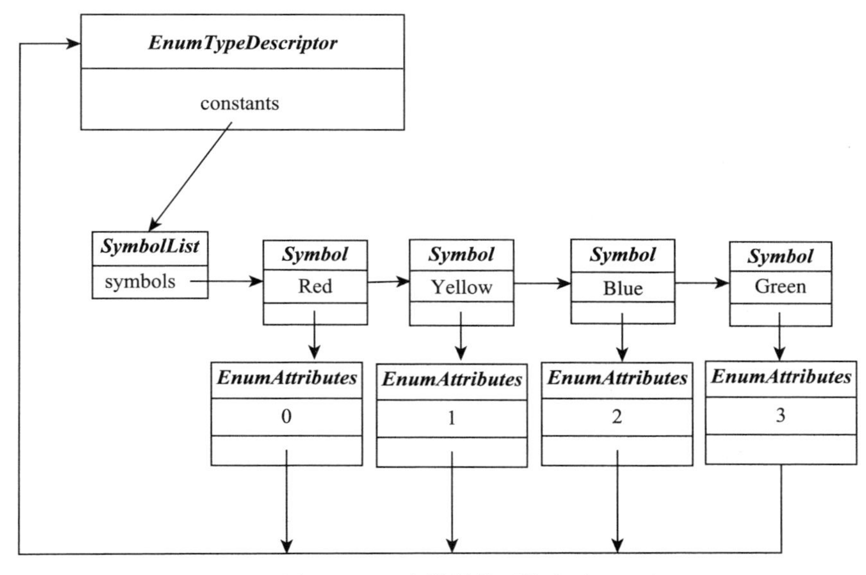

图 8.26　一个枚举类型的表示

8.7　类和方法声明

在 Java、C++ 或任何其他语言中，类声明的处理通常类似于 8.6.6 节中的结构定义的处理。但因为类有许多额外的功能，所以细节必然会更加复杂。与结构一样，类封装了一组声明。因此，将为每个新类创建一个符号表，为类中的声明提供一个独有的名字空间。就像结构一样，一个类定义了一个类型。然而，类声明包含该类型的名字，与之相对，结构定义可以直接用作变量的类型，而不必为结构类型起任何名字。因此，一个类声明的 VISIT 方法不仅为该类构造一个 *TypeDescriptor*，而且还为类名在当前符号表中创建一个条目。

方法是类声明的重要组成部分，因为它们通常定义可用于访问类实例的外部接口。方法引入了一个我们在讨论声明处理时还未使用过的新概念——**签名**（signature）。签名是由方法的参数类型和返回类型定义的。当处理方法声明时，必须构造关于方法签名的信息，并将其作为与方法名关联的信息的一部分存储在符号表中。

实现类和方法所需的语义检查需要一种新的机制。在第 9 章中描述的某些合法性检查需要引用当前正在编译的类或方法。我们的 AST 表示不容易提供对这些信息的访问，因为表示当前类或方法的节点可能位于树中上方很远的位置，而且，到目前为止所讨论的树节点不包括向上的链接。在这里，我们不对已有的 AST 表示做彻底的改变，而是引入几个方法，它们定义为在所有 VISIT 方法中可见。实现这些方法的最佳途径取决于所使用的特定语言，因此这里没有给出具体的实现。这些方法是：

procedure SETCURRENTCLASS(*ClassAttributes c*)
function GETCURRENTCLASS( ) **returns** *ClassAttributes*
procedure SETCURRENTMETHOD(*MethodAttributes m*)
function GETCURRENTMETHOD( ) **returns** *MethodAttributes*
procedure SETCURRENTCONSTRUCTOR(*MethodAttributes m*)
function GETCURRENTCONSTRUCTOR( ) **returns** *MethodAttributes*

对每种构造的声明，本节中的 VISIT 方法在开始处理时使用 SET 方法。第 9 章中的各种 VISIT 方法将使用 GET 方法来访问它们所需要的关于所操作的上下文的信息。注意，这些方法能区分由构造函数声明和方法声明创建的上下文，尽管两者都由一个 *MethodAttributes* 结构表示。

8.7.1 处理类声明

类声明中可以通过继承机制为定义的类指定父类。在某些语言中，如 Java，类声明可能以修饰符（如 *abstract* 和 *final*）开始，这些修饰符会影响类的属性或使用。Java 类声明还可以命名一组由类实现的**接口**（interface）。图 8.27 中的 AST 节点包含所有这些语言特性对应的子树，但实现的**接口**除外，这一特性将被单独考虑。

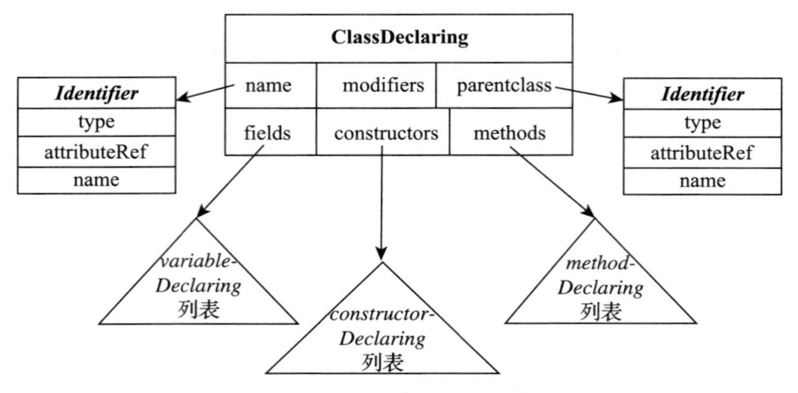

图 8.27 类声明的抽象语法树

与我们的声明处理访问者的典型情况一样，*ClassDeclaring* 节点的 VISIT 方法根据需要处理从该节点可访问的 AST 子树，以实现类声明。图 8.29 中的代码从标记 ⑤① 处开始，首先为类创建一个 *TypeDescriptor*，并创建一个符号表来保存类中声明的名字。在这些步骤之后，为类创建 *Attributes* 结构，并在当前符号表中创建类名的表项。图 8.28 展示了在符号表项中与类名相关联的信息。*currentClass* 的值被设置为该类的 *Attributes* 描述符的引用。

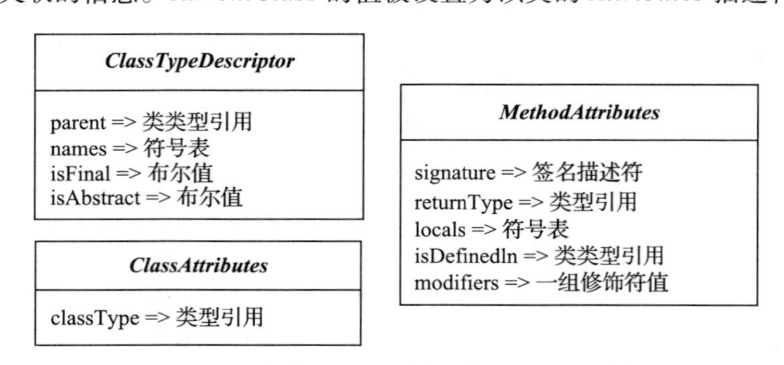

图 8.28 类声明的属性描述符和类型描述符

接下来，在标记 ⑤② 处，我们检查是否在声明中提供了父类名。如果没有，则将一个引用类 *Object* 的 AST 节点附加到该节点。否则，将创建一个 *TypeVisitor* 的实例来处理 *parentClass* 引用的节点。如果在访问 *parentClass* 期间发生错误，或者如果 *parentClass.name* 不是类名，则当前类声明的 *TypeDescriptor* 将被 *errorType* 替换，类声明的剩余部分将不再处理。假如继续处理字段和方法声明，命名错误的父类可能会导致报告更多错误，因此我们选择跳过声明的这些部分，以实现在源码中每个错误只产生一个错误消息的目标。

```
/★   为图8.11中的标记⑭处定义的访问者代码                              ★/
procedure VISIT( ClassDeclaring cd )
    typeRef ← new TypeDescriptor( ClassType )                          (51)
    typeRef.names ← new SymbolTable( )
    attr ← new Attributes( ClassAttributes )
    attr.classType ← typeRef
    call currentSymbolTable.ENTERSYMBOL( name.name, attr )
    call SETCURRENTCLASS( attr )
    if cd.parentclass = null                                           (52)
    then cd.parentclass ← GETREFTOOBJECT( )
    else
        typeVisitor ← new TypeVisitor( )
        call cd.parentclass.ACCEPT( typeVisitor )
    if cd.parentclass.type = errorType
    then attr.classtype ← errorType
    else
        if cd.parentclass.type.kind ≠ classType
        then
            attr.classtype ← errorType
            call ERROR( parentClass.name, "does not name a class" )
        else
            typeRef.parent ← cd.parentClass.attributeRef               (53)
            typeRef.isFinal ← MEMBEROF( cd.modifiers, final )
            typeRef.isAbstractl ← MEMBEROF( cd.modifiers, abstract )
            call typeRef.names.INCORPORATE( cd.parentclass.type.names ) (54)
            call OPENSCOPE( typeRef.names )
            call cd.fields.ACCEPT( this )                              (55)
            call cd.constructors.ACCEPT( this )
            call cd.methods.ACCEPT( this )
            call CLOSESCOPE( )
    call SETCURRENTCLASS( null )
end
```

图 8.29　TopDeclVisitor 中为 ClassDeclaring 定义的 VISIT 方法

如果 *parentClass.name* 确实指定了一个类，则在标记 ⑬ 处继续处理声明，为该类的类型描述符的其余字段指定值。由于在类声明中能使用的修饰符数量有限，因此在类型描述符中包含了字段，以记录每个可能的修饰符是否出现。继续看标记 ⑭ 处的代码，为了解析类主体中的名字，需要一个新的符号表特性。在处理类主体时，父类（及其祖先类）中声明的所有名字必须是直接可见的。我们假设有一个名为 INCORPORATE 的符号表方法可以实现这个扩展查找规则。它将父类中可见的名字包含在为当前类（*TypeRef.names*）定义的符号表中。在此步骤之后，此符号表设置为当前开放的名字作用域。这个步骤为处理 *fields*、*constructors* 和 *methods* 子树创建了恰当的符号表环境。从标记 ⑮ 处开始的三个调用将当前的 *TopDeclVisitor* 传播到这些子树。在此方法的最后几步中，将该类的符号表从符号表栈中弹出，以便符号环境返回到执行此访问者之前的状态，并将该类的名字添加到该环境中，最后将 *currentClass* 的值返回为 **null**，因为它不再处于类声明中。如果正在编译的语言允许嵌套类，我们将在最后一条语句中恢复保存的值。

上述 VISIT 方法能处理修饰符 *final* 和 *abstract*，这是 Java 中的修饰符。这些修饰符限制了类名的使用方式，因此意味着需要在恰当的 VISIT 方法中进行额外的检查。实际上，完全实现 *final* 的含义需要向这个 *ClassDeclaring* 访问者添加一个检查。就在检查完 *parentClass* 是一个类名之后，我们还必须增加一个检查，检查它所命名的类是否被声明为 *final*。另一方面，*abstract* 要求在其他地方检查一个 *abstract* 类的名字是否在构造函数中没有使用。

如图 8.3 所示，考虑到类的符号表的要求，我们需要为每个作用域使用单独的符号表结构，对于面向对象的语言来说，这是一种比 8.3.3 节中详细介绍的单一符号表结构更合适的替代技术。此外，在接口中包含 INCORPORATE 方法要求我们还要考虑对数据结构的另一个要求。添加了这个特性后，在遍历包含当前类的作用域的栈（如果语言允许嵌套类，则可能包含另一个类）之前，对于一个名字的查找过程必须首先在祖先类的符号表列表中进行查找。多重继承使情况更加复杂。习题 23 考虑了这种特性组合的影响。为了处理类（和方法）的声明还需要对符号表接口进行修改。在标记 ㉞ 处调用 INCORPORATE 后立即使用一个新版本的 OPENSCOPE。它接受一个符号表作为参数，在本例中是当前类的符号表，并使该符号表成为新的开放作用域。通过标准的重载解析规则，可以将它与之前定义的 OPENSCOPE 版本区别开来。

本节将考虑的类的最后一个特性是，在 Java 中，接口名字列表可能是类声明的一部分。每个接口都有一组与之关联的声明，同样由符号表表示。在处理完类的所有声明之后，还必须检查声明的每个接口，以确保所有接口确实都由类完全实现。接口列表必须成为类类型的字段之一，以便在使用类实例所在的上下文要求对象符合某个接口时可以进行恰当的类型检查。

8.7.2 处理方法声明

对于处理方法声明的 VISIT 方法，图 8.30 中的 AST 节点说明了其可用的信息。与其他声明一样，对 *MethodDeclaring* 节点的访问将在当前符号表中为方法名创建一个新的表项。因为方法体定义了一个新的作用域（就像类一样），所以这个 VISIT 方法将创建一个新的嵌套符号表。

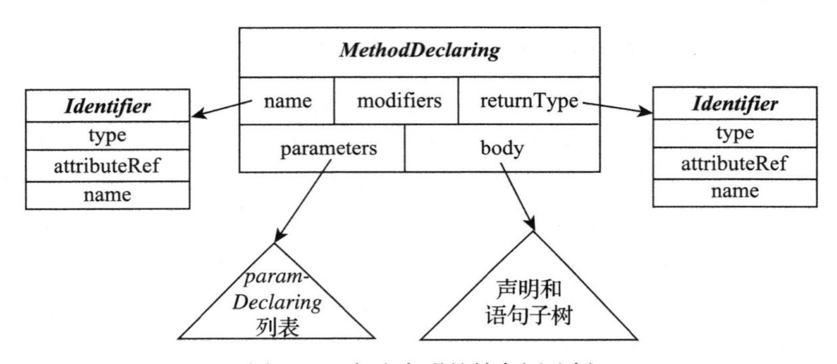

图 8.30　方法声明的抽象语法树

MethodDeclaring 访问者见图 8.31。它不像 *ClassDeclaring* 节点的 VISIT 方法那样调用 VISITCHILDREN。相反，访问者以更定制化的方式处理 *MethodDeclaring* 节点引用的各子树。这个过程从标记 ㊱ 处开始，在那里为 *returnType* 创建一个 *TypeVisitor* 实例。访问的结果保存在 *returnType* 引用的 *Identifier* 节点的 *type* 字段，它被设置为方法的返回类型。注意，我们没有对 *errorType* 进行检查，因为即使没有为返回类型给定的名字指明一个合法的类型，我们也希望处理此声明的其余部分。接下来，为该方法创建一个 *Attributes* 描述符，其中包含返回类型、新创建的符号表和 *currentClass* 的值，用于为其三个字段提供值（参见图 8.28 了解方法的 *Attributes* 描述符的详细信息）。在开始处理 *MethodDeclaring* 节点的其余子树之前，符号表被设置为当前符号范围，方法的 *Attributes* 描述符被设置为 *currentMethod*。注意，*currentMethod* 的旧值被保存起来，以便在此方法结束时可以恢复它。如果语言允许方法嵌套，此步骤将确保在该方法声明完成后恢复引用包含它的方法。如果不允许使用方法嵌

套，则恢复步骤应该将 *currentMethod* 引用恢复为空值。

```
/*   为图8.11中的标记⑮处定义的访问者代码                              */
procedure VISIT(MethodDeclaring md)
    typeVisitor ← new TypeVisitor()                                  (56)
    call md.returnType.ACCEPT(typeVisitor)
    attr ← new Attributes(MethodAttributes)
    attr.returnType ← md.returnType.type
    attr.modifiers ← md.modifiers
    attr.isDefinedIn ← GETCURRENTCLASS()
    attr.locals ← new SymbolTable()
    call currentSymbolTable.ENTERSYMBOL(name.name, attr)
    md.name.attributeRef ← attr
    call OPENSCOPE(attr.locals)
    oldCurrentMethod ← GETCURRENTMETHOD()
    call SETCURRENTMETHOD(attr)
    call md.parameters.ACCEPT(this)                                  (57)
    attr.signature ← parameters.signature.ADDRETURN(attr.returntype)
    call md.body.ACCEPT(this)                                        (58)
    call SETCURRENTMETHOD(oldCurrentMethod)
    call CLOSESCOPE()
end
```

图 8.31　TopDeclVisitor 中为 MethodDeclaring 定义的 VISIT 方法

AST 节点的 *modifiers* 字段被简单地复制到方法的 *Attributes* 描述符中，而不是像我们在 *ClassDeclaring* 节点的 VISIT 方法中所做的那样解释修饰符集的值。因为可以为一个方法指定许多修饰符，所以更简单的做法是携带本身为声明一部分的修饰符集，让其他访问者在需要时在这个集合中查找值。

在标记 ㊼ 处，当前的 *TopDeclVisitor* 被传播到参数声明列表。*ParameterDeclaring* 节点（*parameter* 所引用的）的 VISIT 方法将遇到一系列形式参数名字及其类型，它们定义了方法的接口。该访问者将所有这些名字插入符号表中（类似于变量），并为参数类型列表构造一个描述符，随后将其合并到方法的 *Attributes* 描述符中。这个方法的细节留作练习（参见习题 22）。由于表示方法体的最后一个子树由声明和可执行语句的组合构成，因此我们必须考虑当我们将当前的 *TopDeclVisitor* 传播到这个子树时会发生什么。当遇到声明时，将调用在 *TopDeclVisitor* 中声明的恰当的 VISIT 方法。当在遍历列表期间遇到一条语句时，在 *TopDeclVisitor* 中找不到对应的方法。由于 *TopDeclVisitor* 的父类是 *SemanticsVisitor*，因此当访问相应的语句节点时，将调用该类中为语句 AST 节点声明的 VISIT 方法。语句节点的 VISIT 方法将在 8.8 节和第 9 章中介绍。最后，*currentMethod* 的值恢复为 **null**，因为我们不再处于方法声明中，VISIT 方法在完成对 *MethodDeclaring* 节点的操作之前将符号表栈恢复到原始状态。

Java 还包含一个额外的重要特性，它是方法声明的一部分，即，方法可以包含一个异常列表，这些异常可能在方法执行时抛出。Java 方法声明的完整实现需要引用此异常列表作为 *MethodDeclaring* AST 节点的一部分，并使用 VISIT 方法处理它。此外，必须扩展方法的 *Attributes* 描述符，以包含一个 *declaredThrowsList*，以供处理抛出异常的 VISIT 方法使用，如 9.1.7 节中定义的那样。

构造函数很像方法，只是没有指定返回类型，因为其返回类型就是声明它们的类的类型。构造函数有一些限制，这取决于编译的语言。*ConstructorDeclaring* 节点的 VISIT 方法与这里为 *MethodDeclaring* 节点定义的方法非常相似。

8.8 类型检查简介

8.6 节和 8.7 节介绍了在 *TopDeclVisitor* 中定义的方法，它们处理声明以收集信息到符号表中。在本节中，我们将定义 *SemanticsVisitor* 执行的操作，这些操作在访问程序可执行部分对应的 AST 节点时，使用符号表中的信息来检查类型和其他语义需求。

我们首先定义赋值语句中名字和表达式的类型检查要求，以此作为语义检查讨论的开始。在对此上下文中名字的解释进行了一般性讨论之后，8.8.1 节介绍了用于简单标识符和字面量的语义分析的 VISIT 方法。处理赋值语句的方法在 8.8.2 节中详细介绍。8.8.3 节处理涉及单目和二元运算符的表达式，然后在 8.8.4 节介绍编译简单记录和数组引用所需的技术。

赋值语句的 AST 形式如图 8.32 所示。一棵 *targetName* 子树可能只是一个标识符，也可能是更复杂的东西，例如一个索引数组或者结构或类中的一个字段。类似地，一棵 *valueExpr* 子树可以是一个简单的标识符或字面量，也可以是涉及运算符求值和方法调用的复杂计算。无论子树有多复杂，我们的语义分析方法都是一致的；访问者将遍历这两棵子树，检查语义错误并确定类型。

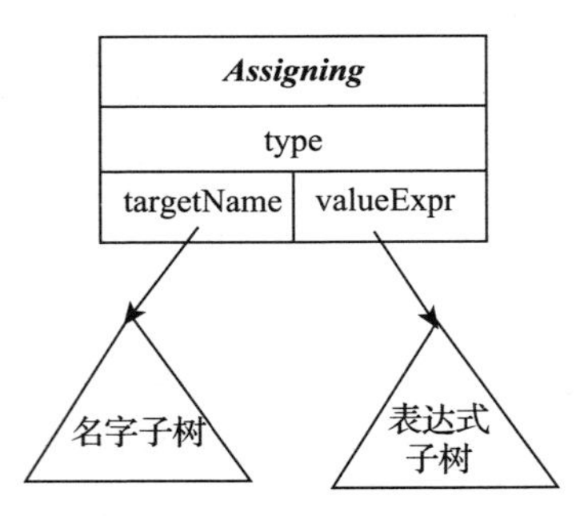

图 8.32　赋值语句的抽象语法树

一个简单的名字显然可以用我们用来表示类型名的 *Identifier* 节点来表示，在我们处理声明的许多其他上下文中也可以使用这个 *Identifier* 节点。表达式的最简单形式也是一个名字（如赋值语句 a=b）或一个字面常量（如 a=5）。

然而，赋值语句的语义分析并不像初看起来那么简单。考察一下简单的赋值 a=b。在这个赋值语句中，两个标识符有着完全不同的含义。a 表示 a 的地址，即接收赋值的位置。b 表示与 b 关联的地址上的值。我们称 a 提供了一个**左值**（L-value），因为这是赋值语句左侧标识符的含义（即一个地址）。类似地，我们称 b 表示一个**右值**（R-value），因为这是我们解释赋值右侧的标识符（即一个值或一个地址中的内容）的方式。左值和右值之间的区别解释了为什么命名常量可以是赋值的源值而不能是目标值。

在语义分析方面，我们将使用 *SemanticsVisitor* 来分析期望产生一个右值的构造。这包括简单标识符、字面量、运算符和函数调用。为了分析预期产生左值的构造，我们将引入一个新的专门的访问类 *LHSSemanticsVisitor*。这个访问者类是为少数 AST 节点定义的，因为只有很少构造生成一个内存位置（变量、数组元素或字段引用）。在大多数情况下，*LHSSemanticsVisitor* 中 VISIT 方法所做的分析与 *SemanticsVisitor* 中相应的 VISIT 方法相同，外加“多一点”检查——验证是否生成了一个可赋值名字（一个左值）。因此，在检查一个作为左值的 *Identifier* 时，我们必须检查它是否被正确声明并产生一个合法类型，以及它是否命名了一个变量（或者它可以以某种方式成为赋值的目标）。

图 8.33 概述了能处理本节中讨论的所有构造的语义处理访问者。我们只要求对少数构造在 *LHSSemanticsVisitor* 中定义 VISIT 方法，因为构建 AST 的语法分析器禁止了许多不良形式的树。因此，我们不需要为 *IntLiteral* 定义 VISIT 方法，因为像 1=a 这样的赋值在语法上是非法的。如果对一个非法构造是否可能作为左值出现有任何疑问，则可以在 *LHSSemanticsVisitor* 中包含对应 AST 节点的 VISIT 方法，该方法发出该构造可能不是赋值目标的警告。

```
class NodeVisitor
    procedure visitChildren(n)
        foreach c ∈ n.getChildren() do call c.accept(this)
    end
end

class SemanticsVisitor extends NodeVisitor
    procedure visit(Identifier id)                                        (59)
        /*    8.8.1节                                               */
    end

    procedure visit(IntLiteral intlit)                                    (60)
        intlit.type ← integerType
    end
    procedure visit(Assigning assign)                                     (61)
        /*    8.8.2节                                               */
    end

    procedure visit(BinaryExpr bexpr)                                     (62)
        call visitChildren(bexpr)
        bexpr.type ← binaryResultType(bexpr.operator, bexpr.leftType.type, bexpr.rightType.type)
    end

    procedure visit(UnaryExpr uexpr)                                      (63)
        call visitChildren(uexpr)
        uexpr.type ← unaryResultType(uexpr.operator, uexpr.subExpr.type)
    end

    procedure visit(ArrayReferencing ar)
        /*    图8.36                                                */
    end

    procedure visit(StructReferencing sr)
        /*    图8.37                                                */
    end
end
class LHSSemanticsVisitor extends SemanticsVisitor
    procedure visit(Identifier id)                                        (64)
        visitor ← new SemanticsVisitor()
        call id.accept(visitor)
        if not isAssignable(id.attributeRef)
        then
            call error(id.name, "is not assignable.")
            id.type ← errorType
            id.attributesRef ← null
    end

    procedure visit(ArrayReferencing ar)                                  (65)
        call ar.arrayName.accept(this)
        visitor ← new SemanticsVisitor()
        call ar.accept(visitor)
    end

    procedure visit(StructReferencing sr)                                 (66)
        visitor ← new SemanticsVisitor()
        call sr.accept(visitor)
        if sr.type ≠ errorType
        then
            call sr.objectName.accept(this)
            st ← sr.objectName.type.fields
            attributeRef ← st.retrieveSymbol(fieldName.name)
            if not isAssignable(id.attributeRef)
            then call error(fieldName.name, "is not an assignable field")
    end
end
```

图 8.33 类型检查访问者

8.8.1 简单标识符和字面量

Identifier 的 VISIT 方法使用符号表来发现标识符的“含义”。它首先将 *type* 字段设置为 *errorType*，并将 *attributesRef* 字段设置为 null。这些是默认值，以防标识符定义或使用不正确。然后调用标记 ⑥⑦ 处的 RETRIEVESYMBOL，检查命名标识符是否已正确声明。如果没有找到标识符，它将返回 **null** 作为结果。因为标识符所处于的上下文中要求它必须命名一个数据对象（有一个值），所以调用 ISDATAOBJECT（标记 ⑥⑧）来验证标识符是否满足这一要求（例如，声明为类型名称的标识符将通过第一个检查，但在第二个检查中失败）。假设标识符确实命名了一个数据对象，则该数据对象的类型和属性信息保存在 AST 节点中。如果任何一个检测失败，则保持默认的 *errorType*。

LHSSemanticsVisitor 中 *Identifier* 的访问者（标记 ⑥④）首先使用 *SemanticVisitor* 实例来运行本节中定义的 VISIT 方法。此外，它使用一个名为 ISASSIGNABLE 的方法来确保 `id` 命名了一个可以作为赋值目标的数据对象。例如，如果 `id` 是常量，ISASSIGNABLE 将返回 `false`。它还包括对 `id.attributeRef` 是否为 **null** 的检查，因为 `id` 没有定义或没有命名数据对象，在这种情况下也将返回 `false`。

```
/*   为图8.33中的标记⑤⑨处定义的访问者代码                              */
procedure VISIT( Identifier id )
    id.type ← errorType
    id.attributeRef ← null
    attributeRef ← currentSymbolTable.RETRIEVESYMBOL( id.name )          ⑥⑦
    if attributeRef = null
    then call ERROR( id.name, "has not been declared" )
    else
        if ISDATAOBJECT( attributeRef )                                  ⑥⑧
        then
            id.attributeRef ← attributeRef
            id.type ← id.attributeRef.variableType
        else   call ERROR( id.name, "does not name a data object" )
end
```

字面量节点的 VISIT 方法很简单，因为类型是立即可用的。伪代码也包含在图 8.33 中，在标记 ⑥⓪ 处。*LHSSemanticsVisitor* 中没有相应的 VISIT 方法，因为我们希望语法分析器在需要左值的上下文中禁止整数字面量。在习题 26 中讨论了字面量可能错误地作为左值的情况。

我们将在 8.8.4 节中为更复杂的名字开发类型检查访问者，例如记录字段和数组元素引用。对赋值所做的处理被设计成完全忽略指定赋值目标的子树的复杂性，就像它不需要考虑指定源值的计算的复杂性一样。

8.8.2 赋值语句

Assigning 节点的 VISIT 方法的主要任务是获取赋值语句的两个组成部分的类型，并根据语言规则检查它们是否兼容。我们在标记 ⑥⑨ 处创建并使用 *LHSSemanticsVisitor* 来获取赋值目标的类型，并验证它可以是赋值的目标。我们在标记 ⑦⓪ 处使用普通 *SemanticsVisitor* 来检查右侧的类型。标记 ⑦① 处的检测确定赋值号右侧的值的类型是否可以赋值给左边的变量。然后适当地设置 *Assigning* 节点本身的类型字段，如果赋值检测失败，则使用 *errorType*。

```
/*   为图8.33中的标记⑥①处定义的访问者代码                              */
procedure VISIT( Assigning assign )
    lhsVisitor ← new LHSSemanticsVisitor( )                              ⑥⑨
    call assign.targetName.ACCEPT( lhsVisitor )
    call assign.valueExpr.ACCEPT( this )                                 ⑦⓪
```

```
        if ASSIGNABLE(assign.valueExpr.type, assign.targetName.type)          (71)
        then assign.type ← assign.targetName.type
        else
            call ERROR("Right hand side expression not assignable to left hand side name at", assign)
            assign.type ← errorType
    end
```

8.8.3 检查表达式

在开始讨论类型检查时，我们看到了一般表达式概念的两个简单示例，即单个标识符和字面常量。更复杂的表达式使用单目和二元运算符构造，如图 8.34 中的 AST 所示。图中 *leftExpr*、*rightExpr* 和 *subExpr* 指向的节点可以引用任何类型的表达式子树。无论是简单的还是复杂的，都由适当的语义访问者进行分析。

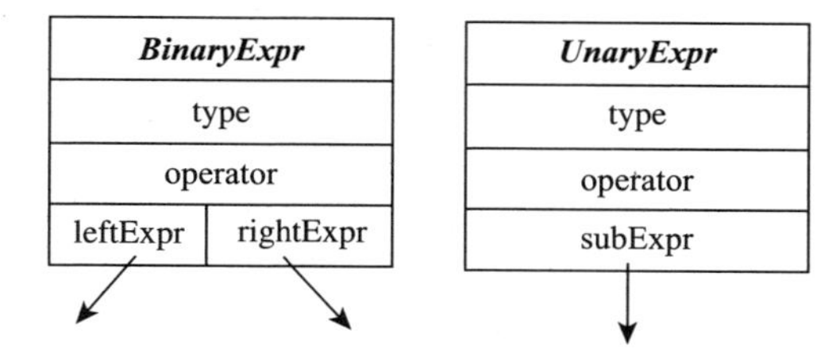

图 8.34　单目和二元表达式的抽象语法树表示

二元和单目运算符的 VISIT 方法在图 8.33 的标记 ⑫ 处和标记 ⑬ 处定义。两个方法都首先遍历运算对象表达式来传播访问者，之后只关注它们产生的类型。

这些 VISIT 方法执行的类型检查取决于运算符和运算对象的类型。访问者的伪代码使用函数 BINARYRESULTTYPE 和 UNARYRESULTTYPE 检查运算符和运算对象，以确定它们是否描述了一个合法的运算（根据正在编译的语言的定义）。如果指定的运算是有意义的，则返回运算结果的类型；否则，调用的结果必须是 *errorType*。我们考虑几个例子。所有编程语言都允许对整数进行加法，所得结果也是整数。在大多数语言中，整数和浮点数相加将生成浮点数，但在不允许隐式类型转换的语言中，这样的表达式是错误的。通常，两个算术值的比较运算会得到一个布尔值结果。

8.8.4 检查复杂名字

现在，我们研究在分析数组元素或结构字段的引用时必须进行的类型检查。数组和结构引用的 AST 表示如图 8.35 所示。这些树实际上被简化了一点，因为 *StructReferencing* 节点中的 *objectName* 和 *ArrayReferencing* 节点中的 *arrayName* 并不总是 *Identifier* 节点。更一般地说，它们指向的子树都对应一个数据对象——*Identifier* 节点是一种简单但常见的情况。

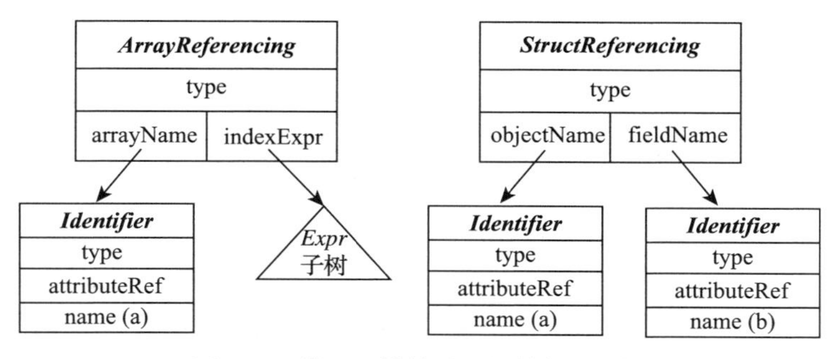

图 8.35　数组和结构引用的抽象语法树

ArrayReferencing AST 节点的 VISIT 方法见图 8.36。该方法首先调用 VISITCHILDREN。如上所述，*arrayName* 可以指向任意复杂的子树，就像 *indexExpr* 子树可以是任意表达式一

样。对于类型检查的目的而言，我们只对每棵子树的根节点中的 *type* 字段感兴趣，这是由 visitChildren 发起的访问来设置的。

```
procedure visit( ArrayReferencing ar )
    call visitChildren(ar)
    if ar.arrayName.type = errorType                                        (72)
    then ar.type ← errorType
    else
        if ar.arrayName.kind ≠ arrayTypeDescriptor                          (73)
        then
            call error(ar.arrayName, "is not an array")
            ar.type ← errorType
        else
        ar.type ← ar.arrayName.type.elementType
    if ar.indexExpr.type ≠ errorType and ar.indexExpr.type ≠ integer        (74)
    then
        call error("Index expression is not an integer : ", ar.indexExpr)   (75)
end
```

图 8.36　数组引用类型检查

标记 ⑬ 处的检测检查 *arrayName* 子树是否指定了一个数组。标记 ⑭ 处的检测检查 *indexExpr* 子树的类型。此检查是为了要求数组以整数为索引的语言（大多数语言都是如此）而设计的。如果所实现的语言允许枚举类型作为数组索引，则必须添加更复杂的检查。

数组 *LHSSemanticsVisitor* 的 visit 方法如标记 ⑥⑤ 处显示。它访问它的 *arrayName* 子树以验证数组是否可赋值（许多语言允许数组声明为 `const` 或 `final`）。然后调用 *SemanticsVisitor* 中相应的 visit 方法来完成其余的语义分析。

StructReferencing AST 节点的 visit 方法的伪代码见图 8.37。该方法开始时不像通常那样调用 visitChildren。相反，它只遍历 *objectName* 字段指向的 AST。这种背离通常做法的原因可以在标记 ⑦⑨ 处看到，用 *objectName* 子树提供的符号表上下文解释了 *fieldName*。在这样做之前，该方法检查这棵子树的计算是否导致了错误（标记 ⑦⑦ 处），然后确保它确实命名了一个结构（标记 ⑦⑧ 处）。按照我们关于错误报告的约定，在第一个检查中不需要报告任何错误消息，而在标记 ⑦⑧ 处的局部检查失败会根据识别出的错误生成恰当的消息。最后，从标记 ⑦⑨ 处开始，从结构的符号表中检索 *fieldName* 的含义，并将其类型作为该引用的类型返回。如预期，如果没有找到名字，将生成恰当的错误消息。

```
procedure visit( StructReferencing sr )
    call sr.objectName.accept(this)                                         (76)
    if sr.objectName.type = errorType                                       (77)
    then sr.type ← errorType
    else
        if sr.objectName.type ≠ structTypeDescriptor                        (78)
        then
            call error(sr.objectName, "does not name a struct.")
            sr.type ← errorType
        else
            st ← sr.objectName.type.fields                                  (79)
            attributeRef ← st.retrieveSymbol(fieldName.name)
            if attributeRef = null
            then
                call error(fieldName.name, "is not a field of", sr.objectName.)
                sr.type ← errorType
            else sr.type ← attributeRef.fieldType
end
```

图 8.37　结构引用类型检查

结构的 *LHSSemanticsVisitor* VISIT 方法在标记 ⑯ 处显示。它首先调用普通的语义访问者来验证是否存在有效的结构和字段。如果是，它会执行两个额外的检查。首先，它访问 *objectName* 子树以验证结构是否可赋值。然后查找 *fieldName* 的属性并检查字段是否可赋值（以覆盖单个字段可能被标记为 `const` 或 `final` 的情况）。

复杂名字例

图 8.38 说明了用于表示名字 `s.a[i+1].f` 的 AST。该名字包括一个结构名、一个字段名（用于命名一个结构的数组）和一个数组元素的字段名。因此，图 8.38 包括两个 *StructReferencing* 节点（节点 1 和节点 4）和一个 *ArrayReferencing* 节点（节点 2）。当对节点 1 调用 *SemanticsVisitor* 中的 VISIT 方法来处理这个名字时，类型检查过程将通过以下步骤进行：

1）通过调用图 8.37 中标记 ⑯ 处的 ACCEPT 方法，类型检查遍历过程立即移动到节点 2。

2）图 8.36 中 *arrayReferencing* 节点的 VISIT 方法首先调用 VISITCHILDREN，它首先调用节点 4 的 ACCEPT 方法（这次调用 VISITCHILDREN 的结果是稍后访问节点 5）。

3）*StructReferencing* VISIT 方法在标记 ⑯ 处再次调用 ACCEPT 方法，遍历过程转移到由其 *objectName* 字段指向的节点上，在本例中为节点 6。

4）从符号表中检索名字 `s` 的含义。假设 `s` 命名了一个数据对象，它的类型将被设置为节点 6 上的 *type* 字段的值。然后控制权将返回到节点 4 的 VISIT 方法。

5）图 8.37 中标记 ⑱ 处的代码检查刚刚检索出的 `s` 的类型是否为一个结构。假设是，将在与结果 `s` 关联的符号表中查找节点 7 的 *name* 字段中的标识符 `a`。对 `a`（数组）进行类型检索，会将结果设置为节点 4 的 *type* 字段的值。然后控制权将返回到节点 2 的 VISIT 方法。

   注意，类型检查遍历没有转移到节点 7。如果这样做了，那么将在符号表中查找当前作用域，而不是与结构 `s` 关联的作用域。

6）节点 2 的 VISITCHILDREN 执行中的第二次迭代调用节点 5 的 ACCEPT 方法。

7）在节点 5 上执行图 8.33 中标记 ⑫ 处的 VISIT 方法。

8）该方法首先调用 VISITCHILDREN，而后者首先调用节点 8 的 ACCEPT 方法。

9）名字 `i` 的含义从符号表中检索。在这个示例中，我们假设它是一个整数，因此将节点 8 上的 *type* 字段的值设置为 *integer*。控制权返回到节点 5 的访问者。

10）VISITCHILDREN 对节点 9 调用 ACCEPT 方法。图 8.33 中标记 ⑩ 处的 VISIT 方法立即将节点 9 中的 *type* 字段的值赋值为 *integer*，然后返回。

11）在 *BinaryExpr* 节点的 VISIT 方法中调用 BINARYRESULTTYPE 将导致节点 5 中的 *type* 字段的值被赋值为 *integer*。然后控制权返回给节点 2 的访问者。

12）在检查节点 4 的类型是一个数组并验证节点 5 表示的索引表达式的类型确实是 *integer*（图 8.36 中的标记 ⑮）之后，这个访问者将节点 2 的 *type* 字段设置为节点 4 类型的 *elementType* 字段。然后控制权返回给节点 1 的访问者。

13）图 8.37 中标记 ⑱ 处的代码检查刚刚为节点 2 设置的类型是否指定了一个结构。假设是这样，则在与节点 2 的结构类型关联的符号表中查找节点 3 的 *name* 字段中的标识符 `f`。查找结果将被设置为节点 1 的 *type* 字段的值，然后控制权将返回给在节点 1 上发起遍历的访问者。

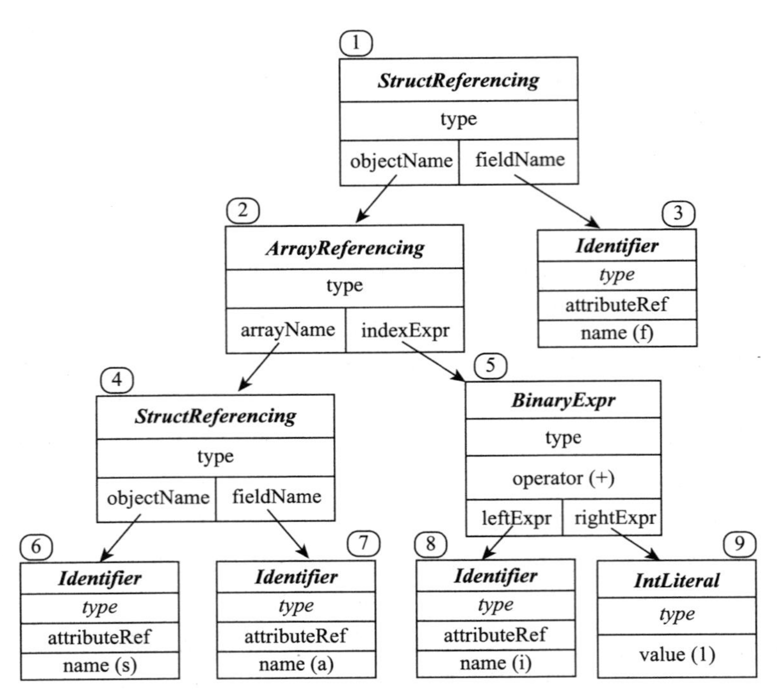

图 8.38 数组和结构例子的 AST

虽然这看起来是一个相当复杂的过程，但重要的是要理解它使每个 VISIT 方法的代码只处理局部信息（向下查找字段名是一种特殊情况，其中 *fieldName* 子树只能是 *Identifier* 节点）。对于用任意复杂的方式组成的名字，我们总是可以用为每种 AST 节点定义的简单步骤来处理它们。特别是，在每个节点中进行的类型检查从不依赖于其下或周围的 AST 的结构，而只依赖于子树的局部信息和 *type* 字段。

8.9 总结

尽管符号表的接口非常简单，但是符号表实现的底层细节对符号表的性能起着重要的作用。大多数现代编程语言都是静态作用域的。本章介绍的符号表组织有效地表示块结构语言中作用域相关的符号。每种语言对如何声明和使用符号都有自己的要求。大多数语言都包含将符号提升到全局作用域的规则。在设计符号表时，应该考虑继承、重载和聚合数据类型等问题。符号表用于将名字与各种信息（通常称为属性）关联起来，类型是一种常见的、独特的属性。类型和其他属性由复杂的定制数据结构表示，这些数据结构是根据语言特性设计的，用于保存恰当的描述性信息。

本章广泛使用了第 7 章中首次介绍的访问者模式来处理抽象语法树。与表示声明的树节点相关联的 VISIT 方法构建符号表和与正在编译的程序中声明的名字相关联的结构。在声明处理期间，以及应用到表示程序可执行部分的 AST 节点时，也用相同的机制进行类型检查。

在 VISIT 方法的设计中，有两个目标是最重要的。第一个原则是，每个方法的操作必须只基于与其相关联的 AST 节点和处理它所引用的子树提供的信息，而要避免依赖 AST 中任何周围部分的结构。第二个原则是，检查必须产生清晰的错误消息，以便程序员能够容易地识别对应的程序错误。本章提出了使用 errorType 来处理类型错误的思想。在 VISIT 方法中自始至终以一致的方式使用该技术是一种有效的方法，可以最小化编译器生成的错误消息的数量，从而为程序员更精确地突显存在的问题。

习题

1. 在产品级编译器中实现符号表最常用的两种数据结构是二叉搜索树和哈希表。两者的优点和缺点各是什么？
2. 考虑一个程序，其中，同一个变量名既声明为方法的一个参数，也声明为一个局部变量。如果在一个编程语言中，局部变量声明可以屏蔽参数声明，则称它包含参数遮蔽特性。否则，本题中描述的情况就会导致符号多重定义。我们考虑 8.1.2 节中提出的符号表接口，对于编程语言采用参数遮蔽和无参数遮蔽机制的情况，分别解释必须采取的隐式作用域变换。
3. 描述符号表中处理多重作用域的两种替代方法，对每种方法，列出打开、关闭作用域所需的动作。对于图 8.1 所示程序的编译过程，追踪每种方法会执行的动作序列。
4. 图 8.7 给出的代码创建一个对应所有作用域的单一符号表。回忆 8.2.2 节的讨论，另一种方法是根据作用域分离符号表，如图 8.3 所示。修改图 8.7 代码，使之能管理一个符号表栈，每个活跃作用域有独立的符号表。保持 8.1.2 节中定义的符号表接口。
5. 回忆 8.3.1 节中的讨论，假设所有活跃名字都保存在一个单一有序列表中。一个标识符可能在列表中出现 *k* 次——如果当前有 *k* 个活跃作用域都声明了此标识符的话。
   1）你如何实现 8.1.2 节中定义的方法，使得对给定标识符 RETRIEVESYMBOL 能找到恰当的声明？
   2）解释对一个 *n* 项的列表，查找时间为什么能保持（或不能保持）$O(\log n)$。
6. 用 8.3.1 节中建议的有序列表数据结构实现一个符号表。讨论 8.1.2 节中定义的每个方法的执行时间。
7. 扩展图 8.7 中的符号表实现，增加对 DECLAREDLOCALLY(*name*) 的实现。回忆一下，DECLAREDLOCALLY 检查 *name* 是否出现在符号表当前（最内层）作用域中。如果是这样的，返回真。如果 *name* 在一个外层作用域中，或者它根本不在符号表中，返回假。
8. 使用 8.1.2 节中描述的接口和 8.3.3 节中讨论的实现方法编写一个符号表管理器程序。
9. 使用 8.1.2 节中描述的接口编写一个符号表管理器程序。使用红黑树维护符号表。描述此方法的性能特点。
10. 使用 8.1.2 节中描述的接口编写一个符号表管理器程序。使用伸展树维护符号表。描述此方法的性能特点。
11. 图 8.5 中的每个字符串都在字符串缓冲区中占有自己的空间。假定几个字符串加入顺序如下：*i*、*input* 和 *putter*。如果字符串可以共享公共字符，则这些字符串可用 8 个字符位置表示。设计一个符号表字符串空间管理器，允许字符串重叠，每个字符串的表示仍保持只使用一个偏移量和一个长度，如 8.3.2 节所述。
12. 一些语言允许对实际上为复杂名字的后缀的名字进行特殊访问。在 Java 中，包 *java.lang* 中的类可用，从而类 *java.lang.Integer* 可简单地用 *Integer* 引用。这个特性也适用于任何显式导入的类。类似地，Pascal 的 with 语句允许在适用的块中简写字段名字。设计一个名字空间，能在指定条件下支持高效检索这种简写名字。请务必记录下你希望对 8.1.2 节给出的符号表接口所做的任何更改。
13. 如 8.4.1 节所讨论的，一些语言允许简写字段引用序列——加入简写形式能唯一定位到所需字段。当然，引用中的最后一个字段必须出现在简写中。而且，为了将引用与相同类型的其他实例区分开来，第一个字段也是必要的。因此，我们假定第一个和最后一个字段必须出现在简写中。
    例如，如果记录 `a` 和 `b` 本身不包含字段 `d`，则引用 `a.b.c.d` 可以简写为 `a.d`。
    设计一个算法以允许这种简写，算法要考虑到引用的第一个和最后一个字段不能省略。将你的方案整合到 8.3.3 节的 RETRIEVESYMBOL 实现中。
14. 考虑下面的 C 程序：

```
int func() {
   int x, y;
   x = 10;
   {
       int x;
       x = 20;
       y = x;
   }
   return(x * y);
}
```

标识符 x 声明在方法的外层作用域中。其另一个声明出现在给 y 赋值的嵌套作用域中。在 C 语言中，*x* 的嵌套声明被视为其他名字的声明，前提是内存作用域对 x 的引用被恰当重命名。设计一组 AST 访问者方法，实现

- 重命名嵌套的变量声明，并将其移动到方法的最外层作用域；
- 恰当地重命名符号引用以保持程序的含义。

15. 使用 8.1.2 节中给出的符号表接口，描述在下面的每个假设下如何实现结构（C 语言中的 struct）。
    - 所有结构和字段都保存在单一符号表中。
    - 每个结构用其独有的符号表表示，符号表的内容是结构的字段。
16. 如 8.4.2 节中提到的，C 语言允许相同的标识符同时作为一个 *struct* 名、一个标号以及一个普通变量名出现。因此，下面是一个合法的 C 程序：

```
main() {
    struct xxx {
        int a,b;
    } c;
    int xxx;

    xxx:
        c.a = 1;
}
```

在 C 语言中，结构名前面必须有终结符 *struct*。标号只能用作 goto 语句的跳转目的。解释如何使用 8.1.2 节中给出的符号表接口允许 *xxx* 的所有三个变体在同一个作用域中共存。

17. 描述你如何使用 8.1.2 节中给出的符号表接口将一个循环迭代变量的声明和影响局部化。作为一个例子，考虑如下类 Java 语句中的变量

```
for (int i=1; i<10; ++i)  { . . . }
```

在此题中，我们谋求：

- *i* 的声明不能与任何其他 *i* 的声明冲突。
- 这个 *i* 的影响局限于循环体内。即，*i* 的作用域包含 for 语句的表达式和循环体（在上例中用 ... 表示）。当循环退出后，循环迭代变量的值是未定义的。

18. 编写一个 VISIT 方法，处理图 8.19b 中的 AST 表示的数组类型定义，在数组说明中包含数组的上界和下界。注意，在此方法中应包含对上下界表达式的类型检查。
19. 考虑下面的代码片段：

```
typedef
    struct {
        int x,y;
    }  *Pair;

Pair *(pairs[23]);
```

typedef 将 Pair 定义为一个类型名，表示指向一个包含两个整数的记录的指针。在 pairs 的声明中用到了这个类型名，但增加了额外一层间接引用，指向一个包含 23 个 Pairs 的数组。描述如何

使用 8.6 节中提出的技术来实现 C 语言中的 `typedef`。你的设计必须适应使用 `typedef` 进行进一步类型构造。

20. 对处理习题 19 中的声明所产生的符号表项、属性描述符和类型描述符，绘制一张图。
21. 扩展 8.7.1 节中的 VISIT 方法，处理 Java 中的一个特性——允许一个接口列表实现为一个类声明的一部分（如该小节结尾所讨论的）。接口声明本身类似于类声明。编写一个 VISIT 方法处理接口声明。
22. 编写用于 *paramDeclaring* 节点列表的 VISIT 方法，如 8.7.2 节所述。
23. 8.7.2 节提出了符号表接口需要包含 INCORPORATE 方法，以便将父类及其祖先类中的名字添加到一个类的符号表中。请提出两种在符号表中的 RETRIEVESYMBOL 的实现，在其接口中包含 INCORPORATE，解释各自的优点和缺点。如果要处理多重继承，你的实现和分析需要如何修改？
24. 对处理图 8.33 中的 *LHSSemanticVisitor* 声明所产生的符号表项、属性描述符和类型描述符，绘制一张图。
25. 假设要编译 Java 程序，概述 ISASSIGNABLE(*dataObject*) 的实现，它用于图 8.33 中 *LHSSemanticVisitor* 的 VISIT 方法。
26. 回忆 8.8 节所讨论的，对于用于赋值语句左侧的名字，必须进行特殊检查。当时为此引入了访问者类 *LHSSemanticVisitor*。8.8.1 节提到，由于语法分析器不允许一个字面量作为赋值目的出现，因此在 *LHSSemanticVisitor* 中不包含处理字面量的 VISIT 方法。
    - 对一个你选定的语言，确认程序中要求左值的所有其他情况。
    - 语言的语法规范真能确保一个左值不会出现在这些情况中吗？
    - 对于语言所允许的任何字面量，为其对应的 AST 节点编写一个适合的 *LHSSemanticVisitor* VISIT 方法。
27. 对你选定的语言，概述方法 ASSIGNABLE(*valueType*, *targetType*) 的实现，它是在 8.8.2 节中为 *Assigning* AST 节点的 VISIT 方法引入的。

第 9 章

Crafting a Compiler

语 义 分 析

9.1 控制结构的语义分析

控制结构是所有编程语言的基本组成部分。通过控制结构，程序员可以将单独的语句和表达式组合起来，形成任意的专用程序构造。

有些语言构造，如 `if`、`switch` 和 `case` 语句，提供了所选语句的条件执行。其他一些语言构造，如 `while`、`do` 和 `for` 循环，提供了循环构造的循环体迭代（或称重复）。还有一些语句，如 `break`、`continue`、`throw`、`return` 和 `goto` 语句，强制程序的执行离开普通的语句顺序执行。

控制结构的确切形式在不同的编程语言中是不同的。例如，在 C、C++、C# 和 Java 中，`if` 语句不使用 `then` 关键字；而在 Pascal、ML、Ada 和许多其他语言中，`then` 是必需的。

当编译器执行语义分析时，微小的语法差异是不重要的。我们可以使用抽象语法树（见 7.4 节）进行语义分析来忽略语法差异。回想一下，抽象语法树（AST）表示语言构造的基本结构，同时隐藏源码级表示中的微小变化。使用 AST，我们可以讨论基本构造（如条件语句和循环语句）的语义分析，而不必关心它们在源码级是如何确切表示的。

组织程序语义分析的一种常用方法是创建许多**语义分析方法**，每种 AST 节点对应一种方法。要理解特定类型的构造（表达式、赋值或调用）的语义分析，只需研究相应 AST 节点的语义分析方法。

使用我们在第 7 章和第 8 章中开发的访问者方法，可以将所有的语义分析分解为一些专门的访问者，每个访问者实现整体语义分析任务的一部分。在本章中，我们将关注语义分析的三个方面：*类型正确性*（type correctness）、*可达性和终止性*（reachability and termination）以及*异常*（exception）。

类型正确性是语义分析的本质。我们访问一个 AST 节点及其子节点，以验证所有组成部分的类型是否符合编程语言规则。因此，在一条 `if` 语句中，控制表达式必须在语义上合法并返回布尔值。因为其他结构可能具有类似（甚至相同）的类型规则，实现类型正确性检查的访问者类可能共享方法，从而使分析更简单、更可靠。

如 9.1.1 节将讨论的，可达性和终止分析的目的是确定一个构造是否正常终止（许多构造不会正常终止）以及一个构造在执行过程中是否可以到达。Java 和 C# 需要这种语义分析。在 C 和 C++ 这样的语言中，这种分析是可选的，但即使这样，也可以通过进行这种增强的错误分析而受益。

几乎所有现代编程语言都包含某种形式的异常处理。在分析表达式和语句时，我们必须意识到构造可能会抛出异常，而不是正常终止。Java 要求对所有检查过的异常进行处理。也就是说，如果一个检查过的异常被抛出（参见 9.1.7 节），那么必须要么在 catch 块中捕获它，要么在方法的抛出列表中列出它。

为了实施此规则，我们将累积可由给定构造生成的已检查异常。每个包含表达式或语句的 AST 节点都有一个 *throwsSet* 字段。该字段指向一组异常类型。当分析 AST 时，*throwsSet* 将被传播，在分析捕获块、方法和构造函数时使用它。

我们将使用以下访问者组织语义分析：

SemanticsVisitor 用于检查施加在语言构造上的类型规则是否满足。这包括检查控制表达式是否为布尔值，函数调用中的参数是否具有正确的类型，函数调用是否返回了预期的类型等。这种分析通常称为**静态语义**（static semantics），是所有编译器的必要组成部分。

ReachabilityVisitor 是一个专门用于分析控制结构的可达性和正确终止的访问者。这种访问者设置两个标记，*isReachable* 和 *terminatesNormally*，用于错误分析和可选代码优化。

ThrowsVisitor 是一个专门的访问者，用于收集可能从给定语言构造"逃逸"的抛出异常的相关信息。这些访问者计算 *throwsSet* 字段，该字段记录可能抛出的异常。

9.1.1 可达性和终止分析

分析 Java 控制结构的一个重要问题是**可达性**（reachability）。Java 要求在语义分析过程中检测出不可达的语句，并生成恰当的错误消息。例如语句序列 `...;return;a=a+1;...`，在语义分析过程中，赋值语句必须被标记为不可达。

可达性分析是保守的。一般来说，确定一个给定的语句是否可达是非常困难的。事实上，这是不可能的！理论计算机科学家已经证明，即使我们事先知道程序将访问的所有数据，也无法确定一个给定的语句是否被执行。可达性是 [Tur36] 中首次讨论的著名的**停机问题**（halting problem）的一种变体。

因为我们的分析是保守的，所以我们不会检测所有不可达语句的出现。然而，我们识别出的不可达的语句肯定是错误的，因此我们的分析当然是有用的。事实上，即使在像 C 和 C++ 这样不要求可达性分析的语言中，我们仍然可以对不可达语句产生有用的警告，这些语句很可能是错误的。

为了在语义分析期间检测不可达语句，我们向表示语句和语句列表的 AST 添加两个布尔值字段。第一个是 *isReachable*，它标记一个语句或语句列表是否可达。对于任何 *isReachable* 为假的非空语句或语句列表，我们将发出错误消息。

第二个字段 *terminatesNormally* 标记给定语句或语句列表是否预期正常终止。正常终止的语句将继续"正常"执行后面的下一个语句。有些语句（例如 break、continue 或 return）可能会强制继续执行其他语句，而不是正常的后继语句。我们通过将 *terminatesNormally* 设置为假来标记这些语句。类似地，循环可能永远不会终止迭代（例如，`for(;;){a=a+1;}`）。不终止的循环（使用保守分析）的 *terminatesNormally* 标记也将被设置为假。

字段 *isReachable* 和 *terminatesNormally* 的设置遵循以下规则：

- 如果对一个语句序列 *isReachable* 为真，则对序列中的第一条语句也为真。
- 如果对一个语句序列中最后一条语句 *terminatesNormally* 为假，则对于整个语句序列也为假。
- 如果一个语句序列构成了一个方法、构造函数或静态初始化器的主体，则总是认为它是可达的（即 *isReachable* 值为真）。
- 一个局部变量声明或一个表达式语句（赋值、方法调用、堆分配、变量自增或自减等语句）的 *terminatesNormally* 总是被设置为真（即使语句的 *isReachable* 被设置为假）。

（这样做使得跟随在一条不可达语句之后的所有语句都不会产生错误消息。）

- 对于空语句或空语句序列，如果其 *isReachable* 字段为假，则不会生成错误消息，而是将 *isReachable* 值传播给后继语句（或语句序列）。
- 如果一条语句有前驱语句（它自身不是语句序列中的第一条语句），则其 *isReachable* 值等于其前驱的 *terminatesNormally* 值。即一条语句可达当且仅当其前驱正常终止。

作为一个例子，考虑下面的方法体：

```
void example() {
   int v; v++; return; ; v=10; v=20; }
```

此方法体被认为是可达的，因此，v 的声明也是可达的。此声明和后面的变量 v 的自增都正常结束，但 return 语句并不是（见 9.1.5 节）。因此 return 语句之后的空语句不可达，并将此性质传播给将 v 赋值为 10 的语句，这将生成一条错误消息。这条语句正常终止，因此认为其后继语句是可达的。

在接下来的几节中我们将研究 Java 的控制结构的语义分析。其中包括关于所考虑的语句是否正常终止的分析。我们将为每类控制语句设置 *terminatesNormally* 值，并对后继语句设置 *isReachable* 字段。

有趣的是，尽管我们期望大多数语句和语句序列正常终止，但在函数（返回非 void 值的方法）中，我们要求方法体非正常终止。因为函数必须返回一个值，所以它不能通过“滑落”到函数尾来返回。它必须执行返回某个值的语句或抛出异常。这两种情况都属于非正常终止，因此函数体也必须非正常终止。在分析函数体之后，检查构成函数体的语句序列的 *terminatesNormally* 值；如果不为假，则生成一条错误消息（“函数体必须使用 return 或 throw 语句退出”）。

9.1.2 if 语句

图 9.1 显示了对应 if 语句的抽象语法树。*IfTesting* 节点有三棵子树，分别对应 if 语句的控制条件、then 语句和 else 语句。if 语句的语义规则很简单——控制条件必须是一个合法的布尔值表达式，且 then 语句和 else 语句必须语义上合法。控制条件本身包含语义错误的情况（例如，未声明标识符或非法表达式）是可能发生的。在这种情况下，语义分析返回特殊类型 *errorType*，指出对控制条件的进一步分析是不必要的（因为我们已经标记控制条件是错误的）。除了布尔或 *errorType* 之外的任何类型都会导致生成一条错误消息。这一分析模式足够通用，因此我们创建一个方法 CHECKBOOLEAN（见图 9.2 标记①处）来实现它。现在 if 语句的语义分析访问者就很简单了——调用 VISITCHILDREN 来检查控制条件、then 语句和 else 语句的类型是否正确，然后调用 CHECKBOOLEAN 来检查条件是布尔值（见图 9.2 标记②处）。回忆一下，如果一条 if 语句没有 else 部分，则 *elsePart* AST 为空，简单认为其类型正确。

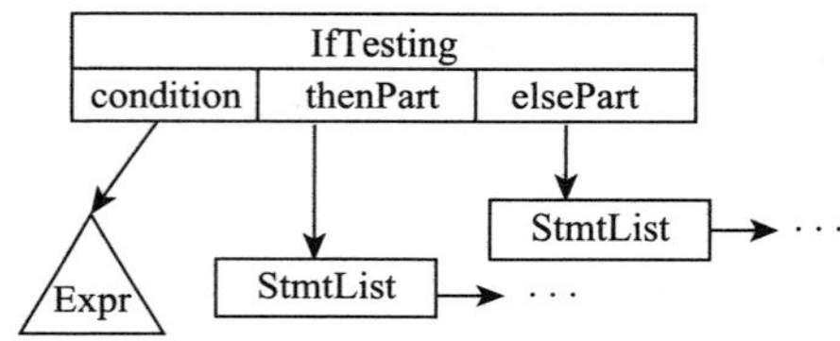

图 9.1 if 语句的抽象语法树

为了进行可达性分析，我们假设控制 if 语句的条件的求值结果可以为真或假。（习题 1 中将讨论可以在编译时完成条件求值的特殊情况。）因此，if 和 then 部分都被标记为可访问的。如果 if 语句的 then 部分或 else 部分正常终止，则 if 语句正常终止。由于空语句的终止是平凡的，所以 if-then 语句（带有空 else 部分）总是正常终止。图 9.3 中的标记⑥处详细说明了此分析过程。

```
class NodeVisitor
    procedure visitChildren(n)
        foreach c ∈ n.getChildren() do call c.accept(this)
    end
end

class SemanticsVisitor extends NodeVisitor
    procedure checkBoolean(c)                                      ①
        if c.type ≠ Boolean and c.type ≠ errorType
        then call error("Require Boolean type at", c)
    end

    procedure visit(IfTesting ifn)                                 ②
        call visitChildren(ifn)
        call checkBoolean(ifn.condition)
    end

    procedure visit(WhileLooping wn)                               ③
        call visitChildren(wn)
        call checkBoolean(wn.condition)
    end

    procedure visit(DoWhileLooping dwn)                            ④
        call visitChildren(dwn)
        call checkBoolean(dwn.condition)
    end

    procedure visit(ForLooping fn)                                 ⑤
        call openScope()
        call visitChildren(fn)
        if fn.condition ≠ null
        then call checkBoolean(fn.condition)
        call closeScope()
    end

    procedure visit(LabeledStmt ls)
        /★   图9.11                                              ★/
    end
    procedure visit(Continuing cn)
        /★   图9.12                                              ★/
    end
    procedure visit(Breaking bn)
        /★   图9.15                                              ★/
    end
    procedure visit(Returning rn)
        /★   图9.19                                              ★/
    end
end
```

图 9.2 语义分析访问者（第一部分）

```
class ReachabilityVisitor extends NodeVisitor
    procedure visit(IfTesting ifn)                                 ⑥
        ifn.thenPart.isReachable ← true
        ifn.elsePart.isReachable ← true
        call visitChildren(ifn)
        thenNormal ← ifn.thenPart.terminatesNormally
        elseNormal ← ifn.elsePart.terminatesNormally
        ifn.terminatesNormally ← thenNormal or elseNormal
    end

    procedure visit(WhileLooping wn)
        /★   图9.6                                               ★/
    end
    procedure visit(DoWhileLooping dwn)
        /★   图9.7                                               ★/
    end
    procedure visit(ForLooping fn)
        /★   图9.8                                               ★/
    end
```

图 9.3 可达性分析访问者（第一部分）

```
    procedure visit( LabeledStmt ls )                                    ⑦
        ls.stmt.isReachable ← ls.isReachable
        call visitChildren( ls )
        ls.terminatesNormally ← ls.stmt.terminatesNormally
    end

    procedure visit( Continuing cn )                                     ⑧
        cn.terminatesNormally ← false
    end

    procedure visit( Breaking fn )
        /*  图9.16                                                   */
    end
    procedure visit( Returning rn )
        rn.terminatesNormally ← false
    end
end
```

图 9.3　可达性分析访问者（第一部分）(续)

因为我们假设 if 语句的所有组成部分都是可达的，所以在 *IfTesting* 节点的子树中抛出的任何异常都能从 if 语句“逃逸”。我们创建 GATHERTHROWS 方法（图 9.4 标记 ⑨ 处），它访问 AST 节点的所有子树，并返回在每个子树中找到的 *throwsSet* 的并集。对 if 语句做抛出分析可简单调用 GATHERTHROWS（图 9.4 标记 ⑩ 处）。

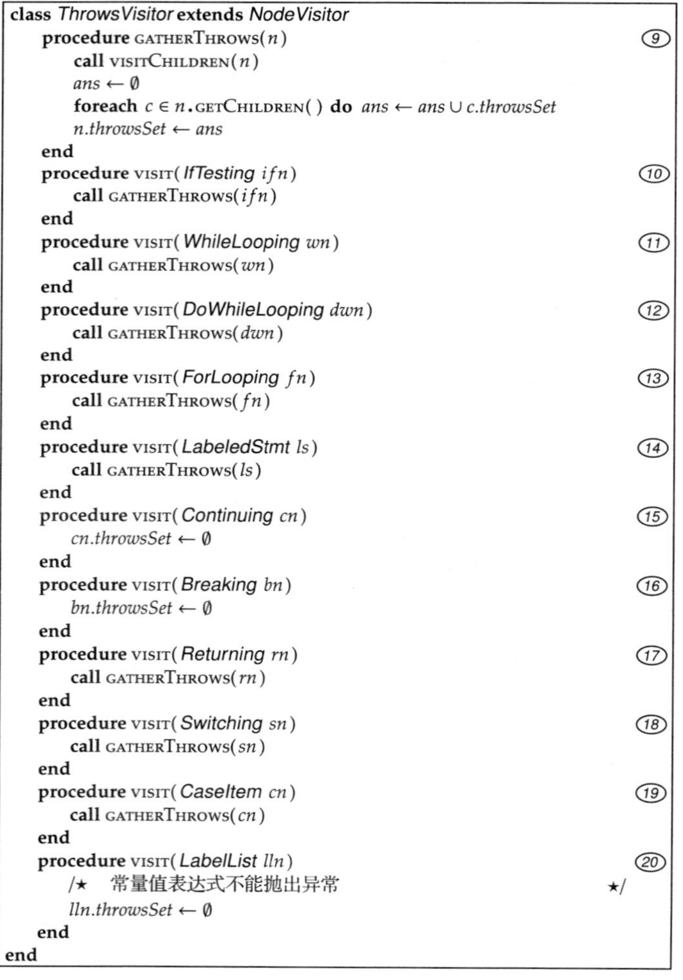

```
class ThrowsVisitor extends NodeVisitor
    procedure gatherThrows( n )                                          ⑨
        call visitChildren( n )
        ans ← ∅
        foreach c ∈ n.getChildren( ) do ans ← ans ∪ c.throwsSet
        n.throwsSet ← ans
    end
    procedure visit( IfTesting ifn )                                     ⑩
        call gatherThrows( ifn )
    end
    procedure visit( WhileLooping wn )                                   ⑪
        call gatherThrows( wn )
    end
    procedure visit( DoWhileLooping dwn )                                ⑫
        call gatherThrows( dwn )
    end
    procedure visit( ForLooping fn )                                     ⑬
        call gatherThrows( fn )
    end
    procedure visit( LabeledStmt ls )                                    ⑭
        call gatherThrows( ls )
    end
    procedure visit( Continuing cn )                                     ⑮
        cn.throwsSet ← ∅
    end
    procedure visit( Breaking bn )                                       ⑯
        bn.throwsSet ← ∅
    end
    procedure visit( Returning rn )                                      ⑰
        call gatherThrows( rn )
    end
    procedure visit( Switching sn )                                      ⑱
        call gatherThrows( sn )
    end
    procedure visit( CaseItem cn )                                       ⑲
        call gatherThrows( cn )
    end
    procedure visit( LabelList lln )                                     ⑳
        /*  常量值表达式不能抛出异常                                   */
        lln.throwsSet ← ∅
    end
end
```

图 9.4　抛出分析访问者（第一部分）

作为一个例子，考虑下面的语句：

```
if (b) a=1; else a=2;
```

语义分析首先检查条件表达式 b，它必须产生一个布尔值。然后，对 then 和 else 部分进行检查，它们必须都是合法语句。由于赋值语句总是正常完成，因此 if 语句也是如此。

在这里，AST 表示方式的模块化特征很明显。应用于控制表达式 b 的语义检查与用于所有表达式的检查相同。类似地，应用于 then 和 else 语句的语义检查就是应用于所有语句的语义检查。嵌套的 if 语句不会造成任何困难，每次遇到 *IfTesting* 节点时都应用相同的语义检查。

9.1.3 while、do 和 repeat 循环语句

图 9.5 显示了对应一条 while 语句的 AST。一个 *WhileLooping* 节点有两棵子树，分别对应循环控制条件和循环体。用于 while 语句的语义规则与 if 语句相同——条件必须是一个合法的布尔表达式，循环体必须语义上合法。语义分析通过调用 visitChildren 和 checkBoolean 实现（图 9.2 标记 ③ 处）。

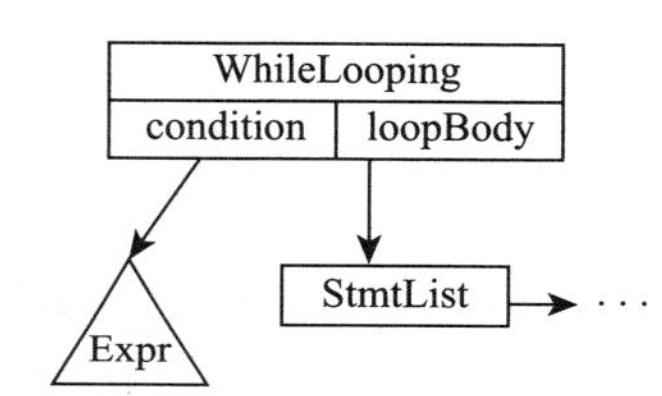

图 9.5 while 语句的抽象语法树

while 循环的可达性访问者如图 9.6 所示。由于无限循环很常见，因此这个分析必须考虑循环的控制表达式是一个常量的特殊情况。如果控制表达式为假，则将构成循环体的语句序列标记为不可达（标记 ㉓ 处）。如果控制表达式为真，则将 while 循环标记为异常终止，因为它是一个无限循环（标记 ㉒ 处）。循环体可能包含一条可达的 break 语句。如果是这样，break 语句的语义处理会令循环的 *terminatesNormally* 字段重置为真（标记 ㉔ 处）。如果控制表达式不是常量，则将循环标记为正常终止（标记 ㉑ 处）。我们假定有一个访问者类 *ConstExprVisitor* 可用，其方法遍历一棵表达式 AST 来检查它是否表示一个常量表达式。如果 AST 被识别为一个常量表达式，则访问者将字段 *exprValue* 设置为表达式的值；否则将 *exprValue* 设置为空。*ConstExprVisitor* 可以非常简单，可能只需对那些对应字面值常量的 AST 节点的运算对象求值即可。再多做一点儿工作，检查标识符对应的符号表项，查找声明的常量。如 14.6 节所讨论的，常量传播（constant propagation）可以识别出那些因为控制流原因必然包含一个已知常量值的变量。

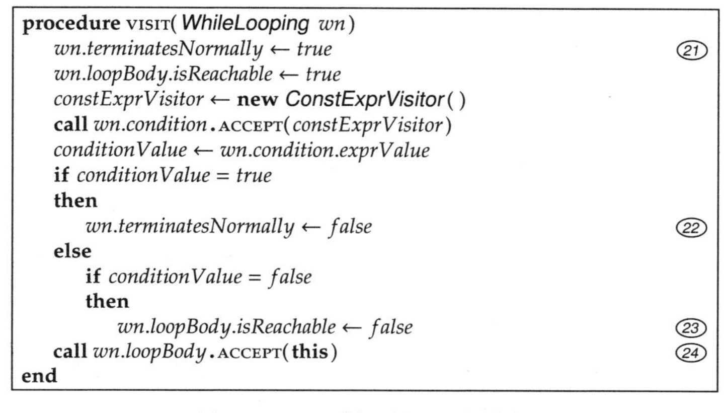

```
procedure visit( WhileLooping wn)
    wn.terminatesNormally ← true                                   ㉑
    wn.loopBody.isReachable ← true
    constExprVisitor ← new ConstExprVisitor( )
    call wn.condition.accept(constExprVisitor)
    conditionValue ← wn.condition.exprValue
    if conditionValue = true
    then
        wn.terminatesNormally ← false                              ㉒
    else
        if conditionValue = false
        then
            wn.loopBody.isReachable ← false                        ㉓
    call wn.loopBody.accept(this)                                  ㉔
end
```

图 9.6 while 循环的可达性分析

一个 while 循环中可能抛出的异常是由循环控制条件和循环体产生的。抛出分析仍是使用 GATHERTHROWS 来收集和返回每棵子树的 *throwsSet*（图 9.4 标记 ⑪ 处）。

作为一个例子，考虑下面语句：

```
while (i >= 0) {
   a[i--] = 0; }
```

首先检查控制表达式 `i>=0` 是不是一个合法的布尔值表达式。然后，检查循环体是否存在语义错误。由于控制条件不是常量，我们假定循环体是可达的，将循环标记为正常终止。

do-while 和 repeat 循环语句

Java、C 和 C++ 都支持 while 循环的一种变体——do-while 循环。一个 do-while 循环不过是一种在执行循环体之后而非之前求值并检测终止条件的 while 循环。假定它具有和 while 循环相同的 AST 结构，语义分析访问者（图 9.2 标记 ④ 处）和抛出分析访问者（图 9.4 标记 ⑫ 处）也与 while 循环相同。

do-while 的可达性访问者如图 9.7 所示。do-while 循环的可达性规则不同于 while 循环。因为循环体总是至少执行一次，所以可以忽略控制表达式为假的特殊情况。最初，*terminatesNormally* 被设置为假（标记 ㉕ 处）。在对循环体（标记 ㉖ 处）进行可达性分析期间，如果循环体包含可达 break 语句，则可将 *terminatesNormally* 重置为真。对于非常量循环控制表达式，如果循环体正常终止，则 do-while 循环正常终止（标记 ㉗ 处）。

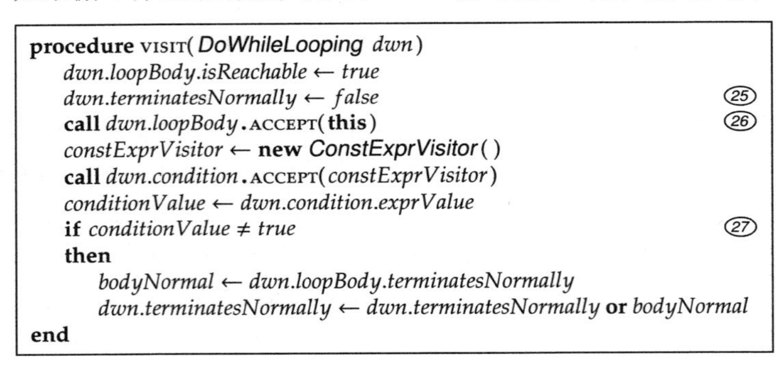

图 9.7　do-while 语句的可达性分析

包括 Pascal 和 Modula-3 在内的许多语言都包含 repeat-until 循环。这本质上是一个 do-while 循环，只不过当控制条件变为真时循环终止，而不是其变为假时循环终止。repeat-until 循环的语义分析与 do-while 循环的语义分析几乎相同。唯一的变化是，当控制表达式为假而不是为真时，会出现循环不终止的特殊情况。

9.1.4　for 循环语句

for 循环通常用于令索引变量单步遍历一个范围内的值。然而，C、C++、C# 和 Java 中的 for 循环实际上是 while 循环的推广。考虑如图 9.9 所示的 for 循环的 AST。

与 while 循环的情况一样，for 循环的 AST 包含两棵子树，分别对应循环的终止条件（*condition*）及循环体（*loopBody*）。它还包含另两棵子树，对应循环初始化（*initializer*）和循环结束增量（*increment*）。

与 while 循环的一些差异必须妥善处理。首先，for 循环的终止条件是可选的（允许使用 `for(;;){...}` 形式的无限循环）。在 C++、C# 和 Java 中，可将一个索引声明为 for 循环的局部变量，于是在语义分析期间必须打开一个新的符号表名字作用域，稍后关闭它。

语义分析访问者在图 9.2 的标记 ⑤ 处定义。如果在 *initializer* AST 中声明了一个循环索引，则打开一个新的名字作用域。接下来，使用 VISITCHILDREN 对所有子树进行语义分析。如果 *condition* 非空，调用 CHECKBOOLEAN 验证 *condition* 为布尔值。最后，关闭与 for 循环关联的名字作用域。

图 9.8 中定义的可达性分析与 while 循环执行的分析非常相似。终止条件为空或常量控制表达式为真时，表示无限循环。在这些情况下，for 循环被标记为非正常终止（尽管在分析循环体时，循环体内的 break 可能会改变这一点）。如果终止条件是等于假的常量表达式，则会将循环体标记为不可达。如果控制表达式非空且非常量，则将循环标记为正常终止。for 循环的抛出分析访问者如图 9.4 标记 ⑬ 处所示。同样，它只是一个对 GATHERTHROWS 的调用。

例如，考虑下面的 for 循环：

```
for (int i=0; i < 10; i++)
   a[i] = 0;
```

首先为循环创建一个新的名字作用域。当处理 *initializer* 子树中 i 的声明时，它被放在这个新的作用域中（因为所有新声明都放在最内层的开放作用域中）。因此，在 *condition*、*increment* 和 *loopBody* AST 中 对 i 的引用正确地引用了新声明的循环索引 i。由于循环终止条件是布尔值的且非常量，因此循环被标记为正常终止，循环体被认为是可达的。在语义检查结束时，关闭包含 i 的作用域，以确保后续不可能引用循环索引。for 循环的抽象语法树如图 9.9 所示。

```
procedure VISIT(ForLooping fn)
    fn.terminatesNormally ← true
    fn.loopBody.isReachable ← true
    if fn.condition ≠ null
    then
        constExprVisitor ← new ConstExprVisitor()
        call fn.condition.ACCEPT(constExprVisitor)
        conditionValue ← fn.condition.exprValue
        if conditionValue = true
        then fn.terminatesNormally ← false
        else
            if conditionValue = false
            then fn.loopBody.isReachable ← false
    else fn.terminatesNormally ← false
    call fn.loopBody.ACCEPT(this)
end
```

图 9.8 for 循环的可达性分析

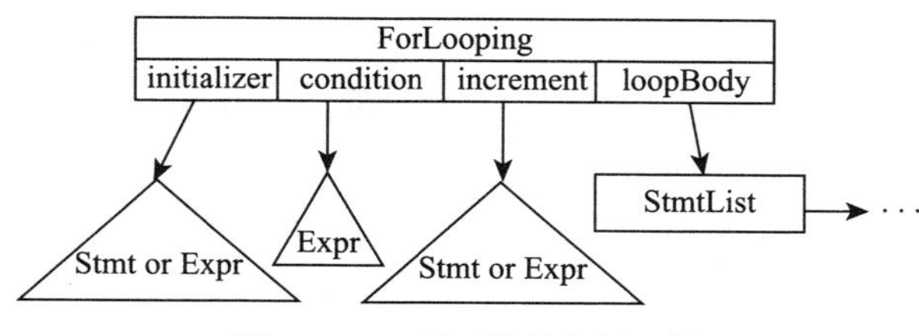

图 9.9 for 循环的抽象语法树

许多较老的语言，包括 Fortran、Pascal、Ada、Modula-2 和 Modula-3，都包含形式更严格的 for 循环。通常，一个变量被标识为“循环索引”。需要定义其初始值和最终值，有时还指定增量值。例如，在 Pascal 中，for 循环的形式如下：

```
for id := intialVal to finalVal do
   loopBody
```

循环索引 `id` 必须是已声明的，且必须是标量类型（整型或枚举型）。表达式 `initialVal` 和 `finalVal` 必须语义上合法且与循环索引类型相同。最后，在 `loopBody` 内不可改变循环索引。可以在分析 `loopBody` 时将 `id` 的声明标记为“常量”或“只读”来强制这一点。

9.1.5 break、continue、return 和 goto 语句

Java 不包含 goto 语句，但它包含 break 和 continue 语句，与 return 语句一样，可视为

goto 的一种受限形式。我们首先讨论 continue 语句。

1. continue 语句

与 C 和 C++ 中的 continue 语句一样，Java 的 continue 语句试图“继续”一个 while、do 或 for 循环的下一步迭代。换句话说，它将控制流转向循环末尾，改变循环索引（以 for 循环为例）并对终止条件进行求值和检测。

continue 语句只出现在循环中，在语义分析中必须检查这一点。与 C 和 C++ 不同，Java 中的 continue 语句中可以指明循环标号。一条未指明循环标号的 continue 语句转向包含它的最内层循环（for、while 或 do）。指明了标号的 continue 语句转向包含它的循环中具有对应标号的那个。语义分析仍必须检查是否存在这样的循环。

Java 中的任何语句都可以带标号。如图 9.10 所示，我们假定一个 AST 节点 *LabeledStmt* 包含一个字符串值的字段 *stmtLabel*。如果语句是带标号的，*stmtLabel* 就保存这个标号（字符串形式）。如果语句是不带标号的，则 *stmtLabel* 为空。*LabeledStmt* 还包含一个字段 *stmt*，它指向表示带标号语句的 AST 节点。不带标号的语句不需要 *LabeledStmt* 父节点，特别是在标号被禁止的上下文中。

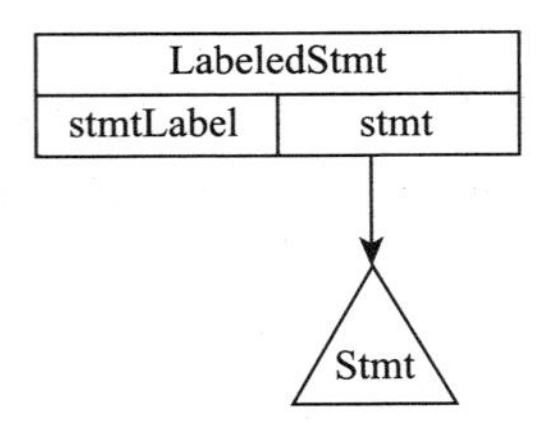

图 9.10　带标号语句的抽象语法树

在 Java 和 C++（以及其他大多数编程语言）中，标号放在与其他标识符不同的名字空间中。这意味着一个被用作标号的标识符还可以被用作其他目的（变量名、类型名、方法名等）而不会产生混淆。这是因为标号是用在一个非常局限的上下文中（用于 continue、break 语句，可能还用于 goto 语句）。标号不能被赋值给变量，不能被函数返回，也不用从文件读取，等等。

对正在分析的 AST，我们会为它当前可见的标号维护一个列表。函数 GETLABLELIST 返回当前的标号列表（可能为空）。过程 SETLABLELIST 根据其参数设置当前标号列表。当我们开始分析一个方法、一个构造函数体或一个静态初始化器时，将标号列表设置为空。

每个 *LabelList* 节点包含三个字段。第一个是 *label*（一个字符串，包含标号的名字）。下一个是 *kind*（值为 *iterative*、*switch* 及 *other* 三者之一，指出了带标号的语句的类型）。最后一个是 AST（一个指针，指向带标号的 AST 节点）。通过观察标号列表，我们可以确定包围 break 或 continue 的语句，以及当前对 break 或 continue 可见的所有标号。

一个 *LabeledStmt* 节点的语义分析访问者如图 9.11 所示。对于当前 *LabeledStmt* 节点，我们通过使用其 *label*（可能为空）和 *kind*（通过调用一个辅助函数 GETKIND 来得到）字段来向其当前标号列表中添加一项。使用扩展后的标号列表来分析子树。在语义分析后，将标号列表的第一个元素移除，从而返回初始状态。可达性和抛出分析的定义见图 9.3 中的标记⑦处和图 9.4 中的标记⑭处。

```
procedure VISIT( LabeledStmt ls )
    newNode ← new LabelList( ls.stmtLabel, GETKIND( ls.stmt ), ls.stmt )
    newList ← CONS( newNode, GETLABELLIST( ) )
    call SETLABELLIST( newList )
    call VISITCHILDREN( ls )
    call SETLABELLIST( TAIL( GETLABELLIST( ) ) )
end
```

图 9.11　带标号语句的语义分析

一条不带标号的 continue 语句转向包含它的最内层的迭代语句（while、do 或 for）。通过在标号列表中查找 *kind=iterative*（忽略 *label* 字段的值）的节点很容易找到此目的语句。

一条指向标号 L（保存在 AST 字段 *stmtLabel* 中）的 continue 语句必须被一条标号为 L 的迭代语句所包围。如果多条包含它的语句都带有标号 L，则转向最近（最内层）的语句。continue 语句的语义分析访问者如图 9.12 所示。可达性和抛出分析的定义见图 9.3 中的标记 ⑧ 处和图 9.4 中的标记 ⑮ 处。

```
procedure VISIT( Continuing cn )
    currentList ← GETLABELLIST( )
    if cn.stmtLabel = null
    then
        while currentList ≠ null do
            currentLabel ← HEAD(currentList)
            if currentLabel.kind = iterative
            then return
            currentList ← TAIL(currentList)
        call ERROR("Continue not inside iterative statement")
    else
        while currentList ≠ null do
            currentLabel ← HEAD(currentList)
            if currentLabel.label = cn.stmtLabel and currentLabel.kind = iterative
            then return
            currentList ← TAIL(currentList)
        call ERROR("Continue label doesnot match an iterative statement")
end
```

图 9.12 continue 的语义分析

作为一个例子，考虑下面的代码片段：

```
L1: while (p != null) {
      if (p.val < 0)
         continue
      else ... }
```

图 9.13 显示了分析 continue 语句时使用的标号列表。由于列表中包含一个 *kind=iterative* 的节点，因此 continue 语句是正确的。

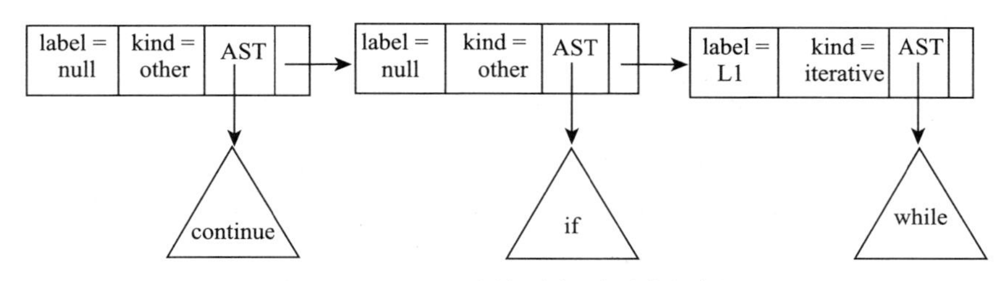

图 9.13 continue 语句中标号列表的例子

在 C 和 C++ 中，语义分析更简单一些。continue 语句不使用标号，因此总是转向最内层的迭代语句。这意味着对于图 9.12 中的访问者程序，我们只需要 *stmtLabel* 为空的情况。

2. break 语句

在 Java 中，一条不带标号的 break 语句与 C、C# 和 C++ 中的 break 语句具有相同的含义。它会令最内层的 while、do、for 或 switch 语句退出，并继续执行紧跟在退出的控制语句之后的那条语句。因此，一条可达的 break 语句会强制它指向的语句正常终止。

一条带标号的 break 语句令包围它的语句中与给定标号匹配的那条语句（不一定是

while、do、for 或 switch 语句）退出，并继续执行后继语句（同样，如果它可达，它强制正常终止具有标号的那条语句）。无论对于带标号的 break 语句还是不带标号的 break 语句，语义分析都必须检查 break 要退出的目的语句的确存在。

我们将使用定义在图 9.14 中的 FINDBREAKTARGET 函数来确定 break 语句指向的 AST 节点（对于非法的 break 语句，此函数返回空）。此函数使用上一节介绍的 GETLABLELIST 来枚举可能的目的语句。对不带标号的 break 语句，它查找 *kind* 等于 *iterative* 或 *switch* 的节点。对于带标号的 break 语句，它尝试查找带有匹配标号的节点（此时其 *kind* 字段无关紧要）。

```
function FINDBREAKTARGET( Breaking bn ) returns LabelList
    currentList ← GETLABELLIST( )
    if bn.stmtLabel = null
    then
        while currentList ≠ null do
            currentLabel ← HEAD(currentList)
            if currentLabel.kind = iterative or currentLabel.kind = switch
            then return (currentLabel)
            currentList ← TAIL(currentList)
        return (null)
    else
        while currentList ≠ null do
            currentLabel ← HEAD(currentList)
            if currentLabel.label = bn.stmtLabel
            then return (currentLabel)
            currentList ← TAIL(currentList)
        return (null)
end
```

图 9.14 查找 break 语句的目的语句的函数

语义分析过程检查 FINDBREAKTARGET 能否找到一个合法目的语句（见图 9.15）。如果 break 语句被标记为可达的，则可达性分析将其目的语句的 *terminatesNormally* 字段设置为真（见图 9.16）。这允许我们正确分析通过执行一条 break 语句退出的无限循环。

```
procedure VISIT( Breaking bn )
    target ← FINDBREAKTARGET( bn )
    if target = null
    then
        if bn.stmtLabel = null
        then call ERROR("Break not inside iterative or switch statement")
        else
            call ERROR("Break label doesnot match any visible statement label")
end
```

图 9.15 break 语句的语义分析

作为一个例子，考虑下面的代码片段：

```
L1: for (i=0; i < 100; i++)
      for (j=0; j < 100; j++)
          if (a[i][j] == 0)
              break L1;
          else ...
```

图 9.17 显示了分析 break 语句时使用的标号类别。由于列表包含一个 *label*=L1 的节点，break 语句是正确的。标号为 L1 的 for 循环被标记正常终止。

```
procedure VISIT( Breaking bn )
    bn.terminatesNormally ← false
    target ← FINDBREAKTARGET( bn )
    if target ≠ null and bn.isReachable
    then
    target.AST.terminatesNormally ← true
end
```

图 9.16 break 语句的可达性分析

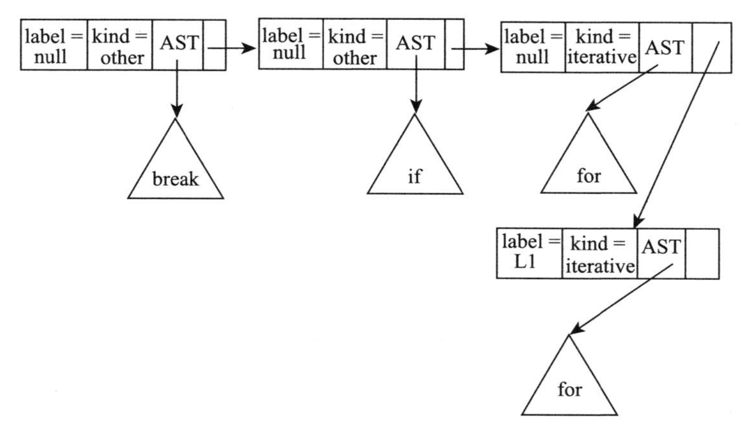

图 9.17　break 语句中标号列表的例子

3. return 语句

如图 9.18 所示，一棵根节点为 *Returning* 的 AST 表示一条 return 语句。如果不返回值，字段 *returnVal* 设置为空；否则其值为一棵 AST，表示要求值并返回的那个表达式。

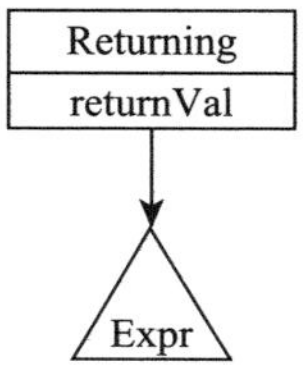

Returning
returnVal
Expr

图 9.18　return 语句的抽象语法树

处理 return 语句的语义规则取决于语句出现在哪里。不带表达式值的 return 语句只会出现在 void 方法（即过程）中或构造函数中。对于带返回值的 return 语句，其所在方法的类型必须可被返回类型赋值（这就排除了 void 方法和构造函数）。

如果一个方法声明为返回一个值（即函数），则它必须通过带返回值的 return 语句退出或通过抛出异常退出。为了强制这一点，可检查构成函数体的语句序列的 *terminatesNormally* 值是否被设置为假。

为了确定一条 return 语句的合法性，我们将检查它所在的语言构造的类型（方法或构造函数）。但由于 AST 链接都指向下方，因此“向上”看是很困难的。为了辅助分析，我们假定已有两个方法 getCurrentMethod 和 getCurrentConstructor，都返回 *Attributes*。这两个方法保存语义分析过程中收集的信息。

如果我们正在检查的 AST 节点包含在一个方法体中，则 getCurrentMethod 会告诉我们是哪个方法。如果我们正在检查的 AST 节点不在某个方法中，则 getCurrentMethod 返回空。getCurrentConstructor 也是如此。通过得到的非空引用，我们可以确定位于哪种语言构造中（以及其声明的细节）。

图 9.19 给出了 return 语句的语义分析的细节。我们假定 getCurrentMethod().*returnType* 给出正在翻译的方法的返回类型（可能是 void）。辅助方法 assignable($T1$,$T2$) 检查类型 $T2$ 是否能赋值给类型 $T1$（使用语言规定的可赋值性规则）。

C# 和 C++ 的语义规则与 Java 非常相似。只有非 void 函数可以返回值，且返回值必须能赋值给函数的返回类型。在 C 中，不带返回值的 return 语句允许出现在非 void 函数中（但行为未定义）。

4. goto 语句

Java 不支持 goto 语句，但很多语言（包括 C、C# 和 C++）是支持的。这些语言以及几乎所有支持 goto 语句的语言，都将 goto 限制为**过程内的**（intraprocedural）。即一个标号与所有跳转到此标号的 goto 语句必须位于同一个过程或同一个函数内。

```
procedure VISIT( Returning rn )
    call VISITCHILDREN( rn )
    currentMethod ← GETCURRENTMETHOD( rn )
    if rn.returnVal ≠ null
    then
        if currentMethod = null
        then
            call ERROR( "A value may not be returned from a constructor" )
        else
            if not ASSIGNABLE( currentMethod.returnType, rn.returnValue.type )
            then call ERROR( "Illegal return type" )
    else
        if currentMethod ≠ null and currentMethod.returnType ≠ void
        then call ERROR( "A value must be returned" )
end
```

图 9.19 return 语句的语义分析

如前所述，用作标号的标识符通常被认为与用于其他目的的标识符是有区别的。因此，在 C、C# 和 C++ 中，语句 a:a=a+1; 是合法的。标号可以保存在一个独立的符号表中，与保存普通声明的主符号表区分开来。

标号不需要先定义后使用，“前向 goto”是允许的。语义检查必须保证在 goto 语句中使用的所有标号的确都定义在当前方法中的某处。

由于潜在的前向引用，分两步检查标号和 goto 语句是个好主意。首先，遍历表示方法或子程序的整个子程序体的 AST，收集所有标号声明、保存到表 *declaredLabels* 中，它作为当前子程序符号表的一部分。在构建 *declaredLabels* 的过程中可检测出重复标号。

在子程序体正常的语义分析中（在构建 *declaredLabels* 之后），分析 goto 语句的 AST 时（经由当前子程序符号表）可访问 *declaredLabels*。这样，检查标号引用（前向或后向）的合法性就很直接了。

少数语言（如 Pascal）允许**非局部 goto**。一条非局部 goto 语句将控制流转到子程序之外（相当于强制 return）的一个标号，该标号所在的作用域应该包含当前过程。可通过维护一个 *declaredLabels* 表的栈（或列表）来检查非局部 goto，其中每个 *declaredLabels* 表对应一个嵌套的过程。如果跳转目的标号出现在任何一个 *declaredLabels* 表中，则 goto 语句是合法的。

最后，某些编程语言禁止从外部 goto 到一个条件转移语句内部或一个循环语句内部。即使一个标号的作用域是整个子程序，goto 到一个循环体内部或者从 if 语句的 then 部分跳转到 else 部分也是被禁止的。通过将 *declaredLabels* 中的每个标号标记为 *active* 或 *inactive*，可实现这种限制。goto 语句只允许转移到活跃标号，而条件语句和循环语句中的标号仅当正在处理包含此标号的 AST 时才是活跃的。因此，对于 while 循环中的一个标号 L，当正在处理循环体的 AST 时它变为活跃的，而当处理循环体之外的语句时它变为非活跃的。

9.1.6 switch 和 case 语句

Java、C、C# 和 C++ 支持 **switch 语句**，它根据一个控制表达式的值从若干语句中选择一个继续执行。ML、Ada 和一些老式语言支持等价的 **case 语句**。本节将关注 switch 语句的翻译，但讨论的方法完全适用于 case 语句。

图 9.20 展示了 switch 语句的 AST，其根节点为 *Switching*。在 AST 中，*control* 表示一个整型值表达式；*cases* 是一个 *CaseItem*，表示 switch 语句中的各种情况。每个 *CaseItem* 有三个字段。*labelList* 是一个 *LabelList*，表示一个或多个情况标号。*stmts* 是一个 AST 节点，表示 switch 语句中一个情况常量之后的语句。*more* 要么为空，要么是另一个 *CaseItem*，表示 switch 语句中的剩余情况。

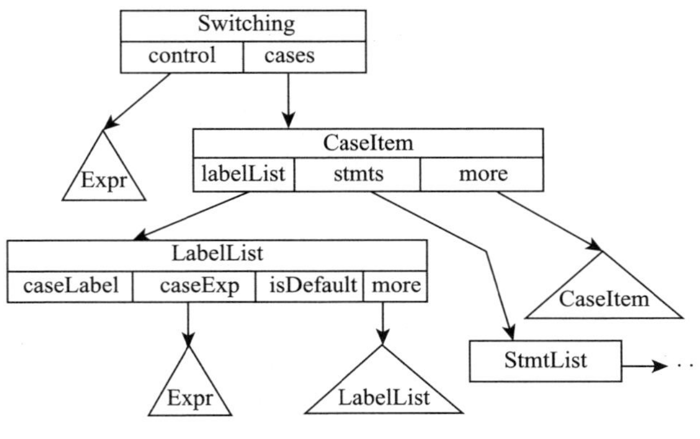

图 9.20　switch 语句的抽象语法树

LabelList 包含一个整型字段 *caseLabel*、一个 AST *caseExp*、一个布尔字段 *isDefault*（表示默认情况标号）和一个字段 *more*——它要么为空，要么指向另一个 *LabelList*（表示列表的剩余部分）。AST *caseExp* 表示一个常量表达式，对应 switch 中的一种情况；对此表达式求值后，*caseLabel* 会保存此值。

检查 switch 语句的语义正确性需要多个步骤。控制表达式和 case 体中的所有语句都必须进行类型检查。控制表达式必须是整数类型（如果语言支持枚举类型，也允许是枚举类型）。每个 case 标签必须是一个常量表达式，它可赋值给控制表达式的类型。两个 case 标签不能有相同的值。在 switch 体中最多只能出现一个默认标签。

图 9.21 显示了用于确保这些规则的语义访问者。语义访问者使用的一些工具方法定义在图 9.22 中。方法 GATHERLABELS（为 *CaseItem* 和 *LabelList* 定义）遍历 switch 的 AST，收集所有标签并保存到一个整数列表中。CHECKFORDUPLICATES 接受一个已排序的标签列表，比较相邻的列表值以查找重复的标签。方法 COUNTDEFAULTS（为 *CaseItem* 和 *LabelList* 定义）遍历 switch 语句的 AST，计算已经定义了多少个默认情况（多于一个是非法的）。*LabelList* 的语义访问者使用 9.1.3 节介绍的访问者类 *ConstExprVisitor*。源于这个类的访问者确定一个表达式 AST 是否表示常量值。如果是，则将该值放在字段 *exprValue* 中。否则，将该字段设置为空。

```
class NodeVisitor
    procedure visitChildren(n)
        foreach c ∈ n.getChildren() do call c.accept(this)
    end
end

class SemanticsVisitor extends NodeVisitor
    /★   这扩展了图9.2中的类定义                                      ★/

    procedure visit(Switching sn)                                    (28)
        call sn.control.accept(this)
        if sn.control.type ≠ errorType and not assignable(int, sn.control.type)
        then
            call error("Illegal type for control expression")
            call setSwitchType(errorType)
        else  call setSwitchType(sn.control.type)
        call sn.cases.accept(this)
        labelList ← sort(gatherLabels(sn.cases))
```

图 9.21　语义分析访问者（第二部分）

```
        call CHECKFORDUPLICATES(labelList)
        if COUNTDEFAULTS(sn.cases) > 1
        then call ERROR("More than one default case label")
    end

    procedure VISIT(CaseItem cn)
        call VISITCHILDREN(cn)
    end

    procedure VISIT(LabelList lln)
        call VISITCHILDREN(lln)
        lln.caseLabel ← null
        if lln.caseExp.type ≠ errorType
        then
            if not ASSIGNABLE(GETSWITCHTYPE(), lln.caseExp.type)
            then call ERROR("Invalid case label type")
            else
                constExprVisitor ← new ConstExprVisitor()
                call lln.caseExp.ACCEPT(constExprVisitor)
                labelValue ← lln.caseExp.exprValue
                if labelValue = null
                then call ERROR("Case label must be a constant expression")
    end
end
```

图 9.21 语义分析访问者（第二部分）(续)

```
function GATHERLABELS(CaseItem cn) returns intList
    if cn.more = null
    then return (GATHERLABELS(cn.labelList))
    else
        rest ← GATHERLABELS(cn.more)
        return (APPEND(GATHERLABELS(cn.labelList), rest))
end

function GATHERLABELS(LabelList lln) returns intList
    if lln = null
    then return (null)
    else
        rest ← GATHERLABELS(llnn.more)
        if lln.caseLabel = null
        then return (rest)
        else return (CONS(lln.caseLabel, rest))
end

procedure CHECKFORDUPLICATES(intList il)
    if LENGTH(il) > 1
    then
        if HEAD(il) = HEAD(TAIL(il))
        then
        call ERROR("Duplicate case label : ", HEAD(il))
        else
        call CHECKFORDUPLICATES(TAIL(il))
end

function COUNTDEFAULTS(CaseItem cn) returns int
    if cn = null
    then return (0)
    else return (COUNTDEFAULTS(cn.labelList) + COUNTDEFAULTS(cn.more))
end

function COUNTDEFAULTS(LabelList lln) returns int
    if lln = null
    then return (0)
    if lln.isDefault
    then return (1 + COUNTDEFAULTS(lln.more))
    else
    return (COUNTDEFAULTS(lln.more))
end
```

图 9.22 switch 语句的工具语义方法

图9.23中给出了switch语句的可达性分析。switch语句可以以多种方式正常终止。空switch体显然会正常终止，虽然它并不常见。如果最后一个switch组（case标签后跟一个语句列表）正常终止，那么switch也会正常终止（因为执行“滑落”到后继语句）。如果switch体中的任何一条语句都包含一个可达的break语句，那么整个switch就可以正常终止。

```
class ReachabilityVisitor extends NodeVisitor
    /*  这扩展了图9.3中的类定义                              */
    procedure VISIT( Switching sn )
        sn.terminatesNormally ← false
        call VISITCHILDREN( sn )
        if sn.cases = null
        then sn.terminatesNormally ← true
        else
            sn.terminatesNormally ← sn.terminatesNormally or sn.cases.terminatesNormally
    end

    procedure VISIT( CaseItem cn )
        cn.stmts.isReachable ← true
        call VISITCHILDREN( cn )
        if cn.more = null
        then cn.terminatesNormally ← cn.stmts.terminatesNormally
        else cn.terminatesNormally ← cn.more.terminatesNormally
    end
end
```

图9.23 可达性分析访问者（第二部分）

我们首先将整个switch标记为非正常终止。如果*cases*为空，或是检查switch体时遇到可达的break语句，或是AST中最后一个*CaseItem*的*stmts* AST标记为正常终止，则此值将被更新为真。

作为上述语义分析技术的一个例子，考虑下面的switch语句：

```
switch(p) {
  case 2:
  case 3:
  case 5:
  case 7:  isPrime = true; break;
  case 4:
  case 6:
  case 8:
  case 9:  isPrime = false; break;
  default: isPrime = checkIfPrime(p);
}
```

假定p声明为一个整型变量。我们检查p并发现它是一个合法的控制表达式。我们通过检查AST中的每个*CaseItem*和*LabelList*来构建标签列表。我们检查每个case标签都是一个合法的常量表达式且能赋值给p。我们检查case语句并发现它们都是合法的。由于switch中的最后一条语句（default语句）正常终止，因此整个switch语句也正常终止。GATHERLABELS返回的标签列表为{2, 3, 5, 7, 4, 6, 8, 9}，排序后变为{2, 3, 4, 5, 6, 7, 8, 9}，不存在两个相邻元素相等的情况。最后，我们统计default标签的数目；结果为1，是合法的。

C和C++中的switch语句的语义规则与Java几乎一样。C#增加了一个要求，从switch语句的一个分支“滑落”到另一个分支是非法的。即给定下面的代码片段：

```
switch(p) {
  case 0:  isZero = true;
  case 1:  print(p);
}
```

且 p 的值为 0，则设置 `isZero` 后，程序试图执行打印 p 的值的语句。在 C、C++ 和 Java 中，这种构造是合法的，但在 C# 中不合法。为了在 C# 程序中检查这种错误，我们可以要求在每个 *CaseItem* 中，*stmts.terminatesNormally* 都为假。这种分析也有助于生成有帮助的警告消息，因为在 case 语句末尾忘记 break 是一种常见错误。

其他支持 case 语句的语言，其结构与 `switch` 语句相似。在最新版本的 Java 和 C# 中，在 case 语句中除了整型之外还允许使用枚举类型。

Ada 将 case 标签推广到 case 值范围（例如，在 Java 语法中，`case 1..10` 表示 10 个各不同的 case 值）。对此，检查重复 case 值和检查可能的控制值是否被完全覆盖的语义检查也必须从处理单个值推广到处理范围。

9.1.7　异常处理

大多数现代编程语言（包括 Java 和 C#）都提供了一种称为**异常处理**（exception handling）的机制。在程序执行过程中，可以显式地（通过 throw 语句）或隐式地（由于执行错误）抛出异常。抛出的异常可被异常处理程序捕获。

异常形成了一种干净且通用的识别和处理意外或错误情况的机制。相比错误标记或 goto 语句，异常机制更清晰、更高效。虽然本节聚焦于 Java 和 C# 的异常处理机制，但大多数语言（包括 C++、Ada 和 ML）都包含非常相似的异常机制。

Java 异常是有类型的。一个异常抛出的是 `Throwable` 或其子类的一个对象实例。抛出的对象可能包含一些字段，描述了异常所表示的问题的确切性质，也可能类就是空的（其类型表示了所有必要的信息）。

Java 异常分类为已检查的和未检查的。一个**已检查异常**（checked exception）必须被包围抛出它的语句的 try 语句所捕获，或者出现在包围的方法或构造函数的抛出列表中。

一个**未检查异常**（unchecked exception，定义为一个可赋值给类 `RuntimeException` 或类 `Error` 的对象）可以在 try 语句中选择性地处理。如果未被捕获，未检查异常会导致程序终止执行。未检查异常表示可能出现在几乎任何地方的错误（例如访问一个空引用或使用一个非法的数组索引）。这些异常通常强制程序终止，因此，显式的处理程序可能会使程序变得混乱，而不会带来任何好处（对于未捕获的异常，程序终止是默认处理）。

我们首先考虑 try 语句所需的语义检查。图 9.24 显示了 try 语句的 AST。图 9.25 显示了 try 语句中 catch 子句的 AST。

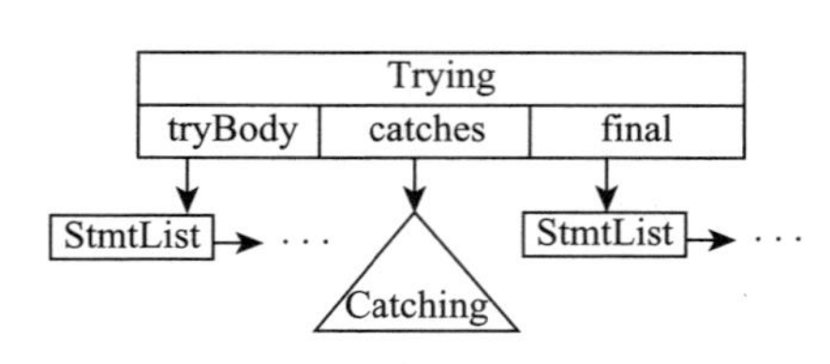

图 9.24　try 语句的抽象语法树

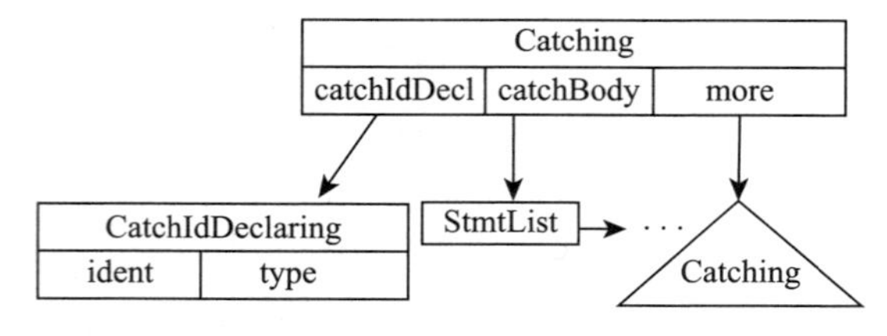

图 9.25　catch 子句的抽象语法树

try 语句的语义处理定义在图 9.26 中的标记 ㉙ 处。分析了 try 的所有三个组成部分——try 体、catch 子句以及可选的 finally 语句。catch 子句的语义分析在标记 ㉚ 处定义。

catch 子句需要仔细分析。每个子句以参数的形式引入一个新的标识符。这个标识符必须声明为一个异常（类 `Throwable` 或其子类的一个对象）。通过打开并稍后关闭一个新的名字作用域，使该参数成为 catch 子句体的局部参数。

```
class NodeVisitor
    procedure visitChildren(n)
        foreach c ∈ n.getChildren( ) do call c.accept(this)
    end
end

class SemanticsVisitor extends NodeVisitor
    /★  这扩展了图9.21中的类定义                              ★/
    procedure visit(Trying tn)                                  (29)
        call visitChildren(tn)
    end

    procedure visit(Catching cn)                                (30)
        if not assignable(Throwable, cn.catchIdDecl.type)
        then
            call error("Illegal type for catch identifier")
            cn.catchIdDecl.type ← errorType
        else
            if subsumesLaterCatches(cn.catchIdDecl.type, cn.more)
            then call error("This catch hides later catches")
        call openScope( )
        attr.kind ← variableAttributes
        attr.variableType ← cn.catchIdDecl.type.getTypeDescriptor( )
        call currentSymbolTable.enterSymbol(cn.catchIdDecl.ident.name, attr)
        call cn.catchBody.accept(this)
        call closeScope( )
        call cn.more.accept(this)
    end

    procedure visit(Throwing tn)                                (31)
        call visitChildren(tn)
        if tn.thrownVal.type ≠ errorType and not assignable(Throwable, tn.thrownVal.type)
        then call error("Illegal type for throw")
    end
end
```

图 9.26 语义分析访问者（第三部分）

我们使用图 9.27 中定义的方法 subsumesLaterCatches 来验证当前 catch 子句没有“遮挡”后来的 catch。这是一个可达性问题——某些异常类型必须能到达并激活 try 语句中的每个 catch 子句。

```
function subsumesLaterCatches(exceptionType, Catching cn) returns Boolean
    if cn = null
    then return (false)
    else
        if assignable(exceptionType, cn.catchIdDecl.type)
        then return (true)
        else
        return (subsumesLaterCatches(exceptionType, cn.more))
end

procedure processCatch(SetOfType throwsSet, Catching cn)
    filteredThrowsSet ← filterThrows(throwsSet, cn.catchIdDecl.type)
    if filteredThrowsSet = throwsSet
    then call error("No throws reach this catch")
    else
        if cn.more ≠ null
        then call processCatch(filteredThrowsSet, cn.more)
end

function filterThrows(SetOfType throwsSet, exceptionType) returns SetOfType
    ans ← ∅
```

图 9.27 try 和 throw 语句的工具语义方法

```
    foreach t ∈ throwsSet do
        if not ASSIGNABLE(exceptionType, t)
        then ans ← ans ∪ t
    return (ans)
end

function FILTERCATCHES( SetOfType throwsSet, Catching cn) returns SetOfType
    if cn.more = null
    then return (FILTERTHROWS( throwsSet, cn.catchIdDecl.type))
    else
    return (FILTERCATCHES( FILTERTHROWS( throwsSet, cn.catchIdDecl.type), cn.more))
end

procedure UPDATECATCHLIST( Catching cn)
    call EXTENDCATCHLIST( cn.catchIdDecl.type)
    if cn.more ≠ null
    then call UPDATECATCHLIST( cn.more)
end
```

图 9.27　try 和 throw 语句的工具语义方法（续）

图 9.28 中的标记 ㉜ 处定义了 try 语句的抛出分析方法。我们访问 catch 子句和 finally 语句来收集它们可能抛出的异常。在分析 try 体之前，我们必须考虑 try 语句的 catch 子句中声明的异常类型。我们维护一个“ catch 列表”，包含可能被包围的 try 块处理的所有异常类型。在开始分析一个方法或构造函数时，这个列表为空。假定方法 GETCATCHLIST 返回当前 catch 列表。在将当前 catch 子句中的异常添加到 catch 列表之前，我们将当前 catch 列表保存到 *currentCatchList* 中。我们调用 UPDATECATCHLIST 将当前 catch 列表中的异常添加到 catch 列表中，然后就可以分析 try 体了。分析完毕后，我们使用 SETCATCHLIST 恢复 catch 列表。一旦我们知道了 try 块中可能抛出的异常后，就可以调用 PROCESSCATCH（见图 9.27）来检查某个异常是否能到达 try 语句中的每个 catch 子句。最终，我们调用 FILTERCATCHES（见图 9.27）来确定可能从当前 try 体“逃逸”的异常（不需要局部处理的异常）。

```
class ThrowsVisitor extends NodeVisitor
    /★  这扩展了图9.4中的类定义                                    ★/
    procedure GATHERTHROWS(n)
        call VISITCHILDREN(n)
        ans ← ∅
        foreach c ∈ n.GETCHILDREN() do ans ← ans ∪ c.throwsSet
        n.throwsSet ← ans
    end

    procedure VISIT( Trying tn)                                      (32)
        call tn.catches.ACCEPT(this)
        call tn.final.ACCEPT(this)
        currentCatchList ← GETCATCHLIST()
        call UPDATECATCHLIST(tn.catches)
        call tn.tryBody.ACCEPT(this)
        call SETCATCHLIST(currentCatchList)
        call PROCESSCATCH(tn.tryBody.throwsSet, tn.catches)
        tn.throwsSet ← FILTERCATCHES(tryBody.throwsSet, tn.catches)
        tn.throwsSet ← tn.throwsSet ∪ tn.catches.throwsSet ∪ tn.final.throwsSet
    end

    procedure VISIT( Catching cn)                                    (33)
        call GATHERTHROWS(cn)
    end

    procedure VISIT( Throwing tn)                                    (34)
        call VISITCHILDREN(tn)
        thrownType ← tn.thrownVal.type
        tn.throwsSet ← tn.thrownVal.throwsSet ∪ thrownType
        if ASSIGNABLE(RuntimeException, thrownType) or ASSIGNABLE(Error, thrownType)
```

图 9.28　抛出分析访问者（第二部分）

```
        then return
        else
            throwTargets ← GETCATCHLIST( ) ∪ GETDECLTHROWSLIST( )
            filteredTargets ← FILTERTHROWS(throwTargets, thrownType)
            if SIZE(throwTargets) = SIZE(filteredTargets)
            then
                call ERROR("Type thrown not found in enclosing catch or declared throws list")
    end

    procedure VISIT(Calling cn)                                        ㉟
        call GATHERTHROWS(cn)
        if cn.calledMethod ≠ null
        then
            cn.throwsSet ← cn.throwsSet ∪ cn.calledMethod.declaredThrowsList
    end
end
```

图 9.28 抛出分析访问者（第二部分）(续)

图 9.29 中定义了 try 语句的可达性访问者。try 体、finally 语句和所有 catch 体都标记为可达的（PROCESSCATCH 可帮助验证这一点）。对于一条 try 语句，如果其 try 体或任何 catch 子句可以正常终止且 finally 语句也正常终止，则 try 语句正常终止。

```
class ReachabilityVisitor extends NodeVisitor
    /★    这扩展了图9.23中的类定义                                    ★/
    procedure VISIT(Trying tn)
        tn.tryBody.isReachable ← true
        tn.final.isReachable ← true
        call VISITCHILDREN(tn)
        catchOrTryOK ← tn.catches.terminatesNormally or tn.tryBody.terminatesNormally
        tn.terminatesNormally ← catchOrTryOK and tn.final.terminatesNormally
    end

    procedure VISIT(Catching cn)
        cn.catchBody.isReachable ← true
        call VISITCHILDREN(cn)
        cn.terminatesNormally ← cn.catchBody.terminatesNormally
        if cn.more ≠ null
        then
            cn.terminatesNormally ← cn.terminatesNormally or cn.more.terminatesNormally
    end

    procedure VISIT(Throwing tn)
        tn.terminatesNormally ← false
    end
    procedure VISIT(Calling cn)
        cn.terminatesNormally ← true
    end
end
```

图 9.29 可达性分析访问者（第三部分）

图 9.30 显示了 throw 语句的 AST。语义分析（图 9.26 中的标记 ㉛ 处）检查抛出的值的类型是一个合法的异常类型（可赋值给 Throwable 的类型）。

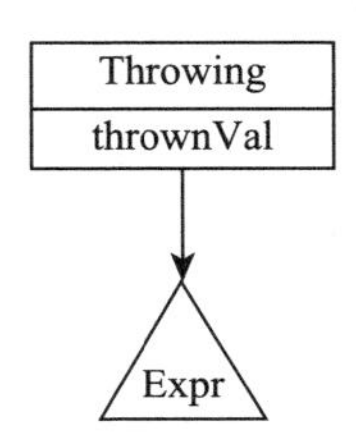

图 9.30 throw 语句的抽象语法树

抛出分析（图 9.28 中的标记 ㉞ 处）检查这样一种情况，如果一个已检查异常被抛出，包围的 try 块能捕获此异常或是包围的方法或构造函数的抛出列表中包含了此异常。我们调用 GETCATCHLIST 来得到所有包围 try 块中所提及的异常，通过调用 GETDECLTHROWSLIST 来得到当前方法的抛出列表中的异常。我们将这两个列表连接在一起并调用 FILTERTHROWS 将与抛出的异常匹配的异常移除。如果没有异常被移除，则表明抛出的异常没有得到恰当处理，我们发出一条错误消息。

作为一个例子，考虑下面的 Java 代码片段：

```
class ExitComputation extends Exception{};

try { ...
     if (cond)
         throw new ExitComputation();
     if (v < 0.0)
         throw new ArithmeticException();
    else a = Math.sqrt(v);
... }

catch (e ExitComputation) {return 0;}
```

其中声明了一个新的已检查异常。在 try 语句中，我们首先检查 catch 子句，将一个类型为 `ExitComputation` 的新项添加到当前 catch 列表中。然后检查 try 体。我们聚焦于 throw 语句，首先处理一个抛出 `ExitComputation` 对象的语句。这是 `Throwable` 的一个合法子类，且 `ExitComputation` 在当前 catch 列表中，因此未检测到错误。接下来检查抛出 `ArithmeticException` 的语句。这也是一个合法的异常类型。它是一个未检查异常（`RuntimeException` 的一个子类），于是此抛出语句是合法的，与包围它的任何语句无关。

C# 和 C++ 的异常机制与 Java 非常像，使用一种几乎相同的 throw/catch 机制。本节中提出的技术直接适用于这两种语言。

其他语言（如 ML 和 Ada）只支持单一异常类型，且异常是被“引发”而不是被抛出。异常在一个“handle”子句（ML）或一个“when”子句（Ada）中处理，这两种子句可以附加到任何表达式或 begin-end 块中。语义处理也是与本节中提出的机制非常相似。

9.2 方法调用的语义分析

在本节中，我们研究 Java 中的方法调用的语义分析。我们提出的技术也适用于构造函数调用和接口调用，以及 C#、C、C++ 和相关语言中的方法和子程序的调用。

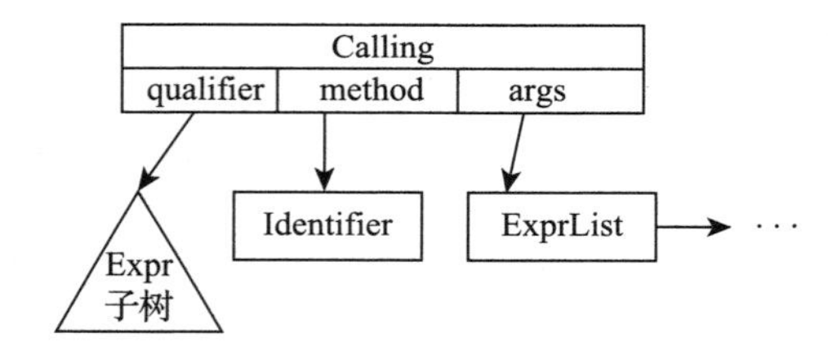

图 9.31 *Calling* 的 AST

图 9.31 中显示了 *Calling* 的 AST。字段 *method* 是一个标识符，指明了要调用的方法的名字。字段 *qualifier* 是一个可选的表达式，指明了方法是在哪个对象或类中。最后，*args* 是一个可选的表达式列表，表示传递给调用的实参。

分析方法调用的第一步是确定使用哪个方法定义。在 Java 和其他面向对象语言中，由于有**继承**（inheritance）和**重载**（overloading），这一步的检测方法没那么简单。

回忆一下构成一个继承层次的所有类，以及所有从 `Object` 直接或间接派生的类。一个对象可以调用其自身内定义的方法，以及其父类内、其祖父类内定义的方法，依此类推，一直到 `Object` 中的方法。在处理一个调用时，必须检查所有可能的定义区域。

由于允许重载，定义具有相同名字的多个方法是合法的。一个调用必须选择“正确的”定义，非正式地说，就是检查在继承层次中定义的所有可访问的方法，选择其参数与调用提供的实参具有最接近的匹配的那个方法。

在方法调用的语义分析中，我们先收集所有可能是调用目标的方法定义。我们利用给定的方法修饰符的类型和各个方法的访问模式来指导这一查找过程。

对于正在分析的方法调用，如果没有修饰符，则我们检查包含它的类（称为 *C*）。定义在 *C* 中的具有选定名字的所有方法都是可访问的。此外，在 *C* 的超类（其父类、祖父类等）中定义的方法也可能被继承下来，这取决于它们的访问修饰符。标记为 public 或 protected 的方法总是被继承下来，但不能继承 private 方法。

如果修饰符非空，也会影响可应用方法的选择。如果修饰符是保留字 `super`，则在类 *C* 中对 *M* 的调用必须引用一个从超类（如前定义）继承下来的方法。（在类 `Object` 中使用 `super` 是非法的，因为 `Object` 没有超类。）

如果修饰符是一个类型名 *T*（必须是一个类名），则对 *M* 的调用必须引用一个静态方法。（不允许调用实例方法，因为对象引用符号 `this` 是未定义的。）可以引用 public 或 protected 静态方法。

如果修饰符是一个表达式，计算出一个类型为 *T* 的对象，则 *T* 必须是一个标记为 public 的类。对 *M* 的调用可以引用 *T* 及其超类中的 public 或 protected 方法。

对于一个调用，基于这些规则选择出可能的方法定义，图 9.32 中的 GETMETHODS 实现了这些规则。我们假定 METHODDEFS(*ID*) 返回给定类中所有名为 *ID* 的方法的 *Attributes* 结构。类似地，VISIBILEMETHODS(*ID*) 返回名为 *ID* 的所有 public 和 protected 方法。而方法 GETCURRENTCLASS 返回当前正在编译的类。

```
function GETMETHODS( Calling cn ) returns SetOfAttributes
    currentClass ← GETCURRENTCLASS( )
    if cn.qualifier = null
    then methodSet ← currentClass.METHODDEFS( cn.method )
    else methodSet ← ∅
    if cn.qualifier = null or cn.qualifier = superNode
    then nextClass ← currentClass.parent
    else nextClass ← cn.qualifier.type
    while nextClass ≠ null do
        if cn.qualifier ≠ null and cn.qualifier ≠ superNode and not nextClass.isPublic
        then nextClass ← nextClass.parent
             continue
        methodSet ← methodSet ∪ nextClass.VISIBILEMETHODS( cn.method )
        nextClass ← nextClass.parent
    return (methodSet)
end

function GETARGTYPES( ExprList el ) returns ListOfType                     (36)
    typeList ← null
    foreach expr ∈ el do typeList ← APPEND( typeList, LIST( expr.type ) )
    return (typeList)
end

function APPLICABLE( formalParms, actualParms ) returns Boolean           (37)
    if formalParms = null and actualParms = null
    then return (true)
    else
        if formalParms = null or actualParms = null
        then return (false)
        else
            if BINDABLE( HEAD( formalParms ), HEAD( actualParms ) )
            then return (APPLICABLE( TAIL( formalParms ), TAIL( actualParms ) ))
            else return (false)
end
```

图 9.32 方法调用的语义检查工具方法

```
function MORESPECIFIC(def1, def2) returns Boolean                    (38)
    if BINDABLE(def1.classDefinedIn, def2.classDefinedIn)
    then
        arg1 ← def1.argTypes
        arg2 ← def2.argTypes
        while arg1 ≠ null do
            if BINDABLE(HEAD(arg1), HEAD(arg2))
            then
                arg1 ← TAIL(arg1)
                arg2 ← TAIL(arg2)
            else  return (false)
        return (true)
    else  return (false)
end

function FILTERDEFS(methodDefSet) returns Boolean                    (39)
    changes ← true
    while changes do
        changes ← false
        foreach def1 ∈ methodDefSet do
            foreach def2 ∈ methodDefSet do
                if def1 ≠ def2 and MORESPECIFIC (def1, def2)
                then
                    methodDefSet ← methodDefSet − {def1}
                    changes ← true
    return (methodDefSet)
end
```

图 9.32 方法调用的语义检查工具方法（续）

一旦我们已经确定可能的定义集合，我们必须筛选它们——将每个定义与形成调用实参的表达式的类型和个数进行比较。我们假定可访问方法集合中的每个方法定义表示为一个 *Attributes* 结构，其中包含了字段 *returnType*、*signature* 和 *classDefinedIn*。字段 *returnType* 是方法返回的类型，*classDefinedIn* 是方法定义所在的类，*signature* 是方法的类型签名。我们可以用图 9.32 中的标记 ㊱ 处定义的方法 GETARGTYPES 为调用的实参构建一个类型列表。

一旦我们有了调用的实参类型列表，就必须将其与每个方法的声明参数列表进行比较。一个方法定义包含字段 *signature*，记录了其参数类型和返回类型。方法 GETARGS 从方法签名中提取参数类型列表。这一列表将与实参类型列表进行比较。

但“形参和实参匹配”的精确定义是什么？首先，两个参数列表必须具有相同长度——这很容易检查。接下来，每个实参必须“可绑定”到其对应的形参。

可绑定（bindable）的意思是，无论何时需要引用一个形参时，使用对应的实参都是合法的。在 Java 中，可绑定与可赋值几乎是相同的。当还考虑到接口时，即使一个类对象不能直接赋值有时也可能可以绑定它。

现在检查在一个调用中是否可以使用一个特定方法定义就很直接了（我们检查参数数量是否正确且每个参数是否可绑定）。图 9.32 中的标记 ㊲ 处定义的方法 APPLICABLE (*formalParms*, *actualParms*) 给出了详细过程。如果 APPLICABLE 返回真，则可以使用给定的方法；否则，直接拒绝给定方法，它不适用于正在处理的调用。

在过滤掉不适用的方法定义后（由于参数数量或参数类型不匹配），我们统计仍在考虑范围内的方法定义的数量。如果为零，则调用是非法的（没有能无错调用的可访问方法）。如果数量是一个，则得到一个正确调用。

如果仍有两个或更多方法定义在考虑范围内，我们需要选择最适合的定义。这里涉及两个问题。首先，如果一个方法在一个子类中被重定义，我们希望使用这个重定义版本。例如，假设类 C 和类 D 中都定义了方法 M()：

```
class C { void M() { ... } }
class D extends C { void M() { ... } }
```

如果我们在类 D 的实例中调用 M()，则希望使用 D 中的 M 定义，即使 C 中的定义是可见的且类型正确的。

其次，也可能发生这样一种情况：方法 M 的一个定义接受类 A 的一个对象为其一个参数，而 M 的另一个定义接受 A 一个子类的对象为其参数。如下例所示：

```
class A { void M(A parm) { ... } }
class B extends A { void M(B parm) { ... } }
```

现在考虑类 B 中一个调用 M(b)，其中 b 的类型为 B。M 的两个定义都是可能的，因为当期望参数类型为父类 A 时，总是可以使用子类 B 的对象。在此情况下，我们倾向于使用类 B 中的定义 M(B parm)，因为对于正在分析的调用 M(b) 而言，它是一个"更近的匹配"。

我们现在将一个方法定义较之另一个是"更近匹配"这一概念形式化。对于两个方法定义 D 和 E，如果 D 的类可绑定到 E 的类且 D 的每个参数都可绑定到对应的 E 的参数，那么我们称 D 比 E *更特异*。这一定义捕捉了这样一个想法——较之父类中的一个方法定义，我们更倾向于子类中的等价定义——一个子类可赋值给其父类，但反之不然。类似地，较之涉及父类的参数，我们更倾向于涉及子类的参数（就是上面使用 M(A parm) 和 M(B parms) 的示例中的情况）。图 9.32 中标记 ㊳ 处给出的一个方法 MORESPECIFIC(*def*1, *def*2) 检测方法定义 *def*2 是否比方法定义 *def*1 更特异。

对于一个调用，如果有多个可访问的方法定义与实参列表匹配，则我们过滤掉更不特异的定义。如果过滤后只剩下一个定义（称为**最大特异性定义**，maximally specific definition），我们知道它是应使用的正确定义。否则，方法定义的选择是有歧义的，我们必须发出一条错误消息。图 9.32 中标记 ㊴ 处定义了方法 FILTERDEFS(*methodDefSet*)，它给出了过滤更不特异的方法定义的详细过程。

在我们将可能方法定义集合减小到单一定义后，语义分析几乎就完成了。我们还必须检查以下特殊情况：

- 用一个类名限定的方法调用（className.method）必须是一个静态方法。
- 对返回 void 的方法的调用不能出现在一个表达式中（那里期待一个值）。

前面提出的方法调用的完整语义分析，定义在图 9.33 中的标记 ㊵ 处。

作为如何检查方法调用的例子，考虑如下代码中在方法 test 中的调用 M(arg)：

```
class A { void M(A parm) {...}
          void M() {...} }

class B extends A { void M(B parm) {...}
                    void test(B arg) {M(arg);}}
```

在调用 M(arg) 处，有三个 M 的定义是可见的，而且都是可访问的。其中两个定义（接受一个参数）可用于此调用。B 中的定义 M(B parm) 比 A 中的定义 M(A parm) 更特异，因此选择它作为调用的目标。

在用于选择重载定义的所有规则中，一个重要的观察是方法的结果类型从未用于决定定义是否适用。Java 不允许两个方法定义具有相同的名字和相同的参数，但却有不同的结果类型。C# 和 C++ 也是如此。例如，下面两个定义会产生一个多重定义错误：

```
int add(int i, int j) {...}
double add(int i, int j) {...}
```

这种形式的重载是不允许的，因为它令选择重载定义的过程显著复杂化。不仅要考虑参数的数量和类型，还要考虑使用结果类型的上下文。例如，在代码 `int i=1-add(2,3);` 中，一个语义分析器可能不得不得出结论——返回一个 double 的 add 定义是不适合的，因为一个 double 减去 1 得到的还是一个 double，不能用来初始化一个整数变量。

少数语言（如 Ada）的确允许重载的方法定义只有返回类型不同。关于能分析这种更一般形式的重载的分析算法，可参考 [Bak82]。

```
class NodeVisitor
    procedure visitChildren(n)
        foreach c ∈ n.getChildren( ) do call c.accept(this)
    end
end

class SemanticsVisitor extends NodeVisitor
    /*    这扩展了图9.26中的类定义                                   */

    procedure visit( Calling cn )                                   (40)
        call visitChildren(cn)
        cn.calledMethod ← null
        methodSet ← getMethods(cn)
        actualArgsType ← getArgTypes(cn.args)
        foreach def ∈ methodSet do
            if not applicable (getArgs(def.signature), actualArgsType)
            then methodSet ← methodSet − {def}
        if size(methodSet) = 0
        then call error("No method matches this call")
        return
        else
            if size(methodSet) > 1
            then methodSet ← filterDefs(methodSet)
        if size(methodSet) > 1
        then call error("More than one method matches this call")
        else
            Let m be the singleton member of methodSet
            cn.calledMethod ← m
            if cn.qualifier ≠ null and cn.qualifier ≠ superNode and m.accessMode ≠ static
            then call error("Method called must be static")
            else
                if inExpressionContext(cn) and m.returnType = void
                then call error("Call must return a value")
    end
end
```

图 9.33 语义分析访问者（第四部分）

1. 接口和构造函数调用

除了方法，Java 和 C# 还允许调用接口和构造函数。我们在本节提出的技术都直接适用于这些语言构造。接口是类的一个抽象，指明了一组方法定义但没有其实现。对于语义分析的目的而言，实现是不重要的。当调用一个接口时，搜索接口（可能还有其超接口）中声明的方法来查找所有适用的声明。一旦确认了正确的声明，我们可以确保在运行时有对应的实现可用。

构造函数在定义和结构上与方法类似。构造函数是在对象创建表达式（使用 `new`）和其他构造函数中被调用的。一个可以用来识别构造函数的特征是无返回类型（void 也没有）。一旦识别一个构造函数调用是合法的（通过检查它在哪里出现），就可以使用本节提出的技术来为其选择适合的声明了。

2. 其他语言中的子程序调用

Java 和 C# 中的子程序调用与 C 和 C++ 等语言中的子程序调用的主要区别是，后者不要求子程序必须出现在类中，子程序可以定义在全局层次中（在一个编译单元中）。ML 和 Python 等语言还允许局部声明子程序，就像局部变量和常量。一些语言允许重载，其他语言则要求一个名字只有唯一声明。

在这些语言中处理调用遵循与 Java 和 C# 中相同的模式。使用作用域和可见性规则收集与给定调用对应的可能声明。如果不允许重载，使用最近的声明。否则，收集一个可能声明的集合。将调用中实参的数量和类型与可能的声明进行匹配。如果没有选出适合的唯一声明，则产生一个语义错误。

9.3　总结

语义分析是编译过程的一个必要环节。类型检查是语义分析的基础，它过滤程序错误、建立有效的程序翻译。由于语义分析涉及很多方面，使用语义访问者令实现者能将整个分析过程分解为小的且易于理解的组件。例如，可达性分析可以增强标准类型检查，而不会搅乱其基本要求。

重载和继承的概念会使方法调用变得复杂。记住很重要的一点，基本调用机制（参数求值并将控制权转移给子程序）是优雅且普适的。相对本章内容，成功的编程语言毫无疑问会进一步优化语义分析，但本章提出的基本原则将继续成为打造一个编译器的核心。

习题

1. 扩展 if 语句的语义分析访问者、可达性访问者和抛出访问者（见 9.1.2 节）以处理条件表达式可在编译时求值出真或假的特殊情况。
2. 假定我们向 C 或 Java 添加了一种新的条件语句 *signtest*。其结构为

   ```
   signtest ( exp ) {
      neg:  stmts
      zero: stmts
      pos:  stmts
   }
   ```

   先对整数表达式 `exp` 求值。如果结果为负，执行跟随 `neg` 的语句。如果为零，执行跟随 `zero` 的语句。如果为正，执行跟随 `pos` 的语句。

   画出此语言结构使用的 AST。修改 if 语句的语义分析访问者、可达性访问者和抛出访问者（见 9.1.2 节）来处理 signtest。
3. 假定我们向 C 或 Java 添加了一种新的循环语句 *exit-when* 循环。这种循环形式如下：

   ```
   loop
       statements1
     exit when expression
       statements2
   end
   ```

   首先执行 `statement1` 中的语句，然后求值 `expression`。如果结果为真，则循环退出。否则，执行 `statement2` 和 `statement1` 中的语句。接下来再次求值 `expression`，根据结果判定是否退出循环。重复这一过程直至 `expression` 最终变为真（或者循环无限迭代）。

   画出此语言结构使用的 AST。修改 while 循环的语义分析访问者、可达性访问者和抛出访问者（见 9.1.3 节）来处理这种形式的循环。

4. 一些语言（如 Ada）允许 switch 语句中的 case 标签是一个值的范围。例如，程序可能如下所示（使用了 Java 或 C 语法）：

```
switch (j) {
   case 1..10,20,30..35 : option = 1; break;
   case 11,13,15,21..29 : option = 2; break;
   case 14,16,36..50    : option = 3; break;
}
```

你如何修改 9.1.6 节的语义分析访问者、可达性访问者和抛出访问者以支持值范围 case 表标签？

5. 考虑下面的代码片段

```
...
while (a) {
   if (b)
      break;
   else if (c)
      a = update(a);
      continue;
   else return;
   print(a,b,c)
}
...
```

注意，无论执行 if 语句的哪个分支，print 语句都不可达。这很可能是一个错误，当然应该给出一条错误消息。

解释如何利用在可达性分析过程中设置的 isReachable 和 terminatesNormally 值来得出上面 print 语句不可达的结论。

6. 回忆一下，在 Java 和 C# 中，对一个方法 *M*，要求列出所有可能抛出给其调用者的已检查异常。在测试 *M* 时，检查其“抛出列表”中列出的每个异常是否真的可能抛出是有帮助的。

解释如何使用 9.1.7 节介绍的技术来检查方法 *M* 的抛出列表中列出的每个异常是否可能到达其调用者。确保不要漏掉 *M*（直接或间接）调用的方法抛出的异常。

7. 一些编程语言（如 Ada）要求在 for 循环中循环索引应该像常数一样处理。即，唯一改变循环索引的途径就是通过在循环头中给出循环更新机制。因此下面的代码片段（使用 Java 语法）：

```
for (i=1;i<100;i++)
  print(i)
```

是合法的，但代码片段：

```
for (i=1;i<100;i++)
  print(--i)
```

是不合法的。

解释如何修改 9.1.4 节中的语义分析访问者以确保循环体中对循环索引只读访问。

8. 当我们将方法当作函数使用时，调用可能是嵌套的。即，给定一个方法：

```
int t(int a, int b, int c){ ... }
```

下面的调用是合法的：

```
z = t(0, 1, t(2, t(3,4,5), 6));
```

9.2 节提出的语义分析技术足以处理嵌套的方法调用吗？如果调用的方法是重载的呢？

9. 1）一个方法操纵的特定数据可能需要特殊保护。例如，对于一个口令或账号，应该只允许我们认为可信的代码“触及”。

假定在一个程序中，我们可以将一个变量标记为 secure。一个安全变量只能被包含其最初声明的包中的方法所操纵。概述如何使用本章介绍的语义分析技术来核实一个安全变量没有“泄露”出“拥有”它的包。

2）1）中建议的分析可能太严格了——它禁止了使用所有库方法，即使是完全无害的。请提议一种标记方法，可选择库方法为“可信的”。我们将推广1）中的安全性分析——允许将安全数据传递给可信的库方法。注意，打印一个变量或是将变量写入文件的库方法从不可信。

10. Java和C#使用的类结构的一个问题是（简洁的）字段和方法声明与方法实现（可能冗长、详细）混杂在一起。这样，很难随意地“浏览”类定义。

作为替代，假定我们修改类结构，将声明和实现分离开来。一个类以类声明开始，包括变量和常量（完全不变）声明以及方法头（无方法体）。

接下来是“实现为”部分，包含类中声明的每个方法的方法体。类中声明的每个方法在此部分都要定义一个方法体，除非已声明，否则不能定义方法体。下面是这种修改的类结构的一个简单示例：

```
class demo {
     char skip = '\n';
     int f();
     void main();
implemented as
     f:      {return 10;}
     main:   {print("Ans =",f(),skip); }
}
```

需要如何修改类和方法的语义分析来实现这种新的类结构？

11. 正像变量和字段可以初始化一样，一些编程语言允许初始化方法中的形参。初始化的形参提供了一个默认值。在一个方法调用中，用户可能选择不提供一个显式参数值，而是选择默认值，例如，给定下面的代码片段：

```
int power(int base, int expo = 2) {
   /* compute base**expo */}
```

调用`power(100,2)`和`power(100)`都得到相同值（100^2）。

需要如何修改方法调用的语义分析以正确处理初始化的形参？一定要考虑重载解析会受到什么影响。

12. 大多数编程语言，包括C、C++、C#和Java都按位置传递参数。即，实参列表的第一个值是第一个参数，下一个值是第二个参数，依此类推。

对于长参数列表，这种方法很乏味且易出错。很容易忘记参数传递的确切顺序。定位参数的一种替代方法是**关键字参数**（keyword parameter）。每个参数值用它所表示的形参的名字标记。现在，参数传递的顺序就不重要了。

例如，假定方法`M`声明有四个参数，从a到d。使用普通定位形式的调用`M(1,2,3,4)`就可以重写为`M(d:4,a:1,c:3,b:2)`。两个调用效果相同，只是用来匹配实参和形参的符号表示方式不同。

需要如何修改图9.33中定义的方法调用的语义分析，以支持关键字参数？

13. 如9.1.6节中提到的，C、C++和Java允许`switch`语句中的非空case不以break语句结尾从而“滑落到”下一个case。这一选项偶尔是有用的，但更多时候会导致意想不到的错误。提出如何扩展`switch`语句的语义分析（见图9.21）以对非空case不以break结尾的情况发出一个警告。（最后一个case永远不需要一个break，因为不存在可“滑落到”的下一个case。）

14. 现代编程语言严格限制使用标号和goto。例如，Java完全不支持goto（虽然支持带标号的break和continue）。

在早期编程语言中，规则完全不同，goto被广泛支持。而且，有时还支持**标号变量**（label variable）。即，可以定义类型为标号的变量。可以将标号值赋予标号变量，允许goto语句跳转到标号变量。因此，可能会出现下面的代码片段：

```
Label L;
...
```

```
if (option)
     L = target1;
else L = target2;
...
goto L;
```

需要如何修改 goto 的语义分析以支持标号变量？如果允许一个活跃方法中的标号“逃逸”出方法，会发生什么？

15. 方法 INEXPRESSIONCONTEXT 被用在 *Calling* 节点的 VISIT 方法中（见图 9.33），以确定一个调用是否用在一个期待返回值的上下文中。但会发现调用上下文在 AST 中位于 *Calling* 节点的上方，而树中又没有向上的链接。

    请提出如何高效实现 INEXPRESSIONCONTEXT 的建议。

中间表示

编译器将程序从其源码形式翻译为一种适合于解释或执行的表示形式。本书前面的章节到目前为止已经讨论了对 Java 和 C++ 这些源语言写出的程序进行词法分析、语法分析和语义分析。第 7 章中介绍了**抽象语法树**（Abstract Syntax Tree，AST)，能以一种忽略不必要语法细节的形式表示源程序。第 8 章和第 9 章介绍了语义信息，用来为代码生成阶段准备 AST。一个简单编译器的下一步，也是最后一步是代码生成。我们将在第 11 章中讨论生成虚拟机代码。第 12 章和第 13 章讨论运行时支持和针对低层目标平台的代码生成技术。

对于一个给定体系结构，代码生成的准备工作应该包括熟悉体系结构。具体可能包括阅读要生成的代码的规范，检查从其他编译器而来的代码序列，以及手工编写一些样例代码序列。在本章中，我们研究一种称为**中间表示**（Intermediate Representation，IR）的代码形式。在一些领域，这些表示形式已被充分形式化、文档化并得到广泛使用，它们通常因而被称为**中间语言**（Intermediate Language，IL）。

中间表示和中间语言通常比低层目标语言更简洁、更抽象。因此，在第 13 章介绍低层代码生成之前，我们首先在第 11 章介绍中间代码生成。这使得我们在第 11 章可以聚焦于代码生成过程而无须解释或理解机器指令集的细节。例如，**Java 虚拟机**（Java Virtual Machine，JVM）包含一条可执行一个虚方法调用的指令（`invokevirtual`)。这条指令简化了第 11 章中对代码生成策略的讨论。而在更低层，为了实现调用和返回，必须生成很多指令，如 13.1.3 节所描述的。

在中间表示中，相对高层的指令也假定**虚拟机**（virtual machine）中提供了相当多的**运行时支持**（runtime support)，能解释中间表示。继续以虚方法调用为例，虚拟机必须提供相应的运行时支持，以管理方法可访问的存储。第 12 章讨论提供这种支持的细节。

中间表示具有很多优点，大多数编译器在生成最终目标代码之前都使用一级或多级中间表示。10.1 节讨论使用中间表示的原因。10.2 节概述 Java 虚拟机，它在第 11 章中被广泛使用，作为中间代码生成的一个例子。10.3 节介绍静态单赋值形式，这是一种中间表示，它对程序优化很有帮助。

研究这些内容和其他 IR 可深入理解编程语言设计，也为代码生成做好了准备。

10.1 概述

大多数应用程序是用相对高级的**源语言**（如 C++ 或 Java）编写的。这类语言提供可扩展的数据和控制抽象，有助于算法表达。但是，大多数计算机缺乏对这种高级语言的理解能力，而是依赖于编译器将源程序编译成某种目标机器语言，其指令规模通常非常小。编译器及其他编程语言翻译工具弥合了高级和低级程序表示之间的**语义鸿沟**（semantic gap）——通常是通过一系列步骤跨越这个鸿沟的，每个步骤涉及一种中间表示。

例如，一个编译器可能接受 Java 程序为输入，最终生成 Intel 架构的机器指令。在最初的源程序和最终的目标程序之间，可根据 JVM 规范生成一个**类文件**（class file），还可以在类文件之前或之后生成其他中间表示。

10.1.1　示例

早期 C++ 编译器并不直接生成机器代码 [Str94, Str07]。如图 10.1 所示，先将 C++ 语言源程序翻译为标准 C 程序，再将得到的 C 程序编译为机器代码。实际上，由于 C++ 程序可以使用标准 C 预处理器，首先用 C 预处理器（cpp）转换源程序，然后再用 `cfront` 翻译为标准 C 程序。因此，在从 C++ 程序翻译为机器代码的过程中，有两个连贯的中间点和 IL：

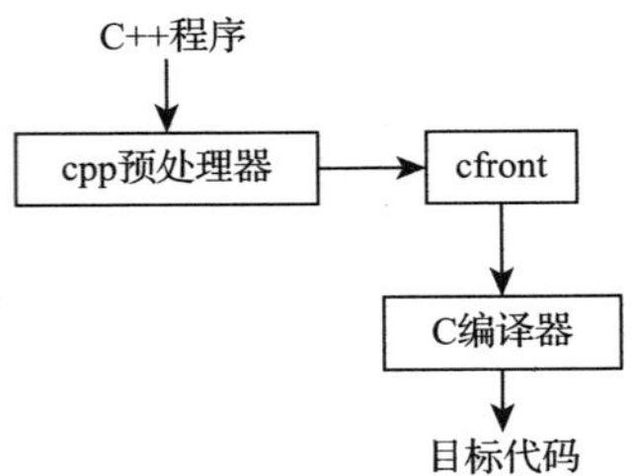

图 10.1　用 `cfront` 将 C++ 程序翻译为 C 程序

- 从 C 和 C++ 编程语言（包括预处理指示）的角度，cpp 的输出是一种 IL。虽然这种语言甚至没有一个正式的名字，但它是 C 或 C++ 的子集，在处理了所有预处理指示后得到的一个子集。这简化了编译器其余部分的构造——无须再担心任何预处理指示。
- 从 `cfront` 的角度，标准 C 是一种 IL，位于 C++ 和机器代码之间。

`cfront` 方法在构建 C++ 原型中发挥了很好的作用，但它很快被一种直接处理 C++ 程序的方法所取代，这样的编译器集成度更高，可以更好地诊断和报告编译时错误。

作为另外一个例子，我们考虑 LaTeX [Lam95]（写作这本书所用的语言）翻译为打印格式的步骤，如图 10.2 所示。LaTeX 文档处理系统不直接生成可打印的文档页，而是将 LaTeX 翻译为一个更基础的 IL——TeX，然后再翻译为一个设备无关的中间表示 `dvi`，在生成打印格式之前可能再经历几次翻译。

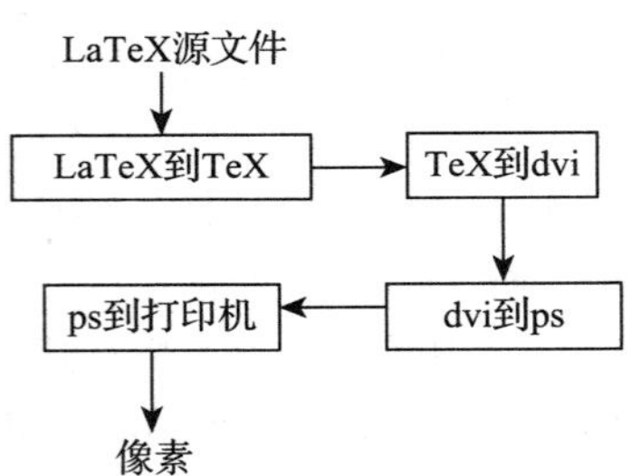

图 10.2　将 LaTeX 翻译为打印格式

部署中间表示通常是为了增强可移植性。在本例中，TeX 并不以任何打印机为目标，而是生成称为 `dvi` 的一组二进制数据结构。一个独立程序用来读取 `dvi` 中间表示，生成可视的或可打印的页。因此，为了适应一种新的打印机，无须修改 TeX，而只须编写一个新程序（或修改旧程序）来将相对简单的 `dvi` 表示翻译为新打印机的“指令集”（如 PostScript）。

考虑到上面的例子，我们可以总结出一个编译系统中 IL 面临的挑战：

- IL 必须精确定义。未能仔细定义 IL 可能会产生与编程语言定义不精确相同的负面后果。
- 必须为 IL 和任何中间表示精心打造翻译器和处理器。当这些工具在用户视野之外工作时，必须注意使工具尽可能透明。例如，C 开发人员可能并不知道在实际的 C 编译器之前还调用了 cpp 预处理器。
- 必须维护各层之间的联系，使得中间步骤的反馈能关联到源程序。例如，cpp 的输出可能包含错误，在下游被 C 编译器捕获。关于这些错误的消息应该引用*最初的*源程序行，而非用户视野之外的某个中间表示的文本或行号。

使用中间语言必然会带来若干相关的额外步骤，因此我们关注效率问题自然是合理的。

一个使用IL的系统可能无法达到不使用IL，而是采取一种更直接方法的竞品的性能。必须分析、比较IL的收益和代价。采用无必要的中间表示层是不明智的，而深思熟虑的系统设计会包含IL来简化手头的任务，并降低适配和维护系统的代价。为了支持这一点，我们将讨论IL在一个高效的编程语言翻译系统中的作用，研究一些原则和例子。

10.1.2 中端

对于编译器，术语**前端**（front-end）和**后端**（back-end）分别指负责分析输入语言的阶段和生成目标语言的阶段。大多数编译器在结构上都有一些组件在前端和后端之间，通常称为**中端**（middle-end）。虽然这样的术语似乎没有意义，但是将位于编译器前端和后端之间的阶段独立考虑，可以极大地简化编译器的构建。特别是，支持多种源语言和多种目标指令集的编译器套件可从这种划分出中端的思路中获得很大收益。

考虑一个编译器套件（如GNU Compiler Collection，GCC）支持s种源语言（C++、Fortran、Java，等等）和t种目标架构（Intel、Sparc、MIPS，等等）。如果每种情况都需要一个不同的编译器产品，则此套件需要$s \times t$个特定源–目标的编译器，如图10.3a所示。但是，如果在源和目标规范之间引入IL，工作量可降低到$s+t$，如图10.3b所示。现在，套件包含s个前端和t个后端：每个前端将其源语言翻译为IL，每个后端将IL翻译为其架构的本地代码。中端以有利于所有源和目标的方式处理IL。

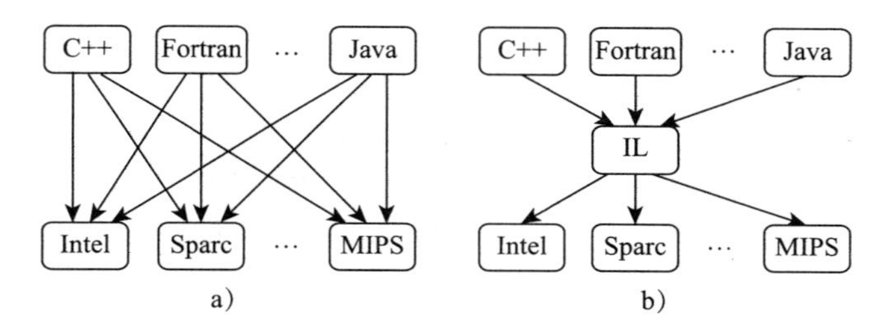

图10.3 对于必须支持多种源语言和多种目标架构的编译器套件，中端和IL简化了构造

在打造编译器的过程中，将中端纳入考虑以及形式化定义IL的其他优点如下：

- IL能促进对正在翻译的程序的信息的访问，从而允许各种系统组件进行互操作。

例如，IL可能包含符号信息，如变量名、变量类型和源码行号；这种信息在调试中是有用的。类似地，程序开发工具如类浏览器和性能剖析器工作在软件开发周期的不同时间点，它们可以通过IL共享和利用程序信息。

- IL简化了系统组件的开发和测试。可以对前端和后端进行独立测试——人工为后端合成IL，直到前端准备就绪。
- 中端包含会在编译器套件的前端和后端之间重复的阶段。这些阶段通常限于IL到IL的转换。
- 精心设计和恰当形式化的IL允许组件和工具与具备IL的产品交互——接受产品的IL作为某些任务的输入，或是充当IL的代理提供者。

在商业环境中，链接式的IL允许多个供应商共享基于IL的编译器和软件工具链组件。

- 在研究环境中，IL可以提供对必要基础设施便捷访问，从而简化新想法的探索和原型构建。

假设一个编译器作者希望试验消除计算冗余的新想法。从零开始开发一个完整的编译器的任务是艰巨的。然而，如果可以用编译器的 IL 来构建原型，那么就可以避免编写前端和后端的开销了。而且，如果系统是多源或多目标的，那么在 IL 层部署优化可以为多源语言和多目标平台带来好处。

- IL 及其解释器可以作为语言的一个参考定义。实现解释器的过程通常可以解决正式规范中可能不明确或不清楚的问题。

例如，对于 JVM 规范中描述的存储模型，基于规范的常见实现得到了细化和改进。而 **Ada 描述性中间属性表示法**（Descriptive Intermediate Attributed Notation for Ada，DIANA）是一种 Ada 编译器前端和后端之间交互信息的形式化规范。

- 为一个定义良好的 IL 编写解释器对于编译器测试以及编译器跨平台移植是很有帮助的。
- IL 使得构建**可重定向的代码生成器**（retargetable code generator）成为可能，这大大增强了编译器的**可移植性**（portability）。基于此目的，已经开发了许多使用 IL 的编译器 [CG83, Ott84]：

源语言	中间语言
Pascal	P-code
Java	JVM
Ada	DIANA

最流行、使用最广泛的可移植编译器套件是 GCC，它提供了多级 IL。

总之，IL 在降低编译器的成本和复杂度方面起着重要的作用。有些 IL 是为了支持特定的语言而设计的。例如，JVM 是为了支持 Java 的解释，而 DIANA 是专门为 Ada 设计的。然而，还有其他一些 IL 支持不同的前端和后端。GCC 包含两个 IL，一个在相对较高的层次上表示源程序，另一个抽象地表示机器指令。微软编译器套件使用**通用中间语言**（Common Intermediate Language，CIL）作为 IL，使用**通用语言运行时**（Common Language Runtime，CLR）作为 CIL 的通用解释器。

接下来我们会研究集中 IR，目的是在继续学习第 11、13、14 章关于代码生成和优化的内容之前，先理解 IR 的结构。

10.2 Java 虚拟机

接下来，我们将介绍 JVM 这种 IL 的一些细节，它是解释 Java 程序的参考平台。JVM 解释 Java 类文件，这种文件表示 Java 类的代码和数据。虽然 Java 语言还在发展，但 JVM 已经相对稳定，很适合作为第 11 章中生成中间代码的目标。

10.2.1 简介和设计原则

JVM 解释类文件，类文件是对执行一个 Java 程序所需的数据和指令的二进制编码。为了简化介绍，我们通常以可打印形式讨论类文件的内容。例如，整数加法指令的数值表示为 96，但我们通常用 `iadd` 表示它。

我们这里所使用的描述 JVM 类文件各部分的符号表示借鉴于 JVM 参考手册 [JVM] 和 Jasmin 用户手册 [Mey]。JVM 的设计遵循以下原则：

紧凑 由于 JVM 部署于浏览器和移动设备，Java 类文件的设计相对紧凑。特别是，JVM 指令近乎**零地址形式**（zero-address form），大多数指令操纵 Java **运行时栈**（runtime stack）顶端的数据。我们称最顶端位置为**栈顶**（top-of-stack，TOS）。

例如，iadd指令从栈中弹出两项，将它们的和压入栈顶。这个操作只需要单个字节来表示，因为指令的操作数是**隐式的**。一般来说，这种紧凑型是以牺牲运行时性能为代价的：栈操作通常比在寄存器中处理操作数慢。

紧凑性目标驱使JVM指令的设计包含完成相同效果的多种指令。例如，有很多方法将0压栈。最短的指令是iconst_0，只占用一个字节。最通用的指令是ldc_w 0，指令本身占用3个字节，还要消耗一个常量池位置。虽然iconst_0指令并不是绝对必要，但包含这条指令能提高代码紧凑性，因为将0压栈是一个频繁的操作。

安全性　由于JVM可能部署在不能容忍不良行为程序的环境中，因此JVM指令的设计原则之一是安全执行：一条指令只能引用指令所允许的存储类型，并且该存储位于一个适合访问的区域。而且，指令被设计成可以在执行代码之前捕获大多数安全错误。

在纯零地址形式（JVM不是）中，寄存器加载是通过计算压入栈顶的寄存器编号来完成的。然后加载指令从栈中弹出寄存器编号，访问寄存器的内容，并将内容压栈。

从安全性角度来看，纯零地址形式是有问题的，因为加载指令可以访问的寄存器可能直到运行时才知道。例如，零地址形式允许一个方法计算出一个寄存器编号，将其保存在栈顶作为后续加载指令的操作数。虽然零地址方法更通用，也可以部署运行时检查来检查加载指令的有效性，但更可靠和高效的方法是在运行代码之前检查此类指令。

作为妥协，JVM中的加载指令不是零地址形式的，而是指定寄存器编号作为该指令的**直接操作数**（immediate operand）。例如，指令iload 5将寄存器5的内容压栈。在加载类文件时，会检查指令以确保寄存器5落在其方法可以访问的寄存器范围内。这条指令总是访问寄存器5，因为指令的直接操作数不能在运行时更改。因此，可以在运行代码之前检查寄存器引用是否有效，就不需要在运行时进行进一步的此类检查。

加载类文件后，**字节码验证器**（bytecode verifier）会执行许多其他检查。JVM指令集和类文件格式的设计会令这些检查更为方便。

10.2.2　类文件内容

JVM类文件被组织成一些称为**属性**（attribute）的部分，其中包含有关被编译类的各种信息。这里我们只讨论那些与第11章中讨论的代码生成主题最相关的属性。在本章的讨论中，我们将使用人类可读的Jasmin语法来表示类文件中包含的二进制信息，从而描述JVM的各个方面。

1. 类型

与Java一样，JVM也提供基本类型和引用类型。类型通常用于指定字段和方法签名，大多数指令都要求输入特定的类型。JVM中的基本类型用一个字符指定，如图10.4所示。

类型	JVM类型名
boolean	Z
byte	B
double	D
float	F
int	I
long	J
short	S
void	V
引用类型*t*	L*t*;
类型*a*的数组	[*a*

图10.4　Java类型及其在JVM中的类型名。所有整数类型都是带符号的。对引用类型，*t*是一个完整类名。对数组类型，*a*可以是一个基本类型、一个引用类型或一个数组类型

一个引用类型*t*表示为L*t*，其中*t*指定如下。类型中的每个句点都被一个正斜杠取代，这样就得到了一个类UNIX的文件路径，指向该类

型的类文件。JVM 在运行时使用这些路径来定位类文件。例如，Java 中的 String 类型实际上可以在包 java.lang 中找到。因此，它的完整类型名是 java.lang.String，在 JVM 中类型命名为 Ljava/lang/String。因为需要高效地表示 String 常量，所以 JVM 知道 String 引用类型，就好像它是基本类型一样。

如图 10.4 所示，JVM 中可构造一个给定类型（基本类型或引用类型）的数组。虽然构造的结果是引用类型的一种形式，但其正式名称是用数组符号 [指示的。出于美学目的，如果能用一个右方括号匹配名字中的左方括号可能会更好，但 JVM 并未这样做。请记住，很少有人直接阅读或编写 JVM 和 Jasmin 语法。因此应将语法设计得更简洁，而不是更符合人类习惯。

2. 常量池

Java 程序引用各种运行时常量，这些常量通常是在类的**常量池**（constant pool）中分配的。常量池被设计为**带标签的联合**，如第 8 章中所讨论的。其中每一项表示一个给定类型的常量，如 int、float 或 java.lang.string。每个常量都可以在常量池中占用任意大小的空间。int 可能只占用 4 个字节，但为 String 分配的空间取决于它的长度。

我们通过一个常量在常量池中的位置序号（0、1、2 等）而非字节偏移量来引用它（参见习题 2 和习题 3）。对于某些指令（如 ldc），一个常量池引用占用一个字节。其他指令（例如 ldc_w）为常量池引用预留了两个字节。

10.2.3　JVM 指令

JVM 指令的详细列表可在其他文献中找到 [Mey, JVM]，这里我们介绍各种指令族，来概述 JVM 指令集。

1. 算术指令

基于简单数学函数计算结果的 JVM 指令会从运行时栈弹出所需数量的操作数（通常是 2 个），计算所需的结果，最后将结果压栈。

指令 iadd 弹出栈顶两个元素，将它们的和压回栈中。此指令期待操作数是基本类型 int，其结果类型也是 int。所有涉及 int 类型的操作的执行都使用 32 位**二进制补码**（two's complement）计算。这种计算永远不会抛出任何异常：向上溢出和向下溢出都是静默发生的。

iadd
5
7
12
之前　之后

对其他基本类型进行加法的指令是 fadd（float）、ladd（long）和 dadd（double）。对于比 int 更短的类型，如 byte 和 short，没有对应指令。这些类型的计算都在 int 类型上执行，在保存数据时会损失精度。对常见的算术运算，如减法、乘法、除法和取余数，JVM 都提供对应的指令。

2. 寄存器传输

与 IR 的常见情况一样，JVM（实际上）可以引用的虚拟寄存器数量是无限的。每个方法都声明了它可以引用多少寄存器，对每次调用方法，JVM 都为这些寄存器留出空间。这种空间通常在方法的栈帧中分配（参见 12.2 节）。

JVM 寄存器通常保存方法的**局部变量**，类似于物理机器上的寄存器（参见 13.3 节）。从 0 号寄存器开始预留给方法的参数。对**静态**方法，寄存器 0 保存方法声明的第一个参数。对基于实例的方法，寄存器 0 保存 **this**（对象的自引用），寄存器 1 保存方法声明的第一个参数。当调用一个方法时，参数值自动从调用者的栈弹出，并存储到编号较低的寄存器中。

JVM 寄存器是**无类型的**（untyped），因此可以保存任何类型。对于需要两个寄存器的值（`long` 和 `double` 类型），必须使用偶–奇编号寄存器对。

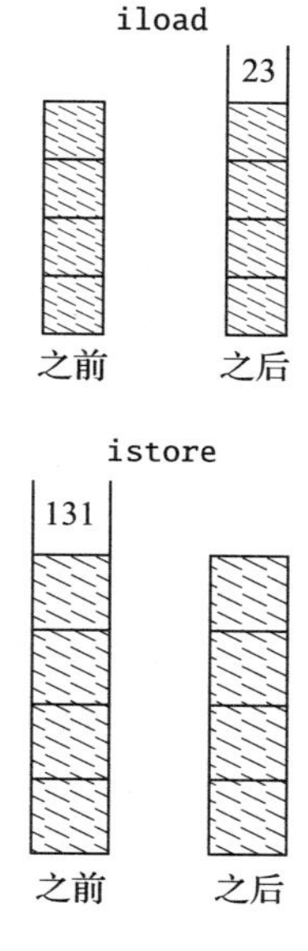

指令 `iload` 将一个 JVM 寄存器的内容压栈。此指令必须包含一个立即操作数指出要读取的寄存器的编号。指令不会影响寄存器的内容。

如果寄存器 2 包含值 23，则右边的示例显示了执行 `iload 2` 的结果。

为了方便压缩，JVM 还支持一些单字节指令，可实现小编号寄存器的加载。指令 `iload 2` 占用两个字节：一个保存指令、一个保存操作数。我们可以将其简化为 `iload_2`，这样只占用一个字节，因为操作码就指出了要加载寄存器 2。

JVM 也支持从栈中移动数据到寄存器的指令。指令 `istore` 将一个值弹出栈，将其保存在由指令的一个立即操作数指定的寄存器中。

如左边示例显示，指令 `istore 10` 将从栈顶弹出值 131，将其保存在寄存器 10 中。此指令没有简化形式，因为 10 号寄存器超出了为单字节 `istore` 指令预分配的寄存器范围。

对每种可读取和保存的数据类型，JVM 都提供了 `iload` 和 `istore` 的变体。例如，`fload` *n* 从寄存器 *n* 读取一个 `float` 值，将其压入栈中。对于 `boolean` 类型，没有专门的寄存器指令。JVM 使用 `int` 表示 `boolean`——用 0 表示 `false`，用 1 表示 `true`。在寄存器层次，类型 `char`、`byte` 和 `short` 的处理类似 `int`，因为 32 位也可以容纳这些类型。

所有引用类型分别使用指令 `aload` 和 `astore` 来读取和保存。一个对象引用占用的空间与一个 `int` 一样，都是 32 位。JVM 保留值 0 来表示空引用 null。

编译器可以以任何方式自由地使用方法的寄存器，只要用法符合类型的一致性。例如，假设执行指令 `astore 4` 之后，寄存器 4 保存了指向一个对象的引用。我们就不能使用 `iload 4` 指令将此引用作为 int 值压入栈。JVM 的**字节码验证**（bytecode verification）阶段会检测到这种错误。

3. 寄存器和类型

虽然寄存器是无类型的，但大多数 Java 执行环境要求执行对 JVM 代码进行**静态分析**（static analysis，通常称为字节码验证）以保证进出寄存器的数据流不会危害 Java 的类型系统。这种分析会阻止一个 JVM 程序先读取一个对象引用（使用 `aload`），然后对它进行数学运算，来欺骗 JVM 不恰当地访问存储。在 `iload` 示例中，静态分析可以证明栈顶包含一个 `int` 值。无论使用该值的指令是什么，都必须成功地与 `int` 值类型匹配。例如，`istore 3` 将成功地从栈顶弹出 23 并将其存储在寄存器 3 中。然而，在进行分析时（在代码执行之前），`fstore 3` 会被检测为一条错误指令。

就这一点而言，JVM 看起来比 Java 语言更严格：在 Java 中，一个 `int` 值可以作为一个 `float` 处理而无须强制类型转换。然而，重要的是要理解，虽然语言允许从 `int` 转换到 `float` 而无须强制类型转换，但其本质仍然是一种类型转换。第 2 章和第 8 章中介绍的语义分析可以插入 `int` 到 `float` 的**类型转换**（type conversion），通过生成 `i2f` 指令即可实现这种转换。

i2f
23　23.0
之前　之后

JVM 类型转换指令从栈中弹出一个值，然后将转换后的值压栈。栈顶必须保存了一个恰当类型的值。

在右边的示例中，栈顶保存了一个 `int` 值 23。当指令（`i2f`）完成后，该值被其 `float` 表示有效地替换。

23 和 23.0 的位模式显然不同，前者使用二进制补码表示，而后者使用 **IEEE 浮点数**（IEEE floating point）格式。而且，字节码验证阶段会追踪栈中单元的类型，指令 `i2f` 会在栈顶放置一个 `float` 类型的单元。

4. 静态字段

一个类的**静态字段**（static field）出现在类的每个实例中。当加载和初始化类的时候，会为这种字段预分配空间。之后，可分别使用 `getstatic` 和 `putstatic` 指令加载或保存一个静态字段。

`getstatic` 的行为类似其他加载指令（`iload`、`aload` 等），也是将提取的结果压入栈中。Jasmin 中的 `getstatic` 指令的编码形式为：

getstatic *name type*

其中 *name* 是静态字段的名字，以其全限定类名作为开头，*type* 是期望的结果类型。

很多 Java 程序引用 `System.out` 来实现控制台输出。这种访问实际上是引用静态字段 `java.lang.System.out`，其类型为 `java.io.PrintStream`。

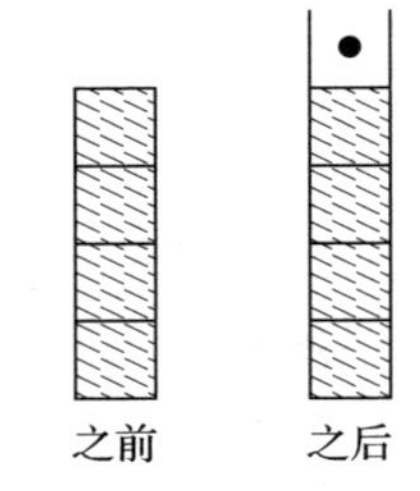

右边的示例显示了，当执行完 `getstatic` 指令后，栈顶被压入了一个新元素。栈顶的“•”表示引用 `System.out`。

因此，为上述静态字段生成的 JVM 指令为

```
getstatic java/lang/System/out Ljava/io/PrintStream;
```

在 JVM 中，这个指令的实际表示只占用 3 个字节：一个字节保存 `getstatic` 的操作码，另外两个字节形成一个 16 位整数，指向**常量池**（constant-pool）中的一项。回忆一下，常量池中的项是用序号表示的（0、1、2 等），而不是用它们在常量池中的字节偏移。在此情况下，指定的常量池项包含 `getstatic` 指令的操作数 *name* 和 *type* 的值。

静态变量可用 `putstatic` 指令修改，它弹出栈顶值，并将其保存在由指令的立即操作数指定的位置。

5. 实例字段

类可以声明实例字段，为其分配特定于实例的存储空间。每个类型为 *t* 的实例都有存储 *t* 的实例字段的空间。要访问这些字段，必须提供 *t* 的一个特定实例。

指令 `getfield` 将一个特定实例字段的值压栈。其语法与 `getstatic` 指令的语法完全相同：须给出两个立即操作数（一个 *name* 和一个 *type*）。不过，由于该指令还需要一个被访问字段的实例，因此其语义指明栈顶必须包含对被访问字段的实例的引用。

考虑一个类 `Point`，其每个实例都包含两个 `int` 字段：`x` 和 `y`。考虑一个特定实例，其 `x` 和 `y` 的值分别为 10 和 20。

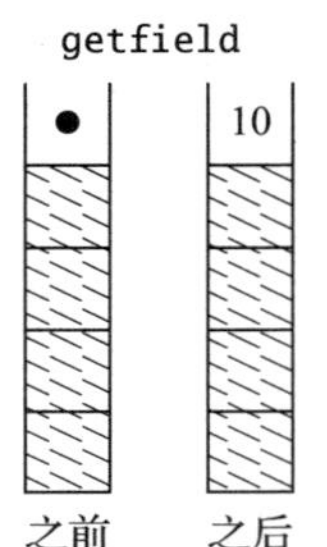

右边的示例显示了栈顶有一个 `Point` 引用（•），则指令

```
getfield Point/x I
```

提取 • 的字段 x 的值，确保它是一个 int，将此值（10）压入栈中。

指令 putfield 是指令 putstatic 的特定于实例的版本。

在右边的示例中，对象引用（•）指向一个 Point 对象实例。指令

```
putfield Point/x I
```

从栈顶弹出两个值。第一个值（431）应该保存在 putfield 指令中指出的字段（x）中。第二个值是一个 Point 对象引用，显示为 •。当指令完成时，• 的字段 x 的值将变为 431，栈中会减少两项。

6. 分支

JVM 也提供了改变程序执行控制流的指令。通过 goto 指令，可以无条件地将控制转移到位置 q 的指令上。该指令占用 3 个字节：一个字节指定 goto 的操作码，另外两个字节连接起来形成一个带符号的 16 位偏移，在这里表示为Δ。如果 p 是当前 goto 指令的位置，则控制转移到 $q = p + \Delta$ 处的指令。在 Jasmin 中，偏移是自动计算的，跳转目标是使用标号指定的。还有一个 5 字节的 goto_w 指令，它预留了 4 字节来保存Δ（参见习题 7）。

有几种指令提供了条件分支功能。每种指令都包含一个指明条件检测的操作码和一个当检测为真时要执行的分支。

ifgt 及同类指令期待栈顶是一个带符号 int 值。如果条件（本例中为大于 0）满足，则执行分支。

在右边的示例中，从栈中弹出 131，将它与 0 进行比较。由于 131>0，将执行分支。假如比较失败，控制将转移到 ifgt 指令后续指令。

JVM 包含 6 个条件分支指令，每个指令实现 int 值与 0 的一种比较操作：ifeq(=)、ifne(≠)、iflt(<)、ifle(⩽)、ifgt(>) 和 ifge(⩾)。每个指令都分配一个单独的操作码。

一些程序需要与非零值比较。虽然上述指令对这种程序来说已足够（参见习题 9），但使用下面相对更复杂的指令可以生成更短的指令序列。

考虑一个源程序，它在某个点上有 $a = 431$ 和 $b = 131$，接下来要比较是否 $a > b$。再对 a 和 b 发出一个 iload 指令后，栈如右图所示。

在本例中，if_icmpgt 指令从栈顶弹出两个元素，执行比较操作 431>131。由于检测成功，执行给定分支。

这个指令族包含 6 个指令：if_icmpeq($a = b$)、if_icmpne($a \neq b$)、if_icmplt($a < b$)、if_icmple($a \leqslant b$)、if_icmpgt($a > b$) 和 if_icmpge($a \geqslant b$)。

7. 静态方法调用

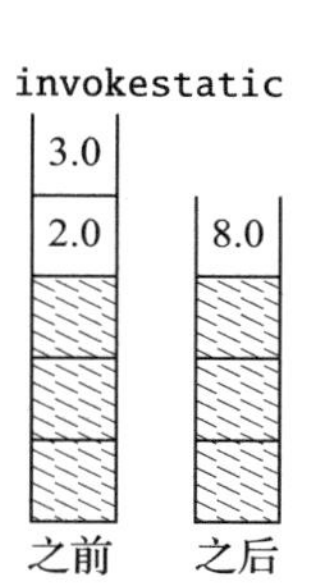

JVM 中有好几种形式的方法调用指令。在面向对象语言中，一个方法可以是某个类型 t 的所有实例的公共方法，也可以是特定于实例的。在前一种情况中，Java 称这种方法为**静态的**（static）。类型 t 的一个静态方法，与静态字段类似，用其类型 t 引用，无须使用 t 的一个实例来调用。静态方法的一个例子是 Math.pow(double a, double b)，它返回 a^b。这种方法使用指令 invokestatic 调用。

静态方法 Math.pow 使用下面的 Jasmin 语法调用

```
invokestatic java/lang/Math/pow(DD)D
```

其中指明了方法的全路径，也包含了方法的**签名**。

在本例中，从栈顶弹出两个值（2.0 和 3.0）提供给静态方法 Math.pow，分别作为其第一个和第二个参数。当 Math.pow 执行完毕，其结果（指令 8.0）被压栈。

从上面的例子中，可以清楚地看出，一个方法的参数是按由左至右的顺序压栈的。如果一个静态方法接受 n 个参数，则当调用方法时，其第 n 个参数位于栈顶。

对于一个**方法签名**（method signature），括号中的符号指出方法的输入参数的类型，所采用的符号表示如图 10.4 所示。在上例中，方法期待两个 double 参数（(DD)）。方法的返回类型就在括号后指明。在上例中，返回类型也是 double。

虽然 Jasmin 语法中要给出方法及其签名作为指令 invokestatic 的一部分，但方法和签名的描述性信息实际上保存在常量池中。指令 invokestatic 占用 3 个字节，后两个字节形成一个指向常量池的序号索引。

（1）特定于实例的方法调用

特定于实例的方法，如 PrintStream.print()，其调用方式与 invokestatic 有以下不同：

- 由于方法是特定于实例的，因此在将方法的参数压栈之前，必须先将实例压栈。这个实例就成为被调用方法中的 this。
- 使用指令 invokevirtual 替代 invokestatic。

因此，一个特定于实例的方法如果声明为接受 n 个参数（p_1、p_2、… p_n），实际上要接受 n+1 个参数，其中 p_0 实际上是被调用方法的 this。

使用 Jasmin 语法调用方法 PrintStream.print(boolean) 如下所示

```
invokevirtual java/io/PrintStream/print(Z)V
```

其中指明了方法的全路径，并指出方法接受一个 boolean 参数（用 Z 指出），不返回值（用括号后的 V 指出）。

在本例中，• 是类 PrintStream 的一个实例（如 Stream.out）。栈顶的 0 是 false 的 Java 整数编码。

虽然方法声明它只接受一个参数，但它是特定于实例的，因此将占用栈顶两个位置。必须首先压栈一个 PrintStream 类的实例（显示为 •），然后再压栈被调用函数声明的参数。在方法 PrintStream.print() 中，• 成为 this。由于方法返回类型为 void，因此它完成后不返回结果。方法的副作用是将 false 打印到其 PrintStream（方法中的 this）。

（2）其他方法调用

Java 中几乎所有的方法都是用 invokevirtual 或 invokestatic 调用的。但还是存在重要的例外，包括构造函数调用和基于 super 的调用，这些是通过 invokespecial 指令处理的。

- 构造函数是特殊的，原因阐述如下。首先，要将对象实例的一个未初始化引用压栈（通常通过 new 指令）。实际上涉及的方法名是 <init>，属于压入栈顶的对象类型。构造函数使用栈顶的引用（this）与所有声明的参数作为其输入参数。所有的构造函数都是 void 的，因此构造函数调用不会返回任何值。代码生成器必须知道这种行为，并发出适当的指令才能访问实例化的对象（参见习题10）。

- 用 `invokevirtual` 调用的方法都是根据调用方法的实例的实际（运行时）类型分派的。如果实际的实例类型是 t，那么会首先在类 t 中查找调用的方法，然后在对象层次中查找 t 的父类，依此类推，一直到 `Object`（所有超类中的最顶端）。

基于 super 的方法调用先在对象层次中当前类的父类中查找恰当的方法。换句话说，假定在一个实际类型为 t 的对象上调用一个方法 FOO。如果此调用在类 s 中解决，则 s 必须是 t 的一个超类（如果 $s = t$，则 s 是 t 的一个非真超类，因此定义成立）。如果 s.FOO() 使用 super.BAR() 来调用方法 BAR，则从 s 的第一个真超类（即，对象层次中 s 的父类）开始查找恰当的 BAR。

- 方法 `invokespecial` 还能用来调用 `private` 方法，但只在出于效率原因的情况下才这么做。一个 `private` 方法不能被覆盖，因此没有理由使用虚方法分派。这种方法也必须使用 `invokevirtual` 来调用。

8. 栈操作

JVM 提供一些专门用于操纵接近栈顶的数据项的指令。这种指令可能看起来是多余的，因为可以使用其他指令和寄存器来模拟这些指令。它们的存在是为了简化常见的代码片段，形成更短指令序列。

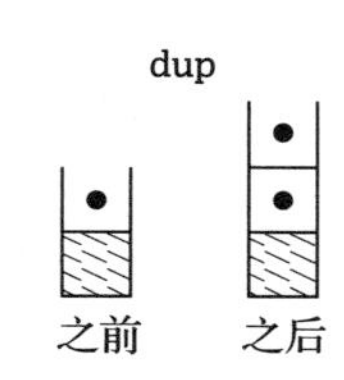

本例显示了在栈顶复制单元。

指令适用于任意32位类型（即，除了 `long` 和 `double` 之外的所有类型）。JVM 还提供了一个 `dup2` 指令，它复制栈顶两个单元，从而适用于 `long` 和 `double` 类型。

`dup` 指令能很好地适应多重赋值（`x=y=z=value`）。它对构造新对象也很有用。指令 `new` t 为类型 t 分配存储空间，将指向新分配的空间的引用放到栈顶，但在调用构造函数之前，这一空间是无法引用的。构造函数取出指向已分配空间的引用（以及它的其他参数），但它不返回任何东西（它是 `void` 的）。因此，为了记住引用，通常在生成构造函数调用序列之前复制栈顶。

其他栈操作指令包括 `pop` 和 `swap`，其功能不言自明。但是，还有一些指令的功能可能不那么明显。

如右图示例，此指令复制栈顶元素，但它将复制的元素放在距离栈顶两个单元的位置。

这个看似古怪的指令的一个用途是复制**嵌套赋值**（embedded assignment）中的一个值。考虑 FOO(**this**.x←y)，其中 y 的值为431。在本例中，开始时 y 的值已加载到栈中，结束时已为指令 `putfield` 准备好栈中内容，然后调用 FOO。

指令 `dup_x1` 复制值431，并将其放到引用 **this**（显示为•）之下。回忆一下，`putfield` 赋值的字段由其一个立即操作数指出。因此，当对 x 的 `putfield` 完成时，栈顶两个元素将被弹出，剩下复制的431作为 FOO 的参数值。这一指令很好地展示了 JVM 指令集的设计目标不是简单，而是能生成紧凑的代码序列。习题11更深入地探讨了这一点。

10.3 静态单赋值形式

静态单赋值（Static Single Assignment，SSA）形式 [CFR+91] 是一种中间表示，它的特点对程序分析和优化很有帮助（见第14章）。其命名源自纯函数式语言所拥有的一种特性：

单赋值意味着程序中的每个名字只被赋值一次。这一特性令赋值语句 $a \leftarrow b+1$ 具有这样一个数学定律：在完成 $a \leftarrow b+1$ 后，在剩余的程序执行中 a 在数学上一直等于 $b+1$ 。由于单赋值规则，a 和 b 的值都不能改变。总之，程序赋值 $a \leftarrow b+1$ 被转换为谓词 $a=b+1$ ，而且永远成立。这使得程序自始至终都可以进行代数替换——用 $b+1$ 替换 a 。

这种透明性被认为使得程序更容易分析和优化。有人会进一步认为函数式程序更容易理解和维护。

现在考虑赋值 $x \leftarrow x+1$ 。我们假设所有变量都在使用前正确初始化了。因此，若要 $x \leftarrow x+1$ 有意义，x 必须已经被赋值。在此情况下，$x \leftarrow x+1$ 违反了单赋值规则。而且，代码片段 $x \leftarrow x+1$ 在数学上也不能很好地转换，因为其对应的数学谓词 $x=x+1$ 永远为假。

在接下来的讨论中，我们称对 x 的一个赋值为 x 的一个**定义**（def，definition 的缩写）。称任何其他对 x 的使用为 x 的一个**引用**（use）。SSA 形式的设计目标是适用于任何语言编写的程序的中间表示。我们可以放松单赋值规则，只做静态检查：对给定名字的赋值在源程序中只能出现一次。一旦实现了 SSA 形式，对于一个名字如 x ，为其任何给定引用所提供的值都可以恰好与其一个定义相关联。这一性质允许对从一个定义流向每个引用的程序分析信息进行代数替换。

SSA 形式允许 $a \leftarrow b+1$ 这样的语句执行多次，但此语句应该是唯一定义 a 的语句。计算和使用 SSA 形式的算法将在第 14 章中讨论。我们在这里非正式地描述此方法，以便手工计算 SSA 形式。我们考虑只引用标量变量（无数组）和常量的单体程序（无过程调用）。习题 13、14 和 15 考虑这一前提的扩展。

重命名和 ϕ 函数

得到 SSA 形式的第一步是**重命名**程序中的定义，使得每个定义都是唯一的。一种使程序相对完整的简单方法是使用整数下标重命名每个定义。这一任务可对原程序中的每个名字独立执行，下例对 v 进行重命名：

$v \leftarrow 4$	$v_1 \leftarrow 4$
$\quad \leftarrow v+5$	$\quad \leftarrow v_1+5$
$v \leftarrow 6$	$v_2 \leftarrow 6$
$\quad \leftarrow v+7$	$\quad \leftarrow v_2+7$

当得到右边程序后，v_1 和 v_2 被当作不同的名字来处理。如此重命名它们只是为了显示它们都对应原始名字 v。对于无分支的代码，重命名就足以完成 SSA 形式的计算了。在其他情况下，必须特别小心处理相同名字的多个定义的值汇聚的问题：

if p	**if** p
then $v \leftarrow 4$	**then** $v_1 \leftarrow 4$
else $v \leftarrow 6$	**else** $v_2 \leftarrow 6$
	$v_3 \leftarrow \phi(v_1, v_2)$
$\quad \leftarrow v+5$	$\quad \leftarrow v_3+5$
$\quad \leftarrow v+7$	$\quad \leftarrow v_3+7$

函数 $\phi(v_1,v_2)$ 清楚地显示了程序中 v_1 和 v_2 汇聚的点。没有 ϕ 函数的话，两个定义能到达接下来的任何一个引用。而引入新的对 v_3 的赋值阻止了这一行为。

概念上，ϕ 函数可以放置在程序中的任何地方。如果放置在程序中点 p 处，则 ϕ 函数应该对恰好能在 p 之前执行的每个不同语句都声明一个参数。在上例中，if-then-else 语句导致两个语句都恰好能在 ϕ 函数之前执行，因此 ϕ 函数有两个参数。为参数提供的值就是通过恰好在 ϕ 函数之前执行的每个语句传播的 v 的值。

很明显，单参数的 ϕ 函数毫无用处。参数被简单传递，无须重命名。计算 SSA 形式中的一个小窍门就是确定为令每个引用只有唯一定义到达所必须使用的 ϕ 函数的数量。一个更完整的例子如图 10.5 所示。

a)	b)
$i \leftarrow 1$	$i_1 \leftarrow 1$
$j \leftarrow 1$	$j_1 \leftarrow 1$
$k \leftarrow 1$	$k_1 \leftarrow 1$
$l \leftarrow 1$	$l_1 \leftarrow 1$
repeat	**repeat**
	$i_2 \leftarrow \phi(i_3, i_1)$
	$j_2 \leftarrow \phi(j_4, j_1)$
	$k_2 \leftarrow \phi(k_5, k_1)$
	$l_2 \leftarrow \phi(l_9, l_1)$
if p	**if** p
then	**then**
$j \leftarrow i$	$j_3 \leftarrow i_2$
if q	**if** q
then $l \leftarrow 2$	**then** $l_3 \leftarrow 2$
else $l \leftarrow 3$	**else** $l_4 \leftarrow 3$
	$l_5 \leftarrow \phi(l_3, l_4)$
$k \leftarrow k + 1$	$k_3 \leftarrow k_2 + 1$
else $k \leftarrow k + 2$	**else** $k_4 \leftarrow k_2 + 2$
	$j_4 \leftarrow \phi(j_3, j_2)$
	$k_5 \leftarrow \phi(k_3, k_4)$
	$l_6 \leftarrow \phi(l_2, l_5)$
call PRINT(i, j, k, l)	**call** PRINT(i_2, j_4, k_5, l_6)
repeat	**repeat**
	$l_7 \leftarrow \phi(l_9, l_6)$
if r	**if** r
then	**then**
$l \leftarrow l + 4$	$l_8 \leftarrow l_7 + 4$
	$l_9 \leftarrow \phi(l_8, l_7)$
until s	**until** s
$i \leftarrow i + 6$	$i_3 \leftarrow i_2 + 6$
until t	**until** t

图 10.5 取自于 [CFR+91] 的 SSA 形式的例子。程序 b）显示了程序 a）的 SSA 形式

习题

1. 编写 JVM 指令序列实现将 0 压入运行时栈，且指令序列占用空间不超过 10 字节，尽你所能给出尽量多的实现方法。你的指令序列可以按需暂时修改任何存储空间，但在结束时，唯一明显的变化应该是一个包含 0 的单元成为新的栈顶。
2. 研究 JVM 常量池的布局，设计一个算法查询第 i 项的类型和值。
3. 如 10.2.2 节所述，我们用常量池中的序号位置来引用一个项。JVM 常量池为什么采用这种设计方式？毕竟程序直接指定常量池项的字节偏移肯定会更快。
4. 为什么 JVM 提供了两个将常量值压入运行时栈栈顶的指令（`ldc` 和 `ldc_w`）？
5. 如 10.2.3 节所描述的，指令 `getstatic` 的形式是包含一个 *name* 和一个 *type*。当然 *name* 对静态字段访问而言是必要的，但 *type* 信息真的是必需的吗？回忆一下，要访问的字段在定义该字段的类中声明了类型。

6. 如 10.2.3 节所描述的，指令 getstatic 要求用**立即操作数**（immediate operand）来指明静态字段 *name*。

   假定 JVM 有一个替代指令 getarbitrary，它从某个任意位置加载一个值。因此不再用立即操作数指明字段名，而是使用栈顶的位置地址。

   这条指令对 JVM 的性能和安全性有什么要求？
7. JVM 有两个无条件转移指令：goto 和 goto_w。确定每个指令的恰当的使用条件。
8. 指令 ifeq 只为分支偏移预分配了 2 个字节。不像 goto 有对应的 goto_w 指令，ifeq 没有这样的对应指令。解释如何生成代码，使 ifeq 在为真时能够跳转到一个距离很远（超出 16 位能表示的偏移）的目标。
9. 考虑 C 或 Java **三元表达式**（ternary expression）：$(a>b)?c:d$，根据比较的结果，它会将 c 或 d 放到栈顶。假定所有变量都是 int 类型的，但不要假设它们中的任何一个为 0。解释如何生成代码，只使用 ifne 指令进行分支的比较（不允许使用其他 if 或 goto 指令）。
10. 构造函数调用假设在栈顶有一个引用，指向它应该初始化的类实例。所有构造函数都是 void 的，因此不返回任何结果。但是，Java 程序期待在构造函数调用结束后在栈顶获得其结果。通过什么样的 JVM 指令序列可以完成这个任务？
11. 本书对指令 dup_x1 进行了讨论，讨论了它应用于代码片段：FOO(**this**.$x \leftarrow y$)。请设计一个代码序列，实现在嵌套赋值后将 y 值（431）放到栈顶，要求不使用任何 dup 指令。注意，在这里 431 不是一个常量：它恰好是为 y 加载的值。
12. 图 10.5 显示了在 PRINT 方法调用之前的一个 ϕ 函数序列。在这个位置对于 i 为什么不需要一个 ϕ 函数？
13. 研究在 SSA 形式中如何处理数组。
14. 研究在 SSA 形式中如何处理堆分配的内存。
15. 研究在 SSA 形式中如何处理方法调用。
16. 7.6 节介绍的 x 的**定义**与其左值有什么差别？

第 11 章

Crafting a Compiler

虚拟机代码生成

在本章中，我们将通过遍历**抽象语法树**来生成适用于**虚拟机**（virtual machine）的代码，这是程序翻译的最后一步。AST 的构造（见第 7 章）及其后续的语义处理（见第 8 章和第 9 章）已经提供了将源程序转换为某种形式的可解释或可执行代码所需的所有信息。AST 很好地表达了源程序的结构和含义。但其设计是有意抽象的，因而独立于任何特定的体系结构规范。此外，AST 能很好地表示用现代编程语言编写的程序的嵌套结构，而大多数体系结构执行的指令实际上是更加线性的结构。

第 5 章和第 6 章介绍了基于编程语言的文法对输入程序进行语法检查的语法分析技术。虽然文法提供了一个自动的结构来调节语法分析器的动作，但是将源程序翻译成合适的 AST 还需要手工插入的操作。本章介绍的代码生成本质上是语法分析的逆过程。程序的 AST 提供了一种可以自动遍历的结构，但是合成代码所需的操作是手工制定的。

本章和第 13 章会讨论代码生成问题，不同之处如下：

- 本章代码生成的目标是**虚拟机**（Virtual Machine，VM）代码，在形式和语义上很接近源语言。第 13 章将讨论与源语言几乎没有相似之处的机器代码。例如，本章讨论的 VM 为对象、虚方法调用以及 `String` 和 `boolean` 等 Java 数据类型提供了内部处理。而在第 13 章中，我们必须引入翻译策略，以恰当地实现这些特性。
- 代码生成必须解决的资源问题对 VM 来说相对简单，但在第 13 章中需要更复杂的处理。例如，VM 可以引用几乎无限数量的寄存器，而第 13 章中的目标代码只有相对较少的物理寄存器。

虽然主要关注本机代码生成的读者可能想跳过本章，直接跳到第 12 章和第 13 章，但我们建议先学习本章，它是对代码生成技术的一个相对简单的介绍，也是第 13 章内容的基础。

11.1 代码生成访问者

与语义处理的情况一样，代码生成广泛使用第 7 章中提出的**访问者模式**（visitor pattern），允许基于给定的访问者和给定节点的实际类型来分派方法。可以在单个类中编写基于访问者模式的代码，从而使得归于给定访问者的所有任务可以很容易地跨 AST 节点类型聚合在一起。在访问者中实际执行的代码是基于被访问节点的运行时类型（二元加法、局部变量引用等）与访问者本身的类型来确定的。

7.7.3 节提出了一种实现这种**双重分派**（double dispatch）的反射机制。在继续学习本章之前，回顾一下这部分内容可能是有帮助的。

一个给定访问者负责执行的任务通常是一个相对有限的操作集合。对于代码生成的目的而言，使用下面的访问者来组织这个阶段是很有帮助的：

TopVisitor 是处理一个 AST 节点的顶层访问者。它负责处理类和方法声明，它还启动处理每个方法的内容的过程。

MethodBodyVisitor 为方法中每个语言构造生成代码。这个访问者接受一个标号，方法的后置（postlude）代码将在此处生成，使得从方法中的任何位置都能恰当终止方法。

虽然此访问者承担了代码生成的大部分责任，但我们还需要下述的其他访问者来处理某些异常情况。

LHSVisitor 负责为赋值语句左侧生成代码。回忆一下语义分析（见第 9 章），如果一个变量名跨越赋值操作符（如 Java 中的 =）的话，其含义会发生改变。在赋值操作符左侧，名字表示变量的地址；在几乎所有其他地方，名字都表示变量的值。另一个例子是，某些语言（如 C++ 和 Pascal）支持**引用参数**（reference parameter）语法，参数传递时传送的不是其值而是其地址。

LHSVisitor 将被定向到 AST 中名字表示其地址而不是其值的部分进行处理。在这些子树中，根据特定编程语言的语义规则，其他名字可能引用值。访问者根据需要相互调用，以得到必要的名字地址和名字值。

SignatureVisitor 负责访问对应方法定义或方法调用的 AST 子树，生成相应方法的**签名**。签名通常包含方法名、方法参数数量和类型的表示以及方法的返回类型。

当要求方法的签名时，此访问者是必要的，否则将使用代码生成访问者生成调用方法的代码。关于生成类型签名的更多细节可在 8.4.2 节和 8.7 节中找到。

访问者可以方便地将代码生成器组织成功能相关的代码段。对于每个感兴趣的 AST 构造，我们将介绍一种代码生成策略，通过 VISITOR 方法的形式给出其算法风格的代码。本章末尾的习题将探索其他策略。

在每个代码生成 VISITOR 方法的某个位置，必须生成实际的代码。此类代码的语法和规范取决于 VM 代码的实际形式。为了用具体的代码序列来说明代码生成的原理，我们将展示用 **Java 虚拟机**（Java Virtual Machine，JVM）的指令和指示生成代码的结果。10.2 节描述了这些指令的格式，并为进一步研究 JVM 指令集提供了资源。

访问者内部的编码约定是使用节点的 ACCEPT 方法将节点传递给访问者。当一个节点**接受一个访问者**时，将执行适合当前访问者和节点的操作。例如，在图 11.1 的标记①处所采取的访问节点的子节点操作会导致每个子节点接受当前访问者。此访问者是 *NodeVisitor* 类型的一个实例，例如一个 *TopVisitor* 或一个 *MethodVisitor*。

```
class NodeVisitor
    procedure visitChildren(n)
        foreach c ∈ n.getChildren() do
            call c.accept(this)                              ①
        end
end

class TopVisitor extends NodeVisitor
    procedure visit(ClassDeclaring cd)                       ②
        /*   11.2.1 节                                   */
    end
    procedure visit(MethodDeclaring md)                      ③
        /*   11.2.2 节                                   */
    end
end
class MethodBodyVisitor extends NodeVisitor
    procedure visit(ConstReferencing n)                      ④
        /*   11.3.1 节                                   */
    end
```

图 11.1　代码生成访问者的结构，其中引用了讨论特定结构处理的小节

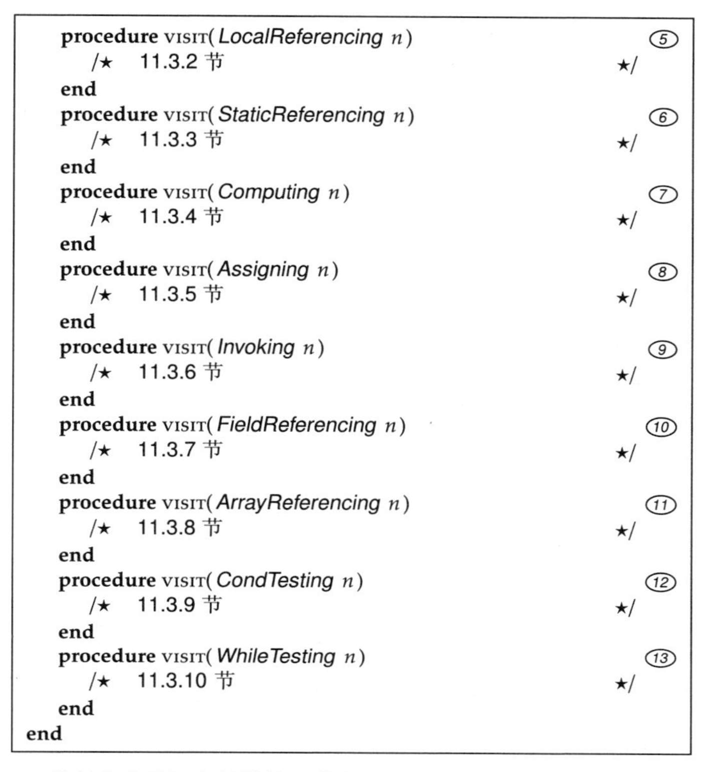

```
    procedure VISIT( LocalReferencing n )                    ⑤
        /*   11.3.2 节                               */
    end
    procedure VISIT( StaticReferencing n )                   ⑥
        /*   11.3.3 节                               */
    end
    procedure VISIT( Computing n )                           ⑦
        /*   11.3.4 节                               */
    end
    procedure VISIT( Assigning n )                           ⑧
        /*   11.3.5 节                               */
    end
    procedure VISIT( Invoking n )                            ⑨
        /*   11.3.6 节                               */
    end
    procedure VISIT( FieldReferencing n )                    ⑩
        /*   11.3.7 节                               */
    end
    procedure VISIT( ArrayReferencing n )                    ⑪
        /*   11.3.8 节                               */
    end
    procedure VISIT( CondTesting n )                         ⑫
        /*   11.3.9 节                               */
    end
    procedure VISIT( WhileTesting n )                        ⑬
        /*   11.3.10 节                              */
    end
end
```

图 11.1　代码生成访问者的结构，其中引用了讨论特定结构处理的小节（续）

在一个访问者中，使用访问者方法指明对特定节点内容的访问，这类方法通常包含单词 GET。例如，使用标记 ⑭ 处（见 11.2.1 节中的代码段）的 GETCLASSNAME 方法检索类名。

11.2　类和方法声明

AST 的最外层包含类和方法声明。图 11.1 中所示的 *TopVisitor* 负责处理每个类和方法声明。11.2.1 节解释了如何处理类，包括它们的字段和静态声明。11.2.2 节介绍了方法声明的初始处理。

超类 *NodeVisitor* 提供了访问节点 n 的子节点的一种有用方法，将当前访问者依次传递给每个子节点。为了与大多数编程语言的语义保持一致，访问者按照子节点在 AST 中出现的由左至右的顺序传递给它们。标记①处所示的代码是一个典型的访问者，它递归处理 AST 的子树。标记①处的代码通过调用 n 的每个子节点 c 来接受访问者 **this**，从而实现了当前访问者递归地处理 c。

11.2.1　类声明

对于源程序中定义的每个类，AST 包含一棵对应的子树。每棵子树的根都实现了 *ClassDeclaring* 接口，该接口提供了关于类的重要信息，在生成代码时访问者必须转录这些信息，这样类的实例才能正确地实例化。这些信息指明了类类型如何适应所有类的名字空间和继承结构。

ClassDeclaring 访问者中的代码很好地展示了我们在编写访问者方法时遵循的约定：

- 通常，访问者中以 GET 开头的方法通过被访问节点提供的接口访问这些信息。
- 调用 ACCEPT 会触发对 AST 子树的遍历，并为在那里找到的任何东西生成代码。
- 以 EMIT 开头的方法生成 VM 指令。

```
/★  标记②处的访问者代码                                          ★/
procedure VISIT(ClassDeclaring cd)
    call EMITCLASSNAME(cd.GETCLASSNAME())                          ⑭
    foreach superclass ∈ cd.GETSUPERCLASSES() do
        call EMITEXTENDS(superclass)                               ⑮
    foreach field ∈ cd.GETFIELDS() do
        call EMITFIELDDECLARATION(field)                           ⑯
    foreach static ∈ cd.GETSTATICS() do
        call EMITSTATICDECLARATION(static)                         ⑰
    foreach node ∈ cd.GETMETHODS() do node.ACCEPT(this)            ⑱
end
```

类声明的代码生成包括以下内容：

名字：在标记⑭处生成的代码反映了 *cd* 表示的类的名字。名字必须包含引用 *cd* 实例所需的所有上下文信息。这些信息也可以用于允许 *cd* 的实例访问它们权限范围内的数据。例如，包含 Java 类的包显示为类名的前缀。

有些类实际上是跨编译单元不可见的。例如**内部类**和**匿名类**。这些类的名字通常生成为主类名字的可区分变体。如果 *cd* 的名字是 ***Name***，那么它的一个匿名内部类可能被命名为 ***Name$001***。

对于大多数类来说，跨编译单元的类可见性是至关重要的，在标记⑭处和引用类的任何地方都必须使用一致的名字。C++ 等语言要求在类名中包含参数类型值，以便可以将 ***Vector<int>*** 生成的代码与 ***Vector<double>*** 生成的代码区分开来。

继承：在标记⑮处生成 *cd* 的超类的说明。这些信息是实现 *cd* 继承的方法调用和实例变量所必需的。

所有 Java 对象（***Object*** 除外）只扩展一个 Java 类。因此，Java 中的继承可以规定为由 *cd* 扩展的一个超类和由 *cd* 实现的一组接口。

对于像 C++ 这样提供**多重继承**（multiple inheritance）的语言，必须生成代码来包含 *cd* 所有超类的信息。

实例变量（字段）：对类中声明的每个字段，在标记⑯处生成关于其名字、类型和访问权限的信息。当与来自 *cd* 的超类的信息合并后，这些信息允许为每个 *cd* 实例提供所需的数据区域。

静态变量：这些变量在标记⑰处处理，类似实例变量，但只分配一次。*cd* 的所有实例访问相同的静态变量存储。

对于 JVM 代码生成，可以简洁地描述类实例化信息，这依赖于对恰当初始化类实例的描述的运行时解释。13.1.3 节详细介绍了这种初始化的方法，包括静态变量和实例变量的分配以及虚方法表的构造。

作为最后一步，VISIT(*ClassDeclaring*) 方法启动类 *cd* 中定义的每个方法的翻译。标记⑱处的代码通过要求每个方法节点接受访问者 **this**，使得当前访问者（*TopVisitor*）递归地处理节点。这个动作触发 VISIT(*MethodDeclaring*) 代码对节点进行处理。

11.2.2 方法声明

方法签名：在标记 ⑲ 处开始的代码在节点 *md* 上运行 SignatureVisitor 来生成其声明的签名。签名包括方法的名字、参数的类型和返回类型。定义或调用 *md* 表示的方法需要这些信息。

方法前置：在为方法的内容生成代码之前，编译器必须生成方法的**前置**（prelude）代码，它为执行方法建立一个运行时上下文。前置代码的生成在标记 ⑳ 处开始，在这里生成基于方法完整签名的代码。标记 ㉑ 处生成的代码负责分配方法执行期间所需的空间。这种空间通常包括方法的**局部变量**和用于方法调用与中间计算的栈空间。局部变量所需的空间可以从方法的**符号表**确定，如第 8 章所述。运行时栈所需的空间取决于方法的操作，以及它们在弹出操作数之前压入操作数的深度。Java 的语言定义包含了一些规则，这些规则确保在方法中一致且可预测地使用栈。一个简单形式的数据流分析（见第 14 章的习题 67）可以确定一个方法的最大栈深度。

方法体代码：现在我们可以生成方法代码的主要部分了。特定构造或异常的执行可能导致代码在某个位置结束方法的执行。因此，我们为方法的后置代码生成一个标号，并将其传递给生成方法主体代码的访问者。这允许访问者在方法应该停止执行时跳转到后置序列。

方法后置：当一个方法结束执行时，可能需要一些代码来准备返回值、传播异常或管理方法开始时创建的结构。标记 ㉓ 处生成这种后置代码，这部分代码从给定的标号开始。

```
/★  标记③处的访问者代码                                              ★/
procedure VISIT( MethodDeclaring md)
    sigVisitor ← new SignatureVisitor( )                              ⑲
    call md.ACCEPT(sigVisitor)
    signature ← sigVisitor.GETSIGNATURE( )
    call EMITMETHODNAME(signature)                                    ⑳
    call EMITMETHODALLOC(md.GETLOCALS( ), md.GETSTACK( ))             ㉑
    postludeLabel ← GENLABEL( )
    bodyVisitor ← new MethodBodyVisitor(postludeLabel)                ㉒
    md.GETBODY( ).ACCEPT(bodyVisitor)
    call EMITMETHODPOSTLUDE(postludeLabel)                            ㉓
end
```

11.3 *MethodBodyVisitor*

MethodBodyVisitor 使用方法的后置代码序列的标号进行实例化。这种安排使代码生成器只需将控制转移到指定的标号，即可实现方法返回。接下来我们介绍此访问者的组成部分的顺序，也呈现了此访问者如何递归地生成代码。

11.3.1 常量

程序引用各种常量，这些常量的值通常直接包含在**立即指令**（immediate instruction）中。标记 ㉔ 处计算一个资源（寄存器或栈单元位置）来保存常量值，该值本身由标记 ㉕ 处生成的代码产生。对于像 JVM 这样的栈体系结构，保存结果的资源是**栈顶**（top-of-stack，TOS）。

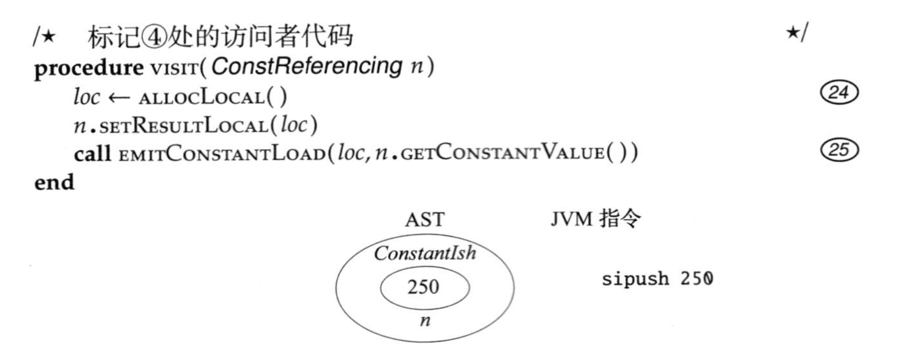

/★　标记④处的访问者代码　★/
procedure VISIT(ConstReferencing n)
loc ← ALLOCLOCAL( )　㉔
n.SETRESULTLOCAL(loc)
call EMITCONSTANTLOAD(loc, n.GETCONSTANTVALUE( ))　㉕
end
AST
JVM 指令
ConstantIsh
250
n
sipush 250

可能存在多个指令序列可以生成一个给定的常数值。我们通常选择花费最少时间或占用最少空间的指令来完成这项任务。上图展示了 sipush 指令，它可以处理一个 16 位的带符号值。单个字节（bipush）无法容纳常量值 250，因此使用 sipush 指令代替。

由于指令规范因 VM 而异，我们使用类似标记 ㉕ 处的 EMITCONSTANTLOAD 的方法作为生成的实际 VM 指令的抽象。例如，EMITCONSTANTLOAD 负责确定加载节点 *n* 表示的常量的恰当指令。对于 JVM，用于整数常量的指令包括 bipush、sipush、ldc 和 iconst。

11.3.2　局部存储引用

为局部存储引用生成的代码将提取存储在命名引用中的值，并将其放置在后续操作可访问的位置。在标记 ㉖ 处分配寄存器以接收值，在标记㉗处生成执行数据读取的代码。

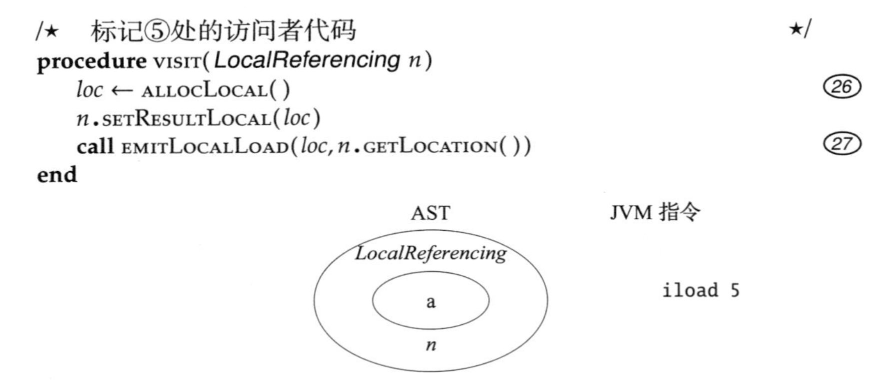

/★　标记⑤处的访问者代码　★/
procedure VISIT(LocalReferencing n)
loc ← ALLOCLOCAL( )　㉖
n.SETRESULTLOCAL(loc)
call EMITLOCALLOAD(loc, n.GETLOCATION( ))　㉗
end
AST
JVM 指令
LocalReferencing
a
n
iload 5

上图显示了为变量 a 的局部引用生成的 JVM 指令。如果方法为 a 分配的存储位置是局部编号 5，那么指令 iload　5 将从局部地址 5 提取该值并将其压入栈顶。一个方法可以通过拦截 ***LocalDeclaring*** 的访问者为其局部变量分配存储位置。每次访问 ***LocalDeclaring*** 都会分配下一个可用的存储位置。分配给 ***LocalDeclaring*** 的存储位置的数量取决于局部变量的类型。例如，JVM 上的大部分类型都占用 4 个字节，除了 double 和 long 类型占用 8 个字节。

11.3.3　静态引用

StaticReferencing AST 节点表示对全局存储名字的访问，该名字未与任何类的特定实例相关联。不同语言对静态名字的处理不尽相同，但是通常存在一些机制来帮助组织这些名字并根据它们的预期用途来封装它们。在 Java 中，静态名字与类类型相关联。例如，Java 类 Java.lang.system 包含了静态字段 out，以方便程序输出到标准输出流。out 的声明类型是 java.io.PrintStream。

```
/*  标记⑥处的访问者代码                                        */
procedure VISIT( StaticReferencing n )
    call EMITSTATICREFERENCE(n.GETTYPE( ), n.GETNAME( ))
end
```

AST　　JVM 指令

StaticReferencing
System.out
n

```
getstatic
   Ljava/io/PrintStream; java/lang/System/out
```

上图中生成的代码指明了静态字段引用的类型和名字。正如图 10.4 所描述的，JVM 中的对象类型以 L 为前缀，以分号结束。在完全限定类名中，包和类组件由正斜杠分隔，尽管在源语言中使用的间隔符是一个点。因此，对于静态字段 `java.lang.system.out`，名字实际指定为 `java/lang/System/out`。它的类型表示为 `Ljava/io/PrintStream;`，这是 `PrintStream` 类的完全限定名。

对于某些 VM 和本机代码生成，静态字段引用更直接地计算为引用的地址。习题 2 更详细地探讨了这个问题。

11.3.4　表达式

很多 AST 节点都属于 *Computing* 类别，为这些节点生成代码的策略可以简单地表述为：

- 标记㉘处为 *Computing* 节点的每个孩子节点（由左至右处理）生成代码。生成的代码先计算每个操作数，这是完成节点 *n* 对应的计算所需的。

求值后，可以在操作数的资源（在访问操作数时分配的）中找到其结果。对于零地址目标平台（例如 JVM），操作数的结果在栈顶。

- 标记㉙处为节点 *n* 计算的值留出空间。对于一些虚拟机，位置可能是隐式的，如栈顶或在预定的寄存器中。例如，JVM 从栈顶获取指令的操作数，并将指令的结果（如果有的话）留在栈顶。其他目标平台需要管理寄存器或其他局部存储。
- 标记㉚处生成的代码计算与 AST 节点 *n* 关联的表达式的值。代码将引用 *n* 的操作数的值，每个操作数已经被求值（递归地），结果保存在其自己的局部存储中。为节点 *n* 的操作生成的代码可能是单条指令、一个指令序列或一个实现该操作的运行时方法的调用。

```
/*  标记⑦处的访问者代码                                        */
procedure VISIT( Computing n )
    VISITCHILDREN(n)                                          ㉘
    loc ← ALLOCLOCAL( )                                       ㉙
    n.SETRESULTLOCAL(loc)
    call EMITOPERATION(n)                                     ㉚
end
```

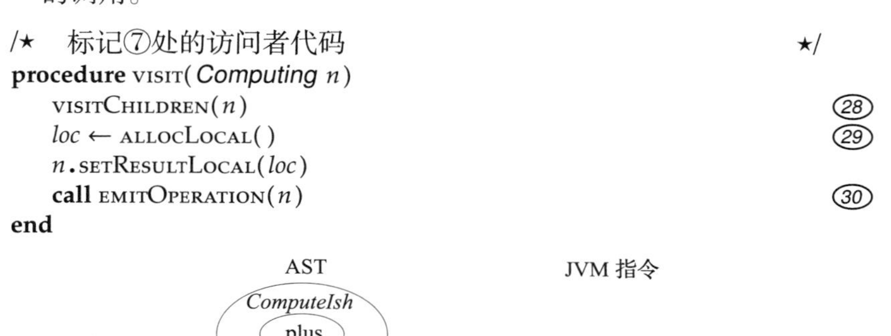

上图显示了二元 plus 的 AST 节点。前两行 JVM 代码是访问 *n* 的两个孩子节点而生成的，它们在栈顶为每个孩子节点留下一个值。指令 iadd 弹出栈顶的两个值，计算它们的和，并将结果压栈。指令的类型（整数加法）是由语义分析期间与 *Computing* 节点关联的类型确定的（见 8.8 节）。

11.3.5　赋值

在大多数语言中，赋值语句的求值从它的左部开始，这可能涉及函数调用、字段引用和数组索引计算。按照由左至右的顺序，必须先求值这些表达式，然后才能对语句的右部进行求值。我们需要一个特殊的**左部**（left-hand side，LHS）访问者，因为对一个 AST 节点所赋值的名字，它引用的是名字的位置，而不是值。该访问者是在标记㉛处构造的，其详细信息将在 11.4 节中讨论。左部访问者在标记㉜处处理与赋值的左部对应的子树。

许多 VM 是**赋值安全的**（assignment safe），也就是说，程序不能任意修改存储。为了限制赋值语句的影响，一些 VM 限制赋值语句左部的形式，以便在编译时执行安全检查。对于在编译时无法检查的安全问题，将生成代码在运行时执行检查。这种含义上的区别最好由专门的访问者来处理。在标记㉜处结束后，除最后的存储指令外，处理左部的所有代码就都生成了。

接下来，赋值语句的右部是一个表达式，其代码可以照常由代码生成访问者生成。出现在赋值语句右部的名字表示它们的值。为 ***LocalReferencing***、***FieldReferencing*** 或 ***ArrayReferencing*** AST 节点生成的代码会将这些值加载到恰当的资源（寄存器或栈单元）中。

在赋值语句的两侧都处理完之后，在标记㉞处生成相应的指令，将值写入恰当的位置。

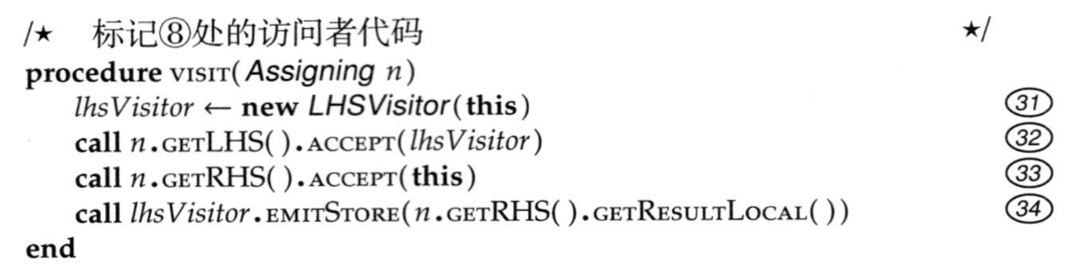

```
/*   标记⑧处的访问者代码                                        */
procedure VISIT(Assigning n)
    lhsVisitor ← new LHSVisitor(this)                              ㉛
    call n.GETLHS().ACCEPT(lhsVisitor)                             ㉜
    call n.GETRHS().ACCEPT(this)                                   ㉝
    call lhsVisitor.EMITSTORE(n.GETRHS().GETRESULTLOCAL())         ㉞
end
```

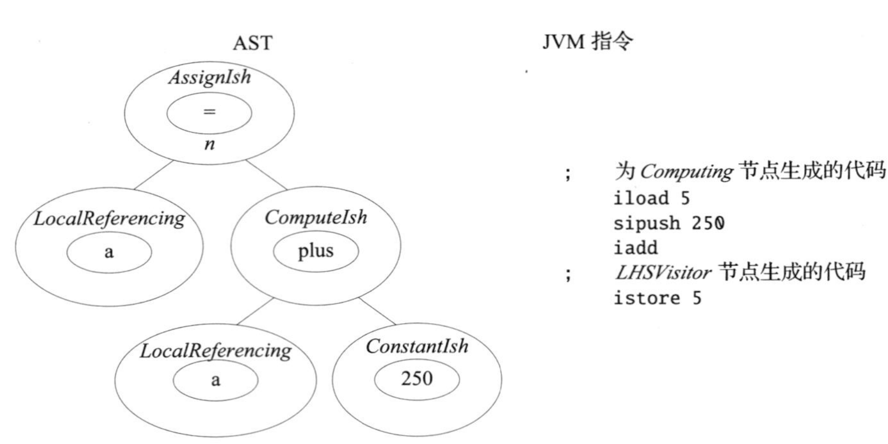

上图显示了一个示例 ***Assigning*** 节点的处理结果。***LHSVisitor*** 在标记㉜处确定赋值语句将存储到与 a 关联的局部变量中，但还没有生成代码。除最后一条指令外，所有指令都是对

Assigning 节点的右子树递归地应用访问者而生成的，整个过程是在标记㉝处启动的。最后一条指令在标记㉞处生成。***LHSVisitor*** 的详细信息将在 11.4 节中讨论。

11.3.6 方法调用

在讨论方法调用的代码生成细节之前，需要指出 ***Invoking*** 节点提供的接口用于将其与任何特定的 AST 表示解耦。例如，如果一个方法是非 `static` 方法，则 *n*.GETINSTANCE() 返回一个节点，其计算会求出应该调用该方法的实例。类似地，*n*.GETPARAMS() 返回方法的显式参数的列表。将 AST 的表示与其接口解耦是遵循可靠的软件工程原则，在本章中我们会尽可能地加以说明。

对于大多数语言，调用方法不仅需要方法的名称，还需要有关方法参数、返回值和进行调用的对象实例的一些信息。***SignatureVisitor*** 接受 ***Invoking*** 节点来生成**方法签名**，在标记㉟处会检索此签名。对于某些语言，方法调用的签名只是标识将要调用的实际方法的开始。例如，如果提供的一个参数为 `int` 类型，并且唯一匹配签名的方法期望该参数为 `double` 类型，那么该方法可以通过将实际参数从 `int` **扩展**（widening）为 `double` 类型来满足调用。在标记㊱处负责找到适合标记㉟处生成的签名的方法。如果没有可用的方法，或者方法的选择有歧义，则会报告错误。

为方法调用生成的代码依赖于 ***Invoking*** 节点的以下属性：

- 方法可能返回一个值，在这种情况下，必须分配一个资源来保存结果。如果被调用的方法不是 `void` 的，在标记㊲处将留出一个资源。

对于零地址目标平台（例如 JVM），当被调用的方法返回时，结果将放在栈顶返回。在这种情况下，不需要为结果显式地保留资源。

- 方法可能是 `static` 的，在这种情况下，参数与方法调用中完全相同，或者方法可以在对象实例 [这里称为方法的**接收者**（receiver）] 上调用。在标记㊳处生成的代码会求出接收者。

大多数运行时体系结构将接收者视为显式提供的参数之外的额外参数。例如，JVM 体系结构指定接收者应该作为第一个参数传递给一个非 `static` 方法。

- 方法可能是 **virtual** 的，在这种情况下，接收者的运行时类型在方法调用中扮演着非常重要的角色。VM 可能有内部机制支持基于接收者来确定方法调用，如 JVM 有 `invokevirtual` 指令。如果无这种指令可用，则通常生成一个小的表，它用接收者的运行时类型来索引。表中保存了方法指针，从而能基于接收者类型来分派恰当的方法。13.1.3 节将详细讨论这个问题。

```
/★  标记⑨处的访问者代码                                   ★/
procedure VISIT( Invoking n)
    sigVisitor ← new SignatureVisitor( )
    call n.ACCEPT(sigVisitor)
    usageSignature ← sigVisitor.GETSIGNATURE( )             ㉟
    matchedSignature ← FINDSIGNATURE(usageSignature)        ㊱
    if not n.ISVOID( )                                      ㊲
    then
        loc ← ALLOCLOCAL( )
```

```
        call n.SETRESULTLOCAL(loc)
    if not n.ISSTATIC()
    then
        call n.GETINSTANCE().ACCEPT(this)                                  (38)
    foreach param ∈ n.GETPARAMS() do call param.ACCEPT(this)               (39)
    if n.ISVIRTUAL()                                                       (40)
    then  call EMITVIRTUALMETHODCALL(n)
    else  call EMITNONVIRTUALMETHODCALL(n)
end
```

我们用 o.foo(a,　250) 作为示例来演示为 *Invoking* 节点生成代码。我们假设 o 是 MyClass 的一个实例，并为它分配局部地址 4。MyClass 中的 foo 方法接受两个 int 参数并返回一个 boolean 值。下图中显示了 o.foo(a, 250) 的 AST。为 AST 生成的代码将 o 视为 foo 的一个额外参数，在 foo 的指定参数之前计算它，并将局部地址 4 中的内容作为一个地址压栈（aload　4）。在标记㊴处以由左至右的顺序访问参数，生成代码来计算每个参数并将结果值压入栈顶。

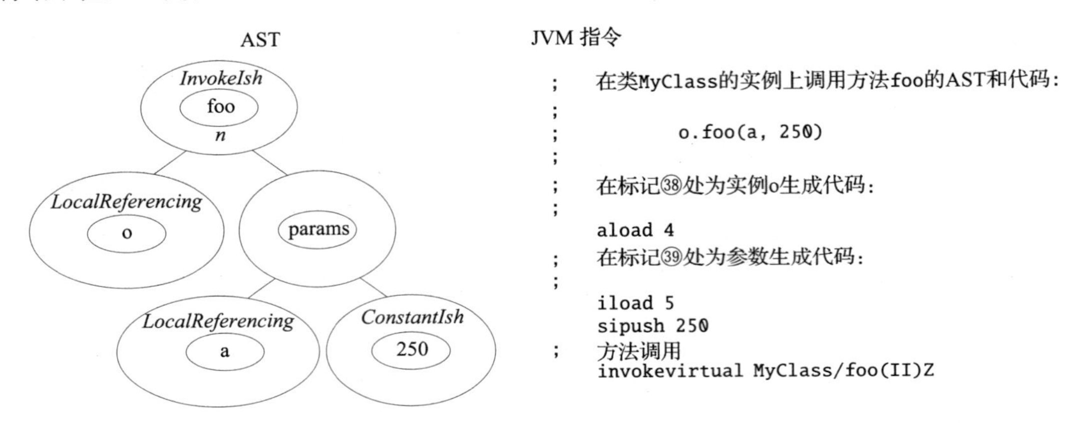

JVM 为 foo 指定的签名为 (II)Z。这指出 foo 有两个显式的 int 参数（用 (II) 表示）和一个 boolean 返回值（用 Z 表示）。

11.3.7　字段引用

字段引用类似静态引用，只是增加了容纳该字段的对象实例。对象实例的表达式可以是一个简单的局部引用，但也可以有任意的复杂性，可以包含方法调用、其他字段和静态引用。因此，标记㊶处将访问者传递到表示对象实例的子树，以便生成计算对象实例的代码。随后的 getfield 指令与 getstatic 指令具有相同的格式，但 getfield 的执行将使用对象实例来查找指定的字段。

上面生成的代码假设局部引用 o 在局部地址 4 中，并且类型为 java.lang.String。在标记㊶处发起的访问被分派到 ***LocalReferencing*** 访问方法，其生成的代码将局部地址 4 的值压栈。该引用的类型应该是 MyClass。然后生成 getfield 指令从实例 o 提取字段 name 的值。该指令指定字段引用的预期类型为 java.lang.String。

```
/★  标记⑩处的访问者代码                                        ★/
procedure VISIT(FieldReferencing n)
    call n.GETINSTANCE().ACCEPT(this)                          (41)
    call EMITFIELDREFERENCE(n.GETTYPE(), n.GETNAME())
end
```

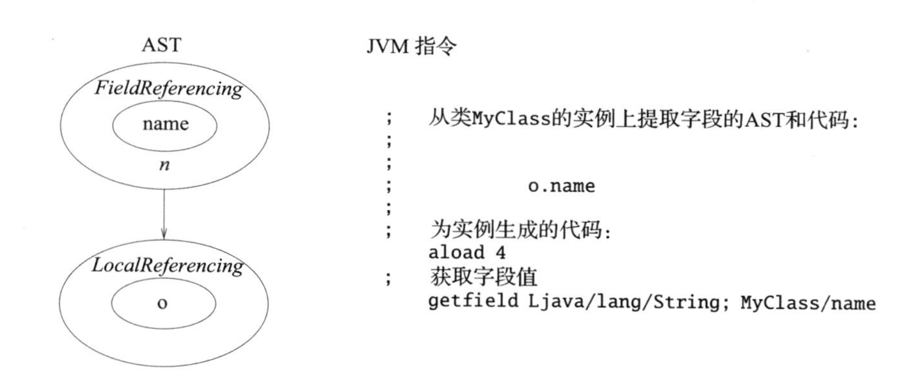

11.3.8 数组引用

一个数组引用包含两个成分：数组名和索引值。在 Java 中，数组名总是指向数组对象的一个引用。在像 C 和 C++ 这样的语言中，一个数组名可以是一个全局地址、一个局部地址或一个堆地址。在标记㊷处我们访问表示数组的子树并加载（或计算）其地址。对 JVM，一个对象引用将被压入栈中。其他体系结构的代码生成器会将数组地址加载到一个寄存器中。

接下来，在标记㊸处计算数组索引。JVM 会把它的值压栈，其他架构会加载或计算索引到寄存器中。最后，在标记㊹处，加载了一个数组元素。在 JVM 中，这很简单——它提供了一个特殊的数组加载指令，使用栈顶的数组引用和索引值来计算数组值并将其压栈。对于其他体系结构，可能需要生成几个指令。使用 12.3.1 节中详细介绍的公式，可使用数组的地址、索引的值和单个数组元素的大小来计算出数组元素的地址。然后将所选值加载到寄存器中。如果激活了数组边界检查，则会将索引值与数组的下界和上界进行比较。在 Java 中，边界检查自动包含在索引操作中。

```
/★  标记⑪处的访问者代码                                  ★/
procedure VISIT(ArrayReferencing n)
    call n.GETARRAY().ACCEPT(this)                          (42)
    call n.GETINDEX().ACCEPT(this)                          (43)
    call EMITARRAYREFERENCE(n.GETARRAY().GETTYPE())         (44)
end
```

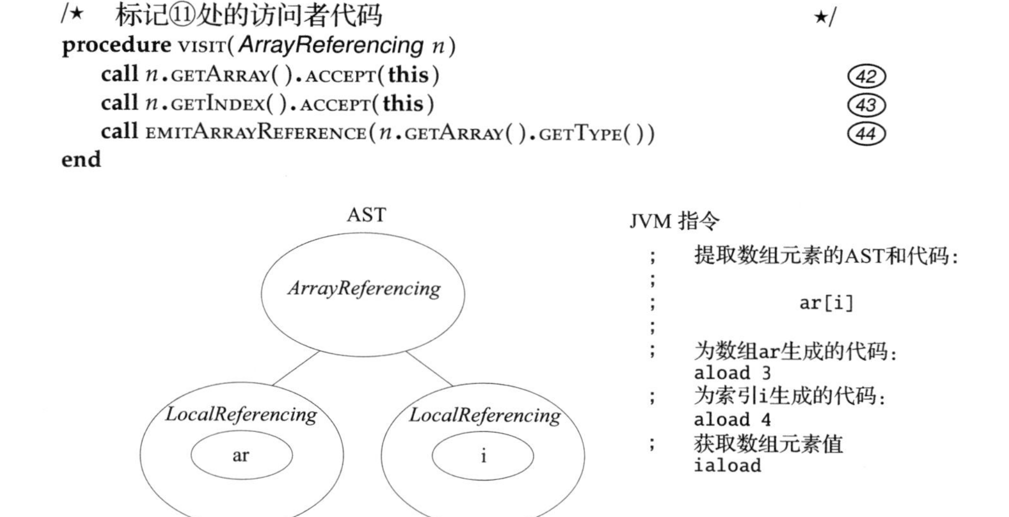

在上例中，假定数组 ar 是位于位置 3 的局部变量，而索引 i 位于局部位置 4，这两个值被压入栈中。指令 iaload 弹出数组和索引值，然后将 ar[i] 的值压栈。JVM 还提供了其他一些数组加载指令，具体取决于数组元素的类型。前缀“i”意味着加载一个整数。

11.3.9 条件执行

CondTesting 节点表示基于某个谓词的结果的条件执行。Java 和 C 等语言允许使用 `if` 构造在语句之间进行条件执行。习题 5 探讨了具有类似语义的其他语法。

为 AST 生成的 VM 代码是线性形式的，即一条指令的结束通常会导致下一条指令按顺序开始执行，除非控制流被中断。因此，涉及条件执行的代码需要使用跳转：在应该连续执行的指令之间转移控制，跳过不应该执行的指令。

在标记㊺处保留了两个标号，用于为一个 ***CondTesting*** 节点生成代码。一个标号（***falseLabel***）用于接受谓词结果为假的情况下，跟随在谓词检测之后的控制流。另一个标号标记了为 ***CondTesting*** 节点生成的代码结束。

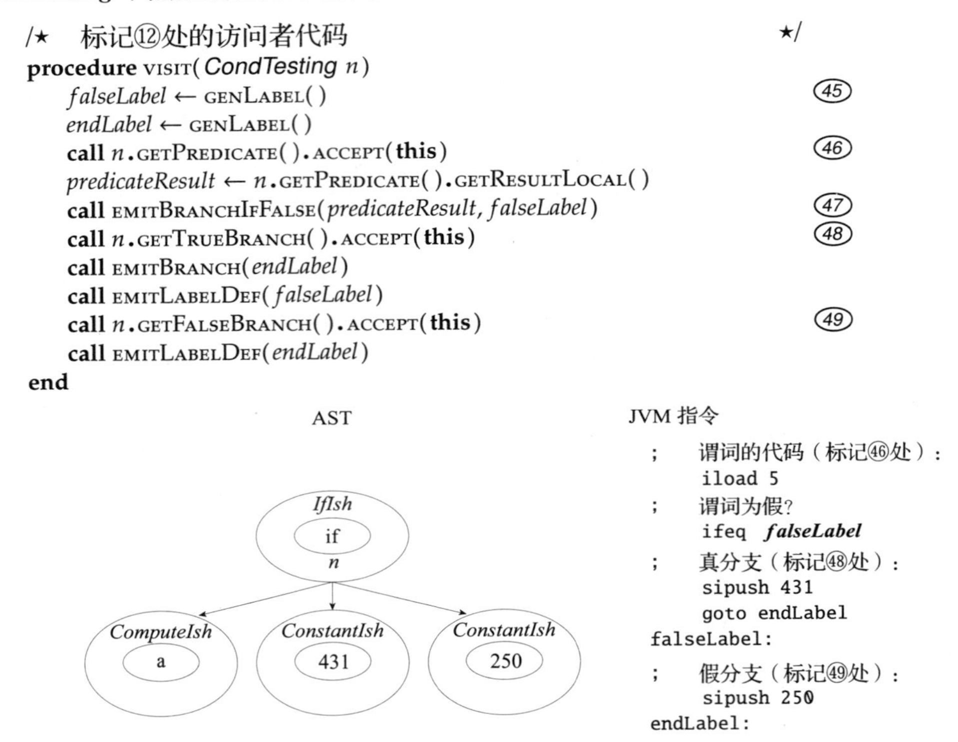
/★ 标记⑫处的访问者代码 ★/
procedure VISIT(CondTesting n)
falseLabel ← GENLABEL() ㊺
endLabel ← GENLABEL()
call n.GETPREDICATE().ACCEPT(this) ㊻
predicateResult ← n.GETPREDICATE().GETRESULTLOCAL()
call EMITBRANCHIFFALSE(predicateResult, falseLabel) ㊼
call n.GETTRUEBRANCH().ACCEPT(this) ㊽
call EMITBRANCH(endLabel)
call EMITLABELDEF(falseLabel)
call n.GETFALSEBRANCH().ACCEPT(this) ㊾
call EMITLABELDEF(endLabel)
end
AST
IfIsh
if
n
ComputeIsh
a
ConstantIsh
431
ConstantIsh
250
JVM 指令
; 谓词的代码（标记㊻处）：
iload 5
; 谓词为假?
ifeq falseLabel
; 真分支（标记㊽处）：
sipush 431
goto endLabel
falseLabel:
; 假分支（标记㊾处）：
sipush 250
endLabel:

为条件执行生成的代码遵循上图中显示的代码布局。为了适应代码所需的跳转，在标记㊺处生成了两个标签。在标记㊻处生成的代码用于计算谓词。基于运行时对谓词的求值，在标记㊼处生成一个分支语句，如果谓词求值为 *false*，则该语句将跳过真分支代码。通常，我们用 0 值表示 `false`，用某个非 0 值（通常用 1）表示 `true`。如果谓词的计算结果为 `false`，则不执行真分支代码，将执行标记㊽处生成的代码，后接一个无条件分支直接跳转到 ***CondTesting*** 代码的末尾。

如果控制到达 ***falseLabel***，则执行标记 ㊾ 处生成的代码。然后到达 ***Ifish*** 代码的末尾。

11.3.10 循环

为 ***WhileTesting*** 循环生成的代码类似为 ***CondTesting*** 节点生成的代码。在标记 ㊿ 处得到两个标签。一个用作循环的退出地址，另一个用作重复循环、进行谓词检测的地址。

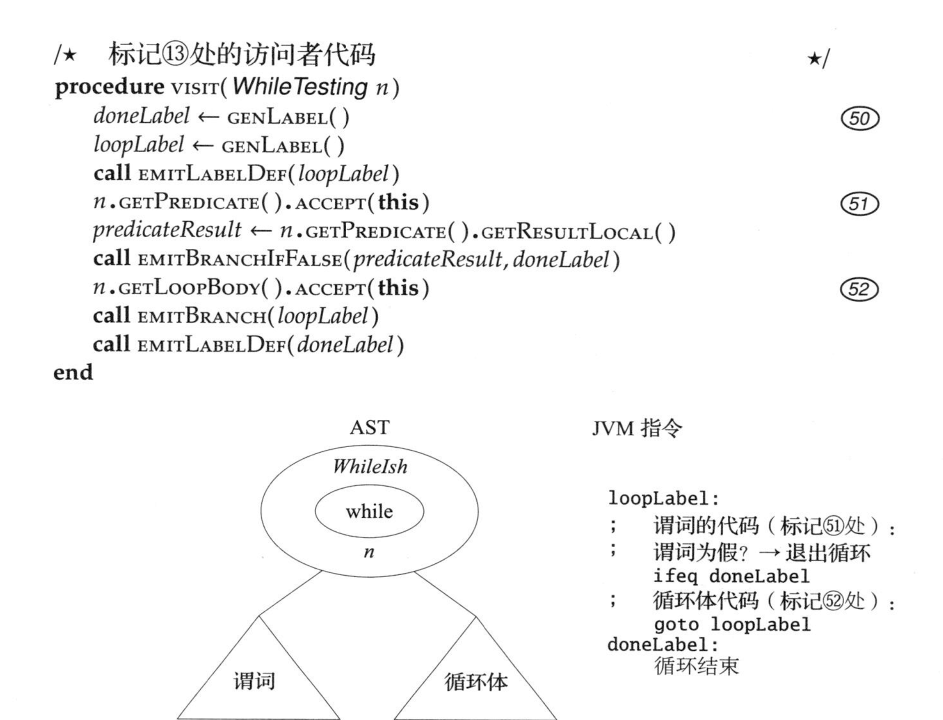

```
/*  标记⑬处的访问者代码                                          */
procedure VISIT( WhileTesting n )
    doneLabel ← GENLABEL( )                                        (50)
    loopLabel ← GENLABEL( )
    call EMITLABELDEF( loopLabel )
    n.GETPREDICATE( ).ACCEPT( this )                               (51)
    predicateResult ← n.GETPREDICATE( ).GETRESULTLOCAL( )
    call EMITBRANCHIFFALSE( predicateResult, doneLabel )
    n.GETLOOPBODY( ).ACCEPT( this )                                (52)
    call EMITBRANCH( loopLabel )
    call EMITLABELDEF( doneLabel )
end
```


上图抽象地显示了谓词和循环体，因为每个都可能涉及大量生成的代码。但不变的过程是，将访问者递归地应用到每棵子树的根，以便已经处理过的构造可以触发适当的代码生成。

11.4 *LHSVisitor*

到目前为止，所介绍的访问者都是面向值的，也就是说，当它们在程序中遇到一个名字时，会生成代码来计算该名字的值。但在某些情况下，例如在赋值语句的左部，名字表示其位置而不是值。

然而，并不是所有出现在赋值操作符左边的名字都表示位置和存储。例如，考虑赋值语句 a.b.c = 5，其中 a、b 和 c 是对象引用。唯一的实际存储是字段 c。对 a 和 b 的引用是加载，而不是存储。

LHSVisitor 的代码框架如图 11.2 所示。我们将一个 ***MethodBodyVisitor*** 实例（当前正在处理 AST）传递给 ***LHSVisitor*** 的构造函数。当需要生成值时，可以在 ***LHSVisitor*** 中使用该实例。我们使用 ***MethodBodyVisitor*** 的活跃实例而不是新实例，这样代码生成器的状态是可用的。例如，***MethodBodyVisitor*** 的活跃实例包含对当前方法的后置代码标号的引用。如需在生成的代码中实现干净的方法返回，该标号是必要的。

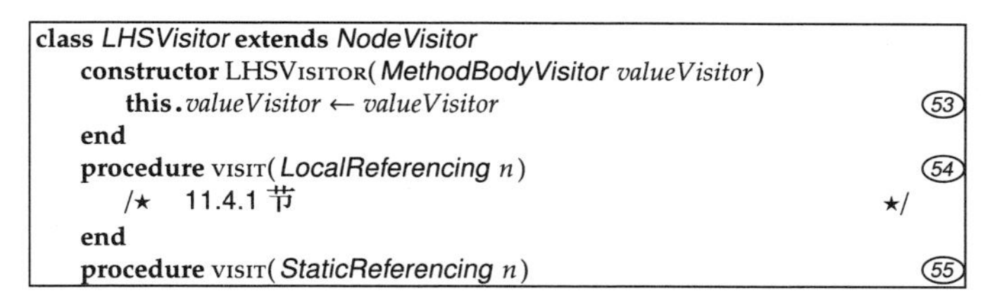

```
class LHSVisitor extends NodeVisitor
    constructor LHSVISITOR( MethodBodyVisitor valueVisitor )
        this.valueVisitor ← valueVisitor                           (53)
    end
    procedure VISIT( LocalReferencing n )                          (54)
        /*  11.4.1 节                                              */
    end
    procedure VISIT( StaticReferencing n )                         (55)
```

图 11.2　左部访问者的结构

```
        /★  11.4.2 节                                              ★/
    end
    procedure VISIT( FieldReferencing n )                          (56)
        /★  11.4.3 节                                              ★/
    end
    procedure VISIT( ArrayReferencing n )                          (57)
        /★  11.4.4 节                                              ★/
    end
end
```

图 11.2　左部访问者的结构（续）

对于 Java 和 JVM，根据可以作为赋值语句的目标出现的 AST 节点的类型，***LHSVisitor*** 必须处理三种情况，下面将讨论这些情况。

11.4.1　局部引用

对局部名字的赋值不需要进一步的计算。标记 ⑱ 处将存储指令设置为局部存储，根据指令的类型（int、double、对象引用等）和与局部引用关联的位置进行参数化。回想一下，标记㉞处在处理完左部后，从 ***LHSVisitor*** 提取出存储指令。

```
/★  标记㊴处的访问者代码                                          ★/
procedure VISIT( LocalReferencing n )
    call SETSTORE( new LocalStore( n.GETTYPE( ), n.GETLOCATION( ) ) )    (58)
end
```

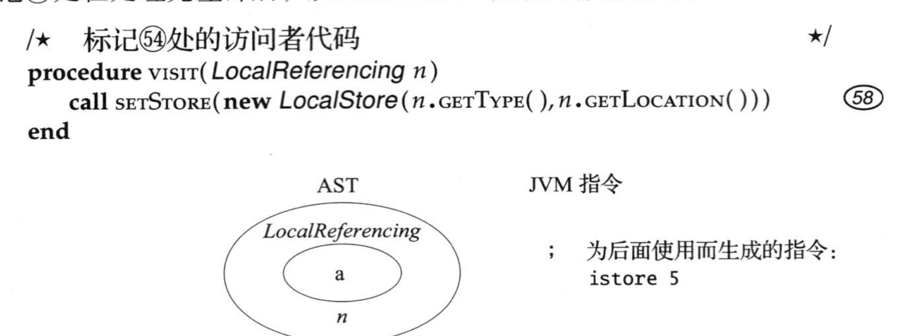

上图显示了，当局部引用 a 与局部位置 5 相关联且类型为 int 时，在标记 ⑱ 处生成的指令。

11.4.2　静态引用

向静态变量赋值的语句生成的代码生成类似于向局部变量赋值的语句。在标记 ㊾ 处创建了一条指令，它完成向包含在 ***StaticReferencing*** 节点中的静态名字赋值。可能需要该引用的类型来生成恰当的指令。

```
/★  标记㊵处的访问者代码                                          ★/
procedure VISIT( StaticReferencing n )
    call SETSTORE( new StaticStore( n.GETTYPE( ), n.GETNAME( ) ) )      (59)
end
```

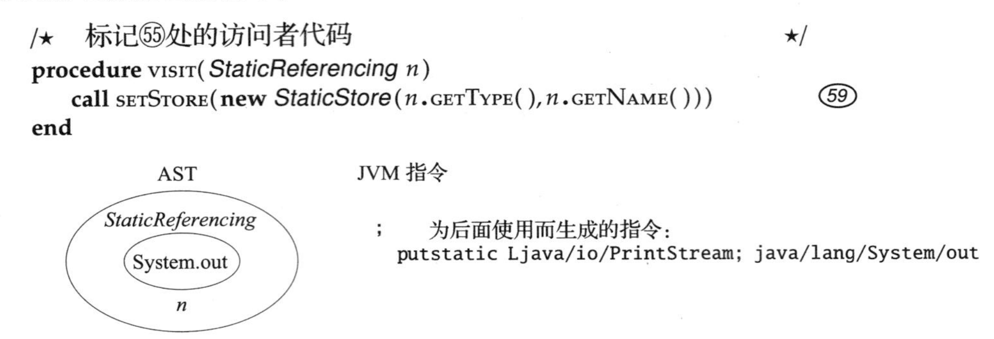

上图显示了标记 ㊾ 处保存的用于对 java.lang.System 类的静态字段 out 进行赋值的指令。

11.4.3　字段引用

对于字段引用，必须首先计算包含该字段的实例。标记 ⑥⓪ 令表示对象实例的 AST 子树接受在标记 ⑤③ 处捕获的 ***MethodBodyVisitor***，来生成相关代码。然后，在标记 ⑥① 处生成保存字段的指令，以供后续使用。

```
/*  标记56处的访问者代码                                              */
procedure VISIT( FieldReferencing n)
    call n.GETINSTANCE( ).ACCEPT(valueVisitor)                         (60)
    call SETSTORE(new FieldStore(n.GETTYPE( ),n.GETNAME( )))           (61)
end
```

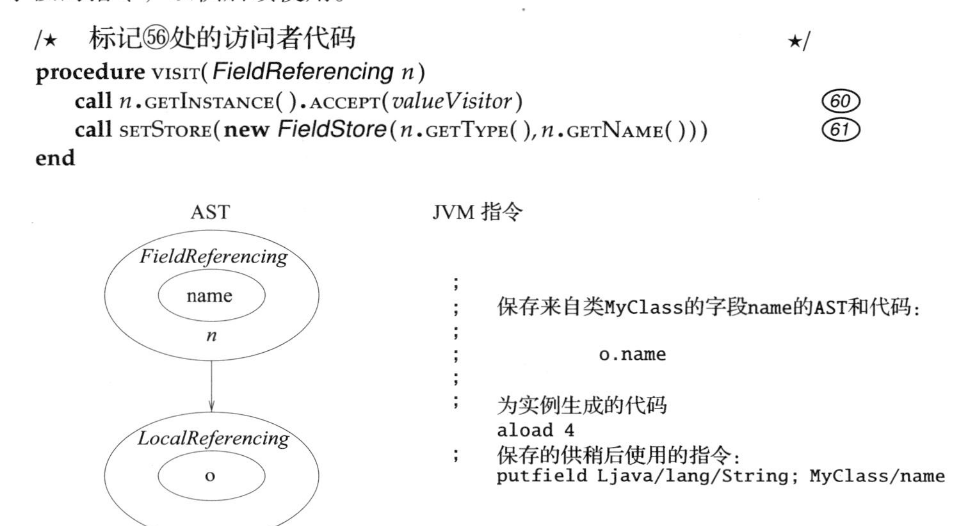

11.4.4　数组引用

为了翻译用作赋值语句左部的数组引用，我们首先在标记 ⑥② 处访问数组名。在 Java 中，这会将数组对象的引用压栈。在 C 和 C++ 等语言中，数组地址将被加载到寄存器中。

接下来，在标记 ⑥③ 处计算数组索引。JVM 会将其值压入栈中，其他体系结构将加载或计算索引到寄存器中。

最后，在标记 ⑥④ 处，我们准备了一条保存指令，一旦确定了要保存的值，该指令就会发出。在 JVM 中，这很简单——存在特殊的数组保存指令，使用位于栈顶的数组引用、索引值和右部的值来将右部的值保存到恰当的数组元素中。过程中还会进行数组边界检查。

```
/*  标记57处的访问者代码                                              */
procedure VISIT( ArrayReferencing n)
    call n.GETARRAY( ).ACCEPT(valueVisitor)                            (62)
    call n.GETINDEX( ).ACCEPT(valueVisitor)                            (63)
    call SETSTORE(new ArrayStore(n.GETARRAY( ).GETTYPE( )))            (64)
end
```

对于其他体系结构，可能需要生成多条指令来计算所选数组元素的地址。同样，我们使用 12.3.1 节中详细介绍的公式。所选元素地址被放入寄存器中。如果激活了数组边界检查，会将索引值与数组的下界和上界进行比较。然后保存一个恰当的存储指令，稍后生成它（当要保存到数组元素中的值已知时）。

在下面的例子中，假设数组 ar 位于局部位置 3，索引 i 位于局部位置 4。由于这是一个赋值语句，代码生成从标记㉛处定义的 ***Assignish*** 访问者开始。用于 ***ArrayReferencing*** 的 ***LHSVisitor*** 被激活。它首先将数组 ar 的引用压栈，之后压栈索引 i 的值。然后保存下一条数组保存指令 iastore，以供后续生成指令时使用。

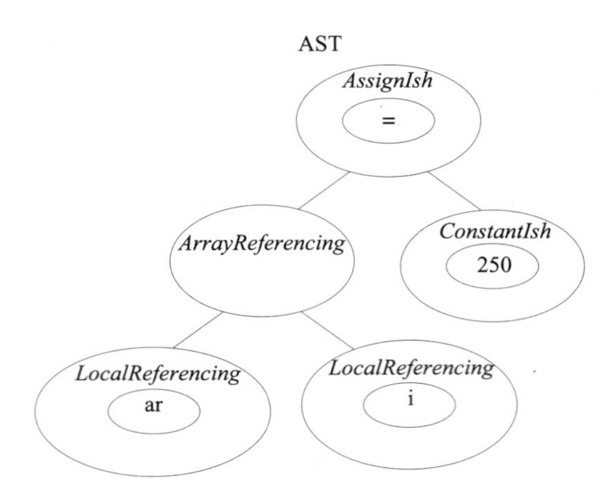

JVM 指令

```
;     赋值语句的AST和代码:
;
;         ar[i] = 250
;
;     为数组ar生成的代码
      aload 3
;     为索引i生成的代码
      aload 4
;     为250生成的代码
      sipush 250
;     保存值到数组元素中到代码
      iastore
```

控制返回至 ***Assignish*** 访问者，它访问赋值语句的右部。这将把常量 250 压栈。此时，ar 的引用、i 的值和 250 都在栈中。现在生成我们之前存下的数组保存指令（见前文标记㉞处）。从栈顶弹出三个值，并更新所选的数组元素。

习题

1. 在大多数面向对象语言中，对象可以使用一个保留字（如 self 或 this）来引用自己。
   1）假定一个对象的自引用位于局部位置0，为 ***MethodBodyVisitor*** 编写一个访问方法 VISIT(***ThisReferencing***)，它生成计算自引用值的代码。
   2）为 ***LHSVisitor*** 编写对应的 VISIT(***ThisReferencing***) 方法。
2. 如 11.3.3 节所述，在 JVM 中一个静态引用具有如下两个成分：
   - 引用的类型；
   - 引用的全限定名，包含其宿主类。

   从 JVM 安全的角度，研究静态引用为何如上所描述。
   1）为什么每个 getstatic 指令包含引用的类型。
   2）在类中使用静态字段的相对偏移量代替其名字可能会更有效。为什么在 JVM getstatic 指令中不使用偏移量？
3. 设计一个实现 ***CondTesting*** 接口的 AST 节点，以适应不带 else 子句的 if 语句。
   1）你如何满足 ***CondTesting*** 接口，同时指出 if 语句没有 else 子句？
   2）你的设计会如何影响 11.3.9 节中提出的代码生成策略？
4. 考虑 11.3.9 节中提出的代码生成策略。当谓词为 false 时，条件转移到 ***falseLabel***，来略过当谓词为 true 时应执行的代码。
   重写代码生成策略，使得当谓词为 true 时进行条件转移，略过当谓词为 false 时应执行的代码。
5. Java 和 C 等语言允许使用 if 构造在多个语句间进行条件执行。这些语言也允许使用**三元运算符**（ternary operator）对一个表达式的值进行条件选择，此运算符基于一个谓词的结果在两个表达式中二选一。例如，如果 b 为 true，则表达式 b ? 3 : 5 的值为 3，否则其值为 5。
   1）可以用 AST 中的 ***CondTesting*** 节点来表示三元运算符吗？如果不行，设计一个能恰当表示三元运算符的 AST 节点。
   2）在语义分析中，三元运算符的处理与 if 语句的处理有什么不同？
   3）两种语言构造的代码生成有什么不同？
6. Lisp 语言提供了 if 语句的一种推广，称为 cond。
   1）研究 cond 构造的语法和语义，记下你的发现。针对提供类似 cond 构造的特定语言进行研究，来讨论一种一般的处理方法。

2）为 cond 设计一个 AST 表示，设计接口实现对 cond 构造组成成分的访问。

3）基于你的 AST 接口，为 cond 设计一个代码生成访问者。

7. 像 C++ 和 Java 这种语言提供了另一种管理条件执行的语言构造——switch 语句。

1）研究 switch 的语法和语义，记下你的发现。注意 break 的语义及其在 switch 语句执行中的作用。注意对提供给 switch 语句的表达式的任何类型限制。

2）为 switch 设计一个 AST 表示，设计接口实现对 switch 构造组成成分的访问。

3）基于你的 AST 接口，为 switch 设计一个代码生成访问者。基于下面的策略之一生成代码：

- 用谓词检测和跳转指令管理控制条件执行，即采用 if 语句的风格。
- 生成一个**查找表**（lookup table），其表项是 (*value*, *label*) 对（参考 JVM 的 lookupswitch 指令）。如果 switch 的表达式具有给定的值，则跳转到其关联的标号处继续执行。对于值没有出现在表中的表达式，提供一个默认标号作为结果。
- 生成一个**跳转表**（jump table），其中只包含标号（参考 JVM 的 tableswitch 指令）。switch 的表达式的值用来索引这个表（从 0 开始），跳转到得到的标号处继续执行。如果表达式的值大于表的大小，则选择一个预分配的默认标号作为结果。

4）对比上述 switch 语句的代码生成策略。在什么条件下一个策略优于或差于其他策略？

8. ***WhileTesting*** 节点的语义适应 Java 和 C 的 while 构造。像 Java 这样的语言还有其他迭代语法，如 Java 的 do-while 构造，它先执行循环体，然后检测谓词。如果谓词为 true，则再次执行循环体。程序以这种方式继续执行循环，直到谓词变为 false。

谓词的意义是一致的，即，当谓词检测为 false 时迭代终止。然而，do-while 构造在检测之前执行循环体。而 ***CondTesting*** 节点表示在执行循环体之前检测谓词的构造。

你将如何适应 do-while 语句？在编译器的各个阶段，从语法分析到代码生成，需要做哪些更改？

9. 某些语言提供像 C 语言的 for 语句那样的迭代构造，将循环初始化、循环终止和迭代构造聚集在单一构造中。

研究 C 语言的 for 语句的语法和语义，设计一个 AST 节点及恰当的接口来表示其组成部分。为其设计、实现代码生成访问者。

10. 最新 Java 版本提供一种所谓的“增强 for 语句”。研究其语法和语义，设计一个 AST 节点及恰当的接口来表示此语句，为其设计、实现代码生成访问者。

11. 11.3.10 节生成的代码将谓词检测作为循环体之前的指令。编写一个访问者方法，先生成循环体指令，但保持 ***WhileTesting*** 节点语义（必须先执行谓词检测）。

12. 编写一个访问者方法来为 *Returning* AST 节点生成代码。回忆一下，这个节点可能要求，也可能不要求对返回值求值。

运行时支持

我们现在考虑程序结构如何在计算机内存中实现。编程语言设计的发展导致了运行时存储组织方法越来越复杂。例如，传统方式是为数组分配单个固定大小的内存块。而较新的语言允许在执行期间设置数组大小。**弹性数组**（flex array）甚至可以根据程序的需要进行扩展。

最初，所有数据都是全局的，生命周期跨越整个程序。相应地，所有存储分配都是静态的。在编译期间，数据对象或指令序列被简单地放置于固定内存地址，用于整个程序的执行。

在 1960 年代，Lisp 和 Algol 60 等语言引入了**局部变量**（local variable）的概念，局部变量只在子程序执行过程中才可访问。这一特性引出了**栈分配**（stack allocation）的概念。当过程或方法被调用时，新的**帧**（frame）被压入运行时栈中。帧包含了特定过程中所有局部变量所需的空间。当过程返回时，将它的帧弹出栈，其局部变量所占用的空间被回收。因此，只有真正执行的过程才会分配空间。非活动过程不要求任何数据空间，这使得大型程序的空间效率远远高于仅使用静态分配的早期编译时期。而且，这一机制可以干净自然地实现**递归过程**（同一个过程的独立的嵌套的活动需要多个帧）。

首先是 Lisp，然后是 C、C++、C# 和 Java，这些语言普及了**动态分配数据**（dynamically allocated data），即，可以在执行过程中的任何时候创建或释放数据。动态数据需要**堆分配**（heap allocation），这允许在程序执行期间，在任何时间、以任何顺序分配和释放内存块。通过动态分配，数据对象的数量和大小不需要预先固定。每次程序执行都可以“定制”其内存分配需求。

所有内存分配技术都利用了**数据区域**（data area）的概念。数据区域是编译器已知的具有统一存储分配要求的存储块。即，数据区域内的所有对象共享相同的数据分配策略。程序的全局变量可以组成一个数据区域。当程序开始执行时，为所有变量分配空间，并且变量一直保持为其分配的空间直到执行结束。类似地，通过调用 `new` 或 `malloc` 分配的数据块形成一个单独的数据区域，因为整个块一直保持为其分配的空间，直到显式释放或收集。

12.1 节将从静态分配开始介绍内存分配，12.2 节将研究基于栈的内存分配，数组的结构和布局将在 12.3 节中讨论，堆存储将在 12.4 节中研究。

12.1 静态分配

在最早的编程语言中，包括所有汇编语言、COBOL 和 Fortran，所有存储分配都是静态的。数据对象的空间都分配在固定的内存地址，生命周期为整个程序。仅当在编译时就已知要分配的所有对象的数目和大小的情况下，静态分配才是可行的。因此，程序员有时会发现*覆盖*（overlay）变量是必要的。例如，在 Fortran 中，`equivalence` 语句常用来减少存储需求，它可以强制两个变量共享相同的内存位置（C/C++ 的 `union` 构造可以做相同的事情）。覆盖会伤害程序的可读性，因为对一个变量的赋值意味着也改变了另一个变量的值。因此，它有可能引起微妙的程序错误。

在更现代的语言中，静态分配用于全局变量，这些变量大小固定，在程序执行的过程中自始至终都是可访问的。静态分配还用于程序字面值（常量），这些值在整个执行期间都是固定的。静态分配还用于于 C/C++ 中的 `static` 和 `extern` 变量和 C#/Java 类中的静态字段。静态分配通常还用于程序代码，因为分支和调用指令中都需要固定的运行时地址。而且，由于程序中的控制流非常难以预测，因此很难预知接下来需要哪一条指令。相应地，如果代码是静态分配的，则能适应任何执行顺序。Java 和 C# 允许类动态加载或编译；但一旦程序代码变为可执行的，类就是静态的了。

概念上，我们可以将静态对象绑定到绝对内存地址。因此，如果我们将一个程序翻译为一种汇编语言，则可给定全局变量或程序语句一个符号标号，表示一个固定内存地址。通常可以用一个 (*DataArea*, *Offset*) 对来表示一个静态数据对象的地址。*Offset* 在编译时固定下来，但 *DataArea* 的地址可以推迟到链接时或运行时再确定。例如，在 Fortran 中，*DataArea* 可以是很多 `common` 块中某一个的起始地址。在 C 中，*DataArea* 可以是一个模块（一个“.c”文件）的局部变量的存储块的起始地址。在 Java 中，*DataArea* 可以是一个类的静态字段的存储块的起始地址。通常，这些地址是在程序链接时被绑定的。地址绑定必须被推迟到链接时或运行时，因为子程序和类可能是独立编译的，使得编译器不可能知道程序中所有的数据区域。

一种替代方法是，可以将 *DataArea* 的地址加载到一个寄存器（**全局指针**，global pointer），从而可以用 (*Register*, *Offset*) 来表示一个静态数据项的地址。几乎所有的机器都支持这种寻址方式。用全局指针寻址静态数据的优势在于，我们可以用一条指令来加载或保存一个全局值。因为全局地址占据 32 位或 64 位，因此在一条指令与一个地址占用相同空间的机器上（如 MIPS、PowerPC 和 Sparc），一个地址无法“纳入”到单一指令中。如果机器不支持全局指针，则全局地址必须分几步形成，首先加载高位、然后在剩余的低位做掩码。

12.2　栈分配

几乎所有现代编程语言都支持**递归子程序**（recursive subprogram），而递归要求**动态内存分配**（dynamic memory allocation）。每次递归调用要求为例程的局部变量的一份新拷贝分配内存，因此程序执行期间所需的内存分配次数在编译时是不可知的。为了实现递归，一个例程（过程、函数或方法）所需的所有数据空间都要作为一个数据区域来处理，因其特殊的处理方式，通常被称为**帧**（frame）或**活动记录**（activation record）。

一个帧保存一次子程序活动的局部数据，仅在活动期间可访问。在主流语言，如 C、C++、C# 和 Java 中，子程序活动遵循栈规则：最近调用的子程序必须最先返回。在实现方面，当例程被调用（激活）时，将其帧压入运行时栈。当例程返回时，将其帧弹出栈，释放其局部数据。为了观察栈分配如何工作，考虑图 12.1 中显示的 C++ 子程序。过程 `p` 要求为参数 `a` 和局部变量 `b`、`c` 分配空间。控制信息，如**返回地址**（一个子程序可能从很多不同位置进行调用），也需要分配空间。在编译一个过程时，会记录其空间需求（记录在过程的符号表中）。特别是，将每个数据项相对于帧起始地址的*偏移量*记录在符号表中。所需的总空间、即栈的大小也需要记录。每个单独变量（以及整个帧）所需的内存取决于机器。不同体系结构可能对整数或地址这些基本类型值的大小有不同假设。在编译器中避免“硬编码”依赖于机器的量是明智的。取而代之，可以调用*目标环境*（target environment）类。

在我们的例子中，假定 p 的控制信息需要 8 个字节（这个大小通常适用于所有方法和子程序）。假定参数 a 需要 4 个字节，局部变量 b 需要 8 个字节，局部数组 c 需要 80 个字节。由于很多机器要求单字和双字数据要对齐，（如果有必要）通常的做法是填充帧，使其大小为 4 或 8 字节的倍数。这保证了一个有用的不变量：栈顶地址一直是正确对齐的。图 12.2 显示了过程 p 的帧。

```
p(int a) {
   double b;
   double c[10];
   b = c[a] * 2.51;
}
```

图 12.1　一个简单的 C++ 子程序

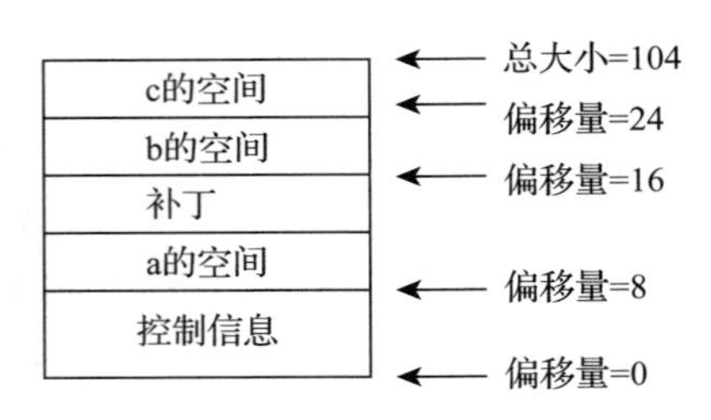

图 12.2　过程 p 的帧

在 p 中，每个局部数据对象用其相对于帧起始地址的偏移量来表示其地址。此偏移量是一个固定常量，在编译时确定。由于我们通常将栈的起始地址保存在一个寄存器中，因此每个数据对象的地址都可以用一个（*Register*,*Offset*）对来表示，这几乎是所有计算机体系结构通用的一种标准寻址模式。例如，如果寄存器 *R* 指向 p 的帧的起始地址，就可以用 (*R*, 16) 表示变量 b 的地址，在运行时对指令解码、执行时，就会将偏移值 16 加到 *R* 的内容上。正常情况下，过程 p 的字面值 `2.51` 不会保存在 p 的帧中，因为在调用结束时在帧中保存的局部数据的值会随着帧一起消失。假如将 `2.51` 保存在帧中，每次调用前都要初始化其值。将字面值分配在一个静态区域中是更简单高效的方法，这个静态区域通常被称为*字面值池*（literal pool）或*常量池*（constant pool）。Java 使用一个常量池保存字面值、类型、方法和接口信息以及类名和字段名。

12.2.1　类和结构中的字段访问

就像为局部变量在当前帧中分配一个偏移量一样，我们为一个类或结构定义中的字段也分配一个相对于数据对象起始地址的偏移量。考虑下面的结构定义：

```
struct s {
   int a;
   double b;
   double c[10];
}
```

在处理每个字段时，我们为其分配一个从 0 开始的偏移量。因此给定 a 一个偏移量 0。b 的偏移量由它之前的字段大小决定，再根据对齐限制扩展。整数通常要求 4 个字节，双精度数分配的地址必须是 8 的整数倍，因此 b 的偏移量为 8。分配给数组 c 的偏移量为 16，整个结构的大小为 96 字节。

使用这个简单的方案，我们可以用下面公式计算一个类或结构内字段的地址：

$$address(struct.field) = address(struct) + offset(field)$$

例如，如果我们声明：

```
struct s  var;
```

且 s 被分配一个静态地址 4000，则 `var.b` 的地址为 4000+8=4008。

这种方法对于在运行时栈和堆中分配空间的结构和类也是有效的。使用前面的例子，如果 `var` 是一个方法内的类型为 s 的局部变量，则为它分配一个当前帧中的偏移量。`var` 中一个字段在帧中的偏移量等于 `var` 的帧偏移量加上字段自己在其结构或类内的偏移量。类似地，对于一个在堆中分配空间的结构，一个字段的地址等于字段的偏移量加上结构的堆地址。

类是结构的推广，允许成员除了是数据字段之外还可以是方法。但是方法的代码并不在类对象的数据区域中分配空间。如12.2.3节所述，每个方法只创建一个翻译结果，用于类对象的所有实例。因此当我们翻译类内字段时，我们忽略方法定义，从而使得类和结构从编译角度来说是一样高效的。

12.2.2 运行时访问帧

在程序运行期间，栈中有很多帧。这是因为当一个过程A调用另一个过程B时，B的局部变量的帧被压栈，盖住了A的帧。A的帧现在不能被弹出栈，因为在B返回后，A将恢复执行。在递归例程的情况中，栈中可能有数百个，甚至上千个帧。除了栈顶帧之外的所有帧都表示挂起的例程活动，在等待调用的例程返回。

栈顶帧对应当前的活动例程，我们需要能直接访问它，这是十分重要的。由于帧位于栈顶，因此我们可用**栈顶寄存器**（stack top register）访问它。但运行时栈很可能保存帧之外的数据，包括临时值或太大难以放入寄存器中的返回值（复合类型值如数组、结构和字符串）。

因此，要求当前活动帧一直严格位于栈顶是不明智的。因此，通常使用一个单独的寄存器（称为**帧指针**，frame pointer）来访问当前帧。这使得可以用偏移量加上帧指针来直接访问局部变量，使用所有现代机器上都有的索引寻址模式即可。

作为一个例子，考虑下面计算阶乘的递归函数：

```
int fact(int n) {
   if (n > 1)
      return n * fact(n-1);
   else    return 1;
}
```

图12.3显示了函数调用 fact(3) 对应的运行时栈，当前运行到了调用 fact(1) 要返回的时刻。在我们的例子中，在每个帧的起始位置显示了函数返回值的槽位。这意味着在返回时，返回值可能方便地放在栈中，恰好在调用者帧末尾的上方。作为一种优化，很多编译器尝试将标量返回值放置在特别指定的寄存器中。这可以帮助我们消除不必要的加载和保存操作。但对于太大而无法放入一个寄存器中的函数返回值（如，由值传递的 struct），栈是自然的选择。

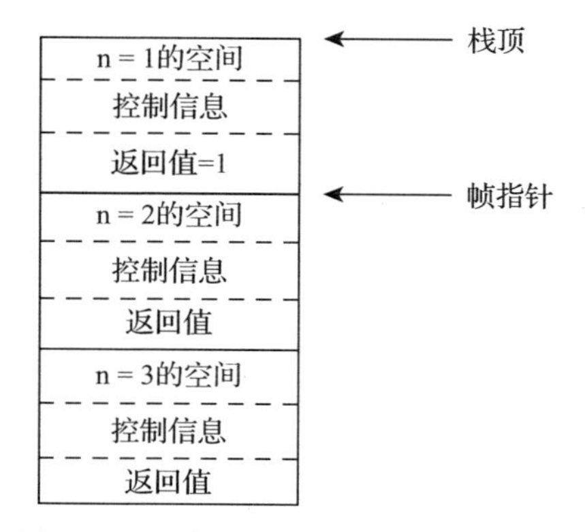

图12.3 一次调用 fact(3) 的运行时栈

当一个例程返回时，其帧必须从栈中弹出，必须重置帧指针令其指向调用者帧。在简单情况下，这可以通过调整帧指针（调整幅度为当前帧的大小）来实现。由于栈可能包含帧之外的东西（如函数返回值或跨调用保存的寄存器值），通常的做法是将调用者的帧指针保存为被调用者的控制信息的一部分。这个指针通常被称为**动态链接**（dynamic link），因为它将一个帧链接到其动态（运行时）前驱。图12.4显示了对应调用 fact(3)，包含了动态链接的运行时栈。

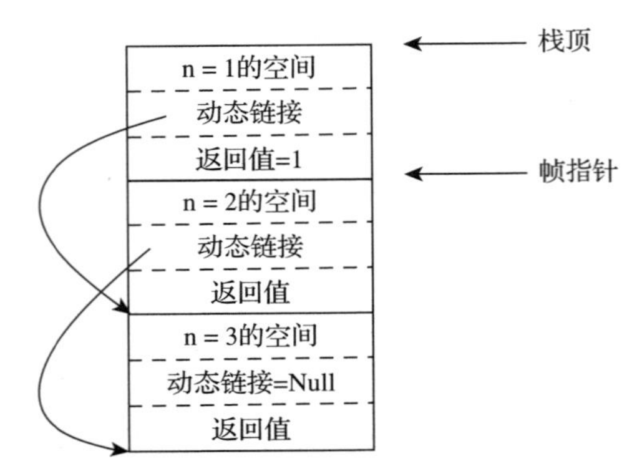

图 12.4 一次调用 fact(3) 的运行时栈，带动态链接

12.2.3 处理类和对象

C、C++、C# 和 Java 不允许嵌套的过程或方法。即，一个过程不能声明在另一个过程内。这简化了运行时数据访问，所有变量要么是全局的，要么是当前执行过程的局部变量。全局变量是静态分配的。局部变量是帧的一部分，通过帧指针访问。

编程语言通常需要支持同时访问多个作用域中的变量。例如，Java、C++ 和 C# 允许类的成员函数直接访问所有实例变量。考虑下面的 Java 类：

```
class k {
    int a;
    int sum(){
        int b = 42;
        return a+b;
}   }
```

类 k 的每个实例对象都包含一个成员函数 sum。编译器只为 sum 创建一个编译结构，被 k 的所有实例共享。当执行 sum 时，它要求两个指针来访问局部数据和对象级别数据。局部数据照常保存在运行时栈中的帧内。而 k 的特定实例的数据值则是通过一个对象指针（在 Java、C++ 和 C# 中称为 this）来访问。当调用 obj.sum() 时，会提供给它一个额外的隐含参数——一个指向 obj 的指针。图 12.5 展示了这一机制。当计算 a+b 时，局部变量 b 通过帧指针直接访问。对象 obj 的成员 a 则通过对象指针（与方法的所有参数一样保存在帧中）间接访问。

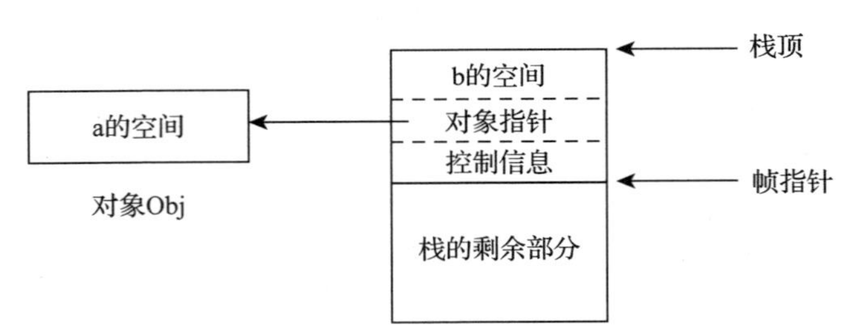

图 12.5 在 Java 中访问局部和成员数据

C#、C++ 和 Java 还允许继承（通过子类机制）。即，一个新的类可以扩展一个现有类，可增加新的字段、可增加或重定义方法。类 C 的一个子类 D 可以用在期望一个类 C 对象的上下文中（如方法调用中）。支持这一特性相当简单，在类 D 的实例内部，总是包含类 C 的一个实例。即，如果 C 中包含一个字段 F，那么 D 中也包含 F。D 声明的独有字段简单地附加

在为 C 分配的空间末尾。这样，就能在 D 的一个实例中完美访问 C 中声明的字段。在 Java 中，当期望一个未知类型的对象时，通常使用类 Object 作为一个占位符。这是可行的，因为所有 Java 类都是 Object 的子类。

当然，相反的情况是不允许的。在期望 D 的一个实例的地方，是不能使用一个 C 的实例的，因为 D 的字段在 C 中不存在。

12.2.4 处理多重作用域

一些老旧语言如 Ada、Pascal 和 Algol 60，以及当前一些流行语言如 Python、ML 和 Scheme，允许子程序嵌套声明。Java 和 C# 允许类嵌套（参见习题 7）。子程序嵌套很有用，例如，允许一个私有的工具子程序直接访问另一个例程的局部变量和参数。但是，运行时数据结构会变得复杂，因为可能需要访问对应嵌套的子程序声明的多重帧。为了了解这个问题，假定 Java 或 C 中的函数是可以嵌套的，考虑下面的代码片段：

```
int p(int a){
    int q(int b){
         if (b < 0)
               q(-b);
         else  return a+b;
    }
    return q(-10);
}
```

当执行 q 时，它不仅可以访问自己的帧，还可以访问嵌套它的 p 的帧。如果嵌套深度是没有限制的，那么被访问的帧的数量也必须是无限的。在实践中，实际看到的过程嵌套的层次通常是适度的，不超过 2 个或 3 个。

通常可以使用两种方法来支持多重帧的访问。一种方法是推广较早介绍的动态链接的思想。在动态链接之外，我们还可以在帧的控制信息区域中包含一个**静态链接**（static link）。静态链接将指向一个过程的帧，该过程静态地包围当前过程。如果一个过程没有嵌套在任何其他过程内，则它的静态链接为空。这种方法如图 12.6 所示。

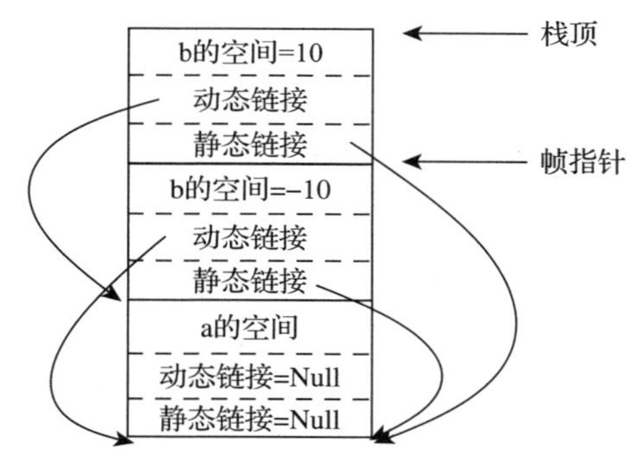

图 12.6　静态链接的示例

一如往常，动态链接总是指向栈中当前帧之下的那一帧。静态链接也总是指向栈中下方，但可能跳过很多帧。静态链接总是指向静态地包围当前例程的子程序中最近的那个的帧。因此，在我们的例子中，两个 q 的帧的静态链接都指向 p，因为 p 包含了 q 的定义。在 q 返回求值表达式 a+b 时，q 的局部变量 b 通过帧指针直接访问。变量 a 是 p 的局部变量，但对 q 也是可见的，因为 q 嵌套在 p 内。我们通过提取 q 的静态链接（加上恰当的偏移量）来**访问** a。

一种替代静态链接来访问外围例程的帧的方法是使用**显示表**（display）。显示表推广了帧指针。我们不再维护单个寄存器，而是维护一组寄存器，组成一个显示表。如果过程定义嵌套深度为 n（通过检查一个程序的**抽象语法树**，可以很容易地确定这一点），我们就需要 n+1 个显示表寄存器。每个过程定义用一个嵌套层次打上标签。未嵌套在任何其他过程内的过程位于嵌套层次 0，而嵌套在一个层次为 n 的过程内的过程位于层次 n+1。位于层次 n 的例程的帧总是使用显示表寄存器 Dn 来访问。因此，无论何时执行一个过程 r 时，我们都能直接访问 r 的帧以及所有包围 r 的例程的帧。每个外围例程必须位于一个不同的嵌套层次，因此会使用一个不同的显示表寄存器。考虑图 12.7，其中显示了对于我们之前的例子使用显示表寄存器而不使用静态链接的结果。

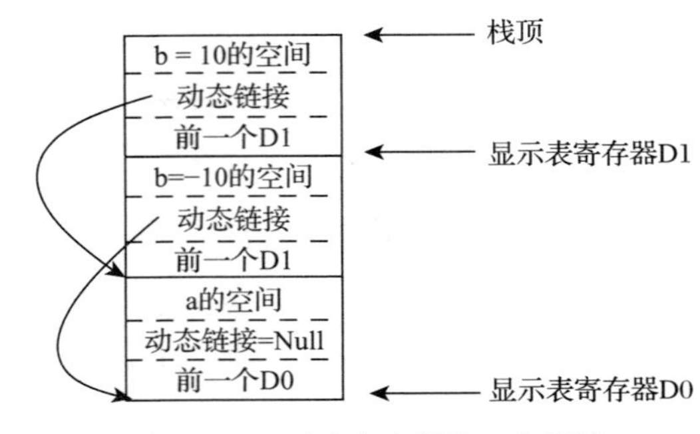

图 12.7　显示表寄存器的一个例子

由于 q 位于嵌套层次 1，我们用 *D*1 指向它的帧。q 的所有局部变量，包括 b，都位于相对于 *D*1 的一个固定偏移量。类似地，由于 p 位于嵌套层次 0，它的帧和局部变量通过 *D*0 来访问。注意，每个帧的控制信息区域都包含一个槽位来保存帧的显示表寄存器的前一个值。当调用开始时这个值被保存下来，当调用结束时恢复。我们仍然需要动态链接，因为前一个显示表值并不总是指向调用者的帧。

在实际编译器中，静态链接和显示表都有使用，两者都有不同的权衡。显示表允许直接访问所有帧，因此令所有可见变量的访问都非常高效。但是，如果嵌套较深，就需要保留多个有用的寄存器。静态链接则很灵活，允许过程的无限嵌套。但是，访问非局部过程变量需要提取并追踪静态链接，因而可能会很慢。

幸运的是，这两种代码生成技术很容易改进。静态链接就是为访问变量而计算的地址值表达式（非常像涉及指针变量的地址计算）。编译器能注意到表达式不必要的重新计算，从而重用之前的计算结果（通常直接从寄存器中获取）。类似地，显示表可以静态地分配在内存中。如果一个特定显示表值被频繁使用，寄存器分配器会将其放置于一个寄存器中以避免反复加载（就像对任何其他频繁使用的变量所做的那样）。

12.2.5　块级分配

Java、C、C++ 和 C#，以及大多数其他编程语言，都允许在块内声明局部变量，就像在子程序内一样。通常一个块只包含一两个变量，连同使用这些变量的语句。我们要为每个这样的块分配一个单独的帧吗？

我们可以将一个包含局部变量的块视为一个无参的内联子程序的调用，从而导致分配一个新的帧。即使在 Java 或 C 中，这种实现技术也需要显示表或静态链接，因为块是可以嵌套的。而且，这样做可能会使块的执行代价变高，因为需要将帧压栈和弹出栈、更新显示表寄存器或静态链接，等等。

为了避免这种额外开销我们可以选择只对真正的子程序使用帧，即使一个子程序内的块包含局部声明，也不为其启用独立的帧。这种技术称为**过程级帧分配**（procedure-level frame allocation），与前述的为每个具有局部声明的块分配帧的**块级帧分配**（block-level frame allocation）相对。

过程级帧分配的核心思想是，在一个过程中，独立块内的变量的相对位置在编译时是可计算且固定的。这一思想奏效的原因是，块的进出是严格按照程序文本顺序的。考虑下面的进程：

```
void p(int a) {
    int b;
    if (a > 0)
```

```
            {float c, d;
            // Body of block 1 }
      else  {int e[10];
            // Body of block 2 }
  }
```

参数 a 和局部变量 b 在整个过程中都是可见的。但是，if 语句的 then 和 else 部分是互斥的。因此，块 1 和块 2 中的变量是可以相互覆盖的。即，c 和 d 恰好分配在 b 之上，数组 e 也是如此。这种覆盖方式是安全的，因为两个块中的变量永远不可能同时访问。图 12.8 展示了帧的布局。

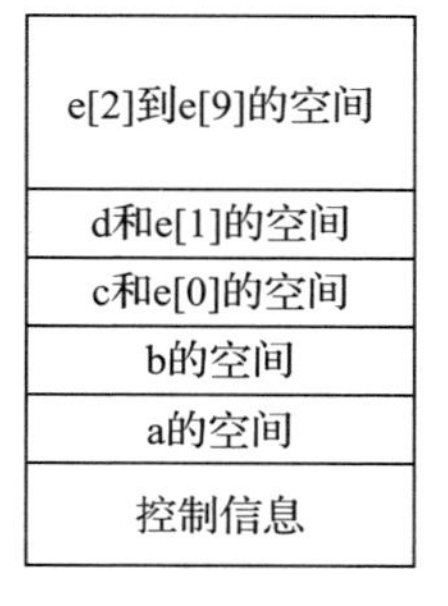

图 12.8 过程级帧的一个例子

对于一个块中的变量，其偏移量恰好分配在进程中包围该块的作用域中的最后一个变量之后。因此 c 和 e[] 都放置在 b 之后，因为块 1 和块 2 都被形成 p 的函数体的块所包围。当编译一个块时，我们维护一个“高水位标志”，表示被局部变量使用的最大偏移量。这个高水位标志确定了整个帧的大小，因此 e[9] 占据了帧中最大偏移量，其位置决定了 p 的帧的大小。

为局部变量分配过程级偏移量有时要用到**作用域扁平化**（scope flattening）。也就是说，局部声明被映射到等效的过程级声明。如果过程级寄存器分配是编译过程的一部分，那么这种映射尤其有效（参见 13.3.2 节）。

12.2.6 关于帧的更多讨论

我们现在简要考虑影响帧的设计和运行时使用的一些语言和硬件问题。

闭包在 C 中可以创建指向函数的指针。由于函数在被调用时才为其创建帧，因此函数指针实现为函数入口点地址。在 C++ 中，允许指向类成员函数的指针。当使用这种指针时，用户程序必须提供类的一个特定实例。即，它需要两个指针，第一个指向函数自身，第二个指向函数所在的类实例。第二个指针允许成员函数正确地访问类的局部数据。

其他语言，特别是像 Lisp、Scheme 和 ML 这样的函数式语言，对函数的处理更一般化。在这些语言中，函数是一等对象（first-class object），可以保存在变量和数据结构中，在运行时构造并作为函数结果返回。

运行时创建和操纵函数可能非常有用。例如，有时函数 f(x) 的计算可能很耗时。一旦 f(x) 已知，即可使用一种称为**函数记忆**（memorizing）的优化手段，即，记录 (x,f(x)) 对，从而后续用实参 x 调用 f 时，可使用已知的 f(x) 值，而非重新计算它。在 ML 中，允许编写一个函数 memo，它接受一个函数 f 及其实参 arg 作为参数。memo 计算 f(arg)，并返回 f 的一个“更聪明”的版本，其中“内置”了 f(arg) 的值。这个更聪明的 f 版本可以在所有后续的计算中代替 f：

```
fun memo(fct,parm)= let val ans = fct(parm) in
 (ans, fn x=> if x=parm then ans else fct(x)) end;
```

当 memo 返回的 fct 版本被调用时，它会访问 parm、fct 和 ans 的值，这些都是在它的定义中用到的。在 memo 返回后，它的帧必须保留，因为该帧中包含了 parm、fct 和 ans。

一般而言，当一个函数被创建或操纵时，我们必须维护一对指针。一个指针指向实现函数的机器指令，另一个指向表示函数的执行环境的帧（可能是多个帧）。这对指针被称为一个**闭包**（closure）。还要注意，如果函数是一等对象，那么对应一次函数调用的帧可能在调用结束后被访问。这意味着帧不能例行分配在运行时栈中，而是应该分配在堆中，依赖垃圾收集来释放，就像用户创建的数据一样。直观上，这看起来很低效，但阿佩尔（Appel）[App96] 已经证明，在某些场景下，在堆中分配帧可能比在栈中分配更快。

仙人掌栈　很多编程语言允许在同一个程序中并发执行多个计算。并发执行的单位有时被称为任务（task）、进程（process）或线程（thread）。在某些情况下，会创建一个新的系统级进程（如同 C 中 fork 的情况）。由于有严重的操作系统额外开销，这种进程也被称为**重量级进程**（heavyweight processes）。一种成本较低的替代方法是在单个系统级进程中执行多个线程。因为涉及的状态要少得多，所以在单个系统进程中并发执行的计算称为**轻量级进程**（lightweight processes）。

Java 中的线程是轻量级进程的一个很好的例子。下面的 Java 程序可以对方法发起多个调用，这些调用是同时执行的：

```
public static void main (String args[]) {
        new AudioThread("Audio").start();
        new VideoThread("Video").start();
}
```

在本例中，启动了两个 Thread 的子类的实例，两者并发执行。一个线程可能实现了应用的音频部分，同时另一个线程实现了视频部分。

由于每个线程可以发起它自己的调用序列（而且可能启动更多线程），因此对应的帧不能压入单一运行时栈（线程执行的确切顺序是不可预测的）。取而代之，每个线程会得到自己的栈分段，为其创建的帧可压入其中。这种栈结构有时被称为**仙人掌栈**（cactus stack），因为它让人联想到仙人掌——从主干和其他分支长出分支。重要的是，线程处理程序的设计使得栈分段在线程终止时被正确地释放。由于 Java 保证了所有临时对象和局部对象都包含在方法的帧中，因此栈管理工作就很有限，只需要恰当地分配和释放帧即可。

详细帧布局　一个帧的布局通常针对一个给定体系结构进行标准化。这对于支持子程序调用由不同编译器翻译是必要的。由于语言和编译器支持的特性各不相同，因此选择作为标准的帧布局必须是非常通用且包容的。作为一个例子，考虑图 12.9，它说明了 MIPS 体系结构使用的帧布局。

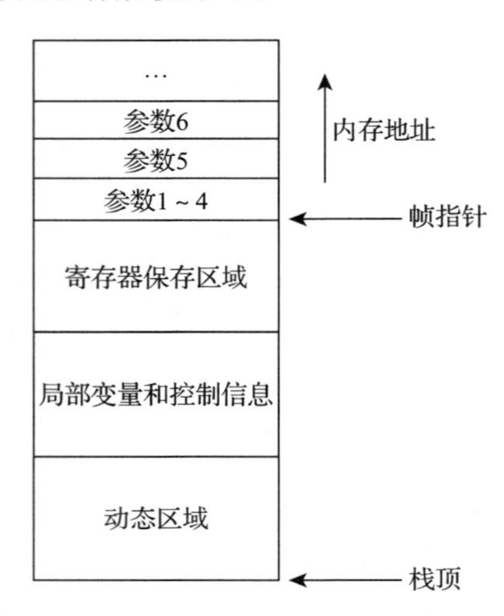

图 12.9　MIPS R3000 的布局

按照惯例，前四个参数（如果它们是标量或指向结构或数组的指针）将通过寄存器传递。额外的参数通过栈传递。无法装入寄存器的参数，例如按值传递的结构或数组，也会通过栈传递。当从子程序内部对其他子程序发起调用时，参数 1 ～ 4 的槽位可用于保存参数寄存器。寄存器保存区域在两个不同的时间被使用。寄存器通常被划分为**调用者保存寄存器**（由调用者负责）和**被调用者保存寄存器**（由被调用子程序负责）。当子程序开始执行时，子例程本身使用的被调用者保存寄存器被保存在寄存器保存区域中。当从子程序内部发起对其他子程序的一次调用时，正在使用的调用者保存寄存器被保存在寄存器保存区域中。在不同的调用点，可能正在使用不同的寄存器。寄存器保存区域必须足够大，以处理特定子例程中的所有调用。通常使用固定大小的寄存器保存区域，大到足以容纳所有调用者保存寄存器和被调用者保存寄存器。这可能会浪费一些空间，但只有实际使用的寄存器才会被保存。

局部变量和控制信息区域包含所有局部变量所需空间。它还包含返回地址寄存器和调用者的帧指针值的空间。如果需要，静态链接或显示表寄存器的值可以保存在这里。在返回时，可以通过将参数区域的大小加到帧指针来重置栈顶（在 MIPS 上，以及在许多其他计算机上，栈从高地址到低地址向下增长）。

子例程调用的细节在 11.1 节（字节码级别）和 13.1.3 节（机器码级别）中有更详细的介绍。

由于 **Java 虚拟机**（JVM）被设计为在各种各样的体系结构上运行，并且仅通过定义良好的本机接口与外部代码交互，因此其运行时帧布局的确切细节是未指定的。一个特定的实现（比如运行在 MIPS 处理器上的 JVM）选择一个特定的布局，类似于图 12.9 所示的布局。

有些语言允许在执行过程中扩展帧的大小。例如，在 C 语言中，`alloca` 在栈中按需分配空间。空间被压栈，位于帧的末端之上。返回时，该空间在帧弹出栈时自动释放。

一些语言允许创建**动态数组**，其边界在运行时在帧被压栈时设置（例如，`int data[max(a,b)]`）。在子程序开始执行时，计算数组边界，必要的空间被压栈，位于帧的动态区域。

C 和 C++ 允许像 `printf` 和 `scanf` 这样拥有可变数量参数的子例程。MIPS 帧设计支持这样的例程，因为参数值按顺序放置在帧指针的上方。

非标量返回值可以通过将返回值作为“第 0 个参数”来处理。作为一种优化，对返回非标量结果的函数的调用有时会传递一个地址作为第 0 个参数。这表示可以在返回之前保存返回值的位置。否则，返回值将被函数留在栈中。

12.3 数组

12.3.1 静态一维数组

数组是编程语言中最基础的数据结构之一。最简单的数组就是具有单一索引和常量边界的数组。示例（在 C 或 C++ 中）如下：

```
int a[100];
```

在内存中为一个数组分配空间时，可将其视为一个 N 个相同的数据对象的序列，其中 N 由声明的数组大小确定。因此，在上例中，会分配 100 个连续的整数。

与所有其他数据结构一样，数组也具有大小，也可能有对齐要求。数组大小可以很容易地用如下公式计算：

$$size(array) = NumberOfElements * size(Element)$$

如果数组的边界包含在内存分配之内（如 Java 和 C# 的情况），数组的内存需求必须相应增大。

很多处理器对数据有**对齐限制**（alignment restriction）。例如，整数通常是一个字（4 个字节）大小，通常必须放置在 4 的倍数的内存地址。一个数组的对齐限制就是其元素的对齐限制。因此，如果整数必须按字对齐，那么一个整数数组也必须按字对齐。

有时需要**打补丁**（padding）来保证所有元素对齐。例如，给定下面的 C 语言声明：

```
struct s {int a; char b;} ar[100];
```

数组 ar 的每个元素（名为 s 的结构体）必须通过打补丁变为 8 字节大小。这对于保证整数字段 ar[i].a 总是按字对齐是必须的。

当拷贝数组时，大小信息用来确定要拷贝多少个字节。使用一系列加载 / 保存指令还是使用一个拷贝循环，取决于数组的大小。

在 C、C++、Java 和 C# 中，所有数组都是**零基址的**（zero-based），即数组的首元素总是位于位置 0。这一规则产生了一个非常简单的数组元素寻址公式：

$$address(A[i]) = address(A) + i * size(Element)$$

例如，如果 ar 是声明如上的结构体 s 的数组，则有：

$$\begin{aligned} address(ar[5]) &= address(ar) + 5 * size(s) \\ &= address(ar) + 5 * 8 = address(ar) + 40 \end{aligned}$$

计算结构体数组中一个字段的地址也很简单。如 12.2.1 节中的讨论：

$$address(struct.field) = address(struct) + offset(field)$$

因此

$$\begin{aligned} address(struct[i].field) &= address(struct[i]) + offset(field) \\ &= address(struct) + i * size(struct) + offset(field) \end{aligned}$$

例如，

$$\begin{aligned} address(ar[5].b) &= address(ar[5]) + offset(b) \\ &= address(ar) + 40 + 4 \\ &= address(ar) + 44 \end{aligned}$$

在 Java 和 C# 中，数组分配为对象，数组的所有元素都分配在对象内。Java 语言定义并未确切说明对象如何分配，但就像 C 和 C++ 那样的顺序连续分配是最自然且最高效的实现。

1. 数组边界检查

一个数组引用仅当其使用的索引在边界内时才是合法的。超出数组边界之外的引用是未定义的且危险的，因为可能读写与数组无关的数据。Java 是很关注安全性的，它会在执行数组加载或保存指令时检查数组索引是否在范围内。非法的索引会触发一个 ArrayIndexOutOfBoundsException 异常。由于一个数组对象的大小保存在对象内，因此检查索引的合法性很简单，尽管这会减慢数组访问。

在 C 和 C++ 中，数组索引超出边界也是非法的。但大多数编译器并未实现边界检查，因此涉及访问数组边界之外的数据的程序错误是很常见的。

为什么边界检查经常被忽略？当然，速度是一个被考虑的因素。一次索引检查涉及两个检测（下边界和上边界），且每个检测包含多条指令（加载边界、将其与索引进行比较，以及条件分支到错误处理例程）。使用无符号算数运算，边界检查可以简化为单个比较（因为如果将一个负数索引视为无符号数的话，它看起来就是一个非常大的正值）。使用第 14 章的技术，冗余的边界检查通常可以被优化掉。不过，数组索引是一种非常常见的操作，边界检查还是会增加实际代价。（尽管有 bug 的程序代价也非常高！）

C 和 C++ 中妨碍边界检查的一个不太明显的因素是数组名通常被视为等同于指向数组第一个元素的指针。int[] 和 *int 通常被认为是同义的。当我们用数组指针来索引数组时，我们不知道数组的上边界是什么。而且，很多 C 和 C++ 程序故意违反数组边界规则，初始化一个指向数组起始地址之前的一个位置的指针或允许一个指针指向数组末尾之后的一个位置。

对每个作为参数传递的数组以及每个遍历数组的指针，我们可以通过包含一个“大小”参数来支持数组边界检查。这个大小值起到上边界的作用，指出允许的访问范围。尽管如此，在指针和数组地址的区别很模糊的语言中，显然边界检查还是一个难题。

数组参数通常需要除了指向数组数据值的指针之外的信息。这包括数组大小的信息（为了实现数组赋值）、数组边界的信息（为了允许下标检查）。数组描述符（有时被称为**内情向量**，dope vector）包含这些信息，可以将其作为数组参数传递，而不是只传递一个数据指针。

2. 非零下边界

在C、C++和Java中，数组的下边界固定是0。这简化了数组索引。不过，单一固定的下边界可能导致笨拙的代码序列。考虑一个用年份索引的数组。在1999年，我们学会了不要用两个数字来表示年份，我们可能更倾向于使用一个完整的四位数年份作为索引。假设我们真的只想使用20世纪的年份和21世纪早期的年份，那么从0开始的数组是非常笨拙的。但是在使用每个索引之前显式地减去1900也是如此。

少数语言，如Pascal和Ada，已经解决了这个问题。我们可以声明一个形如`A[low..high]`的数组，所有在范围`low`,…,`high`内的索引都是允许的。采用这种数组形式，我们可以很容易地声明一个用四位数字年份索引的数组：`data[1900..2020]`。

如果采用非零下边界，那么关于数组大小的公式就必须做一点推广：

$$size(array) = (UpperBound - LowerBound + 1) * size(Element)$$

这一推广令数组索引变复杂了多少？实际上，几乎没有。如果我们采用Java的方法，只需要将下边界也作为分配的数组对象的一部分即可。如果我们在生成的代码中计算一个元素地址，前文介绍的地址公式只需要做如下细微改变：

$$address(A[i]) = address(A) + (i - low) * size(Element)$$

在将索引与元素大小相乘之前，我们从中减去了数组的下边界（low）。现在，为什么0下边界能简化索引就很清楚了——从数组索引中减去0的操作可以略过。但上面的公式可以重整为：

$$\begin{aligned} address(A[i]) &= address(A) + (i * size(Element)) - (low * size(Element)) \\ &= address(A) - (low * size(Element)) + (i * size(Element)) \end{aligned}$$

现在，我们注意到low和$size(Element)$通常是编译时常量，因此表达式$(low * size(Element))$可以简化为一个单个值$bias$。现在我们有：

$$address(A[i]) = address(A) - bias + (i * size(Element))$$

一个数组地址通常是一个静态地址（全局数组）或一个相对于帧指针的偏移量（局部数据）。无论哪种情况，$bias$的值都可以折叠到数组地址中，形成减去偏置值之后的一个新的地址或帧偏移量。

例如，如果我们声明一个数组`int data[1900..2020]`，并为其分配地址10000，则我们得到一个偏置值1900 * $size(int)$ = 7600。在计算`data[i]`的地址时，我们计算2400 + i * 4。这与我们为零基址数组使用的公式形式上完全相同。

即使我们在堆中分配数组（使用`new`或`malloc`），仍可使用相同方法。我们不再保存一个指向数组首元素的指针，而是保存一个指向虚拟的“第0个”元素的指针（从给定的数组地址中减去$bias$）。不过，在对这样的数组进行赋值时，我们确实需要小心；必须从数组中第一个有效位置开始复制数据。尽管如此，索引远比复制更常见，所以这种方法是非常合理的。

3. 动态和弹性数组

某些语言，包括 Algol 60、Ada、Java 和 C#，支持**动态数组**（dynamic arrays），即数组的边界和大小在运行时确定。当进入动态数组的作用域时，计算并固定其边界和大小，然后为其分配空间。动态数组的边界可能包含参数、变量和表达式。例如，如果扩展了 C 语言支持动态数组，则一个子程序 P 可能包含如下声明：

```
int examScore[numOfStudents()];
```

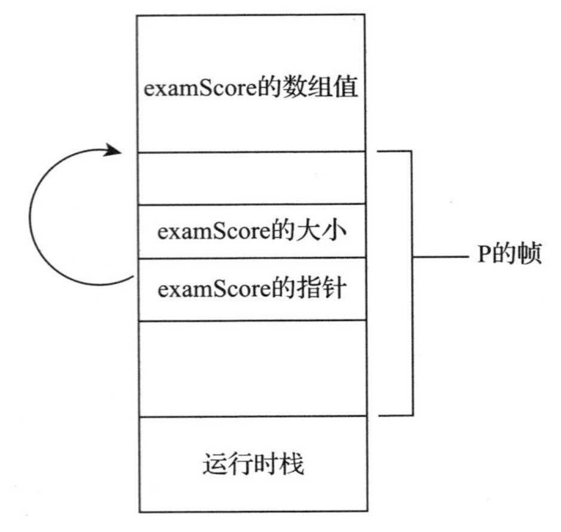

图 12.10　动态数组分配

由于动态数组的大小在编译时未知，因此我们不可能为其分配静态空间或帧中空间。我们必须为其在栈中分配空间（恰好在当前帧之后）或在堆中分配空间（Java 的做法）。一个指向数组位置的指针保存在数组声明所在的作用域中。数组大小（可能还有其边界）也被保存下来。以上面的程序为例，我们可能像图 12.10 中那样为 examScore 分配空间。在 P 的帧中我们为 examScore 的指针和大小分配了空间。

访问动态数组需要一个额外步骤。首先，从一个全局地址或一个帧中的偏移量加载数组的位置。然后，与往常一样，计算数组内的偏移量并将其加到数组起始位置上。

动态数组的一个变体是**弹性数组**（flex array），它的边界在执行期间可扩展（Java 的 Vector 类实现了一个弹性数组）。当创建一个弹性数组时，为其指定一个默认大小。如果在执行期间使用了一个超出数组当前大小的索引，则扩展数组令索引合法。由于弹性数组的最终大小在初始分配空间时未知，因此我们将弹性数组保存在堆中，并保存一个指向它的指针。每当索引一个弹性数组时，检查其当前大小。如果它太小了，就分配另一个更大的数组，将数组值从旧空间拷贝到新空间，将数组指针重置为指向新空间。

当动态数组或弹性数组作为参数传递时，传递一个包含数组数据值指针和数组边界及大小信息的数组描述符是有必要的。索引和赋值都需要这些信息。

12.3.2　多维数组

在大多数编程语言中，可以将**多维数组**（multidimensional array）当作数组的数组来处理。例如，在 Java 中，下面的声明：

```
int matrix[][] = new int[5][10];
```

首先为 matrix 分配一个数组对象，它包含 5 个指向整数数组的引用。然后，依次创建 5 个整数数组（每个大小为 10），将它们的地址赋予数组 matrix 中的引用（见图 12.11）。

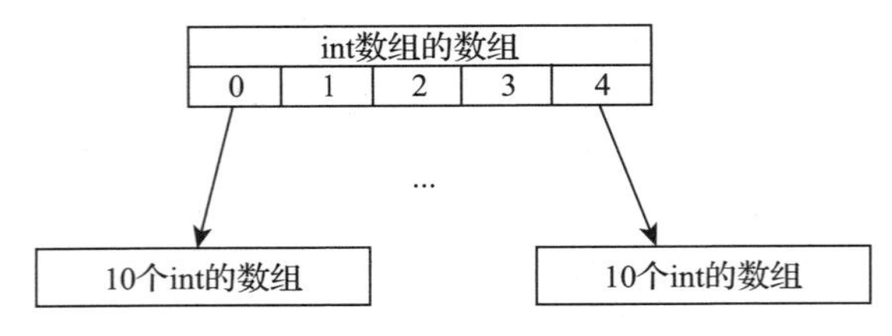

图 12.11　Java 中的多维数组

其他语言，如 C 和 C++，则是分配一个足以包含数组中所有元素的内存块。在此内存块中按**行主次序**（row-major order）安排数组，即每行中的值是连续存储的，一行接一行顺序保存（见图 12.12）。在行主次序中，多维数组实际上就是数组的数组，因为在一个 `A[i][j]` 这样的数组引用中，第一个索引（i）选择了第 i 行，第二个索引（j）在选定行中选择了一个元素。

A[0][0]	A[0][1]	...	A[1][0]	A[1][1]	...	A[9][8]	A[9][9]

图 12.12 按行主次序分配空间的数组 `A[10][10]`

行主次序的一种替代是**列主次序**（column-major order），被 Fortran 及相关语言所采用。在列主次序中，每列中的值是连续存储的，各列相邻保存（见图 12.13）。同样，为整个数组分配单个内存块。

A[0][0]	A[1][0]	...	A[0][1]	A[1][1]	...	A[8][9]	A[9][9]

图 12.13 按列主次序分配空间的数组 `A[10][10]`

如何访问多维数组的元素？对于按行主次序分配的数组（最常用的分配策略），我们可利用多维数组可作为数组的数组来处理这一事实。特别地，为了计算 `A[i][j]` 的地址，我们首先计算 `A[i]` 的地址，将 A 视为一个一维数组，只不过其值是数组。我们一旦得到了 `A[i]` 的地址，就可以计算 `X[j]` 的地址了，其中 X 是 `A[i]` 的起始地址。

我们来看一下所需要的实际计算。假设数组 A 声明为一个 n 行 m 列的数组（例如，它声明为 `T A[n][m]`，其中 T 是数组元素类型）。我们现在可知：

$$address(A[i][j]) = address(X[j])，\text{其中 } X = address(A[i])$$

$$address(A[i]) = address(A) + i*size(T)*m$$

现在有：

$$address(X[j]) = address(X) + j*size(T)$$

将它们结合在一起：

$$\begin{aligned} address(A[i][j]) &= address(A) + i*size(T)*m + j*size(T) \\ &= address(A) + (i*m + j)*size(T) \end{aligned}$$

在一个列主次序数组中计算元素地址稍微复杂一些，但我们可以做一个有用的观察。首先，回忆一下，转置一个数组涉及交换其行和列。换句话说，数组的第一列变为转置后数组的第一行，第二列变为第二行，依此类推（见图 12.14）。

1	6
2	7
3	8
4	9
5	10

原始数组

1	2	3	4	5
6	7	8	9	10

转置后的数组

图 12.14 数组转置示例

现在，我们观察到一个数组中元素的列主次序排序对应数组转置后的行主次序排序。按列主次序分配一个 n 行 m 列的数组 A 并考虑任意元素 A[i][j]。现在将 A 转置为 AT，一个 m 行 n 列的数组，并按行主次序为其分配空间，则 AT[j][i] 必然与 A[i][j] 相同。

这意味着我们有一个聪明的方法来计算行主次序数组中 A[i][j] 的地址。我们只须计算 AT[j][i] 的地址，其中 AT 是一个行主次序分配的数组，其起始地址与 A 相同，但行列大小交换了（A[n][m] 变为 AT[m][n]）。

作为一个例子，考虑图 12.1。左边是一个 5 行 2 列的整数数组；按列主次序，数组元素保存的顺序是从 1 到 10。类似地，右边是一个 2 行 5 列的整数数组；按行主次序，数组元素保存的顺序是从 1 到 10。容易看出左边数组中位置 [i][j] 上的值总是对应右边（转置后）数组中位置 [j][i] 上的值。

12.4　堆管理

最灵活的存储分配机制是**堆分配**（heap allocation），可以在任何时刻、以任何顺序分配和释放任意数目的数据对象，其中使用一种通常称为**堆**（heap）的存储池。堆分配非常流行。很难想象一个非平凡的 Java 或 C 程序不使用 new 或 malloc。

堆分配和释放比静态分配或栈分配复杂得多。为了满足一个空间请求，可能需要很复杂的机制。实际上，在某些情况下，可能需要检查整个堆（数十兆字节甚至数百兆字节）。要使堆管理快速高效，需要非常小心。

12.4.1　分配机制

堆空间请求可能是显式的或隐式的。一个显式请求包含一个对 new 或 malloc 这样的例程的调用以及对特定字节数的请求。分配成功后，返回一个指向新分配空间的显式指针或引用；若请求不能被执行，则返回空指针。

一些语言允许创建未知大小的数据对象，其中可能涉及一次隐式堆分配。假定像 Java 一样，在 C++ 中也重载了运算符 + 来表示字符串连接。即，表达式 Str1+Str2 创建一个新字符串，表示字符串 Str1 和 Str2 的连接。Str1 和 Str2 的长度在编译时是没有一个上界的，因此必须分配堆空间来保存新创建的字符串。

无论分配是显式的还是隐式的，都需要一个**堆分配器**（heap allocator）。这个例程接受一个大小参数，检查未用堆空间来查找满足请求的自由空间。它返回一个**堆块**（heap block）。这个块的大小足以满足空间请求，但可能更大。分配的堆块几乎总是单字或双字对齐的，以避免堆分配的数组或类实例中的对齐问题。堆块包含一个头字段（通常是一个字大小），其中包含块的大小和辅助的簿记信息。（如果块稍后被释放，大小信息对于正确地“回收”块是必要的。）通常设置最小堆块大小（通常为 16 字节），以简化簿记并保证对齐。

堆分配的复杂度在很大程度上取决于如何进行**堆释放**（heap deallocation）。最初，堆是一大块未分配的内存。内存请求可以通过简单地修改“堆尾”指针来满足，就像修改栈指针来压栈一样。当先前分配的堆对象被释放和重用时，堆分配将变得更加复杂。我们采用一些释放技术来压缩（compact）堆，将所有“正在使用”的对象移动到堆的一端。这意味着未使用的堆空间总是连续的，使得空间分配（通过一个堆指针）的开销几乎是微不足道的。

一些堆释放算法有一个有用的特性，即它们的速度不取决于已分配的堆对象的总数，而只取决于那些仍在使用的对象。如果大多数堆对象在分配后不久就“死亡”了（通常情况下确实如此)，那么这些对象的释放基本上是无代价的。

不幸的是，许多释放技术不执行压缩。必须存储释放的对象以供将来重用。最常见的方法是创建一个**空闲空间列表**（free space list)。空闲空间列表是一个单向（或双向）列表，其中包含所有已知的未使用的堆块。最初它包含一个巨大的块，表示整个堆。当分配堆块时，这个块会缩小。当堆块被返回时，它们被追加到空闲空间列表中。

最常用的维护空闲空间列表的方法是在释放块时将它们追加到列表的头部。这稍微简化了释放操作，但使得**空闲空间合并**（coalescing of free space）变得困难。

堆中物理上相邻的两个块最终被释放的情况经常发生。如果我们能够识别出两个相邻块现在都是自由的，那么就可以将它们合并成一个更大的自由块。一个大块比两个小块更好，因为合并的块可以满足对任何一个单独的块来说太大的请求。

边界标签（boundary tag）方法 [Knu73a] 允许我们识别并合并相邻的自由堆块。对于每个堆块，无论是已分配的还是在空闲空间列表上的，我们在其两端都包含一个标签字。这个标签字包含一个标记，表示“空闲”或“使用中”，还包含块的大小。当一个块被释放时，我们检查其邻居的边界标签。如果其中一个邻居被标记为空闲或两个邻居都被标记为空闲，那么将它们从空闲空间列表中摘除，并与当前空闲块合并。

可用空间列表也可以按**地址序**（address order）保存，也就是说，按照堆地址递增的顺序排序。尽管现在维护有序列表的代价更高，但识别相邻的空闲块将不再需要边界标签。

当收到一个 n 字节的堆空间请求时，堆分配器必须在空闲空间列表中搜索足够大的块。但是要搜索空闲空间列表的多大部分呢？(它可能包含数千个块。）如果没有完全匹配当前请求的空闲块该怎么办？有许多方法可以使用。我们将简要地讨论一些广泛使用的技术。

最佳匹配（Best Fit）在空闲空间列表中搜索与所请求的大小最接近的空闲块（可能是穷尽搜索)。这将最大限度地减少浪费的堆空间，尽管它可能会创建太小而不能经常使用的小片段。如果空闲空间列表非常长，那么最佳匹配搜索可能会非常慢。分离空闲空间列表（见下文）可能更好。

首次匹配（First Fit）使用第一个足够大的空闲堆块。块内未使用的空间被分离出来，并作为一个较小的空闲空间块链接到空闲空间列表中。这种方法速度很快，但可能会使空闲空间列表的开头变得“混乱”，因为一些块太小，无法满足大多数请求。

循环首次匹配（Next Fit）这是首次匹配的一种变体，即，对空闲空间列表的后续搜索从上次搜索结束的位置开始，而不是从列表头开始。其思想是“循环”整个空闲空间列表，而不是总是从列表头重新访问空闲块。这种方法减少了**碎片**（fragmentation，即块被分割成难以使用的小块)。但是，它也降低了局部性（活跃堆对象的密集程度)。如果我们分配的堆对象大范围分布在整个堆中，可能会增加缓存未命中和缺页，从而显著影响性能。

分离空闲空间列表（Segregated Free Space List）我们没有理由要求必须只有一个空闲空间列表。一种替代方法是使用几个空闲空间列表，根据它们所包含的空闲块的大小进行索引。实验表明，程序经常只频繁请求几个“魔法大小”。如果将堆划分为段，每个段只容纳一个大小的块，则可以为每个段维护单独的空闲空间列表。因为堆对象大小是固定的，所以不需要头字段。

这种方法的一种变体是维护具有特殊“战略意义”大小（16、32、64、128 等）的对象列表。当收到一个大小为 s 的请求时，选择大小小于等于 s 的最小的块（在分配的块中超出的大小未使用)。

另一种变体是维护若干空闲空间列表，每个列表包含的块的大小在一个范围内。当收到一个大小为 s 的请求时，使用最佳匹配策略搜索大小范围覆盖了 s 的空闲空间列表。

固定大小子堆（Fixed-Size Subheap）我们可以将堆划分为许多**子堆**（subheap），每个子堆分配固定大小的对象，而不是根据空闲对象的大小将它们链接到列表上。于是我们可以使用**位图**（bitmap）来跟踪对象的分配状态。也就是说，每个对象都映射到一个大数组中的单个比特。该比特为 1 表示对象正在使用中，为 0 表示空闲。我们不需要显式的头字段或空闲空间列表。此外，由于所有对象的大小相同，任何状态位为 0 的对象都可以被分配。但是，不同子堆的使用可能不均匀，这可能导致内存利用率较低。

12.4.2　释放机制

分配堆空间相当简单。通过调整堆尾指针或搜索空闲空间列表即可满足空间请求。但是如何释放不再使用的堆内存呢？有时我们可能永远都不想释放。如果不经常分配堆对象或堆对象的生存时间非常长，则释放是不必要的。我们只须用“正在使用”的对象填充堆空间。

不幸的是，许多（也许是大多数）程序不能简单地忽略释放。许多程序分配大量短寿命的堆对象。如果我们用大量的**死对象**（dead object，不再可访问）“污染”堆，局部性会受到严重影响，活跃对象会分布在很大的地址范围内。长期存在或持续运行的程序也可能受到**内存泄漏**（memory leak）的困扰，即，死去的堆对象会慢慢累积，直到程序的内存需求超过系统限制。

用户控制释放（User-Controlled Deallocation）释放可以是手工的，也可以是自动的。手工释放涉及程序员显式发起的对 `free(p)` 或 `delete(p)` 等例程的调用。指针 p 标识要释放的堆对象。对象的大小存储在其头字段中。对象可以与相邻的未使用的堆对象合并（如果使用边界标签或按地址排序的空闲空间列表）。然后将其添加到空闲空间列表中，以便后续重新分配。

通过执行释放命令来释放不需要的堆空间是程序员的责任。堆管理器只是跟踪释放的空间，并使其可用于以后的重用。空间应该何时释放这一难题被转移到程序员身上，错误的决定可能会导致灾难性的**空悬指针**（dangling pointer）错误。考虑下面的 C 程序片段：

```
q = p = malloc(1000);
free(p);
/* 包含一些malloc的代码 */
q[100] = 1234;
```

p 被释放后，q 就变为一个空悬指针。q 指向的堆空间不再被认为是已分配的。通过 q 赋值是非法的，但这种错误几乎永远不会检测到。这种赋值可能会改变现在属于另一个堆对象的一部分的数据，从而导致非常微妙的错误。这种赋值甚至可能改变头字段或空闲空间链接，从而导致堆分配器自身失败。

12.4.3　自动垃圾收集

一种替代手工释放堆空间的方法是自动释放，通常被称为**垃圾收集**（garbage collection）。编译器生成的代码和支撑例程追踪指针的使用。当一个堆对象不再活跃后，它被自动释放（收集），可供后续分配重用。

垃圾收集技术在速度、有效性和复杂度上千差万别。我们将简要讨论一些最重要的方法。更全面的讨论参见 [Wil92, JL96]。

引用计数（Reference Counting）这是一种最古老也最简单的垃圾收集技术。每个堆对象的头中增加一个字段。这个字段就是对象的**引用计数**（reference count），记录了这个堆对象当前有多少引用（指针）。当一个对象的引用计数变为 0 时，它就成为垃圾，可添加到空闲空间列表中用于未来重用。

当创建、拷贝或销毁一个引用时，应该更新引用计数字段。当一个子程序返回时，局部变量指向的所有对象的引用计数都要减小。类似地，当一个引用计数变为 0、对象被收集时，被收集对象中的所有指针也应该被追踪，对应的引用计数应该减小。

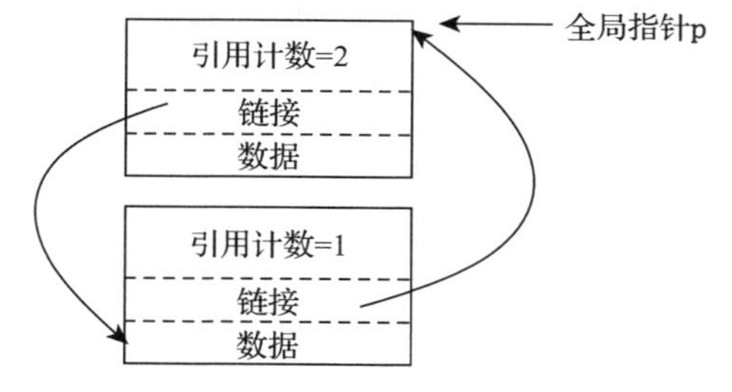

图 12.15　循环堆结构示例

如图 12.15 所示，对于**循环堆结构**（circular heap structure），引用计数存在特别的难点。如果指针 p 被设置为空，对象的引用计数应减 1。现在，两个对象的引用计数都不为 0，但任何一个都无法通过外部指针访问。两个对象是垃圾，但无法被识别出来。

如果循环结构很罕见，这种缺陷不会成为大问题。如果循环结构很常见，那么就需要辅助技术来收集引用计数漏掉的垃圾，如标记 – 清扫收集技术。

引用计数的一个重要方面是它是*增量的*。也就是说，无论何时操纵指针，都只须执行少量工作来支持垃圾收集。这既是优点也是缺点。这是一个优点，因为垃圾收集的代价均匀分布在整个计算中。当堆空间变小时，程序不需要停止并进行长时间的收集。当需要快速实时响应时，这是至关重要的。（我们不希望在程序收集垃圾时，飞机的控制突然"冻结"一两秒钟！）

当真的不需要垃圾收集时，引用计数的增量性质也可能是一个缺点。如果我们有一个复杂的数据结构，其中指针经常更新，但很少有对象被丢弃，引用计数一直在调整计数，而计数很少（如果有的话）归零。

一个引用计数字段应该有多大？有趣的是，经验表明，它不需要特别大。通常只有几个比特就足够了。这里的思想是，如果一个计数达到了可表示的最大计数值（可能是 7、15 或 31），我们将其"锁定"在该值上。具有锁定引用计数的对象永远不会根据其计数检测为垃圾，但是当收集循环结构时，可以使用其他技术收集它们。

总而言之，引用计数是一种简单的技术，其增量性质有时是有用的。由于它不能处理循环结构，而且每指针的操作代价很高，其他垃圾收集技术（如下所述）通常是更有吸引力的替代方案。

标记 – 清扫收集（Mark-Sweep Collection）我们可以采用批处理方法，而不是在每次操纵指针时增量地收集垃圾。在堆空间几乎耗尽之前，我们什么都不做。然后执行一个**标记阶段**（marking phase），目的是识别所有活跃（非垃圾）堆对象。

从全局指针和栈帧中的指针开始，我们标记可达的堆对象（可能在对象的头字段中设置一个位）。然后追踪标记的堆对象中的指针，直到标记了所有活跃的堆对象。

在标记阶段之后，我们知道任何没有标记的对象都是垃圾，可以被释放。然后我们"清扫"整个堆，收集所有未标记的对象，并将它们返回到空闲空间列表中以供后续重用。在**清扫阶段**（sweep phase），我们清除仍在使用的堆对象的所有标记。

标记 – 清扫垃圾收集如图 12.16 所示。对象 1 和对象 3 被标记是因为有全局指针指向它们。对象 5 被标记是因为对象 3 指向它，而对象 3 已被标记。阴影对象没有被标记，将被添加到空闲空间列表中。

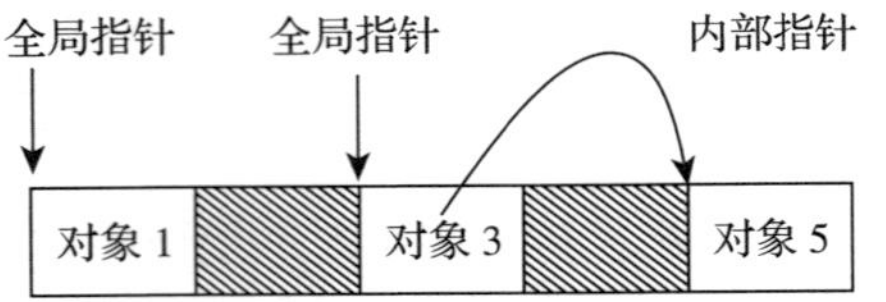

图 12.16　标记 – 清扫垃圾收集

在任何标记 – 清扫收集器中，标记所有可访问的堆对象是至关重要的。如果我们错过了一个指针，我们可能无法标记一个活跃堆对象，从而导致错误地释放它。在 Lisp 和 Scheme 等具有非常统一的数据结构的语言中找到所有指针并非难事，但在 Java、C 和 C++ 等语言中就有点棘手了，因为这些语言的指针与数据结构中的其他类型混合在一起，还存在指向临时对象的隐式指针等问题。为此，在运行时必须提供大量关于数据结构和帧的信息。在我们不能确定一个值是不是指针的情况下，我们可能需要做保守的垃圾收集（见下文）。

标记 – 清扫垃圾收集也存在一个问题，即所有堆对象都必须清扫。如果大多数对象是死的，这可能很耗时。其他收集方案（如拷贝收集器）只检查活跃对象。

在清扫阶段之后，活跃堆对象散布在整个堆空间。这会导致糟糕的局部性。如果活跃对象跨越很多内存页，则分页开销会上升。缓存局部性也会退化。

我们可以为标记 – 清扫垃圾收集技术增加一个**压缩阶段**（compaction phase），在识别出活跃对象后，将它们一同放置在堆尾部。这涉及另一个追踪阶段，要查找全局、局部和内部堆指针，并调整它们以反映对象的新位置。指针调整的偏移量为堆开始到当前对象之间的所有垃圾对象的总大小，如图 12.17 所示。

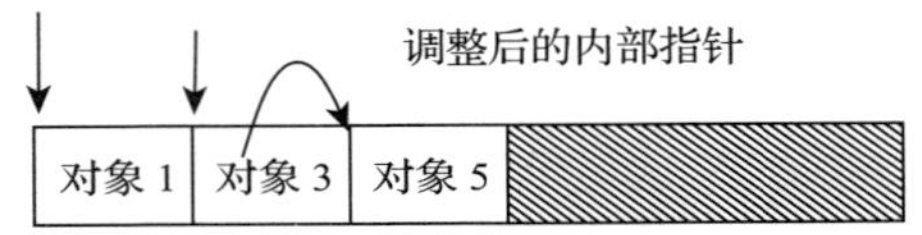

图 12.17　带压缩的标记 – 清扫垃圾收集

压缩思路很吸引人，因为所有垃圾对象都一起合并成一大块自由堆空间。碎片不再是一个问题。而且，堆分配也大大简化了。压缩收集器维护一个“堆尾”指针。每当它收到一个分配请求时，它调整堆尾指针，这使得堆分配不再比栈分配更复杂。

但是，由于必须调整指针，压缩策略可能并不适用于 C 和 C++ 这类语言，在这些语言中很难无歧义地识别指针。

拷贝收集器（Copying Collector）压缩提供了许多有价值的好处。堆分配变得简单且高效。碎片问题也不存在了，而且由于活跃对象是相邻的，分页和缓存性能都得到了提升。前人设计了一种垃圾收集技术族，称为**拷贝收集器**，这类技术将拷贝与活跃堆对象的识别集成在一起。这种拷贝收集器非常流行，已被广泛使用，特别适用于像 ML 这样的函数式语言。

下面介绍一种使用半空间（semispace）技术的拷贝收集器。我们开始将堆分为两个半区：**分配空间**（from space）和**收集空间**（to space）。初始时，我们使用一个简单的“堆尾”指针从分配空间分配堆请求。当分配空间耗尽时，我们停止分配并进行垃圾收集。

事实上，我们并不收集垃圾。我们所做的是收集活跃堆对象，从未触及垃圾。与标记 – 清扫收集器中的情况相同，我们追踪全局和局部指针来查找活跃对象。每找到一个对象，我们将其从分配空间中的当前位置移动到收集空间中的下一个可用位置，并相应地修改指针以反映对象的新位置。在对象的旧位置还保留一个“前向指针”，以防有多个指针指向相同对象。(我们希望所有原始指针正确更新为对象的新位置。)

这一技术如图 12.18 所示。分配空间已经填满。我们追踪全局和局部指针，将活跃对象移动到收集空间并更新指针，如图 12.19 所示（虚线箭头为前向指针）。为了处理拷贝的堆对象内部的指针，我们遍历所有拷贝的堆对象。我们拷贝引用的对象并更新内部指针。最终，收集空间和分配空间交换角色，堆分配从最后一个拷贝的对象之后恢复，如图 12.20 所示。

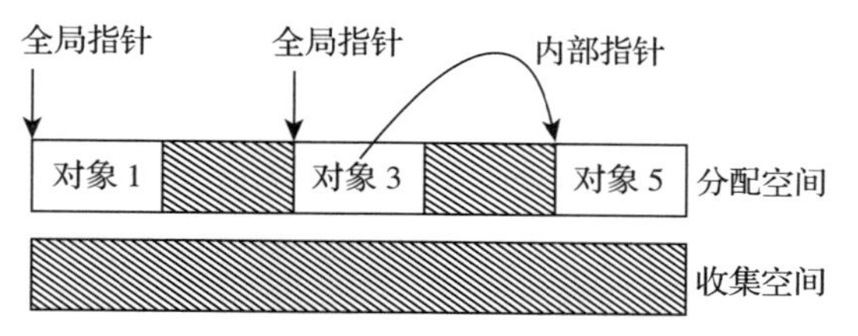

图 12.18　拷贝垃圾收集（1）

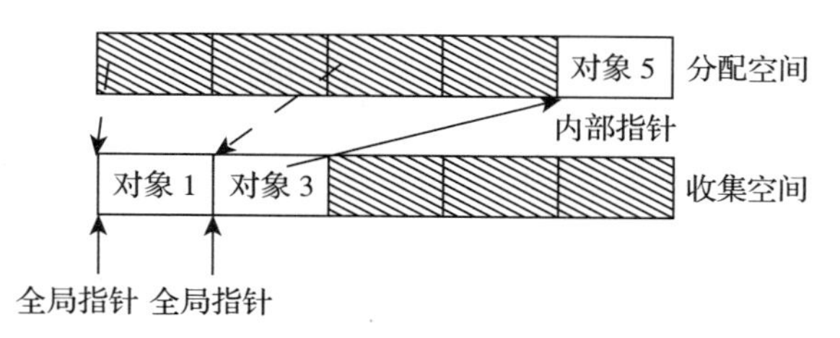

图 12.19　拷贝垃圾收集（2）

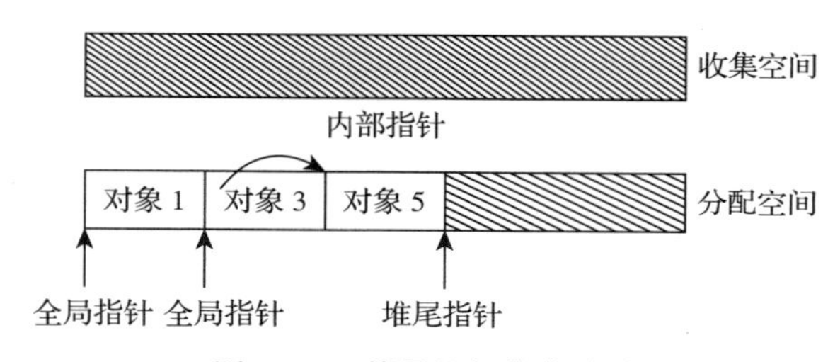

图 12.20　拷贝垃圾收集（3）

拷贝收集器的最大优点是速度快。它只拷贝活跃对象，死对象的释放本质上是不耗费任何时间的。实际上，平均而言，垃圾收集可以快到你所希望的任意速度，只须增大堆即可。随着堆变得越来越大，收集的间隔时间也会增加，这就减少了必须拷贝活跃对象的次数。极端情况下，对象永远不会被复制，从而使垃圾收集变得没有任何代价！

当然，我们不可能无限增大堆内存的大小。实际上，我们不希望堆太大以至于需要分页，因为将页面交换到磁盘非常慢。如果我们可以令堆足够大使得大多数堆对象的生命周期小于收集的间隔时间，那么短期对象的释放看起来就是无代价的，虽然长期对象仍有代价。

拷贝收集器可能看起来非常浪费。毕竟，最多只有一半堆空间被真正使用。造成这种低效的原因是，任何进行压缩的垃圾收集器都必须有一个可以拷贝活跃对象的区域。因为在最坏的情况下，所有堆对象都可能是活跃的，所以目标区域必须和堆本身一样大。为了避免重复拷贝对象，拷贝收集器会保留一个和分配空间一样大的收集空间。这本质上是一种时空权衡，使得这种收集器非常快，代价是可能浪费空间。

如果我们有理由相信垃圾收集间隔时间大于大多数堆对象的平均生命周期，那么我们就可以提高堆空间的使用率。假设在调用收集器时有 50% 或更多的堆空间是垃圾空间，则我们可以将堆划分为 3 段，分别称为 *A*、*B* 和 *C*。初始时，*A* 和 *B* 用作分配空间，利用了堆的三分之二。当我们拷贝活跃对象时，我们将其拷贝到段 *C*，如果一半甚至更多堆对象是垃圾的假设成立，则 *C* 的空间是足够大的。然后我们将 *C* 和 *A* 用作分配空间，将 *B* 作为下一次收集的收集空间。如果超过一半的堆空间包含活跃对象，我们仍能解决。我们将超额的对象拷贝到一个辅助数据空间（可能是栈）中，然后在所有活跃对象都已从 *A* 中移走之后，将这些超额对象拷贝到 *A* 中。这减慢了垃圾收集过程，但很少发生（如果我们对每次收集中有 50% 的垃圾的估计是正确的话）。当然，这一思想可以推广到大于 3 段的情况。因此，如果堆的三分之二都是垃圾（平均情况），我们可以将堆划分为 4 段，使用其中 3 个段作为分配空间，最后一个段作为收集空间。

世代垃圾收集（Generational Garbage Collection）拷贝收集器的最强大之处在于，它们不为两次收集之间诞生和消亡的对象做任何工作。然而，并不是所有的堆对象都如此短暂。事实上，有些堆对象的生命周期非常长。例如，许多程序在开始时创建一个动态数据结构，并在整个程序中使用该结构。拷贝收集器处理长生命周期对象的能力很差。这些对象被重复地跟踪并在半空间之间移动，而没有任何实际的好处。

为了更好地处理具有不同生命周期的对象，开发了**世代垃圾收集**技术 [Ung84]。堆被分为两个或更多世代，每代都有自己的收集空间和分配空间。新对象在最年轻的世代中分配，这也是收集最频繁的一代。如果一个对象在最年轻一代的一次或多次收集中幸存下来，它将被“提升”到更老的上一世代，后者收集的频率较低。在这一代的一次或多次收集中幸存下来的对象将被移动到更老的世代。这种情况将持续下去，直到生命周期非常长的对象到达最老的世代，即收集最不频繁的世代（甚至可能从来没有被收集）。

这种方法的优点是长生命周期的对象被滤掉了，极大地减少了重复处理它们的代价。当然，一些长生命周期的对象会变为不可达，但当它们所在的世代最终被收集时，它们就会被发现。

世代技术的一个不幸的复杂之处在于，尽管我们不经常收集较老的世代，但我们仍然必须跟踪它们的指针，以防它们引用新世代的对象。如果不这样做，我们可能会把活跃对象误认为死对象。当对象被提升到较老的世代时，我们可以检查它是否包含指向较年轻世代的指针。如果存在，则记录其地址，以便跟踪和更新其指针。我们还必须检测对象内的现有指针何时被更改。有时我们可以通过检查堆页面上的“脏位”来查看哪些已经更新。然后跟踪脏页上的所有对象。否则，每当我们给一个已经有值的指针赋值时，都要记录被改变的指针的地址。这些信息允许我们只跟踪那些可能指向年轻对象的较老世代的对象。

经验表明，精心设计的世代垃圾收集器非常有效。它们专注于最有可能成为垃圾的对象，而在长期存在的对象上花费很少的开销。世代垃圾收集器在实践中被广泛使用。

保守垃圾收集（Conservative Garbage Collection）我们已经研究过的垃圾收集技术都要求我们准确识别指向堆对象的指针。在强类型语言如 Java 或 ML 中，这很容易做到。我们可以列出所有全局指针的地址。我们可以在帧中包含一个编码值（或使用保存在帧中的返回地址）来确定帧对应的例程。这允许我们随后确定帧中的哪些偏移量包含指针。当分配堆对象时，我们可以在对象头中包含一个类型编码，这令我们可以识别对象内的指针。

C 和 C++ 这类语言是弱类型的，这令指针识别困难得多。指针可能通过类型转换变换为整数，随后又转换回指针。这些语言还支持指针算术运算，可将指针指向对象中间。帧中和堆对象内的指针可以不初始化，可能包含随机值。在联合中，指针可能和整数相互覆盖，使得当前类型成为一个动态属性。

由于这些复杂性，C 和 C++ 有着与垃圾收集不兼容的名声。令人惊讶的是，这种信念是错误的。使用**保守垃圾收集**，可以对 C 和 C++ 程序有效地进行垃圾回收。

基本思想很简单。如果我们不能确保一个值是不是一个指针，我们保守地假定它是一个指针。如果我们将一个非指针误判为指针，可能会保留一个真正的死对象，但我们会找到所有的有效指针，并且永远不会错误地收集活跃对象。我们可能会将整数（或浮点数，甚至字符串）误认为指针，因此不能进行任何形式的压缩。但是，标记 – 清扫收集是可以工作的。

人们已经开发了配合普通 C 程序工作的垃圾收集器 [BW88]。不需要修改用户程序，只需要将它们链接到不同的库例程，以便 `malloc` 和 `free` 正确地支持垃圾收集器。当需要新的堆空间时，可能会自动收集死去的堆对象，而不是完全依赖于显式的 `free` 命令（尽管允许使用 free 命令，且它们有时也会简化或加快堆重用）。

有了可用的垃圾收集，C 程序员就不需要担心显式堆管理。这减少了编程工作量，并消除了过早释放对象或永远不释放对象的错误。事实上，实验已经表明 [ZG92]，保守垃圾收集在性能上与特定于应用程序的手动堆管理相比非常有竞争力。

12.5　基于区域的内存管理

栈分配很容易实现，并且显示出可预测的、最小的开销。然而，与堆分配相比，它不是很灵活，栈帧中的所有对象都在特定过程活动的生命周期内存在。堆分配比栈分配更灵活，但需要仔细实现。堆管理还依赖于垃圾收集，这可能会在程序执行中引入不可预测的延迟，或者依赖于复杂的手工存储管理，这可能会导致微妙的、毁灭性的错误。

基于区域的内存管理（Region-based memory management）旨在将栈分配的可预测性能与堆分配的灵活性结合起来。基于区域的内存管理是一种自动化技术，与垃圾收集一样，它不受空悬指针错误的影响。不过，与带垃圾收集的堆分配不同，基于区域的内存管理不需要停止程序来释放未使用的内存。因此，它特别适合有延迟要求的实时应用程序。

像堆一样，一个区域就是一个内存区，可以根据需要在其中分配新对象。区域和堆之间的主要区别是不可能从区域中释放单个对象，整个区域是一次性释放的。因此，一个区域可能会扩大，但永远不会缩小。

基于区域的内存管理方法要求程序进行区域创建和删除操作，并使用分配语句（如 new 或 malloc）指定在哪个区域分配对象。区域通常是在栈中组织的，并且具有词法作用域的生存期。在这方面，基于区域的内存管理类似于栈分配。然而，区域比帧更灵活，因为可以将对象分配到栈顶以外的区域。

例如，考虑三个过程，*A*、*B* 和 *C*。每个过程以创建一个新区域开始，以销毁该区域结束。*A* 调用 *B*、*B* 调用 *C*。*C* 可以在 *A* 创建的区域中分配一个对象。因此，该对象将在 *C*、*B* 和 *A* 的生命周期内可用，但它将在 *A* 返回之前（当 *A* 销毁其区域时）被释放。

因为对象的最长生存期本质上是在编译时根据分配对象的区域决定的，所以基于区域的内存管理不需要停止程序来识别垃圾对象。此外，由于整个区域是一次性释放的，因此基于区域的内存管理可以在基本恒定的时间内执行许多单独的释放，并限制在其他手工或自动堆管理方法下可能出现的堆碎片问题。然而，基于区域的内存管理要求输入程序标注区域创建和销毁操作，并且在对象分配中包括一个区域参数。

仅仅保证区域操作的正确性是很简单的，只需要在程序开始时创建一个单独的区域，分配该区域中的每个对象，并在程序结束前销毁该区域。然而，这样的程序很难有效地使用内存。静态地识别正确的区域操作且尽可能少地浪费内存是一个更棘手的问题。因此，使用显式区域操作进行有效编程是相当困难的（更不用说其烦琐性了）。此外，将区域管理留给程序员负责的话，程序员可能会释放包含仍活跃的对象的区域，从而引入空悬指针错误。

幸运的是，支持基于区域的内存管理的系统通常可以自动生成区域操作。为了做到这一点，编译器包含一个称为**区域推断**（region inference）的分析过程，它确定在哪里放置区域创建和销毁操作，以及哪些区域应该保存特定的对象。与所有可靠的静态分析一样，区域推断是保守的，因为它可能无法识别能导致最佳内存使用的区域操作。但是，区域推断是安全的，因为它识别的区域操作永远不会导致悬空指针或其他运行时内存错误。

区域推断分析和基于区域的内存管理器通常需要具有强类型系统的语言，这些语言相对容易进行精确分析。因此，像C这样的语言通常不支持有效的区域推断算法，但是在一些实时Java系统、许多ML编译器和Cyclone语言中包含了对区域的支持。Cyclone语言是一种类C语言，它包含了ML家族语言中许多有趣的特性。提高区域推理分析的精度是一个活跃且成果丰富的研究领域。托夫特（Tofte）和塔潘（Talpin）[TT97]提出了基于区域的内存管理的早期概述，亨莱因（Henglein）、马克霍尔姆（Makholm）和尼斯（Niss）[HMN05]对该领域进行了当代的全面总结。

习题

1. 给出如下C函数对应的帧布局：

```
int f(int a, char *b){
    char c;
    double d[10];
    float e;
    ...
}
```

   假定控制信息占用三个字，f的返回值放置在栈中。给出每个局部变量在帧中的偏移量，确保提供了恰当的对齐（整数和单精度浮点数按字对齐，双精度浮点数按双字对齐）。

2. 局部变量通常在帧内进行分配，从而当帧被压入和弹出栈时提供了自动的分配和释放。在什么情况下必须动态分配局部变量？静态分配局部变量（即给它分配一个固定的地址）有什么好处吗？在什么情况下，可允许局部变量的静态分配？

3. 使用下面的代码，给出当执行r(3)时栈上的帧序列（采用动态链接），假设我们开始执行时（像往常一样）调用main()。

```
r(flag){
  printf("Here !!!\n"); }

q(flag){
  p(flag+1); }

p(int flag){
  switch(flag){
    case 1: q(flag);
    case 2: q(flag);
    case 3: r(flag); }

main(){
  p(1); }
```

4. 考虑下面的类C程序，它允许嵌套子程序。给出当执行r(16)时栈上的帧序列（采用动态链接），假设我们开始执行时（像往常一样）调用main()。解释在r的print语句是如何访问a、b和c的。

```
p(int a){
  q(int b){
     r(int c){
       print(a+b+c);
     }
    r(b+3);
 }

  s(int d){
    q(d+2);
  }

  s(a+1);
```

```
}

main(){
  p(10);
}
```

5. 重新考虑习题 4 中的类 C 程序，现在假设使用显示表寄存器（而不是静态链接）访问帧，解释在 r 的 print 语句是如何访问 a、b 和 c 的。
6. 考虑下面的 C 函数，给出 f 的帧的内容和结构。解释如何确定 f 的局部变量的偏移量。

```
int f(int a, int b[]){
   int i = 0, sum = 0;
   while (i < 100){
      int val = b[i]+a;
      if (b[i]>b[i+1]) {
         int swap = b[i];
         b[i] = b[i+1];
         b[i+1] = swap;
      } else {
         int avg = (b[i]+b[i+1])/2;
         b[i] = b[i+1] = avg; }
      sum += val;
      i++;
   }

   return sum;
}
```

7. 虽然第一版的 Java 不允许类嵌套，但后续版本支持了这一特性。这引入了对象嵌套访问问题，类似允许子程序嵌套的情况下的访问问题。考虑下面的 Java 类定义：

```
class Test {
   class Local {
        int b;
        int v(){return a+b;}
        Local(int val){b=val;}
   }

   int a = 456;

   void m(){
      Local temp = new Local(123);
      int c = temp.v();
   }
}
```

注意，类 Local 的方法 v() 访问了类 Test 的字段 a 和类 Local 的字段 b。但是，当调用 temp.v() 时，只给定了一个指向 temp 的直接引用。建议使用静态链接的变体来实现嵌套类，以便提供对所有可见对象的访问。

8. 考虑下面的 C/C++ 结构声明：

```
struct {int a; float b; int c[10];} s;

struct {int a; float b; } t[10];
```

选择你最喜欢的计算机体系结构。给出将为 s.c[5] 生成的代码，假设 s 被静态分配到地址 1000。如果 t 被分配到帧中偏移量为 200 的位置，t[3].b 会生成什么代码？

9. 假设在 C 语言中，我们有一个声明 int a[5][10][20]，其中 a 被分配到地址 1000。假设 a 是按行主次序分配的，a[i][j][k] 的地址是多少？假设 a 是按列主次序分配的，a[i][j][k] 的地址是多少？

10. 大多数编程语言（包括 Pascal、Ada、C 和 C++）都能静态分配全局聚合（记录、数组、结构和类）对象，而局部聚合对象是在帧内分配的。另一方面，Java 在堆中分配所有聚合对象。对它们的访问是通过静态分配或帧中分配的对象引用进行的。在 Java 中，是否因为强制的堆分配而降低了访问聚合对象的效率？强制在堆中统一分配所有聚合对象有什么好处吗？
11. 在 Java 中，下标合法性检查是强制性的。解释在 C 或 C++（任选其一）中需要做哪些更改来实现下标合法性检查。确保解决指针经常用于访问数组元素这一问题。你应该能够检查通过指针进行的数组访问，包括递增或递减的指针。
12. 假设我们为堆分配的 C++ 数组添加了一个新选项——flex（弹性）选项。如果访问了超出数组当前上界的索引，弹性数组的大小将自动扩展。因此我们可以看到：

    ```
    ar = new flex int[10]; ar[20] = 10;
    ```

    对 ar 中位置 20 的赋值迫使扩展 ar 的堆分配。解释在数组访问中需要做哪些更改才能实现弹性数组。如果对超出数组当前上界的位置进行的是读操作而不是写操作，会发生什么？
13. Fortran 库子程序经常被其他编程语言的程序调用。Fortran 假定多维数组是按列主次序存储的，而大多数语言采用行主次序。如果 C 程序（使用行主次序）将一个多维数组传递给 Fortran 子程序，必须要做什么？如果 Java 方法（将多维数组保存为数组对象引用的数组）将这样的数组传递给 Fortran 子程序会怎样？
14. 回想一下，由于对齐限制，记录或结构中的偏移量有时必须向上调整。因此，在下面两个 C 结构体中，S1 需要 6 个字节，而 S2 只需要 4 个字节。

    ```
    struct {
      char  c1;
      short s;
      char  c2;
    } S1;
    ```

    ```
    struct {
      char  c1;
      char  c2;
      short s;
    } S2;
    ```

    假设我们有一个记录或结构中的字段列表。每个字段用它的大小和对齐限制来刻画。（一个字段如果有对齐限制 r，则必须为其分配一个是 r 的整数倍的偏移量。）

    设计一个算法，它可以确定字段的顺序，以最小化记录或结构的总体大小，同时保持所有对齐限制。算法的执行时间（以执行步数来衡量）如何随着字段数量的增加而增长？
15. 假设我们使用引用计数来组织一个堆。当对一个指向堆对象的指针进行赋值时，必须执行什么操作？当开启和关闭一个作用域时，必须执行什么操作？
16. 某些语言，包括 C 和 C++，提供了创建一个指向数据对象的指针的操作。即，p= &x 接受对象 x（类型为 t）的地址，并将其赋予 p（类型为 t*）。如果可以创建指向帧中任意数据对象的指针，那么运行时栈的管理会变得多复杂？对数据对象指针的创建和拷贝需要有哪些限制足以保证运行时栈的完整性？
17. 考虑一种堆分配策略，我们称之为*最差匹配*。与最佳匹配（从最接近请求大小的空闲空间块中分配堆请求）不同，最差匹配从最大的可用空闲空间块中分配堆请求。与最佳匹配、首次匹配和循环首次匹配堆分配策略相比，最差匹配的优点和缺点是什么？
18. 复杂算法的性能通常是通过模拟它们的行为来评估的。创建一个模拟随机的堆分配和释放序列的程序。使用它来比较最佳匹配、首次匹配和循环首次匹配堆分配技术为堆对象查找空间和分配空间所需的平均迭代次数。
19. 在强类型语言（如 Java）中，所有变量和字段都在编译时就已固定类型。在 Java 中需要什么运行时数据结构来实现标记 – 清除垃圾收集器的标记阶段，以标记所有可访问（“活跃”）堆对象？
20. 标记 – 清扫垃圾收集器的第二个阶段是清扫阶段，在该阶段中，所有未标记的堆对象都被退回到空闲空间列表中。详细描述遍历堆、检查每个对象以及识别那些没有被标记的对象（因此是垃圾）所需的操作。

21. 在像 C 或 C++ 这样的语言（没有联合）中，标记 – 清扫垃圾收集器的标记阶段很复杂，因为指向活跃堆对象的指针可能引用对象内的数据，而不是对象本身。例如，指向数组的唯一指针可能指向一个内部元素，或者指向类对象的唯一指针可能指向对象的一个字段。
如果允许指针指向对象内的数据，那么习题 19 的解决方案必须如何修改？
22. 保守垃圾收集的一个吸引人的方面是它的简单性。我们不需要存储关于哪些全局变量、局部变量和堆变量是指针的详细信息。相反，任何可能是堆指针的字都被视为指针。
你将使用什么标准来判断内存中给定的字是否可能为指针？如何调整习题 21 中的答案来处理看似指向堆对象中数据的指针？
23. 拷贝垃圾收集器最吸引人的方面之一是收集垃圾实际上没有任何成本，因为只有活跃数据对象被标识和移动。假设在任何时间点上的堆空间总量是恒定的，请证明只需增加分配给堆的内存大小，垃圾收集的平均成本（每个分配的堆对象的平均成本）就可以任意降低。
24. 通过识别长生命周期的堆对象并将它们分配到堆中一个未被收集的区域，可以改进拷贝垃圾收集技术。
可以做哪些编译时分析来确定存在时间较长的堆对象？在运行时，我们如何高效地估计堆对象的“年龄”（以便能够特殊处理长生命周期的堆对象）？
25. 标记 – 清扫垃圾收集和拷贝垃圾收集的一个不吸引人的方面是它们都是面向批处理的。也就是说，它们假设在识别和收集垃圾时可以周期性地停止计算。在交互式或实时程序中，暂停是非常不可取的。一个有吸引力的替代方案是**并发垃圾收集**（concurrent garbage collection），其中垃圾收集进程与程序并发运行。
考虑标记 – 清扫垃圾收集和复制垃圾收集器。在程序执行时（也就是说，在程序更改指针和分配堆对象时），两者的哪些阶段可以并发运行？对垃圾收集算法进行哪些更改可以促进并发垃圾收集？

第 13 章

Crafting a Compiler

目标代码生成

最终，每个编译器都必须将其翻译的关注点放在特定机器架构的能力上。在某些情况下，例如 **Java 虚拟机**（Java Virtual Machine，JVM）和**微软中间语言**（Microsoft Intermediate Language，MSIL），架构是**虚拟的**（virtual）。虚拟机允许在各种各样的计算平台上执行程序，代价是增加一层软件——虚拟机模拟器。

更传统的是，编译器将翻译目标定为实际的物理微处理器中实现的特定机器架构，例如英特尔 x86 处理器系列以及 Sparc、MIPS 和 PowerPC 处理器。在所有情况下，无论架构是虚拟的还是真实的，代码生成器必须决定如何将程序代码和数据映射到处理器的内存中。快速灵活的数据访问是必不可少的。此外，每个处理器的能力应该被有效地利用，以实现快速和可靠的程序执行。

在本章中，我们将探讨如何将中间形式（如 JVM 字节码和**抽象语法树**子树）翻译为可执行形式。这个过程被称为**代码生成**（code generation），尽管代码生成实际上涉及许多必须处理的单独任务。

在翻译过程的这个阶段，编译器已经生成了一种中间形式，例如第 10 章中讨论的 JVM 字节码。这是由第 2 章、第 7 章和第 11 章中讨论的代码生成访问者完成的。字节码可以由字节码解释器解释执行。或者，我们可能希望进一步推进翻译过程，生成我们感兴趣的特定计算机的本机机器指令。

我们将面临的第一个问题是**指令选择**（instruction selection）。指令选择高度依赖于目标机器，它涉及如何选择一个特定的指令序列来实现中间表示的一个部分。即使对于简单的字节码指令，我们可能也需要在可能的实现中进行选择。例如，`iinc` 指令将一个常数加到一个局部变量，它可以通过以下方式实现：将变量加载到一个寄存器中，将常数加载到第二个寄存器中，执行寄存器到寄存器的加法，并将结果保存回变量中。或者，我们可以选择保持变量一直驻留在寄存器中，这样只须使用单个立即数加法指令即可实现上述操作。

除了指令选择，我们还必须处理**寄存器分配**（register allocation）和**代码调度**（code scheduling）。寄存器分配旨在通过最小化寄存器溢出（将一个位于寄存器中的值保存到内存，然后又将其他数据重新加载到此寄存器中）来高效地使用寄存器。因为在大多数处理器上，内存事务比算术指令花费的时间更多，即使是少量不必要的加载和保存也会显著降低指令序列的速度。代码调度关注生成的指令的执行顺序。并不是所有合法的指令顺序都一样好——有些会引起不必要的延迟。

在本章中，我们将首先考虑如何将字节码有效地翻译为机器级指令。接下来将考虑优化我们的代码生成技术，特别是树形式表达式的翻译，并讨论各种支持高效使用寄存器的技术，如图着色算法。之后将研究代码调度方法。然后将讨论令我们能轻松自动地将代码生成器重新定位到新计算机的技术。最后，将研究一种在代码生成级别特别有用的优化形式，即窥孔优化。

13.1 翻译字节码

我们首先考虑如何将字节码翻译为常规的机器码。每种计算机架构都有自己的机器指令集。例如英特尔 x86 架构、Sparc、Alpha、PowerPC 和 MIPS。

在本章中，我们使用 MIPS R3000 指令集。这种架构简洁、易于使用，是现代**精简指令集计算机**（Reduced Instruction Set Computer，RISC）体系结构的优秀代表。MIPS R3000 也得到了 SPIM [Lar90] 的支持，这是一个用 C 语言编写的、广泛使用的 MIPS 解释器。

大多数字节码直接映射到一个或两个 MIPS 指令。因此，`iadd` 指令直接对应 MIPS 的 add 指令。字节码和 MIPS（或任何其他现代体系结构）在设计上最大的区别在于，字节码是*面向栈的*（stack-oriented），而 MIPS 是*面向寄存器的*（register-oriented）。

处理基于栈的操作数最明显的方法是在使用栈顶的值时将其加载到寄存器中，并在计算出值后将寄存器压栈。不幸的是，这也是*最糟糕的*方法之一。问题是显式的弹出栈和压栈操作意味着内存加载和存储指令，这可能又慢又烦琐。

这里我们将对如何使用栈操作数做一些简单但重要的观察。首先，请注意，在源级语句之间，栈上不留下任何操作数。否则，放置在循环中的语句可能导致栈溢出。因此，栈仅用于在执行语句的一部分时保存操作数。此外，每个栈操作数都被“触碰”了两次——在其创建时（压栈）和使用时（弹出栈）。

这些观察结果允许我们将栈操作数直接映射到寄存器中，实际上不需要对机器的运行时栈进行压栈或弹出栈的操作。我们可以想象 JVM 操作数栈包含寄存器名而不是值。当一个特定值位于栈顶时，我们将使用相应的“顶部寄存器”作为操作数的源。这看起来可能很复杂，但实际上很简单。考虑 Java 赋值语句 `a = b + c - d;`（其中 `a`、`b`、`c` 和 `d` 是整数，其存储位置为局部地址 1 到 4）。对应的字节码如图 13.1 所示（“`;`”在 JVM 代码中表示单行注释的开始）。

```
iload 2      ; 将 int b 压栈
iload 3      ; 将 int c 压栈
iadd         ; 将栈顶两个值相加
iload 4      ; 将int d 压栈
isub         ; 将栈顶两个值相减
istore 1     ; 将栈顶值保存到a
```

图 13.1　`a = b + c - d;` 的字节码

每当一个值压栈时，我们将创建一个临时位置（通常称为临时对象）来保存它。这个临时对象通常会分配到一个寄存器。在处理字节码时，我们将追踪与栈位置关联的临时名字（临时寄存器的名字）。在任何时候，我们都将确切地知道逻辑上栈中有哪些临时对象。我们说“逻辑上”是因为这些值并非在运行时压栈、弹出栈。相反，值直接从存储它们的寄存器中访问。

继续使用我们的例子，假定 `a`、`b`、`c` 和 `d` 分别分配在帧偏移 12、16、20 和 24 处（我们将在 13.1.1 节讨论局部变量和字段的内存分配）。这四个变量给定了偏移量，这是因为过程或方法中的局部变量是作为**帧**（每当进行调用时，就在运行时栈上分配的一个内存块）的一部分分配的。因此，不像字节码那样压栈或弹出栈单个数据值，我们更倾向于每次调用时压栈单个大内存块。

假设分配的临时寄存器为 `$t0`、`$t1`……每次我们为将值压栈的字节码指令生成代码时，我们将调用 GETREG（见 13.3.1 节）来分配结果寄存器。每当我们为访问栈中值的字节码生成 MIPS 代码时，我们将使用已经分配的寄存器来存储栈中值。最终的效果是使用寄存器而不是栈位置来存储操作数，从而产生快速而紧凑的指令序列。对于上面的例子，我们可以生成如图 13.2 所示的 MIPS 代码（在 MIPS 源代码中，“#”表示单行注释的开始）。

```
lw      $t0,16($fp)       # 将16+$fp处的b加载到$t0
lw      $t1,20($fp)       # 将20+$fp处的c加载到$t1
add     $t2,$t0,$t1       # 将$t0和$t1相加，结果保存到$t2
lw      $t3,24($fp)       # 将24+$fp处的d加载到$t3
sub     $t4,$t2,$t3       # 计算$t2减去$t3，结果保存到$t4
sw      $t4,12($fp)       # 将结果保存到12+$fp处的a
```

图 13.2　a = b + c - d; 的 MIPS 代码

指令 lw 将内存中的一个字装入寄存器。局部变量地址的计算是相对于帧指针 $fp 的，它总是指向当前活跃的帧。类似地，sw 将一个寄存器保存到一个内存字中。指令 add 和 sub 分别进行两个寄存器间的加法和减法，将结果放入第三个寄存器。

将常量压栈的字节码，如 bipush　n，可以实现为一个立即数加载指令，即，将一个字面值加载到寄存器。作为一种优化，我们可以推迟将常数值加载到寄存器中，直到我们确定它确实是必需的。为了达到这一效果，我们注意到，与 MIPS 寄存器相关联的特定栈位置将存储这个已知的字面值。当使用该寄存器时，我们确定常量值是必须在它自己的这个寄存器中，还是可以使用**立即数指令**（immediate instruction）代替。例如，我们可以用立即数加法指令替换寄存器间加法指令。

13.1.1　分配内存地址

正如我们在 12.2 节中了解到的，局部变量和参数是在与过程或方法关联的帧中分配的。因此，我们必须将每个 JVM 局部变量映射为唯一的帧偏移量，用于在加载和保存指令中寻址变量。因为一个帧包含一些固定大小的控制信息，后跟局部数据，因此一个像 $offset = const + size * index$ 这样简单的公式就足够了，其中 *index* 是分配给变量的 JVM 索引，*size* 是每个栈中值的大小（字节），*const* 是帧中固定大小的控制区域的大小（字节），*offset* 是供生成的 MIPS 代码使用的帧偏移量。

在编译一个类时，类的静态字段被分配固定的静态地址。只要引用静态字段就会使用这些地址。实例字段则是使用相对于特定对象起始地址的偏移量来访问的。编译器必须为被编译类的所有超类的实例字段做准备。在 Java 中，类 Object 没有实例字段。如果我们有一个如下定义的类 Complex。

```
class Complex extends Object { float re; float im;}
```

两个字段 re 和 im（大小各为一个字）可以分别被赋予类实例内的偏移量 0 和 4。JVM 指令 getfield　Complex/im　F 获取由栈顶值引用的 Complex 对象的字段 im。指令中的 F 表示字段的类型（如 10.2.2 节所述）。对此指令的翻译很简单。我们首先在类 Complex 中查找字段 im 的偏移量，即 4。一个指向被引用对象的指针位于对应栈顶的寄存器中，比如 $t0。我们可以给 $t0 加上 4，但是由于 MIPS 有一种索引寻址模式，可以自动给寄存器加上一个常量（表示为 const($reg)），因此我们不需要生成任何代码。我们只需要生成 lw $t1,4($t0)，它将字段加载到寄存器 $t1 中，现在它对应于栈顶。

13.1.2　分配数组和对象

在 Java 中，因而也是在 JVM 中，所有实例化的对象都在堆中分配。要翻译一个 new 或 newarray 字节码，我们需要调用一个堆分配子例程，就像 C 中的 malloc。我们传递所需对象的大小，并接收一个指向新分配的堆内存块的指针。对于一个 new 字节码，所需的大小由对象中字段的数量和大小决定。此外，还需要一个固定大小的头部（用于存储对象的大小和类型）。在编译对象的类定义时，可以计算所需的总内存大小。在前面的 `Complex` 对象示例中，所需的大小是 8 字节加上头信息，通常是 2 或 4 个字。

对于 `newarray`，我们通过将请求的元素数量（在对应栈顶的寄存器中）乘以单个数组元素所需的大小（存储在所请求类的符号表项中）来确定分配大小。同样，必须包含固定大小的对象头的空间。对象头包含用于运行时引用的已分配数组的大小和类型信息，以及用于同步的对象监视器。对象中字段的默认初始化也必须通过清除或拷贝恰当的位模式（基于类型声明）来执行。

在 C 和 C++ 等语言中，如果对象和数组的大小在编译时已知，则可以在当前帧中**内联**（inline）分配。如果我们知道对已分配对象的引用没有**逃逸**（escape），可以在当前帧内进行类似的分配。没有逃逸是指，如果没有将已分配对象或数组的引用赋予一个字段或者作为函数值返回，则在当前方法（及其对应的帧）终止后，该对象或数组将不再可访问。

作为进一步的优化，字符串对象（不可变的）通常被定义为字符串字面值。这样的字符串空间可以静态分配，并通过固定的静态地址访问。

在 JVM 中，使用单个字节码指令访问或更新数组元素（例如，整数数组使用 `iaload` 和 `iastore`）。而在传统体系结构（如 MIPS）中，访问一个数组需要多条指令，特别是在包含数组边界检查的情况下。数组索引的细节已在 12.3 节中讨论了。在这里，我们将展示实现 JVM 数组加载或保存指令所需的代码类型。

指令 `iaload` 期望在栈顶有一个数组索引，在下面一个位置有一个数组引用。在我们的实现中，这两个值都将被加载或计算到 MIPS 寄存器中。我们将这两个寄存器称为 `$index` 和 `$array`。我们需要生成代码来检查 `$index` 是不是一个合法的索引，然后从数组中实际获取所需的整数值。由于数组只是对象，因此数组的大小和数组元素都位于相对于数组对象的起始地址的固定偏移量。假设数组大小位于偏移量 `SIZE`，元素位于偏移量 `OFFSET`。于是，如图 13.3 所示的 MIPS 代码可以用于实现 `iaload`，它将数组值保留在寄存器 `$val` 中。为了简单和高效，我们将假设空引用由一个无效地址表示，该地址将强制发生内存错误。

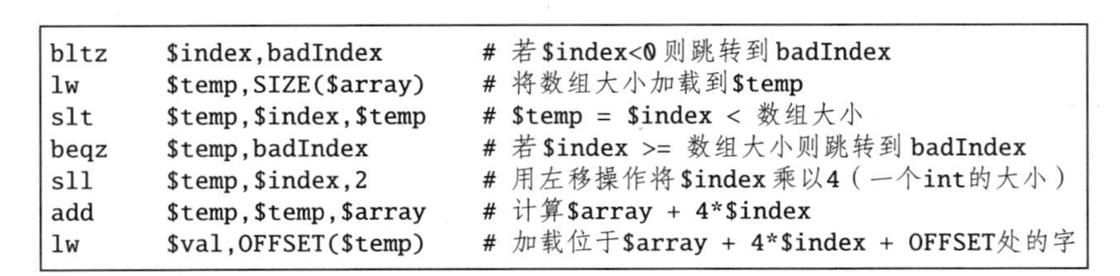

```
bltz    $index,badIndex       # 若$index<0则跳转到badIndex
lw      $temp,SIZE($array)    # 将数组大小加载到$temp
slt     $temp,$index,$temp    # $temp = $index < 数组大小
beqz    $temp,badIndex        # 若$index >= 数组大小则跳转到badIndex
sll     $temp,$index,2        # 用左移操作将$index乘以4（一个int的大小）
add     $temp,$temp,$array    # 计算$array + 4*$index
lw      $val,OFFSET($temp)    # 加载位于$array + 4*$index + OFFSET处的字
```

图 13.3　字节码 `iaload` 的 MIPS 代码

寄存器 `$temp` 是一个工作寄存器，它用于在代码序列中存储中间值（参见 13.3.1 节）。指令 `iastore` 与指令 `iaload` 非常相似，它期望栈顶处为数组索引（存储在寄存器 `$index` 中），配合其下一个位置上的数组引用（在寄存器 `$array` 中）即可索引所需数组元素，`iastore` 将栈顶下面两个位置处的值（寄存器 `$val` 中）保存到此数组元素中。我们可使用图 13.4 中的代码来实现一个 `iastore` 指令。

我们为数组索引选择的 MIPS 代码看起来相当复杂且代价高昂，特别是，数组是一种非常常用的数据结构，使得这一问题更为突出。造成这种复杂性的部分原因是我们按照 Java 的要求，包含了数组边界检查。在 C 和 C++ 中，很少在运行时检查数组边界，允许更快

（但不太安全）的代码。

```
bltz    $index,badIndex        # 若$index<0则跳转到badIndex
lw      $temp,SIZE($array)     # 将数组大小加载到$temp
slt     $temp,$index,$temp     # $temp = $index < 数组大小
beqz    $temp,badIndex         # 若$index >=数组大小则跳转到badIndex
sll     $temp,$index,2         # 用左移操作将$index乘以4（一个int的大小）
add     $temp,$temp,$array     # 计算$array + 4*$index
sw      $val,OFFSET($temp)     # 将$val保存到位于$array + 4*$index + OFFSET处的字
```

图 13.4　字节码 iastore 的 MIPS 代码

在许多情况下，可以优化或完全消除数组边界检查。在支持无符号算术的体系结构上，对索引过大的检查和对索引过小（小于零）的检查可以合并。诀窍是在数组索引和数组大小之间进行无符号比较。负值索引将等效于一个非常大的无符号值（因为其最左边的位是 1），使其大于数组的大小。

在 for 循环中，通常可以确定循环索引在已知的下界和上界之间。有了这个信息，就可以知道用循环索引对数组进行的索引是“在范围内”的，从而消除了任何显式检查的必要。类似地，一旦检查了一个数组绑定，后续也不需要对同一绑定进行检查，直到索引被更改。因此，在 a[i] = 100 - a[i] 中，a[i] 只需要检查一次。

如果数组边界检查被优化掉了，或者简单地被禁止了，那么数组索引的效率就高得多，通常是三条（或更少）指令（一条移位或乘法指令、一条加法指令和一条加载或保存指令）。如果数组索引是一个编译时常数（例如，a[100]），我们可以通过在编译时计算 *size∗index + offset* 并直接在加载或保存指令中使用此常数来将所需指令减少为一条。如果数组索引是一个循环索引变量，那么**强度削弱**（reduction in strength）可以在每步循环时给索引变量加上一个恰当的量，从而消除乘法指令。

13.1.3　方法调用

在 JVM 中方法调用非常简单。一次调用的很多细节都被隐藏了。在翻译一个 invokestatic 或 invokevirtual 字节码时，我们必须显式实现这些隐藏的细节。

让我们先看看 invokestatic。在静态方法调用的字节码程序中，先将参数压栈，然后访问由其类和类型限定的静态方法（以支持**重载**）。在我们翻译的 MIPS 代码中，参数保存在寄存器中，这很好，因为这是大多数当前体系结构传递标量（大小为一个字）参数的方式。

我们需要保证参数被放置在正确的寄存器中。在 MIPS 上，前四个标量参数在寄存器 $a0 到 $a3 中传递，其余参数和非标量参数被压入运行时栈。在我们的翻译中，我们可以生成显式的寄存器拷贝指令，将参数值（已经在寄存器中）移动到正确的寄存器。如果我们希望避免这些额外的拷贝指令，我们可以直接计算参数，将结果放到正确的寄存器中，这被称为**寄存器定位**（register targeting）。本质上，在计算形参时，我们将保存结果的目标寄存器标记为恰当的实参寄存器。图着色（如 13.3.2 节所述）使得寄存器定位相当容易。对于要在运行时栈上传递的参数，我们只须扩展栈（通过调整栈顶寄存器 $sp），然后将剩余的参数存储到刚刚增加的位置。

为了将控制转移到子程序，我们发出一条 jal（跳转并链接）指令。该指令使用翻译子程序时记录的地址，将控制权转移到要调用的方法的开头，并将返回地址保存在返回地址寄存器 $ra 中。

为了完成对 invokestatic 指令的翻译，还必须处理其他细节。由于在调用时变量和表达式值可能保存在寄存器中，因此必须在方法执行之前保存这些寄存器。所有保存了在调用过程中可能被销毁（被调用方法体中的指令）的值的寄存器都保存在栈中，并在方法完成执行后恢复。寄存器可以由调用方保存（这些是**调用方保存寄存器**），也可以由被调用的方法保存（这些是**被调用方保存寄存器**）。无论是调用方还是被调用方进行保存都没有关系（通常两者都保存选定的寄存器），但是任何保存了在调用后需要的程序值的寄存器都必须被保护。

如果一个非局部变量或全局变量保存在寄存器中，必须在调用它之前将其保存到指定的内存位置。这可以保证子程序在调用期间看到正确的值。返回时，存放非局部变量或全局变量的寄存器必须重新加载，因为子程序可能已经更新了它们的值。

例如，考虑函数调用 a = f(i,2);，其中 a 是一个静态字段，f 是一个静态方法，i 是保存在寄存器 $t0（一个调用者保存寄存器）中的局部变量。假设创建了一个临时存储，分配的帧偏移量为 32，用于在整个调用中保存 $t0 的值。生成的 MIPS 代码如图 13.5 所示。

```
move    $a0,$t0             # 拷贝$t0至参数寄存器1
li      $a1,2               # 加载2至参数寄存器2
sw      $t0,32($fp)         # 跨调用保存$t0
jal     f                   # 调用函数f
                            # 函数返回值在$v0中
lw      $t0,32($fp)         # 恢复$t0
sw      $v0,a               # 将函数值保存到a中
```

图 13.5　函数调用 a = f(i, 2); 的 MIPS 代码

当一个方法被调用时，必须将其帧的空间压栈，并且必须正确更新帧指针和栈指针。这通常在被调用方法的**前置代码**（prologue）中完成，就在它的方法体被执行之前。类似地，在一个方法完成后，必须将它的帧弹出栈，并正确重置帧指针和栈指针。这是在方法的**后置代码**（epilogue）中完成的，就在跳转回调用者的返回地址之前。确切的代码序列根据硬件和操作系统惯例而有所不同。图 13.6 所示的 MIPS 指令可以用来将一个方法的帧压栈和弹出栈。（帧的大小 frameSz 是在方法编译时确定的，方法的所有局部声明都被处理了，在 MIPS 架构上，运行时栈向下增长。）

```
subi    $sp,$sp,frameSz      # 将帧压栈
sw      $ra,0($sp)           # 将返回地址保存在帧中
sw      $fp,4($sp)           # 将旧帧指针保存在帧中
move    $fp,$sp              # 设置$fp以访问新的帧
# 这里保存被调用者保存寄存器（如果有的话）
# 这里是方法体
# 这里恢复被调用者保存寄存器（如果有的话）
lw      $ra,0($fp)           # 重新加载返回地址寄存器
lw      $fp,4($fp)           # 重新加载旧帧指针
addi    $sp,$sp,frameSz      # 从栈中弹出帧
jr      $ra                  # 跳转到返回地址
```

图 13.6　MIPS 前置代码和后置代码

为了翻译 invokevirtual 指令，我们必须实现一个**动态分派**（dynamic dispatching）机制。当使用 invokevirtual 调用方法 M 时，作为第一个参数，我们得到了一个指向 M 要在其中执行的对象的指针。通过语义分析，我们知道这个对象的类或父类必须包含一个 M 的定

义，但是如果 M 在父类和子类中都有定义呢（这很合法）？我们怎么知道要执行哪个版本的 M 呢？

为了支持垃圾收集和堆管理，每个堆对象都有一个**类型代码**（type code）作为其头部的一部分。此类型代码可用于索引**分派表**（dispatch table），此表包含了对象所包含的所有方法的地址。如果给每个方法分配一个唯一的偏移量，我们可以使用方法 M 在对象分派表中的偏移量选择正确的方法来执行。

幸运的是，通常情况下类 C 的子类不会重定义 M（例如，如果 C 或 M 是 private 或 final）。如果不需要 C 的动态解析，我们可以在编译时选择 M 的实现，并生成代码直接调用它，而不会产生任何表查找开销。

13.1.4 字节码翻译过程的示例

作为字节码总体翻译过程的示例，我们考虑简单方法 stringSum。此方法将 1 到参数 limit 间的整数相加，返回这些整数之和的字符串表示：

```
public static String stringSum(int limit){
   int sum = 0;
   for (int i = 1; i <= limit; i++)
      sum += i;
   return Integer.toString(sum);
}
```

图 13.7 中列出的字节码实现了 stringSum。

```
    iconst_0      ; 将0压栈
    istore_1      ; 保存到变量#1 (sum)
    iconst_1      ; 将1压栈
    istore_2      ; 保存到变量#2 (i)
    goto L2       ; 跳转到循环检测末尾
L1: iload_1       ; 将变量#1（sum）压栈
    iload_2       ; 将变量#2（i）压栈
    iadd          ; 求和计算sum+i
    istore_1      ; 将sum+i保存到变量#1（sum）
    iinc 2 1      ; 将变量#2（i）自增1
L2: iload_2       ; 将变量#2（i）压栈
    iload_0       ; 将变量#0（limit）压栈
    if_icmple L1  ; 若i<=limit跳转到L1
    iload_1       ; 将变量#1（sum）压栈
                  ; 调用toString:
    invokestatic
          java/lang/Integer/toString(I)Ljava/lang/String;
    areturn       ; 将字符串引用返回给调用者
```

图 13.7 方法 stringSum 的字节码

在分析 stringSum 的过程中，我们看到了三个局部变量（包括参数 limit）的引用。在增加了两个字的控制信息后，我们得出结论，一个帧要求 5 个字（20 字节）的空间：limit 将放置在偏移量 8，sum 在偏移量 12，i 在偏移量 16。

在图 13.8 所示的代码中，我们将遵循 MIPS 的约定，一个字大小的函数返回值，包括对象引用，将通过寄存器 $v0 返回。我们还利用了寄存器 $0 一直保存一个零值这一事实。我们生成的代码以一个方法前置代码（将 stringSum 的帧压栈）开始，然后逐行翻译字节码，后接一个后置代码（将 stringSum 的帧弹出栈并返回到调用者）。

```
        subi    $sp,$sp,20      # 将帧压栈
        sw      $ra,0($sp)      # 保存返回地址
        sw      $fp,4($sp)      # 保存旧帧指针
        move    $fp,$sp         # 设置$fp指向新的帧
        sw      $a0,8($fp)      # 将limit保存到帧中
        sw      $0,12($fp)      # 将0($0)保存到sum中
        li      $t0,1           # 将1加载到$t0
        sw      $t0,16($fp)     # 将1保存到i
        j       L2              # 跳转到循环检测的末尾
L1:     lw      $t1,12($fp)     # 将sum加载到$t1
        lw      $t2,16($fp)     # 将i加载到$t2
        add     $t3,$t1,$t2     # 执行加法sum + i，将结果保存到$t3
        sw      $t3,12($fp)     # 将sum + i的结果保存到sum
        lw      $t4,16($fp)     # 将i加载到$t2
        addi    $t4,$t4,1       # 将$t4自增1
        sw      $t4,16($fp)     # 将$t4保存到i
L2:     lw      $t5,16($fp)     # 将i加载到$t5
        lw      $t6,8($fp)      # 将limit加载到$t6
        sle     $t7,$t5,$t6     # 设置$t7 = i <= limit
        bnez    $t7,L1          # 若i <= limit跳转到L1
        lw      $t8,12($fp)     # 将sum加载到$t8
        move    $a0,$t8         # 拷贝$t8到参数寄存器
        jal     String_toString_int_   # 调用toString
                                # 字符串的引用现在在$v0中
        lw      $ra,0($fp)      # 重新加载返回地址
        lw      $fp,4($fp)      # 重新加载旧帧指针
        addi    $sp,$sp,20      # 将帧从栈中弹出
        jr      $ra             # 跳转到返回地址
```

图 13.8 方法 stringSum 的 MIPS 代码

13.2 翻译表达式树

到目前为止，我们一直专注于从 AST 生成代码。现在我们关注从**表达式树**（expression tree）生成代码。在一棵表达式树中，内部节点表示运算符，叶节点表示变量和常数。许多 AST 使用这种形式表示表达式，因此这里的大部分讨论也适用于 AST。

表达式树可以按许多不同的顺序进行遍历和翻译。通常，在翻译表达式时使用由左至右的后序遍历，这总能产生一个有效的翻译。然而，其他遍历顺序可能会得出更好的代码（不考虑必须按源代码顺序测试的例外情况）。

考虑表达式 (a-b)+((c+d)+(e*f))。最明显的翻译过程是先计算 (a-b)，将减法结果留在存放 a 和 b 的两个寄存器之一。然后需要其他三个寄存器来翻译 (c+d)+(e*f)。c+d 需要两个寄存器，其中一个保存求和的结果；不保存和的寄存器可以用作翻译 e*f 所需的两个寄存器之一，这意味着还需要另外一个寄存器。因此，翻译 ((c+d)+(e*f)) 需要 3 个寄存器。整个表达式共使用了 4 个寄存器。

然而，如果先求值子表达式 (c+d)+(e*f)，则只需要三个寄存器，因为一旦计算出这个子表达式，它的值就可以保存在一个寄存器中，使用其他两个寄存器来计算 (a-b)。

现在我们考虑一种算法，它确定计算任何表达式或子表达式所需寄存器的最少数量。我们暂时忽略运算符的任何特殊性质，例如结合律。该算法对树中的每个节点进行标记，标记的值是计算以该节点为根的子表达式所需的最少寄存器数。这种标记称为**塞蒂–厄尔曼编号**（Sethi-Ullman numbering）[SU70]。一旦知道每个表达式和子表达式所需的最少寄存器数，我们就以生成最佳代码（即代码最小化寄存器使用并因此最小化寄存器溢出）的方式遍历树。

正如在前几节中所做的那样，我们假设一个类似 MIPS 的机器模型，它要求所有操作数都驻留在寄存器中。该算法后序遍历表达式树，首先标记树的叶节点。因为需要一个寄存器来保存变量或常数，所以所有叶节点都标记为 1。对于一个内部节点 n，假设它是一个二元运算符，考虑以下情况（参见习题 31）：

- 假设 n 的每个操作数（子树）的计算要求相同数量的寄存器（比如说 r 个）。一旦一棵子树完成求值，其结果在另一棵子树求值的过程中必须存放在某个寄存器中。在此情况下，另一棵子树也需要 r 个寄存器。因此，需要 $r+1$ 个寄存器来覆盖另一棵子树的计算以及存放已经计算出的子树的结果。
  因此，这种情况下节点 n 可用 $r+1$ 个寄存器完成求值。
- 如果 n 的子树需要的寄存器数量不同，比如说 r_{left} 和 r_{right}，则以 n 为根的树可按如下方法求值。假设，$r_{right}>r_{left}$，我们首先求值右子树，结果存放在一个寄存器中。由于左子树需要的寄存器数量比右子树少，我们可以重用右子树的寄存器来求值左子树，存放右子树结果的那个寄存器除外。
  因此，在这种情况下节点 n 可以使用 $\max(r_{left}, r_{right})$ 个寄存器完成求值。当 $r_{right}<r_{left}$，可应用一个对称的方法。

这一分析导致了图 13.9 所示的算法。

```
procedure REGISTERNEEDS(T)
    if T.kind = Identifier or T.kind = IntegerLiteral
    then T.regCount ← 1
    else
        call REGISTERNEEDS(T.leftChild)
        call REGISTERNEEDS(T.rightChild)
        if T.leftChild.regCount = T.rightChild.regCount
        then T.regCount ← T.rightChild.regCount + 1
        else
            T.regCount ← MAX(T.leftChild.regCount, T.rightChild.regCount)
end
```

图 13.9　为表达式树标记寄存器需求的算法

作为该算法的一个示例，REGISTERNEEDS 标记 (a-b) + ((c+d)+(e*f)) 的表达式树的结果如图 13.10 所示（每个节点的 *regCount* 显示在其底部）。

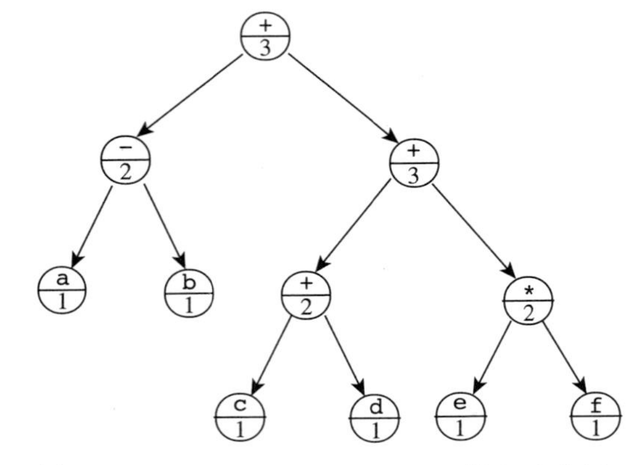

图 13.10　(a-b) + ((c+d)+(e*f)) 的表达式树，标记了寄存器需求

我们可以使用 *regCount* 标记来驱动一个简单但最优的代码生成器 TREECG，如图 13.12 中所定义的。TREECG 接受一个标记的表达式树和它可能使用的寄存器列表。它生成对树求值的代码，将表达式的结果留在列表的第一个寄存器中。如果提供给 TREECG 的寄存器太少，它会根据需要将寄存器溢出到临时存储中。（我们使用标准的列表操作函数 HEAD 和 TAIL。HEAD 返回列表的第一个元素，TAIL 返回除列表第一个元素以外的所有元素。两者都不会改变其使用的列表参数。）

例如，如果我们使用图 13.10 的标记树和三个寄存器（$10、$11 和 $12）调用 TREECG，我们将获得如图 13.11 所示的代码序列。

```
lw   $10, c         # 将c加载到寄存器10
lw   $11, d         # 将d加载到寄存器11
add  $10, $10, $11  # 计算c + d，结果保存到寄存器10
lw   $11, e         # 将e加载到寄存器11
lw   $12, f         # 将f加载到寄存器12
mul  $11, $11, $12  # 计算e * f，结果保存到寄存器11
add  $10, $10, $11  # 计算(c + d) + (e * f)，结果保存到寄存器10
lw   $11, a         # 将a加载到寄存器11
lw   $12, b         # 将b加载到寄存器12
sub  $11, $11, $12  # 计算a - b，结果保存到寄存器11
add  $10, $11, $10  # 计算(a-b) + ((c+d)+(e*f))，结果保存到寄存器10
```

图 13.11 (a-b) + ((c+d)+(e*f)) 的 MIPS 代码

```
procedure TREECG(T, regList)
    r1 ← HEAD(regList)
    r2 ← HEAD(TAIL(regList))
    if T.kind = Identifier
    then
        /★  加载一个变量。                                    ★/
        call GENERATE(lw, r1, T.IdentifierName)
    else
        if T.kind = IntegerLiteral
        then
            /★  加载一个字面值。                              ★/
            call GENERATE(li, r1, T.IntegerValue)
        else
            /★  T.kind必须是一个二元运算符。                  ★/
            left ← T.leftChild
            right ← T.rightChild
            if left.regCount ≥ LENGTH(regList) and right.regCount ≥ LENGTH(regList)
            then
                /★  必须将一个寄存器溢出到内存。              ★/
                call TREECG(left, regList)
                /★  获得内存地址。                            ★/
                temp ← GETTEMP()
                call GENERATE(sw, r1, temp)
                call TREECG(right, regList)
                call GENERATE(lw, r2, temp)
                /★  释放内存地址。                            ★/
                call FREETEMP(temp)
                call GENERATE(T.operation, r1, r2, r1)
            else
                /★  有足够的寄存器，无须溢出。                        ★/
                if left.regCount ≥ right.regCount
                then
                    call TREECG(left, regList)
                    call TREECG(right, TAIL(regList))
                    call GENERATE(T.operation, r1, r1, r2)
                else
                    call TREECG(right, regList)
                    call TREECG(left, TAIL(regList))
                    call GENERATE(T.operation, r1, r2, r1)
end
```

图 13.12 从表达式树生成最优代码的算法

TREECG 很好地说明了**寄存器定位**（register targeting）的原理。代码以这样一种方式生成——最终结果出现在目标寄存器中，而无须任何不必要的移动。

因为我们的简单机器模型要求所有操作数都被加载到寄存器中，TREECG 算法不能利用**满足交换律的运算符**（commutative operator，即 *exp1 op exp2* 与 *exp2 op exp1* 等价）来减少寄存器的使用。然而，大多数计算机架构并不是完全对称的。因此，在 MIPS R3000 体系结构中，一些操作（如加和减）允许右操作数是立即数。**立即操作数**（Immediate operand）是直接包含在指令中的小字面值，它们不需要显式地加载到寄存器中（参见习题 8）。对于满足交换率的操作符，用作左操作数的小字面值可以被当作右操作数来处理。

一些运算，如加法和乘法是**满足结合律的**（associative）。对于一个满足结合律的运算符，可以按任何顺序处理其操作数。因此，在数学上，$(a + b) + c$ 和 $a + (b + c)$ 是等价。对于满足结合律的运算符，重新组合其操作数可以减少表达式求值所需的寄存器数量（参见习题 9）。例如，使用 REGISTERNEEDS，我们可知 `(a+b)+(c+d)` 需要三个寄存器，而 `a+b+c+d` 只需要两个寄存器。不幸的是，由于溢出和舍入问题，计算机算术通常不是真正的可结合的。例如，如果 `a` 和 `b` 等于 `1`，`c` 等于 `maxint`，`d` 等于 `-10`，`(a+b)+(c+d)` 将正确计算，而 `a+b+c+d` 可能溢出。大多数语言都谨慎地指定何时允许这种重排序，以便编译器只能在绝对安全的情况下移动操作数。

13.3　寄存器分配

现代 RISC 体系结构要求大多数操作数驻留在寄存器中。13.2 节介绍的技术按需使用寄存器来翻译表达式树，但每使用一个变量名就会导致其值被加载到某个寄存器中。

如果变量名和寄存器之间的关联在多次使用该变量后仍然保持，那么机器的寄存器就可以发挥更大的优势。例如，如果可以在一个方法执行的合理部分中将寄存器 `$11` 一直分配给变量 `a`，则 `a` 的加载和保存可以由相对较快的机器寄存器来满足，而不是相对较慢的程序内存。以这种方式减少内存访问量会对程序性能产生重大影响。

因此，任何代码生成器的一个基本组件都是它的寄存器分配器。它将机器寄存器分配给程序变量和表达式。由于寄存器的数量有限，贯穿整个程序必须进行寄存器回收（重用）。

寄存器分配器可能是一个简单的**动态**（on-the-fly）算法，它在生成代码时分配和回收寄存器。我们将首先考虑动态技术，接下来考虑更全面的寄存器分配器，它考虑整个子程序或程序的寄存器需求。

13.3.1　动态寄存器分配

大多数计算机都有不同的整数（通用）和浮点数寄存器集。在组织寄存器分配器时，我们将每个寄存器集分成若干类：

- 可分配寄存器
- 保留寄存器
- 工作寄存器

可分配寄存器（Allocatable register）是通过在编译时调用寄存器管理例程来显式地分配和释放。在分配寄存器时，除了寄存器的当前“所有者”，其他任何代码都不能使用该寄存器。因此，可以保证包含数据值的寄存器不会被对同一寄存器的另一次使用错误地更改。

对可分配寄存器的请求通常是通用的；也就是说，请求是针对一个寄存器类中的任何成员，而不是针对该类中的某个特定寄存器。通常寄存器类的任何成员都可以。此外，如果请求的是特定寄存器，而它已经在使用，则同一类中的许多其他寄存器即使可用也不能分配，通用请求消除了此问题。

一旦分配了一个寄存器，在其所分配的特定任务结束时，编译器必须释放此寄存器。寄存器通常在响应语义例程发出的显式指令时释放。这个指令还允许我们将寄存器的最后一次使用标记为死状态。这是很有价值的信息，因为如果不需要保存寄存器的内容，就可能生成更好的代码。

另一方面，保留寄存器和工作寄存器永远不会显式地分配或释放。**保留寄存器**（reserved register）在整个程序中被分配一个固定的功能。例子包括显示表寄存器（12.2.4 节）、栈顶寄存器、参数和返回值寄存器以及返回地址寄存器。由于保留寄存器的功能是由硬件或操作系统设置的，并且它们用于所有程序或过程，因此将这些寄存器用于指定用途以外的其他用途是不明智的。

工作寄存器（work register）可以在任何时间被任何代码生成例程使用。工作寄存器只能安全地用于代码生成器完全控制的局部代码序列中。也就是说，如果我们生成代码对数组进行索引操作（比如说 `a[i+j]`），使用工作寄存器来存放数组的地址是错误的，因为 `i+j` 的计算也可能使用相同的工作寄存器。当然，可分配寄存器将受到保护。工作寄存器在以下几种情况下是有用的：

- 有时我们需要一个寄存器的时间非常短。（例如，在编译 `a = b` 时，我们将 `b` 加载到一个寄存器，然后立即将寄存器中的值保存到 `a` 中。）使用工作寄存器可以节省分配寄存器，然后立即释放它的开销。
- 许多指令要求它们的操作数位于寄存器中。由于工作寄存器总是空闲的，我们不必担心没有空闲寄存器。如果有必要，我们可以将值从内存加载到工作寄存器中，执行一两条指令，然后将需要的值保存回内存中。
- 我们可以假装拥有比实际更多的寄存器。这种寄存器有时称为**虚拟寄存器**（virtual register）或**伪寄存器**（pseudo-register），我们可以模拟它们——在内存中分配它们，当在指令中使用它们时，将它们的值放入工作寄存器。

通常，保留寄存器是按硬件和操作系统约定预先标识的。有时工作寄存器也是预先建立的，如果没有，我们可以选择三四个。剩余的寄存器可以标记为可分配的。它们将保存临时值，也可以用于保存经常访问的变量和常量。

方法 getReg 和 freeReg

为了分配和释放寄存器，我们将创建 getReg 和 freeReg 方法。getReg 将分配一个可分配寄存器并返回其索引。（如果同时有整数寄存器和浮点数寄存器，我们将创建 getReg 和 getFloatReg。）调用 getReg 分配的寄存器将保持给调用者使用，直到它被释放。

如果没有更多寄存器可供分配，会发生什么？在简单的编译器中，我们可以简单地用一条消息终止编译，如“程序需要比可用寄存器更多的寄存器”。现代计算机通常有 20 个或更多的可分配寄存器。除非在一个相对较大的程序段（13.3.2 节）中积极地使用寄存器来保存程序变量和常量，否则“现实生活”程序耗尽可分配寄存器的可能性很小。

更健壮的寄存器分配器不应该在寄存器耗尽时终止。相反，它可以返回在内存中分配的**伪寄存器**（pseudo-register，在当前被翻译的过程的帧中）。伪寄存器编码为大于实际硬件寄存器索引的整数。数组 `regAddr[]` 将伪寄存器映射到它们的内存地址中。伪寄存器的使用与真实寄存器完全相同。现代 RISC 体系结构排除了内存到内存的移动，坚持将值加载到体系结构寄存器中并将寄存器中的值保存到内存。对于这样的体系结构，向伪寄存器加载值的操作需要一个体系结构的工作寄存器来从内存接收值。然后，伪寄存器通过从工作寄存器的保存操作来接收值。类似地，同样需要一个工作寄存器来完成保存到伪寄存器。

在某些情况下，我们可能需要在内存中分配临时值，而不是寄存器。当临时变量太大，无法放入寄存器（例如，函数调用返回的一个 `struct`），或者需要创建一个指向临时变量的指针（大多数计算机不允许间接引用寄存器）时，就会发生这种情况。如果我们需要基于存储的临时变量，我们可以创建函数 GETTEMP 和 FREETEMP，它们本质上与 GETREG 和 FREEREG 是平行的。为过程分配的临时声明放在过程的帧中（因此它们实际上是匿名局部声明的）。主程序（以及任何其他非递归过程）使用的临时变量可以采用静态分配。

在某些语言中，我们可能需要分配在编译时大小未知的临时变量。例如，如果我们使用 + 操作符来连接 C 风格的字符串，那么 `str1 + str2` 的大小通常要到运行时才能知道。用于保存这种表达式结果的临时变量不能静态分配，也不能在帧中分配。相反，我们可以在堆中为临时变量分配空间，为栈上的固定大小的指针保留空间。

13.3.2　使用图着色进行寄存器分配

为现代计算机生成高效的代码，有效地使用寄存器是必不可少的。我们已经研究了如何在代码生成过程中在树中“即时”分配寄存器。在本节中，我们将面临一个更大的挑战——如何在一个相对较长的代码段中有效地分配寄存器。由于在现代编译器中，单个过程（函数、方法等）是编译的基本单位，因此我们将研究的目光从单个语句或表达式上升到整个过程体。

整个过程级别的寄存器分配称为**过程级分配**（procedure level allocation），与单个表达式或基本块级别的寄存器分配（被称为**局部寄存器分配**，local register allocation）相反，过程级寄存器分配也常被称为*全局寄存器分配*。

在过程级别，寄存器分配器通常要处理许多驻留在寄存器中会产生收益的值：局部变量和全局变量、常量、包含可用表达式的临时变量、参数和返回值，等等。驻留在寄存器中有收益的值称为**寄存器候选者**（register candidate）；通常情况下，寄存器候选者比寄存器的数量多得多。

过程级寄存器分配器通常不会贯穿子程序体将一个寄存器分配给单个变量。相反，只要可能，就会将互不干涉的变量分配到同一个寄存器。因此，如果变量 `a` 只在子程序的开头使用，而变量 `b` 只在子程序的末尾使用，那么变量 `a` 和变量 `b` 可能共享同一个寄存器。

为了加强共享，寄存器候选者被划分为活跃区间。**活跃区间**（live range）是指可以访问给定值的指令的范围，从初始创建到最后使用。对于变量来说，一个活跃区间从其初始化或赋值的点到其最后使用为止。对于表达式和常量来说，一个活跃区间的跨度为它们的第一次使用到最后使用。在图 13.13 中，变量 `a` 被划分为两个独立的活跃区间，每一个都被视为单独的寄存器候选者。

```
main() {
    a = f(x);       // 第一个活跃区间开始
    print(a);       // 第一个活跃区间结束
    ....
    a = g(y)        // 第二个活跃区间开始
    print(a);       // 第二个活跃区间结束
}
```

图 13.13　活跃区间示例

使用**静态单赋值**（Static Single Assignment, SSA）形式（见 10.3 节）很容易计算活跃区

间，因为变量的每次使用都与唯一的赋值绑定在一起。更一般地说，我们可以通过计算*活跃变量*（如第 14 章所述）来确定程序中任何位置上的活跃的变量名或表达式集。或者，可以避免活跃区间计算，简单地将每个变量、参数或常量视为不同的寄存器候选者。

1. 干涉图

过程级寄存器分配的核心问题之一是确定哪些活跃区间可以共享同一个寄存器，而哪些活跃区间不能共享同一个寄存器。如果一个活跃区间 l 的定义点（或称起始点）是另一个活跃区间 m 的一部分，则称 l 与 m 相互干涉。换句话说，如果在 l 第一次被计算或加载时，m 还在使用中，那么 l 和 m 不能共享同一个寄存器。

为了表示一个子程序中的所有干涉（通常有很多），我们可以构建**干涉图**（interference graph）。图的顶点是子程序的活跃区间。如果 l 与 m 相互干涉或 m 与 l 相互干涉，则在 l 和 m 之间存在一条边（边是无向的）。考虑图 13.14 中所示的简单过程。它有 4 个寄存器候选者 a、b、c 和 i。a、b 和 i 的活跃区间相互干涉；c 的活跃区间只与 a 相互干涉。图 13.15 的干涉图简明地给出了干涉信息。

```
proc() {
   a = 100;
   b = 0;
   for (i=0;i<10;i++)
      b = b + i * i;
   print(a, b);
   c = 100;
   print(a*c);
}
```

图 13.14　过程级寄存器分配示例——一个简单的过程及寄存器候选者

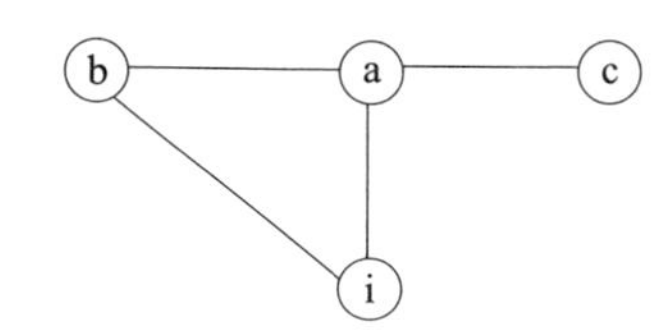

图 13.15　图 13.14 中过程的干涉图

有了干涉图，寄存器分配问题就可以归结为一个众所周知的问题——图的顶点**着色**（coloring）问题。在**图着色问题**（graph coloring problem）中，我们必须确定 n 种颜色是否足以给图着色，给定的规则是一条边连接的两个顶点不能具有相同的颜色。这正好建模了寄存器分配，其中 n 是可用寄存器的数量，每种颜色表示不同的寄存器。

确定一个图是否“可 n 着色”的问题是 NP– 完全问题 [GJ79]。这意味着求解此问题的已知最好的算法的时间界为图大小的指数级。因此，基于图着色的寄存器分配器通常使用*启发式算法*近似地解决着色问题。

我们首先考虑使用蔡廷（Chaitin）[CAC+81] 设计的着色算法来分配寄存器。初始时，该算法假设所有寄存器候选者都可以分配到寄存器。这通常是一个不可能实现的目标，因此算法检测干涉图，看看它是否可 n 着色（NP– 完全问题，我们将在下文讨论），其中 n 是可分配的寄存器数量。如果干涉图可 n 着色，则根据分配给干涉图的颜色生成寄存器分配方案。

如果图不可 n 着色，则对其进行简化。选择一个顶点（对应于一个活跃区间）将其溢出。也就是说，此活跃区间被拒绝分配一个寄存器。相反，每当它被赋值或使用时，都会使用工作寄存器（类似于 13.3.1 节的伪寄存器）从内存加载或保存到内存中。

由于溢出的活跃区间不再是寄存器候选者，因此将其从干涉图中删除。图变得更简单，现在可能是可 n 着色的了。如果是，我们的寄存器分配成功；所有剩余的候选者都可以分配到寄存器。如果图仍然不能 n 着色，我们选择另一个候选者将其溢出，进一步简化图。该过程持续进行，直到得到一个可 n 着色的图。

由此产生了两个问题。我们如何确定一个图是不是可 n 着色的？（回想一下，这目前被认为是一个非常困难的问题。）如果一个图不能 n 着色，我们如何选择“正确的”寄存器候选者来溢出？

对于检测可 n 着色性质，蔡廷做了以下简单但有力的观察。如果干涉图中的一个顶点的邻居数少于 n，则该顶点总是可以着色的（只需选择与其任何邻居分配的颜色不同的颜色）。将这些顶点（称为**无约束顶点**，unconstrained node）从干涉图中删除。这简化了图，通常使更多的顶点变为无约束的。有时，所有顶点都被删除，这表明图是可 n 着色的。

当剩下的顶点都有 n 个或更多邻居时，为了简化图，选择溢出一个顶点。蔡廷建议，在选择溢出顶点时，可考虑两个标准。首先应考虑溢出顶点的代价。也就是说，在假定该活跃区间被溢出的前提下，我们根据循环嵌套级别计算由此导致的必须执行的额外的加载和保存操作次数。我们可以任意假设每层嵌套的循环都会使代价增加 10 倍。因此，对于单循环中的活跃区间，将其加载和保存操作次数乘以 10，双嵌套循环则乘以 100，以此类推。

第二个标准是顶点的*邻居数*。一个顶点的邻居数越多，通过溢出它消除的干涉数就越多。蔡廷建议*代价 / 邻居数*值最小的顶点是最好的溢出选择。也就是说，理想的溢出顶点是代价低且邻居顶点多的顶点，从而产生一个非常小的*代价 / 邻居数*值。

蔡廷算法如图 13.16 所示。作为一个例子，考虑图 13.15 中的干涉图。假定只有两个寄存器可用于分配。由于 c 只有一个邻居，它被立即从图中移除，并压栈以便稍后分配寄存器。a、b 和 i 都有两个邻居，三者一定要溢出一个。a 的代价很低，因为它只被引用了 3 次，而且都是在循环外部。b 和 i 在循环内部使用，代价要高得多。由于这三个顶点的邻居数相同，a 被正确地选择为合适的溢出顶点。移除 a 后，i 和 b 变为无约束的。在分配寄存器时，i 和 b 得到不同的寄存器，而 c 可以被分配到任意一个寄存器。a 没分配到任何寄存器。相反，每当使用它时，它都会从内存中加载一个工作寄存器或从工作寄存器保存到内存中，就像普通变量一样。

```
procedure GCRegAlloc(proc, regCount)
    ig ← buildInterferenceGraph(proc)
    stack ← ∅
    while ig ≠ ∅ do
        if ∃ d ∈ ig | neighborCount(d) < regCount
        then
            ig ← ig − {d}
            call push(d)
        else
            d ← findSpillNode(ig)
            ig ← ig − {d}
            /★  生成代码以溢出d的活跃区间                ★/
    while stack ≠ ∅ do
        d ← pop()
        reg(d) ← any register not assigned to neighbors(d)
end
function findSpillNode(ig) returns Node
    bestCost ← ∞
    foreach n ∈ ig do
        if cost(n) / neighborCount(n) < bestCost
        then
            ans ← n
            bestCost ← cost(n) / neighborCount(n)
    return (ans)
end
```

图 13.16　蔡廷的图着色寄存器分配器

2. 改进图着色寄存器分配器

布里格斯（Briggs）等人 [BCT94] 对蔡廷的方法提出了一些有用的改进。他们指出，邻居数最少的顶点应该首先从干涉图中移除。这是因为邻居少的顶点是最容易着色的，因此它们应该在栈中顶点被弹出和着色的阶段进行最后处理。

另一个改进源于这样一个观察，当移出顶点以简化干涉图时，不需要立即溢出它们。相反，被移除的顶点应该像无约束顶点一样压栈。当对顶点着色时，约束顶点可能是可着色的（因为它们碰巧有相同颜色的邻居，或者碰巧有同样被标记为溢出的邻居）。只有在确定它们是不可着色的情况下，约束且无法着色的顶点才会被溢出。

寄存器分配器还需要处理另外两个问题。寄存器之间的赋值是常见的。我们希望通过将赋值中的源值和目标值分配到同一个寄存器来减少寄存器移动，使赋值变得简单。此外，体系结构和操作系统的约束有时会强制将值分配给特定的寄存器。我们希望分配器尽力选择能预见并遵守预设的寄存器约定的分配方案。

为了了解图着色分配器如何处理寄存器移动和预分配寄存器，我们考虑图 13.17 所示的简单子程序 doubleSum。在翻译 doubleSum 函数时，会创建许多短期存在的临时位置。而且，还强制了若干涉及参数和返回值寄存器分配的规则。在寄存器分配之前，doubleSum 的情况如图 13.18 所示。

```
int doubleSum(int initVal, int limit){
      int sum = initVal;
      for (int i=1; i <= limit; i++)
         sum += i;
      return 2*sum;    }
```

图 13.17 子程序 doubleSum

```
doubleSum(){
   initVal = $a0;     // 第一个参数，用$a0传递
   limit = $a1;       // 第二个参数，用$a1传递
   sum = initVal;
   i = 1;
   temp1 = i <= limit;
   while (temp1) {
      temp2 = sum + i;
      sum = temp2;
      temp3 = i + 1;
      i = temp3;
      temp1 = i <= limit; }
   temp4 = 2 * sum;
   $v0 = temp4; // 返回值寄存器为$v0
}
```

图 13.18 带有初始寄存器分配的子程序 doubleSum

doubleSum 中显式使用寄存器名表示必须分配给特定寄存器的活跃区间，这样的顶点被称为**预着色**（precolored）顶点。如果变量 a 和 b 都被分配到寄存器，并且我们需要进行赋值 a = b，那么如果 a 和 b 被分配到同一个寄存器，就可以避免显式的寄存器拷贝。如果我们**合并**（coalesce）值 a 和 b 的活跃区间，将它们自动分配到同一个寄存器。即，如果我们在干涉图中合并 a 和 b 的顶点，那么 a 和 b 必然得到相同的寄存器。

什么时候合并 a 和 b 是安全的？最低限度，它们不能相互干涉。如果它们确实有干涉，那么表明它们在同一时间是活跃的，因此需要不同的寄存器。即使 a 和 b 不相互干涉，合并它们也可能会有问题。难点在于，将 a 和 b 的活跃区间合并，通常会创建一个更大的活跃区间，会更难以着色。在单个区间可能被单独着色的情况下，我们当然不希望合并之后产生区间溢出。

为了避免对合并的干涉图顶点着色的问题，我们可以采用一种**保守合并**（conservative coalescing）方法。如果干涉图中的一个顶点有 n 个或更多的邻居（n 是可用颜色的数量），我们就称其具有**显著度**（significant degree）。一个具有显著度的顶点可能不得不被溢出。具有**不显著度**（insignificant degree）的顶点（即，不重要的）总是可着色的。如果干涉图顶点 a 和 b 合并后有少于 n 个显著邻居，则我们可以保守地合并它们。这是因为不显著的邻居总

会被移除，因为它们是可着色的。如果合并后的顶点有少于 n 个显著邻居，那么在移除不显著邻居后，合并后的顶点就有少于 n 个邻居，因此它也可以平凡地被着色。

在上面的 doubleSum 示例中，有三个值必须驻留在寄存器中（开始的两个参数值和结束的返回值）。我们有 8 个局部变量和临时变量（initVal、limit、i、sum、temp1、temp2、temp3 和 temp4）。我们的目标是 4 着色（使用 4 个寄存器完成分配）。临时变量 temp1 会干涉 i、limit 和 sum，所以我们知道不能在不溢出的情况下使用少于 4 个寄存器。

我们可以合并 temp4 和 $v0，确保将 2*sum 的计算结果保存到返回值寄存器中。我们可以合并 $a0 和 initVal，使得在整个子程序中可以直接从 $a0 访问 initVal。更有趣的是，我们可以合并 initVal 和 sum，允许 sum 也使用 $a0。临时变量 temp2 也可以与 sum 合并，从而也可以使用 $a0。limit 可以与 $a1 合并，允许它在整个子程序中使用 $a1。

临时变量 temp3 可以与 i 合并，因为合并后的顶点邻居数小于 4。由于 temp1 以及合并后的 i 和 temp3 都不会干涉 $v0，因此可以为它们中的任何一个分配 $v0 使用。另一个则可分配一个未使用的寄存器，例如 $t0。最终的寄存器分配方案如图 13.19 所示，其中用寄存器名替换了变量和临时变量。请注意，所有寄存器到寄存器的拷贝都已消除，除了预分配的寄存器之外，只使用了一个寄存器。

```
doubleSum(){
   $v0 = 1;
   $t0 = $v0 <= $a1;
   while ($t0) {
      $a0 = $a0 + $v0;
      $v0 = $v0 + 1;
      $t0 = $v0 <= $a1;
   }
   $v0 = 2 * $a0;
}
```

图 13.19　寄存器分配后的子程序 doubleSum

有时可以合并干涉图中具有 n 个以上显著邻居的顶点。这是通过在干涉图简化和顶点合并之间来回迭代来完成的 [GA96]。由此产生的算法非常有效，是目前常用的最简单且最有效的寄存器分配器之一。

13.3.3　基于优先级的寄存器分配

轩尼诗（Hennessy）和周（Chow）[CH90] 以及拉鲁斯（Larus）和希尔费格（Hilfinger）[LH86] 各自提出了可以替代蔡廷的图着色方法的有趣方法。在从干涉图中移除无约束顶点后（可简单着色），为每个剩余顶点计算优先级。该优先级类似于蔡廷的代价估计，只是它使用活跃区间的大小对代价进行了归一化。也就是说，如果两个活跃区间具有相同的代价，但其中一个较小（用跨越的指令数量衡量大小），则较小的活跃区间应该优先于较大的活跃区间。因此，活跃区间越小，占用寄存器的指令范围就越短。推荐的优先级函数是 *cost*/*size*(***liverange***)。一个活跃区间的优先级越高，就越有可能得到一个寄存器。

另一个重要的区别是，当一个顶点不能着色时（因为它的邻居已经被分配了所有可用的颜色），则将该顶点分裂（split）而不是溢出。也就是说，如果可能的话，将活跃区间划分为两个较小的活跃区间。加载和保存操作位于拆分的区间的边界，但每个**拆分活跃区间**（split live range）可能分配一个（可能不同的）寄存器。由于分裂区间通常比原始区间有更少的干涉，当原始区间不可着色时，分裂区间通常是可着色的。

有许多方法可以将一个活跃区间分成更小的范围。下面是常用的简单启发式算法：

1）删除活跃区间的第一条指令（通常是加载或计算），将其放入一个新的活跃区间 *NR*。

2）将 *NR* 中指令的后继从原来的活跃区间移动到 *NR* 中，只要 *NR* 保持可着色就继续此过程。

方法的思想是在至少一条指令处打断，然后只要分裂区间看上去是可着色的，就添加指令。未被分裂出来的指令会保留在原活跃区间的剩余部分，该活跃区间可能会再次被拆分。无法着色的单个定义或使用会溢出。

图 13.20 给出了一个基于优先级的寄存器分配器 PriorityRegAlloc。假设有两个寄存器 `$r1` 和 `$r2`，重新考虑图 13.15 中的干涉图。变量 `c` 是无约束的，其着色很简单，将在所有其他变量都分配了寄存器之后进行处理。`a`、`b` 和 `i` 都是约束的。`i` 在寄存器分配时具有最高的优先级，因为给它分配一个寄存器可以节省 51 个加载和保存，而且它只跨越两条语句。假设将寄存器 `$r1` 分配给它。变量 `b` 具有第二高的优先级（节省了 22 个加载和保存），因此将 `$r2` 分配给它。变量 `a` 是约束变量中的最后一个候选者，但它不能着色。我们将它分裂为两个较小的活跃区间，`a1` 和 `a2`。`a1` 是过程顶部的单个赋值语句。区间 `a2` 跨越两个打印语句。`a1` 实际上被溢出了，因为它的区间是单个指令。`a2` 与 `b` 相互干涉，但与 `i` 没有干涉，因此它得到 `$r1`。最后，`c` 得到 `$r2`。

```
procedure PriorityRegAlloc(proc, regCount)
    ig ← buildInterferenceGraph(proc)
    unconstrained ← { n ∈ nodes(ig) | neighborCount(n) < regCount }
    constrained ← { n ∈ nodes(ig) | neighborCount(n) ⩾ regCount }
    while constrained ≠ ∅ do
        foreach c ∈ constrained | ¬colorable(c) and canSplit(c) do
            c1, c2 ← split(c)
            constrained ← constrained − { c }
            if neighborCount(c1) < regCount
            then unconstrained ← unconstrained ∪ { c1 }
            else constrained ← constrained ∪ { c1 }
            if neighborCount(c2) < regCount
            then unconstrained ← unconstrained ∪ { c2 }
            else constrained ← constrained ∪ { c2 }
            foreach d ∈ neighbors(c) | ( d ∈ unconstrained and
                                         neighborCount(d) ⩾ regCount )
            do
                unconstrained ← unconstrained − { d }
                constrained ← constrained ∪ { d }
        /★ Constrained中的所有顶点都是可着色的，或者是不可分裂的。★/
        p ← GetMaxPriority(constrained)
        if colorable(p)
        then Color p
        else Spill p
    Color all nodes ∈ unconstrained
end
function GetMaxPriority(nodeSet) returns Node
    bestPriority ← −∞
    foreach n ∈ nodeSet do
        if priority(n) > bestPriority
        then
            ans ← n
            bestPriority ← priority(n)
    return (ans)
end
```

图 13.20　基于优先级的图着色寄存器分配器

13.3.4　过程间寄存器分配

到目前为止，我们所考虑的寄存器分配器受到这样一个事实的限制：它们一次只考虑一个子程序，过程间的相互作用被忽略了。因此，当调用子程序时，调用者和被调用者必须保存和恢复双方都可能使用的任何寄存器。当大量使用寄存器来保存很多变量、常量和表达式时，保存和恢复公共寄存器可能会导致调用成本很高。类似地，如果许多子程序访问相同的全局变量，每个子程序都必须在使用该变量时加载并保存该变量。

过程间寄存器分配通过识别和消除调用之间的寄存器冲突来改进总体寄存器分配。沃尔（Wall）[Wal86] 考虑了具有大量寄存器的体系结构中的过程间寄存器分配。他的目标是分配寄存器，使得调用者和被调用者永远不会使用同一个寄存器。这保证了在调用期间不需要保存或恢复寄存器，使得调用的代价变得非常小。

首先，为可能保存在寄存器中的每个局部变量或常量计算优先级估计（类似于上一节），并通过估计每个过程的执行频率来为这些优先级加权。也就是说，频繁执行的子例程使用的变量比不经常执行的子例程使用的变量具有更高的优先级。这是合理的，因为我们希望在那些最频繁执行的子程序中最有效地使用寄存器。如果过程 a 调用 b，寄存器分配器将 a 和 b 的局部变量放在不同的寄存器中。否则，a 的一个局部变量和 b 的一个局部变量可以共享一个公共寄存器。我们将局部变量分组，分到同一组中的每个变量来自一个子程序集合中的某个子程序，它们永远不会同时处于活动状态。一组的优先级是其中所有局部变量成员的优先级的总和。

然后对寄存器进行**拍卖**（auction）。具有最高总体优先级的组获得第一个寄存器。优先级次高的组获得下一个寄存器，依此类推。对于全局变量，将它们放在单例组中处理，其优先级等于将全局变量设置为寄存器常驻情况下所有子程序所节省的全部时间。

沃尔发现，执行速度提高了 10% ～ 28%，同时删除了 83% ～ 99% 的数据动态内存引用。由于沃尔的方案消除了所有的保存和恢复操作，当有大量的寄存器可供分配时（在他的测试中有 52 个），此算法的工作效果最好。当可用寄存器较少时，必然涉及保存和恢复。此时，将比较为子程序提供一个额外寄存器的代价与提供该寄存器供局部变量使用的收益。如果保存－恢复代价小于收益，则添加代码以保存和恢复寄存器。

当考虑过程间影响时，我们分配寄存器和定位保存－恢复代码的方式可能会得到最优寄存器分配方案 [KF96]。由此产生的执行速度的提高有时是很显著的。

一些体系结构，尤其是 Sparc，提供了**寄存器窗口**（register window）。当进行调用时，被调用方会得到一组架构寄存器，这些寄存器在物理上与调用方的架构寄存器不同。每一组这样的寄存器都被称为一个*窗口*（window），是相对大量可用物理寄存器上的一个窗口。这降低了调用的代价，因为寄存器的保存和恢复是自动完成的。寄存器窗口允许部分重叠，以便通过寄存器传递参数。有些寄存器可能跨越多个调用保持共用，以便访问全局值。

13.4　代码调度

我们已经讨论了代码生成中的指令选择和寄存器分配问题。现代计算机体系结构引入了一个新的问题——**代码调度**（code scheduling）。大多数现代计算机使用**流水线架构**（pipelined architecture）。这意味着指令是分阶段处理的，一条指令逐阶段向前推进，直到完成。许多指令可以同时处于不同的执行阶段。这是非常重要的，因为指令执行重叠，导致更快的执行速度。

如果一条正在执行的指令需要一个由之前一条尚未完成执行的指令产生的值，会发生什么？通常这不是问题，流水线的设计是为了尽快提供结果。但在少数情况下，所需要的操作数可能不可用。于是产生**流水线停顿**（stalled pipeline），指令（及其后续指令）的执行被推迟，直到所需的值可用。

目前大多数流水线架构都是**延迟加载**（delayed load）的。这意味着由加载指令提取的寄存器值在下一个周期中还不可用。相反，它会延迟一个或多个执行周期。例如，在 MIPS R3000 处理器上，加载会延迟一条指令。这种延迟允许在处理器的缓存中搜索要提取的值的同时执行其他指令。但是，如果加载之后紧接着的指令引用了寄存器，那么在搜索缓存时处理器就会停顿。因此，以下指令序列虽然合法，但会停顿：

```
lw   $12, b           # 将b加载到寄存器12
add  $10, $11, $12    # 将寄存器11和寄存器12相加，结果保存到寄存器10
```

这段代码在加载之后，停顿是不可避免的。如果在加载和使用加载值的指令之间可以放置另一条指令，则指令执行不会延迟。因此，下面的指令没有延迟：

```
lw  $12, b          # 将b加载到寄存器12
li  $11, 100        # 将100加载到寄存器11
add $10, $11, $12   # 将寄存器11和寄存器12相加，结果保存到寄存器10
```

指令调度的作用是对指令进行排序，以使停顿（及其延迟）最小化。处理器停顿的性质通常是特定于架构和实现的。例如，上面描述的 MIPS 上的停顿在尝试乱序执行指令的超标量处理器上就可以避免。

代码调度通常在基本块级别上完成。一个**基本块**（basic block）是一个线性的指令序列，除了最后一条指令之外，它不包含任何分支。基本块中的指令总是作为一个单位按顺序执行。在代码调度过程中，分析一个基本块中的所有指令，以确定能产生正确计算且具有最小的互锁或延迟的执行顺序。我们将考虑吉本斯（Gibbons）和穆奇尼克（Muchnick）[GM86] 设计的一个简单但有效的**扫描后代码调度器**（postpass code scheduler）。

扫描后代码调度器在代码已经生成、已经选择了寄存器之后进行操作。它们非常灵活和通用，因为它们可以处理任何编译器生成的代码（甚至是手工编写的汇编语言程序）。但是，由于指令选择和寄存器选择已经完成，它们不能修改已经做出的选择，即使是为了避免互锁。

代码调度器试图分开会互锁的指令。但是，指令不能随意地重新排序。寄存器的加载必须在使用该寄存器之前，而寄存器的保存必须跟随在计算寄存器值的指令之后。我们使用**依赖有向无环图**（dependency DAG）来表示指令之间的依赖关系。**有向无环图**（directed acyclic graph，DAG）的顶点是要调度的指令。如果指令 i 必须在指令 j 之前执行，则存在从指令 i 到指令 j 之间的边。因此，应该在加载或计算寄存器的指令和使用或保存该寄存器的指令之间添加边。类似地，应该在从内存位置 A 加载和后续的保存到位置 A 之间添加一条边。另外，在保存到位置 B 和任何后续涉及位置 B 的加载或保存之间添加一条边。在存在**别名**（aliasing）的情况下，我们在编译时不能确定加载或保存指令引用的位置，因此要做最坏情况的假设。因此，通过指针 p 的加载必须先于保存到可能 p 是其别名的任何位置，通过指针 p 的保存必须先于涉及可能 p 是其别名的位置的任何加载或保存。

作为一个例子，假设我们为表达式 a=((a*b)*(c+d))+(d*(c+d)) 生成如图 13.21 所示的 MIPS 代码。图 13.22 说明了相应的依赖 DAG。双圈的顶点是加载操作，在本例中是关键顶点，因为它们可能会停顿。

```
1. lw  $10,a           6.  add  $10,$10,$12
2. lw  $11,b           7.  mul  $11,$11,$10
3. mul $11,$10,$11     8.  mul  $12,$10,$12
4. lw  $10,c           9.  add  $12,$11,$12
5. lw  $12,d           10. sw   $12,a
```

图 13.21　a=((a*b)*(c+d))+(d*(c+d)) 的 MIPS 代码

依赖 DAG 具有这样的属性，即顶点的任何**拓扑排序**（topological sort）

都表示一个有效的执行顺序。也就是说，只要一条指令被安排在依赖 DAG 中它的任何后继指令之前，它就能正常执行。任何作为依赖 DAG 根的顶点都可以立即调度。然后将它从 DAG 中删除，再次调度新产生的根。我们在调度指令时的目标是选择避免停顿的根。事实上，我们的调度算法的第一条规则就是：

在选择要调度的根顶点时，选择一个不会被最近调度的顶点停顿的根节点。有时，我们找不到不会因其前驱而停顿的根。并非所有指令序列都是可以避免停顿的。

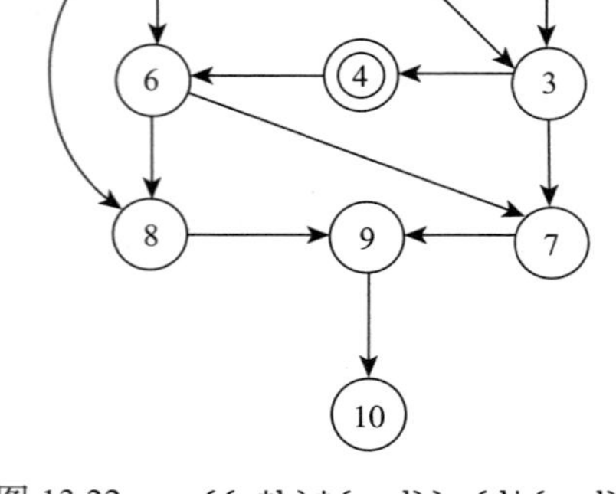

图 13.22 a=((a*b)*(c+d))+(d*(c+d)) 的依赖 DAG

如果我们发现不止一个根没有因其前驱而停顿，则应用第二条准则。我们试图选择“最讨厌的”根，即最有可能导致未来的停顿或使调度过程复杂化的根。按照重要性的递减顺序，我们考虑三个准则：

1）根是否会使依赖 DAG 中的任何后继停顿？

2）调度这个根将产生多少个新的根？

3）从这个根到依赖 DAG 的叶节点的最长路径是什么？

如果一个根会令后继停顿，我们希望立即调度它，以便可以在其后继之前调度其他根，从而避免出现停顿。如果我们调度一个根能产生其他新的根，我们就增加了调度器可用的选择范围，从而简化了任务。如果我们调度一个到叶节点路径很长的根，那么我们就正在破坏“关键路径”，而一个很长的指令序列会令调度器在重新排序指令时选择很少。

在我们的调度算法 SCHEDULEDAG 中，我们将使用一个 SELECT 操作，该操作接受依赖 DAG 的一组根顶点和一条准则。SELECT 将选择集合中满足准则的根顶点，只要所选的集合非空。也就是说，如果集合中没有顶点满足准则，SELECT 将返回整个输入集。这样做的原因是拒绝所有顶点的准则是无用的，因为我们的目标是选择某个顶点进行调度。

例如，SELECT（*nodeSet*,“具有到叶的最长路径”）会选择 *nodeSet* 中到叶距离最远的节点（如果到叶的最远距离相同，则可能选择多个顶点）。然而，如果集合中没有成员会令后继停顿的话，SELECT（*nodeSet*,“会令某个后继停顿”）将返回 *nodeSet* 中的所有顶点。一旦我们将一个 *nodeSet* 精炼为单个顶点，就没有必要进一步应用 SELECT 了，因为不会再产生任何影响。

SCHEDULEDAG 的完整定义如图 13.23 所示。作为一个例子，考虑图 13.22 中的依赖 DAG。最初生成的代码（见图 13.21）包含两个停顿（在指令 2 和 5 之后）。初始根集是 1、2 和 5，都是加载指令。所有根都会令后续指令停顿，如果调度它们的话，都不会产生新的根。指令 1 和 2 都有到叶的最长路径，所以算法随机选择了指令 1 来调度。根集现在是 2 和 5。这次会选择指令 2，是因为调度它会产生一个新的根 3。接下来选择指令 5，是因为它会令后继指令停顿。接下来依次选择指令 3、4 和 6，因为它们形成了单根集。指令 7 和 8 形成了新的根集；随机选择了指令 7，然后是指令 8、9 和 10。我们生成的代码如图 13.24 所示。

```
procedure SCHEDULEDAG(dependencyDAG)
    candidates ← ROOTS(dependencyDAG)
    while candidates ≠ ∅ do
        call SELECT(candidates, "Is not stalled by last instruction generated")
        call SELECT(candidates, "Can stall some successor")
        call SELECT(candidates, "Exposes the most new roots if generated")
        call SELECT(candidates, "Has the longest path to a leaf")
        inst ← Any node ∈ candidates
        Schedule inst as next instruction to be executed
        dependencyDAG ← dependencyDAG − {inst}
        candidates ← ROOTS(dependencyDAG)
end
```

图 13.23　依据依赖 DAG 调度代码的算法

```
1. lw  $10,a          6. add $10,$10,$12
2. lw  $11,b          7. mul $11,$11,$10
3. lw  $12,d          8. mul $12,$10,$12
4. mul $11,$10,$11    9. add $12,$11,$12
5. lw  $10,c          10 sw  $12,a
```

图 13.24　对 a=((a*b)*(c+d))+(d*(c+d)) 进行代码调度生成的 MIPS 代码

13.4.1　改进代码调度

图 13.24 所示的代码并不完美，在第 5 条指令之后仍然出现停顿。事实上，只使用三个寄存器是无法避免停顿的。[KPF95] 证明了，有时需要一个额外的寄存器来避免所有的停顿。改进 SCHEDULEDAG 生成的代码的一种方法是使用原始分配之外的一个额外寄存器来重新分配初始代码序列中的寄存器。

为此，我们找到导致停顿的指令，并尝试将它们在指令序列中“向上”移动。有时我们不能前提停顿的指令，因为它被分配了寄存器 r，而此寄存器也被前一条指令使用。在这种情况下，我们重新分配寄存器 r，使它不被前面的指令使用。由于我们已经增加了一个额外的寄存器，所以我们总是可以找到一个未使用的寄存器，并将停顿的指令在执行序列中至少前提一个位置。

例如，重新考虑图 13.24，指令 5（加载）导致停顿，因为指令 6 中使用了 `$10`。我们不能将指令 5 上移，因为指令 4 使用了 `$10` 之前的值，此值是在指令 1 中加载的。如果我们在分配方案中增加一个额外的寄存器 `$13`，就可以在指令 5 中加载它（注意在指令 6 中引用 `$13` 而不是的 `$10`）。现在指令 5 可以在序列中移动到更早的位置以避免停顿。由此产生的无延迟的代码如图 13.25 所示。

```
1. lw   $10,a          6.  add  $10,$13,$12
2. lw   $11,b          7.  mul  $11,$11,$10
3. lw   $12,d          8.  mul  $12,$10,$12
4. lw   $13,c          9.  add  $12,$11,$12
5. mul  $11,$10,$11    10. sw   $12,a
```

图 13.25　为 a=((a*b)*(c+d))+(d*(c+d)) 生成的无延迟的 MIPS 代码

很明显，在代码调度和代码生成之间存在矛盾，前者试图增加使用的寄存器数量（以避免停顿），而后者试图减少使用的寄存器数量（以避免溢出并省出寄存器用于其他目的）。扫描后代码调度的替代方案是混合寄存器分配和代码调度的集成方法。

古德曼－徐（Goodman-Hsu）算法 [GH88] 是著名的**集成寄存器分配器和代码调度器**（integrated register allocator and code scheduler）。只要寄存器可用，算法就会通过将所需的值加载到不同的寄存器中来改进代码调度。这允许加载操作“上浮”到代码序列的开头，从而消除后面使用加载值的指令产生停顿。当寄存器变得稀缺时，算法转换重点，开始调度代码来释放寄存器。当有足够的寄存器可用时，它将恢复调度以避免停顿。经验表明，这种方法很好地平衡了少量使用寄存器和尽可能避免停顿这两个需求。

13.4.2 全局和动态代码调度

虽然我们关注的是基本块级别的代码调度，但研究者也研究了**全局代码调度**（global code scheduling）[BR91]。指令可以向上移动，跨过基本块的开始，移动到其在控制流图中的前驱块。我们可能需要将指令移出基本块，因为基本块通常非常小，有时只有一条或两条指令大小。此外，某些指令，如加载和浮点乘法 / 除法，可能会导致很长时间的延迟。例如，在一级缓存中未命中的加载可能会停顿 10 个或更多周期；二级缓存一次未命中（需访问主存）可能花费 100 个或更多周期。

因此，代码调度器经常寻求将加载指令移动到指令序列中尽可能早的位置。然而，还有几个复杂的因素。我们应该将一条指令移动到哪个前驱块？理想情况下，应该移动到一个**控制等效**（control equivalent）的前驱块；也就是说，当且仅当当前块被执行时，该前驱块也会执行。一个例子是将 *if* 语句后面的指令移动到 *if* 语句之前的某个位置（因此跨过了 *if* 语句的两个分支）。另一种方法是将一条指令移动到支配它的块（也就是说，移动到一个必然前驱块）。然而，现在被移动的指令可能会变成一条**推测指令**（speculative instruction）——它可能会在某些执行路径上被不必要地执行。因此，如果一条指令从 then 部分移动到 if 部分之前的位置，即使 else 部分被选中，该指令也将被执行。推测指令执行无用指令可能会浪费计算资源。更糟糕的是，如果推测指令出错（例如，通过空指针或非法指针进行加载），则可能报告一个伪运行时错误。

即使我们可以自由地向上移动一条指令，我们应该将它向上移动多远呢？如果我们将指令向前移动得太远，它将在较长一段时间内“绑定”寄存器，使寄存器分配更加困难，效率更低。有些架构，如 DEC 的 alpha，提供**预取指令**（prefetch instruction）。这种指令允许将数据提前加载到主缓存中，降低了寄存器加载未命中的概率。再次强调，预加载的位置是一个棘手的调度问题。我们希望预加载足够早，以隐藏加载缓存时所引起的延迟。但是，如果我们过早地预加载，可能会替换其他有用的缓存数据，在使用这些数据时导致缓存未命中。

许多现代计算机架构（如 Intel Pentium、PowerPC）都包含复杂的**动态调度**（dynamic scheduling）功能。这些设计有时被称为**乱序架构**（out of order architecture 或称 OOO），它们推迟未准备好执行的指令，动态地选择准备好执行的后续指令。这些设计对编译器生成的代码调度不太敏感。事实上，动态调度体系结构在执行旧程序（“布满灰尘的甲板”）时特别有效，这些旧程序甚至是在代码调度发明之前创建的。

即使使用动态调度体系结构，编译器生成的代码调度仍然是一个重要的问题。加载指令（尤其是经常在一级缓存未命中的加载）必须尽早移动，以隐藏缓存未命中所带来的长时间延迟。即使是当前最好的架构也无法提前查看几十条或数百条指令，以查找可能在缓存中不命中的加载指令。相反，编译器必须确定那些可能导致最大延迟的指令，并将它们移至指令序列靠前的位置。

13.5 指令自动选择

代码生成的一个重要方面是**指令选择**（instruction selection）。确定了对特定构造如何翻译后，必须选择实现翻译的机器级指令。因此，我们可以决定使用一个跳转表来实现 switch 语句。如果是这样，就必须生成索引到跳转表并执行间接跳转的指令。

通常，实现一个特定的翻译可用若干不同的指令序列。即使是像 a+1 这样简单的事情，可以通过将 1 加载到寄存器中并生成加法指令，也可以通过生成递增指令或立即数加法指令来实现。我们通常需要最小或最快的指令序列。因此，立即数加法指令是首选的，因为它避免了显式加载。

在简单的 RISC 体系结构中，潜在指令序列的选择是有限的，因为几乎所有操作数在使用之前都必须加载到寄存器中（立即操作数是一个明显的例外）。而且，所提供的各种寻址模式也很简单；通常只允许使用绝对地址和索引地址。

较老的架构，如摩托罗拉 680x0 和英特尔 x86，要复杂得多。这些架构提供了许多不同的操作码，并提供了多种寻址模式。操作数并不总是需要加载到寄存器中；寻址模式可以间接获取操作数，也可以递增或递减寄存器。不同的寄存器类（例如，地址寄存器和数据寄存器）在不同的指令中使用（以不可互换的方式），而且特定寄存器有时被“连接”到某些指令。JVM 也有一个相对复杂的指令集，因为它的设计基于实现紧凑的代码序列。因此，有几种方法可以递增一个寄存器的内容，但是一种字节码指令序列最紧凑地实现了这种效果。

对于非常复杂的体系结构，系统化和自动化的指令选择方法是至关重要的。即使对于更简单的体系结构，当引入后续体系结构时，也可能需要“扩展”代码生成器。“雄心勃勃”的编译器可能会编译到多个目标架构中，为不同的目标机器提供不同的指令序列。

指令选择通常通过将源语言构造转换为非常低级的树状结构的**中间表示**（Intermediate Representation，IR）来简化。在这个 IR 中，叶表示寄存器、内存位置或字面值，内部节点表示操作数值上的基本操作。详细的数据访问模式和操作被展露出来。考虑语句 `b[i]=a+1`，其中 `b` 是一个整数数组，`i` 是一个全局整数变量，`a` 是一个通过帧寄存器 `$fp` 访问的局部变量。该语句的树形结构 IR 如图 13.26 所示。这种表示非常类似于程序的 AST 表示（如 7.4 节所述），除了内存访问和地址计算是显式的：

- 与标识符对应的叶节点是其地址（如果是全局变量）或偏移量（如果是局部变量）。
- 显式内存提取（使用 fetch 操作符）如图 13.26 所示，为整数数组中的一个元素构建有效的字地址需要乘以 4。

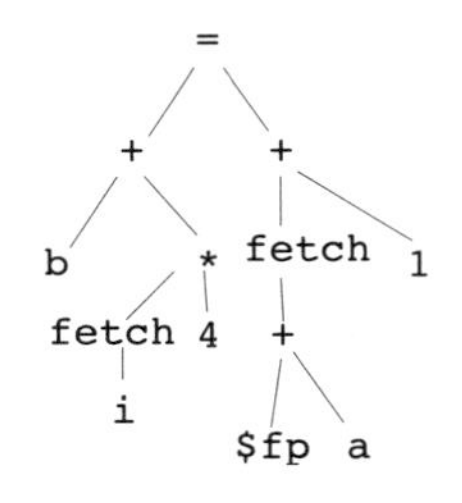

图 13.26 b[i]=a+1 的低级 IR 表示

一个树形结构的 IR 也可以用来定义计算机每条指令的效果。树定义了指令所执行的计算以及它所产生的值的类型。如图 13.27 所示，其中使用了树结构模式（或者说产生式）定义有效的 IR 树。

现在，对于给定 IR 树的指令选择变成了将指令模式与生成的 IR 匹配，使得 IR 树被相邻的模式所覆盖（解析）。也就是说，我们在 IR 转换中找到一棵子树，它与某个指令的模式完全匹配。于是将该子树替换为指令模式的左侧。重复这个过程，直到整棵 IR 树被简化为单一节点。这与普通的自底向上语法分析非常相似（见第 6 章）。

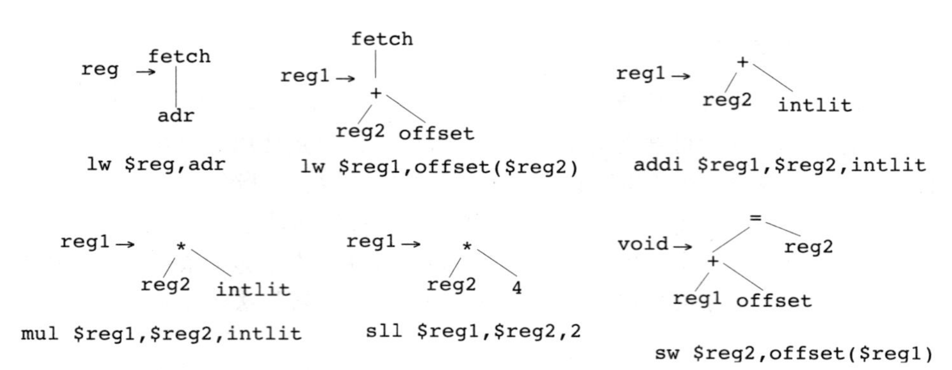

图 13.27　不同 MIPS 指令的 IR 树模式

当匹配了指令模式时，就生成它们所对应的机器语言指令。可以使用 13.3.1 节中的技术"动态"分配寄存器。或者，可以在生成代码时分配伪寄存器，然后使用 13.3.2 节中的图着色技术将其映射到真实寄存器。

例如，重新考虑如图 13.28a 所示的 `b[i]=a+1` 对应的 IR 树。我们首先匹配 `i` 的加载操作（见图 13.28b）。接下来，匹配乘以 4 的操作（见图 13.28c）。然后，为局部变量 a 生成一个索引加载（见图 13.28d）。最后，生成一个立即数加法（见图 13.28e）和一个保存指令（见图 13.28f），将 IR 树简化为空。生成的指令（假设在生成代码时调用 GETREG 和 FREEREG）如图 13.29 所示。

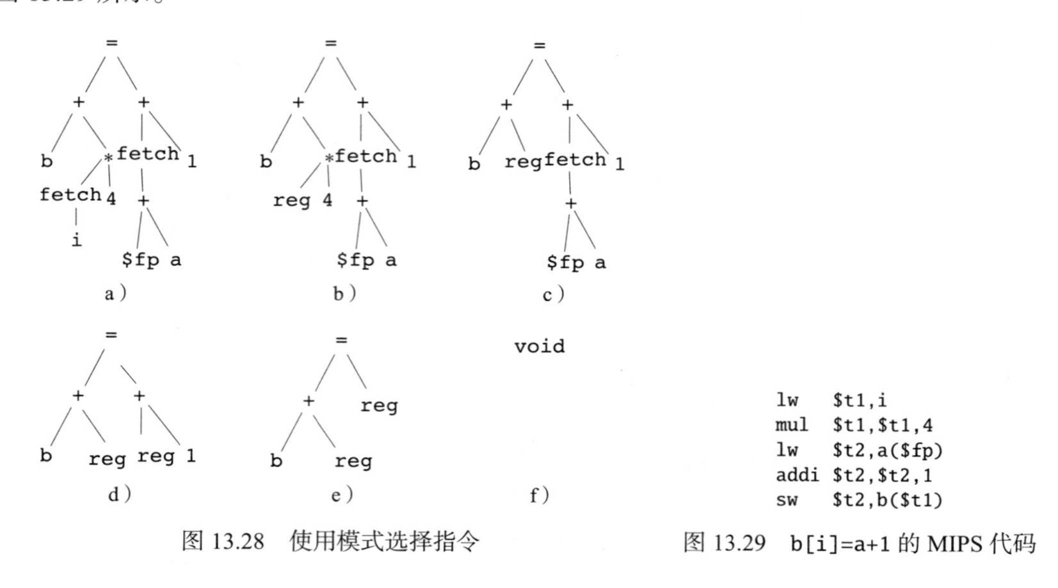

图 13.28　使用模式选择指令　　图 13.29　`b[i]=a+1` 的 MIPS 代码

13.5.1　使用 BURS 选择指令

通常情况下，实现相同的语言构造有多种指令序列可选择。用 IR 树来表述，就是同一棵树的不同约简可能产生不同的指令序列。我们如何选择要生成的指令序列呢？

一种非常优雅的方法是为指令模式赋予代价。指令的代价在构建代码生成器时设置。这一代价可以是指令的大小、执行速度、指令引用内存的次数，或者任何衡量一条指令有多"好"的标准。如果可以选择，我们会选择代价更低的指令，而不是代价更高的指令。

现在我们推广指令模式与 IR 树的匹配，使得最终能得到**最小代价覆盖**（least-cost

cover)。也就是说，模式匹配器保证它选择的匹配具有尽可能低的代价。因此，使用构建代码生成器时选择的质量度量，可以生成最佳的指令序列。

为了保证找到 IR 树的最小成本覆盖，我们使用**动态规划**（dynamic programming）。从树的叶节点开始，我们为每个叶节点标记一个代价，此代价是将叶节点归约为每个**非终结符**（nonterminal）尽可能低的代价。（非终结符是指出现在指令模式左侧的符号，类似于在上下文无关产生式中的符号。）接下来，我们考虑叶节点上方的内部节点。每个正确匹配内部节点并具有正确数量的子节点的指令模式都会被考虑。考虑模式的代价再加上节点的子节点的代价。节点被标记为将树归约为每个可能的非终结符的最低可能代价。我们继续遍历 IR 树，直到到达根节点。将树归约为任何非终结符的最低代价被选为最佳覆盖。

大型程序或子程序的 IR 树很容易达到数万或数十万个节点的规模。每个节点所需的大量处理似乎会令基于模式的最低代价指令选择成为一个非常缓慢的过程。幸运的是，事实并非如此。

一种基于**自底向上重写系统**（Bottom-Up Rewriting System，BURS）[PLG88] 理论的方法可以构建非常快速的指令选择器（和代码生成器）。使用 BURS 理论构建的代码生成器可以非常快，因为所有动态规划都是在构建特殊的 BURS 自动机时提前完成的。在编译期间，只需要对 IR 树进行两次遍历：一次自底向上遍历用一个状态标记每个节点，这个状态编码了所有最优匹配，第二次自顶向下遍历使用这些状态选择和生成代码。据报道，仔细的编码可以产生一个自动机，利用它可做到每个节点执行少于 90 条 RISC 指令来进行两次遍历。

对树进行标记的自动机是一个简单的有限状态机，类似于移进 – 归约语法分析器中使用的状态机（见第 6 章）。执行一次自底向上的树遍历，给定节点上的操作符和标记其子节点的状态，通过表查找来确定任何给定节点的标签。生成代码的自动机在设计上同样简单。要生成的代码由标记节点的状态和该节点应该归约为的非终结符决定（另一次表查找）。

例如，图 13.27 所示的所有指令模式的代价都是 1，除了 `mul`，它的代价是 3。这是因为 `mul` 实际上是由 MIPS 汇编器使用三条硬件指令实现的，而所有其他指令都是使用一条指令实现的。回到图 13.26 所示的例子，所有叶节点都被标记为一个状态，指出不可能对单个叶节点进行归约。访问 `i` 的父节点和它的状态，`fetch` 将被标记为一个状态，指示应用 `lw` 模式是可能的，其代价为 1。接下来访问它的父节点（一个 * 操作符），所达到的状态表明，尽管有两种归约是可能的（`mul` 和 `sll` 的模式都匹配），但这两种归约的代价并不相等。`sll` 代价更低，因此选择这个模式。也就是说，指令选择器已经识别出一个众所周知的技巧：通过左移而不是显式的乘法，可以更有效地实现乘以 2 的幂。

自动机继续标记其余的节点，其余匹配与图 13.28 所示的相同。标记根的状态告诉我们最终要生成的指令（实现赋值）将是一个 `sw`。访问这两个子树以生成实现它们所需的指令。因此，我们在对两个子节点进行递归访问返回后生成根节点的指令，从而保证在执行之前计算存储的操作数。我们生成如图 13.30 所示的代码。

```
lw      $t1,i
sll     $t1,$t1,2
lw      $t2,a($fp)
addi    $t2,$t2,1
sw      $t2,b($t1)
```

图 13.30　针对 `b[i]=a+1` 的改进后的 MIPS 代码

创建 BURS 风格的代码生成器会遇到两个困难：高效地生成状态和状态转换表（因为所有潜在的动态规划决策都是在表生成时完成的，因此必须高效地完成），以及为编译器中使用的自动机创建有效的编码。弗雷泽（Fraser）和亨利（Henry）在 [FH91] 中讨论了编码问题的解决方案。普勒布斯廷（Proebsting）创建了 BURG [Pro91]，这是一个简单且有效的工具，用于生成 BURS 风格的代码生成器。使用非常干净的实现和巧妙的状态消除技术，可以非常有效地为各种架构创建代价最低的代码生成器。

13.5.2 使用 Twig 选择指令

研究者还开发了其他基于树模式匹配和动态规划的代码生成系统。它们与 BURS 的主要区别在于如何进行树模式匹配，以及它们在编译器运行时而非编译器构建时进行动态规划。

阿霍（Aho）、加纳帕蒂（Ganapathi）和姜（Tjiang）[AGT89] 创建了一种名为 Twig 的树操纵语言和系统。给定树模式和相关代价的说明，Twig 生成一个自顶向下的树自动机，这个自动机能找到树的最低代价覆盖。Twig 使用快速的自顶向下霍夫曼 – 奥康内尔（Hoffmann-O'Donnell）[HO82] 模式匹配算法，与动态规划并行，以找到代价最低的覆盖。

从可能的指令树的根开始，追踪树的每个子节点的路径。只要正确追踪到这样的路径，计数器就会增加。当计数器等于模式树的子节点数时，就识别出了潜在的匹配。使用代价和动态规划，可以找到整个 IR 树的最小代价覆盖。

在 Twig 中与模式关联的代价比任何 BURS 系统提供的代价更具一般性。Twig 可以根据编译时可用的语义信息动态计算模式的代价。这种灵活性进一步允许 Twig 在语义谓词不满足时中止特定匹配。因此，Twig 模式的适用性是上下文敏感的。BURS 没有这种灵活性，因为在编译之前必须固定所有代价，以允许预计算动态规划决策。BURS 的最大优势是速度快。所有可能的匹配都提前预测并制成表格。Twig 必须识别部分匹配，并随着指令选择更新计数器。考虑到经常需要翻译巨大的 IR 树，每个节点上的一点点额外处理都可能意味着速度会显著变慢。

13.5.3 其他方法

最早的基于树重写的指令选择技术之一是卡特尔（Cattell）算法 [Cat80]。首先，每条指令的效果都用一种寄存器转换符号来描述。然后，代码生成器通过将 IR 树和指令进行匹配来“发现”恰当的代码序列。代码生成器探索将 IR 树分解为特殊指令树的组合的方法（必要时使用回溯）。因为这个过程可能非常缓慢，所以预先计算了所实现的树模式的一个目录。在编译时，搜索这个目录以找到可用的指令序列。

格兰维尔（Glanville）和格雷厄姆（Graham）[GG78] 观察到，将代码模板与 IR 树进行匹配的问题与在语法分析过程中将产生式与单词序列进行匹配的问题非常相似。他们巧妙地用上下文无关文法语法分析的术语重新表述了模板匹配问题。使用标准的移进 – 归约语法分析器来处理多模板匹配，指令选择可以实现自动化。

格雷厄姆 – 格兰维尔方法的一个局限性在于它是纯语法的。它只是在用上下文无关方法匹配符号序列。加纳帕蒂和费希尔（Fischer）[GF85] 建议在代码模板中添加属性。属性允许类型、大小和值影响指令选择。

后端生成器（Back-End Generator，BEG）[ESL89] 使用与 Twig 基本相同的动态规划技术找到树的最低代价覆盖。与 Twig 一样，BEG 可以给模式增加语义谓词。BEG 规范除了包含指令模式外，还包括对目标机器寄存器集的描述。该规范自动生成寄存器分配器。实验表明，代码质量和代码生成时间与手写代码生成器相当。

弗雷泽（Fraser）、汉森（Hanson）和普勒布斯廷 [FHP92] 开发了一种基于朴素模式匹配和动态规划的代码生成器。这个称为 iburg 的系统维护与 BURG 相同的接口。虽然 iburg 代码生成器比 BURG 生成的代码生成器慢，但 iburg 为基于模式的代码生成器的开发提供了一个简单且有效的框架。

13.6 窥孔优化

为了产生高质量的代码，有必要识别大量的特殊情况。例如，很明显，我们希望避免为操作数加 0 生成代码。但是我们应该去哪里检查这种特殊情况？是在每个可能生成加法指令的翻译例程中？还是在每个可能发出加法指令的代码生成例程中？

与其将特殊情况的知识分散在翻译和代码生成例程中，通常更可取的做法是利用一个独特的窥孔优化阶段来寻找特殊情况，并用改进的代码替换它们。**窥孔优化**（peephole optimization）可以在 AST、IR 树 [TvSS82] 或生成的代码 [McK65] 上执行。正如术语“窥孔”所暗示的，这种方法检查由两三个指令或节点组成的一个小窗口。如果窥孔中的指令与特定模式匹配，则将它们替换为替换序列。替换后，重新考虑新指令以进一步优化。

通常，我们将定义窥孔优化器的特殊情况集合表示为一个“模式 – 替换”对的列表。因此，“模式 ⇒ 替换序列”意味着，如果发现了与模式匹配的一个指令序列或一棵树，则将其替换为替换序列。如果没有可应用的模式，代码序列保持不变。显然，没有限制可以包含的特殊情况的数量。我们将展示可在哪里应用窥孔优化，以及可以实现的优化种类。

13.6.1 窥孔优化级别

一般来说，有三个地方可以使用窥孔优化。经过语法分析和类型检查，程序以 AST 形式表示。在这里，窥孔优化可以用于优化 AST，识别源代码级别上的特殊情况，这些情况与语言构造如何翻译或代码如何生成无关。

在翻译之后，程序以 IR 或字节码形式表示。在这里也可以应用窥孔优化，可识别出能简化或重构 IR 树或字节码序列的优化方案。这些优化与实际目标机器或用于实现 IR 树或字节码的确切代码序列无关。

最后，在代码生成后，窥孔优化可以优化目标机器指令对或三元组，用更短或更简单的指令序列进行替换。在这个层次上，优化高度依赖于机器指令集的细节。

1. AST 级优化

在图 13.31 中，我们演示了可以简化或改进程序的 AST 表示的优化。在图 13.31a 中，条件总是为真的 if 语句被替换为条件语句体。在图 13.31b 和图 13.31c 中，包含常量操作数的表达式被**折叠**（替换为表达式的值）。这种折叠优化可以揭示出其他优化（例如图 13.31a 的条件替换优化）。

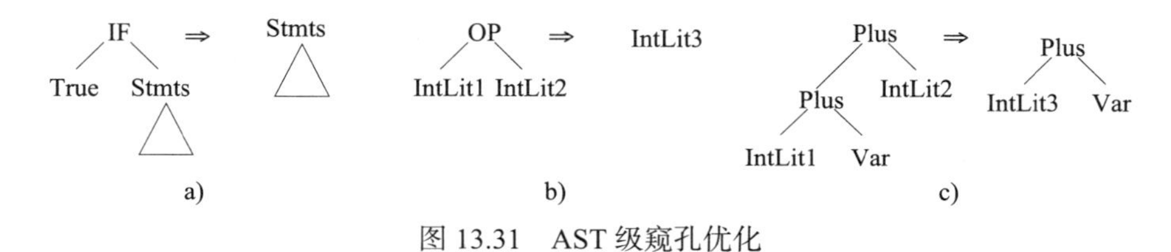

图 13.31 AST 级窥孔优化

AST 级的优化可以使用像 BURS 这样的树重写工具方便地实现。首先识别和标记源模式。然后，在“处理”遍历期间，可以将树重写为目标形式。如果需要，可以多次遍历

AST，这样重写的 AST 就可以多次匹配和转换。

2. IR 级优化

如图 13.32 所示，可以在 IR 级上执行各种有用的优化。在图 13.32a 和图 13.32b 中，进行了常数折叠。由于一些算术操作只有在翻译后才显露出来（例如，索引算术操作），因此折叠既可以在 AST 级上完成，也可以在 IR 级上完成。在图 13.32c 中，乘以一个 2 的幂被替换为左移操作。在图 13.32d 和图 13.32e 中，删除了恒等操作。在图 13.32f 中，加法的交换律被揭示出来，在图 13.32g 中，负值的加法被转化为减法。可以使用 BURS 之类的工具方便地实现 IR 树上的转换。

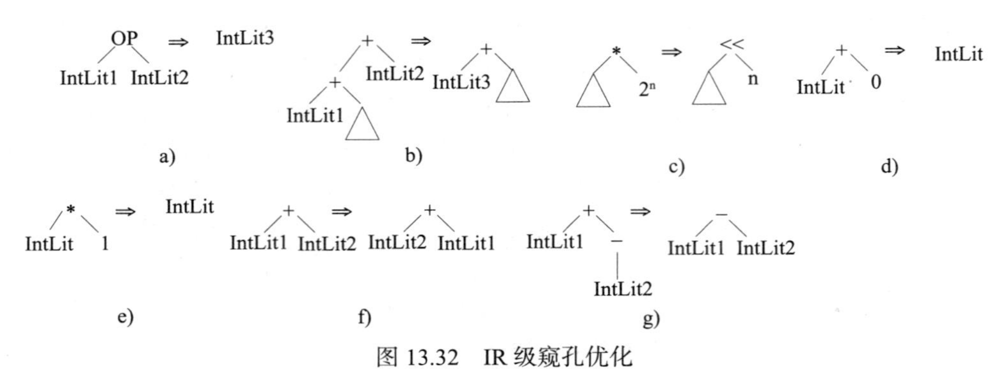

图 13.32　IR 级窥孔优化

如图 13.33 所示，与图 13.32 相对应的优化可以应用于程序的字节码表示。如果字节码稍后被扩展为目标机器代码，那么这种级别的优化可能是恰当的。另外，下一节中描述的机器级优化也可以应用于字节码，因为字节码共享传统机器代码的大部分结构。

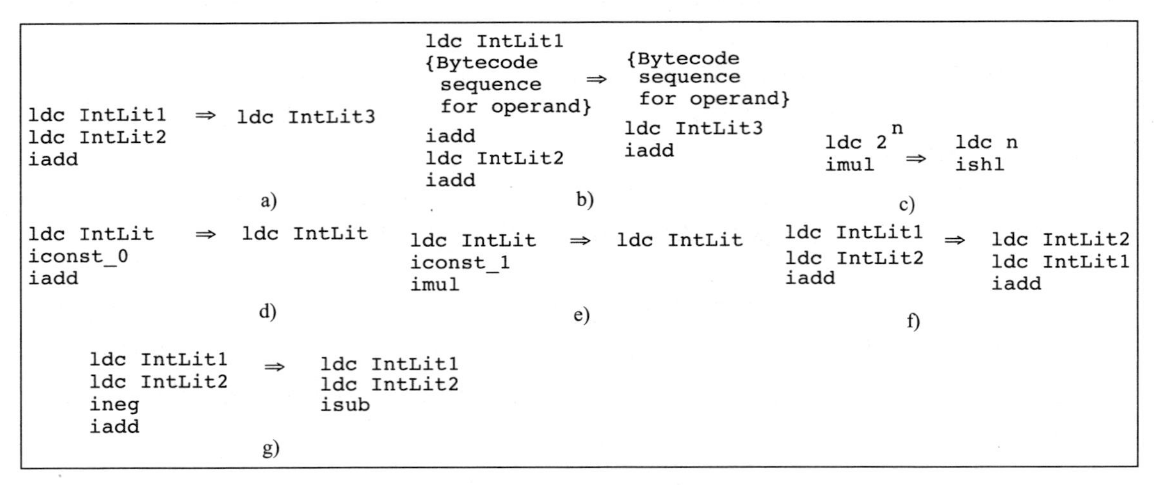

图 13.33　字节码级窥孔优化

3. 目标代码级优化

图 13.34 展示了目标代码生成后执行的一些简单窥孔优化。在图 13.34a 中，围绕无条件分支的条件分支被替换为单个条件分支（检测的意义相反）。在图 13.34b 中，跳转下一条指令的分支被移除（这有时是在 *if* 语句的 *then* 或 *else* 部分为空时生成的）。跳转到第二个分支的分支可以被折叠成到最终目标的直接分支（见图 13.34c）。在图 13.34d 中，从一个寄存器移动到它自己被移除 [这种情况有时发生在要将一个值加载到一个特殊寄存器（例如参数寄

存器）中时，而此值此时已在正确位置]。在图 13.34e 中，一个寄存器被保存到一个内存位置，然后同一寄存器立即从同一内存位置重新加载；这个加载是不需要的，可能会被删除。

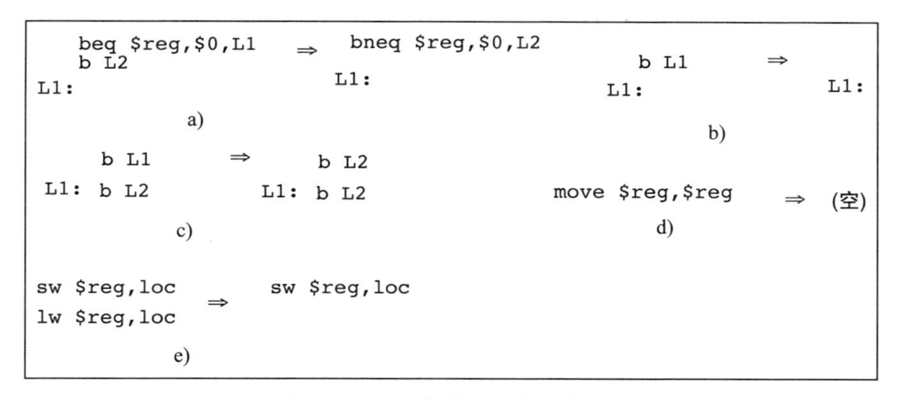

图 13.34　目标代码级窥孔优化

更复杂的体系结构为窥孔优化提供了更多的机会。如果有特殊的自增或自减指令可用，它可以取代普通的立即数加法指令（通常较长且稍慢）。如果有自动递增或自动递减寻址模式可用，则这些寻址模式可以涵盖索引的显式递增或递减。一些体系结构有一个特殊的**循环控制指令**（loop control instruction），它递减寄存器，在寄存器为零时进行条件分支。

如果要快速进行窥孔优化，则必须快速识别替换模式。可计算运算符 – 操作数组合的哈希值来定位到适用的模式。另外，窥孔窗口的大小通常限制在 2 ～ 3 条指令。使用经过仔细设计的哈希实现，速度可达到每秒几千条指令 [DF84]。

分析物理相邻指令的思想已经推广到**逻辑相邻指令**（logically adjacent instruction）[DF82]。两条指令在逻辑上是相邻的，是指它们是由控制流连接起来的，或者它们不受中间指令的影响。（图 13.34c 中的“分支链”就是一个很好的例子。）通过分析逻辑上相邻的指令，可以去除跳转链（跳转到跳转指令）和冗余计算（例如，不必要地设置一个条件码）。检测逻辑相邻可能代价很高，所以需要注意保持窥孔优化的速度。

13.6.2　自动生成窥孔优化器

在 [DF80] 中，讨论了自动创建窥孔优化器的方法。其思想是在寄存器传输级（Register-Transfer Level，RTL）定义目标机器指令的效果。在这个层次上，我们看到指令修改基本硬件位置，包括内存（表示为一个向量 $\boldsymbol{M}$）、寄存器（表示为一个向量 $\boldsymbol{R}$）、PC（程序计数器）、各种条件码等。一个目标机器指令可以有不止一个效果，它在 RTL 中的定义可能包括不只一个赋值。

窥孔优化器（PO）的工作方式是考虑指令对，将它们扩展到其 RTL 定义，简化组合定义，然后搜索与指令对具有相同效果的单个指令。为了适用，一条指令必须执行组合指令的所有寄存器传输。它还可以执行其他寄存器传输，只要这些传输是发生在死寄存器上（因而不会影响后续的计算）。因此，一条指令可以设置一个条件码，即使这不是必需的，只要更新的条件码没有被后面的指令引用就可以。

以一个条件分支开始的指令对需要特殊处理。特别是要考虑到，第二条指令以一个条件为前缀，表示对原条件的否定（第二条指令执行的唯一途径是条件分支失败）。对于无条件分支指令，将其与它的跳转目标指令配对。这种配对通常允许跳转链（一个跳转指令跳转到另一个跳转指令）被折叠。但是请注意，对于第二条指令带有标号的指令对，不能进行优化。这是必要的，这样才能使跳转到这种标号的其他指令正确工作。但是，如果窥孔优化删除了对一个标号的所有引用，那么标号本身也会被删除，这可能会发现新的优化。

对上述指令的分析和简化实际上并不是在编译期间完成的，因为这样做太慢了。相反，我们提前分析实际程序的代表性样本，将最常见的窥孔优化存储在一张表中。在编译过程中，会参考这张表来确定当前窥孔中的指令是否可以优化。

习题

1. 考虑下面的 Java 方法

```
public static int fact(int n){
   if (n == 0)
      return 1;
   else return n*fact(n-1); }
```

   使用你喜欢的 Java 编译器，给出其为这个方法生成的 JVM 字节码。解释生成的每个字节码对于方法的执行有什么贡献。

   如果将“public static”前缀去掉，这个 Java 方法就变为一个合法的 C 或 C++ 函数。在你喜欢的处理器上用你喜欢的编译器编译它，不使用优化选项。列出生成的机器指令，对每个 JVM 字节码，指出哪些机器指令对应它。

2. 在许多处理器上，必须使用指定的特定寄存器来保存传递给子程序的参数或是从函数返回的值。请扩展 13.1 节的技术，使得在翻译字节码时，参数和返回值可以直接计算到指定寄存器中（无需任何不必要的寄存器间移动）。

3. 回忆一下，从字节码生成高效目标机器码的一个关键是对字节码操作数避免显式的栈操作，而是用机器寄存器存放“入栈的”值。

   假定我们使用 13.3.1 节的技术动态分配寄存器。解释在代码生成之前，我们如何用每个字节码保存其操作数和结果值的机器寄存器来标记字节码。（这些标记随后将用于在将字节码扩展为机器码时“填充”寄存器名。）

4. 一种常用的子程序优化是*内联*（inlining）。在调用点，将调用语句替换为被调用方法的方法体，并用实参值初始化表示形参的局部变量。

   假定我们已有表示子程序 P 的子程序体的字节码，P 标记为 private 或 final（因而不能在子类中重定义）。进一步假定 P 接受 n 个参数，使用 m 个局部变量。请解释，在机器码生成之前，我们如何用表示 P 的子程序体的字节码来替换 P 的调用。必须对子程序体做什么修改，才能确保替换的字节码不与调用的上下文中的其他字节码“冲突”？

5. 数组边界检查在 Java 和 C# 中是强制的。对于捕获错误而言，这是非常有用的，但其代价相当高，特别是在循环中。一种常见情况是条件分支能提供有用的优化信息，甚至能消除不必要的边界检查。例如，在下面的代码中

```
while (i < 10) {
  print(a[i++]);
}
```

   我们知道每当索引数组 a 时，i 必然小于 10。而且，由于在循环中 i 从未减小，因此在循环入口处检查一次 i 是非负的就足够了。

   设计生成数组索引代码的方法，可利用条件分支（在条件语句和循环语句中）提供的信息。

6. 给出表达式 a+(b+(c+((d+e)*(f/g)))) 对应的表达式树，已用 RegisterNeeds 打标签。

   给出用 TreeCG 代码生成器为此表达式生成的代码。

7. 回忆 13.2 节，RegisterNeeds 给出了在不将寄存器溢出到内存的前提下求值一个表达式所需的最小

寄存器数目。证明存在无限大小的表达式，其求值仅需 2 个寄存器。证明对任意 m 值，存在总是需要至少 m 个寄存器的表达式。

8. 某些计算机体系结构包含如下形式的立即数操作

```
op $reg1,$reg2,val
```

它计算 `$reg1 = $reg2 op val`。在一个立即数指令中，val 无须加载到一个寄存器中；它是直接从指令的位模式中获取的。

解释如何扩展 REGISTERNEEDS 和 TREECG 来适应包含立即数操作的体系结构。

9. 有时，对于为表达式树生成的代码，如果其中使用了满足结合律的运算符，如 + 和 *，可以改进代码。例如，如果用 TREECG 翻译下面的表达式，需要 4 个寄存器：

```
(a+b) * (c+d) * ((e+f) / (g-h))
```

即使利用了 + 和 * 满足交换律的性质，仍然需要 4 个寄存器。但是，如果利用乘法满足结合律的性质，由右至左地计算被乘数，则只需要 3 个寄存器。首先求值 ((e+f)/(g-h))，然后是 (c+d)*((e+f)/(g-h))，最后是 (a+b)*(c+d)*((e+f)/(g-h))。

编写一个例程 ASSOCIATE 重排满足结合律的运算的操作数的顺序，来减少寄存器的需求。(提示：允许满足结合律的运算有两个以上的操作数。)

10. 在 13.4 节中，我们看到了很多现代体系结构是*延迟加载的*。即，将一个值加载到一个寄存器中，无法在下一个指令中使用；需等待一条或多条指令的延迟（以便有时间访问缓存）。

13.2 节的 TREECG 例程的设计没有考虑处理延迟加载。因此，它几乎总是生成在加载指令处停顿的指令序列。

证明，对于 TREECG 生成的指令序列（长度为 4 或更长），如果提供给它一个额外的寄存器，对于加载延迟为一条指令的处理器，重排指令顺序以避免所有停顿是可能的。(可能需要重新分配某些操作数所使用的寄存器以利用额外寄存器。)

11. 延续 doubleSum 示例。将函数 stringSum 转换为一种为临时变量、活跃区间、参数和返回值显式分配寄存器的形式。然后，创建 stringSum 的干涉图。使用干涉图和 GCREGALLOC 为 stringSum 分配寄存器，假定有三个寄存器可用 [包括 $a0、参数寄存器和 $v0（返回值寄存器）]。

12. 假设我们有下面的方法：

```
int f(int i) {
   g(1,i);
}
```

当加载 g 的第二个参数时，如果我们要求利用寄存器传递参数，就会产生一个冲突。具体来说，i 使用第一个参数寄存器传递进来。但当加载 g 的第二个参数时，第一个参数寄存器已用来加载值 1，可能令 i 不可访问。一个寄存器分配器如何处理重用专门参数寄存器的问题呢？即，在整个子程序或方法中，确定参数值分配到哪里应该遵循什么规则呢？

13. 在 GCREGALLOC 中，如果无法对一个活跃区间着色，我们就溢出它。一种替代方法是不溢出活跃区间，而是分裂它，如 PRIORITYREGALLOC 中所做的。如果我们这样做的话，GCREGALLOC 需要做什么修改？

14. 在方法调用的位置，我们可能需要保存当前正在使用的寄存器（以免它们被将要执行的方法覆盖）。假定我们使用 GCREGALLOC 分配寄存器。解释在一个特定的方法调用处，如何确定哪些寄存器正在使用。

15. 假定我们有 n 个可用寄存器可分配给一个子程序。解释为什么我们用 GCREGALLOC 或 PRIORITYREGALLOC 可以估计子程序内寄存器溢出的总代价。解释如何用这个估计的代价来确定需要分配给子程序多少个寄存器。

16. 在执行动态寄存器分配时，一些实现将空闲寄存器保存在一个栈中。因此，最近释放的寄存器会是下一个分配的寄存器。另一方面，其他实现将空闲寄存器保存在一个队列的尾部。因此，释放时间最久远的寄存器会是下一个分配的寄存器。这通常被称为**循环分配**（round robin allocation）。

从扫描后代码调度器的角度，哪种寄存器分配实现（栈与队列）更好？为什么？

17. 13.4 节的 SCHEDULEDAG 调度器假定指令停顿具有单位延迟。即，必须使用一条指令将产生停顿的指令与第一个使用其生成值的指令分隔开。可能出现某些指令的延迟为 *n* 个周期的情况，这意味着必须使用 *n* 条指令将停顿指令与第一个使用其生成值的指令分隔开。

    SCHEDULEDAG 必须做什么修改以处理延迟为 *n* 个周期的指令？

18. SCHEDULEDAG 代码调度器是一种**扫描后代码调度器**（postpass code scheduler）。即，它是在寄存器分配之后调度指令。我们可以根据指令引用伪寄存器来创建一个依赖 DAG。在指令被调度后，伪寄存器被映射到实际寄存器。这种调度器被称为**扫描前调度器**（prepass scheduler），因为它在寄存器分配之前工作。

    值得注意的是，指令调度的顺序会影响稍后需要的寄存器数量。例如，立即调度所有加载指令，会迫使每个加载指令使用一个不同的寄存器。在其他操作之后调度一些加载指令，令我们能重用寄存器。

    如果 SCHEDULEDAG 被用作一个扫描前代码调度器，应该如何修改它，使得使用的伪寄存器数量成为选择下一条指令调度的标准？也就是说，不鼓励调度增加所需寄存器数量的指令，除非它有助于避免代码调度中的停顿。

19. 有时我们需要调度一小块代码，它形成了一个频繁执行的循环的循环体。例如

```
for (i=2; a <1000000; i++)
    a[i] = a[i-1]*a[i-2]/1000.0;
```

    类似浮点数乘法和除法这样的操作有着显著的延迟（5 个或更多周期）。如果一个循环体很小，代码调度做不了很多事情；没有足够的指令来覆盖所有延迟。在此情况下，**循环展开**（loop unrolling）就很有帮助了。我们将循环体重复 *n* 次，相应修改循环索引和循环限定条件。例如，如果取 n=2，则上面的循环变为

```
for (i=2; a <999999; i+=2){
    a[i] =    a[i-1]*a[i-2]/1000.0;
    a[i+1] =  a[i]*a[i-1]/1000.0;}
```

    一个更大的循环体为代码调度器提供了更多指令，这些指令可被放在可能引起停顿的指令之后。我们如何确定足以覆盖循环体中所有（或大多数）延迟的 *n* 值（**循环展开因子**，loop unrolling factor）呢？哪些因素限制了 *n*（或者说展开的循环体）的大小呢？

20. SCHEDULEDAG 代码调度程序对加载指令的处理非常乐观。它对加载指令进行调度时，假设它们总是命中主缓存。真正的加载指令并不总是这么配合。假设我们可以识别最可能不命中缓存的加载指令。应该如何修改 SCHEDULEDAG，以便在调度指令时能利用“缓存未命中概率”信息？

21. 假定我们用图 13.35 中的 MIPS 加法和立即数加载指令的模式扩展图 13.27 中定义的 IR 树模式。说明图 13.36 中对应下述表达式的 IR 树将如何匹配。将会生成什么样的 MIPS 指令？

```
A[i+1] = (1+i)*1000,
```

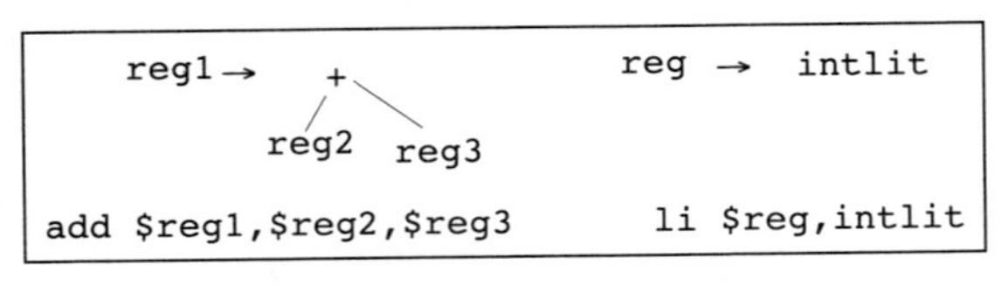

图 13.35　MIPS 指令模式

22. 使用 IR 树模式匹配方法的代码生成器仍然存在为生成的代码分配寄存器的问题。给出建议，说明如何将一个动态寄存器分配器与模式匹配继承在一起，形成一个完整的代码生成器。

23. 类似 MIPS 加载立即数这样的指令是很复杂的，这是由于立即操作数可能太大而难以装入单个寄存

器。实际上，太大的立即操作数会迫使生成器生成两个指令：一个立即数高位加载指令填充一个字的高位部分，紧接着一个立即数或指令填充字的低位部分。

如何使用代价和 IR 树模式向指令选择器指明，根据立即操作数的大小可能有两种不同的翻译？

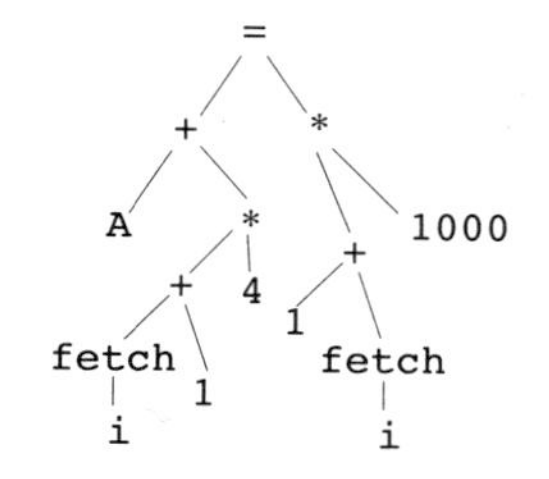

图 13.36　对应于 A[i+1] = (1+i)*1000 的 IR 树

24. 如图 13.37 所示，假设我们只有两种形式的树结构指令模式。

　　即，一个非终结符可以生成一个单一终结符，或者生成一个运算符，运算符的所有孩子都是非终结符。

　　设计一个算法，它能遍历任意 IR 树，确定是否可以使用一组产生式（限制为上述两种形式）覆盖（匹配）树。

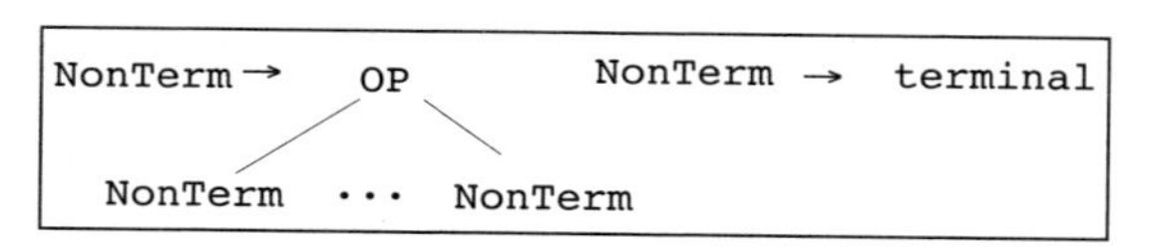

图 13.37　简单树模式

25. 对于习题 24 中描述的仅有两种形式的指令模式，假设现在我们向其添加了代价值（大于等于 0 的整数字面值）。扩展你在习题 24 中提出的算法，使得它能够寻找**最小代价覆盖**（least-cost cover）。即，对于一棵给定的 IR 树，你的算法应该选择最小化总体匹配代价的产生式。

26. 下面的指令序列通常出现在 Java 程序中：

```
a[i] = ...
... = a[i];
```

　　即保存了一个数组元素，然后立即使用了相同元素的值。提出一种字节码级的窥孔优化规则，能识别出这种情况并使用字节码 dup 优化它。

27. 类似 MIPS 和 Sparc 这样的机器具有**延迟分支指令**（delayed branch instruction）。即，先执行紧接在分支指令之后的指令，然后再跳转到分支指令的目的地址。

　　通常，编译器简单地在分支指令之后生成一个 nop 指令，有效地隐藏了延迟分支的效果。对后接一个 nop 的无条件分支指令，提出一种窥孔优化模式，它能将分支指令之前的指令交换到分支指令之后的“延迟槽位”。这种优化总是可行的吗？还是说必须满足某些条件，这种交换才合法？

　　现在考虑延迟条件分支指令，其中会检测一个寄存器的值。如果条件满足，先执行紧接着条件分支的指令，然后跳转到条件分支的目的地址。否则，执行紧接着条件分支的指令，不会跳转到条件分支的目的地址，与普通条件分支一样。提出一种窥孔优化模式，允许将条件分支之前的指令移动到它之后，只要交换的指令不影响条件分支所检测的寄存器。

28. 许多架构包含*取负加载*指令，可以将值取负后加载到寄存器。也就是说，先用零减去要加载的值，再将得到的差值保存到寄存器中。提出两种指令级窥孔优化模式，可利用取负加载指令。

29. 在执行窥孔优化后，对于用来替换原始指令的优化指令，还可以重新考虑，并进行进一步的窥孔优化。给出至少三个例子，说明窥孔优化可能会带来级联式的收益。

30. 假设我们已经有了一个窥孔优化器，它包含 n 个替换模式。实现这样一个优化器的最明显的方法是逐个尝试每个模式，这会导致优化器的速度与 n 成正比。

　　提出一种基于哈希技术的替代实现方法，其速度很大程度与 n 无关。即，当考虑的模式数量加倍时，优化器的执行时间不会自动加倍。

31. 13.2 节提出的塞蒂 – 厄尔曼编号算法假设所有表达式树节点都是*二叉的*。为图 13.9 中给出的塞蒂 – 厄尔曼编号算法设计一个推广算法，可以应用于表达式树节点有任意多个孩子的情况。

程序优化

到目前为止，本书讨论了将编程语言转换为可解释或可执行代码所需的分析和综合技术。分析的目的是确保源程序符合编写程序所用的编程语言的定义。在编译器验证源程序符合语言定义之后，进入综合阶段，完成程序的翻译。这种翻译的目标通常是一个可解释或可执行的指令集。因此，代码生成包括将程序的一部分转换为保留程序含义的指令序列。

就像大多数语言一样，表达同一件事有多种方式。在第 13 章中提出了**指令选择**（instruction selection），这是一种为目标机器选择有效指令序列的机制。在这一章中，我们将研究提高程序性能的更积极的技术。14.1 节概述程序优化，包括它在编译器中的角色、它的组织以及它在提高程序性能方面的潜力。14.2 节介绍表示程序**控制流**（control flow）的一些基本数据结构和算法。14.3 节介绍**数据流分析**（data flow analysis），这是一种在编译时确定程序有用性质的技术。本章的其余部分将讨论高级分析和优化技术。

14.1 概述

对于最早出现的编译器，如果用高级语言编写的程序的性能可以与手工编写的程序相媲美，就会被认为是成功的。按照今天的标准，当时的编程语言可能看起来很原始。然而，实现所需性能的技术令人印象深刻——这些技术仍然在现代编程语言的编译器中使用。如果没有先进的编程范式和语言的出现，软件项目不可能达到当今的规模。因此，媲美手工编码性能的目标已经让位于获得目标机器潜在速度的合理比例的目标。

与此同时，**精简指令集计算机**（Reduced Instruction Set Computer，RISC）架构的发展趋势继续向相对低级的指令集发展。这种架构的特点是指令时间更短，相应的时钟速率更快。其他发展包括**液体架构**（liquid architecture），其操作、寄存器和数据路径可重构。特殊用途的指令也被引入了架构中，例如用于 Intel 机器的 MMX 指令。这些指令有助于图形和数值计算。但是，除非编译器能够有效地利用 RISC 和更专用的指令，否则这样的架构创新是无法成功的。因此，计算机架构师、语言设计者和编译器编写者之间的协作持续走强。

编程语言社区将**语义鸿沟**（semantic gap）定义为编译器源语言和目标语言之间距离的（主观）度量。随着这种差距的不断扩大，编译器社区面临着建立高效桥梁的挑战。这些挑战来自多方面，例如面向对象、移动代码、活动网络组件和分布式对象系统。编译器必须快速、安静、正确地生成优秀的代码。

为什么要优化程序

虽然程序优化这个名字是一个误称，但它的目标肯定是提高程序的性能。真正的最优性能不能自动实现，因为这个任务包含所谓的**不可判定**问题 [Mar03]。可以证明，没有一种算法可以处理一个不可判定问题的所有实例。本节将讨论程序优化器努力改进的主要领域，首先从图 14.1 所示的例子开始。在这个程序中，变量 A、B 和 C 是矩阵类型。为简单起见，我们假设所有矩阵的大小都是 $N \times N$。如图所示，运算符 × 和 = 被重载了，分别使用图 14.1 中提供的函数和过程执行矩阵乘法和赋值。

```
procedure MAIN()
    /* A、B和C声明为N×N的矩阵                                    */
    A = B × C
end

function ×(Y, Z) returns Matrix
    if Y.cols ≠ Z.rows                                          ①
    then  /* 抛出一个异常 */
    else
        for i = 1 to Y.rows do
            for j = 1 to Z.cols do
                Result[i, j] ← 0
                for k = 1 to Y.cols do
                    Result[i, j] ← Result[i, j] + Y[i, k] × Z[k, j]
    return (Result)
end

procedure =(To, From)
    if To.cols ≠ From.cols or To.rows ≠ From.rows               ②
    then  /* Throw an exception */
    else
        for i = 1 to To.rows do
            for j = 1 to To.cols do
                To[i, j] ← From[i, j]
end
```

图 14.1　使用重载运算符的矩阵乘法

1. 高级语言特性

高级语言包含的一些特性以牺牲一些运行时效率为代价提供了灵活性和通用性。优化编译器试图通过以下方式恢复这些特性的性能：

- 也许可以证明，一个给定特性没有被程序的某些部分使用。

  在图 14.1 的示例中，假设 *Matrix* 类型扩展为 *SymMatrix*——针对对称矩阵优化了 *Matrix* 的方法。如果 A 和 B 实际上是 *SymMatrix* 类型，那么提供**虚函数分派**（virtual function dispatch）的语言有义务为对象的实际类型调用最特化的方法。然而，如果编译器可以确定 × 和 = 没有在 *Matrix* 的任何子类中重新定义，那么在编译时就可以预测这些方法上的虚函数分派的结果。

  基于这样的分析，当图 14.1 中的方法被调用时，可采用**方法内联**（method inlining）技术将调用展开为方法的定义，并替换恰当的参数值。如图 14.2 所示，得到的程序避免了函数调用的开销。而且，代码现在专门针对其参数进行了定制，其行和列的大小为 N。程序优化可以消除标记①和标记②处的检测。

```
for i = 1 to N do                                       ③
    for j = 1 to N do                                   ④
        Result[i, j] ← 0
        for k = 1 to N do
            Result[i, j] ← Result[i, j] + B[i, k] × C[k, j]   ⑤
for i = 1 to N do                                       ⑥
    for j = 1 to N do
        A[i, j] ← Result[i, j]
```

图 14.2　对重载运算符进行内联

- 也许可以证明，语言强制的操作不是必要的。例如，Java 坚持对数组引用进行下标检查以及对**窄化转换**（narrowing cast）做类型检查。如果优化编译器可以在编译时确定结果，这种检查就是不必要的。当为图 14.2 中的程序生成代码时，**归纳变量分析**（induction variable analysis）可证明 i、j 和 k 都位于矩阵 A、B 和 C 声明的范围内。因此，对这些数组可以消除下标检查。

  对于一个检测，即使其结果在编译时是不确定的，如果结果已经计算出来了，也可以消除检测。假定我们要求编译器检查标记⑤处的矩阵 *Result* 的下标表达式。最有可能的情况是，代码生成器将为每个 *Result* $[i, j]$ 引用插入一个检测。一遍优化扫描可以确定第二个检测是冗余的。

现代软件构建实践要求大型软件系统由易于编写、易于重用的小组件组成。因此，编译器的**编译单元**（compilation unit，在编译器的一次运行中直接处理的文本）的大小一直在稳步缩小。作为应对，优化编译器考虑了**全程序优化**（Whole-Program Optimization，WPO）问题，这需要分析程序编译单元之间的相互作用。方法内联（如图 14.2 所示）是体现 WPO 好处的一个例子。即使一个方法不能内联，WPO 也可以为被调用方法生成一个根据调用上下文定制的版本。换句话说，向可重用代码发展的趋势可能导致系统通用但效率不高。优化编译器试图恢复一些失去的性能。

2. 特定于目标的优化

可移植性是当今编程语言的重要目标。理想情况下，一旦用高级语言编写了一个程序，对任何支持该语言的计算系统，程序应该不需要进行修改即可移动到该系统。架构解释语言，如 **Java 虚拟机**（JVM），对可移植性提供了很好的支持。任何支持 JVM 解释器的计算机都可以运行任何 Java 程序。但速度有多快仍然是个问题。尽管大多数现代计算机都是基于 RISC 原理的，但它们的指令集细节差别很大。而且，对于给定的架构，不同的模型在存储层次、指令时间和并发程度方面也会有所不同。

图 14.2 所示的程序比图 14.1 所示的版本有所改进，但仍有可能继续改进其性能。考虑矩阵 *Result* 的行为。在标记③和④处的嵌套循环中计算了 *Result* 的值——一次一个元素地计算。然后，标记⑥处的嵌套循环将每个元素从 *Result* 复制到 A。在任何**非一致性内存访问**（Non-Uniform Memory Access，NUMA）系统上，如果最快的存储层次不能容纳 *Result*，那么预期其性能都会很差。如果数据在寄存器中累积计算，然后直接保存在 A 中，则可以获得更好的性能。具有**循环融合**（loop fusion）特性的优化编译器可以识别标记③和⑥处的两个外层嵌套循环在结构上是等效的。**依赖关系分析**（dependence analysis）表明，*Result* 的每个元素都是独立计算的。于是可以将循环融合以获得如图 14.3 所示的程序，其中 *Result* 矩阵被消除。

```
for i = 1 to N do
    for j = 1 to N do
        A[i, j] ← 0
        for k = 1 to N do                          ⑦
            A[i, j] ← A[i, j] + B[i, k] × C[k, j]  ⑧
```

图 14.3　嵌套循环融合

3. 程序翻译中的不自然代码

在将程序从源语言翻译成目标语言的过程中，编译器可能会引入不必要的计算。如第

13 章所讨论的，编译器试图将频繁访问的变量保存在快速寄存器中。例如，图 14.3 中的迭代变量很可能保存在寄存器中。图 14.4 显示了为图 14.3 中的循环直接生成代码的结果。

$r_i \leftarrow 1$
while $r_i \le N$ **do**
  $r_j \leftarrow 1$
  while $r_j \le N$ **do**
    $r_A \leftarrow \star(Addr(A) + (((r_i - 1) \times N + (r_j - 1))) \times 4)$
    $\star(r_a) \leftarrow 0$
    $r_k \leftarrow 1$
    $r_{sum} \leftarrow -$
    while $r_k \le N$ **do**
      $r_A \leftarrow \star(Addr(A) + (((r_i - 1) \times N + (r_j - 1))) \times 4)$ ⑨
      $r_B \leftarrow \star(Addr(B) + (((r_i - 1) \times N + (r_k - 1))) \times 4)$
      $r_C \leftarrow \star(Addr(C) + (((r_k - 1) \times N + (r_j - 1))) \times 4)$
      $r_{sum} \leftarrow r_A$
      $r_{prod} \leftarrow r_B \times r_C$
      $r_{sum} \leftarrow r_{sum} + r_{prod}$
      $r_A \leftarrow \star(Addr(A) + (((i - 1) \times N + (j - 1))) \times 4)$ ⑩
      $\star(r_a) \leftarrow r_{sum}$
      $r_k \leftarrow r_k + 1$
    $k \leftarrow r_k$ ⑪
    $r_j \leftarrow r_j + 1$
  $j \leftarrow r_j$ ⑫
  $r_i \leftarrow r_i + 1$
$i \leftarrow r_i$ ⑬

图 14.4 低级代码序列。运算符 ⋆ 表示间接寻址：$\star x$ 会导致其操作数 x 被求值，然后作为一个地址取其中的值

循环包含了标记 ⑪、⑫ 和 ⑬ 处的指令，这些指令将迭代变量寄存器保存在命名变量中。然而，这个特定程序在循环结束时就不需要迭代变量的值了。因此，这样的保存操作是不必要的。在第 13 章中，如果寄存器分配器可以将迭代变量分配到一个没有溢出的寄存器中，就可以避免这样的保存操作。

因为编译器对每个程序元素都是机械地调用代码生成，所以很容易生成冗余计算。例如标记⑨和标记⑩处计算 $A[i,j]$ 地址的计算就是如此。只有一次计算是必要的。

可以想象，我们可以设计代码生成器，使得它在生成代码时考虑这些条件。从表面上看，这似乎是可取的，但现代编译器设计实践却表明：

- 这些考虑会使设计代码生成器的任务变得非常复杂。诸如指令选择和寄存器分配等问题才是代码生成器的主要关注点。通常，通过组合易于理解、编程和维护的简单的、单一目的的变换来打造编译器是更明智的做法。每一个这样的变换通常被称为编译器的一遍**扫描**（pass）。
- 编译器的很多部分都会生成多余的代码。编写专门用于删除不必要计算的一遍扫描模块比在整个编译器中重复这种功能更有效。

例如，**死代码删除**（dead code elimination）和**不可达代码删除**（unreachable code elimination）可删除不必要的计算。大多数编译器都包含这样两遍专门的扫描。

继续我们的示例，考虑为图 14.3 生成代码。假设每个数组元素占用 4 个字节，并且指定的下标在 1...N 的范围内。索引数组元素 $A[i,j]$ 的代码变为

$$Addr(A) + (((i - 1) \times N + (j - 1))) \times 4$$

其中花费了

4 次整数“+”和“−”
2 次整数“×”

6 次整数运算

由于标记⑧处有 4 次这种数组引用，因此此语句每次执行花费

16 次整数“+”和“−”
8 次整数“×”
3 次加载
1 次浮点数“+”
1 次浮点数“×”
1 次保存

30 条指令

因此，循环包含 2 条浮点数指令和 24 条定点数指令。在支持定点数和浮点数指令并发的超标量架构上，此循环会导致定点数单元的严重瓶颈。

通过以下优化，可以大大提高计算效率，大多数编译器都支持这些优化：

- **循环不变检测**（loop-invariant detection）可以确定（地址）表达式 $A[i, j]$ 在标记⑧处没有改变。
- **强度削弱**（reduction in strength）可以用索引变量的简单自增代替矩阵的地址计算。迭代变量本身可能消失，循环终止的检测基于下标地址（而不再是迭代变量）。

在最内层循环上应用这些优化的结果如图 14.5 所示。内层循环现在包含 2 个浮点运算和 2 个定点运算——这种平衡极大地提高了循环在现代处理器上的性能。

```
FourN ← 4 × N
for i = 1 to N do
    for j = 1 to N do
        a ← &(A[i, j])
        b ← &(B[i, 1])
        c ← &(C[1, j])
        while b < &(B[i, 1]) + FourN do
            ⋆a ← ⋆a + ⋆b × ⋆c
            b ← b + 4
            c ← c + FourN
```

图 14.5　优化的矩阵乘法

4. 一系列简单扫描

将优化编译器组织成一系列*扫描*是比较方便的。每遍扫描都应该有一个明确的目标，这样它的范围就很容易理解。这有助于开发每遍扫描，以及将多遍扫描集成到一个优化编译器中。例如，应该可以在任何时候运行**死代码消除**扫描来删除无用代码。当然，这个过程应该在代码生成之前运行。通过消除不必要的代码，单遍扫描的有效性以及优化编译器的整体速度都得到了提高。

为了便于开发和互操作性，一种很有用的策略是每遍扫描的输入和输出都使用编译器的**中间语言**（Intermediate Language，IL），如图 10.3 所示。

不幸的是，编译器的各遍扫描之间可能以微妙的方式相互作用。例如，**代码移动**（code motion）可以重排程序的计算，以更好地利用给定的体系结构。然而，随着变量的定义和使用之间的距离增加，**寄存器分配器**的压力也会增加。因此，编译器的优化之间往往存在一些矛盾。理想情况下，优化编译器的各遍扫描应该是相当独立的，以便它们可以根据情况进行重新排序和重试 [CGH+05]。

14.2 控制流分析

本节介绍表示程序控制流的结构。流图本质上是一个有限状态自动机，其节点表示程序中的不同位置，边表示这些位置之间可能的转移。正如地图上的公路系统连接城市一样，流图也可以作为优化的路线图。流图的节点表示可以生成或使用优化信息的程序位置，图的边是组合这些信息并进一步传播的管道。

定义 14.1 流图（flow graph）$\mathcal{G}=(\mathcal{N},\mathcal{E},root)$ 是一个有向图：$\mathcal{N}$是一个节点集合，$\mathcal{E}$是$\mathcal{N}$上的一个二元关系。节点 *root* 是流图的特殊的入口节点：$\forall X \in \mathcal{N},(X, root) \notin \mathcal{E}$。

虽然上述定义是很一般的，但我们关心的是表示以下级别的程序行为：

- **控制流图**（control flow graph）$\mathcal{G}_{cf}$ 表示过程中可能的执行路径。一般来说，$\mathcal{N}_{cf}$ 中的每个节点对应于一个线性操作序列，$\mathcal{E}_{cf}$ 中的每条边都表示潜在的执行转移——从一个序列的结束到另一个序列的开始。控制流图用于**过程内分析**（intraprocedural analyses）。
- **过程调用图**（procedure call graph）$\mathcal{G}_{pc}$ 表示一个程序的过程之间的潜在执行路径。$\mathcal{N}_{pc}$ 中的每个节点对应程序的一个过程，$\mathcal{E}_{pc}$ 中的每条边都表示一个潜在的过程调用。过程调用图用于**过程间分析**（interprocedural analyses）。

由于编程构造的多样性，如循环、可选入口点、过程出口、递归和任意 goto 语句，可能会生成没有明显结构的流图。然而，编程语言和软件开发实践的趋势倾向于产生结构相对清晰的程序，其流图具有有利于高效分析的特性。

在实践中，程序的行为由多个流图捕获，根据不同级别优化的预期收益，每个流图具有不同的粒度。例如，过程调用图的每个节点都是一个过程，每个过程本身由一个过程内控制流图表示。理论和实践都表明了这种组织的好处，编译器设计者必须考虑在给定级别上表示程序行为的代价和预期收益。

14.2.1 控制流图

从优化的角度来看，控制流图的节点表示一个操作序列。撇开效率考虑不谈，一个序列可以对应于单个机器指令或整个程序，因为在某种程度上，每条指令都可以被视为一个指令序列，其执行会修改计算的状态。但是，如何组成节点值得仔细关注，因为所选择的表示级别在很大程度上影响分析和优化的精度和效率。

假设一个变量 **x** 在程序中总是被赋值为 2 或 3。如果整个程序的行为是由单个流图节点表示的，那么就这个表示级别而言，**x** 就不是常数。另一方面，如果一个节点表示单一机器指令，那么在很多点上变量都可以是常数。然而，这样的细粒度对于大多数程序来说是低效的。在我们的例子中，**x** 很可能对大量指令保持相同的值。

- 程序员倾向于构造出的过程的语句能完成对程序状态的有意义的更改。因此，常用的策略是为每条语句关联一个节点。通常，我们会引入额外的节点来将流图变换为规范形式（参见图 14.40）。
- 另一种特别适合独立于语言的优化的方法是为编译器中间语言的每个语句或指令关联一个节点（参见第 10 章）。
- 如果给定的粒度级别太细，则指令可以分组为最大线性序列或**基本块**（basic block）。于是，节点表示满足如下性质的最长序列，即序列只能在其第一个操作处进入，在任何有多个后继的操作处结束。因此，在任何一次程序执行的追溯中，来自一个基本块的所有指令要么都执行，要么都不执行，且总是以相同的顺序执行。

图 14.6 显示了一个程序及其中间代码的基本块划分。从标记 ⑭ 到标记 ㉒，每个标记对应的语句都开始一个新的基本块。注意，在标记 ⑮ 处的块包含一个过程调用。在这个级别的分析中，过程 BAR 内的控制流是隐藏的，因此过程调用不会中断基本块。

```
procedure
FOO(d, x, y, z, f, g, h, c)
    if d = 15
    then
        x ← 0
        y ← x + y * z
        call BAR(x, y)
        z ← 2
        if f * g + h = 12
        then
            y ← 3
            x ← 4
    else
        z ← 5
        while c < 12 do
            x ← 6
            y ← 7
        y ← 8
end
```

a）

```
     procedure FOO(d, x, y, z, f, g, h, c)
         if (d ≠ 15) then goto L2          ⑭
         x ← 0                             ⑮
         t1 ← y * z
         y ← x + t1
         call BAR(x, y)
         z ← 2
         t2 ← f * g
         t3 ← t2 + h
         if (t3 ≠ 12) then goto L1
         y ← 3                             ⑯
         x ← 4
L1:      goto L5                           ⑰
L2:      z ← 5                             ⑱
L3:      if (c ≥ 12) then goto L4          ⑲
         x ← 6                             ⑳
         y ← 7
         goto L3
L4:      y ← 8                             ㉑
         goto L5
L5:  end                                   ㉒
```

b）

图 14.6　a）源程序；b）源程序的中间代码和基本块分解

虽然将语句组织成基本块可以提高空间效率，但避免使用基本块的一些原因如下：

- 相对于大的地址空间，稀疏的流图占用很少的空间，即使程序行为是在一个相对精细的级别上建模也是如此。
- 将指令组织成基本块几乎不节省时间，特别是如果每次访问节点时必须“打开”这些块。
- 由基本块组成的图通常需要两个级别的数据流分析：*局部*数据流分析在一个基本块内建立解决方案，*全局*数据流分析则在流图上解决问题。就软件开发和维护而言，两级分析的成本至少是一级分析的两倍。更通用的解决方案允许任意级别的分析，但典型的程序不需要如此复杂的分析。实际上，对于大多数应用程序来说，仔细选择的单一表示级别就足够了。

我们可以在生成中间代码时动态构造基本块。图 14.7 包含一个两遍扫描算法，它将一个扁平的（非结构化的）指令流划分为基本块。标记 ㉓ 处依次考虑流中的每条指令，将开始一个新的基本块的指令添加到 *leaders* 中。注意，非分支语句和条件分支语句可以隐含地分支到流中的下一条指令。另外，分支指令可能反复地跳转到同一指令。为了避免构造出虚假的基本块，标记 ㉔ 处必须找到指令 *s* 的不同的后继指令的数量。标记 ㉕ 处执行第二遍扫描，将每个 leader 及其后续指令创建为一个基本块（直到下一条开始一个新基本块的语句）。如果指令流太大，不方便存储，则可以对 *leaders* 集进行组织（例如，排序），这样就不需要对指令进行随机访问。或者，可以将指令流考虑为固定大小的段，其中每个段中的第一条语句就是一个 leader。尽管这种方法可能会引入虚假的基本块，但这些只会影响表示的空间效率，而不会影响精度或总体时间。

```
procedure FORMBASICBLOCKS( )
    leaders ← { first instruction in stream }
    foreach instruction s in the stream do                        ㉓
        targets ← { distinct targets branched to from s }         ㉔
        if |targets| > 1
        then
            foreach t ∈ targets do  leaders ← leaders ∪ { t }
    foreach l ∈ leaders do                                        ㉕
        block(l) ← { l }
        s ← next instruction after l
        while s ∉ leaders and s ≠ ⊥ do
            block(l) ← Block(l) ∪ { s }
            s ← Next instruction in stream
end
```

图 14.7 将指令流划分为基本块。伪代码中的值⊥的含义是“未定义”，在大多数编程语言中通常表示为 null

我们已经展示了如何构造基本块，并说明了避免构造它们的原因，从现在开始，我们假设流图节点对应于输入语言的单个语句。

14.2.2 程序和控制流结构

接下来，我们将描述总是产生具有某些理想性质的控制流图的语言构造。在讨论了区间分析（14.2.9 节）之后，可以对这个问题进行更一般的处理。

如果一个过程的循环是使用 while-do 和 repeat-until 构造编写的，那么过程中的任何循环都只能通过一个称为**头节点**（header node）的节点进入。具有此性质的控制流图被称为**可约的**（reducible），这样的图适用于穷举分析和伯克（Burke）[Bur90] 描述的增量式的**区间分析**（intervalanalysis）技术。**不可约流图**（irreducible flow graph）的典型示例如图 14.8b 所示。

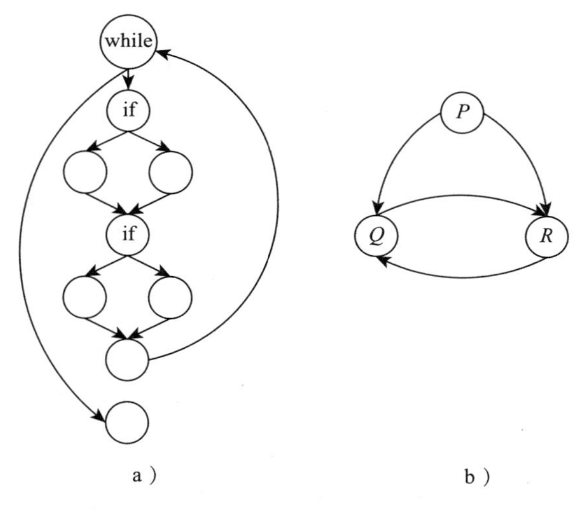

图 14.8 a）结构化流图；b）规范不可约流图

如果只使用 if-then-else、while-do 和 repeat-until 构造编写过程中的分支，则生成的控制流图是**结构化的**（structured），如图 14.8a 所示。结构化程序通常伴随着清晰的编程风格，因为这种程序中的控制流通过检查很容易看出。毫不奇怪，结构化控制流图的分析和优化比非结构化流图更简单。

14.2.3 直接过程调用图

本节介绍程序调用图 $\mathcal{G}_{pc}$，它是控制流图推广到过程间的结果。一般来说，构造一个精

确的 $\mathcal{G}_{pc}$ 比构造一个控制流图要困难得多。在某些语言中，方法是**虚拟**（virtually）分派的，这可能令确定实际调用方法变得很困难。对于具有高阶函数或过程变量的语言，甚至需要复杂的数据流技术来近似过程调用图 [GC01]。在这里，我们将讨论限制在直接过程调用图的构造上，这种图对于过程间分析很有用，并且易于计算。

每个过程对应于 $\mathcal{G}_{pc}$ 的一个节点。如果过程 P 只能通过过程 Q 的名字来调用（即不允许过程变量），则在节点 P 和 Q 之间放置一条边。任何过程调用序列（没有返回）在此流图中都有一条对应的路径。因为流图只能模拟有限状态行为，所以我们不能期望 $\mathcal{G}_{pc}$ 建模过程调用的类栈的行为。

尽管图 14.8b 中的流图反映了过程如何相互调用，但过程调用的返回值并没有显式地表示。例如，当 P 对 R 的调用返回时，该图没有显示从 R 到 P 的任何控制转移。可以创建一个超图 [Mye81]，其中包含一条从 R 和 Q 到 P 的边，显示 `return` 语句的行为。然而，这样的图不容易区分 P 和 R 相互递归调用以及 R 将控制权交还给 P 的情况。

在过程调用图上可以像在控制流图上那样规划优化和数据流分析。虽然描述和解决这些问题的技术是相似的，但我们期望对过程内问题有更准确的解决方案，因为过程内控制流分析通常更准确。

14.2.4 深度优先生成树

流图的一种抽象是它的**深度优先生成树**（Depth-First Spanning Tree，DFST），它对于计算流图的支配树（见 14.2.5 节）和区间划分（见 14.2.9 节）很有用。流图的 DFST 包含流图的所有节点和足以构成一棵树的流图的若干条边。

图 14.9 所示的深度优先搜索算法在计算流图的深度优先编号时构建流图的 DFST。该算法接受流图 $\mathcal{G}_f = (\mathcal{N}_f, \mathcal{E}_f)$，花费 $O(\mathcal{E}_f)$ 时间和 $O(\mathcal{N}_f)$ 空间生成如下数据结构：

深度优先生成树

parent(*Z*)	*Z* 的父节点
child(*Y*)	*Y* 的孩子节点的列表的表头
sibling(*Z*)	*parent*(*Z*) 的孩子节点列表中的下一个节点

深度优先编号

dfn(*Z*)	节点 *Z* 关联的深度优先编号
vertex(*n*)	深度优先编号为 *n* 的节点
progeny(*Z*)	在 DFST 中 *Z* 的真后代节点的编号
NumNodes	从 *root* 出发可达的 $\mathcal{N}_f$ 中的节点的数量

这些数据结构对每个节点使用固定数量的引用来表示一棵树，如 7.4.2 节所述。图 14.10 所示的流图中的节点已经标记了深度优先编号。为该图计算的 DFST 如图 14.12 所示。

该算法在图 14.9 的标记 ㉖ 处不按任何特定顺序来考虑节点 X 的后继节点。因此，图的 DFST 不一定是唯一的。很容易描述 DFST，使得其孩子节点由左至右的绘制顺序与深度优先搜索发现它们的顺序吻合，如图 14.12 所示。然而，该算法收集节点 X 的孩子节点的方式是将它们插入链表的头部（标记㉗和㉘处）。因此，在得到的列表中，孩子节点是按照其发现顺序的相反顺序保存的：

- 深度优先搜索发现的 X 的最后一个孩子节点将呈现为 *child*(*X*)。

- 恰好在节点 Y 之前发现的 X 的孩子节点将呈现为 $sibling(Y)$。

```
/*    变量num是全局变量，在DFST和DFS中均可见                        */
procedure DFST(𝒢_f)
    num ← 0
    foreach Z ∈ 𝒩_f do
        child(Z) ← null
        dfn(Z) ← 0
    parent(root) ← null
    call DFS(root)
    NumNodes ← num
end

procedure DFS(X)
    num ← num + 1
    dfn(X) ← num
    vertex(num) ← X
    foreach Y ∈ Succ(X) do                                          (26)
        if dfn(Y) = 0
        then
            parent(Y) ← X
            sibling(Y) ← child(X)                                   (27)
            child(X) ← Y                                            (28)
            call DFS(Y)
    progeny(X) ← num − dfn(X)
end
```

图 14.9　深度优先编号和生成树。算法的输入是一个流图 $\mathcal{G}_f = (\mathcal{N}_f, \mathcal{E}_f, root)$

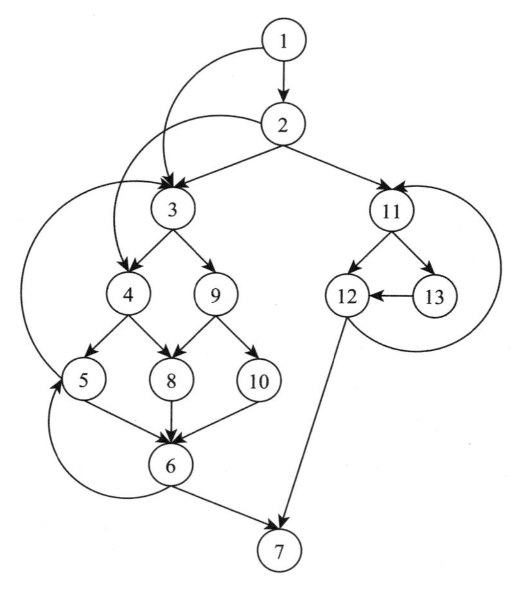

图 14.10　流图示例

因此，图 14.11 所示的遍历具有**由右至左先序遍历**（right-to-left preorder）DFST 的效果，如 14.5 节中所讨论的，这是一个有利于评估数据流框架的顺序。

```
procedure RIGHTTOLEFTTRAVERSAL(root)
    call VISITNODE(root)
end

procedure VISITNODE(n)
    c ← child(n)
    while c ≠ null do
        /★ 先序处理代码放在这里                    ★/ ㉙
        call VISITNODE(c)
        /★ 后序处理代码放在这里                    ★/ ㉚
        c ← sibling(c)
end
```

图 14.11　由右至左先序遍历 DFST

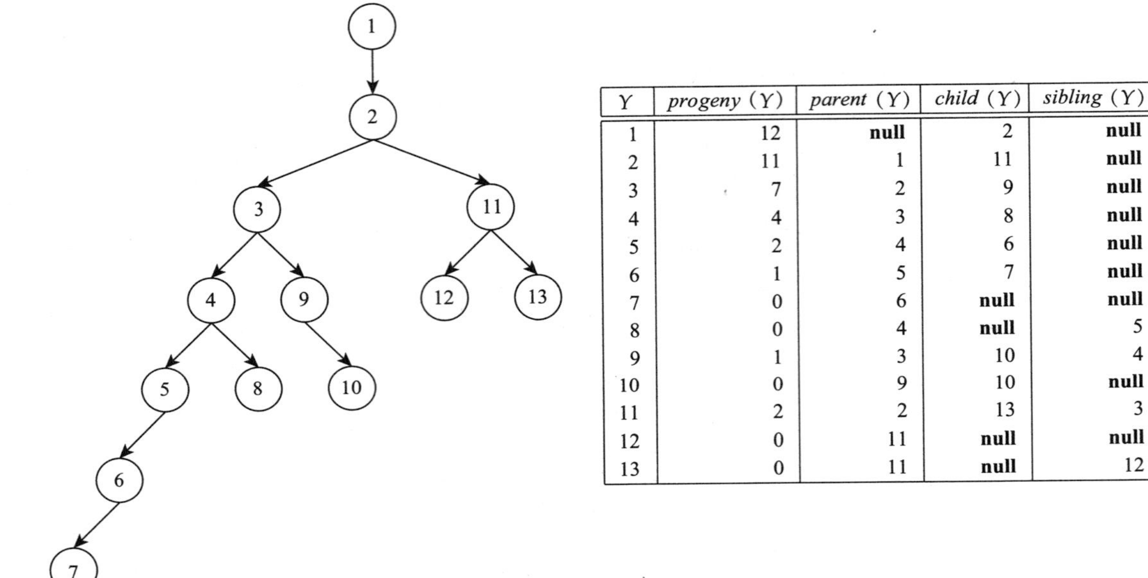

Y	*progeny* (Y)	*parent* (Y)	*child* (Y)	*sibling* (Y)
1	12	**null**	2	**null**
2	11	1	11	**null**
3	7	2	9	**null**
4	4	3	8	**null**
5	2	4	6	**null**
6	1	5	7	**null**
7	0	6	**null**	**null**
8	0	4	**null**	5
9	1	3	10	4
10	0	9	10	**null**
11	2	2	13	3
12	0	11	**null**	**null**
13	0	11	**null**	12

图 14.12　图 14.10 中流图的深度优先生成树及树的数据结构表示

DFST 是使用图的一些边构造的。对于图中不参与树的那些边，一些算法利用了它们与 DFST 结构的关系。图 14.13 显示了图 14.10 的所有边叠加在图 14.12 的树上的效果。回想一下，术语祖先、后代和孩子指的是树数据结构中的节点（如 DFST），而后继和前驱指的是图中的节点。相对于 $\mathcal{G}_f$ 的一棵给定的 DFST，$\mathcal{E}_f$ 中的每条边都可以唯一描述如下：

树边：树边（tree edge）在 $\mathcal{E}_f$ 中和 $\mathcal{G}_f$ 的给定 DFST 中都出现。在图 14.13 中，树边显示为正常的实线。例如，4 → 8 是一条树边。

回边：回边（back edge）连接节点 Y 和 Y 的祖先节点 X。图 14.13 中，回边以粗线表示，例如，6 → 5、5 → 3 和 12 → 11 都是回边。

弦边：弦边（chord edge）将节点 X 与其真后代连接起来。图 14.13 中，点边 2 → 4 和点边 1 → 3 是仅有的弦边。

交叉边：其余的边为**交叉边**（cross edge）。如果 DFST 的绘制方式是节点的子节点按照深度优先发现的顺序由左至右显示，那么将图叠加到 DFST 上时，图的交叉边总是从右指向左。在图 14.13 中，交叉边用虚线绘制，例如，8 → 6、9 → 8、10 → 6、12 → 7 和 13 → 12 都是交叉边。

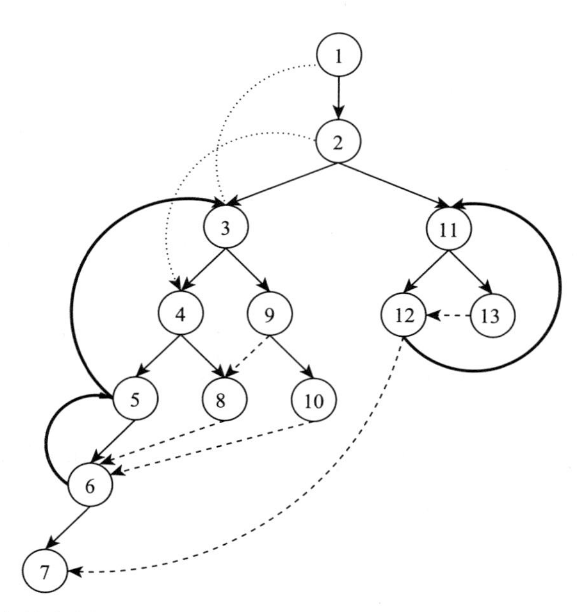

图 14.13 图 14.10 中的边在图 14.12 的 DFST 上的叠加。回边是粗线，交叉边是虚线，弦边是点状线。所有其他边都是来自 DFST 的树边

根据以下定理，基于图 14.9 所示的算法计算出的数据结构，足以确定任意边的类型。

定理 14.2 节点 Y 在以 X 为根的深度优先生成树中（表示为 $X \lhd Y$）当且仅当

$$dfn(X) \leqslant dfn(Y) \leqslant dfn(X) + progeny(X)$$

证明：留作习题 13。 ■

因此，一旦计算出深度优先编号，**常数时间的检测**就可以确定 X 是否为 Y 的祖先。图 14.14 显示了如何使用图 14.9 中的算法生成的结构来确定相对于 DFST 而言一条边 $X \rightarrow Y$ 的类型。流图边或路径所满足的性质表示在边或路径符号下方。

<table>
<tr><th>性质</th><th colspan="2">检测</th></tr>
<tr><td>$X \xrightarrow[\text{树边}]{} Y$</td><td rowspan="3">$dfn(X) < dfn(Y)$ 且</td><td>$parent(Y) = X$</td></tr>
<tr><td>$X \xrightarrow[\text{弦边}]{} Y$</td><td>$parent(Y) \neq X$</td></tr>
<tr><td>$X \xrightarrow[\text{回边}]{} Y$</td><td>$Y \lhd X$</td></tr>
<tr><td>$X \xrightarrow[\text{交叉边}]{} Y$</td><td>$dfn(X) \geqslant dfn(Y)$ 且</td><td>$Y \ntriangleleft X$</td></tr>
</table>

图 14.14 确定边 $X \rightarrow Y$ 的类型

14.2.5 支配关系

对于程序分析和优化，另一组有用的抽象是支配关系数据结构——特别是流图的**支配树**（dominator tree）。节点 Z 的支配者就像流图中的一系列门：控制流只有通过 Z 的支配者才能到达 Z。对于控制流图 $\mathcal{G}_f = (\mathcal{N}_f, \mathcal{E}_f, root)$，支配关系的各种形式定义如下。

定义 14.3

- 节点 Y **支配**（dominate）节点 Z（表示为 $Y \geqslant Z$），当且仅当 $\mathcal{G}_f$ 中每条从根到 Z 的路径都包含 Y。一个节点总是支配自己。
- 节点 Y **严格支配**（strictly dominate）节点 Z（表示为 $Y \gg Z$），当且仅当 $Y \geqslant Z$ 且 $Y \neq Z$。
- 节点 Z 的**直接支配者**（immediate dominator）（表示为 $idom(Z)$）为 Z 的最近的严格支配者

$$Y = idom(Z) \Leftrightarrow (Y \gg Z \text{且} \forall X \gg Z, X \geqslant Y)$$

- $\mathcal{G}_f$ 的**支配树**（dominator tree）的节点集为 $\mathcal{N}_f$；Y 是此树中 Z 的父节点当且仅当 $Y = idom(Z)$。

作为一个简单的例子，考虑一个节点序列 $X_1, X_2, \cdots, X_n$，其中控制流仅在 X_1 处进入序列，仅在 X_n 处退出，且控制转移仅从 X_i 到 X_{i+1}。图 14.15a 显示了一个 $n=3$ 的例子。回顾 14.2.1 节的讨论，这样的序列本质上是一个基本块，可用流图中的单个节点表示。但是，如果图 14.15a 中所示的这些节点在流图中是不同节点，则每个 X_i 支配 $\{X_j \mid j \geqslant i\}$ 中的节点，严格支配 $\{X_j \mid j > i\}$ 中的节点，直接支配节点 X_{i+1}。

作为另一个例子，考虑 `if-then-else` 语句的流图，如图 14.15b 所示。在该图中，节点 A 直接支配节点 B、C 和 D。图 14.15c 中的控制流图建模了一个循环，其中节点 F 决定是否继续循环或终止。节点 E 支配所有节点，节点 F 支配节点 F、G 和 H，节点 G 和 H 只支配它们自己。

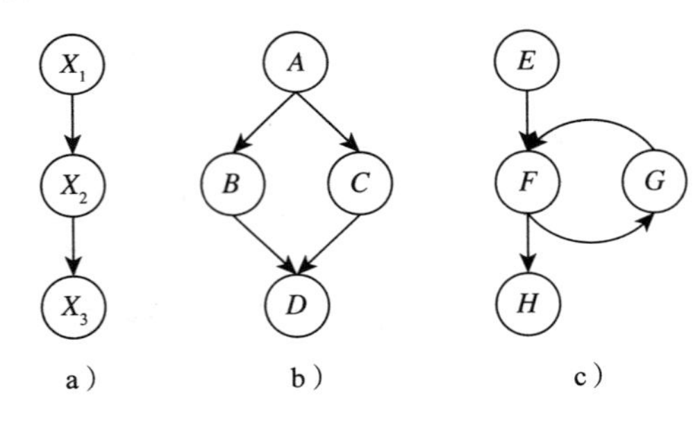

图 14.15　流图支配关系示例

图 14.16 给出了支配关系的一个可视化解释。假定流图的 *root* 节点是一个光源，流图的边就像光纤，光可以沿着光纤传输。为了找到被 X 支配的节点，想象 X 是不透明的：任何进入 X 的光都被阻挡，不能沿着离开 X 的边继续传播。则落入由 X 投下的阴影中的节点被 X 严格支配。如果图 14.16 中的节点 3 是不透明的，则光不能到达节点 9 或 10。因此，节点 3 支配节点 3、9 和 10。光可从节点 2 到达节点 4，因此节点 4 不受节点 3 的支配。

14.2.6　简单的支配关系计算算法

我们首先讨论一个确定流图 $\mathcal{G}_f = (\mathcal{N}_f, \mathcal{E}_f)$ 中每个节点的所有支配者的算法。算法基于这样一个观察：节点 Z 被自己所支配，也被支配 Z 的所有前驱的任何节点所支配。换句话说，为了到达 Z，控制流必须经过 Z 在流图中的一个前驱。支配 Z 的每个前驱的任何节点 Y 必然出现在从 *root* 到 Z 的每条路径上。

方程 14.4　支配 Z 的节点可确定如下：

$$dom(Z) = \{Z\} \cup \bigcap_{(Y,Z) \in \mathcal{E}_f} dom(Y)$$

流图的每个节点都贡献了这样一个方程，我们寻求一个满足每一个方程同时提供最佳答案的解。这种类型的问题描述与我们在 14.4 节中学习的数据流问题的描述非常相似，因此值得详细研究。

考虑对图 14.15c 中的流图应用方程 14.4。将方程应用到节点 E 得到 $dom(E)=\{E\}$ 。为节点 F 写下的方程要求知道节点 G 处的解：

$$dom(F)=\{F\}\cup(dom(F)\cap dom(G))$$

节点 G 的求解很容易，因为它的解依赖于节点 F，因此在将方程 14.4 应用于节点 F 之前，似乎我们需要一个关于 G 这样的节点的解的初始假设，一个安全（但最终较劣）的方法是假设每个解最初都是空集（$\emptyset$）。从这个假设出发，可求得如下解：

$$\begin{aligned}dom(E)&=\{E\}\\dom(F)&=\{F\}\cup(dom(E)\cap dom(G))\\&=\{F\}\cup(\{E\}\cap\emptyset)\\&=\{F\}\cup\emptyset\\&=\{F\}\\dom(G)&=\{G\}\cup dom(F)\\&=\{F,G\}\\dom(H)&=\{H\}\cup dom(F)\\&=\{F,H\}\end{aligned}$$

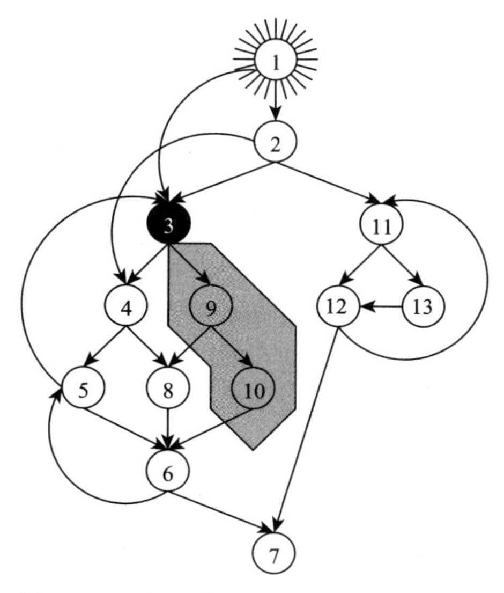

图 14.16　支配关系的可视化解释。以节点 1 为光源，当节点 3 不透明时，节点 9 和 10 处于其投下的阴影中。因此，节点 3 严格支配节点 9 和 10

这个解是一个**不动点**（fixed point）：

- 对我们考虑的每个节点 Z，$dom(Z)$ 中的每个节点都支配 Z。例如，节点 F 和 H 都支配 H。
- 对任何节点继续应用方程 14.4 不会改变任何节点的解。

虽然解满足了方程组，但我们得到的是**最小不动点**解，而不是**最大不动点**解。在上面的例子中，节点 E 应该支配所有节点，但它只出现在了 $dom(E)$ 中。对每个节点 Z，我们希望 $dom(Z)$ 在满足方程 14.4 的同时尽量大。

在建立该方程组的一个不动点解时，通过将方程 14.4 应用于 Z 的前驱处的中间解，我们可以得到节点 Z 处的一个中间解。节点 Z 处连续的解之间的差异只归因于方程 14.4 中的交集（$\cap$）运算作用于 Z 的前驱处解的变化。

如果初始假设 $dom(Y)=\varnothing$ 导致最小不动点，那么我们可能（正确地）猜测初始化 $dom(Y)=\mathcal{N}_f$ 会导致最大不动点。直观地说，交集运算符在流图中的每个节点上削减解，因为集合求交永远不会产生比其输入更大的集合。为了在节点 Z 处获得最大的最终解，我们必须相信（或者能证明它更好）在整个流图中反复应用方程 14.4 最终稳定到一个安全的不动点。

大多数数据流算法都维护一个节点列表或计算列表，在执行之前算法必须考虑这些节点或计算。图 14.17 所示的支配者计算算法维护了一个节点的 *worklist*，这些节点的支配者应通过应用方程 14.4 重新计算。所有节点的解被初始化为 $\mathcal{N}_f$，在标记㉜处将 *worklist* 初始化为 *root*。在标记㉝处调用 PICKANDREMOVE 从列表中选取任何要移除并返回赋值给 Y 的元素。如果在标记㉞处重新计算节点 Y 的支配者导致在节点 Y 上产生了不同的解，那么 Y 的后继在标记㊱处被放置到 *worklist* 中，因为它们的解可能因此而改变。

```
procedure simpleDominators(𝒢_f)
    foreach X ∈ 𝒩_f do  dom(X) ← 𝒩_f                          ㉛
    worklist ← root                                            ㉜
    while worklist ≠ ∅ do
        Y ← worklist.pickAndRemove( )                          ㉝
        newdom ← {Y} ∪    ⋂       dom(X)                        ㉞
                      (X,Y)∈ℰ_f
        if newdom ≠ dom(Y)                                     ㉟
        then
            dom(Y) ← newdom
            foreach (Y, Z) ∈ ℰ_f do  worklist ← worklist ∪ {Z}  ㊱
end
```

图 14.17　支配者计算算法

我们现在将支配者算法应用于图 14.10 的流图。算法步骤和支配集的发展如图 14.18 所示。节点 1（根节点）没有前驱，所以它的解从 $\mathcal{N}_f$ 变成了它自己，这导致它的后继节点 2 和 3 被放到了 *worklist* 中。第一次从 *worklist* 中取出 3 时，它的支配者从 $\mathcal{N}_f$ 变为 $\{1,3\}$，这导致节点 4 和 9 被添加到 *worklist* 中。由于节点 2 的更改，节点 4 已经在 *worklist* 中，因此 *worklist* 仅扩展了节点 9。下一个时刻节点 3 从 *worklist* 中取出，重新计算 *dom*(3) 不会产生任何变化，因此 *worklist* 不会增长。

第二步计算中唯一改变的节点是节点 5。当第一次计算 *dom*(5) 时，其前驱节点 6 的支配集是 $\mathcal{N}_f$，因此 $dom(5)=\{1,4,5\}$。在将节点 4 从 *dom*(6) 中移除后，节点 5 被放到 *worklist* 中，因此重新计算它会得到支配集 $\{1,5\}$。

在标记㉝处选出的节点 *Y*	旧的 *dom*(*Y*)	*Pred*(*Y*) 标记㉞处	新的 *dom*(*Y*)	新的 *worklist* 标记㊱处
⇒1	$\mathcal{N}_f$	{ }	{1}	{2,3}
⇒2	$\mathcal{N}_f$	{1}	{1,2}	{3,4,11}
3	$\mathcal{N}_f$	{1,2,5}	{1,3}	{4,11,9}
⇒4	$\mathcal{N}_f$	{2,3}	{1,4}	{11,9,5,8}
11	$\mathcal{N}_f$	{2,12}	{1,2,11}	{9,5,8,12,13}
⇒9	$\mathcal{N}_f$	{3}	{1,3,9}	{5,8,12,13,10}
5	$\mathcal{N}_f$	{4,6}	{1,4,5}	{8,12,13,10,6,3}
⇒8	$\mathcal{N}_f$	{4,9}	{1,8}	{12,13,10,6,3}
12	$\mathcal{N}_f$	{11,13}	{1,2,11,12}	{13,10,6,3,7,11}
⇒13	$\mathcal{N}_f$	{11}	{1,2,11,13}	{10,6,3,7,11,12}
⇒10	$\mathcal{N}_f$	{9}	{1,3,9,10}	{6,3,7,11,12}
6	$\mathcal{N}_f$	{5,8,10}	{1,6}	{3,7,11,12,5}
⇒3	{1,3}	{1,2}	相同	{7,11,12,5}
⇒7	$\mathcal{N}_f$	{6,12}	{1,7}	{11,12,5}
⇒11	{1,2,11}	{2,12}	相同	{9,5,8,12,13}
⇒12	{1,2,11,12}	{11,13}	相同	{5}
⇒5	{1,4,5}	{4,6}	{1,5}	{6}
⇒6	{1,6}	{5,8,10}	相同	{ }

图 14.18　支配者计算。节点之前的箭头标记了节点的支配者的最终计算结果

14.2.7　快速的支配关系计算算法

简单支配关系计算算法很容易实现，对于大多数流图也很高效。然而，大多数编译器都使用蓝高尔（Lengauer）和塔扬（Tarjan）提出的“快速”算法 [LT79]，原因如下：

- 快速算法仅需 $O(\mathcal{E}_f\alpha(\mathcal{E}_f,\mathcal{N}_f))$ 时间，其中 α 是一个增长速度非常慢的函数。实验表明，除了最小的流图之外，本节提出的算法在其他流图上都比图 14.17 中的算法快。
- 图 14.17 中的算法计算集合 $dom(Y)=\{X \mid X \geqslant Y\}$，但我们研究的优化问题通常并不要求计算 Y 的所有支配者。例如，14.7 节讨论的算法只要求计算直接支配关系——在支配树中能找到的信息。快速算法直接计算支配树，从其中也可以很容易地得到一个节点的所有支配者。
- 支配者算法使用 $O(\mathcal{N}_f^2)$ 的空间，而快速算法只需要 $O(\mathcal{N}_f)$ 的空间。

快速支配关系计算算法也是一个应用深度优先编号和遍历 DFST 的有用练习。这些结构也将用于计算 14.2.9 节中流图的区间划分。

这里使用“快速”一词是因为以下结果 [LT79]。如果一个图有 m 个节点和 n 条边，那么快速算法的最佳实现的运行时间为 $O(m\alpha(m,n))$，其中 $\alpha(m,n)$ 是**阿克曼函数**（Ackermann function）的一个增长极其缓慢的函数逆。换句话说，算法的运行时间与流图大小的关系是**几乎线性的**。这里讨论的实现是一个更简单的形式，也可以在 [LT79] 中找到，其运行时间为 $O(m\log n)$。研究者已经开发了一种更快的线性运行时间的算法 [GT04]，但该算法更复杂，它使用的结构类似于文献 [GT04] 描述的算法。

观察图 14.18 中每个节点 Y 的支配者都是图 14.12 所示 DFST 中 Y 的祖先：例如，节点 8 的支配者包括它的所有祖先。然而，对于一个节点来说，并非其所有祖先都支配它。例如，节点 9 的支配者不包括其祖先（节点 2）。

引理 14.5 如果在 $\mathcal{G}_f$ 中 $X \geqslant Y$，则在 $\mathcal{G}_f$ 的深度优先生成树中 X 必然是 Y 的一个祖先。

证明：用反证法，假设在 DFST 中 X 不是 Y 的一个祖先。则存在一条从 *root* 到 Y 的路径（树的若干条边）不包含 X，因此 X 不支配 Y。 ■

由此可见，Y 的直接支配者 $idom(Y)$ 在 DFST 中是 Y 的真祖先。

回顾 14.2.4 节，流图的边相对于流图的 DFST 可分为树边、弦边、回边或交叉边。图 14.13 显示了图 14.10 的边相对于图 14.12 所示的 DFST 的这种分类。快速算法使用这些边分类，并执行以下步骤：

1）从 $\mathcal{G}_f$ 中创建一个新图 $\mathcal{G}_{f'}$，它具有与 $\mathcal{G}_f$ 的 DFST 中相同的节点、树边和至少相同的弦边。但是，$\mathcal{G}_{f'}$ 既没有交叉边也没有回边。在 $\mathcal{G}_{f'}$ 中，所有交叉边和回边的效果都用**前向**（forward）边（树边或弦边）表示。

2）对 $\mathcal{G}_{f'}$ 计算直接支配者，其中包含足够的弦边，使得在 $\mathcal{G}_{f'}$ 中 $X=idom(Y)$ 当且仅当在 $\mathcal{G}_f$ 中 $X=idom(Y)$。

换句话说，该算法消除了回边和交叉边，而保留树边和（可能是新的）弦边。这将原来的问题简化为在只有前向边的图中计算直接支配关系的简单问题。

1. 删除交叉边和回边

从引理 14.5 我们可知，Y 的直接支配者是 Y 的某个 DFST 前驱。

引理 14.6 节点 s 可以是 Y 的直接支配者仅当存在一条流图路径

$$p=(s\overset{+}{\rightarrow}Y)$$

使得 s 和 Y 是 Y 在 p 中仅有的 DFST 祖先。

证明：用反证法，假设 s 支配 Y，但在流图中不存在这样的路径 p。于是，流图中必然

包含路径

$$s \overset{+}{\rightarrow} W \overset{+}{\rightarrow} Y$$

其中 s 是 W 的一个真祖先，而 W 是 Y 的一个真祖先，且图中不存在从 s 到达 Y 而不包含 W 的路径 p。于是我们有关系

$$s \gg W \gg Y$$

这表明 s 不直接支配 Y。■

定义 14.7　考虑一个 DFST 中的节点 A、B 和 C。节点 B 在 A 和 C **之间**（between）当且仅当 $A \lhd B, B \lhd C, A \neq B$ 且 $B \neq C$。换句话说，A 是 B 的一个真祖先且 B 是 C 的一个真祖先。

A 和 C 之间的**中间祖先**（intervening ancestor）定义为在 A 和 C **之间**的所有节点的集合。

在图 14.19b 中，节点 X 和 Y 是 s 和 Z 之间的中间祖先。

基于引理 14.6，设想 Y 的一个祖先 s 试图令自己成为 Y 的直接支配者。为实现这一点，可以使用一条避开了 DFST 中在它自己和 Y 之间所有节点的路径。最简单的这种路径就是从 s 到 Y 的一条边。

定义 14.8　如果节点 s 可以通过一条路径避开它和 Y 之间所有 Y 的祖先而到达 Y，则称 s 是 Y 的**诡秘祖先**（sneaky ancestor）。

节点 s 如何才能成为 Y 的诡秘祖先？我们可以根据 14.2.4 节中给出的流图的边分类进行分析：

$(s \underset{\text{树边}}{\rightarrow} Y)$：$Y$ 的 DFST 父节点直接就是其诡秘祖先。它们之间不存在中间祖先，而 $parent(Y)$ 当然可以到达 Y。

$(s \underset{\text{弦边}}{\rightarrow} Y)$：如果 $(s,Y) \in \mathcal{E}_f$，则由定义可知 s 是 Y 的诡秘祖先。

$(s \overset{+}{\rightarrow} T \underset{\text{交叉边}}{\rightarrow} Y)$：如果 Y 是一条交叉边的目的节点，则图 14.19a 显示了 s 如何发起一条避免中间祖先且包含边 $T \rightarrow Y$ 的路径。效果与 $\mathcal{E}_f$ 包含边 (s,Y) 的情况相同，如图 14.19a 中的虚线边所示。

在此情况下，我们可以根据交叉边 $T \rightarrow Y$ 得出 s 是诡秘祖先的结论。

$(s \overset{+}{\rightarrow} Z \underset{\text{回边}}{\rightarrow} Y)$：如果 Y 是一条回边的目的节点，则图 14.19b 显示了 s 如何发起一条避免中间祖先、进入以 Y 为根的深度优先生成子树且包含边 $Z \rightarrow Y$ 的路径。效果与 $\mathcal{E}_f$ 包含边 (s,Y) 的情况相同，如图 14.19b 中的虚线边所示。

在此情况下，我们可以根据回边 $Z \rightarrow Y$ 得出 s 是诡秘祖先的结论。

图 14.19 显示了如何通过一条直接到达 Y 的恰当的弦边来概括（通过交叉边或回边）达到节点 Y 的诡秘行为。图 14.20 所示的算法访问流图中的每个节点，以确定可以代表由交叉

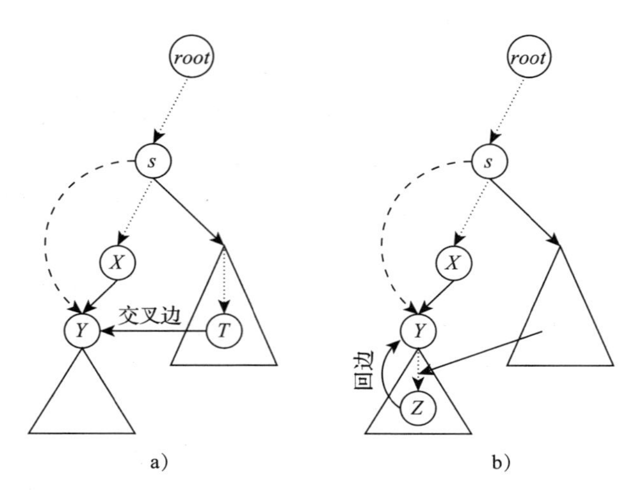

图 14.19　交叉边和回边的诡秘行为可以用弦边来概括。节点 s 通过交叉边 $T \rightarrow Y$ 和回边 $T \rightarrow Y$ 到达 Y。虚线表示的弦边总结了每种情况下的诡秘行为。三角形表示深度优先生成子树

边和回边导致的诡秘行为的弦边。它构造了一个没有回边或交叉边的图 $\mathcal{G}_{f'}$，使得 $\mathcal{G}_{f'}$ 的直接支配者与输入图 $\mathcal{G}_f$ 的直接支配者相同。

虽然图 14.20 中的算法看起来很简单，但并没有解决标记㊳处 *sneaky*(*X*, *Y*) 的计算很复杂的问题。图 14.21 中给出了解决此问题的高效算法，它基于以下观察结果：

- 对于节点 Y，只需记住它的最诡秘的祖先。
- 深度优先编号提供了计算 $\mathcal{G}_{f'}$ 的高效方法。特别是，按深度优先编号降序来考虑节点可以实现高效的计算。

```
procedure eliminateCrossBackEdges( )
    N_f' ← N_f
    foreach Y ∈ N_f do                                        (37)
        foreach X ∈ Preds(Y) do
            foreach s ∈ sneaky(X, Y) do  E_f' ← E_f' ∪ {(s, Y)}  (38)
end

function sneaky(X, Y) returns {nodes}
    return ({s | s is a sneaky ancestor of Y using edge (X, Y)})
end
```

图 14.20 删除回边和交叉边

假设 *Y* 有多个诡秘祖先 s_1 和 s_2，其中 s_1 是 DFST 中 s_2 的一个祖先。由于 s_1 可以到达 *Y* 而不经过 s_2，因此 s_2 不支配 *Y*。若将边 (s_2, *Y*) 引入 $\mathcal{G}_{f'}$，对计算 *idom*(*Y*) 而言是多余的。在处理指向 *Y* 的边时，图 14.20 中标记㊳处只需将一条边加入 $\mathcal{G}_{f'}$——*Y* 的最诡秘的祖先发出的边。

定义 14.9 *Y* 的**半支配者**（semidominator）[⊖]，用 *sdom*(*Y*) 表示，定义为 *Y* 的最诡秘的 DFST 祖先的深度优先编号。由于 *sdom*(*Y*) 是诡秘的，必然存在一条从 *sdom*(*Y*) 到 *Y* 的流图路径避开了 *sdom*(*Y*) 和 *Y* 之间所有 *Y* 的祖先。

虽然半支配者正式定义为节点的深度优先编号，但引用节点比引用其深度优先编号通常更方便。因此，只要在上下文中不产生混淆，一个深度优先编号为 *n* 的节点可以表示为 *n*，避免了 *vertex*(*n*) 这种表示方法。

一个图的深度优先编号方法使得 *sdom*(*Y*) 有一个更形式化的定义。

定义 14.10 给定节点 *s* 和 *Y*，$s \lhd Y$，令 *P* 为 $\mathcal{G}_f$ 中所有具有如下形式且满足 $\forall i dfn(v_i) > dfn(Y)$ 的路径的集合

$$s \to v_1 \to v_2 \to \ldots \to v_n \to Y$$

则所有这种路径都是诡秘的，因为没有 v_i 会是 *Y* 的一个真祖先。于是

$$sdom(Y) = \min_{s \to Y \in P} dfn(s)$$

图 14.21 中的标记㊵处对节点 *Y* 的每个前驱 *X* 调用函数 EVAL。函数 EVAL 考虑 *X* 及其迄今为止已经被标记㊴处访问过的所有祖先，返回具有最诡秘的半支配者的那个。该祖先在标记㊵处被保存到 *a* 中。如果 *sdom*(*a*) 比到目前为止发现的 *Y* 的最诡秘的半支配者更诡秘，则在标记㊶处更新 *Y* 的半支配者。每个节点 *Y* 在标记㊺处为 $\mathcal{E}_{f'}$ 贡献一条边 (*sdom*(*Y*),*Y*)。

⊖ 按字面意义就是 half-dominator，semidominator 这个术语来自提出快速支配算法的论文 [LT79]。当我们从半支配者计算直接支配者时，这个名称的用法就更清楚了。

```
procedure semiDominators(𝒢_f)
    foreach X ∈ 𝒩_f do
        sdom(X) ← dfn(X)
        s.head(X) ← ancestor(X) ← null
    for n = NumNodes downto 2 do
        Y ← vertex(n)                                    (39)
        foreach X ∈ Pred(Y) do
            a ← eval(X)                                  (40)
            if sdom(a) < sdom(Y)                         (41)
            then  sdom(Y) ← sdom(a)
        s.next(Y) ← s.head(vertex(sdom(Y)))              (42)
        s.head(vertex(sdom(Y))) ← Y                      (43)
        ancestor(Y) ← parent(Y)                          (44)
    𝒩_f' ← 𝒩_f                                           (45)
    ℰ_f' ← { (vertex(sdom(Y)), Y) | Y ∈ 𝒩_f' }
    ℰ_f' ← ℰ_f' ∪ { all DFST tree edges }
end

function eval(X) returns node
    sneakiest ← ∞                                        (46)
    for (p = X) repeat (p ← ancestor(p)) do
        if p = ⊥
        then  return (accomplice)
        else
            if sdom(p) < sneakiest
            then
                accomplice ← p
                sneakiest ← sdom(p)
end
```

图 14.21　半支配算法

图 14.20 中的标记㊲处没有按照任何特定顺序考虑节点，但是图 14.21 中的快速算法按照节点深度优先编号的相反顺序考虑节点。当访问节点 Y 时，已经为 Y 的任何交叉边或回边计算了半支配者，因为每条这样的边的源节点的深度优先编号大于 Y。

在标记㊷处和㊸处，算法维护一个具有相同半支配者的节点的链表。这个结构在图 14.24 中用于访问被给定节点半支配的所有节点。

图 14.22 中给出了图 14.13 中所示的图的半支配者的计算过程。图 14.23 显示了从图 14.13 的图中创建的图 $\mathcal{G}_{f'}$，它消除了所有的交叉边和回边，而保留了树边和和弦边。

节点	弦边或树边的源节点	交叉边或回边的源节点	半支配者编号
13	11		11
12	11		11
		13	11
11	2		2
		12	11
10	9		9
9	3		3
8	4		4
		9	3
7	6		6
		12	2
6	5		5
		8	3
		10	3
5	4		4
		6	3
4	3		3
	2		2
3	2		2
	1		1
		5	2
2	1		1
1	∅	∅	∅

图 14.22　为图 14.13 中所示的图计算半支配者

2. 具有树边和弦边的图的支配者

快速支配算法接下来关注的是确定既没有交叉边也没有回边的图（类似于图 14.23 所示的图）的直接支配者。如果节点 n 接收到一条曲边，那么这条边的源节点就是 n 的半支配者；否则，n 的 DFST 父节点就是它的半支配者。例如，图 14.23 中的一条曲边显示，节点 3 是节点 5 的半支配者，节点 4 是节点 5 在 DFST 中的父节点。节点 9 没有接收到曲边，所以它的半支配者是它的 DFST 父节点 3。

不幸的是，一个节点的半支配者可能并不支配它。例如，节点 5 被节点 3 半支配，但图 14.18 表明 $dom(5)=\{1,5\}$。因此，节点 3 不支配节点 5，它当然不能作为节点 5 的直接支配者。当一个节点的半支配者被它的一个祖先绕过时，就会发生这种情况。在图 14.23 中，如果不是边 $2\to4$ 绕过了节点 3，节点 3 将支配节点 5。如果节点 2 没被边 $1\to3$ 绕过的话，它将支配节点 5。

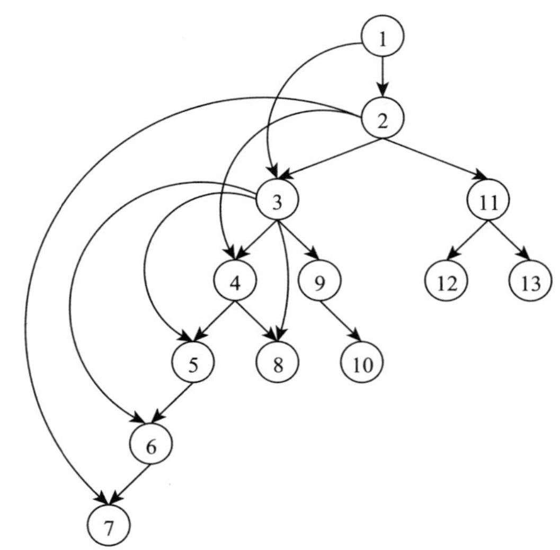

图 14.23 图 14.13 只有弦边和 DFST 树边的支配者等效流图。弦边表示了其父节点不是其半支配者的节点的半支配者关系（见图 14.22）

引理 14.11 如果 $sdom(Y)$ 支配 Y，则 $sdom(Y)$ 是 Y 的直接支配者。

证明：我们只需证明不存在 Y 和 $sdom(Y)$ 之间的 Y 的祖先可以支配 Y。由定义 14.10 可知，必然存在一条路径 $sdom(Y)\overset{+}{\to}Y$ 使得所有中间节点的深度优先编号都大于 Y。这样一条路径就使得 Y 和 $sdom(Y)$ 之间任何 Y 的祖先都不能支配 Y。 ■

引理 14.11 的单向蕴含有助于解释术语**半支配者**：$sdom(Y)$ 有时是 Y 的直接支配者。但有可能 $sdom(Y)$ 甚至连 Y 的支配者都不是，如上面的例子和图 14.25 中的说明所示。即使在这种情况下，在图 14.24 的算法中，$sdom(Y)$ 在计算 Y 的直接支配者时也有作用。该算法执行两遍扫描（如下所述）来计算 $\mathcal{N}_{f'}$ 的直接支配者。$\mathcal{N}_{f'}$ 的支配者也是 $\mathcal{N}_f$ 的支配者。

```
procedure FASTDOMINATORS(𝒢_f')
    foreach X ∈ 𝒩_f' do  ancestor(X) ← null                    ㊼
    for n = NumNodes downto 1 do                                ㊽
        Y ← vertex(n)
        foreach {Z | n = sdom(Z)} do                            ㊾
            t ← EVAL(Z)                                         ㊿
            s ← sdom(t)
            if s = n                                            (51)
            then
                idom(Z) ← Y                                     (52)
            else
                idom(Z) ← null                                  (53)
                SameDomAs(Z) ← t
        foreach c ∈ Children(Y) do  ancestor(c) ← Y             (54)
    for n = 2 to NumNodes do                                    (55)
        Z ← vertex(n)
        if idom(Z) = null
        then  idom(Z) ← idom(SameDomAs(Z))
    idom(root) ← null
end
```

图 14.24 对一个无交叉边和回边的图计算直接支配者的算法。函数 EVAL 取自图 14.21，但在标记㊼处重置了 *ancestor* 映射

在第一遍扫描中，在标记㊽处按节点深度优先编号的逆序来访问它们。对每个节点 Y，在标记㊾处检查所有被它半支配的节点。回忆一下，可以使用图 14.21 中的标记㊷和㊸处管理的链表来提取这些节点。

引理 14.12　节点 $sdom(Z)$ 支配 Z 当且仅当对 Z 和 $sdom(Y)$ 之间 Z 的所有祖先 t 有 $sdom(t) < sdom(Z)$。

证明：留作习题 20。直观的理解，可参考图 14.23 中的例子。■

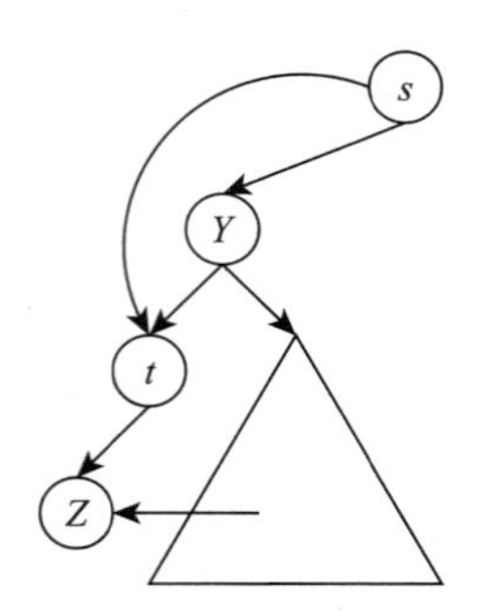

图 14.25　一个节点的半支配者不一定支配它

在标记(51)处检查引理 14.12 中指明的条件，来检测被 Y 半支配的每个节点 Z。在标记㊿处，已经对所有节点计算了其半支配者。因此在标记㊿处 EVAL(Z) 返回的结果可用来确定 $sdom(Z)$ 是否支配 Z。如果 $Y = sdom(Z)$ 碰巧支配 Z，则在标记(52)处确认 Y 为 $idom(Z)$。否则，我们就遇到了 Z 的某个祖先 s 半支配 t、从而绕过了 Y 这一情况。在此情况下，如果 s 是绕过 Y 而到达 Z 的最小编号的节点，则 t 和 Z 具有相同的直接支配者。

引理 14.13　在图 14.25 所示的情况下，如果 s 是 $sdom(Z)$ 和 Z 之间 Z 的所有祖先的编号最小的半支配者，则 $dom(t) = dom(Z)$。

证明：留作习题 21。■

推论 14.14　在引理 14.13 中，如果 $s = sdom(Z)$，则 $idom(Z) = vertex(s)$。

图 14.26 显示了对标记㊽处的循环的跟踪结果。虽然循环按深度优先编号降序迭代，但考虑的实际节点是节点 Z，标记㊾处的代码指明，它被节点 Y 半支配。图 14.26 显示了通过调用 EVAL 在标记㊿处找到的同为 Z 的半支配者的节点 t。节点 s 被设置为 t 的半支配者，然后在标记(51)处与 Z 的半支配者进行比较。

节点 Y	㊾处的 Z	㊿处的 t	(51)处的 s	$idom(Z)$ (52)	$SameDomAs(Z)$ (53)
13					
12					
11	12	12	11	11	
	13	13	11	11	
10					
9	10	10	9	9	
8					
7					
6					
5					
4					
3	5	4	2		4
	6	4	2		4
	8	4	2		4
	9	9	3	3	
2	4	3	1		3
	7	3	1		3
	11	11	2	2	
1	2	2	1	1	
	3	3	1	1	

图 14.26　图 14.24 中的标记㊽处的循环的跟踪结果

给定图 14.26 中所示的信息，最后一遍扫描按节点的深度优先编号递增顺序来遍历它们，从节点 2 开始。对于每个节点，要么在图 14.26 中已经计算出了其直接支配者，要么已经知道其直接支配者与某个深度优先编号最小的节点的直接支配者相同。已知节点 2 和节点 3 的直接支配者是节点 1。节点 4 的直接支配者与节点 3 的相同，于是可知节点 4 的直接支配者为节点 1。节点 5 和节点 6 具有与节点 4 相同的直接支配者，即节点 1。这一处理过程会持续，直至得到了支配者树，如图 14.27 中所示。

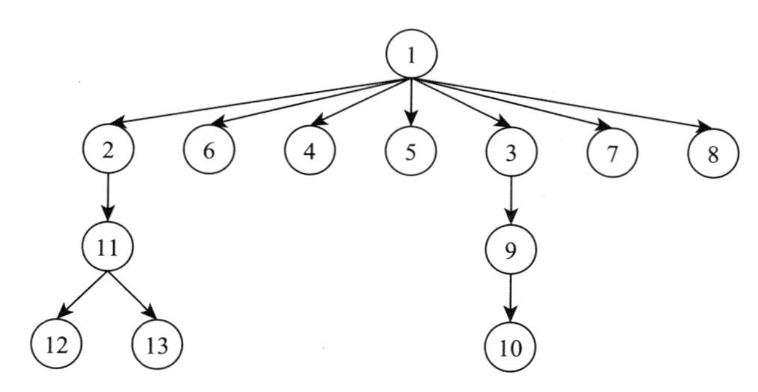

图 14.27 图 14.10 所示流图的支配者树

14.2.8 支配前沿

14.2.6 节和 14.2.7 节讨论了一个流图的支配者。如果 $X \in dom(Y)$，则 X 出现在流图中从 *root* 到 Y 的所有路径上。图 14.16 提供了支配关系的一种可视化解释。如果流图的 *root* 是一个光源，光沿着边传播，则通过令 X 不透明，使得其出边没有光传播出去，由 X 严格支配的节点就处于 X 投下的阴影中。

定义 14.15 如果令节点 X 变得不透明，可使得一个节点 Y 恰好在 X 投下的阴影之外（即，恰好距离一条边），则称 Y 在 X 的支配前沿（dominance frontier，表示为 $DF(X)$）中。

更形式化一些，$DF(X)$ 是一个节点集合，其中的节点 Z 满足 X 支配 Z 的一个前驱 Y，但不严格支配 Z：

$$DF(X) = \{Z \mid (\exists (Y,Z) \in \mathcal{E}_f)(X \geqslant Y \text{且} X \not\gg Z)\}$$

在图 14.16 中，节点 4、8 和 16 都在 $DF(X)$ 中。一个节点可以在它自己的支配前沿中。例如，节点 11 有一个前驱（节点 12）被节点 11 支配，但节点 11 无法严格支配自己。因此，$11 \in DF(11)$。

支配前沿对计算**控制依赖**（control dependence，见习题 11）和**静态单赋值**（Static Single Assignment，SSA）形式（见 14.7 节）很有用。基于上面的定义，图 14.28 中给出了一个计算支配前沿的简单算法。该算法在标记 ㊻ 和 ㊽ 处使用了潜在二次完全支配信息，这是该算法效率低下的一个原因。改进该算法的一个合理方法是限制只搜索在图 14.24 中计算的直接支配者。另一个改进是与标记 ㊼ 处相比，以有利的顺序访问节点。

```
procedure simpleDominanceFrontiers(G_f, dom)
    DomBy(X) ← {Z | X ∈ dom(Z)}                          (56)
    foreach X ∈ N_f do                                    (57)
        foreach Y ∈ DomBy(X) do                           (58)
            foreach Z ∈ Succ(Y) do
                if Z ∉ (DomBy(X) − {X})
                then  DF(X) ← DF(X) ∪ {Z}
end
```

图 14.28 简单的支配前沿算法

考虑节点 3、9 和 10 的支配前沿，如下面的表格所示：

节点 X	被 X 支配的节点	$DF(X)$
3	{3, 9, 10}	{4, 8, 6}
9	{9, 10}	{8, 6}
10	{10}	{6}

第二列显示了当 X 不透明时落在其阴影中的节点，第三列显示了 X 的支配前沿——可通过探查或通过上述定义计算出来。节点 3 的支配前沿包含节点 4，以及为节点 9 和 10 计算的支配前沿。注意图 14.27 所示的支配树中节点 3、9 和 10 之间的关系。如果我们用支配树中节点 X 的子节点来表示它的支配前沿，那么对树进行一遍扫描就足以计算所有节点的支配前沿。因此，我们用两个中间集合 DF_{local} 和 DF_{up} 的贡献表示给定节点的支配前沿，如下所示：

方程 14.16

$$DF(X) = DF_{local}(X) \cup \bigcup_{Z|X=idom(Z)} DF_{up}(Z)$$

$$DF_{local}(X) \overset{\text{def}}{=} \{Y \in Succ(X) \mid X \not\gg Y\}$$

$$DF_{up}(Z) \overset{\text{def}}{=} \{Y \in DF(Z) \mid idom(Z) \not\gg Y\}$$

局部（local）贡献来自未被 X 严格支配的 X 的后继节点。在我们的例子中，节点 4 在 $DF_{local}(3)$ 中。向上（up）贡献来自被 X 直接支配的节点的支配前沿。在我们的例子中，节点 9 可绕过节点 6 和节点 8 直接到达其直接支配者，即节点 3。

对图 14.27 中的支配树进行一次自底向上的遍历，节点 6 初始时出现在 $DF_{local}(10)$ 中，因为存在从节点 10 到节点 6 的边且节点 10 不支配节点 6。引理 14.17 证明了，不必检查支配关系，检查直接支配关系就足够了。

引理 14.17　如果 $(Y,Z) \in \mathcal{E}_f$ 则 $Y \gg Z \Leftrightarrow Y = idom(Z)$。

证明：$\Leftarrow$ 的证明很简单。对于 $\Rightarrow$，如果 Y 支配 Z，则边 (Y,Z) 保证了在所有从 *root* 到 Z 的路径上，Y 都恰好出现在 Z 之前。因此，$Y = idom(Z)$。■

因此，DF_{local} 的一个更好的定义如下。

方程 14.18　$DF_{local}(X) = \{Y \in Succ(X) | idom(Y) \neq X\}$

因此，节点 6 被加入到 $DF(10)$ 中是因为 $10 \neq idom(6)$。于是，由方程 14.16 可知，节点 6 出现在 $DF_{up}(10)$ 中。

当在支配树中向上移动到节点 9 时，节点 6 被包含在 $DF(9)$ 中，这是由于方程 14.16 中节点 10 对其父节点的贡献。由方程 14.18，节点 8 被包含在 $DF_{local}(9)$ 中。$DF_{up}(9)$ 既包含节点 6，又包含节点 8，当我们在支配树中向上移动时，它们被加入 $DF(3)$。在利用方程 14.16 计算 $DF_{up}(3)$ 时，我们发现节点 1 支配 $DF(3)$ 中的所有节点，于是 $DF_{up}(3) = \{\}$。由于我们自底向上遍历支配树，因此方程 14.16 中对一般支配关系的检查可以简化为检查直接支配关系：

$$DF_{up}(Z) = \{Y \in DF(Z) \mid idom(Y) \neq parent(Z)\}$$

图 14.29 中显示了改进的支配前沿算法。标记 ⑲ 处实时计算了 $DF_{local}(X)$，而不需要为其分配存储空间。类似地，标记 ⑳ 处计算了 $DF_{up}(Z)$。算法自底向上遍历支配树，对每个节点 X，在访问了其所有孩子节点后访问它。图 14.30 显示了图 14.10 中流图的支配前沿。

```
procedure DOMINANCEFRONTIERS(G_f, DomTree)
    traverse tree (DomTree) order (BottomUp) at node (X) do
        DF(X) ← ∅
        foreach Y ∈ Succ(X) do
            if idom(Y) ≠ X
            then
                DF(X) ← DF(X) ∪ {Y}                          (59)
        foreach Z | X = idom(Z) do
            foreach Y ∈ DF(Z) do
                if idom(Y) ≠ X
                then
                    DF(X) ← DF(X) ∪ {Y}                      (60)
end
```

图 14.29　支配前沿算法

节点 X	Z | X = idom(Z)	DF_{local}	DF(X)	$DF_{up}(X)$
12		{7,11}	{7,11}	{7,11}
13		{12}	{12}	{ }
11	12,13	{ }	{7,11}	{7}
2	11	{3,4}	{3,4,7}	{ }
6		{5,7}	{5,7}	{ }
4		{5,8}	{5,8}	{ }
5		{6,3}	{6,3}	{ }
10		{6}	{6}	{6}
9	10	{8}	{6,8}	{6,8}
3	9	{4}	{4,6,8}	{ }
7		{ }	{ }	{ }
8		{6}	{6}	{ }

图 14.30　支配前沿计算示例

14.2.9　区间

优化主要涉及减少程序的执行时间。由于程序的大部分执行时间都花在循环上，所以翻译程序通常试图减少深度嵌套在程序循环中的操作的成本。例如，**代码外提**（code motion）尝试将代码移出循环。**强度削弱**（Reduction in strength）以较低代价的等价操作取代代价很高的操作。这样的优化需要计算程序的**区间**（interval）——一种表示程序循环构造的数据结构。区间对于评估数据流框架也很有用 [Bur90]。

我们首先考虑以下基于控制流图的区间定义。

定义 14.19　$\mathcal{G}_f$ 中一个**头**（header）节点为 x 的**科克－艾伦区间**（Cocke-Allen interval）$I(x)$ 定义为 $\mathcal{N}_f$ 的一个包含 x 且满足下列性质的子集：

1）只能通过**头**节点 x 进入区间。因此，对 $\mathcal{G}_f$ 中进入 $I(x)$ 的所有边，如果发出边的节点不在 $I(x)$ 中，则边指向 x。更形式化一些，如果 $(y,z) \in \mathcal{E}_f, y \notin I(x)$ 且 $z \in I(x)$，则 $z = x$。

2）$I(x)$ 中的所有节点都可从 x 经一条包含在 $I(x)$ 中的路径到达。

3) 所有完全包含在 $I(x)$ 中的环都必须包含节点 x。

把区间看作一个关系，它完成了对控制流图的**划分**（partition）。满足定义 14.19 的平凡划分将每个节点作为一个区间。这实现了**最小不动点**（minimum fixed point），这不是我们真正感兴趣的方案。这里讨论的算法计算**最大不动点**（maximum fixed point），将尽可能多的节点放置在相同的区间内。

程序的区间结构可以通过反复查找和消除区间来计算，如图 14.31 所示。每当找到一个区间，通过将区间内的节点和边替换为单一节点（区间的**头**节点，用于总结被消除的节点），从而**导出**（derived）新的图。在标记 ㊶ 处，将从所找到的区间内的节点指向该区间外的节点的任何边替换为从该区间的头节点发出的边。如果头节点有一条边指向自身，那么在标记 ㊷ 处将其消除。除头节点外，区间的所有节点都在标记 ㊸ 处删除。这个过程将继续进行，直到找不到更多的区间。如果最终导出的图是无环的，则图是**可约的**（reducible），如 14.2.2 节所述。

```
procedure DerivingGraphs(𝒢_f)
    repeat
        interval ← findInterval(𝒢_f)
        header ← interval.getHeader()
        intvnodes ← interval.getNodes()
        foreach (y, z) ∈ ℰ_f | y ∈ intvnodes and z ∉ intvnodes do        ㊶
            ℰ_f ← (ℰ_f − {(y, z)}) ∪ {(header, z)}
        ℰ_f ← ℰ_f − {(header, header)}                                   ㊷
        𝒩_f ← (𝒩_f − intvnodes) ∪ {header}                               ㊸
    until nochange
end
```

图 14.31　$\mathcal{G}_f = (\mathcal{N}_f, \mathcal{E}_f, root)$ 的导出图

对于图 14.32 所示的图，定义 14.19 得不到唯一的区间划分。例如，{2,3,4,5,8} 可以是图 14.32 中的图的一个区间，但 {2,3,4,8} 也可以。可以扩展定义 14.19，保证产生唯一分区，下面介绍两种方法。

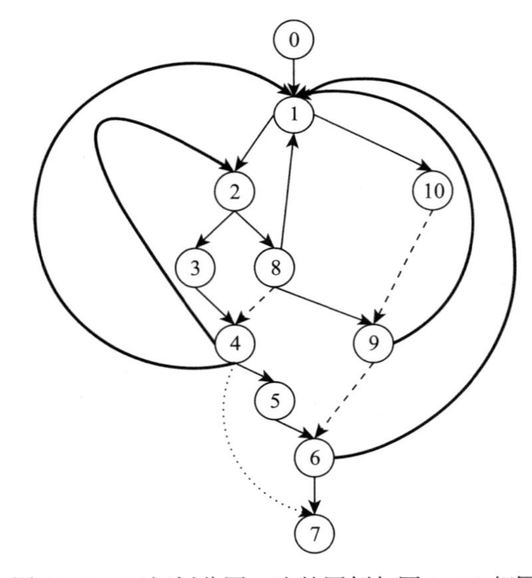

图 14.32　区间划分图。边的图例与图 14.13 相同

1. 科克–艾伦方法

虽然满足定义 14.19 的节点划分不是唯一的，但根据科克与艾伦的方法 [All70, Coc70] 和赫克特（Hecht）与厄尔曼（Ullman）的方法 [HU72]，其中有一个分区是我们感兴趣的。他们的方法生成满足定义 14.19 的**最大区间**（maximum interval）。

图 14.33 所示的算法从图 14.32 中的节点 0 开始，将其作为第一个头节点。在标记 ㊺ 处找不到其他可放入 $I(0)$（以节点 0 为头节点的区间）中的节点。这种节点必然满足其所有前驱节点都在 $I(0)$ 中。例如，对于节点 1，存在好几条边从 $I(0)$ 外的节点发出指向它，所以不能将它加入 $I(0)$。在标记 ㊹ 处将节点 1 生成一个头节点后，则其区间可以包含节点 10，但不包含节点 2。区间 $I(2)$ 通过包含节点 3 和节点 8 而增大。当这两个节点都加入 $I(2)$ 后，节点 4 也可以加入。节点 5 的唯一前驱现在在 $I(2)$ 中，所以节点 5 也加入了 $I(2)$。节点 6 不能加入 $I(2)$，因为有一条边从节点 9 指向它，而节点 9 不在 $I(2)$ 中。

图 14.34 中显示了完整的区间划分。这种风格的区间划分具有如下缺点：

- 算法生成一系列导出图，其中一个给定节点可能反复出现。例如，属于最外层区间的节点会出现在序列的每个图中。

```
procedure INTERVALSCOCKEALLEN(𝒢f)
    Nodes ← 𝒢f
    call NEWHEADER(Entry)
    while ∃ h ∈ Headers | not Processed(h) do
        call PROCESSHEADER(h)
        foreach Y | (X, Y) ∈ ℰf and X ∈ I(h) and Y ∈ Nodes do        (64)
            call NEWHEADER(Y)

    procedure NEWHEADER(h)
        Nodes ← Nodes − { h }
        Headers ← Headers ∪ { h }
        Processed(h) ← false
    end
end

procedure PROCESSHEADER(h)
    Processed(h) ← true
    while ∃ Y ∈ Nodes | Y ≠ Entry and ∀ (X, Y) ∈ ℰf X ∈ I(h) do        (65)
        I(h) ← I(h) ∪ Y
        Nodes ← Nodes − { Y }
end
```

图 14.33　科克 – 艾伦区间构造算法

- 由于科克 – 艾伦区间不是强连通的，因此区间可以包含通常被认为在循环之外的节点。例如，图 14.32 中的节点 5 是由节点 2、3、8 和 4 组成的循环的出口节点。但是，节点 5 属于科克 – 艾伦区间 $I(2)$。
- 某些科克 – 艾伦区间可能完全不对应循环。在图 14.32 中，节点 7 自己形成一个区间，但它并没有构成一个循环。实际上，节点 0 和节点 7 看起来是相似的，因为它们都不在任何循环的范围内。

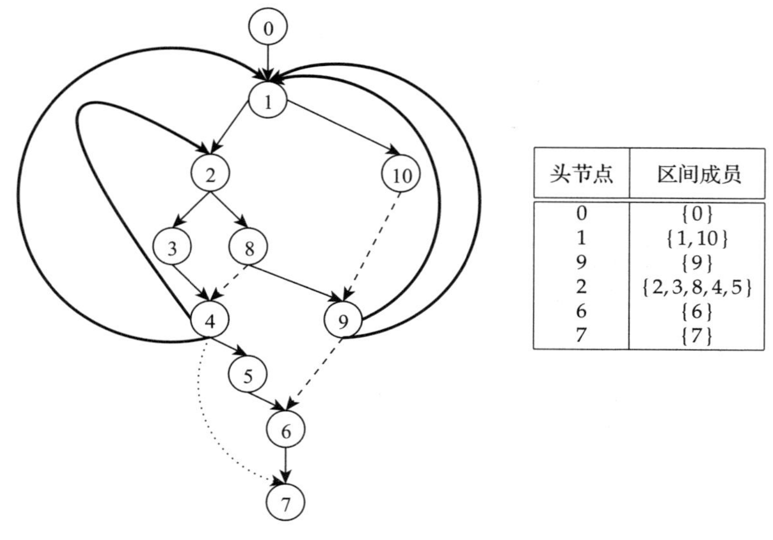

头节点	区间成员
0	{0}
1	{1,10}
9	{9}
2	{2,3,8,4,5}
6	{6}
7	{7}

图 14.34　图 14.32 的科克 – 艾伦划分

2. 施瓦茨 – 沙里尔方法

区间构造通常旨在揭示流图的循环结构。由科克 – 艾伦方法找到的区间就表示循环，但一个给定的区间可以包含通常被认为位于区间对应的循环之外的节点。在图 14.34 中，节点 5 在以节点 2 为头节点的科克 – 艾伦区间中，但在图 14.32 中，该节点是外层循环（以节点

1 为头节点）的一部分。

以下对区间定义的扩展可以解决这个问题。

定义 14.20 以节点 x 为头节点的**施瓦茨–沙里尔区间**在定义 14.19 的基础上还要满足下面约束：

可从 $I(x)$ 中的任何节点沿着包含在 $I(x)$ 的一条路径到达头节点 x。

定义 14.19 要求 $I(h)$ 中的所有节点都能从头节点 h 经包含在 $I(h)$ 中的一条路径到达。定义 14.20 中的额外约束是令一个区间中的节点是**强连通的**（strongly connected）。一个区间中的所有节点都可到达其他节点而无须经过任何区间外的节点。例如，在图 14.32 中的以节点 2 为头节点的施瓦茨–沙里尔区间会排除节点 5，而节点 5 是属于以节点 1 为头节点的区间的。

图 14.35 中的算法取自施瓦茨（Schwartz）和沙里尔（Sharir）的论文 [SS78,SS79]，它基于塔扬（Tarjan）提出的一个算法 [Tar72]。图 14.35 中的标记 ⑬ 处检测不可约图。习题 23 和 24 探索了处理不可约流图（参见图 14.8b）的方法。算法的高效性源自下面两点：

- 按一种“聪明的”顺序考虑节点。与图 14.33 中的算法相比，这个快速算法按节点的深度优先编号的逆序来考虑节点，先发现内层区间、后发现外层区间。
- 贯穿其整个分析过程，此算法维护了**路径压缩**（path-compressed）信息来计算 CurInt(X)：当前与节点 X 关联的区间。初始时，CurInt(X) 返回其输入节点 X。随着算法进行，CurInt(X) 继续返回最近构成的、直接或间接包含节点 X 的区间。

```
procedure intervalsSchwartzSharir(G_f, DFST)
    foreach node ∈ N_f do head(node) ← ⊥
    foreach n = |N_f| downto 2 do                              (66)
        h ← vertex(n)                                           (67)
        ReachUnder ← { CurInt(l) | (l, h) ∈ E_f and h ◁ l }     (68)
        while ∃ y ∈ (ReachUnder − { h }) | head(y) = ⊥ do       (69)
            head(y) ← h                                         (70)
            foreach X ∈ { CurInt(x) | x ∈ Preds(y) } do         (71)
                if h ⋪ X                                        (72)
                then
                    /★   不可约图（习题 23 和习题 24）     ★/    (73)
                ReachUnder ← ReachUnder ∪ { X }
    foreach y | head(y) = ⊥ do  head(y) ← root                  (74)
    foreach node ∈ N_f do  Members(node) ← ∅
    traverse tree (DFST) order (Pre R-L) at node (n) do         (75)
        Members(head(n)) ← Members(head(n)) ∪ { n }
end

function CurInt(X) returns node
    if head(X) = ⊥
    then  return (X)
    else  return (CurInt(head(X)))
end
```

图 14.35　施瓦茨–沙里尔区间算法

作为一个例子，考虑随着从最内层到最外层逐步发现循环，CurInt(3) 的计算如何改变。初始时节点 3 还未加入任何循环，因此 CurInt(3) 返回 3。随后它加入以节点 2 为头节点的最内层循环，此时 CurInt(3)=2。此区间最终被合并入以节点 1 为头节点的最外层区间，此时 CurInt(3)=1。

接下来对图 14.32 所示的流图应用图 14.35 中的算法，结果如图 14.36 所示。注意到，流图的每个顶点都标注了其深度优先编号。在标记 ⑯ 处按节点的深度优先编号顺序考虑它们，先考虑内层循环的头节点，然后考虑外层循环的头节点。在标记 ⑱ 处查找指向节点 h 的**回边**（应用 14.2.4 节描述的常量时间检测方法），以确定节点 h 是否为一个区间的头节点。在以 h 为根的深度优先生成子树中，一条指向 h 的回边从某个节点 l 发出。于是，h 和 l 在一个以 h 为头节点的强连通区间中。对于图 14.32 所示的流图，节点 2 是如此判别出来的第一个头节点，如图 14.36 所示。

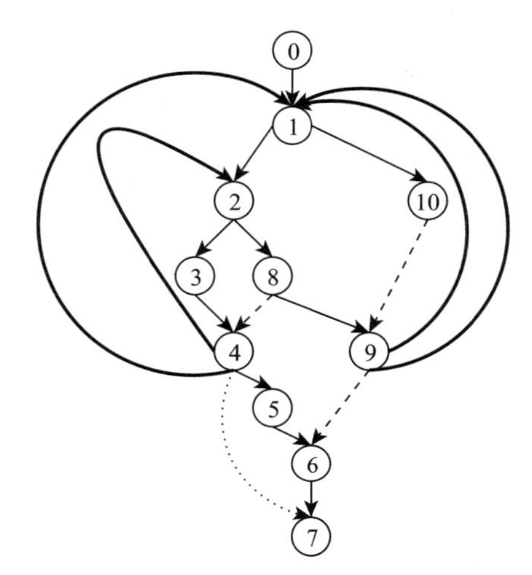

标记 ⑰ 处的头节点 h	标记 ⑲ 处的集合 *ReachUnder*	标记 ⑳ 处的节点 y	标记 ㉑ 处的新节点
2	{4}	4	{3,8}
	{4,3,8}	3	{2}
	{4,3,8,2}	8	{2}
1	{2,6,9}	2	{2,1}
	{2,6,9,1}	6	{5,9}
	{2,6,9,1,5}	9	{2,10}
	{2,6,9,1,5,10}	5	{2}
	{2,6,9,1,5,10}	10	{1}
0		{0,1,7}	

图 14.36 图 14.32 所示的流图计算出的施瓦茨 – 沙里尔区间

集合 *ReachUnder* 包含那些经过以指向头节点 h 的回边结束的路径到达 h 的节点。直观上，这种节点属于一个具有单一入口 h 的循环。在标记 ⑱ 处将此集合初始化为包含任意回边的源节点。算法并不直接将一个节点 v 加入 *ReachUnder*，而是始终添加 CurInt(v)，使得一个节点 v 被最新形成的包含它的区间所代表。对于头节点 2，在标记 ⑱ 处将 *ReachUnder* 初始化为 {CurInt(4)}={4}，因为 4 之前未与任何区间关联。

在标记 ⑲ 处扩展集合 *ReachUnder*。在标记 ⑳ 处将节点 y 映射到包含它的区间 h，其中将 *head*(y) 从 ⊥ 改为 h。在我们的例子里，这个步骤得到 *head*(4)=2。然后在标记 ㉑ 处考虑 y 的前驱，它也能通过一条基于回边的路径到达头节点。在我们的例子中，在标记 ㉑ 处考虑节点 3 和节点 8。对这些节点应用映射 CurInt，在标记 ㉑ 处的循环执行完后，*ReachUnder* 包含了未映射的节点 3 和 8。随着集合 *ReachUnder* 的增长，在标记 ⑲ 处的循环只考虑未映射的节点。因此，在标记 ⑲ 处的循环接下来将选择节点 3 或节点 8。如果选择节点 3，则在标记 ⑳ 处得到 *head*(3)=2，而标记 ⑲ 处的循环将节点 2 加入集合 *ReachUnder*。

在我们的例子中，现在得到 *ReachUnder*={4, 3, 8, 2}，其中节点 2 和节点 8 未映射。我们的例子在标记 ⑲ 处继续考虑节点 8。在进行映射 *Header*(8)=2 后，*ReachUnder* 没有改变，因为节点的唯一前驱已经在 *ReachUnder* 中了。标记 ⑲ 处的循环基于以下原因排除节点 h：

- 即使节点 2 属于以它为头节点的区间，我们也令 *head*(2) =⊥，使得一个区间的头节点可以表示这个区间，从而后续可包含在外层区间中。
- 如果我们将头节点 h 与 *ReachUnder* 中任何其他节点同样处理，则标记 ⑲ 处的循环会包含通过指向 h 的树边、弦边或交叉边到达 h 的节点。这种节点与 h 不一定是强连通的，而且经过标记 ⑥⑨ 处的处理之后，*ReachUnder* 已经包含了 h 的恰当前驱。因此，标记 ⑥⑨ 处的循环结束，以节点 2 为头节点的区间计算完毕。

算法继续在标记 ⑥⑥ 处的循环继续查找一个被回边指向的编号较小的节点。当标记 ⑥⑥ 处的循环到达节点 1 时，就找到了一个这样的节点。指向节点 1 的回边的发出节点集合为 {4, 8, 6, 9}。对这些节点应用 CurInt，就使得节点 4 和节点 8 被它们的头节点 2 表示。在标记 ⑥⑧ 处，*ReachUnder* 被初始化为 {2, 6, 9}。最终，标记 ⑥⑨ 处的循环将这些节点映射到以节点 1 为头节点的区间。在标记 ⑦① 处最终将 *ReachUnder* 扩展为包含节点 5 和节点 10。当标记 ⑥⑥ 处的循环处理完节点 1 时，对 $y \in \{2,5,6,9,10\}$ 有 $head(y)=1$。头节点 1 保持未被映射。

现在，所有强连通的区域都被识别出来了，但位于任何循环之外的节点还未被映射。在标记 ⑦④ 处，算法将这些节点映射到以流图的根为头节点的区间。或者，可以用一条从出口到入口的边来增强流图，使最外层的区间强连通。在标记 ⑦④ 之前，算法可以处理完流图中除 *root* 外的所有节点。

虽然可以在发现区间时就构造它们，但算法将构造推迟到标记 ⑦⑤ 处，以便可以用下面的特殊顺序将节点组织成区间。

定义 14.21　考虑流图 $\mathcal{G}_f = (\mathcal{N}_f, \mathcal{E}_f)$ 及其关联的深度优先生成树 T。

1）$\mathcal{G}_f$ 的使用 T 的**拓扑序**（topological order）定义为偏序集 $TopOrder(\mathcal{G}_f, T) = (\mathcal{N}_f, \preceq)$：

$$X \preceq Y \Leftrightarrow (X,Y) \in \mathcal{E}_f \text{且} Y \ntriangleleft X$$

因此，节点 X 和 Y 符合拓扑序，当且仅当在流图中它们之间有一条树边或一条弦边或一条交叉边。

2）给定一个从 $\mathcal{G}_f$ 使用 T 构造的区间 h，则 h 的**区间序**（interval order）是区间的节点的符合偏序 $TopOrder(\mathcal{G}_f, T)$ 的一个全序。如 14.5.1 节中所描述的，如果按区间序访问节点，则通过区间的路径传播信息的算法是最高效的。回忆 14.2.4 节中的讨论，我们可以通过对深度优先生成树进行一次由右至左的先序遍历，依次将节点添加到区间中，来得到区间序。图 14.37 按此顺序列出了节点，并显示了它们是如何划分为区间的。

节点	头节点 0	1	2
0	X		
1	X		
10		X	
2		X	
8			X
9		X	
3			X
4			X
5		X	
6		X	
7	X		

图 14.37　按区间顺序列出的图 14.32 中的节点。每个节点的区间头节点用一个X标记

3. CurInt 更好的实现

在区间分析的过程中，标记 ⑥⑥ 处的循环按节点的深度优先编号的逆序考察节点，将节点加入不断增大的区间。初始时，CurInt $(X) = X$，贯穿整个算法，CurInt(X) 总是返回最新处理的包含 X 的区间的头节点。当随着包含 X 的外层区间被发现，CurInt(X) 不断改变时，在标记 ⑦⓪ 处 X 被映射到直接包含它的区间恰好一次。因此，贯穿整个算法，对每个节点 X 下面的公式成立：

$$head(X) = \begin{cases} \bot & (X\text{尚未关联区间}) \\ W & dfn(W) < dfn(X) \end{cases}$$

于是 *head* 的**幂**（exponentiation）可定义为应用映射 *head* 的次数

$$head^0(X) = X$$
$$head^i(X) = head(head^{i-1}(X))$$

$$head^*(X) = Z \text{ 使得 } Z \neq \perp \text{ 且 } head(Z) = \perp$$

随着算法发现包含 X 的区间，CurInt(X) 的计算取下面的序列

$$seq(X) = X, head(X), head(head(X)), \cdots, root$$

CurInt(X) 总是返回根据迄今为止发现的区间计算出的 $head^*(X)$。初始时，由 $head(X) = \perp$ 得到 CurInt (X) = X。最终，在标记 ⑦⓪ 处将 $head(X)$ 映射到包含 X 的一个外层区间。随后，此区间的头节点被映射到某个外层区间。这个过程继续，直到找到图的最外层区间（*root*）。在算法执行的任何时刻，方法 CurInt(X) 总是返回 $head^*(X)$ 的当前值。

例如，考虑图 14.32 中的节点 4。初始时，*seq*(4)=4=CurInt(4)。下一次更改发生在节点 4 映射到节点 2 时，此时 *seq*(4)=4,2=CurInt(4)。当处理外层循环时，*seq*(X)=4,2,1=CurInt(4)。最终，处理以 *root* 为头节点的最外层区间，得到 *seq*(X)=4，2，1，0=CurInt(4)。

图 14.35 中的朴素实现访问 *seq*(X) 中的每个节点来到达其最终元素，即使该序列只在末尾增长。图 14.38 中显示的更高效的实现使用**路径压缩**（path compression）来减少计算 CurInt(X) 所需访问的平均节点数。对每个节点 X，*soln*(X) 为最近计算的 CurInt(X) 值。标记 ⑦⑥ 处对 COMPRESS 的调用负责当自上一次求值后 *seq*(X) 已被扩展时更新 *soln*(X)。方法 COMPRESS 不只更新 *soln*(X)，它还在为计算更新 *soln*(X) 而必须访问的每个节点 Z 处更新 *soln*(Z)。因为为计算 *soln*(X) 无论如何都会访问这些节点，所以额外的更新是（渐近地）免费的，而且如果稍后需要 *soln*(Z)，这些更新还可以节省时间。

```
/*   初始时soln(X)=X                                   */
function CurInt(X) returns node
    call compress(X)                                  (76)
    return (soln(X))                                  (77)
end

procedure compress(X)
    if head(soln(X)) ≠ ⊥                              (78)
    then
        if soln(X) = X
        then
            SameSoln ← head(X)                        (79)
        else
            SameSoln ← soln(X)                        (80)
        call compress(SameSoln)                       (81)
        soln(X) ← soln(SameSoln)                      (82)
end
```

图 14.38 CurInt 的更好的实现

基于上面的定义，当调用 CurInt(X) 时，*soln*(X) 应该返回 *seq*(X) 的最后一个元素。在标记 ⑦⑧ 处，检测 *soln*(X) 的陈旧性。如果 $head(soln(X)) = \perp$，则 $soln(X) = seq(X)$，解就是当前的。否则，如下递归地求得解：

$$soln(X) = \begin{cases} soln(soln(X)) & , soln(X) \neq X \\ soln(head(X)) & , \text{其他情况} \end{cases}$$

换句话说，如果 *soln*(X) 之前是 Y 且 $Y \neq X$，那么 CurInt(X)=CurInt(Y)，而且一旦 Y 处的解已得，就可以计算出 X 处的解。另一方面，如果 $soln(X) = X$，则 X 处的解应该与 $head(X)$ 处的解相同。在标记 ⑦⑨ 处和 ⑧⓪ 处通过给变量 *SameSoln* 赋值做出恰当的选择。然后在标记 ⑧① 处要求对 *SameSoln* 进行压缩。这个解在标记 ⑧② 处用来更新 *soln*(X)。因为 CurInt 是递归

的，所以标记 ㊷ 处的更新应用于所有用 X 调用 CurInt 的节点。

图 14.39 显示了图 14.38 的路径压缩 CurInt 过程。图 14.39a 显示了初始阶段。由左至右的虚线边显示了建立的 *head* 映射，但尚未在任何节点上调用 CurInt。因此，每个节点的 *soln* 指向其自身。图 14.39b 显示了调用 CurInt(X) 的结果。由于采用了路径压缩，*soln*(X) 和 *soln*(I) 都指向 Y。在图 14.39c 中，从 Y 扩展了 *head* 映射，如节点 Z 到节点 R 所示。图 14.39d 显示了后续调用 CurInt(Z) 的结果，这次调用更新了 *soln*(Z) = *soln*(J) = R。最终，图 14.39e 显示了又一次调用 CurInt(X) 的结果。对于那些在这次调用中被访问了 *head* 和 *soln* 指针的节点，其 *soln* 值会被更新为 R。后续在节点 X、Y 或 Z 上调用 CurInt 会立即返回节点 R。之前调用 CurInt 时未更新节点 I 的解。在图 14.39e 之后计算 CurInt(I) 会跳到 Y，然后直接到达 R，从而更新 *soln*(I) = R。

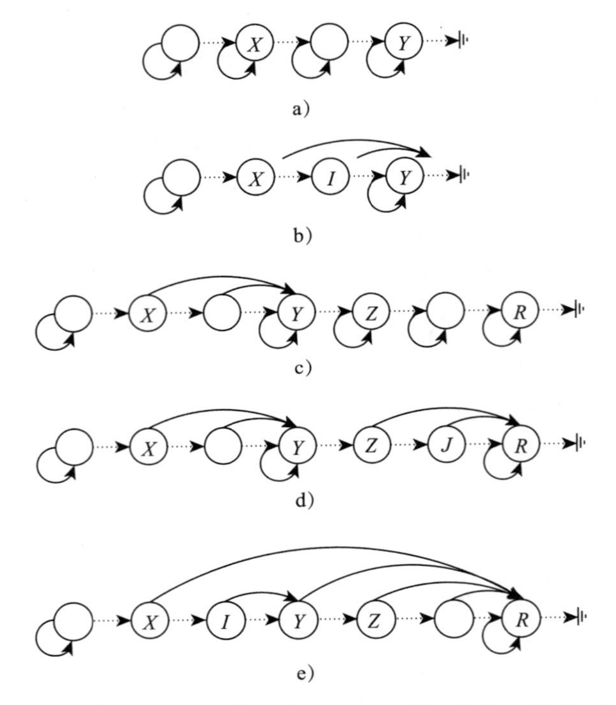

图 14.39 路径压缩。虚线边表示 *head* 映射，实线边表示 *soln* 值

4. 增广流图

在区间分析识别出程序的循环结构后，我们可以尝试重组循环内、外的计算来优化程序。为了方便进一步的分析和优化，我们可以添加显式的区间入口和出口节点来**增广**（augment node）流图。图 14.40 展示了区间增广如下：

前置头节点 对于以 H 为头节点的区间，我们向图中引入节点 P 作为**前置头节点**（preheader node）。进入一个节点不再是通过头节点，每条进入区间的边都重定向到 P。因此，将边 (G,H) 改为 (G,P) 并引入一条新的边 (P,H)。前置头节点是将代码移出循环的方便去处。必要时，可以用循环继续检测条件恰当地保护它。

后置出口节点 图 14.40a 中显示的区间有三个出口：从 $X1$ 和 L 到 $Y1$，以及从 $X2$ 到 $Y2$。如果一个节点位于区间之外且为区间内某个节点的后继，我们就为它引入一个**后置出口节点**（postexit node）。在图 14.40b 中，指向 $Y1$ 的边重定向到 $E1$，类似地，指向 $Y2$ 的边

重定向到 $E2$。于是，每个出口节点有单一边到其关联节点。因此，引入从 $E1$ 到 $Y1$ 和从 $E2$ 到 $Y2$ 的边。

图 14.40b 中的粗线边将前置头节点 P 与每个后置出口节点连接起来，方便了区间导出图的归约。

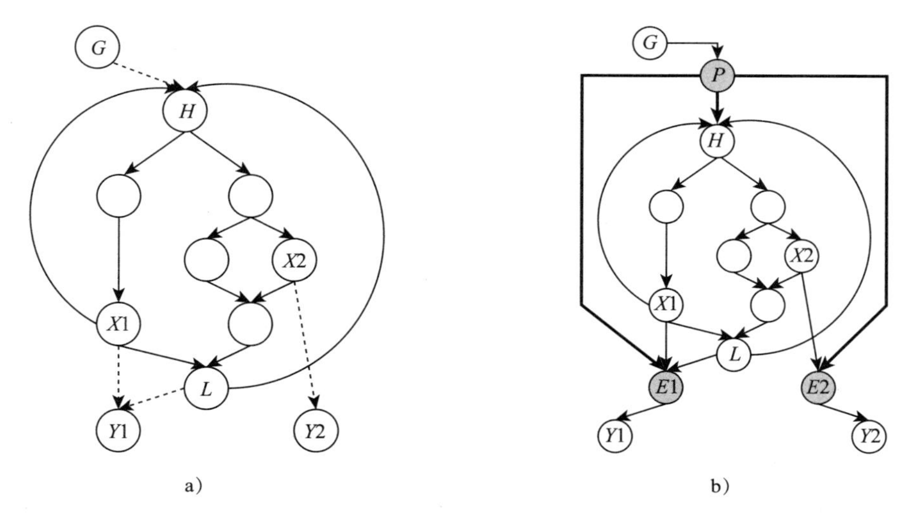

图 14.40 a）控制流图；b）带前置头节点 P 和后置出口节点 $E1$ 和 $E2$ 的增广图

14.3 数据流分析介绍

如 14.1 节中的讨论，一个优化编译器通常组织为一系列**扫描**（pass）。每趟扫描可能要求关于程序运行时行为的近似信息来完成自己的工作。**数据流框架**（data flow framework）为这种分析提供了一个统一的、数学上有吸引力的结构。

在 14.4 节中，我们将介绍数据流框架的更严格的表述。本节非正式地讨论一些**数据流问题**（data flow problem），探究几个流行的优化问题，并推导它们的数据流公式。对于每个问题，我们感兴趣的是：

- 代码序列对问题的解有什么影响？
- 当程序中的分支汇聚时，我们如何汇总出解，从而不需要跟踪特定于分支的行为？
- 最佳解和最差解是什么？

我们以图 14.41 中所示的程序和**控制流图**（control flow graph）作为示例。

通过数据流分析组合上述问题的**局部解**，就可以得到一个全局解。局部指的是由于邻接节点的行为而出现在给定边上的信息，而全局的意思是可以为流图的每条边找到一个解。

14.3.1 可用表达式

图 14.41 包含表达式 $v+w$ 的多次计算。如果我们可以证明在标记 ⑧③ 处要计算的 $v+w$ 的特定值已经可用，那么就没有必要在标记 ⑧③ 处重复计算这个表达式。更具体地，如果程序过去的行为包含对表达式 *expr* 的值的计算且计算结果出现在流图的边 e 上，则我们称表达式 *expr* 在边 e 处可用。可用表达式数据流问题就是要分析程序，以确定这样的信息。

为了解决可用表达式问题，编译器必须检查程序以确定表达式 *expr* 在边 e 处可用，不管程序是如何到达边 e 的。如果一个编译器简单地执行一个程序来寻找这种信息，则待编译程序中的无限循环就会导致编译器无法结束。发现这样的循环通常是**不可判定的**（undecidable）[Mar03]。取而代之，编译器执行**静态分析**（static analysis），它通过符号解释分析程序，避免了无限循环。

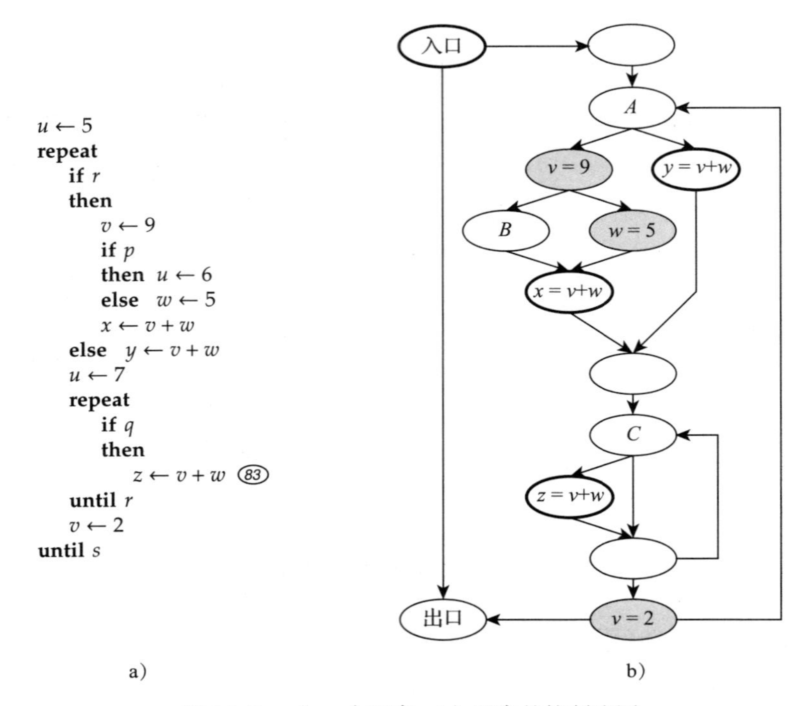

图 14.41　a）一个程序；b）程序的控制流图

回到我们的例子，如果到达标记 ⑧③ 的每条路径都计算了 $v+w$ 且后续未改变 v 或 w，则 $v+w$ 在标记 ⑧③ 处可用。在本问题中，如果一条指令计算了 $v+w$ 或改变了 v 或 w 的值，则它会影响解，如下所述：

- 我们假定程序的**入口**节点包含 $v+w$ 的一个隐含计算。对于初始化变量的程序，$v+w$ 在**入口**节点当然是可用的。否则，$v+w$ 是未初始化的，意味着允许编译器假设表达式具有它为其选择的任意值。
- 流图的一个节点如果计算了表达式 $v+w$，则会令 $v+w$ 在其出边上是可用的。
- 流图的一个节点如果对 v 或 w 赋值，则令 $v+w$ 不可用。
  我们假设对 v 的赋值破坏了 $v+w$ 的可用性，即使 v 的值没有被赋值影响。例如，赋值语句 $v=v+0$ 实际上并没有改变 v 的值，但我们将消除这种无用代码的任务留到其他优化扫描中。
- 所有其他节点对 $v+w$ 的可用性没有影响。

在图 14.41b 中，阴影节点令 $v+w$ 不可用。带黑圈的节点令 $v+w$ 可用。当在一个节点的输入处有两个解时，我们通过假设最坏的情况来汇总它们。例如，到节点 A 的输入包含 $v+w$ 的隐式计算。然而，在进入节点 A 的环边上，$v+w$ 是不可用的，因为发出该边的节点改变了 v 的值。因此，我们必须假设 $v+w$ 的当前值在进入节点 A 时是不可用的。

根据上述推理，可以将信息推入图中，从而得到图 14.42 中每条边上所示的解。**入口**和**出口**节点被**开始**和**停止**节点替换，以指示数据流传播的方向。在图 14.42 所示的解中，对于表示图 14.41a 中标记 ⑧③ 的节点，在进入它的边上 $v+w$ 是可用的。因此，可以通过消除 $v+w$ 的计算来优化程序。

在这个例子中，我们探讨了单个表达式 $v+w$ 的可用性。程序通常包含许多表达式，编译器生成的表达式通常比程序中显式编写的要多（例如，计算下标表达式的字节偏移量）。优化编译器通常采用以下方法之一来识别感兴趣的表达式：

- 编译器可能会将 $v+w$ 这样的表达式识别为*重要*表达式，因为消除其计算可以显著提高程序的性能。在这种情况下，优化编译器可能有选择地计算单个表达式的可用性。SSA 形式（见 14.7 节）和稀疏评估图 [CCF91] 促进了这种选择性分析。
- 编译器可以计算*所有*表达式的可用性，而不考虑结果的重要性。在这种情况下，通常是规划一组表达式并计算其中表达式的可用性。14.4 节和习题 35 将更详细地讨论这一点。

14.3.2 活跃变量

接下来我们研究寄存器分配相关的优化问题。如第 13 章所述，如果一个程序的**干涉图**（interference graph）是可 k 着色的，则对它来说 k 个寄存器就足够了。在此图中，每个节点表示程序的一个变量。如果两个节点关联的变量是同时*活跃的*，则在它们之间连一条边。对于一个变量 v 来说，如果程序的未来行为会引用控制流图的边 e 上的 v 的值，则称变量 v 在边 e 处是活跃的。换句话说，活跃变量的值未来可能在程序中使用。因此，寄存器分配依赖于计算*活跃变量*信息来构建干涉图。

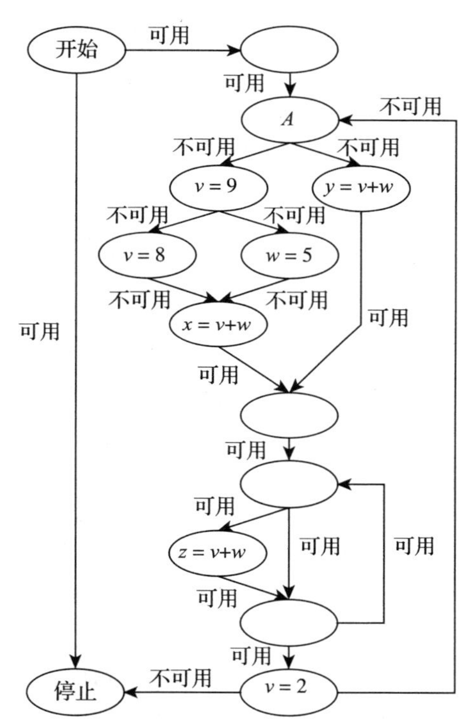

图 14.42 图 14.41b 中整个流图中表达式 $v+w$ 的可用性的解

我们可以使用数据流分析技术来解决*活跃变量*问题。这个问题与可用表达式问题是相关的——它们是通常被称为**位向量数据流问题**（bit-vectoring data flow problem）的四个问题中的两个（见习题 39）。

在图 14.42 中所示的*可用表达式*的解中，信息遵循控制流图的方向。我们在节点的入边收集信息，将其推入节点，并传播到节点的出边上。这种数据流问题被称为**前向**（forward）问题。另一方面，求解*活跃变量*问题要求刻画程序*未来*的行为。这种数据流问题被称为**后向**（backward）问题。我们在节点的出边收集信息，将其反向推入节点，并传播到节点的入边上。

考虑图 14.43 中对变量 v 进行的活跃性分析。阴影节点涉及对 v 的使用，从这种节点上方来看，v 是*活跃的*。另一方面，带黑圈的节点销毁了 v 的当前值。这种节点表示了令 v 不活跃（即，*不再使用*）的未来行为。在出口节点，我们可以假设 v 不再使用，因为程序已经结束了。

图 14.43 包含一个带 `call` 指令的节点。此节点如何影响 v 的活跃性？出于指导性目的，

我们假设**过程间分析**（interprocedural analysis）揭示了函数 `f` 可能对 v 赋值，但不使用它的值。在这种情况下，被调用的函数不会令 v 活跃。然而，由于 `f` 并不总是修改 v，被调用的函数也不会令 v 不再使用。因此，这个特定的节点对 v 的活跃性没有影响。

v 的活跃性的解如图 14.44 所示。注意，控制流边调整为反向了，以显示计算是如何进行的。基于此问题的定义，如果任何未来行为都显示 v 是活跃的，则控制流的公共点会令 v 为活跃的。例如，在图 14.44 中，在指向节点 B 的（底部的）输入上，v 的活跃性的不同的解组合在一起。

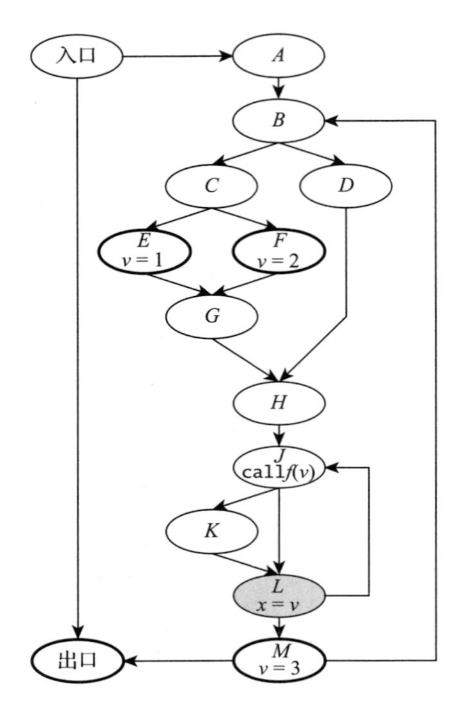

图 14.43 活跃变量的流图示例。函数 `f` 可能对 v 赋值，但不读取它的值

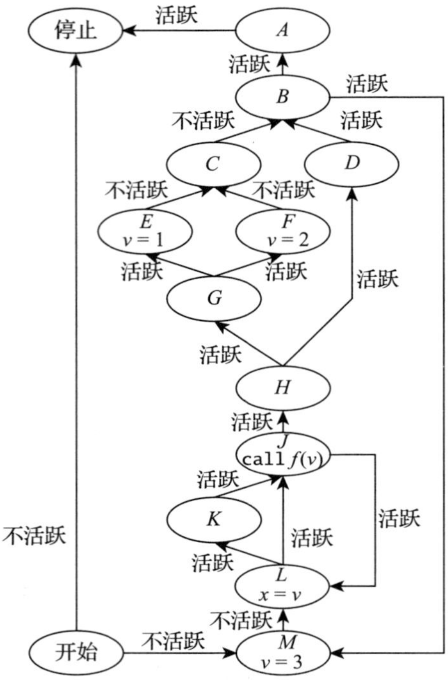

图 14.44 v 的活跃性的解

对于优化编译器来说，证明一个变量不活跃是有利的。编译器可以回收与不活跃变量关联的任何资源，包括变量的寄存器或局部 JVM 槽位。活跃变量分析的另一个用途是寻找**可能未初始化的变量**（potentially uninitialized variable）。这些变量在过程的入口处是活跃的。

优化编译器可以寻找一个变量或一组变量的活跃信息。习题 36 涉及对变量集合的计算。

14.4 数据流框架

依赖于优化编译器的例子，我们已经非正式地引入了数据流框架的概念。在本节中，我们形式化地定义**数据流框架**（data flow framework）的概念。在我们研究相关细节时，以 14.3 节介绍的可用表达式和活跃变量问题为例是很有帮助的。一个数据流框架 $\mathcal{D}=(\mathcal{G}_{eg}, L, \mathcal{F})$ 包含如下组成部分：

- **评估图**（evaluation graph）$\mathcal{G}_{eg}$。这是一个有向图，其节点通常表示程序行为的某些方面。一个节点可以表示单条指令、一个无分支的指令序列或是一个完整的过程。图的边表示节点间的一种关系。例如，边可以指明分支指令或过程调用导致的潜在的控制转移。我们假设图的边的方向与数据流问题中的“方向”一致。

- **交格**（meet lattice）L。这是一个数学结构，描述了数据流问题的解空间，并指明了如何安全地（保守地）合并多个解。用**哈斯图**（Hasse diagram）来表示这样的格是很方便的。为了发现两个元素的**交**（meet），可以从这两个元素开始沿着图向下追踪，直到在一个公共点第一次交汇。例如，图 14.45a 中的格指出 *Soln*1 和 *Soln*2 在 *Soln*3 交汇。

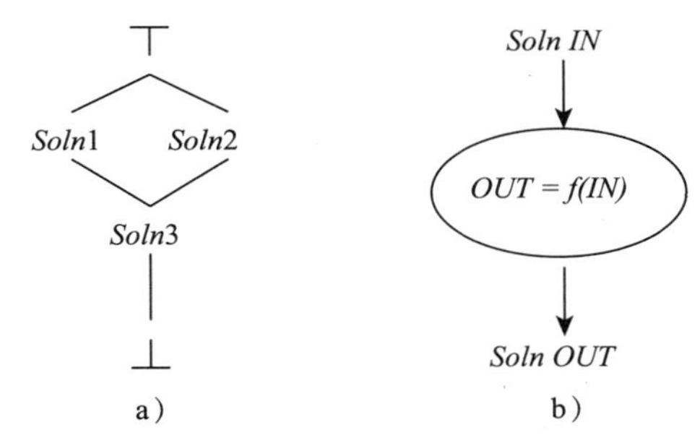

图 14.45　a）一个交格；b）一个节点的转移函数

- 一组**转移函数**（transfer function）$\mathcal{F}$。每个函数对正在研究的优化问题的可能节点（或节点路径）的行为进行建模。图 14.45b 描绘了一个通用的转移函数。一个转移函数的输入是在节点入口处所具有的解。如果多条边汇聚到节点，则可能对这些边的解执行一个**交**来形成节点的输入。转移函数指明了在给定节点输入的前提下如何计算其输出。

接下来，我们将详细研究这些组成部分。瑞得（Ryder）和马洛（Marlowe）给出了对数据流框架及其属性的更全面的处理方法 [MR90]。

14.4.1　数据流评估图

数据流评估图（data flow evaluation graph）是为优化问题而构造的，从而通过评估此图生成问题的一个解：

- 每个节点关联转移函数。
- 通过交格指导汇聚到一个节点的信息的合并。
- 如 14.5 节所述，在数据流评估图中传播信息以得到解。

对于本章考虑的问题，流图的节点表示程序行为的某个组成部分，而其边表示节点间潜在的控制转移。在将优化问题作为数据流框架提出时，所得到的框架分为以下几类：

- **前向**（forward）框架，指节点处的解只依赖于程序过去的行为。求解此问题涉及在流图中前向传播信息。因此，图 14.41b 中的控制流图在图 14.42 中作为数据流评估图，用于分析图 14.41a 的程序中表达式 $v+w$ 的可用性。
- **后向**（backward）框架，指节点处的解只依赖于程序未来的行为。14.3.2 节介绍的活跃变量问题就属于此类问题。对于活跃变量，一个适合的数据流评估图是逆控制流图，如图 14.44 所示。
- **双向**（bidirectional）框架，指节点处的解与程序过去和未来的行为都相关。

在本章中，我们只讨论前向或后向问题，并将数据流评估图中的边的方向设置为与数据流图一致。基于此假设，信息总是沿着图中边的方向进行传播。这样，通过增加一个开始节点和一个停止节点及一条从开始节点到停止节点的边来增广数据流评估图就很方便，如图 14.42 和图 14.44 所示。

在空间非常宝贵的编译器中，控制流图的节点通常对应于程序的最大线性序列（**基本块**，basic block）。虽然这种设计节省了空间，但程序分析和优化必须在基本块内部和基本块之间这两个层次上进行。这两个层次分别称为**局部数据流分析**（local data flow analysis）和全局数据流分析（global data flow analysis）。一个额外的分析层次使我们的讨论复杂化，并可能增加编写、维护优化编译器及其文档工作的代价。因此，我们通过节点建模单个 JVM 或 MIPS 指令的效果来构建数据流评估图。

14.4.2 交格

与所有格一样，**交格**（meet lattice）表示施加在集合上的一个偏序。交格形式化定义为如下元组

$$L = (A, \top, \bot, \preceq, \wedge)$$

它由以下几部分组成：

- **解空间**（solution space）A。在数据流框架中，相关集是数据流问题的所有可能解的空间。习题 36 涉及 n 个变量的*活跃变量*问题。由于每个变量要么是活跃的，要么是不活跃的，所以可能解的集合包含 2^n 个元素。幸运的是，我们不需要枚举或表示这个大集合中的所有元素。事实上，一些数据流问题（例如 14.6 节所讨论的*常量传播*）的解空间是无穷大的。
- **交运算符** $\wedge$。格中呈现的偏序指出了如何组合（汇总）数据流问题的多个解。在图 14.42 中，外层循环的第一个节点有两条入射边—— $v+w$ 在一条边上可用，在另一条边上不可用。交运算（$\wedge$）用于汇总这两个解。在数学上，$\wedge$ 是满足结合律和交换律的，因此以任意顺序成对应用 $\wedge$，就可以很容易地完成多个解的汇总。
- 特殊元素 $\top$ 和 $\bot$。与数据流框架关联的格总是包含解空间 A 中的如下特殊元素：
  - $\top$ 直观上是允许最多优化的解。
  - $\bot$ 直观上是阻碍或禁止优化的解。
- 比较运算符 $\preceq$。交格包含一个反射偏序，表示为 $\preceq$。给定两个来自集合 A 的解 a 和 b，$a \preceq b$ 或 $a \npreceq b$。如果 $a \preceq b$，则解 a 不好于解 b。进一步，如果 $a \prec b$，则解 a 严格差于解 b——即基于解 a 的优化将不如基于解 b 的优化好。如果 $a \npreceq b$，则解 a 和解 b 是不可比较的。

  例如，考虑对变量集合 $\{v,w\}$ 计算*活跃变量*的问题。如 14.3.2 节中所讨论的，如果发现变量是不活跃的，则其关联的存储可被重用。因此，如果发现了更少的活跃变量，则会改进代码优化。因此，集合 $\{v,w\}$ 比 $\{v\}$ 或 $\{w\}$ 差。换句话说，$\{v,w\} \preceq \{v\}$ 且 $\{v,w\} \preceq \{w\}$。但是，解 $\{v\}$ 与解 $\{w\}$ 无法比较（$\{v\} \npreceq \{w\}$）。两个解都是有一个变量活跃，数据流分析无法偏向于其中一种。

现在，对格有一个直观的理解就很重要了，特别是它的特殊元素 $\top$ 和 $\bot$。对于每个分析问题，都有某个解可以实现最大程度的优化，此解总是格中的 $\top$。回顾*可用表达式*问题，最好的解是令每个表达式都可用——这样就可以消除所有的重新计算。相应地，$\bot$ 表示只能实现最小程度优化的解。记住这种安排的一个简单方法是，$\top$ 总是画在格图的顶部，就像在天堂（即，好的优化）；而 $\bot$ 总是画在底部，就像在地狱（即，糟糕的优化）。

对于*可用表达式*问题，$\bot$ 表示没有表达式可以被消去。对于*活跃变量*问题，$\top$ 表示没有变量是活跃的，而 $\bot$ 表示所有变量都是活跃的。回想一下，活跃只意味着变量的当前值在未来可能被使用。确保变量的当前值是有用的是另一个优化问题，见习题 38。

虽然 $\top$ 和 $\bot$ 的非正式概念有助于理解数据流框架，但图 14.46 中给出了交格性质的更严格说明。

性质	解释
$a \wedge a = a$	合并两个相等的解是平凡的
$a \preceq b \Leftrightarrow a \wedge b = a$	如果a比b差，则合并它们必然得到a；如果$a=b$，则合并它们就得到a，如上
$a \wedge b \preceq a$ $a \wedge b \preceq b$	a和b的合并不会比a或b更好
$a \wedge \top = a$	由于$\top$是最优解，因此与$\top$合并什么也不会改变
$a \wedge \bot = \bot$	由于$\bot$是最差解，因此任何涉及$\bot$的合并都会得到$\bot$

图 14.46　交格的性质

一些文献介绍了**连接格**（join lattice），其中最优解是$\bot$，最坏解是$\top$。幸运的是，仅使用我们在这里介绍的**交格**就可以研究所有的数据流分析。直观上，一个连接格可以通过上下翻转转换为一个交格。于是，得到的数据流框架就是求解连接格问题的**补**（complement）。例如，可以在连接格上执行不活跃变量分析，但我们可以用交格来求解活跃变量问题。

最后，我们可以在交格场景下考虑数据流计算了。虽然 14.5 节将对此进行更全面的讨论，但在此我们可以讨论一点，除了$\top$和$\bot$之外，我们可以在格中确定一些感兴趣的点（元素）：

- 格中的某个点表示给定数据流问题的最优解。无论在运行时程序实际控制流对应控制流图中的什么路径，该解都是成立的。如果每条可能的路径都是分开考虑的，那么最优解将是每条路径的解的**交**。大多数程序都包含循环，显然有无数这样的路径。尽管如此，对于某些问题（见 14.5.4 节），即使对于具有无限条可能路径的程序，也可以计算称为**全路径交**（Meet Over all Paths，MOP）解的格元素。
- 考虑满足$b \preceq MOP$的任意格元素b。这样的元素是**安全的**，因为基于b的优化不会与任何可能的程序路径上的信息矛盾。$\bot$元素总是安全的，但会导致最小程度的优化。相应地，考虑满足$MOP \prec a$的任何元素a。这样的元素是**不安全的**，因为基于a的优化可能不能正确地保留程序的含义。$\top$元素可能安全，也可能不安全，这取决于 MOP，因为$MOP \preceq \top$。
- 当找到一个与 MOP 相当或低于它的安全解时，数据流计算（见 14.5 节）就终止了。这个解被称为**最大不动点**（Maximum Fixed Point，MFP），因为它代表了计算的不动点，且与使用**交**运算将节点输入进行汇总的迭代方法计算出的解一样好。

这些问题将在 14.5.4 节中再次讨论。

14.4.3　转移函数

我们的数据流框架需要一种机制来描述程序代码片段的效果，代码片段是用流图中路径表示的。考虑数据流评估图中的单个节点。以图 14.45b 为例，在节点的入口会出现一个解，而转移函数负责将此输入解转换为在节点执行后成立的一个值。数学上，节点的行为可建模为一个函数，其定义域和值域为交格A。

我们用$\mathcal{F}$表示一个数据流框架中所有这种**转移函数**（transfer function）的集合。每个函数都必须是**完全的**（total）——对每个可能的输入都有定义。而且，我们还会要求每个函数的行为都是**单调的**（monotonically）——当给定一个更坏的输入时，函数不能生成一个更好的解。

定义 14.22 一个数据流框架是**单调的**（monotone）当且仅当

$$(\forall a,b \in A)(\forall f \in \mathcal{F}) a \preceq b \Leftrightarrow f(a) \preceq f(b)$$

考虑可用表达式问题，分析表达式 $v+w$、$w+y$ 和 $a+b$。图 14.47 显示了若干程序片段，并解释了建模每个片段效果的转移函数。图 14.47 中的最后一个例子显示了此问题的转移函数的最一般形式，即 $f(in)=(in-KILL)\cup GEN$，其中 $KILL$ 和 GEN 是特定于节点的常量，它们分别表示由于节点的行为而变为不可用和变为可用的表达式。可用表达式问题的完整转移函数集合 $\mathcal{F}$ 包含了对于 $KILL$ 和 GEN 的每个可能值的所有这种函数。如果在一个可用表达式问题中有 n 个表达式，则 $KILL$ 有 2^n 个可能值。GEN 也是如此，因此 $\mathcal{F}$ 的总大小为 $O(2^n)$。

片段	转移函数	解释
v+w	$f(in)=in \cup \{v+w\}$	不管在此节点入口处哪些表达式是可用的，在节点执行后表达式 v+w 变为可用。其他表达式未受此节点影响
v=9	$f(in)=in-\{v+w\}$	对 v 的赋值可能改变了 v+w 的值，而节点不包含对此表达式的重新计算。不管在此节点入口处哪些表达式是可用的，在节点执行后表达式 v+w 变为不可用。对任何引用 v 或 w 也都是如此，但表达式 a+b 未受此节点影响
`print（"hello"）`	$f(in)=in$	此节点未影响任何表达式；因此，节点出口处的解与入口处相等
y=v+w	$f(in)=(in-\{w+y\}) \cup \{v+w\}$	此节点令 w+y 不可用，因为它改变了 y，但它令 v+w 可用。这是可用表达式问题的转移函数的最一般形式

图 14.47 可用表达式的数据流转移函数

由于转移函数是一种数学函数，因此它们不仅可以建模单个节点的效果，还能建模程序任何路径上的效果。如果一个节点的转移函数为 f，跟随它的一个节点的转移函数为 g，则两个节点在输入 a 上的累积效果可建模为 $g(f(a))$。换句话说，任何潜在程序行为（简短的或冗长的）都可以用 $\mathcal{F}$ 中的某个转移函数建模。可将一个转移函数应用于任何格值 a，以获得运行时 a 表示的给定条件下程序片段行为的估计。

14.5 求解

在将数据流问题描述为一个数据流框架之后，我们现在转向求解框架以获得相关问题的答案。每个流图节点都提供了一个方程，该方程是用该节点的输入解来表示的。这里的挑战是从格 A 确定一个解的指派，能满足所有方程，同时提供最佳可能优化。14.5.1 节描述了求解数据流框架的迭代方法。每个节点最初都断言一个解 $\top$，这是此时我们相信这是正确的解。我们将在 14.5.2 节中重新讨论**初始化**问题。求解过程持续，直到在整个图中解都没有变化，这意味着达到了收敛。达到收敛的速度和解的质量在 14.5.3 节和 14.5.4 节中讨论。

14.5.1 迭代

大多数直接求解数据流框架的方法都是简单地迭代计算评估图的节点和边，直到收敛。图 14.48 显示了简单迭代求解算法。在访问一个给定节点 Y 时，在标记 ⑧⑦ 处计算 Y 处的转移函数，即，求评估图中 Y 的前驱的当前解的**交**。回忆一下，评估图中边的方向都已设置为与数据流问题的方向吻合。然后，在标记 ⑧⑧ 处建立起节点 Y 处的新的解。在标记 ⑧⑨ 处检测

新的解与 Y 处的原有解是否不同。如果解发生了改变，则在标记 ⑨⓪ 处强制进行新一轮的节点计算。

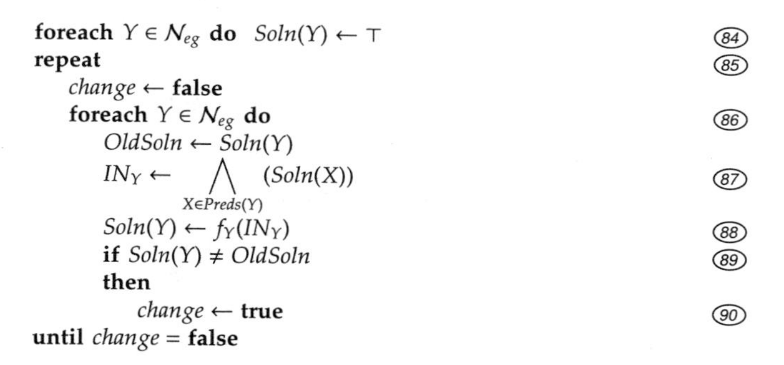

```
foreach Y ∈ N_eg do  Soln(Y) ← ⊤                         (84)
repeat                                                    (85)
    change ← false
    foreach Y ∈ N_eg do                                   (86)
        OldSoln ← Soln(Y)
        IN_Y ←   ⋀           (Soln(X))                    (87)
              X∈Preds(Y)
        Soln(Y) ← f_Y(IN_Y)                               (88)
        if Soln(Y) ≠ OldSoln                              (89)
        then
            change ← true                                 (90)
until change = false
```

图 14.48　简单迭代求解。算法输入是一个数据流框架 $\mathcal{D}$ 和一个评估流图 $\mathcal{G}_{eg}$。算法对每个节点 Y 的输出处的解计算 $Soln(Y)$

当算法结束时，我们就计算出了问题的 MFP 解。我们称此解是**最大**不动点，因为它是格中在保证安全的前提下尽量高（朝向 ⊤）的点。这与框架的初始化相关，如 14.5.2 节所述。

接下来我们将此算法应用于图 14.49 所示的例子。在标记 ⑧⑥ 处并未指明节点的计算顺序。如果我们按 [2, 5, 4, 3, 1] 的顺序来计算，则求解过程如图 14.50 所示。这个求解过程需要在 $\mathcal{N}_{eg}$ 上扫描四次，如下所示：

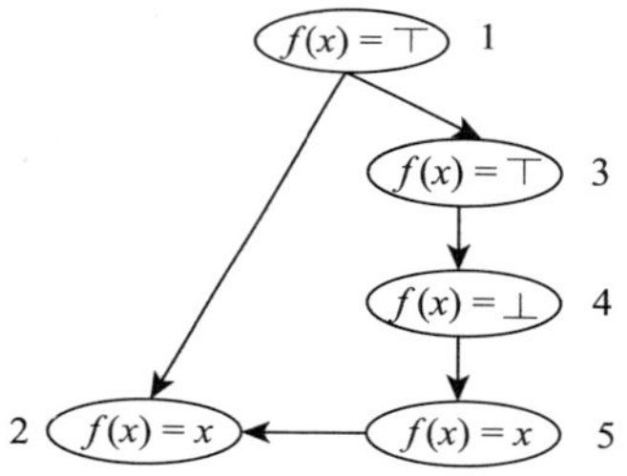

图 14.49　迭代求解示例。每个节点的转移函数和深度优先编号分别显示在节点内和节点旁边

1）每个节点 Y 的输入 IN_Y 被初始化为 ⊤。由于节点 4 的输出从其初始化值 ⊤ 改变为计算结果 ⊥，因此需要新一轮的扫描。

2）在上一轮扫描中，节点 4 的值发生了改变。节点 5 的转移函数将其输入拷贝到其输出，因此在这一轮扫描中节点 5 的输出从 ⊤ 改变为 ⊥。因此，需要新一轮扫描。

3）在这一轮扫描中，当考虑节点 2 时，其输入（通过节点 1 和节点 5 的输出求交而形成）为 ⊥。节点 2 的转移函数将其输入拷贝到其输出，因此在节点 2 的输出从 ⊤ 改变为 ⊥。

4）在这一轮中没有发生任何改变，因此迭代求解结束。

下面的观察结果可以帮助提高迭代求解的性能：

- 在给定节点 Y 处解的改变并不需要对 $\mathcal{N}_{eg}$ 中所有节点进行新一轮计算。对于一个转移函数，只有当其输入改变时，其输出才会改变。因此，标记 ⑧⑥ 处的循环只需考虑那些前驱节点的解发生改变的节点。需要求值的节点的集合可以用一个 *worklist* 来维护，它初始化为 $\mathcal{N}_{eg}$，当一个节点 Y 的解发生改变时，将其 *worklist* 更新为包含 Y 的所有后继节点。我们从 *worklist* 中取出节点进行处理，直至 *worklist* 变为空。
- 在标记 ⑧⑥ 处可以按一个更好的顺序处理节点。如果按 [1, 3, 4, 5, 2] 的顺序处理节点，则只需 2 遍扫描就够了，而不是图 14.50 所示的 4 遍扫描。实际上，对于这种情况单遍扫描就能得到解，如图 14.48 所示，额外的一遍扫描是为了检测算法终止。

为了最快得到解，只有当节点 Y 的所有前驱节点都已更新了解之后，才能访问节点 Y。当评估图包含环时，这样的顺序只在一定程度上是可能的。图 14.11 所示的算法是基于定义 14.21 的，它按节点的深度优先编号对它们进行由右至左的先序遍历（**区间序**，interval order）。除了回边的情况，这种遍历会在访问完 Y 的所有前驱之后再访问 Y。图 14.49 中的节点的由右至左的先序遍历顺序为 [1, 3, 4, 5, 2]。

- 当沿着一条**回边**（back edge）发生信息改变时，标记 (85) 处的外层循环才会执行。在标记 (97) 处对回边（$\lhd$）的检测可在**常量时间**（constant time）内完成，如 14.2.4 节所述。

节点 Y	$Preds(Y)$	标记 (87) 处的 IN_Y	标记 (88) 处的 $Soln(Y)$	标记 (89) 处是否改变?
2	{1,5}	⊤	⊤	
5	{4}	⊤	⊤	
4	{3}	⊤	⊥	真
3	{1}	⊤	⊤	
1	{ }	⊤	⊤	
2	{1,5}	⊤	⊤	
5	{4}	⊥	⊥	真
4	{3}	⊤	⊥	
3	{1}	⊤	⊤	
1	{ }	⊤	⊤	
2	{1,5}	⊥	⊥	真
5	{4}	⊥	⊥	
4	{3}	⊤	⊥	
3	{1}	⊤	⊤	
1	{ }	⊤	⊤	
2	{1,5}	⊥	⊥	
5	{4}	⊥	⊥	
4	{3}	⊤	⊥	
3	{1}	⊤	⊤	
1	{ }	⊤	⊤	

图 14.50　按节点计算顺序 [2, 5, 4, 3, 1] 进行的迭代求解

这些改进都集成到了图 14.51 所示的算法中。在标记 (92) 处按区间序考虑节点，即，使用由右至左的先序遍历。在标记 (93) 处只考虑那些标记为要求解的节点。在标记 (96) 处只将那些前驱节点的输出解发生改变的节点标记为需要求解。仅当沿着一条回边发生了信息改变时，才在标记 (97) 处开始在节点上进行新一轮扫描。

```
foreach Y ∈ N_eg do
    Soln(Y) ← ⊤                                            (91)
    NeedEvaluate(Y) ← true
NodeOrder ← [ Right-to-left preorder ]
repeat
    again ← false
    foreach (Y ∈ N_eg) order (NodeOrder) do                (92)
        if NeedsEvaluate(Y)                                (93)
        then
            NeedsEvaluate(Y) ← false
            OldSoln ← Soln(Y)
            IN_Y ←      ⋀        (Soln(X))                 (94)
                   X∈Preds(Y)
            Soln(Y) ← f_Y(IN_Y)                            (95)
            if Soln(Y) ≠ OldSoln
            then
                foreach Z ∈ Succs(Y) do
                    NeedEvaluate(Z) ← true                 (96)
                    again ← again or Z ⊲ Y                 (97)
until again = false
```

图 14.51　更好的迭代求解

14.5.2 初始化

我们该如何**初始化**框架的解来进行迭代求解呢？本节回到这个问题的讨论上来。在图 14.48 和图 14.51 的算法中，在标记 ⑧④ 和标记 ⑨① 处将所有解初始化为 $\top$。对于可用表达式问题，这意味着在初始时对每个节点都假定令所有表达式都可用。这种方法可能看起来不那么牢靠，因为我们初始时假设了很可能是错误的事情。但是，当图 14.51 的算法应用于图 14.41 中示例进行可用表达式分析时，图 14.42 所示的得到的答案是正确的（见习题 29）。

实际上，如果我们初始假设所有解都是 $\perp$ 而非 $\top$，就不能保证总是计算出最佳可能解（见习题 30）。如果我们将一个数据流问题视为一个求解方程组的问题，则当流图存在环时就会产生一个有趣的问题。图 14.52 是图 14.41b 所示示例的一个子图。子图中的边表示一个节点的解对其他节点的依赖关系。

我们知道这个子图的最佳正确解应该是 $v+w$ 处处可用（见图 14.42）。但这样一个解是如何求出的呢？图 14.52b 显示了子图节点的转移函数。令 in_{loop} 表示循环的输入——从循环外输入到节点 C，在图 14.52a 中它显示为可用的。到 C 和 E 的输入数学建模如下。

$$
\begin{aligned}
in_E &= f_D(in_D) \wedge f_C(in_C) \\
&= \top \wedge f_C(in_C) \\
&= f_C(in_C) \\
in_C &= f_E(in_E) \wedge in_{loop} \\
&= in_E \wedge in_{loop} \\
&= f_C(in_C) \wedge in_{loop}
\end{aligned}
$$

换句话说，到节点 C 的输入依赖于节点 C 的输出！这种环看起来是无法解决的，除非我们第一次计算 C 的传递函数时，可以假设一些先验结果。

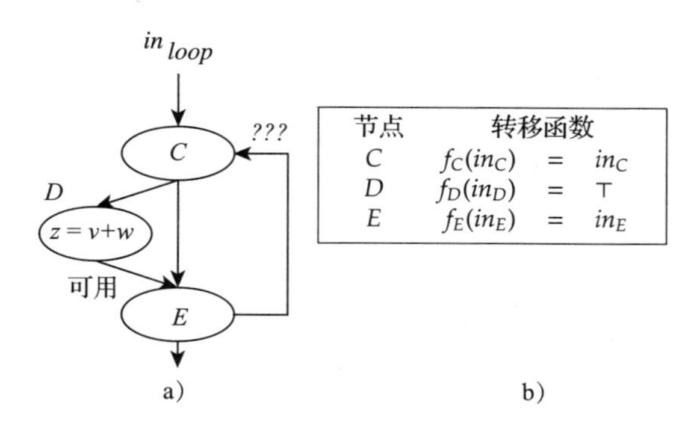

图 14.52 在此循环中 $v+w$ 可用吗？ a）图 14.41 的子图；b）转移函数

在计算方面，会产生相同的问题。对于图 14.52，14.5.1 节描述的迭代方法第一个遇到的节点是 C。此时必须计算到 C 的输入，但此输入依赖于来自节点 E 的结果，而后者尚未计算出来。由于图包含一个环，在 C 之前查看 E 对问题没有任何帮助。

当我们第一次计算节点 C 的解时，关于来自 E 的解，我们有如下选择：

$$f_E(in_E) = \perp \text{（乐观的）}$$

$$f_E(in_E) = \top \text{（悲观的）}$$

假设从 E 而来的 $v+w$ 不可用是安全的，在此情况下我们初始时悲观地假设 $f_E(in_E)=\perp$。但是，当 $\perp$ 交 in_{loop} 时，我们得到 $\perp$，即，到节点 C 的输入。于是前向传播会显示在图 14.52a

中，$v+w$ 处处不可用，在标记了可用的那些边上除外。这个解是安全的，但不是我们能得到的最好的解。

一种更大胆、更乐观的假设是 $v+w$ 可用：$f_E(in_E)=\top$。基于此假设，我们得到了图 14.42 所示的结果，在内层循环中，$v+w$ 处处可用。我们可以安全地将所有解初始化为 $\top$，依靠交运算符在整个计算过程中安全地组合所有事实。如果在流图中的一个给定点处 $\top$ 是不安全的，那么随着求解进行到一个安全值，它将在格中下降。

14.5.3　终止和快速框架

由于数据流问题的求解是在编译时进行的，因此我们期望求解能终止。在这方面，单调性（见定义 14.22）是有帮助的，因为在流图中的任何位置，随着求解的进行，解只能向着 $\bot$ 移动。但是，为了保证收敛，任何数据流解与 $\bot$ 的距离必须是有界的。

定义 14.23　对于一个格，如果 $\forall a \in A$，格中从 a 到 $\bot$ 的路径都是有穷的，则称格具有**有限下降链**（finite descending chain）。

上述要求并不坚持 A 是有穷的，但要求一个解向 $\bot$ 移动但未实际到达 $\bot$ 的次数是有限的。只有当某个节点上的解持续变化时，迭代计算才能继续。对于单调框架（见定义 14.22），如果流图中任意一点的解发生变化，则解向 $\bot$ 发展。因此，对于格具有有限下降链的任何数据流问题，都能保证其终止。

对于一个编译器的优化阶段，终止性显然是必不可少的。因为优化阶段通常要求解多个数据流问题的解，因此，在打造优化阶段时，有必要对每个问题的计算代价有一定理解。在本节中，我们将研究一类尽可能快地收敛的数据流问题。

图 14.53 中给出了一个流图和数据流框架。交格的定义域 A 是 {1,2,3,4,5,6,7,8} 的所有子集的集合（**幂集**，power set）。迭代求解过程使用图的区间序 [1,3,4,6,7,8,5,2] 推进，计算过程如图 14.54 所示。

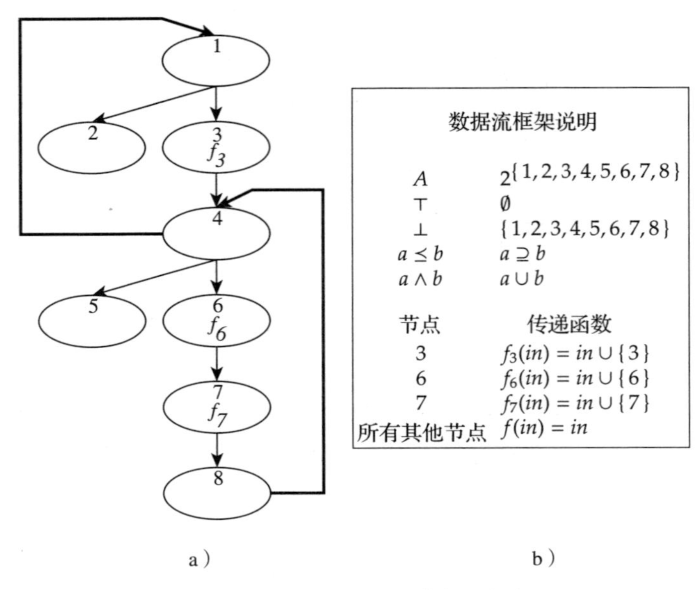

图 14.53　a）流图；b）数据流框架

节点 Y	$Preds(Y)$	标记(94)处的 IN_Y	标记(95)处的 $Soln(Y)$	标记(96)处的 $NeedEvaluate(Z)$	标记(97)处，继续？
1	{4}	{ }	{ }	{ }	
3	{1}	{ }	{3}	{4}	
4	{3,8}	{3}	{3}	{5,6,1}	真
6	{4}	{3}	{3,6}	{7}	
7	{6}	{3,6}	{3,6,7}	{8}	
8	{7}	{3,6,7}	{3,6,7}	{4}	真
5	{4}	{3}	{3}	{ }	
2	{1}	{ }	{ }	{ }	
1	{4}	{3}	{3}	{2,3}	
3	{1}	{3}	{3}	{4}	
4	{3,8}	{3,6,7}	{3,6,7}	{5,6,1}	真
6	{4}	{3,6,7}	{3,6,7}	{7}	
7	{6}	{3,6,7}	{3,6,7}	{ }	
8			未计算		
5	{4}	{3,6,7}	{3,6,7}	{ }	
2	{1}	{3}	{3}	{ }	
1	{4}	{3,6,7}	{3,6,7}	{2,3}	
3	{1}	{3,6,7}	{3,6,7}	{4}	
4	{3,8}	{3,6,7}	{3,6,7}	{ }	
6			未计算		
7			未计算		
8			未计算		
5			未计算		
2	{1}	{3,6,7}	{3,6,7}	{ }	

图 14.54 图 14.53 所示框架的求解过程

第一遍扫描将解 {3,6,7} 传播到节点 8。在第一遍扫描后，来自节点 8 的信息对节点 4 是可用的。在第二遍扫描后，来自节点 8 的信息（目前在节点 4 呈现）对节点 1 是可用的。这个例子展示了，对于某些框架，收敛所需的扫描遍数与图的回边的数目和结构相关。每遍扫描都会按照拓扑序前向传播所有可用的信息，但是需要额外的扫描才能沿着回边传播信息。

如果 p 是流图中仅由回边组成的最长路径，则 p 的长度确定了收敛所需的扫描遍数，前提是数据流问题是**快速的**（rapid）[KU76, Ros78]。

定义 14.24 一个数据流框架是**快速的**当且仅当

$$\forall a \in A, \forall f \in \mathcal{F}, a \wedge f(\top) \preceq f(a)$$

为了理解这个定义，考虑图 14.56 所示的流图。通过节点的路径将应用转移函数 f。迭代求解过程会计算出循环边的值为 $f(a)$。下一次扫描时，会计算出两个值的交 $a \wedge f(a)$，作为 f 的新输入，即，计算 $f(a \wedge f(a))$。这个过程一直持续到在格中节点的输出停止“降低”为止。

如果图 14.56 中的框架是快速的，那么对于每一个 $a \in A$ 有 $a \wedge f(\top) \preceq f(a)$。换句话说，$f$ 作用于最佳可能信息 $(\top)$ 然后与 a 交的结果并不会比 f 作用于 a 本身更好。就数据流格而言，$a \wedge f(\top)$ 到达的元素与 $f(a)$ 相同，或者在格中比 $f(a)$ 更低，这至少会使我们趋近于收敛，就像 f 有机会作用于 a 一样。

习题 38、32 和 42 考察了我们迄今为止所研究的框架的快速性。研究以下非**快速的**数据流框架也有一定的指导意义。尽管大多数计算机用一整字的存储空间来保存一个整数值，但程序优化可以尝试确定表示给定变量名所保存的所有值实际所需的比特数。这种分析包括检查给定名字可以保存的值。当然，如果这些信息无法获得或难以辨别，那么可以用 $\perp$ 表示一个名字应该占据一个完整的字。

图 14.55 显示了一个简单的程序（无分支或循环）来分析恰当的比特数。在标记 ⑱ 后，q 需要 2 个比特，因为保存在 w 中的值需要这么多比特。在 $a \leftarrow b$ 之后，a 需要和 b 一样多的 4 个比特。在标记 ⑲ 后，w 也需要 4 个比特。在标记 ⑳ 处的赋值需要 7 个比特—— a 占用的比特数（4）和 d 占用的比特数（7）中较大的那个。

```
b ← 15
w ← 3
d ← 127
/★  此时 b 占用 4 比特，w 占用 2 比特，d 占用 7 比特   ★/
q ← w                                                  (98)
a ← b
w ← a                                                  (99)
b ← a ⊙ d                                              (100)
```

图 14.55　比特数问题的程序。运算符⊙执行某种位运算，其结果的比特数与两个运算对象中较大的那个一样多

为了研究比特数问题的快速性，图 14.57 是来自图 14.53a 的流图，增加了来自图 14.55 中的语句，放置在某些图节点中。此问题的迭代求解过程如图 14.58 所示。在节点 8 处的关于问题的任何新信息都要花费两遍或更多遍扫描才能传播到节点 1。如果比特数问题是**快速的**，则图 14.53a 所示的流图的任何问题示例都应在 3 遍内收敛，这是由图的回边数目和结构所决定的。然而，图 14.58 显示了，需要 7 步迭代计算才能收敛。习题 50 进一步探究了此问题。

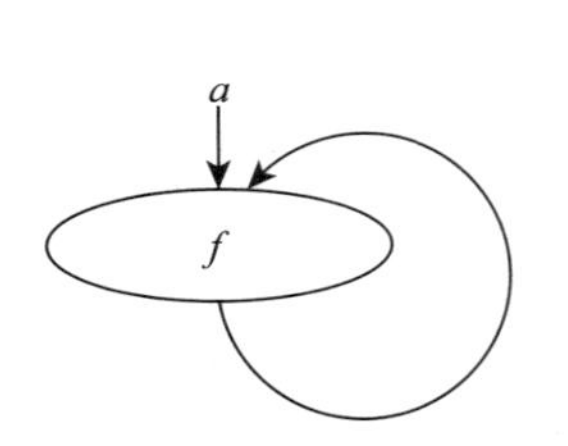

图 14.56　展示一个快速框架的流图

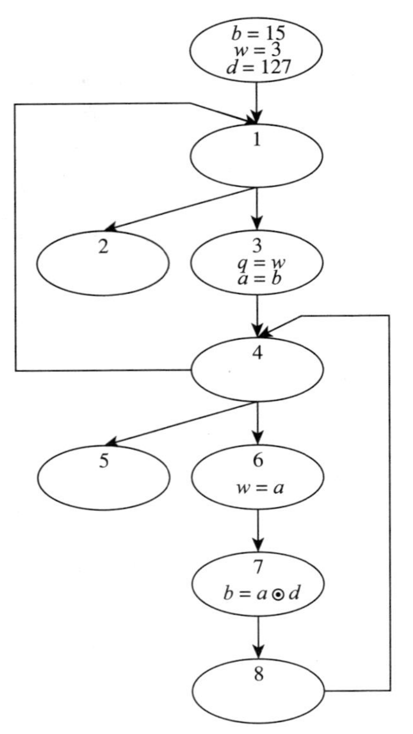

图 14.57　比特数问题的另一个实例

节点 Y	Preds(Y)	标记 ⑭ 处的 IN_Y	标记 ⑮ 处的 Soln(Y)	标记 ⑯	标记 ⑰ 处，继续?
1	{4}	[7,4,0,2,0]	[7,4,0,2,0]	{2,3}	
3	{1}	[7,4,0,2,0]	[7,4,4,2,2]	{4}	
4	{3,8}	[7,4,4,2,2]	[7,4,4,2,2]	{5,6,1}	真
6	{4}	[7,4,4,2,2]	[7,4,4,4,2]	{7}	
7	{6}	[7,4,4,4,2]	[7,7,4,4,2]	{8}	
8	{7}	[7,7,4,4,2]	[7,7,4,4,2]	{4}	真
5,2	无关紧要				
1,3	无关紧要				
4	{3,8}	[7,7,4,4,2]	[7,7,4,4,2]	{5,6,1}	真
6,7,8,5,2	无关紧要				
1	{4}	[7,7,4,4,2]	[7,7,4,4,2]	{2,3}	
3	{1}	[7,7,4,4,2]	[7,7,7,4,4]	{4}	
4	{3,8}	[7,7,7,4,4]	[7,7,7,4,4]	{5,6,1}	真
6	{4}	[7,7,7,4,4]	[7,7,7,7,4]	{7}	
7	{6}	[7,7,7,7,4]	[7,7,7,7,4]	{8}	
8	{7}	[7,7,7,7,4]	[7,7,7,7,4]	{4}	真
5,2	无关紧要				
1,3	无关紧要				
4	{3,8}	[7,7,7,7,4]	[7,7,7,7,4]	{5,6,1}	真
6,7,8,5,2	无关紧要				
1	{4}	[7,7,7,7,4]	[7,7,7,7,4]	{2,3}	
3	{1}	[7,7,7,7,4]	[7,7,7,7,7]	{4}	
4	{3,8}	[7,7,7,7,7]	[7,7,7,7,7]	{5,6,1}	真
6	{4}	[7,7,7,7,7]	[7,7,7,7,7]	{7}	
7	{6}	[7,7,7,7,7]	[7,7,7,7,7]	{8}	
8	{7}	[7,7,7,7,7]	[7,7,7,7,7]	{4}	真
5,2	无关紧要				
1,3	无关紧要				
4	{3,8}	[7,7,7,7,7]	[7,7,7,7,7]	{5,6,1}	真
6,7,8,5,2	无关紧要				
1	{4}	[7,7,7,7,7]	[7,7,7,7,7]	{2,3}	
3	{1}	[7,7,7,7,7]	[7,7,7,7,7]	{4}	
4	{3,8}	[7,7,7,7,7]	[7,7,7,7,7]	{5,6,1}	
6	{4}	[7,7,7,7,7]	[7,7,7,7,7]	{7}	
7	{6}	[7,7,7,7,7]	[7,7,7,7,7]	{8}	
8	{7}	[7,7,7,7,7]	[7,7,7,7,7]	{4}	
5	{4}	[7,7,7,7,7]	[7,7,7,7,7]	{ }	
2	{1}	[7,7,7,7,7]	[7,7,7,7,7]	{ }	

图 14.58 图 14.57 的求解过程。每个五元组表示 5 个变量 $[d,b,a,w,q]$ 的比特数问题的解

14.5.4 满足分配律的框架

我们接下来探究数据流分析计算出的解的**质量**（quality）。我们从下面的引理开始。

引理 14.25 给定一个单调数据流框架 $\mathcal{D}=(\mathcal{G}_{eg},L,\mathcal{F})$，则有

$$(\forall f \in \mathcal{F})(\forall a,b \in A)\, f(a \wedge b) \preceq f(a) \wedge f(b)$$

证明：留作习题 40。 ■

a b f

引理 14.25 是数据流框架近似程序实际行为的精髓。到达引理 14.25 中所示的节点时，会呈现出解 a 或 b 中的一个。在任意一个输入上执行 f 的效果要么是 $f(a)$，要么是 $f(b)$。因此，给定任意一个输入，f 的行为最佳汇总就是 $f(a) \wedge f(b)$。然而，迭代分析不允许 f 单独作用于 a 或 b。取而代之，会计算 $a \wedge b$，然后将 f 应用于该格元素。

引理 14.25 指出了，通过迭代分析 $f(a \wedge b)$ 计算出的结果不会比程序采用任意一条路径时实际发生的结果（$f(a) \wedge f(b)$）更好。

幸运的是，对于一些数据流问题，我们可以加强引理 14.25，得到以下结果。

定义 14.26　一个单调数据流框架 $\mathcal{D}=(\mathcal{G}_{eg},L,\mathcal{F})$ **满足分配律**，当且仅当

$$(\forall f\in\mathcal{F})(\forall a,b\in A)f(a\wedge b)=f(a)\wedge f(b)$$

对于这种框架，交运算符（$\wedge$）未失去任何信息，我们得到了最佳可能解，在假设可取任何程序路径的前提下。这种解被称为 MOP 解。因此，对于分配律框架，MOP=MFP。分配律框架的例子包括可用表达式问题和活跃变量问题。习题 44、46 和 49 更详细地探究了数据流框架的分配律性质。

14.6　常量传播

我们详细研究的最后一个数据流问题是常量传播（constant propagation），它确定一个程序所有执行中都为常量的值。大多数程序员不会故意引入常量表达式。但是，这种表达式经常会作为程序翻译的副产品而出现。在过程之间，当使用常量参数特化一个泛型方法时，就可能产生常量表达式。

我们首先考虑建模单个常量值的格，如图 14.59 所示。这个格概念上是无限宽的，除非对常量值施加了某个界。任何一个常量都不与其他常量相关（$\preceq$），因此所有常量都在格的相同层次上。特殊元素 $\perp$ 表示一个非常量的值。这个格反映出，如果两个常量相交（$\wedge$），则结果为 $\perp$。

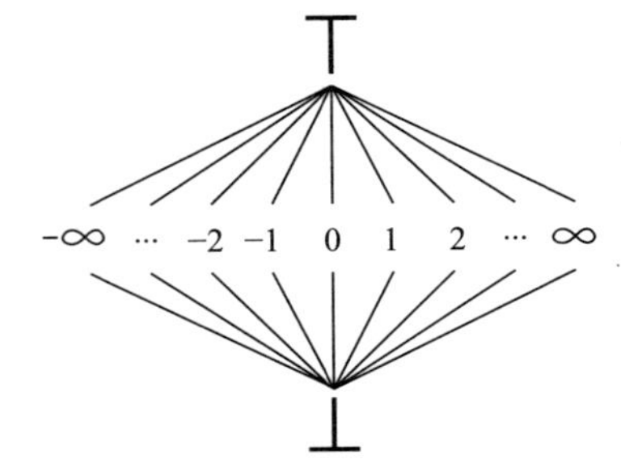

图 14.59　单个常量值的传播问题的格

对于特殊元素 $\top$，我们需要做一些解释。格公理要求 $\forall a\in A, a\wedge\top=a$。因此，$\top$ 不能是任何特定常量。取而代之，$\top$ 表示编译器可以选择它以适应其目的的一个值。回忆一下，$\top$ 是数据流求解的初始化值，而一个未初始化的变量可以取任何感兴趣的值而不会产生矛盾。

更一般地，考虑图 14.60 所示的控制流图对应的程序。某些节点将常量值赋予变量。在其他节点中，可能组合多个常量值创建出新的常量值。我们可以将常量传播描述为如下数据流问题：

- 我们在程序的变量上进行常数传播。如果程序包含感兴趣的表达式或子表达式，则可以将其赋予临时变量。于是，常量传播就可以变为尝试为临时变量发现一个常量值。
- 对每个变量，我们构造图 14.59 所示的三层的格。
  - ■ $\top$ 表示变量被认为是一个常量，其值（到目前为止）未确定。
  - ■ $\perp$ 表示表达式不是常量。
  - ■ 否则，表达式具有一个常量值，位于中间层。
- 使用图 14.59 所示的格应用交运算符。对每个感兴趣的变量分别应用格。
- 节点 Y 处的转移函数通过对节点的表达式中使用的每个变量替换节点的输入解来解释节点。假设使用集合 $\mathcal{U}$ 中的变量计算了节点 v。则变量 v 经过节点 Y 之后的解计算如下：
  - ■ 如果 $\mathcal{U}$ 中任何变量具有值 $\perp$，则 v 具有值 $\perp$。例如，如果 x 具有值 $\perp$，则表达式 $w+x$ 具有值 $\perp$，即使 w 为常量或 $\top$。

■ 否则，如果 $\mathcal{U}$ 中任何变量具有值 ⊤，则 v 具有值 ⊤。例如，如果 y 具有值 ⊤，则表达式 $y+2$ 具有值 ⊤。

■ 最后，如果 $\mathcal{U}$ 中所有变量具有常量值，则对表达式求值并将常量值赋予 v。

图 14.61 显示了用图 14.51 中的算法求解图 14.60 所示程序的过程。初始时，每个解的值被设置为 ⊤。然后按区间序 [1, 3, 4, 14, 5, 13, 6, 7, 8, 9, 10, 11, 12, 2] 处理每个节点。节点 ⑤和节点 ⑭ 的处理很直接，因为它们分别断言了 w 和 y 的值，而不管输入解是什么。当计算节点 ⑬ 时，y 的当前值为 ⊤，它可以是任意常量。因此，根据 $w=y+2$，w 也可以是任意常量，得到其解为 ⊤。当计算节点⑦时，计算 y 的输入值为节点⑥的值（5）和节点 ⑬ 的值 (⊤) 的交。因此，至少对于此轮迭代而言，w 的值为 5，而节点⑦计算出 $y=w-2=3$。值得注意的是，我们最终发现 y 是常量 3，仅仅是因为我们初始时赋予它值 ⊤。

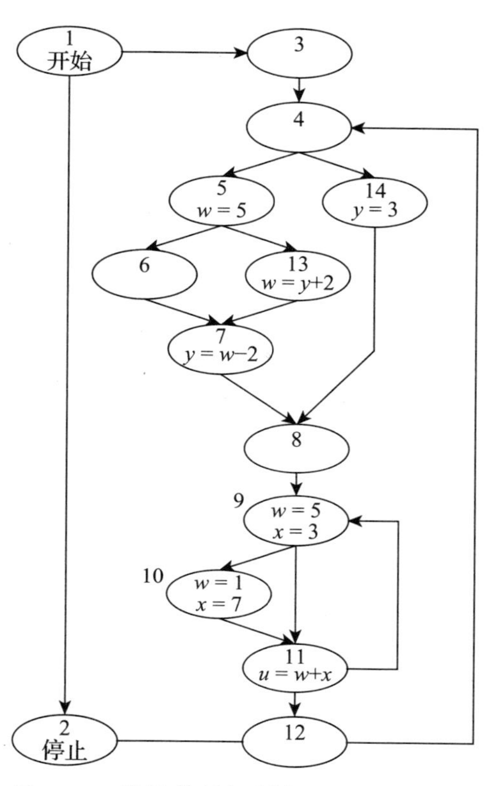

图 14.60　常量传播问题的一个示例程序。每个节点的深度优先编号现在在其顶部附近

第一轮迭代中处理的其他节点如图 14.61 所示，但除了那些从常量赋值的单个节点之外，没有找到其他常量。在第二轮迭代中，所有变量的解都沿着回边传播，但在这轮迭代中所有解都收敛了。

图 14.60 中的例子说明了常量传播的下列性质：

- 图中有一条到达节点 ⑬ 的路径，其上没有初始化 y。尽管如此，图 14.61 中的数据流求解发现在流图中 y 几乎处处为常量。虽然一个未初始化的变量可能意味着程序错误，但优化器可以假设一个未初始化的变量具有它为其选择的任何值，而不必担心产生矛盾。

  如果一种编程语言的语义坚持隐式初始化所有变量（比如，初始化为 0），那么必须在开始节点处将这种初始化表示为一个赋值语句。

- w 和 x 在节点 ⑩ 和节点⑨处具有（可能不同的）常量值。当执行一个交操作来得到节点 ⑪ 的输入时，w 的值计算为 1 和 5 的交，这得到 ⊥。类似地，输入节点 ⑪ 的 x 的值为 ⊥。因此，节点 ⑪ 中的表达式 $w+x$ 的计算结果为 ⊥。

  虽然进入到节点 ⑪ 的变量 w 和 x 的值不同，但它们的和并非如此。如果节点 ⑪ 处的传递函数应用于从节点⑨发出的值，则 $w+x=5+3=8$。而将传递函数应用于节点 ⑩ 的输出则得到 $w+x=1+7=8$。这两个值的交得到结果 $w=8$，但此解并不是图 14.51 中迭代算法所计算出的。

  这一观察结果实际上证明了常量传播不是一个**满足分配律的框架**。

节点 Y	标记(94)处的 IN_Y				标记(95)处的 $Soln(Y)$			
	u	w	x	y	u	w	x	y
① ③ ④	无变化				⊤	⊤	⊤	⊤
⑭	④ ⊤	④ ⊤	④ ⊤	④ ⊤	⊤	⊤	⊤	3
⑤	④ ⊤	④ ⊤	④ ⊤	④ ⊤	⊤	5	⊤	⊤
⑬	⑤ ⊤	⑤ 5	⑤ ⊤	⑤ ⊤	⊤	⊤	⊤	⊤
⑥	⑤ ⊤	⑤ 5	⑤ ⊤	⑤ ⊤	⊤	5	⊤	⊤
⑦	⑥ ⑬ ⊤ ∧ ⊤ = ⊤	⑥ ⑬ 5 ∧ ⊤ = 5	⑥ ⑬ ⊤ ∧ ⊤ = ⊤	⑥ ⑬ ⊤ ∧ ⊤ = ⊤	⊤	5	⊤	3
⑧	⑦ ⑭ ⊤ ∧ ⊤ = ⊤	⑦ ⑭ 5 ∧ ⊤ = 5	⑦ ⑭ ⊤ ∧ ⊤ = ⊤	⑦ ⑭ 3 ∧ 3 = 3	⊤	5	⊤	3
⑨	⑧ ⑪ ⊤ ∧ ⊤ = ⊤	⑧ ⑪ 5 ∧ ⊤ = 5	⑧ ⑪ ⊤ ∧ ⊤ = ⊤	⑧ ⑪ 3 ∧ ⊤ = 3	⊤	5	3	3
⑩	⑨ ⊤	⑨ 5	⑨ 3	⑨ 3	⊤	1	7	3
⑪	⑩ ⑨ ⊤ ∧ ⊤ = ⊤	⑩ ⑨ 1 ∧ 5 = ⊥	⑩ ⑨ 7 ∧ 3 = ⊥	⑩ ⑨ 3 ∧ 3 = 3	⊥	⊥	⊥	3
⑫	⑪ ⊥	⑪ ⊥	⑪ ⊥	⑪ 3	⊥	⊥	⊥	3
②	① ⑫ ⊤ ∧ ⊥ = ⊥	① ⑫ ⊤ ∧ ⊥ = ⊥	① ⑫ ⊤ ∧ ⊥ = ⊥	① ⑫ ⊤ ∧ 3 = 3	⊥	⊥	⊥	3
① ③	无变化				⊤	⊤	⊤	⊤
④	③ ⑫ ⊤ ∧ ⊥ = ⊥	③ ⑫ ⊤ ∧ ⊥ = ⊥	③ ⑫ ⊤ ∧ ⊥ = ⊥	③ ⑫ ⊤ ∧ 3 = 3	⊥	⊥	⊥	3
⑭	④ ⊥	④ ⊥	④ ⊥	④ 3	⊥	⊥	⊥	3
⑤	④ ⊥	④ ⊥	④ ⊥	④ 3	⊥	5	⊥	3
⑬	⑤ ⊥	⑤ 5	⑤ ⊥	⑤ 3	⊥	5	⊥	3
⑥	⑤ ⊥	⑤ 5	⑤ ⊥	⑤ 3	⊥	5	⊥	3
⑦	⑥ ⑬ ⊥ ∧ ⊥ = ⊥	⑥ ⑬ 5 ∧ 5 = 5	⑥ ⑬ ⊥ ∧ ⊥ = ⊥	⑥ ⑬ 3 ∧ 3 = 3	⊥	5	⊥	3
⑧	⑦ ⑭ ⊥ ∧ ⊥ = ⊥	⑦ ⑭ 5 ∧ ⊥ = ⊥	⑦ ⑭ ⊥ ∧ ⊥ = ⊥	⑦ ⑭ 3 ∧ 3 = 3	⊥	⊥	⊥	3
⑨	⑧ ⑪ ⊥ ∧ ⊥ = ⊥	⑧ ⑪ ⊥ ∧ ⊥ = ⊥	⑧ ⑪ ⊥ ∧ ⊥ = ⊥	⑧ ⑪ 3 ∧ ⊤ = 3	⊥	5	3	3
⑩	⑨ ⊥	⑨ 5	⑨ 3	⑨ 3	⊥	1	7	3
⑪ ⑫ ②	无变化				⊥	⊥	⊥	3

图 14.61　对图 14.60 中的程序计算常量传播的过程

14.7 SSA 形式

我们在第 10 章介绍了 SSA 形式，作为一种中间语言，其中每个变量名都恰好被赋值一次。图 10.5 显示了一个程序在转换为 SSA 形式之前和之后的样子。我们现在可以研究如何实现这种转换了，它基于本章介绍的某些高级编译器结构。图 14.62 显示了一个程序及其控制流图。SSA 构造算法需要流图的支配树和支配前沿，如图 14.63 所示。

基于这些结构，SSA 构造算法分为两个阶段。如图 14.64 所示，算法逐个变量地计算 SSA 形式，两个阶段分别如图 14.65 和图 14.67 所示。

在第一个阶段，确定每个 ϕ 函数的位置。每个 ϕ 函数表示一个给定变量的两个或多个名字的交汇（即，交）。一个给定 ϕ 函数的**元数**（arity，即参数数量）由指向包含函数的节点的边的数量决定。所有带 ϕ 函数的节点都至少有两条入射边。在图 14.62b 中，这种节点的例子包括节点 8、9 和 11，但节点 10 不包含 ϕ 函数。

至少有两条入射边是一个节点包含 ϕ 函数的必要条件，但不是充分条件。给定变量的至少两个不同的名字必须到达同一个节点，才需要名字具有 ϕ 函数。如果图 14.62b 中在节点 1 中包含对变量 x 的一个赋值，那么接收 x 的 ϕ 函数的唯一节点将是停止节点。像节点 8 这样的节点有两条入射边，虽然变量 x 经过两条边但具有相同的名字，因此不需要 ϕ 函数。

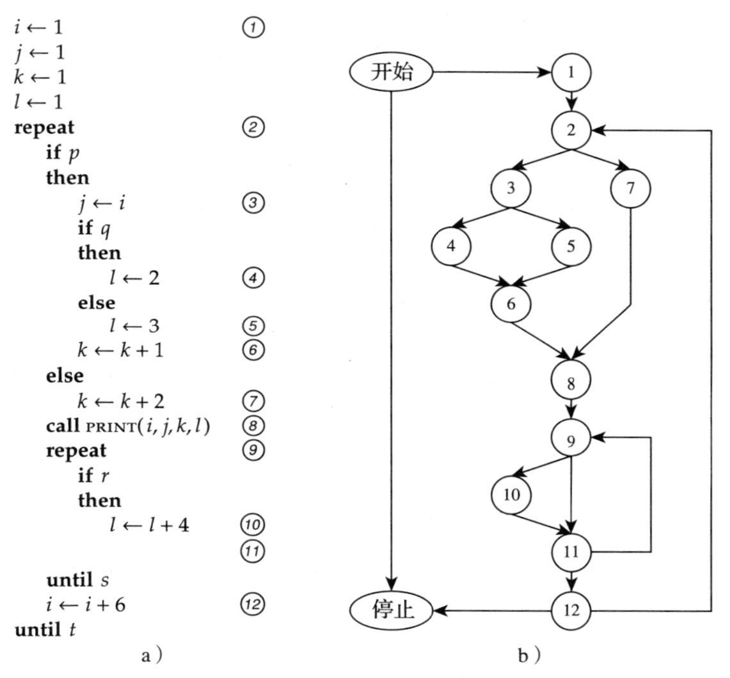

图 14.62 a）一个程序；b）程序的控制流图。节点的编号对应程序的标记而非深度优先编号。本例来自 [CFR+91]

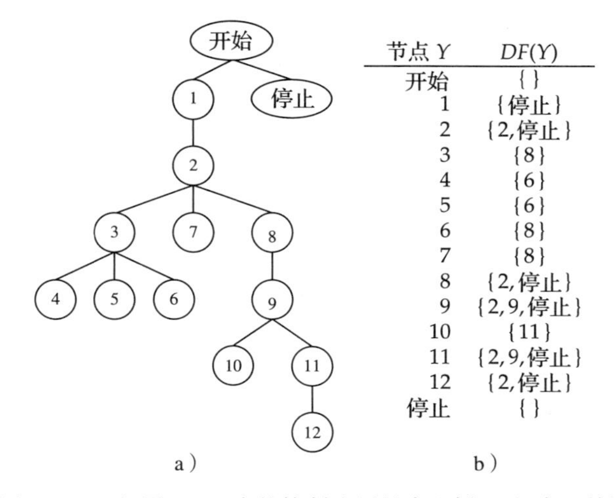

节点 Y	$DF(Y)$
开始	{ }
1	{停止}
2	{2,停止}
3	{8}
4	{6}
5	{6}
6	{8}
7	{8}
8	{2,停止}
9	{2,9,停止}
10	{11}
11	{2,9,停止}
12	{2,停止}
停止	{ }

图 14.63 a）图 14.62 中的控制流图的支配树；b）支配前沿

```
foreach V ∈ Variables do
    call PLACEPHIS(V)                                    (101)
    call RENAME(V)                                       (102)
```

图 14.64 计算 SSA 形式的算法

14.7.1 放置 ϕ 函数

我们利用支配前沿图这个结构来确定在哪里放置 ϕ 函数，我们的示例的支配前沿图如图 14.63 所示。如果在节点 X 处发生了对一个变量 V 的定义，则 $DF(X)$ 即为一个节点集合，其中的节点是此定义会与其他定义交汇的地方。因此在 $DF(Y)$ 中的每个节点处，都需要节点 V 的 ϕ 函数。假设图 14.62 中的节点 4 包含对变量 V 的一个赋值。在图 14.63 中通过查询 $DF(4)$，我们知道节点 6 需要一个 ϕ 函数。在节点 6 处引入的代码的形式必为：

$$V = \phi(V,V)$$

在节点 6 处，V 的两个不同的名字交汇在一起，但我们还不知道是哪两个。ϕ 函数的结果是对 V 的一个新的赋值。这个赋值可能会反过来与 V 的其他名字交汇，因此 ϕ 放置算法在支配前沿上迭代，直到所有需要 ϕ 函数的节点都拥有了 ϕ 函数为止。

图 14.65 给出了放置 ϕ 函数的算法。对于程序中的每个变量 V，分别单独调用 PLACEPHIS 方法。在处理变量 V 之前，标记 ⑭ 将每节点标志 *hasPhi* 和 *processed* 设置为 false。

- *hasPhi* 标志跟踪它关联的节点是否已经有一个针对当前变量 V 的 ϕ 函数。在任何节点上只需要一个这样的函数。
- *processed* 标志跟踪当前变量 V 的定义是否被放到了 *worklist* 中。

```
/*  从图14.64的标记(101)处调用                                        */
procedure PLACEPHIS(V)
    foreach node ∈ N_cg do node.hasPhi ← node.processed ← false   (103)
    foreach def ∈ defs(V) do call ADDNODE(def.GETNODE())           (104)
    worklist ← ∅
    while worklist ≠ ∅ do                                          (105)
        X ← worklist.PICKANDREMOVE()
        foreach Y ∈ DF(X) do
            if not Y.hasPhi                                        (106)
            then
                Y.hasPhi ← true
                At node Y, place V ← φ(V,...,V)
                call ADDNODE(Y)                                    (107)
end

procedure ADDNODE(node)
    if not node.processed
    then
        worklist ← worklist ∪ {node}
        node.processed ← true
end
```

图 14.65 放置 ϕ 函数

标记 ⑮ 处以任意顺序处理 V 的定义点。对每个定义 V 的节点 X，在标记 ⑯ 处确保 $DF(X)$ 中的每个节点 Y 都有一个针对 V 的 ϕ 函数。回忆一下，ϕ 函数的元数由节点 Y 的入射边的数量决定。程序中放置的每个 ϕ 函数本身都是对 V 的一个定义点。在标记 ⑰ 处确保算法处理了定义点以进一步放置 ϕ 函数。图 14.66 显示了我们的例子放置 ϕ 函数的结果。

```
i ← 1                     ①
j ← 1
k ← 1
l ← 1
repeat                    ②




   if p
   then
      j ← i               ③
      if q
      then
         l ← 2            ④
      else
         l ← 3            ⑤
                          ⑥
      k ← k + 1
   else
      k ← k + 2           ⑦
                          ⑧


   call PRINT(i, j, k, l)
   repeat                 ⑨

      if r
      then
         l ← l + 4        ⑩
                          ⑪

   until s
   i ← i + 6              ⑫
until t
            a)
```

```
i ← 1                     ①
j ← 1
k ← 1
l ← 1
repeat                    ②
   i ← φ(i, i)
   j ← φ(j, j)
   k ← φ(k, k)
   l ← φ(l, l)
   if p
   then
      j ← i               ③
      if q
      then
         l ← 2            ④
      else
         l ← 3            ⑤
      l ← φ(l, l)         ⑥
      k ← k + 1
   else
      k ← k + 2           ⑦
   j ← φ(j, j)            ⑧
   k ← φ(k, k)
   l ← φ(l, l)
   call PRINT(i, j, k, l)
   repeat                 ⑨
      l ← φ(l, l)
      if r
      then
         l ← l + 4        ⑩
      l ← φ(l, l)         ⑪

   until s
   i ← i + 6              ⑫
until t
            b)
```

图 14.66　a）程序；b）ϕ 函数放置

14.7.2　重命名

构造 SSA 形式的最后一个步骤是重命名所有定义点，使得这些名字都是唯一的。我们通过简单添加下标来创建唯一的名字，变量 i_2 和 i_3 彼此不同，就像 x 和 y 一样。下标使我们能够直观地跟踪每个名字的本源，并看到重命名算法的进展。

在重命名算法中使用的主要结构是**支配树**（dominator tree），虽然控制流图也会被用到。如前所述，我们通过添加下标来赋予每个定义点一个唯一的名字。这一步骤的挑战是，对一个给定的变量名引用，确定达到此引用的唯一定义点。这有两种情况：

- 对于一个变量 v 的每个原始（非 ϕ）引用，到达这个引用的定义出现在它的最近支配节点中。
- 对于 v 的一个给定的 ϕ 函数中的引用，到达这个引用的定义沿其关联的入射边流向包含此 ϕ 函数的节点。由**支配前沿**（dominance frontier）的定义可知，如果一个 ϕ 函数出现在某个节点 Z 处，则 Z 在 X 的支配前沿中，而 X 必须支配 Z 的某个前驱 Y。到达 Y 的 v 的定义是通过指向 Z 处 ϕ 函数的边 (Y,Z) 到达 v 的引用的。

当算法在节点 Y 时，它可以检查 Y 的一个后继 Z 处是否存在 ϕ 函数并将 v 的恰当名字

转发给 ϕ 函数。

图 14.67 给出了变量重命名的算法，图 14.68 给出了对我们的示例程序应用此算法得到的结果。

```
/* 从图14.64的标记(102)处调用                                     */
procedure RENAME(V)
    stack ← new stack()                                         (108)
    version ← 0                                                 (109)
    call RENAMEHELPER(Start, V)
end

procedure RENAMEHELPER(X, V)
    foreach use ∈ X.GETORDINARYUSES(V) do                       (110)
        call use.REPLACENAME(stack.GETTOS())
    if X.CONTAINSDEF(V)                                         (111)
    then
        def ← X.GETDEF(V)
        call def.REPLACENAME(version)
        version ← version + 1
        call stack.PUSH(def)
    foreach (X, Y) ∈ E_cf do                                    (112)
        if Y.CONTAINSPHI(V)
        then
            phiUse ← Y.GETPHIUSE(V, X)
            call phiUse.REPLACENAME(stack.GETTOS())

    foreach C ∈ X.GETDOMCHILDREN() do                           (113)
        call RENAMEHELPER(C, V)

    if X.CONTAINSDEF(V)                                         (114)
    then call stack.POP()
end
```

图 14.67　变量重命名算法

在标记 ⑩⑧ 和 ⑩⑨ 处初始化了 *stack* 和 *version* 变量，这两个变量用在 RENAMEHELPER 方法中。变量 *stack* 追踪变量 *V* 到达任何普通引用的版本。变量 *version* 跟踪将为 *V* 的下一个定义创建的名字（$V_{version}$）。重命名算法做了以下假设：

- 对每个变量，假设 *Start* 节点都包含其一个定义，算法将此定义编号为版本 0。因此，在最初调用 RENAMEDOMTREE 时，之前被初始化为空的 *stack* 从开始节点收到了 *V* 的定义。
- 在标记 ⑪⓪ 处，在一个节点 *X* 处 *V* 的所有引用都被假设是**向上暴露的**，这意味着节点 *X* 中 *V* 的任何定义都不能到达这些引用。如果节点 *X* 包含 *V* 的内部定义和引用，那么 *X* 总是可以被分裂为多个节点，使得在每个节点中所有引用都是向上暴露的。
- 所有定义都被**注销**（killing），即，关联的名字是完全确定地在定义点上定义的。习题 56 涉及数组的问题，数组通常不是完全由赋值定义的。例如，赋值给 *A*[*i*] 只改变名字 *A* 的一部分。习题 57 涉及方法调用的问题，方法调用不一定定义名字。例如，名字 *v* 在被调用的方法可能是有条件地被赋值。

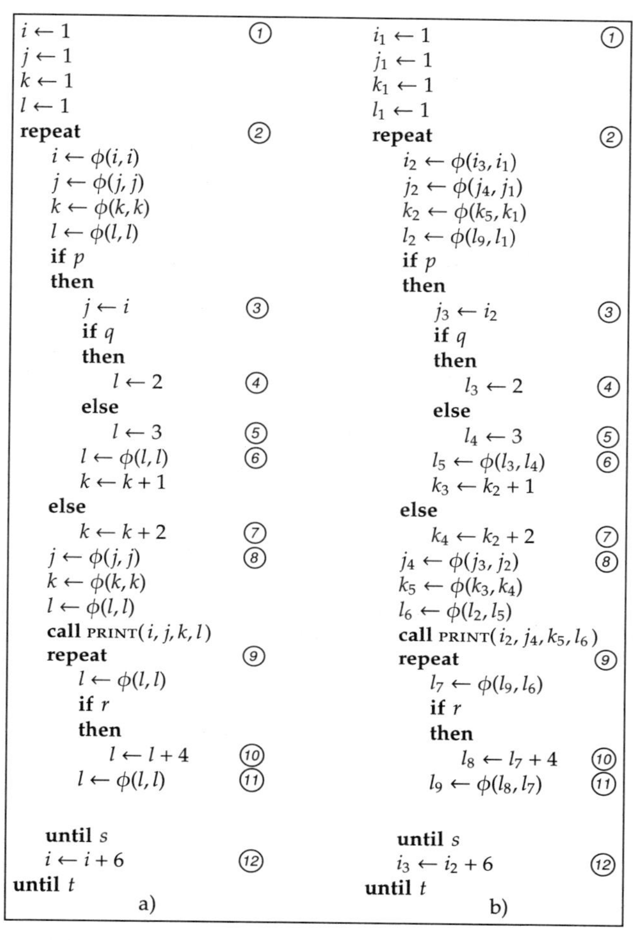

图 14.68 a）带 ϕ 函数的程序；b）重命名后的变量

习题

1. 使用一种常见编程语言编写一个程序，其控制流图见图 14.41。
2. 过程调用图中的环不一定表示存在递归。编写程序，其中包含方法 P、Q 和 R，使得它们不是递归的，但其过程调用图与图 14.8b 一样。
3. 关于控制流图的可能结构的讨论不容易扩展到过程调用图。一般来说，我们不应该期望结构化的或可约的过程调用图。考虑图 5.7 所示的递归下降语法分析器。为其建立过程调用图并分析其结构。
4. 对于一个过程调用图，调用过程 P 意味着 P 的所有 DFST 祖先都已被调用。因此，在运行时，一个方法调用栈的最大深度至少是过程调用图的 DFST 的高度。给定程序 P 的调用图，它是无环的，设计一个算法计算 P 的方法调用栈的最大深度。
5. 图 14.9 中的算法创建了一棵 DFST，具体方法是在标记 ㉖ 处选取一个节点 Y，使得如果之前 Y 未被发现的话，(X,Y) 是 DFST 中的一条边。
   1）对于一个不可约流图（如图 14.8b），证明流图的边被识别为**回边**（back edge）取决于在标记 ㉖ 处处理边的顺序。
   2）证明：对一个可约流图，在从流图的 *root* 节点开始的任意深度优先遍历中都会找到相同的回边。
   3）对于一个流图 $\mathcal{G}_f = (\mathcal{N}_f, \mathcal{E}_f)$，可以找到多少个不同的 DFST？

6. 证明下面定理：

定理 14.27　一个流图 $\mathcal{G}_f$ 可约，当且仅当对于所有回边 (X,Y)，Y 支配 X。

7. 分析图 14.17 中给出的支配者算法的最坏情况时间复杂度。

8. 定义 14.3 定义了支配关系。一个相关的概念是**后支配**（postdominance），可定义如下：

定义 14.28　如果一个图包含一个节点 z，z 没有后继且可从图中所有节点到达 z，则此图有唯一的出口节点（*exit node*）。

定义 14.29　如果一个图 $\mathcal{G}_f$ 有唯一的出口节点 z，则 $\mathcal{G}_f$ 的逆（*reverse*）是由 $(\mathcal{N}_f, \{(x,y) \mid (y,x) \in \mathcal{E}_f\}, z)$ 定义的流图且我们称 $\mathcal{G}_f$ 是可逆的（*reversible*）。

定义 14.30

- 如果从节点 Y 而来的每条路径都包含节点 Z，则称 Z 后支配（*postdominate*）Y。一个节点总是后支配自己。
- 如果 $Z \neq Y$ 且 Z 后支配 Y，则称 Z **严格后支配**（*strictly postdominate*）Y。
- 节点 Y 的**立即后支配者**（*immediate postdominator*）是离它最近的严格后支配者。
- $\mathcal{G}_f$ 的**后支配森林**（*postdominator forest*）包含节点 $\mathcal{N}_f$；在森林中，Z 是 Y 的父节点，当且仅当 Z 立即后支配 Y。

如果 $\mathcal{G}_f$ 有一个出口节点，则后支配森林是一棵树。

画出图 14.15 中所示的每个流图的后支配树。

9. 给定习题 8 中的**后支配**的定义，证明下面的定理。

定理 14.31　在一个可逆流图 $\mathcal{G}_f$ 中节点 X 支配节点 Y，当且仅当在 $\mathcal{G}_f$ 的逆中节点 Y 后支配节点 X。

10. 利用定理 14.31 设计一个算法，来计算一个流图中的后支配者。

11. 考虑下面**控制依赖**（control dependence）的定义：

定义 14.32

- 对于一个节点 Z，如果它后支配一个节点 X 的后继 Y，且 Z 非严格后支配 X，则称 Z **控制依赖**于 X（通过边 $e=(X,Y)$）。
- 令 $CD(X)$ 表示控制依赖于 X 的节点集合：

  $Z \in CD(X) \Leftrightarrow \exists Y \mid Z$ 通过边 (X,Y) 控制依赖于 X
- $\mathcal{G}_{cf} = (\mathcal{N}_{cf}, \mathcal{E}_{cf})$ 的一个**控制依赖图**（*control dependence graph*）定义为

$$\mathcal{G}_{cd} = (\mathcal{N}_{cf},\ \{(X,Z) \mid Z \in CD(X)\})$$

对图 14.15 所示的每个图构建一个控制依赖图。

12. 基于定义 14.15、14.30 和 14.32，研究支配前沿和控制依赖图之间的关系。给出如何使用某些简单的图变换方法和图 14.29 中给出的算法来构造控制依赖图。

13. 证明定理 14.2。

14. 图 14.14 所示的表格使用 $dfn(X) \geq dfn(Y)$ 作为交叉边检测的一部分。如果将检测改为 $dfn(X) > dfn(Y)$，会发生什么？

15. 设计一个算法，对**结构化程序**（structured program）的控制流图计算半支配者。

16. 设计一个算法，对**结构化程序**（structured program）的控制流图计算支配树。

17. 在图 14.17 中给出的支配者算法中，在标记 ㉝ 处并未按任何特定顺序来处理节点。

   1）设计一种在一般情况下能提供最佳效率的节点处理顺序。

   2）对比你设计的更好的节点处理顺序与图 14.18 所示的计算过程的效率。

   3）对可约流图，如在支配计算中采用你设计的节点处理顺序，需要多少遍扫描才能收敛？

18. 考虑一棵 DFST T 及图 14.11 中给出的由右至左的先序遍历。证明节点访问顺序与**逆后序遍历**（reverse postorder traversal）相同。逆后序遍历是先按后序列出节点，然后按节点列出顺序的逆序访问它们。

19. 在标记 ㉛ 处将 $dom(X)$（节点 X 的支配者）初始化为 $\mathcal{N}_f$（流图中所有节点）。基于一个节点的支配者和一个图的 DFST 之间的关系，用什么样的节点集合初始化 $dom(X)$ 更为适合？
20. 证明推论 14.12。可参考图 14.23 中的例子以获得一些直觉。
21. 证明引理 14.13。
22. 证明图 14.24 所示算法中标记 ㊺ 处操作的正确性。
23. 说明如何调整图 14.35 所示算法，以解决不可约区间，可保证强连通下，付出的代价是对于不可约循环会有多个入口。
24. 说明如何调整图 14.35 所示算法，以解决不可约区间，可保证循环有单一入口，付出的代价是对于不可约循环不保证强连通性。
25. 回顾图 14.1 中的程序被优化为图 14.5 所示的程序时，内层循环所经历的变换。将相同的变换应用于图 14.5 中的外层循环。
26. **死代码删除**（Dead code elimination）从程序中移除不影响输出结果的计算。考虑一种简单的编程语言，带有平常的赋值操作和算术运算，不存在循环语句或条件转移语句。语言还包含语句 `print` *var*，可打印出指定变量的内容。

    形如 `print` *var* 的每条语句都是活跃的，对所有需要打印其值的变量，对计算这些变量有贡献的所有语句也都是活跃的。设计一个数据流框架，确定哪些计算可以作为死代码被移除。
27. 程序中的一些计算可能是**不可达的**（unreachable），即没有控制流路径能令这些指令被执行。使用控制流分析技术来确定一个程序中的哪些语句是不可达的。
28. 图 14.5 中通过 $\star a$ 将数值保存到内存的操作出现在大多数深度嵌套的循环中。描述将这种保存操作移出循环所需的分析和变换，给出优化的结果。
29. 将图 14.51 中的算法应用到图 14.41 中给出的*可用表达式*问题，用一个图 14.50 所示的类似表格来显示计算过程。你应该得到图 14.42 所示的解。
30. 重复习题 29，但修改图 14.48 所示算法的标记 ㊹ 处，使得所有节点的解初始化为 $\bot$ 而非 $\top$。你的解与图 14.42 中所示的解有何不同？
31. 将图 14.51 中的算法应用到图 14.43 中给出的*活跃变量*问题，用一个图 14.50 所示的类似表格来显示计算过程。你应该得到图 14.44 所示的解。
32. 考虑图 14.53 中给出的数据流问题。假设这种框架的每个传递函数的形式都是 $f(in) = (in - KILL) \cup GEN$，其中 $KILL$ 和 GEN 是特定于具体函数的常量。证明这样一个数据流框架是**快速的**（rapid）。你的证明应基于框架，而非基于图 14.53a 所示的数据流图。
33. 验证图 14.53 中给出的数据流框架符合图 14.46 中出现的交格性质。
34. 考虑定义如下的*可用表达式*数据流问题对于 n 个表达式的一个实例。
    1）对于 $n=1$ 画出格，清晰地标出 $\top$ 和 $\bot$。
    2）对于 $n=3$ 画出交格，清晰地标出 $\top$ 和 $\bot$。
    3）描述对任意 n 值的交格。格中的“层”表示什么？
35. **位向量化数据流问题**（bit-vectoring data flow problem）得名自一种常见的有穷集合表示方法——**位向量**（bit vector）。在这种表示法中，为集合中每个元素保留一个槽位。如果 $e \in S$，则在表示集合 S 的位向量中 e 的槽位为 true。

    描述对于一个包含 n 个表达式的集合，位向量是如何应用到*可用表达式*问题的。特别是，描述位向量如何被下列因素影响
    1）一个节点处的转移函数。
    2）应用交运算符。
36. 对于一个 n 个变量的集合，*活跃变量*问题可以作为一个数据流问题来求解。
    1）使用 14.4 节中给出的组件定义形式化框架。节点 Y 处的转移函数由下面的公式（来自 14.4.3 节）定义：

$$f_Y(in) = (in - Kill_Y) \cup Gen_Y$$

图 14.47 显示了，对于可用表达式问题，转移函数是如何建模节点的行为的。对于活动变量问题，给出一组类似的图解和转移函数。特别是，解释如何确定节点 Y 的活跃变量的 $Kill_Y$ 和 Gen_Y。

2）现在考虑用位向量解活跃变量问题。可如习题 35 所描述的来实现转移函数。交运算是如何执行的？ $\top$ 和 $\bot$ 分别是什么？

37. 某些优化问题，如常量传播，需要考虑程序中值的流。追踪这些值的一种方法是，对一个给定变量（比如 x），赋予其每个定义唯一的名字（与 SSA 形式一样），从而区分每个定义。

对 x 的每个赋值称为 x 的一个**定义点**（definition site，简写为 def）。如果 x 存在多个定义点，则对它们进行恰当的重命名，以将它们区分开来。例如，节点 3 处 x 的定义点可以重命名为一个对 x_3 的赋值。与 SSA 形式不同，将 x 重命名为 x_3，它还是 x 的一个定义点，而非一个全新变量名的定义点。

到达定义问题可以描述为：

- 我们只对向变量赋值的节点感兴趣。所有其他节点的转移函数简单设定为 $f(in) = in$。
- 某些对变量的赋值确定完全重定义了变量。在此情况下，节点生成变量的一个新的定义点并**销毁**同一变量名的所有其他定义点。图 14.43 中的节点 E 和 F 确定完全定义了变量 v，因此到达节点 E 的 v 的所有其他定义点都不能进一步传播，且节点生成定义点 v_E，将其传播出节点 E。
- 有些对变量的赋值是不确定的。例如，图 14.43 中节点 J 处对 f 的调用可能修改 v（假设 v 是以引用方式传递给 f 的），但很难确定地说 v 会被修改。这种赋值被称为**疑问定义**（wounding definition）。到达节点 J 的任何 v 的定义点都和在节点 J 生成的 v_J 一起继续传播下去。
- 某些赋值是不完全地赋值给一个名字。例如，对数组元素 $A[i]$ 的赋值是赋值给名字 A，但没有完全修改 A。这种赋值也作为**疑问定义**处理。
- 当多条路径交汇到一个节点时，向前传播的定义点集合是沿节点入射边传播而来的定义点的并集。

1）这是一个前向问题还是一个后向问题？

2）$\top$（最优解）的值是什么？

3）描述如何用转移函数建模节点的行为，以图 14.47 为指导。

4）如何在公共控制流点上汇总解？

5）形式化定义到达定义数据流框架的组成成分（见 14.4 节）。

6）证明你的框架是**快速的**（rapid）或者证明它不是快速的。

7）证明你的框架是**满足分配律的**（distributive）或者证明它不满足。

38. 活跃性显示了一个变量在程序中未来的潜在使用。极繁忙表达式问题确定一个表达式的当前值是否确定在未来被引用。对于一个表达式 e，如果在控制流图中点 P 之后的每条路径都包含对 P 处 e 的当前值的引用，则称表达式 e 在点 P 处极繁忙。

1）这是一个前向问题还是后向问题？

2）$\top$（最优解）的值是什么？

3）描述一个节点对一个表达式的影响，以图 14.47 为指导。

4）如何在公共控制流点上汇总解？

5）对于一组表达式，如何确定极繁忙表达式？

6）形式化定义极繁忙表达式的框架。

7）证明你的框架是**快速的**（rapid）或者证明它不是快速的。

8）证明你的框架是**满足分配律的**（distributive）或者证明它不满足。

39. 下面的数据流问题被称为**位向量化数据流问题**（bit-vectoring data flow problem）：

- 可用表达式（见 14.3.1 节和习题 35）
- 活跃变量（见 14.3.2 节和习题 36）
- 极繁忙表达式（见习题 38）
- 到达定义（见习题 37）

总结这些问题，将它们填入下表的恰当位置：

	前向	后向
任意路径		
所有路径		

表格的列表示信息是向前推还是向后推来求得问题的解。行指的是信息如何由交运算符（$\wedge$）汇总：如果信息出现在任意路径或所有路径上，则信息被保留。

40. 由定义 14.22 和图 14.46 中给出的格的性质证明引理 14.25。
41. 证明下面的引理：

引理 14.33　对于一个格，其中交运算符（$\wedge$）为集合交（$\cap$）或集合并（$\cup$），我们有：

- $(\forall x \in A)(\forall y \in A)(\forall z \in A)(x \wedge y) \cup z = (x \cup z) \wedge (y \cup z)$
- $(\forall x \in A)(\forall y \in A)(\forall z \in A)(x \wedge y) \cap z = (x \cap z) \wedge (y \cap z)$

42. 证明习题 39 中所有四个位向量化数据流问题都是**快速的**（rapid）。不要写四个单独的证明，你的证明要基于传递函数的一种通用形式

$$f_Y(in) = (in - Kill_Y) \cup Gen_Y$$
$$= (in \cap NKill_Y) \cup Gen_Y$$

和引理 14.33。上述公式中将 $NKill_Y$ 重新表述为 $Kill_Y$ 的补，使得转移函数可以用集合并和交来表示。

43. 证明常量传播是一个**快速**数据流问题或者证明它不是。
44. 证明可用表达式是一个**满足分配律的**数据流问题（见定义 14.26）或者证明它不是。
45. 推广习题 44 中的证明来证明习题 39 中的所有四个位向量化数据流问题是**满足分配律的**或者证明它们不是。使用习题 42 中给出的引理 14.33 和转移函数的一般形式。
46. 证明常量传播是一个**满足分配律的**数据流问题或者证明它不是。
47. 考虑将常量传播问题推广到范围分析（range analysis）。对每个变量，我们希望关联一个最小值和一个最大值，使得运行时变量的实际值（在程序中的特定位置）落在两个值之间。例如，考虑下面的程序。

```
x ← 5
y ← 3
if p
then
  z ← x + y        (115)
else
  z ← x − y        (116)
w ← z
```

在被赋值之后，变量 x 的范围是 $5\ldots5$，变量 y 的范围是 $3\ldots3$。标记 ⑮ 的效果是令 z 的范围为 $8\ldots8$。标记 ⑯ 令 z 的范围变为 $2\ldots2$。因此，对 w 的赋值令其范围为 $2\ldots8$。

1）勾勒单变量的数据流格。具体说明 $\top$ 和 $\bot$ 的值。

2）这是一个前向传播问题还是一个后向传播问题？

3）如果变量 v 具有范围 r_1 或 r_2，描述如何计算这两个范围的交。

48. 证明范围分析是一个**快速**数据流问题或者证明它不是。
49. 证明范围分析是一个**满足分配律的**数据流问题或者证明它不是。
50. 图 14.58 显示了对图 14.57 中所示流图计算比特数问题的过程。达到收敛所需的迭代次数证明了比特数问题不是**快速**的。

基于定义 14.24 构造一个不同的证明。换句话说，为违反定义 14.24 的比特数问题的实例找到一个 f 和一个 a。提示：图 14.57 中给出的实例提供了寻找适合的 f 和 a 的灵感。

51. 给定一个单调的数据流框架，“一个节点的转移函数是否总是返回相同的值”是可判定的吗？换句话说，对于任意一个 $f \in \mathcal{F}$，$(\exists k \in A)(\forall a \in A) f(a) = k$ 是可判定的吗？如果这是不可判定的，给出

一个证明。如果是可判定的，给出一个算法。

52. 给定一个单调的数据流框架，“一个节点的转移函数是否总是返回其输入的值”是可判定的吗？换句话说，对于任意一个$f \in \mathcal{F}$，$(\forall a \in A) f(a) = a$是可判定的吗？如果这是不可判定的，给出一个证明。如果是可判定的，给出一个算法。
53. 考虑下面的定义：

    定义 14.34　一个数据流框架是**幂等的**（idempotent），当且仅当

    $$(\forall a \in A)(\forall f \in \mathcal{F}) f(f(x)) = f(x)$$

    证明**位向量化数据流问题**是幂等的或者证明它不是。
54. 验证图 14.63 所示的支配者和支配前沿对于图 14.62b 所示的流图是正确的。
55. 图 14.65 每次计算一个变量的ϕ函数的位置。在算法从一个变量转到下一个变量之前，标志 *hasPhi* 和 *processed* 被复位为 false。

    设计一个更高效的算法，在切换变量之间不需要复位标志。提示：你可以将 *hasPhi* 和 *processed* 的类型从 *Boolean* 改为 *integer*。
56. SSA 形式要求一个名字的定义完全定义了这个名字。而数组赋值通常只修改命名数组的一部分而非全部。例如，对 *A*[*i*] 的赋值会令除它之外的 *A* 的所有元素都保持不变。

    设计一个将数组赋值和引用翻译为 SSA 形式的方法，使得对数组的每个赋值都的确完全定义了这个数组。
57. SSA 形式要求一个名字的每个定义点都显式呈现在程序中。考虑对 FOO(*v*) 的一个调用，其中 FOO 可能对 *v* 赋值，也可能不赋值。例如，FOO 中对 *v* 唯一的赋值可编程为仅当 *v*=0 时才进行。

    设计一个将方法调用翻译为 SSA 形式的方法，使得可能修改一个给定变量 *v* 的每个调用都确定修改变量。提示：如果一个方法没有对 *v* 赋值，那么当从此方法返回时，*v* 应为何值？
58. 如果一个引用 *r* 的一个加载或保存可能是一个名字 *n* 的一次加载或保存的话，我们称 *r* **可能别名**（may alias）了 *n*。习题 59 需要这个信息来确定程序中可能被一个给定引用所影响的名字。

    一个给定引用可能别名的所有名字的集合称为引用的**可能别名**集。研究如何使用数据流分析技术来计算**可能别名**集。比较你发现的几种方法的代价和准确性。对于一个引用的正确的可能别名集，过定和欠定的后果是什么？
59. 14.7 节讨论的 SSA 形式局限于名字引用为显式形式的程序。如果一种编程语言包含指针，则名字可能被一个给定指针间接影响，而这在程序中是未显式声明的。

    设计一个将带指针的程序翻译为 SSA 形式的方法。按如下方式区分指针引用：

    - 某些指针引用**可能别名**一组给定的名字。通过这种指针引用保存或加载可能影响这些名字，也可能不影响。
    - 某些指针引用**确定别名**一组给定的名字。通过这种指针引用保存或加载一定会影响这些名字。
60. 对图 14.60 所示的程序计算 SSA 形式。
61. 常量传播的数据流框架可以应用于 SSA 形式的程序，将**交**运算符应用于ϕ函数 [WZ91] 即可。对图 14.60 所示程序，比较对其原始形式和 SSA 形式计算常量传播的效率和结果。
62. 另一种计算常量传播的方法是对每个变量计算到达定义（见习题 37）。变量 *v* 的一个给定引用的潜在常量值通过对常量传播问题计算的到达定义的解的**交**来确定的。

    1）考虑图 14.69 所示的控制流图。计算流图的到达定义，然后分析为了计算常量传播哪里需要应用交运算符。

    2）现在对图 14.69 计算 SSA 形式，然后使用到达定义重新计算常量传播的解。

    3）每种方法中计算了多少次交？SSA 形式的什么性质使得类似常量传播的问题更容易求解？

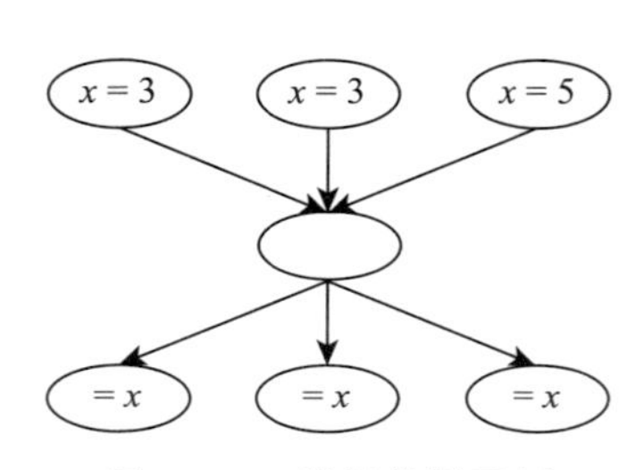

图 14.69　常量传播示例

63. 在以往的文献中已经提出了很多依赖 SSA 形式的优化和变换。一些例子如下：

- 对不会转移到的分支考虑常量传播问题 [WZ91]。
- 值编号算法 [AWZ88]。

使用某个数字图书馆 [ACM]，调研这些方法和其他计算或使用 SSA 形式的算法。

64. **GNU 编译器套件**（GNU Compiler Collection，GCC）中已经实现了 SSA 形式。调研此实现，并将其中构造和使用 SSA 形式的算法与本书中给出的经典算法进行比较。
65. 考虑一个具有图 14.70b 所示的格的数据流框架。图 14.70a 对应的转移函数如下所示：

$$\forall in\ f_{root}(in) = \top$$
$$f_X(\top) = \bot$$
$$f_X(a) = a$$
$$f_X(b) = b$$
$$f_X(\bot) = \top$$
$$\forall in\ f_Y(in) = in$$

如将图 14.51 所示算法应用于此框架和流图，会发生什么？导致所产生行为的原因是什么？

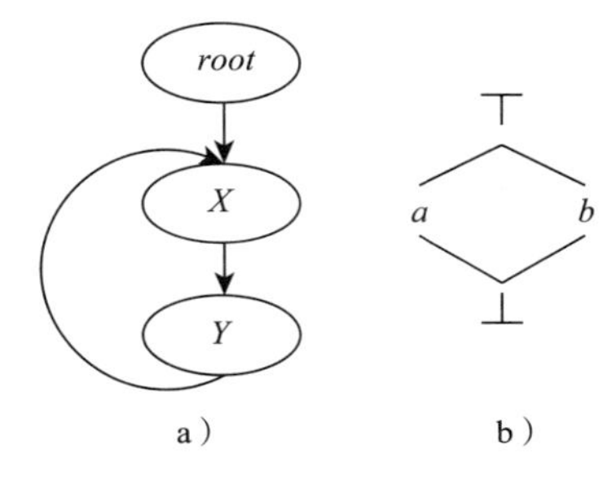

图 14.70 a）控制流图；b）数据流格

66. 重做习题 65，但转移函数变为：

$$\forall in\ f_{root}(in) = a$$
$$f_X(\top) = \top$$
$$f_X(a) = b$$
$$f_X(b) = a$$
$$f_X(\bot) = \bot$$
$$\forall in\ f_Y(in) = in$$

67. 11.2.2 节描述了必须为 JVM 生成的代码，其中包括在方法中执行操作所需的栈容量的界。每条 JVM 指令都以一种可预测的方式影响栈，这取决于它必须弹出的操作数以及它在指令完成时必须压栈的结果的数量。例如，`iadd` 指令弹出两个操作数，并将一个结果压栈。
   1）研究关于一个方法如何操纵栈的 Java 规则，并设计一个数据流框架，确定在给定方法中执行指令所需的最大栈容量。
   2）描述 $\top$、$\bot$ 和格的其余部分。
   3）对于你的框架，**交**（$\wedge$）如何工作？
   4）格上两个元素具有 $\preceq$ 关系的含义是什么？
   5）证明你的框架是**快速的**或者证明它不是。
   6）证明你的框架是**满足分配律的**或者证明它不是。

参考文献

[ACM] ACM. *The ACM Digital Library*. `http://www.acm.org/dl/`.

[AGT89] Alfred V. Aho, Mahadevan Ganapathi, and Steven W. K. Tjiang. Code generation using tree matching and dynamic programming. In *ACM Transactions on Programming Languages and Systems*, 11(4):491–516, October 1989.

[AK01] Randy Allen and Ken Kennedy. *Optimizing Compilers for Modern Architectures: A Dependence-based Approach*. Morgan Kaufmann, San Francisco, CA, 2001.

[All70] Frances E. Allen. Control flow analysis. In *Proceedings of the Symposium on Compiler Optimization*, pages 1–19, Urbana-Champaign, Illinois, 1970. ACM.

[App85] Andrew W. Appel. Semantics-directed code generation. In *Proceedings of the ACM SIGACT-SIGPLAN Symposium on Principles of Programming Languages*, pages 315–324, New Orleans, Louisiana, 1985. ACM.

[App92] Andrew W. Appel. *Compiling with Continuations*. Cambridge University Press, New York, NY, 1992.

[App96] Andrew Appel. Empirical and analytic study of stack versus heap cost for languages with closures. In *Journal of Functional Programming*, 6(1):47–74, 1996.

[AWZ88] B. Alpern, M. N. Wegman, and F. K. Zadeck. Detecting equality of variables in programs. In *Proceedings of the ACM SIGPLAN-SIGACT Symposium on Principles of Programming Languages*, pages 1–11, San Diego, California, 1988. ACM.

[Bak82] T. P. Baker. A one-pass algorithm for overload resolution in Ada. In *ACM Transactions on Programming Languages and Systems*, 4(4):601–614, 1982.

[BC93] Peter Bumbulis and Donald D. Cowan. Re2c: a more versatile scanner generator. In *ACM Letters on Programming Languages and Systems*, 2(1-4):70–84, 1993.

[BCT94] Preston Briggs, Keith D. Cooper, and Linda Torczon. Improvements to graph coloring register allocation. In *ACM Transactions on Programming Languages and Systems*, 16(3):428–455, May 1994.

[BR91] David Bernstein and Michael Rodeh. Global instruction scheduling for superscalar machines. In *Proceedings of the ACM SIGPLAN Conference on Programming language Design and Implementation*, pages 241–255, Toronto, Ontario, 1991. ACM.

[Bur90] Michael Burke. An interval-based approach to exhaustive and incremental interprocedural data-flow analysis. In *ACM Transac-*

tions on Programming Languages and Systems, 12(3):341–395, 1990.

[BW88] Hans-Juergen Boehm and Mark Weiser. Garbage collection in an uncooperative environment. In *Software: Practice and Experience*, 18(9):807–820, 1988.

[CAC+81] G. J. Chaitin, M. Auslander, A. Chandra, J. Cocke, M. Hopkins, and P. Markstein. Register allocation via coloring. In *Computer Languages 6*, pages 47–57, January 1981.

[Cat80] R. G. Cattell. Automatic derivation of code generators from machine descriptions. In *ACM Transactions on Programming Languages and Systems*, 2(2):173–190, 1980.

[CCF91] Jong-Deok Choi, Ron Cytron, and Jeanne Ferrante. Automatic construction of sparse data flow evaluation graphs. In *Proceedings of the ACM SIGPLAN-SIGACT Symposium on Principles of Programming Languages*, pages 55–66, Orlando, Florida, 1991. ACM.

[CFR+91] Ron Cytron, Jeanne Ferrante, Barry K. Rosen, Mark N. Wegman, and F. Kenneth Zadeck. Efficiently computing static single assignment form and the control dependence graph. In *ACM Transactions on Programming Languages and Systems*, 13(4):451–490, 1991.

[CG83] Frederick C. Chow and Mahadevan Ganapathi. Intermediate languages in compiler construction—a bibliography. In *SIGPLAN Notices*, 18(11):21–23, 1983.

[CGH+05] Keith D. Cooper, Alexander Grosul, Timothy J. Harvey, Steven Reeves, Devika Subramanian, Linda Torczon, and Todd Waterman. ACME: adaptive compilation made efficient. In *Proceedings of the ACM SIGPLAN-SIGBED Conference on Languages, Compilers, and Tools for Embedded Systems*, pages 69–77, Chicago, Illinois, 2005. ACM.

[CGS+05] Philippe Charles, Christian Grothoff, Vijay Saraswat, Christopher Donawa, Allan Kielstra, Kemal Ebcioglu, Christoph von Praun, and Vivek Sarkar. X10: an object-oriented approach to non-uniform cluster computing. In *SIGPLAN Notices*, 40(10):519–538, 2005.

[CH90] Fred C. Chow and John L. Hennessy. The priority-based coloring approach to register allocation. In *ACM Transactions on Programming Languages and Systems*, 12(4):501–536, October 1990.

[Cic80] Richard J. Cichelli. Minimal Perfect Hash Functions Made Simple. In *Communications of the ACM*, 21(1):17–19, 1980.

[CLRS01] Thonas H. Cormen, Charles E. Leiserson, Ronald L. Rivest, and Cliff Stein. *Introduction to Algorithms, Second Edition*. The MIT Press and McGraw-Hill, San Francisco, 2001.

[Coc70] John Cocke. Global common subexpression elimination. In *Proceedings of the Symposium on Compiler Optimization*, pages 20–24, Urbana-Champaign, Illinois, 1970. ACM.

[Cod] Integrated Computer Solutions, Inc. *CodeCenter*. `http://www.ics.com/products/centerline/codecenter/`.

[DF80] Jack W. Davidson and Christopher W. Fraser. The design and application of a retargetable peephole optimizer. In *ACM Transactions on Programming Languages and Systems*, 2(2):191–202, 1980.

[DF82] Jack W. Davidson and Christopher W. Fraser. Eliminating redundant object code. In *Proceedings of the ACM SIGPLAN-SIGACT Symposium on Principles of Programming Languages*, pages 128–132, Albuquerque, New Mexico, 1982. ACM.

[DF84] J. W. Davidson and C. W. Fraser. Automatic generation of peephole optimizations. In *Proceedings of the ACM SIGPLAN Symposium on Compiler Construction*, pages 111–116, Montreal, Quebec, 1984.

[ESL89] H. Emmelmann, F.-W. Schröer, and Rudolf Landwehr. Beg: a generator for efficient back ends. In *Proceedings of the ACM SIGPLAN Conference on Programming Language Design and Implementation*, pages 227–237, Portland, Oregon, 1989. ACM.

[FF86] Daniel P. Friedman and Matthias Felleisen. *The little LISPer (2nd ed.)*. SRA School Group, USA, 1986.

[FH91] Christopher W. Fraser and Robert R. Henry. Hard-coding bottom-up code generation tables to save time and space. In *Software – Practice and Experience*, 21:1–12, January 1991.

[FHP92] Christopher W. Fraser, David R. Hanson, and Todd A. Proebsting. Engineering a simple, efficient code generator generator. In *ACM Letters on Programming Languages and Systems*, 1(3):213–226, September 1992.

[GA96] Lal George and Andrew W. Appel. Iterated register coalescing. In *ACM Transactions on Programming Languages and Systems*, 18(3):300–324, 1996.

[GC01] David Grove and Craig Chambers. A framework for call graph construction algorithms. In *ACM Transactions on Programming Languages and Systems*, 23(6):685–746, 2001.

[GE91] J. Grosch and H. Emmelmann. A toolbox for compiler constructon. In *Lecture Notes in Computer Science*, 477:106–116, 1991.

[GF85] Mahadevan Ganapathi and Charles N. Fischer. Affix grammar driven code generation. In *ACM Transactions on Programming Languages and Systems*, 7(4):560–599, October 1985.

[GG78] R. Steven Glanville and Susan L. Graham. A new method for compiler code generation. In *Proceedings of the ACM SIGACT-SIGPLAN Symposium on Principles of Programming Languages*, pages 231–254, Tucson, Arizona, 1978. ACM.

[GH88] James R. Goodman and Wei-Chung Hsu. Code scheduling and register allocation in large basic blocks. In *Proceedings of the International Conference on Supercomputing*, pages 442–452, Saint Malo, France, 1988.

[GHJV95] Erich Gamma, Richard Helm, Ralph Johnson, and John Vlissides. *Design Patterns: Elements of Reusable Object-Oriented Software*. Addison-Wesley, Reading, MA, 1995.

[GJ79] M. R. Garey and D. S. Johnson. *Computers and Intractability*. W. H. Freeman, San Francisco, CA, 1979.

[GM80] Carlo Ghezzi and Dino Mandrioli. Augmenting parsers to support incrementality. In *Journal of the ACM*, 27(3):564–579, 1980.

[GM86] Phillip Gibbons and Steven S. Muchnick. Efficient instruction scheduling for a pipelined architecture. In *Proceedings of the ACM SIGPLAN Symposium on Compiler Construction*, pages 11–16, Palo Alto, California, 1986.

[GNU] Free Software Foundation. *GNU Compiler Collection*. `http://gcc.gnu.org/`.

[Gos95] James Gosling. Java intermediate bytecodes. In *ACM SIGPLAN Workshop on Intermediate Representations*, pages 111–118, San Francisco, California, 1995. ACM.

[Gra88] Robert W. Gray. γ-gla–a generator for lexical analyzers that programmers can use. In *USENIX Conference Proceedings*, pages 147–160, Berkeley, CA, 1988. USENIX.

[Gri81] David Gries. *The Science of Programming*. Springer Verlag, Berlin, 1981.

[GT04] Loukas Georgiadis and Robert E. Tarjan. Finding dominators revisited: extended abstract. In *Proceedings of the ACM SIGACT-SIAM Symposium on Discrete Algorithms*, pages 869–878, New Orleans, Louisiana, 2004. ACM.

[Han85] Per Brinch Hansen. *Brinch Hansen on Pascal Compilers*. Prentice-Hall, Englewood Cliffs, NJ, 1985.

[HMN05] Fritz Henglein, Henning Makholm, and Henning Niss. Effect type systems and region-based memory management. In *Advanced Topics In Types And Programming Languages*, chapter 3, pages 87–133. The MIT Press, Cambridge, MA, 2005.

[HO82] Christoph M. Hoffmann and Michael J. O'Donnell. Pattern matching in trees. In *Journal of the ACM*, 29(1):68–95, 1982.

[Hoa89] C. A. R. Hoare. The varieties of programming language. In *Proceedings of the International Joint Conference on Theory and Practice of Software Development*, pages 1–18, Barcelona, Spain, 1989.

[HU72] Matthew S. Hecht and Jeffrey D. Ullman. Flow graph reducibility. In *Proceedings of the ACM Symposium on Theory of Computing*, pages 238–250, Denver, Colorado, 1972. ACM.

[HU79] J. E. Hopcroft and J. D. Ullman. *Introduction to Automata Theory, Languages and Computation*. Addison-Wesley, Reading, Massachusetts, 1979.

[Jac87] Van Jacobson. Tuning UNIX Lex or it's NOT true what they say about Lex. In *USENIX Conference Proceedings*, pages 163–164, Washington, DC, 1987. USENIX.

[Jaz] ARM Holdings. *Jazelle Technology*. `http://www.arm.com/products/multimedia/java/jazelle.html`.

[JL96] Richard Jones and Rafael Lins. *Garbage collection: algorithms for automatic dynamic memory management*. John Wiley & Sons, Inc., New York, NY, 1996.

[Joh83] S.C. Johnson. *YACC - Yet another Compiler Compiler*. Bell Laboratories, Murray Hill, NJ, 1983.

[JVM] Sun Microsystems, Inc. *JVM Reference*. `http://java.sun.com/docs/books/jvms/second_edition/html/VMSpecTOC.doc.html`.

[KD] Gerwin Klein and Régis Décamps. *JFlex Home Page*. `http://jflex.de/`.

[Ken07] Andrew Kennedy. Compiling with continuations, continued. In *Proceedings of the ACM SIGPLAN International Conference on Functional Programming*, pages 177–190, Freiburg, Germany, 2007. ACM.

[KF96] Steven M. Kurlander and Charles N. Fischer. Minimum cost interprocedural register allocation. In *Proceedings of the ACM SIGPLAN-SIGACT Symposium on Principles of Programming Languages*, pages 230–241, St. Petersburg Beach, Florida, 1996. ACM.

[Knu65] Donald E. Knuth. On the translation of languages from left to right. In *Information and Control*, 8:607–639, 1965.

[Knu68] Donald E. Knuth. Semantics of context-free languages. In *Theory of Computing Systems*, 2(2):127–145, June 1968.

[Knu73a] Donald E. Knuth. *The Art of Computer Programming. Volume 1: Fundamental Algorithms*. Addison-Wesley, New York, NY, 1973.

[Knu73b] Donald E. Knuth. *The Art of Computer Programming. Volume 2: Seminumerical Algorithms*. Addison-Wesley, New York, NY, 1973.

[Knu73c] Donald E. Knuth. *The Art of Computer Programming. Volume 3: Sorting and Searching*. Addison-Wesley, New York, NY, 1973.

[Knu98] Donald E. Knuth. *Digital Typography*. 1998.

[KPF95] Steven M. Kurlander, Todd A. Proebsting, and Charles N. Fischer. Efficient instruction scheduling for delayed-load architectures. In *ACM Transactions on Programming Languages and Systems*, 17(5):740–776, 1995.

[KU76] John B. Kam and Jeffrey D. Ullman. Global data flow analysis and iterative algorithms. In *Journal of the ACM*, 23(1):158–171, 1976.

[Lam95] Leslie Lamport. *LaTeX: A Document Preparation System*. Addison-Wesley, Reading, MA, 1995.

[Lar90] J. R. Larus. Spim s20: A mips r2000 stimulator. Technical Report TR966, University of Wisconsin, Madison, 1990.

[LH86] J. R. Larus and P. N. Hilfinger. Register allocation in the spur lisp compiler. In *ACM SIGPLAN Symposium on Compiler Construction*, pages 255–263, Palo Alto, CA, 1986.

[LS83] M.E. Lesk and E. Schmidt. *LEX - A Lexical Analyzer Generator*. Bell Laboratories, Murray Hill, NJ, 1983.

[LT79] Thomas Lengauer and Robert Endre Tarjan. A fast algorithm for finding dominators in a flowgraph. In *ACM Transactions on Programming Languages and Systems*, 1(1):121–141, July 1979.

[Mar03] John C. Martin. *Introduction to Languages and the Theory of Computation*. McGraw-Hill, San Francisco, 2003.

[McC60] John McCarthy. Recursive functions of symbolic expressions and their computation by machine, Part I. In *Communications of the ACM*, 3(4):184–195, 1960.

[McK65] W. M. McKeeman. Peephole optimization. In *Communications of the ACM*, 8(7):443–444, 1965.

[Mey] Jonathan Meyer. *Jasmin Home Page*. SourceForge. `http://jasmin.sourceforge.net/`.

[Moe90] Hanspeter Moessenboeck. Coco/r - a generator for fast compiler front-ends. Technical report, ETH Zurich, 1990.

[MR90] T. J. Marlowe and B. G. Ryder. Properties of data flow frameworks: a unified model. In *Acta Informatica*, 28(2):121–163, 1990.

[MTHM97] Robin Milner, Mads Tofte, Robert Harper, and David McQueen. *The Definition of Standard ML (Revised)*. MIT Press, Cambridge, MA, May 1997.

[Mye81] Eugene W. Myers. A precise inter-procedural data flow algorithm. In *Proceedings of the ACM SIGACT-SIGPLAN Symposium on Principles of Programming Languages*, pages 219–230, Williamsburg, VA, 1981.

[NN92] Hanne Riis Nielson and Flemming Nielson. *Semantics with applications: a formal introduction*. John Wiley & Sons, Inc., New York, NY, 1992.

[Ott84] Karl J. Ottenstein. Intermediate languages in compiler construction—a supplemental bibliography. In *SIGPLAN Notices*, 19(7):25–27, 1984.

[Par97] Terence J. Parr. *Language Translation Using PCCTS and C++*. Automata Publishing, San Jose, CA, 1997.

[Pax] Vern Paxton. *Flex Home Page*. SourceForge. `http://flex.sourceforge.net/`.

[Piz99] Cesare Pizzi. Memory access error checkers. In *Linux Journal*, page 26, 1999.

[PLG88] E. Pelegrí-Llopart and S. L. Graham. Optimal code generation for expression trees: an application burs theory. In *Proceedings of the ACM SIGPLAN-SIGACT Symposium on Principles of Programming Languages*, pages 294–308, San Diego, California, 1988. ACM.

[Pos] Adobe Systems. *PostScript Language Reference Manual*. `http://www.adobe.com/products/postscript/pdfs/PLRM.pdf`.

[Pro91] Todd Proebsting. Simple and efficient burs table generation. Technical Report TR1065, University of Wisconsin, Madison, 1991.

[pur] IBM Rational. *purify*. `http://www.ibm.com/software/awdtools/purify/`.

[Ros78] Barry K. Rosen. Monoids for rapid data flow analysis. In *Proceedings of the ACM SIGACT-SIGPLAN Symposium on Principles of Programming Languages*, pages 47–59, Tucson, Arizona, 1978. ACM.

[Sch86] David A. Schmidt. *Denotational Semantics: A Methodology for Lan-*

guage Development. Allyn and Bacon, 1986. Out of print but can be found at `http://people.cis.ksu.edu/~schmidt/text/densem.html`.

[Set83] Ravi Sethi. Control flow aspects of semantics-directed compiling. In *ACM Transactions on Programming Languages and Systems*, 5(4):554–595, 1983.

[Spr77] Renzo Sprugnoli. Perfect hashing functions: a single probe retrieving method for static sets. In *Communications of the ACM*, 20(11):841–850, 1977.

[SS78] J. T. Schwartz and M. Sharir. Tarjan's fast interval finding algorithm. SETL Newsletter 204, Courant Institute of Mathematical Sciences, New York University, 1978.

[SS79] J. T. Schwartz and M. Sharir. A design for optimizations of the bitvectoring class. Courant Computer Science Report 17, Courant Institute of Mathematical Sciences, New York University, September 1979.

[Str94] Bjarne Stroustrup. *The design and evolution of C++*. ACM Press/Addison-Wesley, New York, NY, 1994.

[Str07] Bjarne Stroustrup. Evolving a language in and for the real world: C++ 1991-2006. In *Proceedings of the ACM SIGPLAN Conference on History of Programming Languages*, pages 4–1–4–59, San Diego, California, 2007. ACM.

[SU70] Ravi Sethi and J. D. Ullman. The generation of optimal code for arithmetic expressions. In *Journal of the ACM*, 17(4):715–728, 1970.

[SWA03] Saul Schleimer, Daniel S. Wilkerson, and Alex Aiken. Winnowing: local algorithms for document fingerprinting. In *Proceedings of the ACM SIGMOD International Conference on Management of Data*, pages 76–85, San Diego, California, 2003. ACM.

[Tar72] Robert Tarjan. Depth-first search and linear graph algorithms. In *SIAM Journal of Computing*, 1,2:146–160, September 1972.

[TM08] Donald Thomas and Philip Moorby. *The Verilog Hardware Description Language*. Springer Verlag, Berlin, 2008.

[TT97] Mads Tofte and Jean-Pierre Talpin. Region-based memory management. In *Information and Computation*, pages 109–176, 1997.

[Tur36] Alan Turing. On computable numbers with an application to entscheidungsproblem. In *Proceedings of the London Mathematical Society, series 2*, pages 230–265, 1936.

[TvSS82] Andrew S. Tanenbaum, Hans van Staveren, and Johan W. Stevenson. Using peephole optimization on intermediate code. In *ACM Transactions on Programming Languages and Systems*, 4(1):21–36, 1982.

[Ung84] David Ungar. Generation scavenging: A non-disruptive high performance storage reclamation algorithm. In *Proceedings of the ACM SIGSOFT-SIGPLAN Software Engineering Symposium on Practical Software Development Environments*, pages 157–167, Pittsburgh, PA, 1984. ACM.

[VHD] IEEE. *VHDL Analysis and Standardization Group*. http://www.eda.org/vhdl-200x/.

[Wal86] D. W. Wall. Global register allocation at link time. In *Proceedings of the SIGPLAN Symposium on Compiler Construction*, pages 264–275, Palo Alto, CA, 1986.

[Wan82] Mitchell Wand. Deriving target code as a representation of continuation semantics. In *ACM Transactions on Programming Languages and Systems*, 4(3):496–517, 1982.

[WG97] Tim A. Wagner and Susan L. Graham. Incremental analysis of real programming languages. In *Proceedings of the ACM SIGPLAN Conference on Programming Language Design and Implementation*, pages 31–43, Las Vegas, NV, 1997. ACM.

[Wil92] Paul R. Wilson. Uniprocessor garbage collection techniques. In *Lecture Notes in Computer Science*, 637:1–42, 1992.

[Wir76] Niklaus Wirth. *Algorithms + Data Structures = Programs*. Prentice-Hall, Englewood Cliffs, NJ, 1976.

[Wol95] Michael Wolfe. *High-Performance Compilers for Parallel Computing*. Addison Wesley, Reading, MA, 1995.

[Wol99] Stephen Wolfram. *The Mathematica Book, Fourth Edition*. Cambridge University Press, New York, NY, 1999.

[WZ91] Mark N. Wegman and F. Kenneth Zadeck. Constant propagation with conditional branches. In *ACM Transactions on Programming Languages and Systems*, 13(2):181–210, 1991.

[ZG92] Benjamin Zorn and Dirk Grunwald. Empirical measurements of six allocation-intensive C programs. In *SIGPLAN Notices*, 27(12):71–80, 1992.

推荐阅读

深入理解计算机系统（原书第3版）

作者：[美] 兰德尔 E. 布莱恩特 等 译者：龚奕利 等 书号：978-7-111-54493-7 定价：139.00元

理解计算机系统首选书目，10余万程序员的共同选择

卡内基-梅隆大学、北京大学、清华大学、上海交通大学等国内外众多知名高校选用指定教材

从程序员视角全面剖析的实现细节，使读者深刻理解程序的行为，将所有计算机系统的相关知识融会贯通

新版本全面基于X86-64位处理器

基于该教材的北大“计算机系统导论”课程实施已有五年，得到了学生的广泛赞誉，学生们通过这门课程的学习建立了完整的计算机系统的知识体系和整体知识框架，养成了良好的编程习惯并获得了编写高性能、可移植和健壮的程序的能力，奠定了后续学习操作系统、编译、计算机体系结构等专业课程的基础。北大的教学实践表明，这是一本值得推荐采用的好教材。本书第3版采用最新x86-64架构来贯穿各部分知识。我相信，该书的出版将有助于国内计算机系统教学的进一步改进，为培养从事系统级创新的计算机人才奠定很好的基础。

—— 梅 宏　中国科学院院士/发展中国家科学院院士

以低年级开设“深入理解计算机系统”课程为基础，我先后在复旦大学和上海交通大学软件学院主导了激进的教学改革……现在我课题组的青年教师全部是首批经历此教学改革的学生。本科的扎实基础为他们从事系统软件的研究打下了良好的基础……师资力量的补充又为推进更加激进的教学改革创造了条件。

—— 臧斌宇　上海交通大学软件学院院长